中国国家标准汇编

592

GB 30105～30125

（2013年制定）

中国标准出版社　编

中国标准出版社

北　京

图书在版编目(CIP)数据

中国国家标准汇编:2013 年制定.592:
GB 30105～30125/中国标准出版社编.—北京:
中国标准出版社,2014.9
ISBN 978-7-5066-7673-1

Ⅰ.①中…　Ⅱ.①中…　Ⅲ.①国家标准-
汇编-中国-2013　Ⅳ.①T-652.1

中国版本图书馆 CIP 数据核字(2014)第 187865 号

中国标准出版社出版发行
北京市朝阳区和平里西街甲 2 号(100029)
北京市西城区三里河北街 16 号(100045)

网址 www.spc.net.cn
总编室:(010)64275323　发行中心:(010)51780235
读者服务部:(010)68523946
中国标准出版社秦皇岛印刷厂印刷
各地新华书店经销

*

开本 880×1230　1/16　印张 33.75　字数 1 045 千字
2014 年 9 月第一版　2014 年 9 月第一次印刷

*

定价 220.00 元

出 版 说 明

1.《中国国家标准汇编》是一部大型综合性国家标准全集。自1983年起，按国家标准顺序号以精装本、平装本两种装帧形式陆续分册汇编出版。它在一定程度上反映了我国建国以来标准化事业发展的基本情况和主要成就，是各级标准化管理机构，工矿企事业单位，农林牧副渔系统，科研、设计、教学等部门必不可少的工具书。

2.《中国国家标准汇编》收入我国每年正式发布的全部国家标准，分为"制定"卷和"修订"卷两种编辑版本。

"制定"卷收入上一年度我国发布的、新制定的国家标准，顺延前年度标准编号分成若干分册，封面和书脊上注明"20××年制定"字样及分册号，分册号一直连续。各分册中的标准是按照标准编号顺序连续排列的，如有标准顺序号缺号的，除特殊情况注明外，暂为空号。

"修订"卷收入上一年度我国发布的、被修订的国家标准，视篇幅分设若干分册，但与"制定"卷分册号无关联，仅在封面和书脊上注明"20××年修订-1，-2，-3，……"字样。"修订"卷各分册中的标准，仍按标准编号顺序排列(但不连续)；如有遗漏的，均在当年最后一分册中补齐。需提请读者注意的是，个别非顺延前年度标准编号的新制定的国家标准没有收入在"制定"卷中，而是收入在"修订"卷中。

读者配套购买《中国国家标准汇编》"制定"卷和"修订"卷则可收齐由我社出版的上一年度我国制定和修订的全部国家标准。

3.由于读者需求的变化，自1996年起，《中国国家标准汇编》仅出版精装本。

4.2013年我国制修订国家标准共1 979项。本分册为"2013年制定"卷第592分册，收入国家标准GB 30105～30125的最新版本。

中国标准出版社

2014年8月

目　　录

ICS 17.100
N 13

中华人民共和国国家标准

GB/T 30105—2013

超大质量无基坑不断轨静态轨道称重装置

Supermassive continuous rail static weighing device without foundation

(OIML R76-1:2006, Non-automatic weighing instruments—Part 1: Metrological and technical requirement—Test, NEQ)

2013-12-17 发布

2014-11-01 实施

中华人民共和国国家质量监督检验检疫总局
中国国家标准化管理委员会 发布

前　言

本标准按照 GB/T 1.1—2009 给出的规则起草。

本标准使用重新起草法参考国际法制计量组织第 76 号国际建议 OIML R76-1:2006《非自动衡器 第 1 部分:计量和技术要求　试验》编写,与 OIML R76-1:2006 的一致性程度为非等效。

本标准与 OIML R76-1:2006 的主要差异如下:

——增加了术语定义的内容(3.1、3.2、3.3、3.4、3.5、3.6);

——增加了称重装置的最小秤量 min 的取值(5.1);

——增加了邻轮影响距离的计量要求和试验方法(5.3,7.5);

——增加了出厂检验的要求(8.2);

——增加了包装(9.4)、运输(9.6)、贮存的要求(9.7)。

本标准由中国轻工业联合会提出。

本标准由全国衡器标准化技术委员会(SAC/TC 97)归口。

本标准负责起草单位:杭州钱江称重技术有限公司、浙江省计量科学研究院。

本标准参加起草单位:国家轨道衡计量站上海分站、本钢板材股份有限公司计控厂、鞍钢股份有限公司计量厂、中国铁道科学研究院标准计量研究所、杭州市质量技术监督检测院。

本标准主要起草人:顾增华、尚贤平、倪守忠、顾佳捷、文义诚、王溪滨、王燕明、姜会增、厉志飞。

超大质量无基坑不断轨静态轨道称重装置

1 范围

本标准规定了超大质量无基坑不断轨静态轨道称重装置的术语和定义、计量要求、技术要求、试验方法、检验规则及标志、包装、运输、贮存。

本标准适用于企业内部铁路工艺线使用的超大质量无基坑不断轨静态轨道称重装置(以下简称“称重装置”)。

2 规范性引用文件

下列文件对于本文件的应用是必不可少的。凡是注日期的引用文件,仅注日期的版本适用于本文件。凡是不注日期的引用文件,其最新版本(包括所有的修改单)适用于本文件。

GB/T 191 包装储运图示标志

GB/T 2423.1 电工电子产品环境试验 第2部分:试验方法 试验A:低温

GB/T 2423.2 电工电子产品环境试验 第2部分:试验方法 试验B:高温

GB/T 2423.3 电工电子产品环境试验 第2部分:试验方法 试验Cab:恒定湿热试验

GB/T 2887 计算机场地通用规范

GB/T 6388 运输包装收发货标志

GB/T 6587 电子测量仪器通用规范

GB/T 7551 称重传感器

GB/T 7724 电子称重仪表

GB 14249.1 电子衡器安全要求

GB/T 14250 衡器术语

GB/T 17626.2 电磁兼容 试验和测量技术 静电放电抗扰度试验

GB/T 17626.3 电磁兼容 试验和测量技术 射频电磁场辐射抗扰度试验

GB/T 17626.4 电磁兼容 试验和测量技术 电快速瞬变脉冲群抗扰度试验

GB/T 17626.5 电磁兼容 试验和测量技术 浪涌(冲击)抗扰度试验

GB/T 17626.6 电磁兼容 试验和测量技术 射频场感应的传导骚扰抗扰度

GB/T 17626.11 电磁兼容 试验和测量技术 电压暂降、短时中断和电压变化的抗扰度试验

GB/T 23111—2008 非自动衡器

GB/T 26389 衡器产品型号编制方法

GBJ 12 工业企业标准轨距铁路设计规范

TB/T 2344 43 kg/m～75 kg/m 钢轨订货技术条件

JJG 99 砝码检定规程

JJF 1182—2007 计量器具软件测评指南

3 术语和定义

GB/T 14250界定的以及下列术语和定义适用于本文件。

3.1

超大质量静态轨道称重装置　supermassive rail static weigh apparatus

用于称量轨道上大于 200 t 载重车辆的一种衡器。

3.2

无基坑基础　pitless foundation

位于地平面的、安装承载器和载荷传力装置的平面基础构件。

3.3

不断轨　uninterrupted rail

称量区与非称量区的钢轨是连续不断的。

3.4

称量轨　weighing rail

在称量区支撑被称量车辆的钢轨。

3.5

有效称量区　effective weigh zone

用于车辆称量的承载器部分区域(以下简称称量区)。

3.6

邻轮影响距离　effect of distance between adjacent wheel

称量区外车辆的车轮不影响称量区内称量车称量值的最小距离。

4　型号和规格

称重装置型号和规格按 GB/T 26389 的规定编制。

5　计量要求

5.1　准确度等级

称重装置等级分中准确度级和普通准确度级两个等级,根据称重装置准确度等级,每个局部称量范围的检定分度值 e_i 和检定分度数 n_i 以及最小秤量 min 应符合表 1 的规定。

表 1　准确度等级

准确度等级	检定分度值 e	检定分度数 $n=\max/e$		最小秤量 min
		最小	最大	
中等准确度级 (III)	$e \geqslant 20$ kg	500	10 000	空车质量
普通准确度级 (IIII)		100	1 000	空车质量

5.2　最大允许误差

5.2.1　首次检定最大允许误差见表 2。

5.2.2　使用中检查的最大允许误差是首次检定最大允许误差的两倍,见表 2。

表 2　最大允许误差

秤量 m		最大允许误差(MPE)	
中准确度级 Ⅲ	普通准确度级 Ⅲ	首次检定	使用中检查
$0 \leqslant m \leqslant 500e$	$0 \leqslant m \leqslant 50e$	$\pm 0.5e$	$\pm 1.0e$
$500e < m \leqslant 2\,000e$	$50e < m \leqslant 200e$	$\pm 1.0e$	$\pm 2.0e$
$2\,000e < m \leqslant 10\,000e$	$200e < m \leqslant 1\,000e$	$\pm 1.5e$	$\pm 3.0e$

5.2.3　检定分度值

检定分度值以质量单位表示，并应符合 1×10^k，2×10^k，5×10^k 的形式，其中 k 为正整数、负整数或零。

5.3　邻轮影响距离

邻轮影响距离应在适用车型勾头与第一轴的两倍间距和车辆在称量区($L_2 + L_3$)内的可移动距离的差值范围内，见图 1，邻轮影响距离 L_4 应满足式(1)的要求：

$$L_4 \leqslant 2L_1 - L_3 \qquad (1)$$

式中：

L_1——勾头与第一轴之间距离，单位为毫米(mm)；

L_3——车辆可移动距离，单位为毫米(mm)；

L_4——邻轮影响距离，单位为毫米(mm)。

图 1　邻轮影响距离示意图

5.4　确定误差的基本原则

5.4.1　影响因子

各种误差应在正常试验条件下确定。当评价一个影响因子的效果时，其他所有影响因子应保持相对恒定并接近于正常值。

5.4.2　化整误差的消除

如果实际分度值大于 $0.2e$，应消除任何数字示值的化整误差。

5.4.3　净重值的最大允许误差

除预置皮重值外，最大允许误差适用于每个可能的皮重载荷的净重值。

5.4.4　皮重称量装置

皮重称量装置的任一皮重值的最大允许误差与称重装置在相同载荷值下的最大允许误差相同。

5.5 称量结果间的允许误差

不论称量结果如何变化，任何单次称量结果的误差应不超过给定载荷下的最大允许误差。

5.5.1 多指示装置

对给定载荷，包括除皮装置在内的多个指示装置之间的示值之差，应不大于该载荷最大允许误差的绝对值，但数字指示装置与数字指示装置或数字指示装置与打印装置之间的示值之差应该为零。

5.5.2 偏载

按照7.9的要求进行偏载试验，同一载荷在不同位置的示值应符合该载荷最大允许误差的要求。

5.5.3 重复性

同一载荷多次称量所得结果之间的差值，应不大于该秤量最大允许误差的绝对值。

5.6 试验标准器

5.6.1 参考车辆

参考车辆的车型应与实际用车车型(轴距)或实际秤台长度相适应；参考车辆质量的示值误差或不确定度应不超过被检称重装置最大允许误差绝对值的1/3。

5.6.2 砝码

原则上，称重装置型式评价或检验用的标准砝码或标准质量应符合JJG 99的计量要求，其误差应不大于对称重装置施加载荷的最大允许误差的1/3。

5.6.3 辅助检定装置

如果称重装置配备了辅助检定装置，或用独立的辅助装置检定时，该装置的最大允许误差应不大于所加载荷最大允许误差绝对值的1/3。

如果辅助检定装置中使用砝码，其误差的影响应不大于被检称重装置施加相同载荷下最大允许误差绝对值的1/5。

5.6.4 检定时标准砝码的替代

在使用地点对秤进行检定时，可以使用其他量值稳定的载荷来替代部分标准砝码，替代原则如下：

——如果重复性误差不大于0.3e，标准砝码部分可以减少到最大秤量的1/3；

——如果重复性误差不大于0.2e，标准砝码部分可以减少到最大秤量的1/5；

——如果重复性误差大于0.3e，使用的标准砝码至少为最大秤量的1/2。

上述重复性误差用相当于替代物量值的载荷(砝码或任意其他量值稳定的载荷)在承载器上施加3次确定。

5.7 鉴别力

在平衡稳定的称重装置上，轻缓地加放或取下一个等于实际分度值1.4倍的附加载荷，此时的示值应明显地改变。

5.8 由影响量和时间引起的变化

5.8.1 温度

5.8.1.1 规定的温度范围

在称重装置的说明性标志中，若没有规定特别的工作温度范围，则该称重装置应在－10 ℃～40 ℃温度范围内保持计量性能。

5.8.1.2 特殊温度范围

在称重装置的说明性标志中，规定了特定的工作温度范围，则称重装置应在该温度范围内符合计量要求。

称重装置温度范围至少应大于或等于 30 ℃。

5.8.1.3 温度对空载示值的影响

称重装置的环境温度每变化 5 ℃，其零点或接近零点的示值变化，应不大于 1e。

5.8.2 供电电源

称重装置供电电源的额定电压(U_{nom})或者额定电源频率(f_{nom})在如下变化范围时，称重装置应符合计量要求：

——额定电压变化：－15%～10%；

——额定电源频率变化：±2%。

5.8.3 示值随时间变化

5.8.3.1 蠕变

在称重装置上施加任一载荷，施加载荷后立即得到的示值与其后 30 min 内得到的示值之差应不超过 0.5e。而在 15 min 和 30 min 得到的示值之差应不超过 0.2e。

若上述条件不能满足，则称重装置在加载后立即得到的示值与后续 4 h 内观测到的示值之差，应不超过所加载荷最大允许误差的绝对值。

5.8.3.2 回零

卸下放置在称重装置上 30 min 的载荷后，示值刚稳定时的零点读数与加载前零点之间的偏差应不超过 0.5e。

5.8.4 其他影响量和限制

5.8.4.1 其他影响量和限制的类别

——振动；

——降雨和气流，以及/或者；

——机械制约和限制。

5.8.4.2 其他影响量和限制的要求

上述影响量和限制被认为是称重装置预期工作环境的正常特征。在这些影响和制约下，称重装置应符合计量要求和技术要求。称重装置应通过设计使其在这些影响下也能正确运行，或采取保护措施使其免受影响。

注：安装在室外且没有采用适当保护措施，防止大气环境影响的称重装置，如果其检定分度数 n 相对较大时，通常可能无法满足计量要求和技术要求（一般 $n \leqslant 3\,000$，只有在采取非常特别的方法时 n 才可以大于 3 000）。

5.9 型式评价和检查

5.9.1 整机试验

对型式评价，应当进行整机试验，以检验称重装置是否符合 5.2、5.3、5.4、5.5、5.7、5.8、6.1、6.2、6.3、6.4、6.5、6.6、6.7、6.8、6.9、6.10 的要求。

对由软件控制的称重装置，还须满足 GB/T 23111—2008 的 5.5 附加要求和附录 G 的要求。

5.9.2 兼容性

对电子称重仪表和称重传感器，应能保证在工作时能够相互配合、稳定地工作。

对有数字输出的模块，其兼容性包括经数字接口通讯和数据传输的正确性。

5.9.3 外围设备

外围设备只在与称重装置相连时才需进行一次性检验和试验，并可以声明只与任何经检验具有适合的保护性接口的称重装置连接。

纯数字外围设备不需进行静态温度、湿度试验和量程稳定性等试验。如果相关的 IEC 标准的符合性至少具有不低于本标准要求相同的试验严酷等级时，它们也不需要进行干扰试验。

6 技术要求

6.1 结构的一般要求

6.1.1 适用性

6.1.1.1 电子称重仪表

所使用的电子称重仪表应提供型式批准证书。

6.1.1.2 称重传感器

所使用的称重传感器应提供型式批准证书。

6.1.1.3 承载器

承载结构应牢固，且稳定可靠、便于安装，并应符合下列要求：

——预埋钢板的混凝土路基应平整、牢固；

——铸件表面应光洁，不应有裂纹、缩松、冷隔、气孔和夹渣等缺陷；

——锻件不应有裂纹、烧伤和夹渣等缺陷；

——焊接件的焊缝应平整、饱满，不应有裂纹、漏焊等缺陷；采用焊接框架结构的，应进行去内应力处理；

——电镀件的镀层应均匀，不应有斑痕、划伤，气泡和露底等缺陷；

——油漆件的漆膜应色泽均匀，不应有漏漆、起皱、划伤、脱落等缺陷。

6.1.1.4 软件

软件的应用应符合 JJF 1182—2007 中第 4 章的规定。

6.1.1.5 基础

称重装置的基础应满足以下要求：

——称重装置应安装在直线区段上，称量区域外两端直线段应大于 25 m。称量区域与两端过渡区域的基础道床的总长度，不少于被称车辆长度的 2 倍，并设有明显的限速标记；

——基础强度应满足称重装置的要求，不应有局部下沉和断裂现象；

——应有良好的排水措施。

6.1.2 使用适用性

6.1.2.1 安装

称重装置安装时应满足以下要求：

——称量区和非称量区钢轨支点的安装应符合铁路站线对枕木间距规定的要求，即应符合 GBJ 12 的规定；

——称量轨应采用单根整轨，不得有钢轨接头和伤损，不得火焰切割。称量轨宜采用新轨，如使用旧轨时其垂直磨耗应小于 5 mm，侧磨应小于 6 mm；

——线路坡度及称量区域与两端过渡区域的基础道床的坡度都应不大于 0.1%，轨面横向水平高差小于 2 mm；

——安装时禁止在称量轨上焊接、打眼(除安装塞入式传感器等工艺打孔，且打孔的孔径应符合 TB/T 2344 的相关规定)、开缺口；

——称重装置应具有防尘措施，以免灰尘及其他杂物进入称量轨底部影响计量准确度；

——称重传感器接线盒应具有防潮措施；

——称重装置应设有防雷保护措施。

6.1.2.2 秤房

称重装置的秤房应满足以下要求：

——秤房面积应不小于 30 m^2，地面应进行防潮处理；

——秤房温度和湿度应符合 GB/T 2887 中 B 级的规定，应有调车信号和便于观察车辆运行状态的窗口；

——室内设有电源、称重指示器地线，接地电阻值应小于 4 Ω；

——秤房应干燥、清洁、防盗，并配置自动调温设备；

——室内电子称重仪表与室外设备的连线应采用全程护管或暗埋方式；

——室内或室外附近应备有 380 V/20 A 的三相动力电源，供检定用。

6.1.3 检验适用性

称重装置应允许对其进行按本标准规定的试验。

尤其是承载器应能够容易、绝对安全地放置标准砝码，如果不能放置砝码，应设置一个附加支撑装置。

已经单独进行过型式评价的装置(如，称重传感器、电子称重仪表等)应能够被识别。

6.2 保证性

6.2.1 防欺骗性使用

称重装置不应具有被易于欺骗性使用的特性。

6.2.2 意外失效与错误调整

称重装置的构造应满足在控制元件意外失效或偶然失调时，不可能对正常的功能产生干扰，除非其现象是显而易见的。

6.2.3 控制器

除非有意设计，通常条件下应无法使控制进入静止的无效状态。除调校期间，不可能编造任何示值。各按键的标识应明确清晰。

6.2.4 器件和预置控制器的保护

6.2.4.1 硬件保护

对禁止接触或禁止调整的器件和预置控制器，应采取防护措施，对直接影响到称重装置的量值部位应加印封或铅封，印封区域或铅封直径至少为 5 mm。印封或铅封不破坏不能拆下。

6.2.4.2 软件保护

在能自动而明显指示任何对受保护的控制器或功能的访问时，器件和预置控制器可以使用软件方式提供保护。以下要求适用软件保护方法：

a) 与传统保护措施类似，称重装置的法律地位必须能被用户或其他任何对本称重装置负责的责任人识别。保护措施所提供的任何干预证据应能维持到下次检验或政府机构进行比对。

可采取的解决方法：

事件计数器，即不可复位计数器。计数的每一个增量，记录了每次衡器受保护运行模式的进入或对装置特定参数进行一个或多个的更改。对改装衡器，在检定（首次或后续）时，计数器的参考计数值通过适当的硬件或软件方法加以保护，并固定。计数器的实际计数值可以按手册或型式批准证书（或 OIML 证书）中描述的程序显示，以便与参考计数进行比较。

注："不可复位"是指计数器达到最大计数时，如果没有授权人员干预，就不能通过复零继续计数。

b) 装置特定参数和参照计数值应被保护，以避免无意和意外修改，这些参数应尽可能符合软件要求。

可采取的解决方法：

装置特定参数只能由特殊身份 PIN 代码的授权人进行修改。假如带存储装置的电子器件或组件不能防止被替换，粘贴在称重装置主铭牌（或其他适当的部件）上的序列号（或其他识别号）应被另外保存。这些数据应通过加密后保护（例如采用一个具有隐藏多项式 CRC-16 给出的 2 个字节校验和），该方法被认为是有效的保护方法。参考计数和序列号（独立的其他标识）在给出一个手动命令后应能显示，并与粘贴在称重装置主铭牌（或其他适当的部件）上的序列号进行比较。

c) 使用软件保护方法的称重装置应为授权人或机构能在主铭牌上或靠近主铭牌的地方粘贴或固定参照计数提供方便。

注：按照 a）显示的参考计数（事件计数）与固定和被保护在称重装置上的参考计数间的差异表示称重装置受到了干预，按国家法规做出结论（如称重装置不应在有法定管理用途下继续使用）。

可采取的解决方法：

在称重装置上牢固地安装可调整（硬件）的计数器，且使其在检定（首次或后续）调整到实际计数后能得到保护。

6.3 置零装置和零点跟踪装置

称重装置可以有一个或多个置零装置，但不应多于一个零点跟踪装置。

6.3.1 最大效果

任何置零装置的效果均不应改变称重装置的最大秤量。

置零装置和零点跟踪装置的总效果应不大于称重装置最大秤量的 4%；初始置零装置不大于最大秤量的 20%。

如果称重装置对规定范围内经初始置零装置补偿后的任一载荷，均符合 5.1 的规定，允许称重装置有一个较宽的初始置零范围。

6.3.2 准确度

置零后，零点偏差对称量结果的影响应不大于 $0.25e$。

6.3.3 置零装置的控制

若称重装置既有置零装置，又有皮重称量装置，则置零装置的控制与皮重称量装置的控制应分开。

半自动置零装置在下述情况才起作用：

——称重装置处于平衡稳定状态；

——清除所有先前的皮重操作。

6.3.4 数字指示称重装置的零点指示装置

数字指示称重装置应具有一个当零点示值偏差不大于 $\pm 0.25e$ 时显示专用信号的装置，该装置在除皮操作后显示零点示值时也可以工作。

对带辅助指示装置或零点跟踪速率不小于 0.25 d/s 的称重装置，不强制设置该零点指示装置。

6.3.5 自动置零装置

自动置零装置在以下情况时才允许运行：

——平衡处于稳定状态；

——示值在零点以下保持稳定至少 5 s。

6.3.6 零点跟踪装置

零点跟踪装置在以下情况时才允许运行：

——示值为零，或相当于毛重为零时负的净重值；

——并且平衡处于稳定；

——修正量不大于 0.5 d/s。

在除皮操作后示值为零时，零点跟踪装置可以在实际零点附近 $4\%Max$ 范围内运行。

6.4 除皮装置

除皮装置应符合以下要求：

——除皮键应单独设置；

——除皮装置的运行应在称重装置上明显指示；

——皮重称量装置的分度值应等于任一相同给定载荷下称重装置的分度值；

——除皮装置的准确度对称量结果的影响应不大于 $0.25e$。

6.5 称量结果的打印

显示和打印的内容应清晰、准确、可靠，显示和打印的内容为数字及相应的质量单位名称或符号。

同一称量结果显示和打印的数值应一致。

6.6 通用要求

6.6.1 称重装置应通过设计和制造，使其在经受干扰时应符合以下要求：

——不出现显著增差；或

——显著增差被监测到并对其做出响应，显示器上显著增差的指示与在该显示器上其他信息不应产生混淆；

注：无论示值误差值如何，等于或小于 e 的增差是允许的。

6.6.2 根据称重装置预期的使用，应始终满足 5.2、5.5、5.7 和 6.6.1 的要求。

6.6.3 如果称重装置的型式通过 6.9 规定的检查与试验，则此类型称重装置可被认为符合 6.6.1 和 6.8.2 的要求。

6.6.4 6.6.1 要求可以分别适用于：

——引起显著增差的每一个单独原因，以及/或；

——称重装置的每个部件。

由制造商选择是应用 6.6.1 哪一项的要求。

6.7 对显著增差的响应

当检测到显著增差时，称重装置应自动处于非工作状态，或自动提供一个可视的或可听到的信号，并持续到使用者采取措施或显著增差消失为止。

6.8 功能要求

6.8.1 接通电源（接通指示器开关）后，应立即执行特定程序，用足够长的时间显示指示器所有相关的指示符号，无论是处于有效状态和无效状态的，以便操作者检查。该要求不适用于有明显故障的显示器，如非段码显示器、荧光显示器、点阵显示器等。

6.8.2 称重装置在温度范围的上限和 85% 的相对湿度下应符合要求。

6.8.3 当称重装置经受 7.15 规定的干扰时，有干扰与无干扰情况下的质量示值的差值（基本误差）应不超过 e，或者衡器应能检测出显著增差并做出响应。

6.8.4 称重装置在预热时间内，应无称量示值，也不传输称量结果。

6.8.5 称重装置可以配备接口，以便与任何外部设备或其他衡器连接。

称重装置的计量功能和测量数据，不应因受到外围设备（如计算机）、其他与称重装置相互连接设备的干扰，在接口上不允许产生影响。

经由接口执行或启动的功能应满足有关要求和条件。

注：接口包括所有机械的、电子的以及称重装置与外围设备或其他衡器之间数据交换节点用逻辑器件。

6.8.5.1 意在产生下列情形的指令或数据，不可能通过接口输入到称重装置：

——显示没有清楚定义的数据，它可能对称量结果产生混淆；

——伪造显示、处理或存储的称量结果；

——调整称重装置，或改变任何调整因子（但通过接口传入指令利用称重装置内部的量程调节装置执行调整程序是允许的）。

6.8.5.2 如 6.8.5.1 所述的功能无法通过接口执行或启动，该接口不必进行保护。其他接口应按照6.2.4 要求进行保护。

6.8.5.3 接口用于连接本标准适用的外围设备时，外围设备应以能满足这些要求的方式来传输相关主要指示的数据。

6.9 长期稳定性

称重装置的长期稳定性应通过7.17规定的试验，最大允许误差应不超过表2中使用中检查的最大允许误差要求。

6.10 安全要求

称重装置安全性能应符合GB 14249.1的规定，应有可靠的防雷措施和防电磁干扰性能。

7 试验方法

7.1 试验前准备

7.1.1 初步检查

7.1.1.1 电子称重仪表

所使用的电子称重仪表应提供型式批准证书。

7.1.1.2 称重传感器

所使用的称重传感器应提供型式批准证书。

7.1.1.3 外观检查

目测，外观应符合6.1.1的规定。

7.1.1.4 打印机构

打印机构应符合6.5的规定。

7.1.1.5 安装情况检查

按照6.1.2.1规定的要求检查安装情况是否符合要求。

7.1.2 软件控制的称重装置检查

7.1.2.1 内置嵌入式软件的称重装置的检查

参照GB/T 23111—2008中G.1的规定。

7.1.2.2 PC和其他可编程或可加载软件的称重装置的检查

参照GB/T 23111—2008中G.2的规定。

7.1.2.3 数据储存装置的检查

参照GB/T 23111—2008中G.3的规定。

7.2 试验条件检查

7.2.1 正常测试的条件

应在正常测试条件下测定各种误差。评价一个影响因子的效果时，其他所有因子应保持相对恒定，并接近正常值。

7.2.2 温度

测试应在稳定的环境条件下进行，除非另有规定，一般是正常室温。测试期间最大温差不大于 5 ℃（蠕变测试时不大于 2 ℃），且温度变化率不超过 5 ℃/h。

7.2.3 供电电源

使用电源供电的称重装置，按常规接通电源，在整个测试期间（不准停电）处于开机状态。

7.2.4 预热

试验前允许对称重装置通电预热，预热时间不应超过 30 min。

7.2.5 自动置零和零点跟踪

测试期间可以关闭自动置零或零点跟踪功能，或测试开始时在承载器上加放 10*e* 的载荷，以超出自动置零和零点跟踪装置的工作范围。

对于某些测试，自动置零或零点跟踪功能必须处于工作状态时，应在测试报告中（特别提示）具体写明。

7.2.6 分度值小于 *e* 的值

如果数字指示称重装置有一个显示细分示值（不大于 0.2*e*）的指示装置，该装置可以用于确定误差，若该装置在试验中使用，则应在试验报告中注明。

7.2.7 调整

所有的调整只允许在第一项测试前进行。

7.2.8 恢复

每一项测试后，接下一项测试前允许称重装置充分的恢复。

7.2.9 预加载荷

除进行温度对空载示值的影响（5.8.1.3）测试外，每一项称量测试前，称重装置均应预加一次载荷到最大秤量或确定的最大安全载荷。

7.2.10 受试称重装置的状态

性能试验应在所有设备均处于正常运行状态，或在类似可能的运行状态下进行。在非正常配置连接时，试验程序需经授权机构和申请单位相互同意，并在试验文件中给予说明。

如果称重装置配备的接口允许与外部设备连接，在进行电快速瞬变脉冲群抗扰度试验、浪涌（冲击）抗扰度试验和静电放电抗扰度试验期间，按试验程序规定，应将称重装置连接到外围设备上。

7.3 零点检查

7.3.1 置零范围

7.3.1.1 初始置零

承载器空载时，将称重装置置零，在承载器上施加少量试验载荷并关闭衡器电源，然后接通。重复此操作，直到在承载器上所加载荷在关闭和接通电源后示值不能回零为止，能重新置零的最大载荷即为称重装置初始置零范围的正向范围。取下承载器，关闭和接通电源后示值能正常回零，则承载器的本身重量即为称重装置初始置零范围的负向范围。若承载器取下后，称重装置不能被重新置零，则应在正常接通电源后取下承载器并在称重装置可承载的任意部位（如在承载器的支架上）施加砝码，直到称重装置再次指示零为止，然后依次取下砝码，每取下一个砝码时，称重装置通断电源一次，称重装置在切断和接通电源时，仍然能被重新置零所取下的最大载荷即为称重装置初始置零范围的负向部分。

初始置零范围是其正向部分与负向部分之和。求出初始置零范围占称重装置最大秤量点百分比。如果承载器不易取下，则只需考虑初始置零范围的正向部分。

注：本试验也可用模拟传感器替代砝码进行。

7.3.1.2 自动置零

按 7.3.1.1 的规定取下承载器，并在称重装置上放置砝码直至指示为零。

取下少量砝码，在每次取下砝码后，留足时间让自动置零装置运行，以便观察称重装置自动重新置零。重复该程序，直至称重装置不能自动重新置零。

从称重装置上取下的、称重装置仍能自动重新置零的最大载荷就是自动置零范围。

如果承载器不易取下，一个实际有效的方法是：如果称重装置配备了其他置零装置，可以向称重装置添加砝码，并使用另一个置零装置将称重装置置零。然后取下砝码，检查自动置零装置是否仍然可将称重装置置零。从称重装置上取下的、仍能自动重新置零的最大载荷即为自动置零范围。

注：本试验也可用模拟传感器替代砝码进行。

7.3.2 零点指示装置

具有零点指示装置和数字指示的衡器，将衡器示值调整到零点以下约一个分度值，然后用增加1/10分度值砝码的方法，确定零点指示装置指示零点的偏差范围。

7.3.3 置零准确度

使示值超出自动置零和零点跟踪工作范围（在承载器上加放 $10e$ 的载荷，以超出自动置零和零点跟踪装置的工作范围），再依次加放 $0.1e$ 砝码使示值增加一个分度值，然后按 7.6.2 计算零点附近误差，其误差应符合 6.3.2 的规定。

7.4 加载前的置零

数字指示称重装置按下述方法置零或确定零点：

a) 对非自动置零称重装置，将 $0.5e$ 的小砝码放于承载器上，调整称重装置直至出现示值在零与零上一个分度值之间闪变，取下小砝码，即获得零位的中心；

b) 对半自动置零、自动置零或零点跟踪的称重装置，零点误差按 7.6.2 计算。

7.5 邻轮影响试验

考虑到称量区外车轮对称量区载荷的影响，型式评价时需做邻轮影响试验。

在承载器空载时置零，从称量区外，将接近最大秤量载荷的整车缓慢靠近称量区，当称重指示器显示改变 $0.5e$ 时，记录下改变点位置。重复此操作 3 次，取靠近称量区最远点位置为相邻轮停车位置线并在钢轨上画上标记线（见图 1）。

每次试验前应将轨道衡调至零点位置。如果称重装置具有自动置零装置或零点跟踪，在试验过程中应不运行。

7.6 称量性能试验

7.6.1 称量试验

采用参考车辆进行。称量试验按称量由小到大的顺序进行。在检验过程中不应重新调整零点。称量试验应包含最小空车质量、最大允许误差改变点、接近最大秤量点。各秤量点应进行三个往返并分别置于轨道衡两端和中间进行测试。

每次试验前应将称重装置调至零点位置。如果称重装置具有自动置零装置或零点跟踪，在试验过程中应超出自动置零装置或零点跟踪工作范围。

所有的试验结果应符合表 2 的首次检定规定。

7.6.2 误差计算

无指示较小分度值(不大于 $0.2e$)的称重装置，采用闪变点方法确定化整前的示值，方法如下：

对于某一确定的载荷 m，记录指示值 I，逐一加放 $0.1e$ 的小砝码，直至称重装置的示值明显地增加了一个分度值($I+e$)，附加载荷为 Δm，则 P 由式(2)给出：

$$P = I + 0.5e - \Delta m \qquad \cdots\cdots(2)$$

化整前的误差 E 由式(3)给出：

$$E = P - m = I + 0.5e - \Delta m - m \qquad \cdots\cdots(3)$$

化整前的修正误差 E_c 由式(4)给出：

$$E_c = E - E_0 \leqslant \text{MPE} \qquad \cdots\cdots(4)$$

式中：

E_0 ——零点或接近零点(如 $10e$)的误差；

m ——称重装置上的载荷，单位为吨(t)或千克(kg)；

Δm ——附加载荷，单位为吨(t)或千克(kg)；

P ——化整前的示值，单位为吨(t)或千克(kg)。

示例：一台 $e=500$ kg 的称重装置，零点误差 E_0 为 50 kg，载荷为 500 000 kg 时，示值为 500 000 kg，逐一加放 50 kg 载荷，示值由 500 000 kg 变为了 500 500 kg，附加载荷为 150 kg，代入式(2)得：

$$P = 500\,000 + 250 - 150 = 500\,100(\text{kg})$$

化整前误差 E 为：

$$E = 500\,100 - 500\,000 = 100(\text{kg})$$

$$E_0 = 50(\text{kg})$$

$$E_c = 100 - 50 = 50(\text{kg})$$

7.6.3 使用替代物进行称量试验

该试验仅在检验期间和使用地点进行，考虑 7.6.1 的要求。根据 5.6.4 确定允许的替代物数量。使用与替代物接近的载荷，在承载器上重复加载 3 次检查重复性，如果试验载荷与 7.11 重复性试验规定的质量相当，可以使用其结果。

施加试验载荷从零开始至标准砝码的最大量。

确定误差(7.6.2)，然后取下砝码，在称重装置有零点跟踪装置的情况下，达到空载示值或回到相当于 $10e$ 载荷的示值。

用替代物代替前面的砝码加载，与误差测定的方法相同，直至达到上述相同的闪变点。重复上述过程直至达到称重装置的最大秤量。

以反向顺序卸载至零点。即：卸去砝码并测定闪变点，再放回砝码并取下替代物直至达到相同的闪变点。重复此过程直至卸载回零点。

可以采用其他类似等效程序。

7.7 多指示装置试验

具有多个指示装置的称重装置，按 7.6 的规定进行称量试验，将不同装置的示值进行比较，其示值之差应符合 5.5.1 规定。

7.8 除皮

7.8.1 称量试验

应在不同皮重值下进行称量试验(按 7.6.1 加载和卸载)。至少选择 5 个载荷值，包括最小秤量、处于或接近最大允许误差改变的载荷值和可能的最大净重载荷值。

对于扣除皮重称重装置，用 1/3 和 2/3 最大皮重之间的一个皮重值进行试验。

如果称重装置具有自动置零装置或零点跟踪装置，可以在试验过程中运行，此时应按照 7.6.2 确定零点误差。

7.8.2 除皮准确度

该试验可以与 7.6.1 合并进行。

先把除皮装置调整为零，将示值超出自动置零和零点跟踪的范围，然后按 7.3.3 方法确定除皮准确度，其结果应符合 6.4 的规定。

7.9 偏载试验

——使用小车试验时，在承载器不同位置上施加载荷，它相当于可能称量的最大最集中的载荷，但不应大于最大秤量与最大添加皮重量之和的 0.8 倍。将小车由承载器一端开始依次推至各承重点及相邻两承重点的中间位置，记录示值，由另一端推离承载器，往返各 3 次，每次小车离开承载器后，记录空载示值。各示值用零点误差 E_0 修正后，其误差应符合 5.2 的规定。

注 1：使用小车试验时，单称量区(只有一段称量区)的称重装置，其试验点数不应少于 7 个，试验点可以平均分配，但应有始端、中间和末端三点；

注 2：对于多称量区(有两段或两段以上称量区)的称重装置每段称量区检两端和中间 3 点试验已经能够满足计量要求；

注 3：对于无法使用小车试验的特殊称重装置可以采用其他滚动载荷替代。

——使用整车试验时，将整车由承载器一端开始依次推至各承重点及相邻两承重点的中间位置，记录示值，由另一端推离承载器，往返各 3 次，每次整车离开承载器后，记录空载示值。各示值用零点误差 E_0 修正后，其误差应符合 5.2 的规定。试验时做两端和中间 3 点已经能够满足计量要求。

试验前应将轨道衡调至零点位置。如果称重装置具有自动置零装置或零点跟踪，在试验过程中应超出工作范围。

所有的检验结果应符合 5.2 中表 2 的规定。

示例：具有四组传感器的轨道衡，砝码小车在承载器上停放位置如图 2 所示。多称量区检验车辆停放位置如图 3 所示。

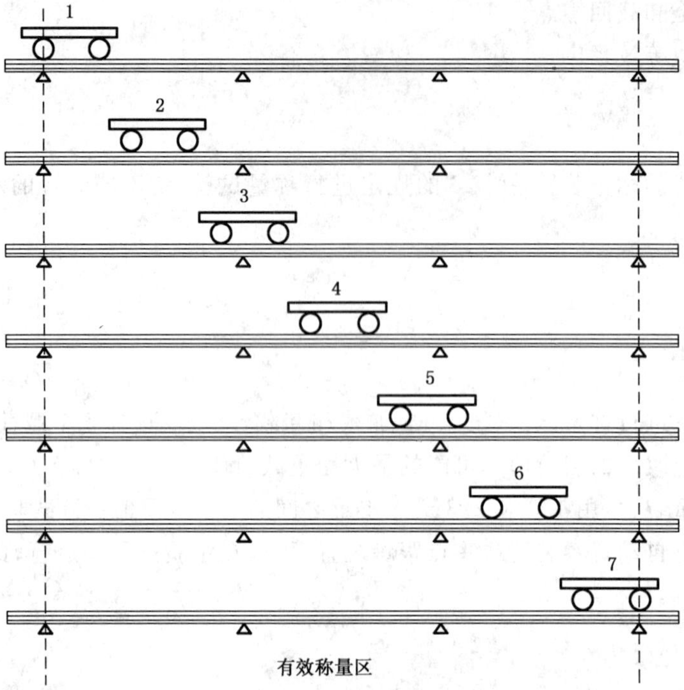

图 2　砝码小车在承载器上停放位置示意图

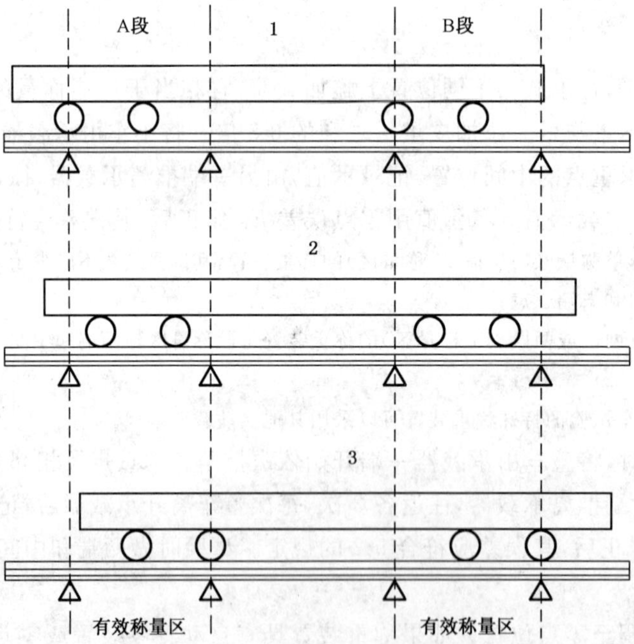

图 3　检验车辆在承载器上停放位置示意图

7.10　鉴别力试验

分别对最小秤量、接近 1/2 最大秤量、接近最大秤量三个秤量点进行鉴别力试验。

承载器上应加放足够多由小砝码组成的附加载荷(如，10 个 $0.1d$ 的小砝码)，然后依次取下附加小砝码，直至示值 I 确实地减少了一个实际分度值而成为 $I-d$。再放上一个 $0.1d$ 的小砝码，然后在承载器上轻缓地放上 1.4d 的载荷，结果示值应为 $I+d$，如图 4 所示。

示例：开始示值为 400 kg，取下一些小砝码，直到示值变为 $I-d=380$ kg。加上 0.1$d=2$ kg 后，再加 1.4$d=28$ kg，则示值为 $I+d=420$ kg。

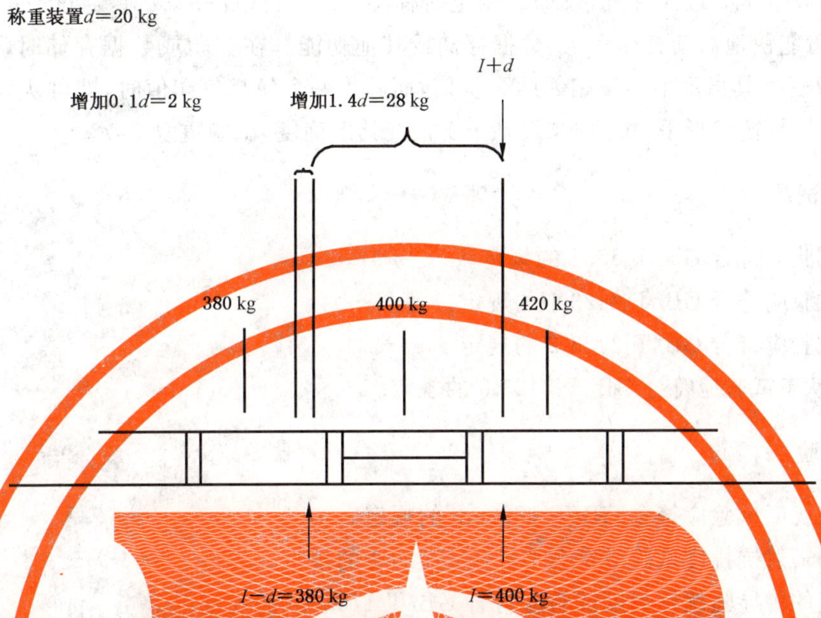

图 4　鉴别力试验示例

鉴别力试验可在称量试验中进行。

注：在进行 7.6.1、7.9 的试验时，各抽检一次鉴别力。

7.11　重复性试验

对于型式评价试验应进行两组称量试验，一组为 1/2 最大秤量，另一组为接近最大秤量。每组试验至少由 3 次称量试验组成。读数应在称重装置加载和卸载两次称量间达到静态稳定时进行。对称量中出现零点偏差的情形，称重装置应重新置零，而无需测定零点误差。在加载和卸载的称量间不必确定零点实际位置。

对于检验，用 0.8 倍最大秤量进行一组试验已能满足要求。试验至少由 3 次称量试验组成。

每次试验前应将称重装置调至零点位置。如果称重装置具有自动置零装置或零点跟踪，在试验过程中应运行。

所有的试验结果应符合 5.2 中表 2 首次检定的规定。

7.12　示值随时间变化

7.12.1　蠕变试验

在称重装置上施加接近最大秤量的载荷，示值刚稳定立即记录读数，然后记录载荷在称重装置上保持 4 h 期间的示值。试验期间，温度的变化不应大于 2 ℃。

如果在第一个 30 min 内，示值变化小于 0.5e，且其中第 15 min 和 30 min 之间的变化小于 0.2e，则此项试验在 30 min 后即可结束。

7.12.2　回零试验

测定称重装置上施加接近最大秤量载荷前和 30 min 后的零点示值的偏差。示值刚稳应立即读数。

如果称重装置具有自动置零或零点跟踪装置，试验中该装置应超出工作范围。

7.13 平衡稳定性试验

称重装置加载至1/2最大秤量，或加载至包括有关功能运行范围的载荷，通过一个手动行为打破平衡状态，并且尽可能快地启动打印命令、数据存储或其他功能。在打印或数据存储时，读取打印输出后5s期间内的示值。当其指示不多于相邻两个示值，而其中一个便是打印值时，即可认为达到稳定平衡。

在置零或除皮平衡情形下，按照6.3.2或6.4检查其准确度，试验重复5次。

7.14 影响因子试验

电压变化试验应符合GB/T 6587的规定。

静态低温试验应符合GB/T 2423.1的规定。

静态高温试验应符合GB/T 2423.2的规定。

湿热、稳定状态试验应符合GB/T 2423.3的规定。

7.15 抗干扰试验

静电放电抗扰度试验应符合GB/T 17626.2的规定。

射频电磁场辐射抗扰度试验应符合GB/T 17626.3的规定。

射频场感应的传导骚扰抗扰度试验应符合GB/T 17626.6的规定。

电快速瞬变脉冲群抗扰度试验应符合GB/T 17626.4的规定。

浪涌(冲击)抗扰度试验应符合GB/T 17626.5的规定。

电压暂降、短时中断的抗扰度试验应符合GB/T 17626.11的规定。

7.16 安全试验

安全试验应符合GB 14249.1的规定。

7.17 长期稳定性试验

试验样机应保证在一个检定周期内稳定工作，在不做任何调整的情况下，进行置零准确度(7.3.3)、邻轮影响试验(7.5)、称量试验(7.6.1)、偏载试验(7.9)、鉴别力试验(7.10)、重复性试验(7.11)等试验项目，首次试验的计量性能应符合首次检定的最大允许误差的规定，一个检定周期后进行稳定性试验时最大允许误差符合使用中检查的规定。首次试验后应对影响计量性能的装置进行必要的封存。

8 检验规则

检验中每项检测应连续进行。

8.1 型式评价

称重装置在下列情况下应进行型式评价：

——新产品型式批准时；

——产品结构、材料、工艺有较大改变，可能影响产品性能时；

——产品转厂生产时。

在型式评价中，检测结果有一项以上(含一项)指标达不到本标准技术要求，则判该型式评价不合格，型式评价项目如表3所示。

8.2 出厂检验

每台产品出厂前应按表3进行检验，合格后才能出厂，并应附有产品合格证书。

表3 检验项目表

检验项目	型式评价	出厂检验	技术要求	试验方法
称重传感器	+	+	6.1.1.2	7.1.1.2
电子称重仪表	+	+	6.1.1.1	7.1.1.1
外观检查	+	+	6.1.1.3	7.1.1.3
安装情况检查	+	+	6.1.2.1	7.1.1.5
软件检查	+	—	6.1.1.4	7.1.2
零点检查	+	+	6.3	7.3
打印机构	+	+	6.5	7.1.1.4
邻轮影响	+	+	5.3	7.5
偏载	+	—	5.5.2	7.9
称量性能	+	+	5.5	7.6
除皮	+	—	6.4	7.8
鉴别力	+	+	5.7	7.10
重复性	+	+	5.5.3	7.11
示值随时间变化	+	—	5.8.3	7.12
影响因子	+	—	5.4.1	7.14
抗干扰	+	—	6.8.3	7.15
安全性	+	—	6.10	7.16
长期稳定性	+	—	6.9	7.17
注："+"代表必检项目；"—"代表可选项目。				

9 标志、包装、运输、贮存

9.1 说明性标志

9.1.1 强制必备标志

——制造厂的名称、商标；

——准确度等级：中准确度级，符号为(III)；

普通准确度级，符号为(IIII)；

——最大秤量(*Max*)……；

——最小秤量(*Min*)……；

——检定分度值(*e*)……；

——制造许可证标志和编号。

9.1.2 必要时可备标志

——出厂编号；

——单独而又相互关联的模块组成的称重装置，其每一模块均应有识别标志；

——型式批准标志和编号；

——最大安全载荷(如制造商规定的最大安全载荷大于 $Max+T$)表示为：Lim=……；

——称重装置在满足正常工作要求时的特定温度范围表示为…℃/…℃。

9.1.3 附加标志

根据称重装置的特殊用途需要，可增加附加标志，例如：

——不用于直接向公众售货/贸易结算；

——专用于：……；

——印记不保证/只保证……；

——仅用于下列用途：……。

9.1.4 对说明性标志的要求

说明性标志应牢固可靠，其字迹大小和形状应清楚、易读。

这些标志应集中在明显易见的地方，标记在称量结果附近，固定于称重装置的一块铭牌上，或在称重装置的一个部位上。标志的铭牌应加封，不破坏铭牌无法将其拆下。

9.2 检验标志

9.2.1 位置

检验标志的位置应当：

——不破坏标志就无法将其拆下；

——标志容易固定；

——在使用中就可以看见标志。

9.2.2 固定

采用自粘型检验标志，称重装置上醒目处应留出能持久保存检验标志的位置，位置的直径至少为25 mm×50 mm。

9.3 包装标志

包装标志应符合 GB/T 191 和 GB/T 6388 的规定。

9.4 包装

包装应确保称重装置在正常装卸运输、仓库贮存等过程中不发生损坏、丢失、锈蚀、长霉、降低准确度等情况。

尽可能使包装件重心靠中和靠下，包装箱内应进行支撑、垫平、卡紧，并加以固定，以防碰撞造成损伤。

内包装箱与外包箱之间应有一定的间隙，并采取有效措施，以防止产品在运输过程中发生窜动和碰撞。

所有包装材料不应引起产品油漆或电镀件等表面色泽改变或锈蚀。

9.5 随机文件

——总装图；
——基础图；
——使用说明书；
——合格证；
——装箱清单。

9.6 运输

运输时应小心轻放，禁止抛掷、碰撞和倒置，防止剧烈震动和雨淋。

9.7 贮存

称重装置的承载结构部分应贮存在有防雨、防水措施的场所。

称重传感器的贮存按 GB/T 7551 的有关规定。

电子称重仪表的贮存按 GB/T 7724 的有关规定。

各种零散件在室外存放时，应避免雨淋和受潮，并垫好以防变形和雨水浸泡，不准与具有腐蚀性的物质存放在一起。

ICS 39.040.10
Y 11

中华人民共和国国家标准

GB/T 30106—2013/ISO 22810:2010

钟表　防水手表

Horology—Water-resistant watches

(ISO 22810:2010,IDT)

2013-12-17 发布　　　　2014-11-01 实施

中华人民共和国国家质量监督检验检疫总局
中国国家标准化管理委员会　发布

前　言

本标准按照 GB/T 1.1—2009 给出的规则起草。

本标准使用翻译法等同采用 ISO 22810:2010《钟表　防水手表》。

本标准由中国轻工业联合会提出。

本标准由全国钟表标准化技术委员会(SAC/TC 160)归口。

本标准起草单位:深圳市泰坦时钟表检测有限公司、轻工业钟表研究所、珠海罗西尼表业有限公司、深圳市雷诺表业有限公司、深圳市飞亚达科技发展有限公司、天王电子(深圳)有限公司、福建瑞达精工股份有限公司、天津海鸥表业集团有限公司。

本标准主要起草人:王岩民、金英淑、何光先、王永宁、郭新刚、高湘莲、罗素云、张鸣、刘胜勇、张克来、卞公甫、蒋莘、王彩凤、马静。

钟表 防水手表

1 范围

本标准规定了防水手表的要求和试验方法，还给出了适用于制造商使用的防水手表的标记。

具有本标准中规定特性的潜水表，属 ISO 6425 标准范围，该标准规定了潜水表的特殊要求。

2 术语和定义

下列术语和定义适用于本文件。

2.1

防水性 water resistance

防渗水的能力。

2.2

防水手表 water-resistant watch

防渗水的手表。

注：本标准适用于手表或表头。

2.3

超压 overpressure

浸水期间受到的机械压力，单位为 bar[1)]，与浸水的深度成比例。

注：解释和一些有用的物理概念见 A.2.1 和 A.2.2。

2.4

浸水深度 immersion depth

从水面至浸在水中的手表之间的垂直距离，单位为米。

3 要求

3.1 总则

防水手表应满足以下要求。

3.2 超压防水性

在 4.3.2 所述的试验前和试验后，按照 4.2 进行冷凝试验，表玻璃内表面不应出现凝雾。

3.3 浅水防水性

在 4.3.3 所述的试验前和试验后，按照 4.2 进行冷凝试验，表玻璃内表面不应出现凝雾。

3.4 操作件上施力时的防水性

在 4.3.4 所述的试验前和试验后，按照 4.2 进行冷凝试验，表玻璃内表面不应出现凝雾。

---

1) 1 bar=10^5 Pa=10^5 N/m^2，对应于 10 m 水深。

3.5 热冲击防水性

在4.3.5所述的试验前和试验后，按照4.2进行冷凝试验，表玻璃内表面不应出现凝雾。

4 试验方法

4.1 试验条件

试验前，转动、推拉或按压手表操作件，然后恢复到正常位置。

整个试验期间，环境温度应为18 ℃～25 ℃，除4.3.5中所述的试验外，水温应与环境温度相同。

4.2 冷凝试验

本试验的目的是按以下方法检验手表的防水性：

a) 将手表置于温度为40 ℃～45 ℃的加热板上，直至手表玻璃的温度与加热板的温度相同(实践中，加热时间根据手表的类型而变化)；

b) 将温度为18 ℃～25 ℃的水滴滴在手表玻璃上，或将相同温度的湿布或湿垫覆盖在手表玻璃上(见注2)；

c) 约1 min后，用干布擦干表玻璃。

表玻璃内表面出现凝雾的手表不符合本标准的要求。

注1：如果手表是在湿度饱和的大气环境中装配的，试验前的冷凝试验可能会出现并非因防水缺陷造成的凝雾。如果出现这种现象，应烘干手表再重新进行冷凝试验。

注2：对厚度超过2 mm的任何类型玻璃，水滴冷凝试验都是不可靠的。建议在手表上覆盖湿布或湿垫。

注3：如果凝雾在1 min内消失，视为没有防水缺陷。

4.3 浸水防水性试验

4.3.1 总则

手表应经受以下四个试验。

4.3.2 超压防水性

将手表完全浸入盛水的合适容器中，在1 min内将容器内的压力升高到至少2 bar的超压，并保持10 min，然后在1 min内将压力降至周围环境压力。

注：更高的超压值可由制造商规定并标记在手表上。

4.3.3 浅水防水性

将手表浸入深度为10 cm±2 cm的水中，保持至少1 h。

4.3.4 操作件上施力时的防水性

将手表浸入深度为10 cm±2 cm的水中，在垂直于柄头轴线和按钮轴线的方向上施加5 N的力，保持5 min。(见图1)。

注：如可行，将柄头和按钮拧紧。

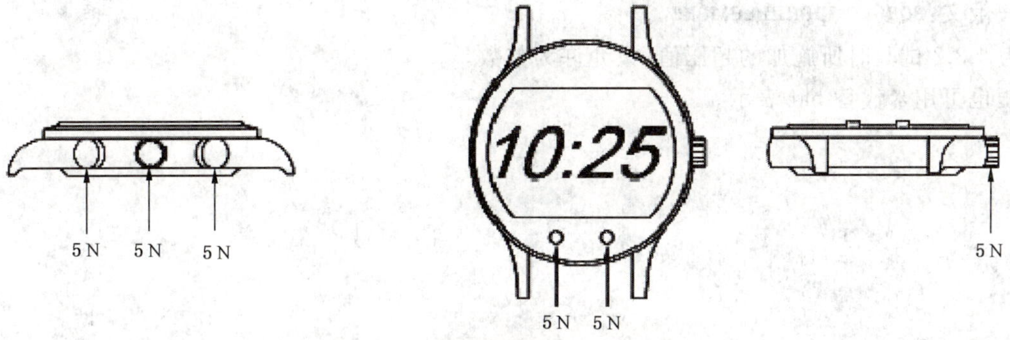

图 1 柄头和按钮的示例图

4.3.5 热冲击防水性

将手表顺次浸入深度为 10 cm±2 cm 的不同温度的水中：

——置于 40 ℃的水中 5 min；

——置于 20 ℃的水中 5 min；

——置于 40 ℃的水中 5 min。

手表从水中取出进入另一水温中的时间不得超过 1 min。

4.4 超气压防水性试验

可对手表进行预试验，这样可在不破坏手表整体性的情况下检测到手表防水的缺陷。

将手表置于超气压的空气中，然后依次施加 2 bar 和 0.5 bar 的超压，测量进入表壳的空气漏流率。

空气漏流率超过 50 μg /min 的手表，建议不进行 4.3 中规定的浸水防水性试验。

注：空气可以用惰性气体来代替。

作为一个示例，此项是可选择的预试验，不能代替 4.3 中所描述的浸水防水性试验。

5 标记

5.1 符合第 3 章规定要求的手表，可用下列文种规定的术语进行标记。

——中文：防水

——英文：water-resistant

——法文：étanche

——德文：wasserdicht

——日文：日常生活用防水

——韩文：방 수

——俄文：водонепроницаемый

5.2 当制造商对 4.3.2 中所述试验规定了高于 2 bar 的超压时，手表可按以下方式进行标记：

——中文：防水	x bar
——英文：water-resistant	x bar
——法文：étanche	x bar
——德文：wasserdicht	x bar
——日文：日常生活用防水	x bar
——韩文：방 수	x bar

——俄文:водонепроницаемый　　　x bar

x 为 4.3.2 试验时所施加的超压值,只允许为整数。

超压也可用米代替 bar 表示。

附 录 A
（资料性附录）
使用注意事项和物理概念

A.1 使用注意事项

手表的防水性不是一个保持不变的固有特性，为确保保证期后手表的特性，建议使用者：

——按照制造商的建议，在每次打开过手表后，应由专业人员检测手表的防水性。在此种情况下，建议按4.4进行超气压试验；
——购买时，要确保表带长短合适；
——避免手表经受非常突然的温度变化；
——避免手表掉落或受到震动（每次强烈震动后应检查手表的防水性）；
——避免手表在水下及出水后还未干时使用操作件、按钮或用于调整时间的柄头；
——每次操作后，将柄头及按钮完全复位并旋紧（如可行）；
——在海水中使用之后应用淡水冲洗手表。

A.2 物理概念

A.2.1 超压

手表壳在密封状态时，内外压力是相同的。在空气环境中，手表暴露于大气压中，大气压会根据海拔和气象条件而变化。

当手表浸入水中时，其外部压力随着水深而增加，内部压力仍保持大气压力。

随水压增加的大气压被称为绝对压力。水所施加的压力被称为超压。

气压的变化很小，与浸水时产生的超压相比可以忽略不计。根据本标准所实施的试验是超压试验。

A.2.2 转换规则

在国际单位制(SI)中，压力单位为帕斯卡(Pa)，1 Pa的压力对应于在1 m^2表面积上施加1 N的力。

但是，更广泛使用的单位是巴(bar)，因为1 bar等于10^5 Pa，它更适合于在手表这类小型产品上做防水标记。此外，1 bar的值与海平面1.013 bar的大气压接近。bar不是国际单位制中的单位，但可适用于流体。

每单位体积水的重量在0.998 kg/dm^3(20 ℃下的淡水)和1.030 kg/dm^3(典型的是盐水)之间变化。地球引力的加速度是相对恒定的，其值在赤道的9.780 m/s^2和两极的9.832 m/s^2之间的范围内。

在这些条件下，在浸水深度和水的静态压力之间的比值变化不会超过±2%。因此，就本标准的目的而言，我们可以用1 bar来对应于10 m水的深度。

参 考 文 献

［1］ ISO 6425 潜水表(Divers′ watches)

ICS 35.240.80
C 07

中华人民共和国国家标准

GB/T 30107—2013

健康信息学 HL7 V3 参考信息模型

Health informatics—HL7 Version 3—Reference information model

(ISO/HL7 21731:2006,MOD)

2013-12-17 发布 2014-04-15 实施

中华人民共和国国家质量监督检验检疫总局
中国国家标准化管理委员会 发布

前　言

本标准按照 GB/T 1.1—2009 给出的规则起草。

本标准修改采用 ISO/HL7 21731:2006《健康信息学　HL7 V3　参考信息模型(发布版本 1)》。

本标准与 ISO/HL7 21731:2006《健康信息学　HL7 V3　参考信息模型(发布版本 1)》的主要差异如下：

——按照国家标准的编写格式要求对原文的一些章条及其编号做了适当的调整；

——引言对应于原文的"引言"和"附录 A"的部分内容；

——删除了原文中的 4.1 和 4.22 两个术语；

——增加了"3.2 缩略语"；

——删除了专用于 HL7 组织和 ISO/TC 215 的内容，如 5.2.3 部分内容、5.2.4；

——附录 A 对应于原文的"引言"和"附录 A"的部分内容；

——对文中一些错误的地方进行了改正。

本标准由中国标准化研究院提出并归口。

本标准主要起草单位：中国标准化研究院、浙江数字医疗卫生研究院、电子科技大学、白求恩国际和平医院、中国人民解放军总医院、成都市标准化研究院、四川银海软件有限责任公司。

本标准主要起草人：任冠华、李兰娟、李科、张林、张蕊、尹书蕊、张梅奎、刘胜男、胡昌川、罗瑶、邹翀、沈剑锋、何前锋、任菁菁、金瓯。

健康信息学 HL7 V3 参考信息模型

1 范围

本标准规定了用于描述静态的健康和医疗保健信息的 HL7 参考信息模型(RIM),描述了 HL7 RIM 中的主题域、类及其属性,并给出了 RIM 的结构词表。

本标准适用于健康信息学领域内的标准制定以及医疗保健信息系统的研发与管理。

2 规范性引用文件

下列文件对于本文件的应用是必不可少的。凡是注日期的引用文件,仅注日期的版本适用于本文件。凡是不注日期的引用文件,其最新版本(包括所有的修改单)适用于本文件。

ISO 17113 健康信息学 医疗保健信息系统间的信息交换 消息制定方法(Health informatics—Exchange of information between healthcare information systems—Method for development of messages)

ISO/IEC 19501 信息技术 开放分布式处理 统一建模语言(UML) V 1.4.2(Information technology—Open Distributed Processing—Unified Modeling Language (UML) Version 1.4.2)

ANSI/HL7 V3 DT, R1—2004 HL7 V3 标准:数据类型 抽象规范(发布版本 1)(HL7 Version 3 Standard: Data Types—Abstract Specification, Release 1)

3 术语、定义和缩略语

3.1 术语和定义

下列术语和定义适用于本文件。

3.1.1

关联 association

一个类到另一个类或到其自身的引用,或是两个对象(类的实例)之间的连接。

3.1.2

关联角色名称 association role name

关联的端的名称。该名称是一个动词短语,它从与角色相近的类的视角来描述位于关联另一端的类的角色。

3.1.3

属性 attribute

对类的特定方面的抽象。属性在 HL7 消息传输中就变成了数据值。

3.1.4

包 bag

集合的一种形式。其元素是无序的,且不必唯一。

3.1.5

基数 cardinality

数据元的性质(数据元在具体存在的对象视图中可以重复出现的次数)。

3.1.6

类　class

对特定应用域中某个事件或概念的抽象。

3.1.7

分类符属性　classifier attribute

在泛化层级结构中指出哪种具体化是类的重点的属性。

3.1.8

代码型属性　coded attribute

RIM 中具有 CD、CE、CS 或 CV 等基本数据类型的属性。

3.1.9

编码强度　coding strength

说明代码集是否可以通过扩展来满足本地实施需求的一个可扩展限定符。

3.1.10

编码系统　coding system

(通常)使用短概念标识符说明概念是系统组成部分,且定义一个唯一概念代码集的概念表示体系。

3.1.11

集合　collection

相似对象的聚合。本标准所采用的集合形式有集合、包和列表。在集合中可以找到的对象包括数据类型。

3.1.12

连结　connection

信息模型中两个类之间的一种特定关系。

3.1.13

数据类型　data type

属性中所含数据的结构格式。它可以约束属性可能采用的属性值集合。

3.1.14

远端类　distal class

在信息模型中具有关联的两个类之间,从一个类的视角看位于关联相反端的类。

3.1.15

领域;域　domain

a) 关注的特定方面,此时称为"领域"。例如,HL7 的领域是医疗保健。

b) 由数据类型、属性或由数据类型组件可能值组成的集合。此时称为"域"。参见 3.1.55。

3.1.16

事件　event

a) 造成对象状态发生显著变化的刺激促进因素或引发对象行为的信号。

b) 用于表示 Mood(语气)的词表域值。

3.1.17

可扩展性限定符　extensibility qualifier

域中使用的词表域限定符。它表明是否可以用其他值对现有的词表域进行扩展。可扩展性限定符的取值有两个:CNE(非扩展代码型)和 CWE(扩展代码型)。

3.1.18

泛化　generalization

分别被称为超类和子类的两个类之间的关联,其中子类是由超类派生而来的。子类不仅继承了超类的所有性质，包括属性、关系和状态，而且增加了一些新的性质来扩展了父类的性能。从子类的视角看，子类就是超类的具体化。

3.1.19

泛化层级结构　generalization hierarchy

具有相同根超类的所有超类和子类。

3.1.20

图形表示　graphical expression

使用图形符号表示模型组件及组建之间关系的一种可视化表述形式。

3.1.21

标识符属性　identifier attribute

用于标识类的实例的属性。

3.1.22

信息模型　information model

采用图形或文字叙述方式表示的、关于域信息需求的结构化规范。信息模型描述了所需的信息类以及其性质，包括属性、关系和状态。例如，本标准中的 RIM。

3.1.23

继承　inheritance

在泛化关系中，除非另作说明，否则子类将会继承父类的所有性质，包括属性、关系和状态。

3.1.24

实例　instance

一个案例或事件。例如，类的实例是对象。

3.1.25

列表　list

集合的一种形式。其元素是有序的，且不必唯一。

3.1.26

文字表示　literary expression

模型的一种文本表述形式。文字表示试图在严格无歧义描述模型的需求与方便人们阅读和解释的再现需求之间寻求平衡，使未学过正式模型定义语言的人们理解面向对象的模型中的一般概念。

3.1.27

强制性　mandatory

如果属性具有强制性，则所有使用本属性的消息元素都应包含一个非空值或具有一个非空的缺省值。

3.1.28

强制性关联　mandatory association

某一端多重性最小值大于零的一种关联。一个完整的强制性关联，其两端的多重性最小值都大于零。

3.1.29

方法学　methodology

特定学科遵循的方法或规则。

3.1.30

模型　model

域的一种表现形式，使用抽象方法表达相关概念。

3.1.31

多重性　multiplicity

说明信息模型中参与关联的每个类中对象的最小和最大数量。对关联的每一端都应规定其多重性。

3.1.32

命名空间　namespace

模型的一个组成部分。在命名空间中定义和使用具有唯一含义的名称。

3.1.33

对象　object

类的一个实例。对象是指包含一组(以属性形式存在的)相关数据和数据使用过程(方法)的一个信息系统组成部分。

3.1.34

对象标识　object identity

表明对象独立于与其相关的任意值而存在的特性。

3.1.35

基于对象的　object-based

支持对对象进行标识、分类和封装的任一方法、语言或系统。基于对象的系统不支持具体化。

3.1.36

性质　property

为类或对象定义的属性、关联、方法或状态模型。

3.1.37

参考信息模型　Reference Information Model

RIM

可以派生出其他所有信息模型(如 R-MIMs)和消息的 HL7 信息模型。

3.1.38

角色　role

a)　功能或定位。

b)　用来定义 Entity(实体)类能力的参考信息模型类。每个角色由(位于其中的)一个 Entity 来扮演,并通常由另一个 Entity 来规定其范围。

c)　UML 中,关联的每一端都会指定一个角色来反映类在关联中的作用。

3.1.39

角色名称　role name

参见 3.1.2。

3.1.40

集　set

集合的一种形式,包含一个由无重复的单一类型元素构成的无序列表。

3.1.41

具体化　specialization

两个类(分别称为超类与子类)之间的一种关联。其中子类由超类派生而来。子类不仅继承了超类的所有性质,包括属性、关系和状态,而且还增加了一些新的性质来扩展父类的性能。

3.1.42

状态　state

类的实例(即对象)的命名情况,可以通过检查实例的属性和关联进行检验。

3.1.43

状态属性 state attribute

描述对象当前状态的属性。

3.1.44

状态图 state diagram

状态转换模型的一种图形表现形式。其中,用顶点(节点)表示状态,用节点之间的有向弧线(箭头)表示状态转换。

3.1.45

状态机 state machine

按照状态转换模型的规定对类的实例的生命周期进行的描述。

3.1.46

状态转换 state transition

由于属性或关联的改变而造成对象状态的改变。

3.1.47

状态转换模型 state transition model

类的生命周期的图形表现形式。该模型用于描述类的所有相关状态以及不同状态之间的有效转换。

3.1.48

子类 subclass

作为对另一个类(超类)具体化的一个类。

3.1.49

主题域 subject area

用于把大型模型分解为便于管理的子集的一种便捷的模型类聚合。

3.1.50

子状态 sub-state

类的一种可识别状态,具有比其超状态更具体的定义、且完全包含在其超状态的范围内。

3.1.51

超类 superclass

作为对一个或多个其他类(子类)泛化的一个类。

3.1.52

超状态 super-state

包含两个或两个以上独立子状态的类的状态。

3.1.53

统一建模语言 Unified Modeling Language

UML

用于创建域模型的语言。UML 的建立旨在统一其他几种著名的面向对象的建模方法学,包括 Booch、Rumbaugh 和 Jacobson 等。

3.1.54

词表 vocabulary

由一个代码型属性或字段的多个有效值组成的集合。

3.1.55

词表域 vocabulary domain

由可以作为代码型属性或字段实例有效值的所有概念组成的集合,对代码值具有约束作用。

3.1.56

词表域限定符 vocabulary domain qualifier

词表域规范的组成部分。现有的两个限定符是可扩展性和领域。

3.2 缩略语

下列缩略语适用于本文件。

HL7 健康信息交换与传输标准(Health Level Seven)

RIM 参考信息模型(Reference Information Model)

UML 统一建模语言(Unified Modeling Language)

W3C 万维网联盟(World Wide Web Consortium)

CNE 非扩展代码型(coded, no extension)

CWE 扩展代码型(coded with extension)

CS 代码型简单值(Coded Simple Value)

LOINC 观测指标标识符逻辑命名与编码系统(Logical Observation Identifiers Names and Codes)

4 一致性要求

本标准规定的 RIM 可以作为派生出其他信息模型的依据,也可以作为支持数据库及其他信息结构设计的基础。因为要求对具体的实施进行符合本标准的测试并不合理,所以本标准的用户不需声明符合本标准。

5 标准说明

5.1 标准内容

RIM 由一个或多个主题域包的多个类组成。属性、关系和状态机都与类相关。

RIM 中的每个类表示的是在医疗保健环境下应加以归档和交换的概念信息。赋予这些类的名称均取自于规范性语言,但这些名称的使用需限定在 RIM 命名空间内。这些名称的含义可以在类的定义以及赋予类的性质(属性和关联)的定义中得到了完整的体现。例如,"Role(角色)"类的含义只能通过分析其定义和性质来理解。在 RIM 命名空间语境中,来自其他语境的定义之间或用于名称的词典定义之间是无关的。

RIM 采用带有作为 UML 模型元素元数据扩展的 HL7 特有标记的 UML 语言进行表达。所有标准的 UML 模型元素元数据值都是规范性的,但只有下列 HL7 扩展才是规范性的:

——Class.stateAttribute(类.状态属性)

——Class.classCode(类.类代码)

——Attribute.mandatoryInclusion(属性.强制包含)

——Attribute.cardinality(属性.基数)

——Attribute.vocabDomain(属性.词表域)

——Attribute.vocabStrength(属性.词表强度)

5.2 对 RIM 的理解

5.2.1 概述

RIM 采用的是一种非常抽象的建模风格。RIM 的主干类及其结构化属性是其核心。理解这些类及其属性对于理解 RIM 来说至关重要。本条描述了如何采用 UML 来表达抽象概念以及如何通过使用作为本标准组成部分的受控词表来控制这些抽象概念。如何使用这些抽象概念表示更详细的健康信息的示例见附录 B。

5.2.2 RIM 的主干类

RIM 由下列六个"主干类"组成:

——Act(行动)类:表示在管理和提供医疗保健服务时需执行并记录的行为;

——Participation(参与)类:表示行动的语境,如执行者、执行对象、执行地点等;

——Entity(实体)类:表示关注和参与医疗保健服务的客观事物和生物;

——Role(角色)类:表示实体参与医疗保健行动时所扮演的角色;

——ActRelationship(行动关系)类:表示一个行动与另一个行动之间的绑定关系,如关于某个观察项目的医嘱与相应发生的观察事件之间的关系;

——RoleLink(角色链接)类:表示个体角色之间的关系。

上述类中的三个类——Act、Entity 和 Role——可以进一步表述为一组具体化的类或子类型。在 HL7 表示法中,只有当子类型需要一个或多个并非从其父类继承而来的属性或关联时,才会增加一个子类型到 RIM 中。那些表示不同概念但又无需新增属性和关联的类,则仅在受控词表中使用唯一代码进行表示。因此,这三个类包括下列用于进一步定义建模概念的代码型属性:

——(Act、Entity 和 Role 类中的)classCode(类代码)属性:表示预期的准确的类或概念,而不管该类是否属于 RIM 层级结构;

——(Act 类中的)moodCode(语气代码)属性和(Entity 类中的)determinerCode(限定词代码)属性:表明该类是 Act 或 Entity 的一个实例还是一个类别。如果该类是 Act 类的具体化,则 moodCode 可以进一步说明该实例是已发生的事件还是只是意向;

——(Act、Entity 和 Role 类中的)code(代码)属性:对特定 classCode 值的范围进行进一步的分类,如 Observation(观察)类中观察的特定类型。

RIM 的其他三个主干类——Participation、ActRelationship 和 RoleLink——没有采用泛化-具体化的层级结构来表示。然而,这些类表示的是各种概念,如行动之间不同形式的参与、不同种类的关系。这些差异由分别针对这些类所声明的 typeCode(类型代码)属性来表示。

5.2.3 RIM 类结构的表示法

如前所述,RIM 的建模使用的是 UML 中的某个语义子集。RIM 是 UML 类的一个集合,其中的每个类都包含一个或多个属性,而每个属性又分别被赋予一个基于独立数据类型规范的数据类型。这些类之间可以通过关联关系集合而相互链接,并使用唯一的角色名称进行标识,或通过泛化关系而相互链接。

这些元素中的每个元素都包含一个文本定义。属性和关联的出现受控于基数并适用于(链接关联和类的)属性和角色的相关约束条件。

5.2.4 控制词表的表示法

RIM 中的某些属性使用 CS 数据类型进行编码。这意味着这些属性的取值集合应来自于 HL7 定义的代码集。例如,上面提到的 classCode 和 typeCode 属性就是采用 CS 数据类型的属性。

5.3 RIM 的图示

图 1～图 8 给出了 RIM 的规范性内容中的类。

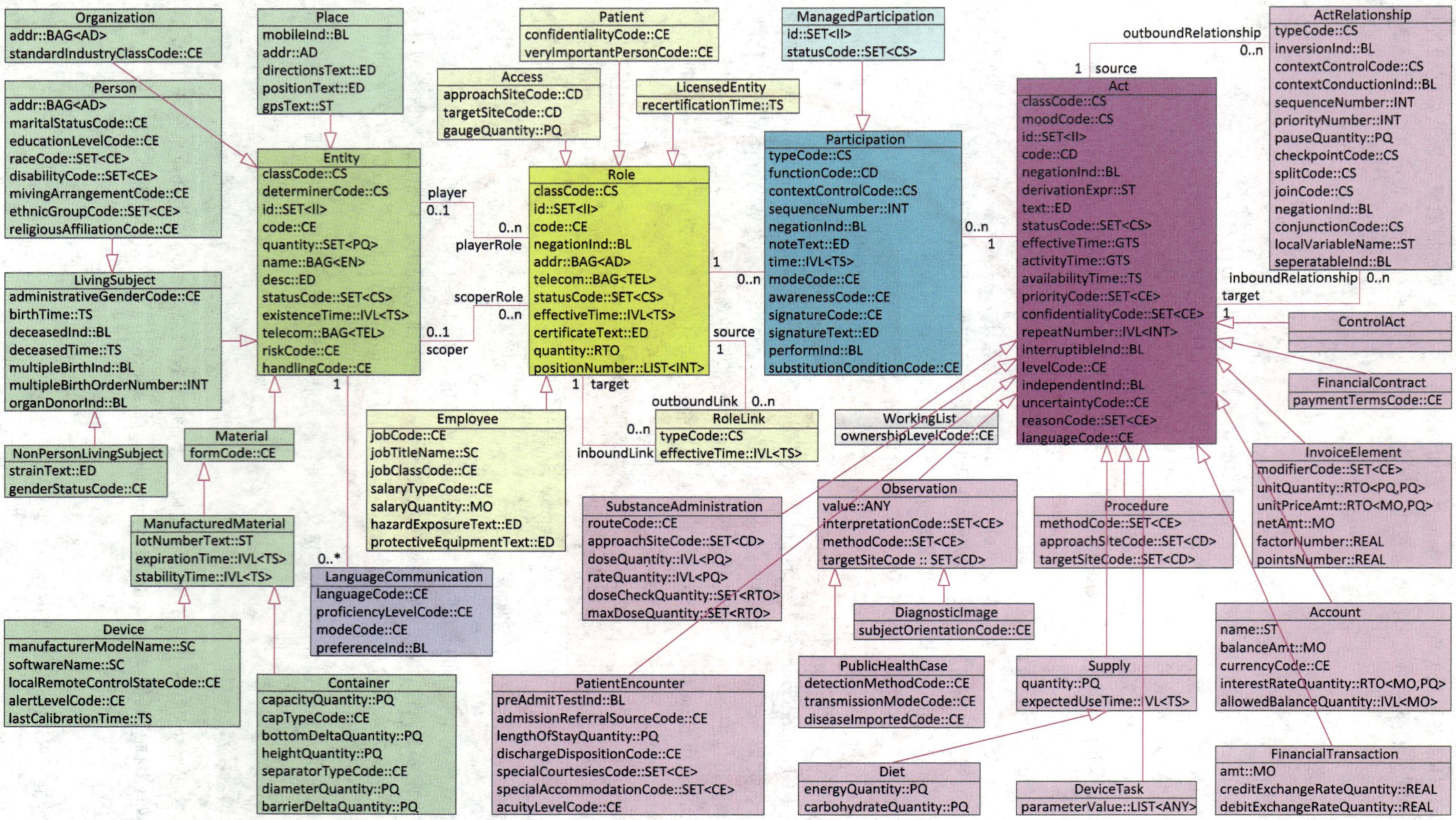

图 1　所有主题域的 UML 类图

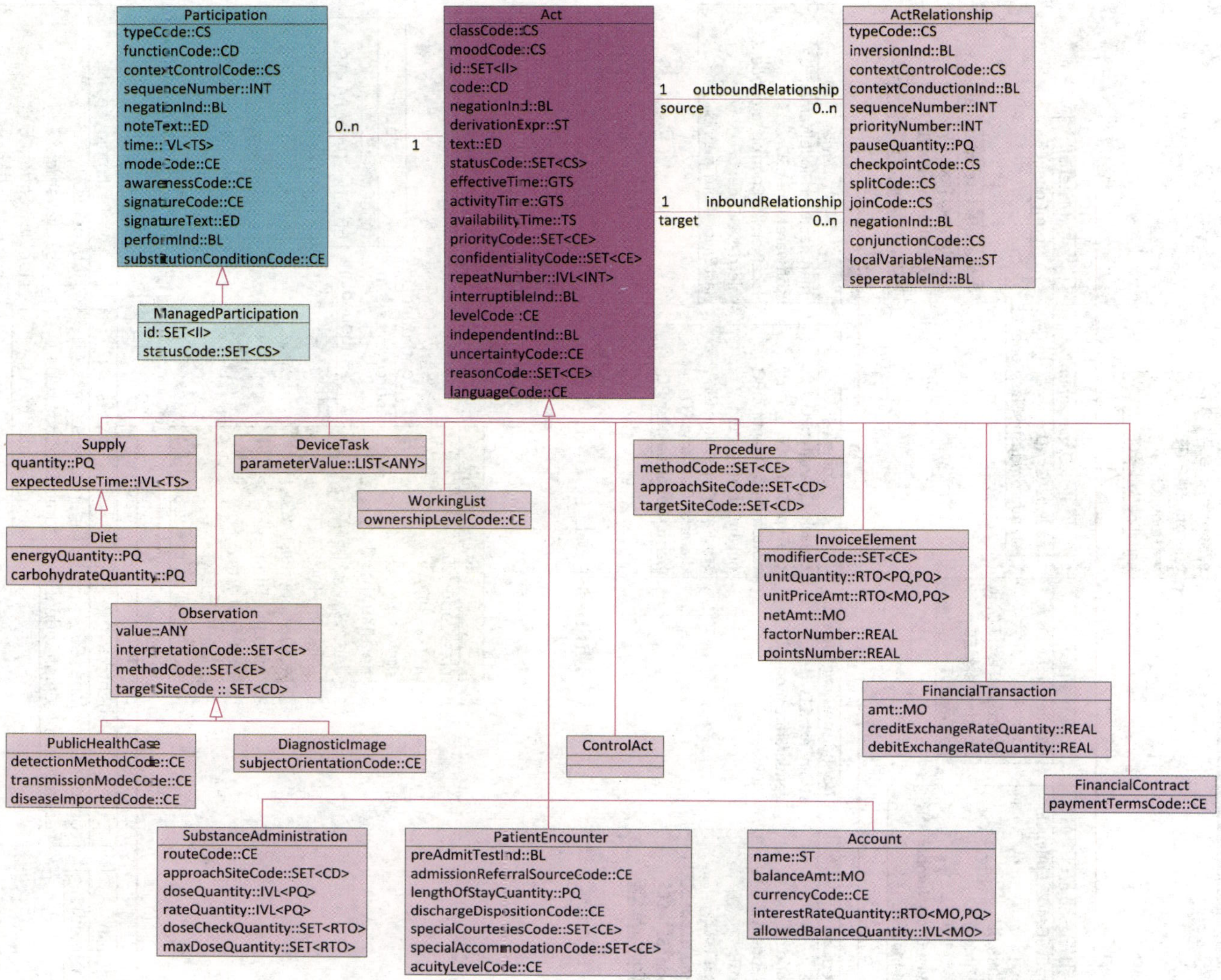

图 2　Acts 主题域的 UML 类图

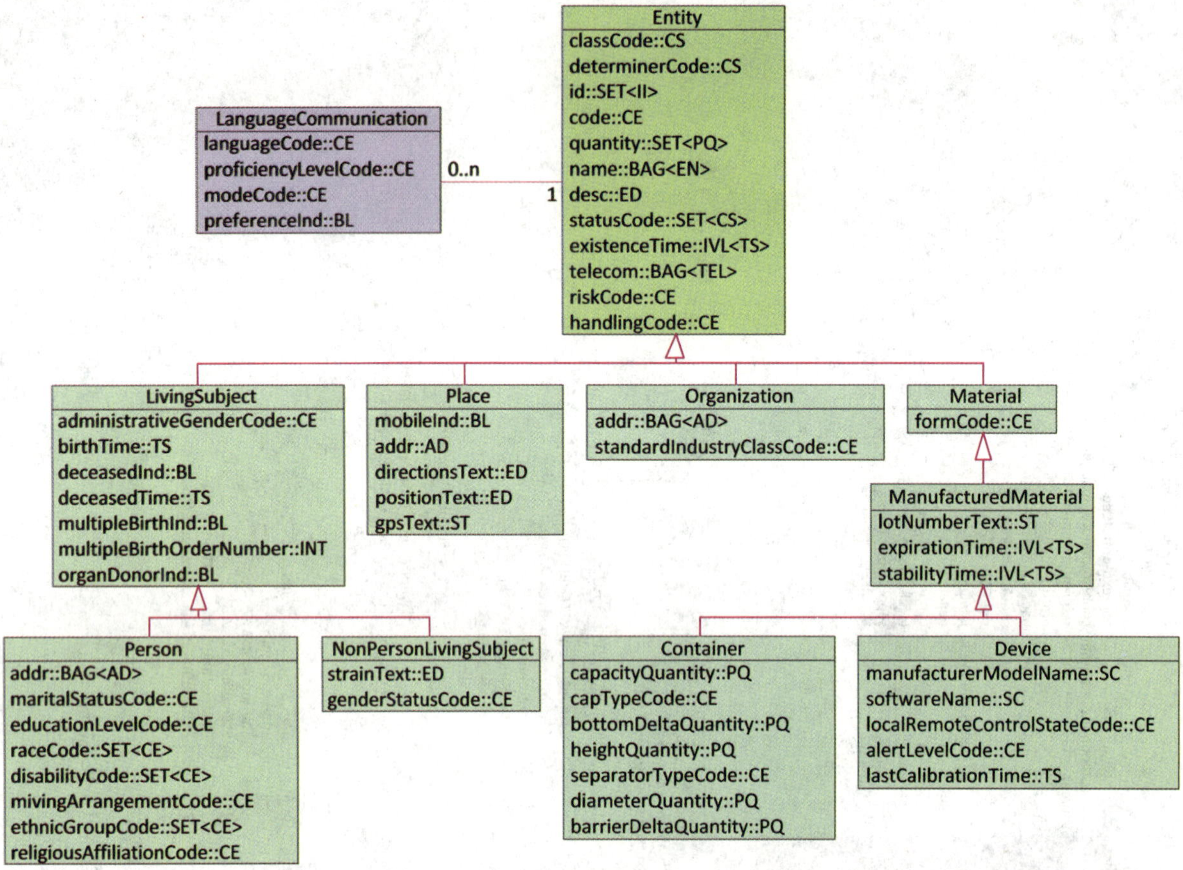

图 3 Entities 主题域的 UML 类图

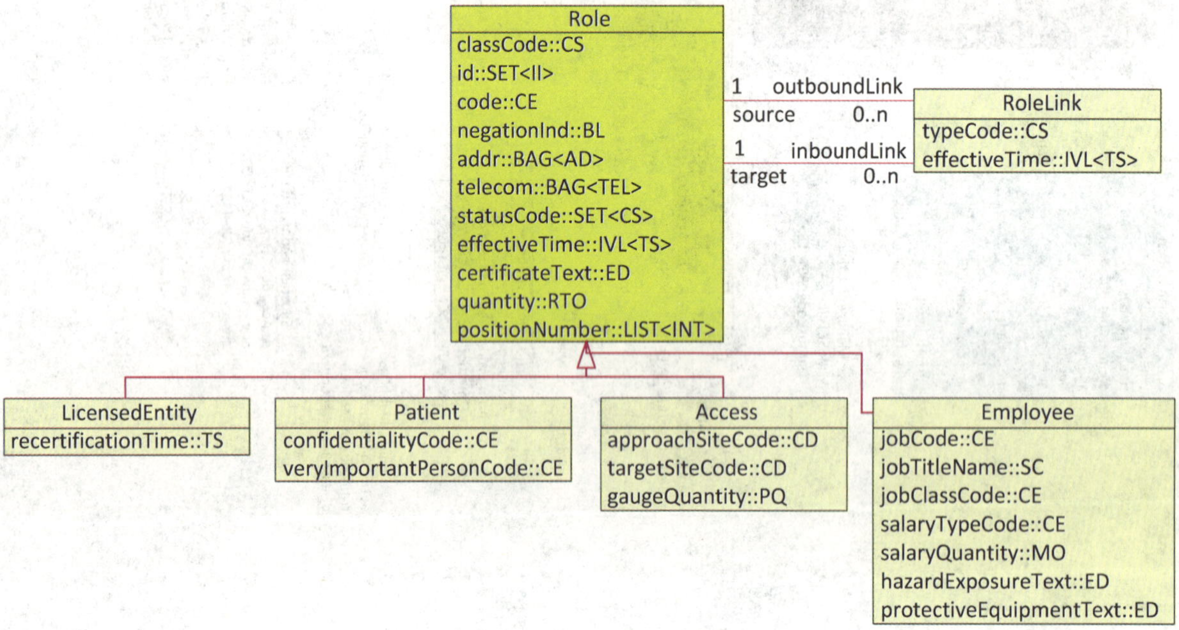

图 4 Roles 主题域的 UML 类图

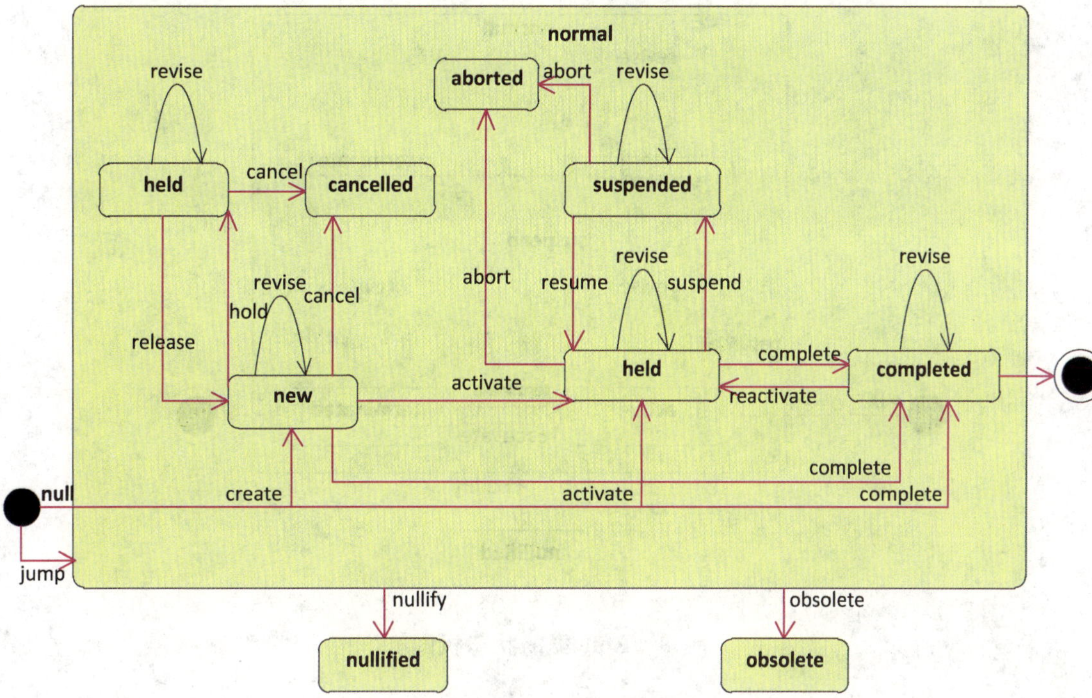

图 5　Act 类的状态机图

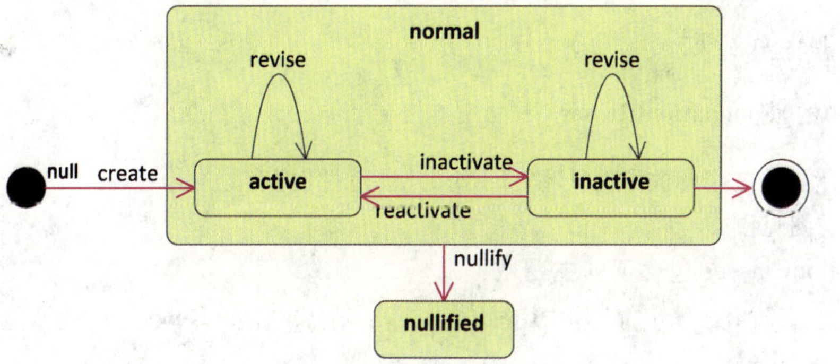

图 6　Entity 类的状态机图

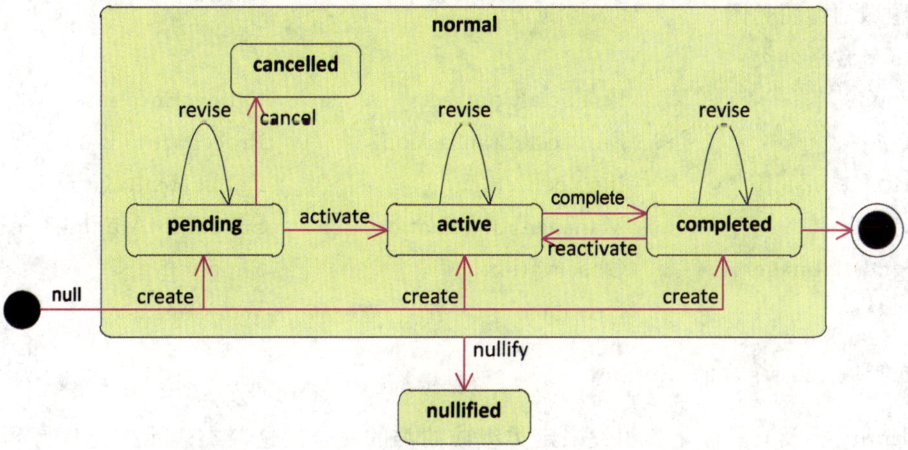

图 7　ManagedParticipation 类的状态机图

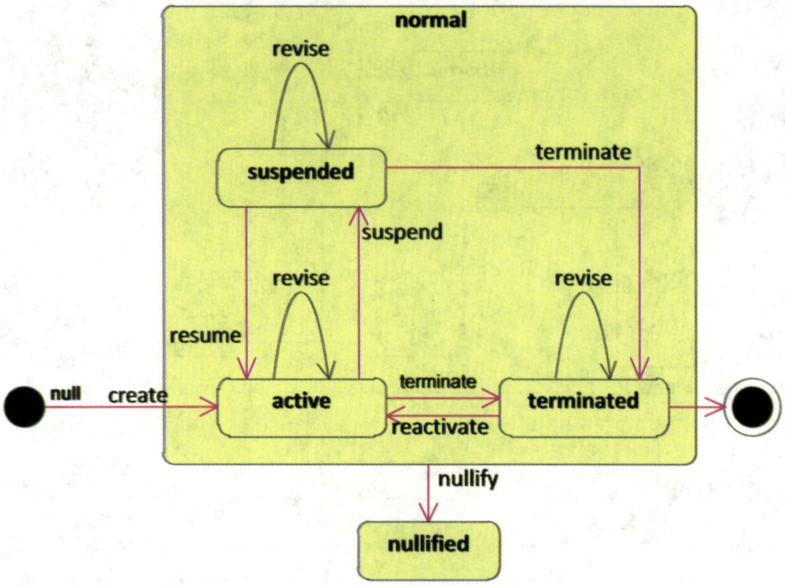

图 8 Role 类的状态机图

6 HL7 RIM 中的主题域

FoundationClasses(基类)

6.1 (基准模型中的)FoundationClasses

这些类的集合及类之间的关联是 HL7 RIM 的"规范性"内容。

该主题域的类图见图 1。

——FoundationClasses 包含下列主题域：

Acts	**Entities**	**Roles**

6.1.1 (FoundationClasses 中的)Acts

一个由 Act 类及其各种具体化组成的类的集合。这些类与构成医疗保健服务的行为和事件相关。

Acts 主题域的类图见图 2。

——Acts 包含下列类：

Account	FinancialContract	PatientEncounter
Act	FinancialTransaction	Procedure
ActRelationship	InvoiceElement	PublicHealthCase
DeviceTask	ManagedParticipation	SubstanceAdministration
DiagnosticImage	Observation	Supply
Diet	Participation	WorkingList

6.1.2 (FoundationClasses 中的)Entities

一个由 Entity 类及其具体化和相关限定类组成的类的集合。这些类表示的是医疗保健的利益相关方和与医疗保健相关的其他事物。

Entities 主题域的类图见图 3。

——Entities 包含下列类：

Container	LivingSubject	Organization
Device	ManufacturedMaterial	Person
Entity	Material	Place
LanguageCommunication	NonPersonLivingSubject	

6.1.3 （FoundationClasses 中的）Roles

一个由 Role 类及其具体化组成的类的集合。这些类重点关注的是参与者在医疗保健中扮演的角色。

Roles 主题域的类图见图 4。

——Roles 包含下列类：

Access	LicensedEntity	Role
Employee	Patient	RoleLink

7 HL7 RIM 中的类

本章列出了所有的类，并依据下列三项准则对所有类进行排序：

a） 规范性内容优先；

b） 按主题域名的字母顺序排序；

c） 按类名的字母顺序排序。

7.1 主题域 Acts 中的类

7.1.1 Acts 中的类：Act

——类代码：ACT

——Act 的属性如下：

classCode :: CS	statusCode :: SET⟨CS⟩	interruptibleInd :: BL
moodCode :: CS	effectiveTime :: GTS	levelCode :: CE
id :: SET⟨II⟩	activityTime :: GTS	independentInd :: BL
code :: CD	availabilityTime :: TS	uncertaintyCode :: CE
negationInd :: BL	priorityCode :: SET⟨CE⟩	reasonCode :: SET⟨CE⟩
derivationExpr :: ST	confidentialityCode :: SET⟨CE⟩	languageCode :: CE
text :: ED	repeatNumber :: IVL⟨INT⟩	

——Act 的关联如下：

outboundRelationship :: (0..*) ActRelationship :: source :: (1..1)

inboundRelationship :: (0..*) ActRelationship :: target :: (1..1)

participation :: (0..*) Participation :: act :: (1..1)

——Act 对下列类进行泛化：

Account	InvoiceElement	SubstanceAdministration
DeviceTask	Observation	Supply
FinancialContract	PatientEncounter	WorkingList
FinancialTransaction	Procedure	

Act 的描述：

关于正在执行、已执行、可执行、计划或要求执行的事情的记录。

示例：

医疗保健中常见的行动种类包括：

a） 临床观察；

b） 健康状况评估（如问题和诊断）；

c） 医疗保健目标；

d） 治疗服务（如药物治疗、外科手术、物理治疗和心理治疗）；

e） 护理、监测或照顾；

f） 对患者及其家属进行培训和教育服务；

g） 公证服务（如预前指示或生前遗嘱）；

h） 文档的编辑和维护等。

讨论与依据：

Acts是RIM的核心，所有的域信息和过程主要是用Acts进行表示。所有的职业或业务活动，包括医疗保健在内，主要由行动负责人执行和记录的有意向行为构成。一个Act-instance（行动实例）就是一个关于有意向行为的记录。有意向行为有别于自然力量造成的事件（自然事件）。此类自然事件本身并非Acts，但可能会在观察时对其进行记录（Observation）。

Acts可以通过Participations与Roles中的Entities连接起来，也可以通过ActRelationships与其他Acts连接起来。Participations可以是发起者、执行者、其他责任方，也可以是主体和受益方（包括在行动执行过程中使用的工具和材料，这些工具和材料也是主体）。moodCode可以用于区分Acts究竟是事实记录还是意向或预订服务的记录，还可以用于区分行动可能表现出的其他形式。

所有行动都有（至少是隐含具有）一个Participation是主要发起者，该发起者对Act负责并“拥有”这个行动。对行动负责就意味着是对Act过程以及当前所述内容负责。行动的所有权是根据谁可以对同一行动进行修改而设定的。Act的所有权和责任与现实世界中Act-object（行动对象）涉及的所有权或责任不同。同一现实世界活动可以由两个人进行描述，且二者分别是各自Act（描述同一现实世界活动）的发起者。然而，如果其中一个是主要执行者时，另一个就是目击者。执行者对实际行为负责，而目击者仅需尽其所能做出真实陈述即可。这两个Act-instances甚至可能并不一致，但由于每个实例对于其发起者是正确的，所以这种不一致可以并存，并由Act-instances的接收者进行判断。

从这个意义讲，按照Rector和Nolan等的理论，可以认为Act-instance就是“陈述”。病历不能简单地认为是由事实组成的一个集合，而是“一个关于临床医生之所见、所闻、所思和所为的忠实记录”。Rector和Nowlan强调了理解这一点的重要性。Rector和Nolan还指出，“根据这种观点，自然而然就产生了对于病历的其他需求，例如病历的可归属性和持久性。”事实上，Act类就是这种可归属性陈述。而且更新行动规则（见Act.statusCode）和产生新的Act-instances的规则正是按照这种持久可归属性陈述的原理而设计的。

Rector和Nolan认为电子病历是一个陈述集合，而这些归属性陈述大多数仍然是事实陈述。然而Act类超越了这些归属性事实陈述的限制，表示的是语言学和哲学中所谓的“语言行动”。语言行动的概念除了包括正确的实施陈述外，还包括语言的实际含义；这些语言与现实世界进行相互作用，可以改变事态，甚至直接导致实际活动的发生。例如，医嘱是一种会让人实际执行医嘱规定行为的语言行动（假设其规定很充分）。语言行动理论在Austin的学术著作中达到了巅峰。

现实世界中，一项活动可以包括从定义、计划、下达医嘱直至执行等过程，这些过程状态可以表示为Act的不同语气。即使有人认为一个活动是一个从计划到执行的发展过程，且通过多个Act-instances得到体现，但是每个Act-instance有且仅有一个语气，且不随Act-instance的生命周期而改变。这是因为在活动过程中，语言行动的归属和内容可能会有所不同，但在这个过程中保持记录的永久性和真实性是非常关键的。对医嘱、承诺或计划的规定，不能按照实际执行情况的规定进行改写，这样才可以将行为与早期的规定进行比较。描述同一现实世界活动发展过程的Act-instances之间是通过［关系类别为

"sequel(连续性)"的]ActRelationships 进行链接的。

HL7 RIM 中,表示现实世界的事实或过程的唯一形式就是作为陈述或语言行动。现实世界中的事实只能借助于这些归属陈述的某种组合(和公断)进行构建。RIM 中不存在可以将对象表示为独立于归属陈述的"事件客观状态"或"真实过程"的类。同样,活动与其文档之间没有区别。每个 Act 都不同程度地包括这二者。例如,关于最近(但实际上是过去)的活动、并由活动的执行者创建(和签名)的事实陈述,通常称为程序报告或原始文档(如外科手术程序报告、门诊记录等)。反之,可以认为目前正在进行的、由执行者(或密切观察者)发起的活动状态更新是在即时记录活动状态(最后将由完整的程序报告替代)。然而,状态更新和程序报告是同一类行动,只能通过语气、状态(参见 statusCode)和信息的完整性进行区分。

Act 的属性如下所述。

7.1.1.1 强制性属性:Act.classCode :: CS (1..1)

词表域:ActClass (CNE)

属性描述:

说明 Act-instance 表示的 Act 主要类型的代码。

约束条件:

classCode 域是一个严格的受控词表,而不是一个外部词表或用户自定义词表。

每个 Act-instance 都应有一个 classCode。如果没有对行动类作进一步的说明,则使用最为通用的 Act.classCode(ACT)。

Act.classCode 应是对具体的 Act 概念的泛化(如用 Act.code 进行表达)。换言之,Act 中表达的那些 Act 概念应是 Act.classCode 的具体化。特别是 classCode 并不是一个"修饰词",也不是能改变类代码含义的 Act.code(若要加以比对,可参见 Act.code)。

7.1.1.2 强制性属性:Act.moodCode :: CS (1..1)

词表域:ActMood(CNE)

属性描述:

区分 Act 是事实说明还是命令、可能性、目标等其他某种形式的代码。

约束条件:

一个 Act-instance 应有且仅有一个 moodCode 值。

Act-instance 的 moodCode 永不改变。语气并非状态。

为了描述业务活动从定义、计划到执行的整个过程,就应在不同的语气中给出不同的 Act-instances,并使用通用类型为"sequel"的 ActRelationship 对其进行链接(参见 ActRelationship.typeCode)。

讨论:

Act.moodCode 包含下列概念:

a) 事件:即对所发生行为的真实描述;

b) 定义:即对可能发生的行为和行为计划(主文件层)的定义;

c) 意向:即对患者实施护理计划或医嘱的行动计划;

d) 目标:即对患者的问题和护理计划的预期结果;

e) 准则:即用于评估逻辑表达的依据。

Act.moodCode 可以根据受控方式改变 Act 类的含义。这就像在自然语言中,动词的语法形式会根据所定义的方式来改变句子的含义。例如,如果语气是一个事实(事件),则整个行动对象表示的就是一个已知的事实。如果语气只是一个计划(意向),则整个行动对象表示的就是对应做事情的期望。语气不会以特殊的方式去改变个人行动性质的含义。

对于整个行动对象的含义，语气代码是其决定因素，所以语气应始终是已知的。这就意味着，只要行动对象实例化，就应赋予 mood 属性一个有效代码，且 mood 的值在行动对象的整个生命期中不能改变。

因为行动对象的含义考虑了语气代码，所以语气代码会影响对整个行动对象及其性质（属性和关联）的解释。应注意，语气代码会影响对行动对象的解释，反过来行动对象的含义又会决定属性的含义。但是，语气代码不会随意改变单个属性的含义。

Acts 的稳定型性质和描述型性质：

Acts 有两种行动性质——稳定型性质和描述型性质。稳定型性质不受语气的影响，描述型性质则会随对象语气的改变而改变。例如，为行动对象提供唯一标识的标识符属性 Act.id。作为对象的唯一标识符，Act.id 并不依赖于行动对象的语气。因此，就行动对象的语气而言，对 Act.id 属性的解释就是稳定的。

相比之下，Act 类的大多数属性都是用于说明 Act 陈述所表达内容的描述性性质。Act 类的描述型性质回答的是行为的执行者、执行对象、执行地点、执行手段、执行方式和执行时间的问题。Participation 回答的是行为的执行者、执行对象、执行手段以及执行地点的问题，而描述型属性和 ActRelationships 回答的是执行方式和执行时间的问题。对描述型属性的解释与对整个行动对象的解释应相互一致，并受控于语气。

示例：

为了说明语气代码的作用，下面以“血糖”观察为例：

DEFINITION（定义）语气规定了“测量血糖”的 Act。此时，Participations 总体上说明了该行动应涉及的人以及所需对象（如相关的样本、设施和装备等）的特点。Observation.value 规定了血糖观察值的绝对取值范围（如 15 mg/dL～500 mg/dL）。

在 INTENT（意向）语气中，意向的发起者表达了其本人或其他某个人“应测量血糖”的意向。此时，Participations 是指实际或可能参与有意行动的人，尤其是意向的发起者和相关人员以及行动实际或可能涉及的对象（如送检样本、装备需求等）。通常不对 Observation.value 进行规定，这是因为在 INTENT 语气中的目的是测量血糖，而不是测量在某个具体范围内的血糖（可以与下述的 GOAL 进行比较）。

在 REQUEST（请求）语气中，意向就是发起者提出“测量血糖”的请求。此时，Participations 是指实际和可能参与行动的人（尤其是血液的存放人员和指定的提取人员）以及行动实际或可能涉及的对象（如送检样本、装备需求等）。通常不对 Observation.value 进行规定，这是因为医嘱并不要求测量某个具体范围内的血糖。

在 EVENT（事件）语气中，发起者声明“已测量血糖”。此时，Participations 是指实际参与这项行动的人和实际涉及到的对象（如样本、设施、装备）。Observation.value 是指实际获得的血糖值（如 80 mg/dL 或＜15 mg/dL）。

在 event-CRITERION（事件准则）语气中，发起者认为某类“测量血糖”的结果可能是一个具体值（或范围）。此时，Participations 对准则进行了限制（如针对特定患者）。Observation.value 是指该准则允许的取值范围（如＞180 mg/dL 或 200 mg/dL～300 mg/dL）。

在 GOAL（目标）语气（一种准则）中，发起者声明“目标是测量血糖的具体值（范围）”。此时，Participations 与意向相似，尤其是目标的发起者以及目标所针对的患者。Observation.value 是指实现目标时所给定的取值范围（如 80 mg/dL～120 mg/dL）。

依据：

“语气”的概念借用的是自然语言语法中动词的语气（拉丁语中的情态动词）。

语气的概念还与模态逻辑及形式逻辑中的各种事实逻辑扩展类似。其中，moodCode 规定了在判断 Act-statement(行动陈述)是合适的还是有缺陷时所处的形式(事实、可能性、意向、目标等)。

7.1.1.3 **Act.id ∷ SET〈II〉(0.. *)**

属性描述:

Act 的唯一标识符。

7.1.1.4 **Act.code ∷ CD (0..1)**

词表域:ActCode(CWE)

属性描述:

用于说明 Act 类中的 Act-instance 表示 Act 种类的一个代码。

约束条件:

Act 的种类(如体检、血钾浓度检测、住院、收费等)通常用某个编码系统(通常为外部编码系统)的代码进行表示。所采用的编码系统取决于 Act 类,如 LOINC 适用于观察项目等。

从概念上讲,Act.code 一定是 Act.classCode 的具体化。这就是 ActClass 域结构应在 ActCode 域的超结构中、继而在从属于(体现 ActClass 结构的)这些域的各个代码或外部参考词表中得到体现的原因。

Act.classCode 与 Act.code 相互之间不是修饰关系,实际上 Act.code 概念应隐含着 Act.classCode 概念。举个反例,以某种方式将 Act.code“钾”和 Act.classCode“实验室观测”联合使用来表示“钾的实验室观测”,然后又使用同样的 Act.code“钾”与 Act.classCode“药物治疗”联合使用来表示“钾的替代疗法”,这样做并不合适。不允许出现 Act.code 和 Act.classCode 之间相互修饰的这种用法。

讨论:

Act.code 不是 Act 的必备型属性。与其用 Act.code 来命名 Act 的种类,还不如用 Act 的类代码、其他属性与性质来说明 Act。通常来说,Act 的种类可以由规定其在定义语气中对另一 Act 进行实例化的 ActRelationship 进行说明。否则,即使没有引用行动定义,也可以使用其他属性、ActRelationships 和 Participations 对行动进行描述。例如,就像 Entity 的 Participation 表示药品一样,可以通过引用这种具体药品来说明 SubstanceAdministration(药物管理)的类别。

7.1.1.5 **Act.negationInd ∷ BL (0..1)**

属性描述:

说明 Act 陈述是对描述型属性所描述的 Act 进行否定的一个指示符。

示例:

该指示符与 Observation 事件联合使用时,可以表达“患者没有胸痛”;与 Observation 准则联合使用时,类似地可以对该准则加以否定,如“如果患者已 3 天没有胸痛……”或“如果收缩压不在 90 mmHg~100 mmHg 范围之内……”。

讨论:

negationInd(否定指示符)是一个否定存在的数量词。根据准则语气中的 Acts 可以对其进行很好的解释,然后可以将其转化到其他所有语气中。在没有否定的准则语气中,通常只规定 Act 的一些关键的属性和关系(特性),即测试准则时才需要的那些属性和关系。规定的特性越多,准则的约束力越强。例如,测试“90 mmHg~100 mmHg 之间的收缩压”只使用描述型属性 Act.code(收缩压)和 Observation.value(90 mmHg~100 mmHg)。如果还要对相应的 effectiveTime 进行规定(如昨天),则准则就会变得约束性更强。如果上述准则的 negationInd 为真,则测试的含义就是:昨天介于 90 mmHg~100 mmHg 之间的收缩压是否不存在(这与是否测量过血压无关)。

NegationInd 否定的是由描述型性质(包括 Act.code、Act.effectiveTime、Observation.value、Act.

doseQuantity 等)所描述的 Act 及其所有组件。但没有否定稳定型性质(如 Act.id、Act.moodCode 和 Act.confidentialityCode,特别是 Author-Participation)。这些稳定型性质始终具有同一含义:即发起者都是否定观察的发起者。而且,大多数 ActRelationships(组件除外)不在否定的范围中。

例如,Jones 医生写了一份高度机密的医嘱,明确说明由于患者具有恶性高热史(Observation)的"原因"(ActRelationship),不得服用氯化琥珀胆碱。该医嘱否定的是描述型性质"服用氯化琥珀胆碱"(Act.code),但仍然是由 Jones 医生为患者 John Smith 开的一份医嘱,其原因是患者的恶性高热史。

然而,描述型属性的其他细节将会成为否定的组成部分,并会限制否定陈述的有效性。例如,如果医嘱中不列出带有 doseQuantity 的药物,就意味着该药物不宜给出具体剂量(但其他药剂仍可用使用)。

带有 negationInd 的行动陈述仍然是一个关于 Act 所描述的特定事实的陈述。例如,否定"7 月 1 日发现哮喘"就表明发起者明确否认了 7 月 1 日发生过哮喘;如果没有使用否定,则他应对该陈述承担相同的责任,并同样要为这种陈述提供证明。反之,否定指示符并没有否定已经确认的事实或已经做出的陈述。这一点同样适用于所有的语气,如一个否定的医嘱是指一个不要实施所描述的行动的医嘱,而不是声明不存在这样的医嘱。

7.1.1.6 Act.derivationExpr :: ST (0..1)

属性描述:

包含正式语言表达式的一个字符串,用于规定 Act 的属性如何从与派生关系相关联的输入参数中派生出来。

讨论:

利用类型为"derivation(派生)"的 ActRelationships,并通过与其他观察项目之间的关联,对派生的观察项目进行定义。例如,为了定义平均红细胞血红蛋白含量(Mean Corpuscular Hemoglobin,MCH)的派生观察项目,就要将 MCH 观察项目与血红蛋白(Hemoglobin,HGB)观察项目和血红细胞(Red Blood Cell,RBC)观察项目之间关联起来。这个派生表达式表示为如下公式:

MCH=HGB/RBC。

此处,派生表达式可以表示为一个字符串。

注:该表达式的语法还没有完整的规定。这里应只有一种标准表达语言,而不是在很多的表达语言中选择一种。该语法将是基于一项关于许多面向对象的语言(如 C++、Java、OCL 等)的事实标准。

7.1.1.7 Act.text :: ED (0..1)

属性描述:

Act 的文本或多媒体描述。

示例:

对于行动的定义,Act.text 包含类似于教材的行动信息。对于行动的医嘱,其描述将包含只适用于该医嘱的特定说明。

约束条件:

在长度和内容方面没有对 Act.text 属性进行限制。

描述的内容并不是计算机系统之间传输的功能信息的组成部分。

自由文本描述用于帮助个人解释行动的内容和语境,但所有与自动化功能相关的信息应使用正确的属性和关联对象进行传输。

然而,对于涉及到人类读者和执行者的 Acts,计算机系统应向对活动负责的人类用户显示 Act.text 字段,或者至少应指出 Act.text 信息的存在与否,并允许用户浏览这些信息。

7.1.1.8 **Act.statusCode ∷ SET〈CS〉(0..＊)**

词表域：ActStatus (CNE)

属性描述：

说明 Act 状态的代码。

7.1.1.9 **Act.effectiveTime ∷ GTS (0..1)**

属性描述：

说明 Act 的关注时间或实施时间、Act 持续的基本时间或对 Act 意向的关注时间的一个时间表达式。

示例：

对于临床的 Observations，effectiveTime 是指观察患者的有效时间。

对于合同，effectiveTime 是指合同有效的时间。

对于知情同意书，effectiveTime 是指知情同意书有效的时间。

对于药物管理，effectiveTime 是指施用药物的时间，包括施用频率（如 TID 10 天，即每日三次，共服用 10 天）

对于外科手术（操作），effectiveTime 是指患者进行手术的时间，即从手术切开至缝合之间的时间段。

对于运输行动，effectiveTime 是指所运输的有效载荷在途中的时间。

对于患者就诊，是指“管理”时间，即指按照业务规则选择的就诊开始和结束日期，而不是指执行与就诊活动相关工作的实际时间。

讨论：

effectiveTime 又称为“基本时间”（Arden Syntax，阿尔丁语法）或“生物学相关时间”（HL7 V2.x）。本属性有别于 activityTime（活动时间）。

对于观察项目，观察活动的时间可能要比观察特性的时间晚很多。例如，在血气分析（Blood Gas Analysis，BGA）中，观察结果总是在标本采集后的数分钟后才得到，而此时患者的生理状况可能已发生了显著变化。

对于必要的物理活动（外科手术、运输等），effectiveTime 是指对 Act 意向的关注时间，即如果运输的意向是将载荷从 A 地运输到 B 地，则 effectiveTime 就是指将载荷从 A 地运输到 B 地的时间。但是，Act 中通常还包含一些实现 Act 意向所必需的偶然性工作，但此类工作与 Act 的目的无关。

例如，司机先到取货地 A、以及从卸货地 B 返回到总部所需的时间，是包含在物理活动中，但从载荷运输的角度而言，这个时间并不重要。另一个例子就是：一个人的工作时间（effectiveTime）可能是从早上 8 点到下午 5 点，这与其上下班乘坐汽车是需要 10 分钟还是 2 小时无关。乘坐汽车上下班对于工作是必要的，但对于工作时间而言就不是必需的。

7.1.1.10 **Act.activityTime ∷ GTS (0..1)**

属性描述：

一个时间表达式，用于说明 Act 陈述所提及活动发生的时间，或是当活动可能发生时依据语气预订、安排说明活动发生的时间等。

讨论：

参见 effectiveTime。activityTime 是关于活动的所有时间，包括那些可能会认为与主要行为无关的准备和清理行为。因此，对于同一行动而，其 activityTime 可能比 effectiveTime 要长，或可能完全不同。例如，在回顾性观察活动中，观察活动的 activityTime 比进行该观察活动的 effectiveTime 要晚很多。

对于大多数用例而言，设计者应首先考虑把 effectiveTime 当作行动的主要相关时间。

7.1.1.11 Act.availabilityTime ∷ TS (0..1)

属性描述：

Act-instance 的信息(不论是何种语气)首次可供重复执行 Act 的系统使用的时间点。

示例：

Act 可能记录了患者在 3 小时前(参见 Act.effectiveTime)发生了右心室心肌梗塞，但我们只能在几分钟前(Act.availabilityTime)才能知道这种比较少见的情况。因此，从 3 小时前到几分钟前的这段时间采取的任何干预措施，都是针对更为常见的左心室心肌梗塞。这就可以解释为什么根据最新了解的情况会发现这些干预措施可能并不合适。

讨论：

availabilityTime 是指由重复执行 Act 的系统增加(或改变)的、带有主观性的二次信息，因此并不属于行动陈述的发起者(在发起者使用签名证明的材料中不包括该时间)。重复执行 Act 的系统往往与创建 Act 的系统不是同一个系统，但从别处接收该 Act 的系统一旦接收到该 Act，就会为相应的 availabilityTime 赋值，以便传送该系统的用户了解 Act-instance 的时间。

当把 Act.avalilabilityTime 传送到另一系统时，Act.A 的 availabilityTime 就属于引用或包括 Act.A 的另一 Act.B 的发起者。例如，如果为上报不良事件而编写病历摘录时，availabilityTime 就属于编写该不良事件报告的发起者。

7.1.1.12 Act.priorityCode ∷ SET〈CE〉(0..*)

词表域：ActPriority (CWE)

属性描述：

说明已发生、可发生、正在发生、准备发生或请求发生 Act 的紧迫性的一个代码或代码集(如常规就诊、急诊)。

讨论：

本属性用于表示给定的优先顺序。在事件文档记录中，它表示的是执行行动的实际优先顺序。在定义语气中，它表示的是可用的优先顺序。

7.1.1.13 Act.confidentialityCode ∷ SET〈CE〉(0..*)

词表域：Confidentiality (CWE)

属性描述：

用于控制 Act(不论是何种语气)信息披露的代码。

讨论：

应注意，对于某些特定类型的用户，仅使用机密性代码来屏蔽个人病历项目，并不能使病历获得必需的机密性。所有项目的机密性都存在两个重要的问题：一个是推理问题，另一个是隐瞒那些在特定医疗保健情况中可能是至关重要的信息的危险性。推理问题就是指过滤掉的敏感信息仍然可能根据没有过滤掉的其他信息推断出来。最简单的推理形式就是即使检查结果还不得而知，但 HIV 免疫印迹试验(HIV Western Blot test，一种 HIV 抗体检查项目)或 T4/T8 淋巴细胞计数的测试单就强烈暗示存在 HIV 感染的可能性。常见情况就是根据药物就可以推断出诊断结果，如用于治疗 HIV 感染的齐多夫定。因为一定要保证持续施用药物，所以在当前的药物管理情况下隐瞒个人信息的问题将变得特别困难。

为了降低推理风险，数据聚合中应设定聚合过程为最高级别机密。

7.1.1.14 **Act.repeatNumber ∷ IVL〈INT〉**(0..1)

属性描述：

说明 Act 可以重复执行的最大次数和最小次数的一个整数区间。

示例：

拔牙后，口腔外科医生给患者的建议可能是："每小时换 1 次～3 次纱布，直至出血完全停止。"这里就可以将该建议转化为下限为 1、上限为 3 的 repeatNumber。

讨论：

本属性是属性工作流程控制套件的一个组成部分。

另外，重复执行次数还受时间的限制。行动将至少重复执行最小次数、最多重复执行最大次数。但是当其时间超过了最大的 Act.effectiveTime 时，重复也会终止。在这两种约束条件中，以最先达到者为准。

7.1.1.15 **Act.interruptibleInd ∷ BL**(0..1)

属性描述：

表明 Act 是否可以被异步事件中断的一个指示符。

讨论：

本属性是属性工作流程控制套件的一个组成部分。对于正在发生的 Act 事件，可以以多种方式将其中断。中断事件包括：

a) 当收到一个取消 Act 的明确请求时；

b) 当 Act 的指定时间已到(超时)时；

c) 当 Act 的某个"通行条件"的值不再为"真"(参见 ActRelationship.checkpointCode)时；

d) 当 Act 为 joinCode"kill"的组件且同组的其他组件均已终止(参见 Act.joinCode)时；

e) 当中断一个包含性 Act 时。

如果 Act 接收到中断命令且 Act 本身可以中断，但它还有正在进行且不可中断的组件行动，则只有当所有正在执行且不可中断的这些组件都已终止的时候，才可以中断该 Act。

7.1.1.16 **Act.levelCode ∷ CE**(0..1)

词表域：ActContextLevel(CWE)

属性描述：

表明附属于组合 Acts("容器")且传递到这些容器中的组件 Acts 的 Act 层级组合结构中的级别以及语境信息种类的代码。levelCode 表示的是在这样一种包容性层级结构中的位置以及适用的约束条件。

讨论：

读者应知道在 HL7 RIM 的下一规范性版本中可能会声明本属性为"obsolescent(即将废止)"。目前正在考虑使用 Act.classCode 的值的一种特定层级结构作为这个概念的替代表达方法。如果采纳了这种变更，则 HL7 RIM 维护程序就会说明在 RIM 的下一版本中 levelCode 为"obsolescent"，然后在再下一版本中本属性就成为了"obsolete(废止)"。因此，建议用户在使用本属性之前，应参照 RIM 最新定义进行检查核对。

对这些 levelCode 概念进行定义是为了满足特定的健康记录传输需求。虽然大家也知道这些概念适用于其他类型的交易，但它们并不会成为一个完全封闭的列表。在要求满足某个业务目的的情况中，还存在其他的正交层集合可以进行选择(如多个患者通信可以按照若干主题域的上一级别进行划分)。

示例：

“extract level(摘录级)”和“folder level(文件夹级)”应包含一个人的数据，而“multiple subject level(多主体级)”可以包含多个人的数据。如果可以从多个源中获得“摘录”，就可以从单个源中获得“文件夹”。“组合”级通常只有一位发起者。

约束条件：

适用于特定级别的约束条件可以包括对参与者(如患者、源组织机构、发起者和其他签名人)的不同要求以及与其他 Acts、文档或模板的关联或包含关系。关于级别的约束条件还可以规定作为该级别的组件而被包含在内的许可级别。具有相同 levelCode 的嵌套级别可以是允许的，也可以是禁止(或受限制)的。通常在任何级别中都会允许存在下一附属级别的多个实例，但某些级别可以从模型中省略，并允许越级。

7.1.1.17 **Act.independentInd ∷ BL (0..1)**

属性描述：

表明能否独立于其他 Acts 而对 Act 进行处理或是否只能通过一个将该 Act 作为组件的高级组合 Act 而对 Act 进行处理进行的一个指示符。independentInd 属性的缺省值为真(true)。

示例：

在没有对包含行动组发出指令的情况下，如果业务规则不允许对一个 Act 下指令，则该 Act 的定义有时会被标记为 independentInd = false。

一项医嘱可以有一个不能独立于其他组件而中断的组件。

7.1.1.18 **Act.uncertaintyCode ∷ CE (0..1)**

词表域：ActUncertainty(CNE)

属性描述：

指出是否以某种方式声明带有下级组件的 Act 陈述总体上具有不确定性的代码。

示例：

患者在过去可能做过胆囊切除手术(但目前不能肯定这一情况)。

约束条件：

使用本属性声明的不确定性适用于依据所有的描述型属性(如 Act.code、Act.effectiveTime、Observation.value、SubstanceAdministration.doseQuantity 等)确立的 Act 陈述的组合含义以及所有组件的含义。

讨论：

本属性不是用于代替与类的 Observation.value 或其他属性相关联的不确定性。这种不确定性指示应通过具体属性使用 PPD、UVP 或 UVN 数据类型扩展来进行说明。特别是如果这种不确定性是指数量测量值的不确定性时，就必须采用该值中的 PPD〈PQ〉而非 uncertaintyCode 来说明。而且，当针对不同的诊断进行枚举或根据概率进行权衡时，就必须使用 UVP〈CD〉或 UVN〈CD〉而非 uncertaintyCode。只有对 Act 及相关 Acts 这个整体存有疑问时，才适合使用 uncertaintyCode。

应注意，人们可能会认为非常模糊的不确定性与 negationInd 相关，其实这两个概念相互之间是完全独立的。一个人可能对一个事件很不确定，但这并不意味着这个人肯定会否定该事件。

7.1.1.19 **Act.reasonCode ∷ SET〈CE〉(0..*)**

词表域：ActReason(CWE)

属性描述：

说明 Act 的动机、原因或依据的一个代码。当 Act 的依据不能被合理表示为链接到另一 Act 且类型为“has reason(具有理由)”的 ActRelationship 时使用该代码。

示例：

该字段适合进行编码的原因如：常规要求、传染病报告要求、患者请求和法律要求。

讨论：

通过使用类型为“has reason”的 ActRelationship 把一个新的 Act 链接到先前的 Act 上，即可清楚地表示出大多数的行动原因。这就可以简单地说明先前的 Act 就是这个新 Act 的原因(参见 ActRelationship)。而先前的 Act 可能是一个具体存在的行动或是文本解释。这种情况适合于大多数情况，并且原因数据越具体，就越应采用该 ActRelationship 而不是 reasonCode 来说明原因。

目前，reasonCode 仍然作为常见原因的属性，用于说明这些原因和先前的 Act 或在 Acts 中表达的任何其他条件无关。也可以用于指出法律所要求或患者所请求的事情。但是，如果可以将某项法律法规、合同或患者请求表示为 Act(通常可以实现)，则不应使用 reasonCode。

7.1.1.20 **Act.languageCode :: CE (0..1)**

词表域：HumanLanguage(CWE)

属性描述：

说明 Act 陈述的基本语言，特别是 Act.text 所用的语言。

7.1.1.21 **Act 的状态机**

Act 的状态图如图 5 所示。

Act 的状态包括：

——aborted(中断，正常状态的子状态)：活跃的服务对象被意外中断；

——active(正常进行，正常状态的子状态)：服务对象是活跃的；

——cancelled(取消，正常状态的子状态)：服务对象在被激活之前已被放弃；

——completed(完成，正常状态的子状态)：服务对象已被完成；

——held(保持，正常状态的子状态)：服务对象处于保持状态，在取消保持之前不能将其激活；

——new(新建，正常状态的子状态)：服务对象处于等待激活的准备状态；

——normal(正常)：包括服务对象的预期状态，但不包括表示生命周期中异常终止的“nullified”和“obsolete”状态；

——nullified(无效)：服务对象一直没有被激活，因此导致失效；

——obsolete(废止)：服务对象已被另一新服务对象所代替；

——suspended(暂停，正常状态的子状态)：活跃的服务对象被暂时停止。

Act 的状态转化包括：

——abort(中断，从 active 转换为 aborted)；

——revise(修正，从 active 转换为 active)；

——complete(完成，从 active 转换为 completed)；

——suspend(暂停，从 active 转换为 suspended)；

——reactivate(重新激活，从 completed 转换为 active)；

——revise(修正，从 completed 转换为 completed)；

——cancel(取消，从 held 转换为 cancelled)；

——revise(修正，从 held 转换为 held)；

——release(解除，从 held 转换为 new)；

——activate(激活，从 new 转换为 active)；

——cancel(取消，从 new 转换为 cancelled)；

——complete(完成,从 new 转换为 completed);
——hold(保持,从 new 转换为 held);
——revise(修正,从 new 转换为 new);
——nullify(无效,从 normal 转换为 nullified);
——obsolete(废止,从 normal 转换为 obsolete);
——activate(激活,从 null 转换为 active);
——complete(完成,从 null 转换为 completed);
——create(创建,从 null 转换为 new);
——jump(跳转,从 null 转换为 normal);
——abort(中断,从 suspended 转换为 aborted);
——resume(重启,从 suspended 转换为 active);
——complete(完成,从 suspended 转换为 completed);
——revise(修正,从 suspended 转换为 suspended)。

7.1.2 Acts 中的类:ActRelationship

——ActRelationship 的属性如下:

typeCode :: CS	priorityNumber :: INT	negationInd :: BL
inversionInd :: BL	pauseQuantity :: PQ	conjunctionCode :: CS
contextControlCode :: CS	checkpointCode :: CS	localVariableName :: ST
contextConductionInd :: BL	splitCode :: CS	seperatableInd :: BL
sequenceNumber :: INT	joinCode :: CS	

——ActRelationship 的关联如下:

target :: (1..1) Act :: inboundRelationship :: (0..*)

source :: (1..1) Act :: outboundRelationship :: (0..*)

ActRelationship 的描述:

源 Act 和目标 Act 之间的一种有向关联。关于同一源 Act 的 ActRelationship 称为该 Act 的"出站型"行动关系。关于同一目标 Act 的 ActRelationship 称为该 Act 的"入站型"行动关系。ActRelationship 的含义和目的在 ActRelationship.typeCode 属性中进行详细说明。

示例:

a) 电解质观察项目可以将钠离子浓度、钾离子浓度、PH(酸碱度)和碳酸氢离子浓度等观察项目作为组件。这种组合电解质观察项目应有 4 个类型为"has component(具有……的组件)"的出站型 ActRelationships。

b) 电解质观察项目事件已经完成了某项观察医嘱。电解质观察项目事件有一个类型为"fulfills(执行的是……)"、且以医嘱为目标的出站型 ActRelationship。

c) 根据"胆石病"的观察实施"cholecystectomy(胆囊切除术)"手术。该手术有一个类型为"has reason(具有……的原因)"、且针对该项胆石病观察项目的出站型 ActRelationship。

讨论:

可以认为每个 ActRelationship 实例都带有一个(指向目标的)矢端以及一个(来自源的)矢尾。每个 ActRelationship 类型都会采用不同的方式对源 Acts 和目标 Acts 在关联中扮演的功能(有时称为"角色")进行定义。例如,在复合关系中,源是组合 Act,而目标则是相应的组件。在因果关系中,源是任一 Act,目标是源 Act 的原因或表示。

可以认为与 Act 相关联的关系是源行动对象的性质。这就意味着可以认为 Act-instance 的发起者也是将该 Act 作为源的所有行动关系的发起者。这项规则不存在任何例外情况。

关于不同种类的 ActRelationships 详见 ActRelationship.typeCode。

ActRelationship 类用于构建行动计划、表示针对行为关系的临床推理或判断。它可以将以前的行为与最近的行为的原因进行链接，也可以将证据与当前的临床假设进行链接。关于临床事件的问题列表和其他相关判断网络可以用 ActRelationship 链接表示。

最常用的一种 ActRelationship 是用于描述 Acts 的组合和分解的"has component（具有……组件）"。这种关系类型允许对 Acts 进行不同程度的说明。

组合关系可以把某些行为按照不同的"系列"进行分组，如将多个常规实验室测试作为一组的 LYTES（电解质化验）、CHEM12（生化 12 项检验）或 CBC（全血细胞技术检验）。有些组合（如 CHEM12）显得比较自由，而其他组合则显得比较固定，如血压一般都包括收缩压和舒张压。

组合关系可以按照一定的顺序进行组织，形成临时行动计划或条件（非临时）行动计划（如护理计划、关键路径、临床试验方案、药物治疗方案）。在 Act 和（被称为"属性工作流程控制套件"的）ActRelationship 中有一组属性对可执行的行动计划进行详细说明。这些属性具体说明如下所述。

——ActRelationship.sequenceNumber 可以将 Act 的组件整理成一个序列或若干个并行的组件集合，用于表示逻辑分支和并行任务（同时进行多项任务）。ActRelationship 的属性 splitCode 和 joinCode 分别控制的是如何以并行方式选择分支或执行分支。

——Act. activityTime 和 ActRelationship. pauseQty 用于确定行动计划的时间。Act. repeatNumber 用于说明行动的重复（循环）次数。

——ActRelationship 的类型"has-precondition（具有……前提条件）"使计划步骤能在先前行动的状态或结果的条件下进行。ActRelationhsip.checkpointCode 用于说明在控制流程期间何时对行动的前提条件进行测试。

组合 ActRelationship 可以对这些构件采用多层嵌套的方式进行组织，以全面支持工作流程管理。这种嵌套和工作流程控制属性在设计上类似于支持并行处理（分支、联合、中断）、且没有"goto"语句的块结构程序设计语言。应注意，所有的计划都是通过对组合行动（块）中的组件（步骤）进行排序而建立的，而这可以采用"Nassi-Schneiderman"图（简称为 N-S 图，英文又称为"Chap Charts"或"Structograms"）进行说明，而不是像流程图中那样使用链式链接行动进行说明。

采用组合关系，可以针对不同的目的，将 Acts 的细节显示为不同的层级，而无需重新组织 Act 的层级结构。这就可以支持从多个视角对同一业务流程进行说明。例如，对于相同的实验室测试项目组合，从记账视角将其看作是一个单独的付账行动，从临床医生视角将其看作是一个与观察项目之间顺序无关的个体观察项目集。相对而言，从实验室视角看该行动会更加详细，会包括那些从不会报告给临床医生的行动计划步骤（如离心、沉淀、标本抽样、运行特定机器等）。实验室视角保证的是对（可以自动执行的）行动计划的详尽说明。在详尽说明过程中，将会定义越来越多的嵌套型子活动。尽管 Act 仍然相同，但在分解关系中将显示出不同的详细程度。

本条描述了细节变化的本质，也就是说 Acts 具有"分形"的特性，甚至更容易分解，就像机械臂的运动可以分解为许多精密控制的步骤。

ActRelationship 的属性如下所述。

7.1.2.1 强制性属性：ActRelationship.typeCode :: CS (1..1)

词表域：ActRelationshipType（CNE）

属性描述：

说明每个 ActRelationship 实例的含义和目的的一个代码。本属性的每个值都隐含着对 Act 对象的类别和关联方式的具体约束条件。

讨论：

行动关联主要分为下列五类：

a) 组合/分解：包括组合(源)和组件(目标)；
b) 后续行动(包括随访、实施、实例化、替代和转换等)：所有后续行动的共同之处是源和目标本质上是同一类 Act，但在语气和其他属性上存在差异，其中目标存在于源之前，而源引用的是其反向链接的目标；
c) 以受限 Act 为源、以条件或原因为目标的前提条件、触发器、原因和禁忌；
d) 以 Act 为源、以结果或目的为目标的后置条件、结果、目的和风险；
e) 根据"相关性"概念归纳出的许多功能关系，包括支持、引发和派生等。

7.1.2.2 ActRelationship.inversionInd :: BL (0..1)

属性描述：

说明 ActRelationship.typeCode 应被解释为源 Acts 和目标 Acts 的角色进行互换的一个指示符。当 ActRelationship.typeCode 的含义必须反转时，才会使用这个指示符。

7.1.2.3 ActRelationship.contextControlCode :: CS (0..1)

词表域：ContextControl (CNE)

属性描述：

说明 ActRelationship 如何应用于当前的 Act 语境以及是否可以传递到下级 Acts(其关联允许此类传递的)中的代码(参见 ActRelationship.contextConductionInd)。

依据：

人类在解释信息时，为了减少重复，倾向于依靠语境。例如，当从含有某位患者电子病历的文件夹中取出一份报告进行阅读时，即使该报告内容并没有直接提及患者，读者仍然会推测该报告与该患者相关。其他诸如文件夹创建者(对其进行维护的医院)之类的信息有时适用于文件夹的内容(如由医院的医生书写的报告)，有时也不适用(如来自于另一机构的报告的副本)。人类非常善于开展必要的推断确定什么语境应从项目传递到该项目中的某事物。然而，也有可能会出现不正确的推论(或许患者病历中的这份报告只是与其某位亲属相关)。而且，即使这些推断是决策支持系统所必需的功能，但要求计算机作出这样的推断本质上是非常困难的。

讨论：

本属性明确规定是否将关联添加到与特定项目(如额外增加一个发起者)关联的语境中或是否用其替代(覆盖)与特定项目关联的部分语境中(如独立于包含项，标识唯一的发起者)。它也指出是否将关联只应用于这个行动中(非传递型)，或是否也能将其应用于派生的行动中(传递型)。

本属性与 ActRelationship.contextConductionInd 之间的联系非常紧密，后者可以决定传递型的关联事实上是否会传导到子 Act。例如，发起者参与可以是传递型，但其仍然有可能不传导至外部文档的超链接。

如果本属性没有设置初始值或缺省值(即为空)，则无法推断出语境。系统应根据当时的数据做出假设。

示例：

一个观察事件就有一个作为"additive, propagating"(AP，附加/传递型)的患者参与，并且具有若干通过传递型行动关系而链接的组件观察事件。这就意味着该患者参与行为除了可以作为父观察事件之外，还可以作为那些组件观察事件的患者参与。

创建一个包括一个药学医嘱和若干条实验检验项目要求的组合医嘱。该组合医嘱还有患者和发起者的参与以及一个关于诊断的行动关系，所有这些都是"additive，propagating"。其中该组合医嘱与药学医嘱之间的"component(组件)"关联也是传导型(contextConductionInd 的值为 TRUE)。药学医嘱有一个"additive, non-propagating"(AN，附加/非传递型)的发起者参与以及一个"overriding, propagating"(OP,覆盖/传递型)、且关于诊断的因果关系。该药学医嘱还有一个关于配药事件的传导型关系以及一个关于用药方案的非传导型关系(contextConductionInd 为 FALSE)。具体含义如下:

可以认为药学医嘱有一位来自于组合医嘱的患者和两位发起者(一位来自于组合医嘱,另一位来自于药学医嘱本身)。药学医嘱诊断仅指药学医嘱中给出的诊断,而不是组合医嘱中给出的诊断。配药事件含有来自于组合医嘱的患者信息和来自于药学医嘱的诊断结果,但不含有发起者。用药方案与患者、诊断以及发起者没有关联。

7.1.2.4 **ActRelationship.contextConductionInd ∷ BL (0..1)**

属性描述:

如果本属性值为真,则父行动中的关联将会通过 ActRelationship 传导至子行动。

讨论:

只有已加入到 Act 语境中并为"propagating(传递型)"的关联才可以传导。(参见关于 ActRelationship 的 contextControlCode 和 Participation)

把 Act 标识为父 Act 还是子 Act(这样才可以传导方向语境)是根据对 Act 进行序列化时如何穿过关联来决定的。遇到的第一个行动被认为是父 Act,继而语境通过 ActRelationship 传导至第二个(子)Act。

有关的依据和示例参见 ActRelationship.contextControlCode。

7.1.2.5 **ActRelationship.sequenceNumber ∷ INT (0..1)**

属性描述:

说明某个关系与具有相同源 Act 的其他类似关系之间相对顺序的一个整数。

讨论:

本属性是属性工作流程控制套件的一个组成部分。一个行动计划就是一个带有多个组件 Acts 的组合 Act。在序列计划中,每个组件都有一个表示计划步骤顺序的 sequenceNumber(序号)。具有相同 sequenceNumber 的多个组件会形成一个分支。分支可以是排他性的(语句的判断分支),也可以用来指出由 splitCode 表示的并行过程。

7.1.2.6 **ActRelationship.priorityNumber ∷ INT (0..1)**

属性描述:

说明某个关系在具有相同源 Act 的其他类似关系之前进行考虑的相对优先顺序的一个整数。priorityNumber(优先顺序值)值较低的关系将会比较高的关系优先进行考虑。

示例:

对于多项准则,本属性规定的是哪个准则将在其他准则之前优先进行考虑。对于具有相同序号的多个组件,本属性规定的是哪些组件将在其他组件之前优先进行考虑。在人们进行选择的选项中,priorityNumber 规定的是优先顺序。

讨论:

这种排序可以是全序(所有的优先数都是唯一的),也可以是偏序(把同样的优先数赋给多个关系)。

7.1.2.7 **ActRelationship.pauseQuantity ∷ PQ (0..1)**

属性描述:

表示在准备执行 Act 的时间和实际开始执行 Act 的时间之间的一个时间量。

讨论:

本属性是属性工作流程控制套件的一个组成部分。一项行动计划就是一个具有多个组件 Acts 的组合 Act。在序列计划中,每个组件都有一个表示计划步骤顺序的 sequenceNumber。在执行具有若干前提条件的步骤之前,将会对这些条件进行测试。如果测试结果为正,则 Act 的执行过程就有时间间隔。此时,pauseQuantity 计时器开始计时,当经过 pauseQuantity 长度的时间后,就会执行该 Act。

7.1.2.8 ActRelationship.checkpointCode :: CS (0..1)

词表域:ActRelationshipCheckpoint(CNE)

属性描述:

说明在 Act 实施过程中何时评判 Act 前提条件的一个代码(如在首次执行 Act 之前、在每次重复执行 Act 之前、在非首次的每次重复执行 Act 之后、在执行 Act 的整个过程中)。

讨论:

本属性是属性工作流程控制套件的一个组成部分。一项行动计划就是一个具有多个组件 Acts 的组合 Act。在序列计划中,每个组件都有一个表示计划步骤顺序的 sequenceNumber。在执行具有若干前提条件的步骤之前,将会对这些条件进行测试。如果测试结果为正,则 Act 的执行过程就有时间间隔。此时,repeatNumber 表示可以重复执行 Act。checkpointCode 类似于程序设计语言中的各种条件语句和循环结构(如 while-do、do-while、repeat-until、loop-exit 等),说明何时对这些条件进行检查。

对于所有的 checkpointCodes[end(结束)除外],在根据 sequenceNumber 属性建立的序列中,当计划中本步骤的前一步骤已终止时,就应对前提条件进行检查。

当关于可以重复执行 Act 的某项准则的 checkpointCode 为"end"时,则只在每次重复执行 Act 结束时才对该准则进行检查。当条件为真时,则准备执行下一次重复。

当 checkpointCode 为"entry(进入)"时,则在每次重复(如有的话)开始时对准则进行检查。其中"开始"是指在重复"循环"开始之前只对准则检查一次。

checkpointCode 为"through(直通)"是一种特殊情况,因为它要求在执行 Act 的整个过程中、甚至是单步执行的整个过程中,要保持条件不变。只要条件的判断结果转为假,则 Act 就应收到一个中断事件(参见 Act.interruptibleInd),并最终将终止。

checkpointCode 为"exit(退出)"仅适用于表示循环退出步骤的一种特殊计划步骤。它允许行动计划根据计划执行过程中所测试的条件确定退出。这种退出准则与其他使用 ActRelationship.sequenceNumber 的计划组件一起进行排序。

7.1.2.9 ActRelationship.splitCode :: CS (0..1)

词表域:ActRelationshipSplit(CNE)

属性描述:

说明如何在其他分支中选择行动计划中的分支的一个代码。

讨论:

本属性是属性工作流程控制套件的一个组成部分。一项行动计划就是一个具有多个组件 Acts 的组合 Act。在序列计划中,每个组件都有一个表示计划步骤顺序的 sequenceNumber。当多个组件具有相同的 sequenceNumber 时,就会有多个分支。splitCode 表明了一个分支的执行是排他性的(语句判断分支)还是相容性的(即可以与其他分支同时执行)。

除了判断排他性和相容性,splitCode 还说明如何评判前提条件(也称为分支的"保护条件")。当开始执行分支步骤时,就可以对保护条件进行一次评判;如果当这些条件不再适用时,则放弃分支。反之可以在保护条件转为真时执行分支。

在排他性的等待分支中,将执行保护条件转为真的第一个分支,同时放弃其他所有分支。在相容性的等待分支中,可能已经执行了某些分支,而其他分支仍在等待保护条件转为真。

7.1.2.10 ActRelationship.joinCode :: CS (0..1)

词表域:ActRelationshipJoin (CNE)

属性描述:

说明如何在并行分支结构中使同时发生的 Acts 重新同步的一个代码。

讨论:

本属性是属性工作流程控制套件的一个组成部分。一项行动计划就是一个具有多个组件 Acts 的组合 Act。在序列计划中,每个组件都有一个表示计划步骤顺序的 sequenceNumber。当多个组件具有相同的 sequenceNumber 时,就会有多个分支。如果 splitCode 规定可以同时执行多个分支,则这些分支是并行的。joinCode 规定这些分支是否可以重新同步以及如何重新同步。

主要的重新同步行动包括:

a) 控制流等待某个分支的终止(wait-branch,等待分支);

b) 放弃尚未终止的分支(kill-branch,取消分支);

c) 分支根本不需重新同步且继续并行(detached branch,独立分支)。

只有至少存在一个正在等待(或排他性等待)的分支时才执行 kill-branch。如果没有其他正在进行的等待分支,则根本不需启动 kill-branch(而不是在启动后不久就将其放弃)。因为独立分支与其他所有分支无关,所以正在进行的独立分支并不能使 kill-branch 免于放弃。

7.1.2.11 ActRelationship.negationInd :: BL (0..1)

属性描述:

声明否定链接含义的一个指示符。

示例:

如果非否定关系表示 Act B 是 Act A 的组件,则否定指示符就表示 Act B 不是 Act A 的组件。如果 B 是 A 的原因,则否定指示符表示 B 不是 A 的原因。如果 B 是 A 的前提条件,则否定指示符表示 B 不是 A 的前提条件。

讨论:

上述例子表明本属性的使用相当局限,特别是将其与实际上表明不存在或不执行所描述 Act 等情况的 Act.negationInd 进行比对时就更为明显。ActRelationship.negationInd 只否定源 Act 和目标 Act 之间的关系,但并不改变每个 Act 的含义。这种情况主要是用于澄清声明。

另需注意的就是"否定"与"相反"之间的区别。禁忌症是适应症(原因)的反面,而不是对原因的否定。腰痛不是开抗生素处方的原因的这个事实,并不意味着腰痛忌服抗生素。

7.1.2.12 ActRelationship.conjunctionCode :: CS (0..1)

词表域:RelationshipConjunction(CNE)

属性描述:

说明 Acts 的所有条件链接中准则的逻辑合取(如逻辑与、逻辑或、逻辑异或)的一个代码。

约束条件:

所有的 AND(逻辑与)准则一定为 true(真)。如果 OR(逻辑或)与 AND 准则同时存在,则 OR 组之外的一项准则一定为 true,且所有的 AND 准则也一定为 true。如果 XOR(逻辑异或)准则与 OR 准则、AND 准则同时存在,则一项 XOR 准则一定为 true,且至少一项 OR 准则以及所有 AND 准则一定为 true。换言之,AND、OR 和 XOR 准则的集合是按照逻辑 AND 运算符(所有的 AND 准则、至少一项 OR 准则和唯一一项 XOR 准则)依次组合起来的。为了克服这种顺序,有必要对 Act 准则使用某种方式进行嵌套。

7.1.2.13 **ActRelationship.localVariableName :: ST (0..1)**

属性描述：

输入参数(ActRelationship 的源 Act 可以从输入参数派生出属性)的一个字符串名称。本地变量名一定属于 Act.derivationExpr(其值是根据输入参数规定进行选择的一个 Act)的范围内。

7.1.2.14 **ActRelationship.seperatableInd :: BL (0..1)**

属性描述：

本属性表明是否可以将源 Act 独立于目标 Act 进行说明。该指示符不能阻止个人或应用程序分离 Acts,但如果源 Act 与目标 Act 是相互分开的,则可以表明发起者证明源 Act 内容的愿望。应注意,本属性的缺省值通常为"TRUE"。同样值得注意的是,本属性是正交的,与 RIM 的语境/遗传机制无关。如果 Act 的语境传递到嵌套的 Acts 中,则认为这些嵌套的 Acts 在没有传递语境的情况下不需要进行说明。

7.1.3 **Acts 中的类:Participation**

——Participation 的属性包括：

typeCode :: CS　　noteText :: ED　　signatureText :: ED
functionCode :: CD　　time :: IVL⟨TS⟩　　performInd :: BL
contextControlCode :: CS　　modeCode :: CE　　substitutionConditionCode :: CE
sequenceNumber :: INT　　awarenessCode :: CE
negationInd :: BL　　signatureCode :: CE

——Participation 的关联如下：

act :: (1..1) Act :: participation :: (0..*)
role :: (1..1) Role :: participation :: (0..*)

——Participation 对下列类进行泛化：

ManagedParticipation

Participation 的描述：

一个 Act 和一个 Role 之间的关联,其中 Role 包含一个扮演该 Role 的 Entity。以某种方式包含在 Act 中的(Role 中的)每个 Entity 都通过一个 Participation-instance(参与实例)链接到该 Act。这种与 Act 的相关性是通过 Participation.typeCode 进行表示的。

示例：

a) 行动的执行者(外科医生、观察人员、医生);
b) 行动主体、患者、器械;
c) 场所;
d) 发起者、联合签名人、目击者、信息提供者;
e) 收件人、信息接收人。

依据：

Participations 表示性能,而 Roles 表示能力。Participations 表明的是某个 Act 中 Entity 的实际性能,因此 Participation 的范围是由其对应的 Act 规定的。反之,Roles 表明 Entity 的能力(即其如何参与哪些行动),而不需考虑单个 Act。

例如,一个人(Role)的专业资格证书可能与其实际从事的职业(Participation)有很大差别。常见的例子就是实习医生和住院医生,他们(或多或少)在主治医师的监督下实施麻醉或外科手术。

一个 Act 可以有多个相同类型的 Participations,这表明其是协作活动或团队活动。多个正在实施的 Participations 的概念与子活动(Act 组件)部分重叠。不论何时,只要多种行动者与一个行动相关,则行动者执行的任务就各不相同(诸如两人从两边拉绳子的对称活动的这种极个别情况除外)。因此,存在多个行动者就相当于表示一个行动是由多个子行动组成,其中每个行动将只有一个行动者。

例如,一个手术服务记录可能包括下列类型的行动者:

a) 知情同意人;

b) 主要的外科医生;

c) 麻醉师。

这三种行动者实际上执行不同的任务,可以表示为三项相关的行动:

a) 知情同意;

b) 合适的外科手术;

c) 与外科手术同样重要的麻醉行动。

如果使用子类,则知情同意人、外科医生和麻醉师仅仅是类型为"performer(执行者)"的行动者。因此,使用子类越多,则需区分的行动者类型就越少;反之,使用子类越少,则需区分的行动者类型就越多。

一般来说,当每个子任务都要求特定的安排或根据重要性进行排序时,或如果子任务的所有责任都不相同时,则应考虑使用子任务来代替行动者。然而在大多情况下,人力资源是由团队(而不是个人)安排的,根据重要性进行排序则倾向于将许多子任务作为整体安排到某个位置,通常所有的责任主要取决于主治医师、护士长或部门领导。这种模式既允许使用多行动者的方法,也允许使用多行动的方法来表示业务的真实情况,但稍微倾向于把次要子活动打包成一个行动中。

Participation 的属性如下所述。

7.1.3.1 强制性属性:**Participation.typeCode :: CS (1..1)**

词表域:ParticipationType(CNE)

属性描述:

说明 Participation 或(扮演与 Participation 相关联的 Role 的)Entity 参与相关联的 Act 的复杂情况类别的一个代码。

约束条件:

Participant.typeCode 只包含 HL7 范围中有清晰语义相关性的类别。本属性肯定是一个代码型属性,不会在其他编码系统中出现。

7.1.3.2 **Participation.functionCode :: CD (0..1)**

词表域:ParticipationFunction (CWE)

属性描述:

一个选择型代码。如果 Participation.typeCode 不含关于 Participation 在 Act 中的功能细节,则使用该代码说明功能细节。

示例:

第一医生,第二医生(或第一助理医生,即指辅助主治医生的人),第二助理医生(通常站在主治医生旁边),有可能还有第三助理医生,洗手护士(手术助理护士),巡回护士,护士助理,麻醉师,助理麻醉师,麻醉护士,摆放患者姿态的技师,术后看护护士,助手群,助产士,学生等。

约束条件:

如果使用本代码,则其一定不能与 Participation.typeCode 冲突。自动化系统在功能上不应依赖于本代码。

HL7 标准在技术上不能根据 functionCode 编写。如果确有必要,则应在 Participation.typeCode 中对这些概念进行定义。

讨论：

本代码适用于参与者在行动中执行存在巨大差异或细微差别的功能。可以应用的功能种类和数量取决于行动的具体类别。例如，每个手术和每种方法可能要求的医生和护士的数量不同。

因为参与功能是指人们在 Act 中所做的事，所以实际中这些子活动可能是同时发生的。对于这些活动，如果除了实施活动的人之外还要说明更多的细节，则应考虑使用组件行动来代替。

7.1.3.3 Participation.contextControlCode :: CS (0..1)

词表域：ContextControl (CNE)

属性描述：

说明 Participation 如何改善当前 Act 的语境以及其是否传递到子 Acts(其关联允许这种传递，参见 ActRelationship.contextConductionInd)的一个代码。

讨论：

具体的依据、讨论以及示例参见 ActRelationship.contextControlCode。

7.1.3.4 Participation.sequenceNumber :: INT (0..1)

属性描述：

说明 Participation 与同一 Act 的其他 Participations 之间相对顺序的一个整数。

依据：

优先顺序可以按照功能性原因或根据 Participations 之间的优先权进行确定。例如，在保险索赔中，根据所有相关方的受益序列而确定受益顺序。

7.1.3.5 Participation.negationInd :: BL (0..1)

属性描述：

如果本属性值为 true，则表明所规定的参与过去没有、目前没有且将来也不会发生(根据语气而定)。

依据：

本属性有两个基本作用：

a) 表明特定的 Role 过去没有或不应参与到 Act 中；

b) 从 Acts 间正在传递的语境中删除参与者。

讨论：

带有值为 true 的 negationInd 的参与要比带有值为 false 的 negationInd 的参与更优先。换言之，如果二者冲突，则否定的参与优先。

示例：

Smith 医生没有参与，患者 Jones 就不能签署知情同意书。

7.1.3.6 Participation.noteText :: ED (0..1)

属性描述：

对与参与相关的注释进行的文本或多媒体描述。该注释仅与该参与相关。

7.1.3.7 Participation.time :: IVL⟨TS⟩ (0..1)

属性描述：

说明参与者通过 Participation 参与行动所用时间的一个时间间隔。

依据：

当参与者参与行动持续的时间只是 Act 时间的一部分时，则需要使用参与时间。参与时间也用于表明在整个行动中某些普通子活动所用的微小时间。

示例：

a） 数据录入初始系统的时间是指“data entry（数据录入）”参与的 Participation.time。

b） 发起者参与时间的结束是指与签名相关的时间。

c） 联合签名参与的 Participation.time 是指联合签名的时间。

7.1.3.8 **Participation.modeCode ∷ CE（0..1）**

词表域：ParticipationMode（CWE）

属性描述：

说明扮演 Role 的 Entity 参与 Act 的形式的一个代码。

示例：

亲自参与、电话联系、书面通信。

依据：

对发起者（发起人）具体而言，本属性用于指出行动所代表的信息最初是否是其通过口头、手写或电子形式给出的。

7.1.3.9 **Participation.awarenessCode ∷ CE（0..1）**

词表域：TargetAwareness（CWE）

属性描述：

说明扮演参与 Role 的 Entity（通常为目标 Participation）了解相关联 Act 的程度的一个代码。

示例：

通过诊断观察，患者、家属或其他参与者是否知道患者得了绝症？

讨论：

如果认知、否认、无意识等是医疗关怀的主题（如问题列表的组成部分），则应对这些事情进行详细的观察，不应只依赖于本属性。

7.1.3.10 **Participation.signatureCode ∷ CE（0..1）**

词表域：ParticipationSignature（CNE）

属性描述：

说明参与者是否和如何能通过签名来证实其参与行为以及是否需要这样一个签名的一个代码。

示例：

一个手术的 Procedure 行动对象（相当于一个程序报告）要求主治医生和责任医生签名，甚至还可能需要其他参与者签名（参见 Participation.signatureText）。

7.1.3.11 **Participation.signatureText ∷ ED（0..1）**

属性描述：

关于签名的文本或多媒体描述。该签名表明参与者愿意按照 Participation.typeCode 的规定参与 Act、并且愿意承担相关责任。

示例：

a） “发起者”承担就其所知的 Act 陈述真实性的责任；

b） 信息接收者仅需证实其接收到信息的事实。

讨论：

签名可以用多种不同的方式表示，如可以使用或参照ED数据类型进行表示。典型情况如下：

a) 纸质签名：ED数据类型可以指通过硬拷贝档案的电子接口进行检索的文档或文件；

b) 电子签名：本属性实际上可以表示所有的电子签名方案；

c) 数字签名：本属性可以表示所有的数字签名。例如，根据数字签名标准（如XML-DSIG、PKCS ＃7、PGP等）构建的签名数据块。

7.1.3.12 Participation.performInd ∷ BL (0..1)

属性描述：

表明Participation的资源在使用前应予以保留（即其受调度控制）。

依据：

本属性给出了资源调度语境中非常具体的需求。这不是大多数参与表示法所需的。大多数情况下，它适用于受调度程序控制的特定位置或装备的参与。

7.1.3.13 Participation.substitutionConditionCode ∷ CE (0..1)

词表域：SubstitutionCondition (CWE)

属性描述：

表明一个参与项可以用一个不同的项代替的条件。

7.1.4 Acts中的类：Account

——类代码：ACCT

——Account的属性如下：

name ∷ ST　　currencyCode ∷ CE　　allowedBalanceQuantity ∷ IVL⟨MO⟩

balanceAmt ∷ MO　interestRateQuantity ∷ RTO⟨MO,PQ⟩

——Account是Act的具体化。

Account的描述：

表示可以进行审计和记录的金融交易类别及收支的一个Act。

讨论：

该类可以用于表示所接受货物或服务的累积计费总额、支付款项以及金融交易流中的借贷记录。

示例：

患者账户、就医成本、成本中心，应收账款。

Account的属性如下所述。

7.1.4.1 Account.name ∷ ST (0..1)

属性描述：

作为账簿组成部分的账户的描述性名称。

讨论：

本属性不是账户的标识符。（用"id"作为账户的标识符，用"名称"作为账户的描述性/有含义标签）。

示例：

2002年6月的成本、约翰.史密斯的应收账款。

7.1.4.2　**Account.balanceAmt ∷ MO (0..1)**

属性描述:

账户在其有效期内发生的全部借贷交易。

讨论:

账户的收支通常用账户的 currencyCode 货币来表示,也可以使用替代货币来表示。

7.1.4.3　**Account.currencyCode ∷ CE (0..1)**

词表域:Currency (CWE)

属性描述:

表明管理账户的货币。

讨论:

账户的具体数额可以用另一种货币进行记录,但在该账户中仍用缺省的货币来表示。

7.1.4.4　**Account.interestRateQuantity ∷ RTO〈MO,PQ〉(0..1)**

属性描述:

表示账户报表中利率的一个比率,超期按复利计算。

讨论:

根据账户的类型,本属性可以表示为所收利息(如贷款、逾期账款等)或贷方利息(如投资等)。

示例:

0.10/1a(10%/年);0.000 589 5/1d(0.058 95%/日)。

约束条件:

分母为 PQ 数据类型的单位与秒应是可比的(即分母应用时间来度量)。

7.1.4.5　**Account.allowedBalanceQuantity ∷ IVL〈MO〉(0..1)**

属性描述:

说明账户的收支介于最小和最大允许值之间的差值。

讨论:

这些不是必需的"硬性"限制(即账户可以在规定的数额上下浮动)。这些限制只是表示账户的"目标"范围,也存在超出规定边界的可能性。因此没有必要为账户规定上下限。

示例:

"止亏"额,信贷额。

7.1.5　**Acts 中的类:DeviceTask**

——类代码:CONTREG

——DeviceTask 的属性如下:

　　parameterValue ∷ LIST〈ANY〉

——DeviceTask 是 Act 的具体化。

DeviceTask 的描述:

自动化系统的一个活动。

讨论:

这些活动可以用外部命令启动,也可以定时启动,然后由器械自动执行(如定期校准或清洁)。执行任务的命令为 moodCode〈= ORD,已完成任务(包括正在进行任务)的命令为 moodCode〈= EVN,定时自动执行任务的命令为 moodCode ⟨= APT。

DeviceTask 的属性如下所述。

7.1.5.1 DeviceTask.parameterValue :: LIST⟨ANY⟩ (0.. *)

属性描述：

通过发布命令(或设定自动执行任务的时间表)而被提交到器械的任务参数。

依据：

任务的某些参数是根据装备的具体模型进行唯一定义的。任务中大多数关键的争论点(如实施任务的容器、定位、定时等)都在 HL7 标准化结构中进行了规定,参数列表与这些争论点无关。参数列表只包括那些不能被标准化的参数,因为这些参数是根据装备的具体模型进行唯一定义的。

注：这就意味着只能在对适用于具体器械的规范或文档理解的情况下,才能对 parameterValue 的语义和解释进行分析。该信息不作为消息的组成部分进行传输。

约束条件：

如果一个 HL7 定义的独立结构中没有包含这些参数,则这些参数将在本标准中进行规定。参数是由器械进行解读的所有数据值列表。这些参数应具有一个合适的 HL7 数据类型[如类似于标志的名词设置代码,表示数字的 REAL(实数)和 INT(整数),表示时间点的 TS,表示度量数量的 PQ 等]。然而,除了 HL7 数据分类之外,参数的功能对于 HL7 标准化而言是非常难理解的。

7.1.6 Acts 中的类：DiagnosticImage

——类代码：DGIMG

——DiagnosticImage 的属性：

subjectOrientationCode :: CE

——DiagnosticImage 是 Observation 的具体化。

DiagnosticImage 的描述：

直接和主要结果(后置条件)为关于主体的新数据、并以可视化图像形式显示的观察事件。

DiagnosticImage 的属性如下所述。

7.1.6.1 DiagnosticImage.subjectOrientationCode :: CE (0..1)

词表域：ImagingSubjectOrientation (CWE)

属性描述：

定性说明成像对象与成像胶片或探测器之间空间关系的一个代码。

7.1.7 Acts 中的类：Diet

——类代码：DIET

——Diet 的属性包括：

energyQuantity :: PQ　　carbohydrateQuantity :: PQ

——Diet 是 Supply 的具体化。

Diet 的描述：

专门说明主体饮食或营养情况的一个供应行动。

讨论：

详细的饮食情况可以表示为对与 Participation.typeCode＝"product"相关的 Material(材料)的说明。医学上有关的饮食类型可以用 Diet.code 来表示。然而,所供应食物和各种组合菜的详细情况应以材料实例进行表示。

示例：

无麸质；低钠。

Diet 的属性如下所述。

7.1.7.1 Diet.energyQuantity ∷ PQ（0..1）

属性描述：

每天供给的生物能量（卡路里）。

讨论：

本物理量应可以转换为 1 千卡/天（或 1 kJ/d）。应注意，要避免混淆现有的"大卡（千卡）"和"小卡（克卡）"。食品的营养标签标识的是"大卡"。但是实际上使用"小卡"（大卡的千分之一）更合适。这些在 HL7 计量单位表中是明确区分开的。

7.1.7.2 Diet.carbohydrateQuantity ∷ PQ（0..1）

属性描述：

每天碳水化合物的供给量（克）。

讨论：

对于糖尿病患者，其饮食每天应将代谢的碳水化合物总量严格限定在一定量范围（如 240 克/天）内。这种限定可以用 carbohydrateQuantity（碳水化合物量）表示。

7.1.8 Acts 中的类：FinancialContract

——类代码：FCNTRCT

——FinancialContract 的属性如下：

　paymentTermsCode ∷ CE

——FinancialContract 是 Act 的具体化。

FinancialContract 的描述：

以货币形式表示其值的一个合同。

示例：

保险合同、购买协议。

FinancialContract 的属性如下所述。

7.1.8.1 FinancialContract.paymentTermsCode ∷ CE（0..1）

词表域：PaymentTerms（CWE）

属性描述：

为合同约定或责任建立的付款条件。

示例：

收到货物 30 日后付款、收到发票后付款、完成服务后付款。

7.1.9 Acts 中的类：FinancialTransaction

——类代码：XACT

——FinancialTransaction 的属性如下：

　amt ∷ MO　creditExchangeRateQuantity ∷ REAL　debitExchangeRateQuantity ∷ REAL

——FinancialTransaction 是 Act 的具体化。

FinancialTransaction 的描述：

表示两个账户之间货币流动的一个 Act。

讨论：

金融交易总是在两个账户(借方和贷方)之间发生，但也可能存在其中一个或两个账户是隐含在包含模型中或从包含模型中继承而来的情况。

在“order(预订)”语气中，表示请求发起一个交易。

在“event(事件)”语气中，表示记录账户的交易。

示例：

服务成本、服务付费、发票支付。

FinancialTransaction 的属性如下所述。

7.1.9.1 FinancialTransaction.amt ∷ MO (0..1)

属性描述：

表明从借方转到贷方账户中的货币量。

讨论：

如果借方和贷方之间的数量单位不同，则应规定相关的兑换率。

7.1.9.2 FinancialTransaction.creditExchangeRateQuantity ∷ REAL (0..1)

属性描述：

表明记入贷方账户的货币与交易净值的货币之间的有效兑换率的一个十进制小数。

示例：

一个加元账户使用美元支付用墨西哥比索估值的服务，则贷方的兑换率应用实数“r”进行表示：y(USD，美元) * $r=x$(CAD，加元)。

依据：

本属性允许以不同于借贷双方账户所用货币的另一种货币来表示交易。它也允许借贷双方账户使用不同的货币。

7.1.9.3 FinancialTransaction.debitExchangeRateQuantity ∷ REAL (0..1)

属性描述：

表明记入借方账户的货币与交易净值的货币之间的有效兑换率的一个十进制小数。

示例：

一个加元账户使用美元支付用墨西哥比索估值的服务，借方的兑换率应用实数“r”进行表示为 y(USD，美元) * $r=x$(MXP，墨西哥比索)。

依据：

本属性允许以不同于借贷双方账户所用货币的另一种货币来表示交易。它也允许借贷双方账户使用不同的货币。

7.1.10 Acts 中的类：InvoiceElement

——类代码：INVE

——InvoiceElement 的属性如下：

modifierCode ∷ SET〈CE〉	unitPriceAmt ∷ RTO〈MO，PQ〉	factorNumber ∷ REAL
unitQuantity ∷ RTO〈PQ，PQ〉	netAmt ∷ MO	pointsNumber ∷ REAL

——InvoiceElement 是 Act 的具体化。

InvoiceElement 的描述：

表示“欠款额”的陈述和理由的一个 Act。

讨论：

本类表示的是发票的“理由”部分。它经常与表示要求支付、同意支付或实际已支付的总额的金融交易绑定在一起。

递归关系可以用于将一个 InvoiceElement 分为多个组成部分。

在定义语气中，本类表示的是将来开票的“可能”理由。在请求语气中，本类是一个决定欠款额的请求。在事件语气中，本类表示的是特定 Entity 的具体欠款额的规定。

InvoiceElement 的属性如下所述。

7.1.10.1 InvoiceElement.modifierCode ∷ SET〈CE〉(0..＊)

词表域：InvoiceElementModifier (CWE)

属性描述：

将修正符赋给代码型属性以提供发票的附加信息。

示例：

津贴、业余时间服务。

依据：

这不是 CD 属性的前提条件，因为修正符代码集不与 Act.code 代码集一起使用。这违反了使用“修正符”特性(即修正符代码集应是基准代码集或是其一部分)的约束条件。

7.1.10.2 InvoiceElement.unitQuantity ∷ RTO〈PQ,PQ〉(0..1)

属性描述：

对收费产品或服务实例数量的描述。

示例：

4 小时、4 毫克、4 个盒子、容量为 1 000 粒药片的容器中包含 15 粒药片，等等。

讨论：

用于支付或记账的每个 InvoiceElement 都由一个支付或记账代码(InvoiceElement.code)进行标识。在某些情况下，该代码是一个前提条件代码集，用于表示容器(如表示装有 1 000 粒药片的容器的 UPC 代码，表示容量为 1 000 粒药片但装有 100 粒药片的容器的另一个 UPC 代码)。在发票中需要使用 UPC 代码，但需要使用比率来规定只有部分容器(如瓶子)是需要付账或记账的。如果 InvoiceElement 不引用容器，则不需规定分母。

例如，在容量为 1 000 粒药片的容器中装 15 粒药片。在这种情况中，分子可以表示为“15{药片}”或只是“15”，分母则表示为 1 000{瓶}或只是 1 000(参见下述关于使用计数单位描述性文本的依据的讨论)。

约束条件：

计量单位仅指那些可测量的单位(如升、毫克和小时)。不可测量但可计数的单位(如盒、包、就医次数、药片和容器)，除非是作为注释并标记上{xxx}，否则一定不能使用 PQ 数据类型进行规定。

对计数单位的规定可以使用如下技术进行处理：

a) 规定 InvoiceElement.code 中的计数单位。也就是说，一个具体的 InvoiceElement.code 可以说明行动使用的物品是一个包含 20 个单位的盒子。对于一个包含 40 个单位的盒子，则使用一个不同的 InvoiceElement.code，等等。例如，如果 InvoiceElement.code 表示的是一个包含 20 个单位的盒子，且 InvoiceElement.unitQuantity = 2(无单位)，则其表示的是两个包含 20 个单位的盒子，总共为 40 个单位。

b) 如果需要更详细的说明(如描述产品的成分、包装、生产厂家),则使用参与(typeCode = "PRD")和角色与实体类的组合来描述包装的细节。

7.1.10.3 **InvoiceElement.unitPriceAmt :: RTO〈MO,PQ〉(0..1)**

属性描述:

可记录的单位货币成本。

约束条件:

在确定比率时,以与 unitQuantity 属性相同的方式进行规定,分子应为 MO 数据类型,分母应 PQ 数据类型。

示例:

0.20 美元/毫克、250 美元/天、50 美元。

7.1.10.4 **InvoiceElement.netAmt :: MO (0..1)**

属性描述:

指出发票的货币总额,包括所有组件的总数。

讨论:

对于叶级数量,本属性的值应为 unitQuantity * unitPriceAmt [* factorNumber] [* pointsNumber]。对于分组发票,本属性的值应是所有 InvoiceElements 的 netAmt 属性的总和。

7.1.10.5 **InvoiceElement.factorNumber :: REAL (0..1)**

属性描述:

表示在确定所接受的服务/货物的全部成本时所用的乘数。

示例:

10(单位数) * 3.0 美元(单价) * 1.5(因子)= 45 美元(总数)

讨论:

在欧洲经常使用这种方法来调整公共系统和私人保险公司之间的费用。

计算总额最简单的公式是:unitQuantity * unitPriceAmount = netAmt。

Factor(因子)的概念是一个应用于货币总额、且可以上下浮动的乘数。例如,带有一个因子的公式为:unitQuantity * unitPrice (Cost/Point) * factorNumber = netAmt。

带有 Points(点数)和 Factors 的公式为:unitQuantity * unitPriceAmt * pointsNumber * factorNumber = netAmt。

7.1.10.6 **InvoiceElement.pointsNumber :: REAL (0..1)**

属性描述:

表示与所提供货物或服务相关的加权(根据难度、成本和/或资源密集度进行确定),用于计算以点表示数量的费用。

示例:

5(单位数) * 3(点数) * 20.00 美元(单价)=300.00 美元(总和)。

讨论:

本属性通常用于下述系统中:为服务分配一个相对的"成本或难度系数",然后将一个固定的价格作为"点"。对由组织支付的所有价格进行调整,应通过增加或减少每个点的成本进行处理,以反映通货膨胀、管理费用等的变化。

计算总额最简单的公式为:unitQuantity * unitPriceAmount = netAmt。

Points 的概念允许对服务和/或货物的点值进行赋值，从而可以确定出每个点的货币量。例如，带有点值的公式为：unitQuantity * pointsNumber * unitPriceAmt (Cost/Point) = netAmt。

带有 Points 和 Factors 的公式为：unitQuantity * unitPriceAmt * pointsNumber * factorNumber = netAmt。

7.1.11 Acts 中的类：ManagedParticipation

——ManagedParticipation 的属性如下：

id :: SET⟨II⟩　　statusCode :: SET⟨CS⟩

——ManagedParticipation 是 Participation 的具体化。

ManagedParticipation 的描述：

随时间逐步进行的一个参与。因此应对其状态和身份进行管理。

示例：

住院部的主治医生因为休假而改变参与时间，但是应注意参与的有效时间。

依据：

将 ManagedParticipations 定义为 Participations 的一个子类，用于说明并不是所有的 Participations 都很严格。一般来说，当需密切关注和管理通过 Participation 实现的子活动时，实际上可以将该子活动作为主 Act 下的一个 Act 组件。

然而在某些特定情况下，参与者真正执行的活动并不容易识别，因此把这些子活动作为子行动容易令人困惑和苦恼。

所以，ManagedParticipation 用身份属性和状态属性对 Participation 进行扩展以支持这些特殊的用例。ManagedParticipation 的使用应极其谨慎，以避免与 Acts 混淆，以及避免重复参与中的行动管理基础设施。

ManagedParticipation 的属性如下所述。

7.1.11.1 ManagedParticipation.id :: SET⟨II⟩ (0..*)

属性描述：

指代(具有相同 Act 和 Role 的)Participation 具体实例的唯一标识符(参见 ManagedParticipation)。

7.1.11.2 ManagedParticipation.statusCode :: SET⟨CS⟩ (0..*)

词表域：ManagedParticipationStatus (CNE)

属性描述：

表明参与实例是准备进行、正在进行、完成还是取消的一个代码(参见 ManagedParticipation)。

7.1.11.3 ManagedParticipation 的状态机

该类的状态图如图 7 所示。

ManagedParticipation 状态如下：

——active(正常进行，正常状态的子状态)：表示 Participation 正在进行的事实的状态；

——cancelled(取消，正常状态的子状态)：在激活之前取消 Participation 导致的终止状态；

——completed(完成，正常状态的子状态)：表示成功完成 Participation 的最终状态；

——normal(正常)："典型"状态。不包括"nullified(无效)"状态；

——nullified(无效)：表示错误创建的 Participation 实例终止的状态；

——pending(待定，正常状态的子状态)：表示 Participation 一直没有开始的事实的状态。

ManagedParticipation 的状态转换包括：

——revise(修正，从 active 转换为 active)；

——complete(完成，从 active 转换为 completed)；

——reactivate(重新激活，从 completed 转换为 active)；

——revise(修正，从 completed 转换为 completed)；

——nullify(无效，从 normal 转换为 nullified)；

——create(创建，从 null 转换为 active)；

——create(创建，从 null 转换为 completed)；

——create(创建，从 null 转换为 pending)；

——activate(激活，从 pending 转换为 active)；

——cancel(取消，从 pending 转换为 cancelled)；

——revise(修正，从 pending 转换为 pending)。

7.1.12 Acts 中的类：Observation

——类代码：OBS

——Observation 的属性如下：

value :: ANY　　methodCode :: SET〈CE〉

interpretationCode :: SET〈CE〉　　targetSiteCode :: SET〈CD〉

——Observation 对下列类进行泛化：

DiagnosticImage　　PublicHealthCase

——Observation 是 Act 的具体化。

Observation 的描述：

关于观察对象识别和注释信息的一个 Act，其直接和主要结果(后置条件)是获得观察对象的新数据。Observations 通常包括测量方法或其他精确的调查方法，但也可能只是断言式的说明。

讨论：

从结构上讲，许多观察都是一个“名称-值”对，其中 Observation.code(继承自 Act)是特性的名称，Observation.value 是特性的值。这种结构也称为“变量”(可设定取值的命名特性)。因此即使变量评估不是通过精确观察方法获得的结果，Observation 类也总是可以保持常用的名称-值对或变量。它也许是某个问题的简单答案，也许是对参数的假设或设置。

与所有的 Act 陈述一样，Observation 陈述描述了已完成的事情。就 Observations 而言，它包括对实际观察事物的描述(“结果”或“答案”)；这些“结果”或“答案”是观察的组成部分，与其他对象不可分割。

Observation 可以由多个组件观察组成，其中的每一个组件观察都分别具有一个 Observation.code 和一个 Observation.value。在这种情况中，组合观察本身可能没有 Observation.value。例如，白细胞数量观察是由关于各种粒细胞、淋巴细胞以及其他正常或异常的血细胞(如幼稚细胞)数量的多个子观察组成。因此从整体上看，白细胞数量 Observation 本身没有值(即使有值也只是所有白细胞的总数)。所以，只要一个 Act 本质上是关于观察对象的标识和注释信息的 Act，则其就是一个 Observation，而不管其是否有一个简单值或其是否有子观察。

即使观察是专业行动(参见 Act)和有意向行为，但在实施观察之前并不要求考虑到观察的每一种可能结果。例如，白细胞数量观察很少包括幼稚细胞。但是如果有，那么即使在正常的白细胞结构中没有预先定义幼稚细胞，它也仍然是白细胞 WBC 观察的一部分。

诊断、观察结果、症候等也都属于 Observations。Observation.code(或对 Observation 定义的引用)说明了诊断的种类(如“主诉”或“出院诊断”)，其值表明诊断代码或症候代码。

Observation 的属性如下所述。

7.1.12.1 Observation.value :: ANY (0..*)

属性描述:

由观察行为指定或确定的信息。

约束条件:

如果没有另行规定,则 Observation.value 可以是任意一种数据类型。

Observation.value 的数据类型随 Observation 种类的不同而变化,并且通常在 Observation 定义中或在"Act.codes-值的数据类型"对的简单关系中进行描述。

下述准则规定了合适值的数据类型的选项:

a) 定量测量使用的数据类型一般为 PQ(Physical Quantity,物理量)。PQ 本质上是一个带有单位的实数。对于所有的数值,这是一般设置,但数值不能简单表示为 ST(character string,字符串)这种特殊情况除外。

b) 滴度测量(如 1∶64)和其他少数比率使用数据类型 RTO(Ratio,比率)。对于滴度测量,比率应是两个整数的比(如 1∶128)。其他比率可能与不同的定量数据类型相关,如用物理量"货币值"表示"价格"。有时根据地方规定,滴度测量仅报告分母(如用 32 替代 1/32)。这类规定容易混淆,应转化为 HL7 消息中正确的比率。

c) 指数值(没有单位的数字)使用 REAL(实数)数据类型。当一个量没有合适的单位时,就可以将其作为实数,也可以将其作为一个无量纲单位的 PQ(如 1 或%)。测量只有在按照定义是整数的时候才可以设置为整数,这是一种极端且很少见的情况,而且最有可能是一个序数(参见下面的内容)。

d) 范围(如<3、12～20)应表示为物理量区间(IVL<PQ>)或其他数量数据类型的区间。有时这类区间用于报告测量值的不确定性。这种不确定性可以用专用数据类型扩展进行标识。

e) 序数(如{+,++,+++}或{I,IIa,IIb,III,IV})使用 CO(代码型序数)数据类型。

f) 名词型结果("分类单元",如生物类型)可以使用任何一种至少可以规定一个代码和一个编码系统的代码型数据类型(如 CD、CE),还可以是原始文本、对其他编码系统的转化和限定符。

g) 影像使用 ED(Encapsulated Data,压缩数据)类型。ED 可以把图片(如胸部 X 射线)或影像(如冠状动脉血管造影术、心脏音波)以在线二进制数据或是以按照要求下载数据的对外地址的引用进行发送。

h) 波形可以使用相关观察序列模板进行发送,这些模板可以提供 HL7 框架中的所有数据。此外,也可以使用 ED 数据类型来表示 HL7 之外的其他格式波形,或是按照要求下载的波形数据。

i) 只有在现有数据类型都不适用的极特殊情况下才使用 ST 数据类型作为正式的表示。如果可以使用现有的某种数据类型来表示含义,就不应使用 ST 数据类型。

j) 如果有更合适的地方(如通常是某个行动的 Act.effectiveTime)来发送时间戳,就不应将时间戳发送到 Observations 中。例如,"实验室接收的样本"是指在描述样本运到实验室的 Act 的 effectiveTime 内而不是在 Observation 中。

k) 任一数据类型的值的集合、枚举集合以及区间,通常用于规定"正常范围"或(用于警报的)"决策范围"等的 Observation 准则(事件准则的语气)。

l) LIST(序列)数据类型适用于观察序列(在相对短的时间内重复测量同一特性)。

m) 使用 UVP、PPD(概率与概率分布)数据类型扩展来说明值的不确定性。如果以分类绝对频率报告一个统计样本,则使用采样工具包(Bag collection,BAG)非常有效。

7.1.12.2 **Observation.interpretationCode ∷ SET〈CE〉(0..＊)**

词表域:ObservationInterpretation(CWE)

属性描述:

说明对观察进行粗略定性解释的一个或多个代码,如正常、异常、低于正常值、变化加速、耐药、易感等。

讨论:

这些解释代码有时又称为“异常标志”。然而,对于常态的判断只是一种常用的粗略解释,并且通常并不贴切或恰当。例如,易感性解释就不是“常态”;而且,说明病理情况观察的常态没有任何意义,因为绝不会有属于“正常”的病理情况。

7.1.12.3 **Observation.methodCode ∷ SET〈CE〉(0..＊)**

词表域:ObservationMethod (CWE)

属性描述:

说明确定观察的方法或技术细节的一个代码。

示例:

血压测量方法包括:动脉穿刺与 Riva-Rocci 血压计、坐卧位与仰卧位等。

约束条件:

在所有的观察中,某种程度上可以由 Act.code 决定所用的方法。这时根本不需要使用 methodCode。在使用了 Act.code 的情况下,仍然可以使用 methodCode 对方法进行更加详细的说明。然而,信息用户系统或流程不应依赖于 methodCode 信息(该信息是指 Act.code 隐含的方法细节)。

如果使用 methodCode 表示 Act.code 隐含的方法细节,则 methodCode 一定不能与 Act.code 隐含的方法相冲突。

讨论:

在所有的观察中,某种程度上可以通过简单了解观察的种类(观察的定义,Act.code)来决定所用的方法。这类隐含的方法信息不需要在 Observation.methodCode 中进行说明。例如,只要方法指出解释方面的不同之处,就可以为具体的方法定义 LOINC 代码。因此在 LOINC 中,使用“最小抑菌浓度”(MIC)或“琼脂扩散法”(Kirby-Baur)进行易感性研究的不同之处在于分别赋予不同的代码。因此,methodCode 只是一个附加的限定符,用于说明从 Act.code 中无法了解的内容。

此外,方法之间的一些差异可能与所用的特定器械密切相关。methodCode 不应用于标识观察中所用的具体器械或测试工具包材料。关于器械或测试工具包的信息应与“device(器械)”参与观察相关联。

7.1.12.4 **Observation.targetSiteCode ∷ SET〈CD〉(0..＊)**

词表域:ActSite (CWE)

属性描述:

说明解剖部位或系统的详细情况的一个代码。如果在观察定义或 Act.code 中没有隐含解剖部位或系统的信息,则该信息是观察的焦点。

约束条件:

如果规定了 targetSiteCode 的值,则其一定不能与观察定义和 Act.code 所隐含的解剖部位或系统相冲突。

讨论:

大多数观察目标部位都隐含在观察定义、Act.code 或 Observation.value 中。例如,“心脏杂音”总是将心脏作为目标。只有当需要进一步明确观察目标部位(如区分心脏的左边或右边)时才使用本属性。

如果 Observation 的对象是人类患者或动物之外的事物,则类似地可以使用本属性来说明行动所关注的事物结构标志。例如,如果主体是一个湖,则目标部位应是湖的流入和流出等。如果主体是一个淋巴结,则"门"、"外周"等也是有效的目标部位。

7.1.13 Acts 中的类:PatientEncounter

——类代码:ENC

——PatientEncounter 的属性如下:

admissionReferralSourceCode ∷ CE
lengthOfStayQuantity ∷ PQ
dischargeDispositionCode ∷ CE
acuityLevelCode ∷ CE
preAdmitTestInd ∷ BL
specialAccommodationCode ∷ SET⟨CE⟩
specialCourtesiesCode ∷ SET⟨CE⟩

——PatientEncounter 是 Act 的具体化。

PatientEncounter 的描述:

为进行医疗保健相关服务而在患者与护理服务提供者之间的互动。医疗保健服务包括健康评估。

示例:

门诊患者到多个科室就诊、上门健康支持(包括理疗)、住院患者住院、急诊室就诊、现场就诊(如交通事故)、诊所就诊、专业治疗、电话咨询。

PatientEncounter 的属性如下所述。

7.1.13.1 PatientEncounter.admissionReferralSourceCode ∷ CE (0..1)

词表域:EncounterReferralSource (CWE)

属性描述:

患者就医的转诊来源。

7.1.13.2 PatientEncounter.lengthOfStayQuantity ∷ PQ (0..1)

属性描述:

表示主体将在或过去在医院中住院(就医的组成部分)的全部时间。

讨论:

由于可能会休假,因此实际天数不能简单地按照从批准入院到出院之间的日期来计算。

7.1.13.3 PatientEncounter.dischargeDispositionCode ∷ CE (0..1)

词表域:EncounterDischargeDisposition (CWE)

属性描述:

说明患者出院实际情况的一个代码(如出院回家、期满回家、违反医嘱等)。

7.1.13.4 PatientEncounter.acuityLevelCode ∷ CE (0..1)

词表域:EncounterAcuity (CWE)

属性描述:

说明患者入院时其医疗情况程度(患者护理的复杂程度、患者护理的资源密集程度)的一个代码。

7.1.13.5 PatientEncounter.preAdmitTestInd :: BL (0..1)

属性描述:

说明患者在就医前是否需要进行术前综合服务测试的一个指示符。

7.1.13.6 PatientEncounter.specialCourtesiesCode :: SET⟨CE⟩ (0..*)

词表域:EncounterSpecialCourtesy (CWE)

属性描述:

标识患者享受特殊待遇的一个代码。如没有优待、特殊待遇、专家待遇、贵宾待遇。

7.1.13.7 PatientEncounter.specialAccommodationCode :: SET⟨CE⟩ (0..*)

词表域:SpecialAccommodation (CWE)

属性描述:

指出为患者就医时提供的特殊照顾类型(如轮椅、担架、翻译、服务员、导盲犬)的一个代码。对于就医的意向语气,该信息可以用于了解即将入院的患者所需的特殊照顾。

7.1.14 Acts 中的类:Procedure

——类代码:PROC

——Procedure 的属性如下:

methodCode :: SET⟨CE⟩ approachSiteCode :: SET⟨CD⟩ targetSiteCode :: SET⟨CD⟩

——Procedure 是 Act 的具体化。

Procedure 的描述:

直接和主要结果(后置条件)是改变主体身体状况的一个 Act。

示例:

Procedures 可以包括人体表皮的损伤(如切口手术)以及诸如减少脱臼连接的保守程序(包括脊椎疗法、按摩、浴疗法、针灸疗法、指压按摩疗法等物理疗法)。在临床医学外,程序可以是指改变环境(如改直河道、排放沼泽、筑坝)、修理或更换机械等事情。

讨论:

对于临床医学,程序只不过是诸如观察、药物管理和交往互动(如教学、建议、心理疗法、简单表示为没有具体属性的 Acts)的几类临床活动之一。程序不包含其他活动,其他活动也不包括程序。应注意,Procedure 并不包括所有的干预或治疗行动。无论是接受物理改变、还是为了对主体有益的物理改变都无关紧要,重要的是行动本质上改变了主体的身体情况。

现实活动表示法之间的选择取决于程序的具体特性是否适用以及活动或活动步骤的必要后置条件是否是物理改变。例如,拍 X 射线图像有时也可以称为"程序",但它不是一个 RIM 意义上的 Procedure,因为 X 射线图像不能改变身体的物理状况。

许多临床活动将 Observation 和 Procedure 类型的 Acts 组合为一个复合体。例如,介入放射学(如导尿管血栓溶解术)既有观察也有治疗,大多数手术程序包括有意观察步骤和观察记录步骤。因此,这些临床活动最好是采用多个具有合适类型的组件行动进行表示。

Procedure 的属性如下所述。

7.1.14.1 Procedure.methodCode :: SET⟨CE⟩ (0..*)

词表域:ProcedureMethod (CWE)

属性描述:

指出执行程序所用的方法或技术。

讨论：

对于任一 Procedure，可能都有几种不同的方法来获得大体上相同的结果，但更重要的是要了解可以更加彻底解释记录的时间(如开腹胆囊切除术与腹腔镜检查)。在 Act 的定义中，方法的概念可以是"前组合式"。许多合理的方法在很大程度上都是针对特定类型的 Procedure，所以定义一个适用于所有方法的词表域很困难。然而，可以设计一个代码系统来为所定义的每个 Procedure 概念规定一组适用的方法。因此，定制 Procedure 的用户可以根据方法代码对若干个行动变量进行选择。在主服务目录中，也可以为所定义的每个 Procedure 定义可用的方法变量。在行动定义记录(Act.moodCode＝DEF)中，methodCode 属性是由所有可用的方法代码组成的集合，用户可以选择定制，或预计可以获得的结果。

7.1.14.2 **Procedure.approachSiteCode ∷ SET〈CD〉(0..＊)**

词表域：ActSite (CWE)

属性描述：

程序到达其目标中所经由的解剖部位或系统(参见 targetSiteCode)。

示例：

肾切除术有一种经腹部或腹膜后的方法。

肺动脉导管插入术的目标部位是肺动脉，但其经由部位却通常是分别位于颈部或锁骨窝处的颈内动脉或锁骨下静脉。

对于非侵入性程序(如针灸)，其解剖部位是被刺穿的表皮范围。

讨论：

如果 Act 的对象是人类患者或动物之外的事物，则类似地可以使用本属性说明行动所关注的事物结构标志。

在 Act 的定义中，某些解剖部位也可以是"前组合式"，因此绝对不会存在对身体不同部位的选择。相同的信息结构既可以处理前组合式方法，也可以处理后组合式方法。

7.1.14.3 **Procedure.targetSiteCode ∷ SET〈CD〉(0..＊)**

词表域：ActSite (CWE)

属性描述：

作为程序焦点的解剖部位或系统。

示例：

肾切除术的目标部位是左肾或右肾。

肺动脉导管插入术的目标部位是肺动脉。

对于非侵入性程序(如针灸)，其目标部位是受影响的器官/系统(如"肝")。

讨论：

如果 Act 的对象是人类患者或动物之外的事物，则类似地可以使用本属性说明行动所关注的事物结构标志。

在 Act 的定义中，某些解剖部位也可以是"前组合式"，因此绝对不会存在对身体不同部位的选择。相同的信息结构既可以处理前组合式方法，也可以处理后组合式方法。

7.1.15 **Acts 中的类：PublicHealthCase**

——类代码：CASE

——PublicHealthCase 的属性如下：

detectionMethodCode ∷ CE　transmissionModeCode ∷ CE　diseaseImportedCode ∷ CE

——PublicHealthCase 是 Observation 的具体化。

PublicHealthCase 的描述：

公共卫生事件就是一个表示对公共卫生具有特定意义的情况或事件的 Observation。通常它包括一个或多个需上报的传染病或其他情况的实例。公共卫生事件包括个体健康相关事件以及发生相同的公共卫生疾病或情况的多个健康相关事件。涉及多个人的疫情爆发也可以认为是一种公众卫生事件。公共卫生事件的定义(Act.moodCode ="definition")包括对临床、实验、公共卫生疾病或情况相关的流行病学指标的描述。其中包括需要报告情况的事件定义,也包括不需要报告情况的事件定义,还包括疫情的事件定义。公共卫生事件的定义是以统计案例为目的进行构建的,它不应作为治疗的临床依据。这样的例子包括艾滋病、毒性休克综合症、沙门氏菌病及其用于定义事件的相关指标。

PublicHealthCase 的属性如下所述。

7.1.15.1 PublicHealthCase.detectionMethodCode :: CE (0..1)

词表域:CaseDetectionMethod (CWE)

属性描述:

公共卫生部门了解事件的方法代码。包括服务提供者报告、患者自我转介、实验报告、事件或疫情调查、接触调查、主动监测、常规体检、产前检查、产期检查、监狱入口检查、职业病监测、病历审查等。

7.1.15.2 PublicHealthCase.transmissionModeCode :: CE (0..1)

词表域:CaseTransmissionMode (CWE)

属性描述:

涉及公共卫生事件的生物体获得疾病的途径代码。包括性传播、空气传播、血液传播、病媒传播、食物传播、动物传播、院内传播、器械传播、接触传染、先天遗传、环境污染以及其他不确定的途径。

7.1.15.3 PublicHealthCase.diseaseImportedCode :: CE (0..1)

词表域:CaseDiseaseImported (CWE)

属性描述:

表明疾病是否有可能从观察辖区范围之外获得的一个代码。如果是,则为跨辖区关系。

本属性的值包括:非输入、从他国输入、从他省输入、从另一辖区输入、信息不足无法确定。

7.1.16 Acts 中的类:SubstanceAdministration

——类代码:SBADM

——SubstanceAdministration 的属性如下:

routeCode :: CE
approachSiteCode :: SET〈CD〉
doseQuantity :: IVL〈PQ〉
rateQuantity :: IVL〈PQ〉
doseCheckQuantity :: SET〈RTO〉
maxDoseQuantity :: SET〈RTO〉

——SubstanceAdministration 是 Act 的具体化。

SubstanceAdministration 的描述:

将药物引入或应用到主体的一个行动。

讨论:

药物的作用通常是建立在生化基础之上的,然而这并不是必需的。例如,放射疗法很大程度上可以使用同一种方式进行描述,特别是如果该疗法是诸如碘放射性同位素之类的系统疗法。本类也包括将化学治疗应用于某个方面。

示例：

化学药物治疗方案、药物处方、预防接种记录。

SubstanceAdministration 的属性如下所述。

7.1.16.1 SubstanceAdministration.routeCode ∷ CE (0..1)

词表域：RouteOfAdministration (CWE)

属性描述：

将治疗材料引入到主体之中或之上的一种方法。

讨论：

药物施用途径、部位(administrationSiteCode)以及所用的器械三者密切相关。如果这三者同时存在，就应密切协调并保持一致。在某些事件中，规定其中一项的编码系统可以对其余的一项或几项进行前组合。

当将药物传送到一个环境部位或位置时，路径代码将指出其“身体”的一个部位。

示例：

口服、舌下、直肠、吸入、眼睛、鼻子、耳、阴道、皮内注射、皮下、静脉注射、贲门注射。

7.1.16.2 SubstanceAdministration.approachSiteCode ∷ SET〈CD〉(0..*)

词表域：ActSite (CWE)

属性描述：

药物进入或用于主体的详细解剖部位。

讨论：

只有当 routeCode 要求进行进一步说明时才需要本属性。例如，如果 routeCode 是“by mouth(经口腔)”，则不需对解剖部位进行进一步说明。但是如果 routeCode 是静脉内注射或肌肉内注射，则要求在本属性中指出准确的部位(如分别为右前臂、左三角肌)。

药物施用途径、部位(approachSiteCode)以及所用的器械三者密切相关。如果这三者同时存在，就应密切协调并保持一致。在某些事件中，规定其中一项的编码系统可以对其余的一项或几项进行前组合。

7.1.16.3 SubstanceAdministration.doseQuantity ∷ IVL〈PQ〉(0..1)

属性描述：

在一次药物施用事件中给定的治疗药剂或其他药物的数量。

讨论：

剂量可以按照有效成分的物理量进行说明(如 200 毫克)，也可以按照施用单位(如药片、胶囊、“每”)的数量进行规定。究竟选择哪种方法，取决于“消费”参与的扮演者(其表示的是当前所施用的药物)。如果消费品是不可数剂型(如用毫克或升来计量)，就应使用这些单位来表示剂量。如果消费品是可数剂型(如药片、胶囊)，则应使用无量纲计数(即不注明任何其他的计量单位)来表示。

计量单位局限于可测量的单位(如毫升和毫克)。不可测量但可计数的单位(如药片、胶囊)，除非是作为注释并标记上{xxx}，否则一定不能采用 PQ 数据类型进行说明。

7.1.16.4 SubstanceAdministration.rateQuantity ∷ IVL〈PQ〉(0..1)

属性描述：

表明事物进入主体的速度。本属性表示为单位时间的物理量(广延量)(如 100 毫升/小时、1 克/天、40 毫摩尔/小时等)。

讨论：

本属性适用于连续可分的剂型(如液体、气体)。如果将速度规定为一个区间，则其应是规定范围内的任意值。本属性被规定为广延物理量除以逝去的时间，即一种可用于表示 doseQuantity 除以持续时间量的数量。

7.1.16.5 SubstanceAdministration.doseCheckQuantity ∷ SET〈RTO〉(0..*)

属性描述：

表明一段时间内消耗的预期数量。它用于对为其他值规定的值进行核对。

讨论：

一般不应使用本属性，它只用于特定目的。在一些国家，特别是日本，在管理方面要求关注每日在处方和相关文件中的总剂量。这种要求目的很明显，是为了鼓励和促进复查开出的所有药剂，以避免过度用药或太少用药。

示例：

按照红霉素 1 片 250 毫克、每日 3 次，可以计算出每日总剂量为：

doseCheckQuantity＝doseQuantity(1) * Ingredient.quantity(250 mg) * effectiveTime(3/d)＝750 mg/d。

对于静脉注射，该公式将为：

doseCheckQuantity＝doseQuantity(100 mL) * Ingredient.quantity(5 mg/L)/rateQuantity(1 h) ＝ 0.5 mg/h

这样就可以计算出一天的剂量为：

doseCheckQuantity＝0.5 mg/h * 24 h/d＝12 mg/d

依据：

为了避免使用 HL7 V2.3 定义的"每日总剂量"属性，本标准定义了一个数据类型为 RTO(Ratio，比率)的通用属性 doseCheckQuantity。

约束条件：

invariant(SubstanceAdministration med, RTO max)，其中 med.doseCheckQuantity.contains(max){max.numerator.compares(med.doseQuantity); max.denominator.compares(1s);}。分子的单位应采用与 doseQuantity 可比的单位，分母应是时间计量值。

7.1.16.6 SubstanceAdministration.maxDoseQuantity ∷ SET〈RTO〉(0..*)

属性描述：

表明在一段时间内主体服用的药物的最大总数。

讨论：

本属性用于规定在可变时间范围内或临时(如果需要)允许服用的剂量。它给出了一段时间内服用的数量限额。多次使用 maxDoseQuantity 可以用于指出不同时期的不同限制。

示例：

500 毫克/天、1200 毫克/周。

约束条件：

invariant(SubstanceAdministration med, RTO max)，其中 med.doseCheckQuantity.contains(max){max.numerator.compares(med.doseQuantity); max.denominator.compares(1s); }。分子的单位应采用与 doseQuantity 可比的单位，分母应是时间计量值。

7.1.17 Acts 中的类：Supply

——类代码：SPLY

——Supply 的属性如下：

quantity ∷ PQ　　　　　expectedUseTime ∷ IVL〈TS〉

——Supply 对以下列进行泛化：

Diet

——Supply 是 Act 的具体化。

Supply 的描述：

一个实体向另一实体提供材料的一个行动。

讨论：

产品通过 Participation.typeCode ＝"product"与 Supply Act(供应行动)类相关联。根据常用的 Supply Acts 类，精确标识 Material(生产商、序列号等)是非常重要的。Supply 的大部分信息应使用 Material 类进行表示。如果需要对交付分别进行预订、审查、结算，则将 Transportation Act 类与 Supply Act 类关联起来。药房配药服务表示为与 SubstanceAdministration Act 类相关联的 Supply Act 类。SubstanceAdministration 类表示药物管理，而配药表示供应。

示例：

订购床单、药品分配、从仓库中分发医疗供应品。

Supply 的属性如下所述。

7.1.17.1　Supply.quantity ∷ PQ (0..1)

属性描述：

(根据 moodCode 确定的)已经供应或即将供应的数量。

讨论：

本属性可以替代 expectedUseTime 进行使用，二者也可以同时使用。如果对二者都进行了规定，则规定的数量就是预期在 expectedUseTime 内消耗的数量。

计量单位局限于可测量的单位(如毫升和毫克)。不可测量但可计数的单位(如药片、胶囊)，除非是作为注释并标记上{xxx}，否则不能采用 PQ 数据类型进行说明。

7.1.17.2　Supply.expectedUseTime ∷ IVL〈TS〉(0..1)

属性描述：

表明预计使用供应产品的时间段或预计供应将持续的时间长度。

在某些情况中，本属性可以代替 Supply.quantity 来表示在预计持续的时间长度内的供应总量，而不是使用物理量。例如，(基于预订剂量的)90 天的药品供应、10 小时的飞机燃料等。

注：如果可能的话，还是规定 Supply.quantity 比较好，因为这样更精确。Supply.expectedUseTime 是一个估计值，容易受外部因素的影响。

7.1.18　Acts 中的类：WorkingList

——类代码：LIST

——WorkingList 的属性如下：

ownershipLevelCode ∷ CE

——WorkingList 是 Act 的具体化。

WorkingList 的描述：

独立的 Act 实例动态列表，用于反映某个工作人员、工作组或组织由于临床或管理原因而对多组 Acts 进行观察的需求。

讨论：

已分组的 Acts 通过类型为"COMP(组件)"的 ActRelationship 与 WorkingList 建立关系。

示例：

问题列表、目标列表、过敏列表、待办事项列表等。

WorkingList 的属性如下所述。

7.1.18.1 WorkingList.ownershipLevelCode ∷ CE (0..1)

词表域：ListOwnershipLevel (CWE)

属性描述：

表示管理列表的人事类别(即是个人、团队还是组织)的一个代码。

7.2 主题域 Entities 中的类

7.2.1 Entities 中的类：Entity

——类代码：ENT

——Entity 的属性如下：

classCode ∷ CS	quantity ∷ SET〈PQ〉	existenceTime ∷ IVL〈TS〉
determinerCode ∷ CS	name ∷ BAG〈EN〉	telecom ∷ BAG〈TEL〉
id ∷ SET〈II〉	desc ∷ ED	riskCode ∷ CE
code ∷ CE	statusCode ∷ SET〈CS〉	handlingCode ∷ CE

——Entity 的关联包括：

languageCommunication ∷ (0..*) LanguageCommunication ∷ entity ∷ (1..1)

playedRole ∷ (0..*) Role ∷ player ∷ (0..1)

scopedRole ∷ (0..*) Role ∷ scoper ∷ (0..1)

——Entity 对下列类进行泛化：

LivingSubject	Organization
Material	Place

Entity 的描述：

以某个角色身份参与 Acts 的一个或一组自然事物或组织。

讨论：

实体是指当前、已经或即将存在的物理对象。唯一例外的是 Organization，它虽不是物理存在的，但它满足 Entity 的其他特性。Entity 的层次包括生物体(包括人类)、组织、材料、地方及其具体化。但 Entity 并不指出所扮演的角色或这些 Entity 参与的行动。

约束条件：

Entity 不包括事件/行动/行为以及人们扮演的角色(如患者、服务提供方)。

Entity 的属性如下所述。

7.2.1.1 强制性属性：Entity.classCode ∷ CS (1..1)

词表域：EntityClass (CNE)

属性描述：

表示由 Entity 实例所表示的类或类别的一个代码。

示例：

人、动物、化学物质、团队、组织。

依据：

由于表示世界上所有事物的代码集可能会非常大，所以类代码既可以表示所用的 Entity 层级结构的子类型分支，也可以表示 Entity 实例的高层分类符。这样就可以约束 Entity.code 属性的值域。

7.2.1.2　强制性属性：Entity.determinerCode :: CS (1..1)

词表域：EntityDeterminer (CNE)

属性描述：

表示 Entity 是某种实例还是某个具体实例的一个代码。

示例：

1 个人(实例类)、3 支注射器(量化类)、印第安纳波利斯的人口(组类)。

依据：

Entity 有时可以表示关于具体实例(最常见)的信息，也可以表示具有共同特性的可量化组信息或一般类型的 Entity 信息。本代码可以区分开这些不同的表示法。

7.2.1.3　Entity.id :: SET〈II〉(0..*)

属性描述：

Entity 的唯一标识符。

依据：

成功的通讯只需要给实体分配一个单独的标识符。然而一般来说，不同的系统维护着不同的数据库，因此不同的系统就有可能会分配不同的实例标识符。应注意，实例标识符只是一种纯粹的标识符，而不是分类符。对于 Material(材料)来说，也可以使用 Role.id(角色标识符)来表示具体生产商分配的序列号、具体经销商分配的目录号或物主分配的库存清单号。这种方式能够更明确地表达一个事实：该代码是由与材料相关的具体参与方分配的代码。

7.2.1.4　Entity.code :: CE (0..1)

词表域：EntityCode (CWE)

属性描述：

表示实例所表示的具体种类的 Entity。

示例：

医疗建筑、杜宾犬、采血管、活组织切片检查。

依据：

对于每个 Entity，本属性的值都是根据 Entity.classCode 从某个编码系统中进行提取。如生物体(如动植物分类法)、化学物质(如 IUPAC 代码)、组织机构、保险公司、政府机构、医院、公园、湖泊、注射器等。Entity.code 有可能由于粒度太细而只能表示一个实例。例如，CDC 疫苗生产商代码是作为一部概念词表进行建模的，而事实上每个概念指的只是一个实例。

7.2.1.5　Entity.quantity :: SET〈PQ〉(0..*)

属性描述：

表示与 Entity.determinerCode 的值一致且带有合适单位的 Entity 的数量值。

示例：

由于存在未确定的种类，因此数量只是一个规定成分或组件比例的参考量[如通过 has-part(具有……的部分)、has-ingredient(具有……的成分)或 has-content(具有……的内容)的 Role]。例如，一个女性占 60%的团队是指每 100 名 Person 中性别为女性的 Person 为 60 名。每片 500 毫克的阿莫西林是指每片阿莫西林的 Material 中成分为阿莫西林的 Material 为 500 毫克。5%(D5W)的葡萄糖是指 1 千克的 D5W 的 Material 中成分为葡萄糖的 Material 为 50 克。

本属性的数据类型为物理量集合(SET〈PQ〉),这个事实可以用来说明具体材料的数量关系。如果本集合规定了一个以上的数量值,则认为本集合中的每个元素都可以用于规定相同数量的材料。例如,对于1升水,可以使用集合1 L、1 kg、55.56 mol来说明相同量的水的体积、质量和数量,这与规定质量密度(体积质量为1 kg/L)和摩尔质量(18 g/mol)是等效的。对于葡萄糖,可以按照摩尔质量(180 g/mol)规定1摩尔为180 g。

讨论:

当Entity实例是药物的一部分时,则数量规定了该部分所包含药物的总量。对于不确定药物(种类),其数量同时起到两个目的:

a) 给出专用于该药物的多个量之间关系的一种方法;

b) 对于成分或组件的规定是一个参考量。

在任何情况下,数量都是一种广延的"总数"型数量(如数目、长度、体积、质量、表面面积、能量等)。应注意,大多数相对量或小数量不是总数,特别是质量分数、药物浓度、质量比、百分比等,也不是广延数量,禁止在本属性中使用这些值。

约束条件:

determinerCode=INSTANCE的Entities的数量为1。determinerCode= QUANTIFIED_KIND的Entity的数量为团队中的个体成员数。determinerCode=KIND的Entity的值未定。

7.2.1.6 Entity.name ∷ BAG〈EN〉(0..*)

属性描述:

用于Entity且不是唯一的文字标识符或别名。

示例:

人、地方或事物的专有名称、别名和法定用名。

依据:

大多数Entities都有一个将其与其他Entities区分开的常用名,但不给出唯一标识符。

7.2.1.7 Entity.desc ∷ ED (0..1)

属性描述:

Entity的文字或多媒体描述。

讨论:

描述内容不是系统间通讯的功能信息的组成部分。描述是为了将其展示给感兴趣的人。所有与自动化功能相关的信息都应使用正确的属性和相关对象进行通讯。

依据:

对人类阅读者而言,实体的名称和描述通常要比数字、助记码或缩写代码值更有实际意义。这种描述可以在不影响消息功能组件的情况下,将正在传输的实体的附加语境信息传达给人类阅读者。

7.2.1.8 Entity.statusCode ∷ SET〈CS〉(0..*)

词表域:EntityStatus (CNE)

属性描述:

表示Entity相关信息对于参与行动目的而言是有效还是无效的一个值。

7.2.1.9 Entity.existenceTime ∷ IVL〈TS〉(0..1)

属性描述:

说明Entity实际存在时间的一个时间间隔。

示例：

出生日期/死亡日期，制造日期/处理日期。

约束条件：

该时间段可以表示过去、现在或将来的时间段。

依据：

物理实体都具有各自特定的存在时期。人有出生、生活和死亡。装备有制造、投入使用、报废和回收利用。本属性适用于规划、可用性和追溯分析。

7.2.1.10 Entity.telecom :: BAG〈TEL〉(0..＊)

属性描述：

Entity 的通信地址。

7.2.1.11 Entity.riskCode :: CE (0..1)

词表域：EntityRisk (CWE)

属性描述：

表示与 Entity 相关的危害或危险类型的一个代码。

示例：

石油化学制品或有机化学产品是高度易燃物质，在一定情况下，它们会增加失火的风险。带有自然放射性或引入放射性的实体会将风险强加给处理实体的人。包含病人样本的实体会将感染的风险强加给处理样本的人。脾气暴躁的人或动物可能会成为医疗保健人员的一种风险。

依据：

某些实体具有将可能出现的伤害或损害强加给其他 Entities 的特性。本属性标识出了这类风险，但没有对风险的级别进行规定。

7.2.1.12 Entity.handlingCode :: CE (0..1)

词表域：EntityHandling (CWE)

属性描述：

表示 Entity 特殊处理需求的一个值。

示例：

保持室温，在 0 ℃下保持冷冻，在干燥环境中保存，保持向上，禁止翻转。

依据：

本属性用于描述 Entity 要求的特殊处理，以避免损害实体自身或其他实体。

7.2.1.13 Entity 的状态机

该类的状态图如图 6 所示。

Entity 的状态包括：

——active(正常进行，正常状态的子状态)：表示当前 Entity 正在进行的事实的状态；

——inactive(不活跃，正常状态的子状态)：表示在事件中 Entity 不再是积极参与的事实的状态；

——normal(正常)："典型"状态。不包括"nullified(无效)"状态；

——nullified(无效)：表示错误创建的 Entity 实例终止的状态。

Entity 的状态转化包括：

——revise(修正，从 active 转换为 active)；

——inactivate(停止，从 active 转换为 inactive)；

——reactivate(重新激活,从 inactive 转换为 active);
——revise(修正,从 inactive 转换为 inactive);
——nullify(无效,从 normal 转换为 nullified);
——create(创建,从 null 转换为 active)。

7.2.2 Entities 中的类:LanguageCommunication

——LanguageCommunication 的属性如下:

languageCode ∷ CE　　proficiencyLevelCode ∷ CE
modeCode ∷ CE　　preferenceInd ∷ BL

——LanguageCommunication 的关联包括:

entity ∷ (1..1) Entity ∷ languageCommunication ∷ (0..*)

LanguageCommunication 的描述:

Entity 的语言交流能力。

示例:

一个来自墨西哥的患者能流利地讲、读和写西班牙文,但只有最基本的英语能力。一个来自俄罗斯的人能用俄语、亚美尼亚语和乌克兰语进行同样好的交流,但他选择说亚美尼亚语。

讨论:

虽然表面上看本类仅限用于 LivingSubject 子类型,但 Devices 也具有进行通讯交流的能力。例如自动电话服务装置可以将患者的信息传送给分类专线的话务员,或者向临床医生提供自动化实验室的检验结果。

依据:

具有口头交流能力的每个 Entity 都具有不同的语言及不同的熟练程度。本类规定了实体进行交流所用的语言、交流的方式(说、读、写)、交流的熟练程度以及 Entity 的首选项。

LanguageCommunication 的属性如下所述。

7.2.2.1 LanguageCommunication.languageCode ∷ CE (0..1)

词表域:HumanLanguage (CWE)

属性描述:

表示 Entity 具有一定熟练程度的说写交流能力的某种语言的一个值。

示例:

西班牙语、意大利语、德语、英语、美式手语等。

讨论:

通过口头或书面语言进行的交流不仅局限于 LivingSubjects。使用人类语言与人进行交流的 Devices 也要指定它们能使用的语言。自动语音应答系统可以应答人类语言,并使用人类语言与其他器械或人进行交流。

依据:

许多人和器械具有以多种不同熟练程度的语言交流的能力。本代码规定了实体希望知晓的语言能力。

7.2.2.2 LanguageCommunication.modeCode ∷ CE (0..1)

词表域:LanguageAbilityMode (CWE)

属性描述:

表示语言表达方法的一个值。

示例：

口头表达、书面表达、签名表达、口头接收、书面接收、签名接收。

7.2.2.3 LanguageCommunication.proficiencyLevelCode ∷ CE (0..1)

词表域：LanguageAbilityProficiency (CWE)

属性描述：

表示语言熟练程度的一个值。

示例：

优秀、良好、一般、差。

7.2.2.4 LanguageCommunication.preferenceInd ∷ BL (0..1)

属性描述：

说明语言按照关联模式是否为实体首选语言的一个指标。

7.2.3 Entities 中的类：Container

——类代码：CONT

——Container 的属性如下：

capacityQuantity ∷ PQ   capTypeCode ∷ CE   bottomDeltaQuantity ∷ PQ
heightQuantity ∷ PQ   separatorTypeCode ∷ CE
diameterQuantity ∷ PQ   barrierDeltaQuantity ∷ PQ

——Container 是 ManufacturedMaterial 的具体化。

Container 的描述：

ManufacturedMaterial 的一个子类型，用于使其他 Entities 保持诸如传输或保护内容免于丢失或损坏的目的。

依据：

本类的规定产生于 HL7 和 NCCLS 之间的合作。许多属性定义都摘自于或参考了 NCCLS 标准。容器对于不定形事物(液体、气体)而言是必要的。然而，与混合物的内容(即成分)不同，容器的内容与容器始终是可区分的，并相对容易从容器中分离出来。

用法：

容器通过 Role.classCode=CONT(内容)与内容材料建立起关系。

Container 的属性如下所述。

7.2.3.1 Container.capacityQuantity ∷ PQ (0..1)

属性描述：

容器的功能容量。

7.2.3.2 Container.heightQuantity ∷ PQ (0..1)

属性描述：

容器的高度。

7.2.3.3 Container.diameterQuantity ∷ PQ (0..1)

属性描述：

容器的外径。

7.2.3.4 Container.capTypeCode :: CE (0..1)

词表域:ContainerCap (CWE)

属性描述:

容器盖的类型包括脱盖、穿孔或其他自动处理。

7.2.3.5 Container.separatorTypeCode :: CE (0..1)

词表域:ContainerSeparator (CWE)

属性描述:

添加到容器中使不同密度的标本组件实现物理分离的一种材料。

示例:

添加到采血管中的一种凝胶材料通过离心作用,可以在血细胞与血清或血浆之间形成一层物理屏障。

依据:

分离器材料的成分或性质可能会影响分析结果。因此了解材料的性质有助于解释结果。

7.2.3.6 Container.barrierDeltaQuantity :: PQ (0..1)

属性描述:

从参考点到容器内的分离器材料(屏障)之间的距离。

依据:

这个距离可以由一个实验室自动化系统提供给仪器和/或标本处理器械,从而便于在不接触分离物的情况下将采样探头插入到样本中。详见参考文献[5]。

7.2.3.7 Container.bottomDeltaQuantity :: PQ (0..1)

属性描述:

参考点到容器外底部之间的距离。

依据:

详见参考文献[5]。

7.2.4 Entities 中的类:Device

——类代码:DEV

——Device 的属性如下:

manufacturerModelName :: SC
softwareName :: SC
lastCalibrationTime :: TS
localRemoteControlStateCode :: CE
alertLevelCode :: CE

——Device 是 ManufacturedMaterial(生产材料)的具体化。

Device 的描述:

在某项活动中使用、且在整个活动过程中不发生显著改变的 ManufacturedMaterial 的一个子类型。器械的种类使用从 Entity 继承的代码属性进行标识。

用法:

本类包括耐用(可再用)医疗装备和一次性装备。

Device 的属性如下所述。

7.2.4.1 **Device.manufacturerModelName ∷ SC (0..1)**

词表域:ManufacturerModelName (CWE)

属性描述:

由生产商指定给器械的别名。

示例:

珀金-埃尔默 400 电感耦合等离子装置。

7.2.4.2 **Device.softwareName ∷ SC (0..1)**

词表域:SoftwareName (CWE)

属性描述:

按照软件生产商或开发商指定给操作器械的软件的名称、版本和发布信息。

示例:

安捷伦科技化学工作站 A.08.xx。

7.2.4.3 **Device.localRemoteControlStateCode ∷ CE (0..1)**

词表域:LocalRemoteControlState (CWE)

属性描述:

表示器械当前控制状态的一个值。

示例:

器械既可以自主工作[localRemoteControlStateCode="Local(本地控制)"],也可以由另一系统控制工作[localRemoteControlStateCode="Remote(远程控制)"]。

依据:

在发出远程命令之前,应在器械之间进行通讯以确定器械的控制状态。如果器械不是"Remote"状态,则外部命令将被忽略。

7.2.4.4 **Device.alertLevelCode ∷ CE (0..1)**

词表域:DeviceAlertLevel (CWE)

属性描述:

表示自动化器械当前功能活动的一个值。

示例:

正常、警告、紧急。

约束条件:

本属性的值根据器械确定。

7.2.4.5 **Device.lastCalibrationTime ∷ TS (0..1)**

属性描述:

最后校准器械的日期/时间。

依据:

设备都需要在特定的时间间隔内重新进行校准,从而确保它们的运行符合规定。可以接受的校准时间间隔随协议的不同而不同。因此,要使结果有效,最后校准器械的准确时间/日期非常关键。

7.2.5 **Entities 中的类:LivingSubject**

——类代码:LIV

——LivingSubject 的属性如下：

administrativeGenderCode ∷ CE　deceasedTime ∷ TS　organDonorInd ∷ BL

birthTime ∷ TS　multipleBirthInd ∷ BL

deceasedInd ∷ BL　multipleBirthOrderNumber ∷ INT

——LivingSubject 对下列类进行泛化：

NonPersonLivingSubject　Person

——LivingSubject 是 Entity 的具体化。

LivingSubject 的描述：

Entity 的一个子类型，用于表示生物或复杂动物（不论其生死）。

示例：

人、狗、微生物或各类植物群。

约束条件：

本类实例包括哺乳动物、鸟、鱼、细菌、寄生虫、真菌和病毒。Person 是本类的具体化。

依据：

本类包括对医学而言很重要的"静态"或"管理"属性，用于区分生物和其他 Entities

LivingSubject 的属性如下所述。

7.2.5.1 LivingSubject.administrativeGenderCode ∷ CE（0..1）

词表域：AdministrativeGender（CWE）

属性描述：

表示生物体性别的一个值。

示例：

女、男。

讨论：

本属性不包括与临床性别相关的术语。性别是一个复杂的生理学、遗传学和社会学概念。如果要对其进行全面描述，就需要从多个方面进行观察。本属性的目的在于提供一个高层分类，可以用来使住院患者床位的分类比较合适。

约束条件：

该代码用于管理目的。

7.2.5.2 LivingSubject.birthTime ∷ TS（0..1）

属性描述：

生物体出生或孵化的日期和时间。

7.2.5.3 LivingSubject.deceasedInd ∷ BL（0..1）

属性描述：

生物体已死亡的标记。

7.2.5.4 LivingSubject.deceasedTime ∷ TS（0..1）

属性描述：

生物体死亡的日期和时间。

7.2.5.5 **LivingSubject.multipleBirthInd :: BL** (0..1)

属性描述：

关于生物体是否为多胞胎之一的标识。

7.2.5.6 **LivingSubject.multipleBirthOrderNumber :: INT** (0..1)

属性描述：

在多胞胎中表明生物体的出生顺序(如果生物体是多胞胎之一)。

7.2.5.7 **LivingSubject.organDonorInd :: BL** (0..1)

属性描述：

表示生物体是否为器官捐赠候选人的标识。

讨论：

本属性说明某个生物体是已捐赠还是愿意捐赠器官。

7.2.6 **Entities 中的类：ManufacturedMaterial**

——类代码：MMAT

——ManufacturedMaterial 的属性如下：

lotNumberText :: ST　　expirationTime :: IVL〈TS〉　　stabilityTime :: IVL〈TS〉

——ManufacturedMaterial 对下列类进行泛化：

Container　　Device

——ManufacturedMaterial 是 Material 的具体化。

ManufacturedMaterial 的描述：

Material 的一个子类型，用于表示为特定目的并通过非自然或制造过程进行转化的 Entity 或 Entities 组合。

示例：

加工食品、一次性注射器、化学分析仪、输液用生理盐水等。

讨论：

本类包括容器、器械、软件模块及设施。

依据：

本类进一步用于定义从其他 Entities 中创建出来的 Entities 的特性。通过专用的关联和机制可以识别和追溯这些实体。例如，lotName、stabilityTime 和 expirationTime。

ManufacturedMaterial 的属性如下所述。

7.2.6.1 **ManufacturedMaterial.lotNumberText :: ST** (0..1)

属性描述：

用于标识某一批生产材料的一个字母数字串。

讨论：

批号通常印在装有药物的容器的标签上和/或印在放置容器的包装上。应注意，批号并不一定是唯一的标识符，它只有在对产品种类和生产商也进行标识的时候才有意义。

7.2.6.2 **ManufacturedMaterial.expirationTime ∷ IVL〈TS〉** (0..1)

属性描述：

生产商不再保证材料的安全、质量和/或本身功能的日期和时间。

依据：

在很多情况下都需要保证所用的材料具有特定的质量、效力或功能状态。生产商必须说明这种保证的结束日期。在这个日期之后，虽然材料仍然具有同样的特性，但生产商按照规定不再对产品的使用承担责任，并对到期产品的失效拒绝承担责任。

7.2.6.3 **ManufacturedMaterial.stabilityTime ∷ IVL〈TS〉** (0..1)

属性描述：

认为材料在激活后可以使用的时间。

示例：

打开一瓶液体之后。为了进行分析，要在两小时内将两种化学品混合在一起并使用，否则其活性就会降低。

讨论：

如果一种材料只说明了其使用期限(determinerCode = KIND)的时间长度，也就是说，试剂容器被打开后，认为试剂物质可以用于正常测试目的的期限(时间长度)。以试剂(如某个特定的瓶子)为实例，数据类型为 TS 的 stabilityTime.low 标出了打开试剂瓶的时间(或采取其他方式启用试剂的时间)，结合通常情况下的稳定期，即可确定出数据类型为 TS 的 stabilityTime.high。在这个时间之后，就不再认为其仍可以用于正常的测试目的了。

7.2.7 **Entities 中的类：Material**

——类代码：MAT

——Material 的属性如下：

formCode ∷ CE

——Material 对下列类进行泛化：

ManufacturedMaterial

——Material 是 Entity 的具体化。

Material 的描述：

Entity 的一个子类型，无生命且位置独立。

示例：

药物制剂(包括带有弱病毒的活性疫苗)、一次性耗材、耐用器械、植入式器械、食品(包括肉类食品和植物食品)、废弃物、贸易商品等。

讨论：

即使生产或加工的产品源于有生命的物质，也都可以认为其是材料。材料在保持其物理成分和材料特性不变的情况下，可以具有多种多样的物理形式和不同的状态(如气态、液态、固态)。

依据：

除 Entity 类之外，还有一些实体也具有属性，但不能将其分类为 LivingSubject 或 Place。

Material 的属性如下所述。

7.2.7.1 **Material.formCode ∷ CE (0..1)**

词表域:MaterialForm (CWE)

属性描述:

表示材料状态(固态、气态、液态)和性质的一个值。

示例:

治疗用药品的药剂形式(如药片、药膏、胶囊等)。

7.2.8 **Entities 中的类:NonPersonLivingSubject**

——类代码:NLIV

——NonPersonLivingSubject 的属性如下:

strainText ∷ ED　　genderStatusCode ∷ CE

——NonPersonLivingSubject 是 LivingSubject 的具体化。

NonPersonLivingSubject 的描述:

LivingSubject 的一个子类型,包括现代人种之外的所有生物。

示例:

牛、鸟、细菌、植物霉和真菌等。

依据:

人类之外的生物体可以要求附加的特性信息(如不能在 Entity.code 中传递的基因分离标识)。

NonPersonLivingSubject 的属性如下所述。

7.2.8.1 **NonPersonLivingSubject.strainText ∷ ED (0..1)**

属性描述:

表示 NonPersonLivingSubject 的具体基因变异或表型变异的一个文本字符串。

示例:

Minnesota5(猪株)、DXL(家禽株)、RB51(流产布鲁氏菌疫苗株)。

依据:

对菌株的命名和分类没有通用的规则。许多菌株的名称会随着时间而创建和消失,而某些菌株又会在不同行业因各种原因又被建立起来(如疫苗生产、种畜饲养等)。然而,任何人都可以考虑把某种生物体命名为一种"新"株,这种能力使得该字段无法使用代码值。因此使用描述性文本来说明这些名称。

7.2.8.2 **NonPersonLivingSubject.genderStatusCode ∷ CE (0..1)**

词表域:GenderStatus (CWE)

属性描述:

表示 NonPersonLivingSubject 的基本生殖器官是否存在的一个值。

7.2.9 **Entities 中的类:Organization**

——类代码:ORG

——Organization 的属性如下:

addr ∷ BAG〈AD〉　　standardIndustryClassCode ∷ CE

——Organization 是 Entity 的具体化。

Organization 的描述：

表示具有相同目的（如管理、法律、政治目的）以及实施这些目的的基础设施的正规实体组的一个Entity。

示例：

公司、社会机构、政府部门、负责管理设施的公司、保险公司。

Organization 的属性如下所述。

7.2.9.1 **Organization.addr ∷ BAG〈AD〉（0..＊）**

属性描述：

组织的邮政地址和/或居住地址。

7.2.9.2 **Organization.standardIndustryClassCode ∷ CE（0..1）**

词表域：OrganizationIndustryClass（CWE）

属性描述：

表示某个组织实体的行业分类的一个值。

示例：

11231-鸡蛋生产、6211-医生办公室、621511-医学实验室、524114-直接健康与医疗保险公司。

7.2.10 **Entities 中的类：Person**

——类代码：PSN

——Person 的属性如下：

addr ∷ BAG〈AD〉　disabilityCode ∷ SET〈CE〉　raceCode ∷ SET〈CE〉
maritalStatusCode ∷ CE　livingArrangementCode ∷ CE　ethnicGroupCode ∷ SET〈CE〉
educationLevelCode ∷ CE　religiousAffiliationCode ∷ CE

——Person 是 LivingSubject 的具体化。

Person 的描述：

LivingSubject 的一个子类型，用于表示一个人。

约束条件：

本类可以用于表示基于 Entity.determinerCode 和 Entity.quantity 的个人或人群。

Person 的属性如下所述。

7.2.10.1 **Person.addr ∷ BAG〈AD〉（0..＊）**

属性描述：

Person 的邮政地址和/或居住地址。

7.2.10.2 **Person.maritalStatusCode ∷ CE（0..1）**

词表域：MaritalStatus（CWE）

属性描述：

表示个人婚姻状况的一个值。

示例：

已婚、分居、离婚、鳏居、习惯法婚姻。

7.2.10.3 Person.educationLevelCode :: CE (0..1)

词表域:EducationLevel (CWE)

属性描述:

一个人获得的最高学历(如小学、中学、中专、大学或学士学位)。

7.2.10.4 Person.disabilityCode :: SET〈CE〉(0..*)

词表域:PersonDisabilityType(CWE)

属性描述:

标识一个人残疾程度的一个值。

示例:

视力缺陷、听力缺陷。

7.2.10.5 Person.livingArrangementCode :: CE (0..1)

词表域:LivingArrangement(CWE)

属性描述:

说明一个人居住条件的一个值。

示例:

家庭、医疗机构、疗养院、全面护理老人院、退休社区等。

讨论:

可用于出院计划、社会服务评估、社会心理评估。

7.2.10.6 Person.religiousAffiliationCode :: CE (0..1)

词表域:ReligiousAffiliation (CWE)

属性描述:

一个人的宗教信仰(如印度教、伊斯兰教、罗马公教)。

7.2.10.7 Person.raceCode :: SET〈CE〉(0..*)

词表域:Race(CWE)

属性描述:

表示一个人所属种族的一个值。

7.2.10.8 Person.ethnicGroupCode :: SET〈CE〉(0..*)

词表域:Ethnicity(CWE)

属性描述:

一个人所属的民族。

7.2.11 Entities 中的类:Place

——类代码:PLC

——Place 的属性如下:

mobileInd :: BL　　directionsText :: ED　　gpsText :: ST

addr :: AD positionText :: ED

——Place 是 Entity 的具体化。

Place 的描述：

Entity 的一个子类型，用于表示一个有界物理地点或点(内部若有结构也包含在内)。

示例：

田地、湖、城市、县、州、国家、场地、建筑物、管道、电力线、操场、船、卡车。

约束条件：

Place 可以是自然的，也可以是人造的。地点的地理位置可以改变，也可以不变。

讨论：

Places 可以是(发生相关行动的)工作设施、(人们居住的)住所或(人们工作的)办公室。Places 可以包括子地点(楼层、房间、隔间、床)。Place 也可以是医疗保健、社会工作、公共卫生管理语境中进行调查的地点(如建筑物、野餐地、日托中心、监狱、县、州和其他流行病高发区)。

Place 的属性如下所述。

7.2.11.1 Place.mobileInd :: BL (0..1)

属性描述：

指出设施是否具有从一个位置自由到另一位置的能力的一个指示。

示例：

所有具有参与医疗保健行动能力的船、飞机和救护车。

7.2.11.2 Place.addr :: AD (0..1)

属性描述：

地点的物理地址。

约束条件：

本属性应是地图上标出物理位置的地点的地址。

7.2.11.3 Place.directionsText :: ED (0..1)

属性描述：

携带与地点相关、且对实体访问该地点有用的信息的自由文本说明。

讨论：

当信息不足、GPS 信息不可用和/或实体访问地点不能直接使用 GPS 信息时，本属性可以包含找到地点的指引。它也可以包含人们访问地点的有用信息。例如，"右手边最后一间房子""如果主人不在，请向这条路上的邻居询问其行踪"。

7.2.11.4 Place.positionText :: ED (0..1)

属性描述：

根据映射方案定位地点的一个代码集。

示例：

美国地质测绘图所用的地图坐标。

7.2.11.5 Place.gpsText :: ST (0..1)

属性描述：

一个地点的全球定位系统坐标。

讨论：

本属性包括经纬度数、偏移误差、投影。

依据：

在某些野外条件下，可能没有任何物理地址可以用来标识所关注的地点。但由于地球表面的所有位置都有唯一的地理坐标，所以 GPS 值允许人们采集和传输准确的位置信息。

7.3 主题域 Roles 中的类

7.3.1 Roles 中的类：Role

——类代码：ROL

——Role 的属性如下：

classCode ∷ CS	addr ∷ BAG〈AD〉	certificateText ∷ ED
id ∷ SET〈II〉	telecom ∷ BAG〈TEL〉	quantity ∷ RTO
code ∷ CE	statusCode ∷ SET〈CS〉	positionNumber ∷ LIST〈INT〉
negationInd ∷ BL	effectiveTime ∷ IVL〈TS〉	

——Role 的关联如下：

player ∷ (0..1) Entity ∷ playedRole ∷ (0..*)

scoper ∷ (0..1) Entity ∷ scopedRole ∷ (0..*)

participation ∷ (0..*) Participation ∷ role ∷ (1..1)

outboundLink ∷ (0..*) RoleLink ∷ source ∷ (1..1)

inboundLink ∷ (0..*) RoleLink ∷ target ∷ (1..1)

——Role 对下列类进行泛化：

Access	LicensedEntity
Employee	Patient

Role 的描述：

扮演由给出 Role 范围的 Entity 所标识、定义、保证或承认的 Role 的 Entity 的资格。

讨论：

Entity 以一个特定的 Role 参与到 Act 中。应注意，特定角色中的特定实体可以以多种方式参与到行动中。因此，一个扮演医生角色的 Person 可以作为实习医生或主治医生参与到患者诊断中。Role 定义了与任何 Act 都无关的 Entity 的资格，这与受限于 Act 范围的 Participation 不同。

每个角色都由一个 Entity"扮演"，称其为"扮演者"，并受另一个 Entity 的"范围限定"，称其为"范围限定者"。因此，"患者"的 Role 可以由某个人扮演，并受其所接受服务的服务提供者组织的范围限定。类似地，雇主限定了"雇员"的角色。

Role 的标识符标识的是在该角色中扮演该角色的 Entity。该标识符是由限定范围的 Entity 指定给扮演者。限定范围的 Entity 并不需要发布该标识符，但它可以重用 Entity 现有的标识符来标识带有范围限定者的 Role 中的 Entity。

Role 的大部分属性都是在特定角色中扮演实体的属性。

Role 的属性如下所述。

7.3.1.1 强制性属性:**Role.classCode ∷ CS**(1..1)

词表域:RoleClass(CNE)

属性描述:

说明 Role 主要类别的一个代码。

7.3.1.2 **Role.id ∷ SET〈II〉**(0..*)

属性描述:

用于 Role 中的扮演者 Entity 的唯一标识符。

7.3.1.3 **Role.code ∷ CE**(0..1)

词表域:RoleCode(CWE)

属性描述:

进一步说明 Role 类别的一个代码。

讨论:

从概念上讲,Role.code 一定是一个合适的 Role.classCode 的具体化,但不对 Role.classCode 进行修改。更准确地说,每一个属性都是一个完整的概念,或者是一个介于两个 Entities 之间的、类似于 Role 的关系,但 Role.code 比 Role.classCode 更加具体。

通常情况下只有在使用非编码名称作为角色类型名称时,才不对 Role.code 进行编码。

7.3.1.4 **Role.negationInd ∷ BL**(0..1)

属性描述:

说明 Role 是一种资格(不特定属于扮演 Role 的 Entity)的一个指示符。

示例:

a) 这个 Person 不是我们的 Employee。

b) 这种 Mouthwash 不含酒精成分。

约束条件:

正常情况下认为所有的 Roles 都是肯定的。本属性的缺省值为 FALSE。

7.3.1.5 **Role.addr ∷ BAG〈AD〉**(0..*)

属性描述:

Role 中的 Entity 的地址。

7.3.1.6 **Role.telecom ∷ BAG〈TEL〉**(0..*)

属性描述:

Role 中的 Entity 的远程通信地址。

7.3.1.7 **Role.statusCode ∷ SET〈CS〉**(0..*)

词表域:RoleStatus(CNE)

属性描述:

按照状态转换模型中的定义,说明该 Role 状态的一个代码。

7.3.1.8 **Role.effectiveTime ∷ IVL〈TS〉 (0..1)**

属性描述：

说明 Role 有效时间的一个时间间隔(如果这样的时间限制可用且已知)。

7.3.1.9 **Role.certificateText ∷ ED (0..1)**

属性描述：

由 Role 的范围限定 Entity 发布、且证明该 Role 确实是由扮演者 Entity 扮演的证书的文本或多媒体描述。

示例：

证书按照 ED 数据类型可以以多种方式表示，可以是内嵌式的，也可以是引用式的。典型案例如下：

a) 纸质证书：ED 数据类型适用于通过硬拷贝档案的电子接口检索到的某个文档或文件；

b) 电子证书：本属性事实上可以表示任何电子认证方案，如电子(包括数字)签名的电子文档；

c) 数字证书(公钥证书)：本属性特别是可以按照内嵌数据块或参照这些数据来描述数字证书。证书数据块将按照数字证书标准进行构建。

证书的主体是扮演 Role 的 Entity。证书的发行者是限定 Role 范围的 Entity。

7.3.1.10 **Role.quantity ∷ RTO (0..1)**

属性描述：

说明扮演 Role 的 Entity 在限定 Role 范围的 Entity 中的相对量的一个比率(分子：分母)，可以用于表示限定范围的 Entities 和扮演的 Entities 之间组成关系的 Roles。

示例：

a) 这种糖浆(范围限定者)的成分是每汤匙(分母)包含 160 毫克(分子)醋氨酚(扮演者)。

b) 这个牧群(范围限定者)包括 500 头(分子)牛(扮演者)。

c) 一台 VAX 6630 电脑(范围限定者)包括 3 个(分子)CPU(扮演者)部件。

d) 这个包(范围限定者)装有 100 片(分子)药片(扮演者)。

讨论：

在组成关系(如 has-parts、has-ingredient、has-content)中，Role.quantity 属性说明目标实体的分子数包含在这种组成关系的源实体的分母数中。例如，如果一个盒子(源)装有 10 个鸡蛋(目标)，数量关系则是 10∶1；如果每 0.6 毫升含 75 毫克 $FeSO_4$，成分数量关系则是 75 mg：0.6 mL。分子和分母都应是数量(广延量，即计数、质量、体积、物质总量、能量等)。

7.3.1.11 **Role.positionNumber ∷ LIST〈INT〉 (0..*)**

属性描述：

说明扮演 Role 的 Entity 相对于限制 Role 范围的 Entity 的位置的一个整数。

讨论：

本属性主要用于容积角色。例如，某些容器有很多可以对内容进行定位的离散位置。根据容器的几何形状，可以将位置表示为标量序数或矢量序数(坐标)。坐标总是以 1 开始计数。

某些容器可能有确定位置的常规方法或根本没有方法。对一个具体的容器类型，在没有任何具体规定的情况下，首先使用拇指法对早些改变的坐标进行定位。对于带有方形托盘的全自动血液化学分析仪,这就意味着第一个坐标是指托盘朝每一步移动的方向,第二个坐标是指托盘每移动10步左右的方向。

7.3.1.12 Role 的状态机

该类的状态图如图8所示。

Role 的状态如下:

——active(正常进行,正常状态的子状态):表示 Entity 在 Role 中正在进行的事实的状态。

——normal(正常):“典型”状态。不包括“nullified(无效)”状态。

——nullified(无效):表示错误创建的 Role 实例终止的状态。

——suspended(暂停,正常状态的子状态):表示扮演 Role 的 Entity 被暂时停止的状态。此状态是从“active”状态转换来的。

——terminated(终止,正常状态的子状态):表明 Role 成功终止的状态。

Role 的状态转换包括:

——revise(修正,从 active 转换为 active);

——suspend(暂停,从 active 转换为 suspended);

——terminate(终止,从 active 转换为 terminated);

——nullify(无效,从 normal 转换为 nullified);

——create(创建,从 null 转换为 active);

——resume(重启,从 suspended 转换为 active);

——revise(修正,从 suspended 转换为 suspended);

——terminate(终止,从 suspended 转换为 terminated);

——reactivate(重新激活,从 terminated 转换为 active);

——revise(修正,从 terminated 转换为 terminated)。

7.3.2 Roles 中的类:RoleLink

——RoleLink 的属性如下:

typeCode ∷ CS　　effectiveTime ∷ IVL〈TS〉

——RoleLink 的关联如下:

target ∷ (1..1) Role ∷ inboundLink ∷ (0..*)

source ∷ (1..1) Role ∷ outboundLink ∷ (0..*)

RoleLink 的描述:

表示 Roles 之间依赖性的两个 Role 之间的连接。

示例:

a) 任务或机构角色依赖于另一个雇用角色,所以当雇用角色终止时,任务角色也就终止。这就是任务角色对雇用角色的依赖性,换言之任务是雇用的“组成部分”。

b) 在组织关系中,一个角色管辖另一个角色。例如,“经理”类型的雇员可以管辖“分析员”类型的雇员,并通过“直接管辖”的角色链接指出这种关系。

讨论:

RoleLink 说明了角色之间的关系,而不是人(或其他实体)之间的关系。人(或其他实体)之间的关系主要是通过其绕过扮演者的 Role 而与扮演者/范围限定者的直接关系进行关联,更为普遍的是通过其互动(即他们参与行动)进行关联。

RoleLink 的属性如下所述。

7.3.2.1 强制性属性：RoleLink.typeCode ∷ CS (1..1)

词表域：RoleLinkType (CNE)

属性描述：

说明 RoleLink 表示的连接种类的一个代码，如 has-part、has-authority(具有……授权)。

7.3.2.2 RoleLink.effectiveTime ∷ IVL〈TS〉(0..1)

属性描述：

说明 Roles 间连接有效时间的一个时间间隔。

7.3.3 Roles 中的类：Access

——类代码：ACCESS

——Access 的属性如下：

approachSiteCode ∷ CD　　targetSiteCode ∷ CD　　gaugeQuantity ∷ PQ

——Access 是 Role 的具体化。

Access 的描述：

当使用器械将治疗剂(药物和重要成分)注入身体或将杂物(如分泌物、脓、尿、空气、血)排出体外时，器械所扮演的角色。

讨论：

总而言之，Access 是 ManufacturedMaterial 或 Device 的 Role，是为了满足某种目的(如将导管或套管插入到身体某个腔室)而生产或创建的事物。

Access 角色中的 Devices 主要是用于导入/导出观察以及药物治疗路线说明。但对材料本身或排出的液体进行微生物观察也很普遍。

依据：

Access 角色主要用于描述实际用作通道的材料，而非来自生产商的新材料。例如，在向某经销商订购一盒导管时，就没必要使用 Access 角色类，因为通常用材料属性来描述和标识所订购的产品就已经足够了。但 Access 角色可以用于通知导管的维护、导入/导出以及到期更换。

Access 的属性如下所述。

7.3.3.1 Access.approachSiteCode ∷ CD (0..1)

词表域：ActSite (CWE)

属性描述：

Access(套管、线或导管)首先进入身体以及从第一进入点到目标部位之间的路径(如果可行)的解剖部位的一个代码型说明。

示例：

肺动脉导管的目标是肺动脉，但通道入口点通常是颈部的静脉或是锁骨窝处的锁骨下静脉。

约束条件：

编码系统与 Procedure.approachSiteCode 一样，事实上 Access.approachSiteCode 是从 Procedure 类复制到 Access 角色类中的。Access.approachSiteCode 的值应与相关通道位置程序的 Procedure.approachSiteCode 的值相同。

依据：

因为通常放置通道需要相当长的时间，而且通道可以作为许多行动的资源，所以通道入口点是通道本身的一个重要的标识属性(而不只是作为放置程序的一个属性)。

7.3.3.2 Access.targetSiteCode :: CD (0..1)

词表域：ActSite (CWE)

属性描述：

说明通道进入身体部位或腔室的代码，即向其中施用材料或从中收集材料的部位或腔室。

示例：

肺动脉导管的目标部位应是“肺动脉”。

约束条件：

编码系统与 Procedure.targetSiteCode 一样，事实上 Access.targetSiteCode 是从 Procedure 类复制到 Access 角色类中的。Access.targetSiteCode 的值应与相关通道位置程序的 Procedure.targetSiteCode 的值相同。

依据：

因为通常放置通道需要相当长的时间，而且通道可以作为许多行动的资源，所以目标部位是通道本身的一个重要的标识属性(而不只是作为放置程序的一个属性)。目标部位是确定使用或不使用哪种药物的重要信息(如需要特别小心避免药物注射到动脉通道)。

7.3.3.3 Access.gaugeQuantity :: PQ (0..1)

属性描述：

Access 内径(如管的内腔)的测量值。

7.3.4 Roles 中的类：Employee

——类代码：EMP

——Employee 的属性如下：

jobCode :: CE	salaryTypeCode :: CE	protectiveEquipmentText :: ED
jobTitleName :: SC	salaryQuantity :: MO	
jobClassCode :: CE	hazardExposureText :: ED	

——Employee 是 Role 的具体化。

Employee 的描述：

由于接受工资而与组织(雇主，范围限定者)建立关联的人所扮演的角色。

讨论：

这个角色的目的是为了标识雇员相对于雇主的关系类型，而不是为了标识实际执行的工作本质(这与 AssignedEntity 截然不同)。

Employee 的属性如下所述。

7.3.4.1 Employee.jobCode :: CE (0..1)

词表域：EmployeeJob (CWE)

属性描述：

说明雇员为雇主工作的职业的一个代码。例如：会计师、程序分析员、患者护理助理、医院护士等。

7.3.4.2 **Employee.jobTitleName ∷ SC (0..1)**

词表域:JobTitleName (CWE)

属性描述:

所从事的职业名称。例如:副总裁、高级技术分析员。

7.3.4.3 **Employee.jobClassCode ∷ CE (0..1)**

词表域:EmployeeJobClass (CWE)

属性描述:

描述各种就业方式(如全职、兼职等)的一个代码。

7.3.4.4 **Employee.salaryTypeCode ∷ CE (0..1)**

词表域:EmployeeSalaryType (CWE)

属性描述:

说明雇主计算雇员工资所用方法的一个代码。例如:小时工资、年薪或佣金。

7.3.4.5 **Employee.salaryQuantity ∷ MO (0..1)**

属性描述:

根据 salaryTypeCode 规定的计算方法得出支付给雇员的工资数额。例如,如果 salaryTypeCode 的值为"hourly(小时工资)",则 salaryQuantity 规定的就是小时工资数。

7.3.4.6 **Employee.hazardExposureText ∷ ED (0..1)**

属性描述:

与雇员为雇主工作相关的危险类型。例如:石棉、传染因子。

7.3.4.7 **Employee.protectiveEquipmentText ∷ ED (0..1)**

属性描述:

雇员为雇主工作所需的保护装备。例如,防护眼镜、安全帽。

7.3.5 **Roles 中的类:LicensedEntity**

——类代码:LIC

——LicensedEntity 的属性如下:

recertificationTime ∷ TS

——LicensedEntity 是 Role 的具体化。

LicensedEntity 的描述:

根据许可证或资格证书进行认可的 Entity(即扮演者)的一个 Role,其中许可证或资格证书可以证明该 Entity 能够正确执行具体的功能。

示例:

a) 紧急护理培训证书;

b) 装备证书;

c) 提供健康服务的 Person 或 Organization 的许可证。

约束条件：

范围限定者是发行证书的 Organizaton。

LicensedEntity 的属性如下所述。

7.3.5.1 LicensedEntity.recertificationTime ∷ TS (0..1)

属性描述：

要求更换证书的日期。

7.3.6 Roles 中的类：Patient

——类代码：PAT

——Patient 的属性如下：

confidentialityCode ∷ CE veryImportantPersonCode ∷ CE

——Patient 是 Role 的具体化。

Patient 的描述：

与医疗保健服务提供者(即范围限定者)相对应的、作为医疗保健服务接受者的 LivingSubject(即扮演者)的一个 Role。

Patient 的属性如下所述。

7.3.6.1 Patient.confidentialityCode ∷ CE (0..1)

词表域：Confidentiality (CWE)

属性描述：

说明适用于患者的隐私保护策略的一个代码。

7.3.6.2 Patient.veryImportantPersonCode ∷ CE (0..1)

词表域：PatientImportance (CWE)

属性描述：

说明由范围限定组织批准授予 Patient 的特殊身份，且通常会使其获得优惠待遇和特殊考虑的一个代码。例如，董事、外交官等。

8 HL7 RIM 中的关联

8.1 (0..*) ActRelationship ∷ source ∷ (1..1) Act ∷ outboundRelationship

8.2 (0..*) ActRelationship ∷ target ∷ (1..1) Act ∷ inboundRelationship

8.3 (1..1) Entity ∷ languageCommunication ∷ (0..*) LanguageCommunication ∷ entity

8.4 (0..*) Participation ∷ act ∷ (1..1) Act ∷ participation

8.5 (0..*) Participation ∷ role ∷ (1..1) Role ∷ participation

8.6 (0..*) Role ∷ player ∷ (0..1) Entity ∷ playedRole

下列约束条件适用于本关联：

Invariant (Role x) { not[x.player.equals(null)] or not[x.scoper.equals(null)] }

8.7 (0..*) Role :: scoper :: (0..1) Entity :: scopedRole

下列约束条件适用于本关联：

Invariant (Role x) { not[x.player.equals(null)] or not[x.scoper.equals(null)]}

8.8 (0..*) RoleLink :: source :: (1..1) Role :: outboundLink

8.9 (0..*) RoleLink :: target :: (1..1) Role :: inboundLink

9 规范性词表内容

9.1 RIM 结构化词汇

HL7 定义的词表给出了控制 RIM 结构化属性的术语。这些表定义了一个完整的 Act、Role 和 Entity 类的具体化集合，并说明了 ActRelationship、Participation 和 RoleLink 类表示的关联类型。其他表列出了规范性 RIM 类中的状态代码值和其他受控概念。

本标准中给出的表是按照域表名或域名的字母顺序排列的，并包含了助记码、印刷名以及关于每个代码型数值的定义/描述。但没有对抽象域进行赋码。具体说明如下：

——第一列为一个整数，说明其所在行中元素的级别。

——第二列为一个复合元素，其缩进表示概念的级别。复合元素的首字母表示该概念是具体化域(S：已编码并包含子概念)、抽象化域(A：没有代码但包含子概念)还是叶项域(Leaf：已编码但不包含子概念)。抽象化域和具体化域的概念名称应在复合元素的首字母的后面。

——第三列为非抽象概念的助记码。

——第四列为非抽象概念的印刷名。

——最后一列为概念的定义。

行的顺序按照每个缩进层的域名的字母顺序进行排序，同一层中按照叶项(以代码顺序)进行排序。

本标准包括用于下列域的词表集合：

ActClass
ActMood
ActRelationshipCheckpoint
ActRelationshipJoin
ActRelationshipSplit
ActRelationshipType
ActStatus
ContextControl
EntityClass
EntityDeterminer
EntityStatus
ManagedParticipationStatus
ParticipationType
RelationshipConjunction
RoleClass
RoleLinkType
RoleStatus

9.2 ActClass

ActClass 用于 RIM 属性 Act.classCode 中。表 1 给出了 HL7 RIM 的结构化元素的各种值。

表 1　ActClass 词表

层级	类型、域名和/或助记码	助记符	印刷名	定义/描述
1	**S：ActClassRoot**	ACT	act(行动)	(参见 RIM 类 Act 的定义) 指已发生、能发生、正在发生、将要发生或请求/要求发生的一个关注行为。在 HL7 业务域中，Act 就是一个有意向行为。医疗保健(和其他任何职业或业务)是由有意向行为构成的。Act 实例是关于这样一个有意向行为的记录。 有意向行为可以存在于不同的“语气”中。语气描述的是业务循环进程中的各种活动，包括从定义、计划、下达指令到完成。 Act 的每个实例有且仅有一种语气，并且在其生命周期内不会改变。定义、意向、指令、事件等语气似乎规定了活动的生命周期。然而，同数据一样，不同阶段活动的参与者是不同的。因此，Act 实例的语气是静态的。进程的实现(如从定义、计划、下达指令到执行)称为“业务周期”，以与单个行动实例的“生命周期”进行区分。形成这样一个“业务周期”的多个相关的 Acts 实例通过 ActRelationship 类相互链接。 医疗保健中行动的例子如：临床检验，健康状况评估(如问题和诊断)，医疗保健目标的设定，治疗服务实施(如药物治疗、外科手术、身体和心理治疗)，护理、监测或照顾，对患者及其亲属的培训和教育服务，公证服务(如预前护理指示或生前遗嘱)。 Acts 涉及行动者或目标等参与者。行动者例如，护士、医生、家庭成员、公证人和服务组织。其中的每个人或每个组织都能独立作出决策，因此能对所执行的行为负责并承担法律责任。 行动的目标参与者包括患者、患者的配偶、家庭或社区、从患者或行动利益相关对象中提取的样本。因为患者在其自身的医疗保健中扮演主动角色，所以患者可以同时作为主动参与者和目标参与者(进行自我管理或自我服务)。 一个行动可以有多个主动参与者和目标参与者，他们具体的角色通过各自的 Participation 类实例的“typeCode”进行区分。特别是涉及护理协调的行动可能会涉及代表患者、家庭进行互动的两个或两个以上扮演不同角色的主动参与者，或起到目标参与者的作用。例如，护士(主动参与者)代表患者(目标参与者)叫了上门送餐服务(主动参与者)。 一个行动包括在行动期间获得的“结果”、“答案”或含有丰富信息的“过程产品”。在 HL7 RIM 中，没有行动就没有“结果”，并且每个临床结果(包括偶然得到的结果)都是通过行动收集到的。在诸如“定义”或“意向”的其他语气中，结果包括可能获得的结果、期望或实现的结果或是测试结果

表 1（续）

层级	类型、域名和/或助记码	助记符	印刷名	定义/描述
2	**S：ActClassContract**	CNTRCT	contract(合同)	符合合同法及其实施条例且双方或多方之间必须遵守的责任协议
3	**S：ActClassFinanialContract**	FCNTRCT	financial contract（金融合同）	（参见 RIM 类 FinancialContract 的定义） 以货币形式表示其值的一个合同
4	Leaf	COV	coverage（涉及范围）	按照合同对双方或多方进行约束的一个医疗保健保险策略或计划
2	**S：ActClassControlAct**	CACT	control act（控制行动）	表示系统行为的一个行动(如改变另一个行动的状态或发起一个查询)。所有的控制行动都可以是 HL7 语境中的触发事件。ControlActs 可以发生在不同的语气中
3	Leaf	ACTN	action（行为）	发送方要求收件人根据负载的焦点 Act 来做事。例如“执行指令”。收件人有义务拒绝消息或以一种合适的方式(根据专用于互动接收方职责的规定)对其进行响应
3	Leaf	INFO	information(信息)	发送方将负载作为信息发送给收件人。收件人不对超出服务自身的利益负责(即如果觉得合适就可以阅读并记录)。这与备忘录仅供参考的作用相同
3	Leaf	STC	state transition control（状态转换控制）	发送方传输与负载焦点行动相关的状态转换。焦点行动的状态就是状态转换的最终状态。根据控制行动的语气，它可以是一个请求或是一个命令
2	**S：ActClassObservation**	OBS	observation（观察）	（参见 RIM 类 Observation 的定义） Observations 是指为确定答案或结果值而执行的行为。Observation.value(观察结果值)包括观察对象的具体信息。结果值的类型和约束条件取决于所执行的行为类型。临床文档一般有“主观”结果和“客观”结果，它们是两种 Observations。此外，临床文档通常包含的“评估”也是一种 Observation。因此，进行诊断也是一种 Observation
3	**S：ActClassObservationSeries**	OBSSER	observation series（观察系列）	指共享某个通用参考框架的相关观察序列的容器。具有相同 CD 的所有 Observations 都必须是与该通用参考框架相关的。例如，一个 3 通道的 ECG 设备要分 4 步来记录 12 导联 ECG(每次 3 个导联)。每个 3 通道记录都位于其本身的“OBSCOR”中。由于每次都是与同一原点(记录的开始)相关，并且所有的 ECG 信号都来自于固定的一套电极，所以所有的 4 个 OBSSER 都将包含在一个 OBSCOR 中
4	Leaf	OBSCOR	correlated observation sequences（相关观察序列）	其值相互关联的观察序列(Observations 的值包含在 LIST〈〉中)的容器。每个观察序列的 LIST〈〉必须具有相同的长度。LIST〈〉中的值根据索引相互关联。例如，在所有的 LIST〈〉中，位置 2 中的值都是相关联的。这就类似于一个表格，每列表示的都是一个带有具有多个值的 LIST〈〉的观察序列，每行表示的是列之间的相关性。例如，一个 12 导联的 ECG 可能包含 13 个序列，一个是时间序列，一个是 12 导联的序列

表 1（续）

层级	类型、域名和/或助记码	助记符	印刷名	定义/描述
3	**S：ActClassPublicHealthCase**	CASE	public health case(公共卫生事件)	（参见 RIM 类 PublicHealthCase 的定义） 公共卫生事件就是一个表示对公共卫生具有特定意义的情况或事件的 Observation。通常它包括一个或多个需上报的传染病或其他情况的实例。公共卫生事件包括个体健康相关事件以及发生相同的公共卫生疾病或情况的多个健康相关事件。涉及多个人的疫情爆发也可以认为是一种公众卫生事件。公共卫生事件的定义（Act.moodCode ＝ “definition”）包括对临床、实验、公共卫生疾病或情况相关的流行病学指标的描述。其中包括需要报告情况的事件定义，也包括不需要报告情况的事件定义，还包括疫情的事件定义。公共卫生事件的定义是以统计案例为目的进行构建的，它不应作为治疗的临床依据。这样的例子包括艾滋病、毒性休克综合症、沙门氏菌病及其用于定义事件的相关指标
4	Leaf	OUTB	outbreak（疫情爆发）	疫情爆发会涉及一系列公共卫生事件。疫情爆发开始日期是指最早发现属于本次疫情爆发的事件的日期，结束日期是指最后治愈的事件的日期
3	**A：ActClassROI**			主题 Act 内的 ROI(关注区域)。主要用于对主题观察子集进行次观察。ROI 及其参考的 Act 之间的关系通过类型为“SUBJ”、且始终存在的 ActRelationship 进行说明
4	Leaf	ROIBND	bounded ROI（有界关注区域）	说明多维观察的 ROI，如观察系列（OBSSER）。使用观察准则集合进行说明。其中的每个边界准则都对多维观察中的某个维度的区域边界进行描述。ROI 及其参考的 Act 之间的关系是通过类型为“SUBJ ”、且始终存在的 ActRelationship 进行说明的。每个边界准则观察都是使用类型为“COMP ”的 ActRelationships 而与 ROI 相连接的。在每个边界准则中，Act.code 对维度进行命名，Observation.value 对值在区域内的范围进行说明。通常有界的维度是连续的，因此 Observation.value 的数据类型为 IVL。如果每个维度只是命名而没有约束，则不需要规定 Observation.value。例如，在 EKG Lead II 中，用于心脏跳动的 QT 时间间隔的 ROI 应包含两个有界维度准则，一个对时间间隔进行命名（受约束），另一个对 ECG Lead II 的时间间隔进行命名（只命名不约束）
4	Leaf	ROIOVL	overlay ROI（重叠关注区域）	使用重叠形式说明图像的 ROI。通常用于说明图像的具体区域（如图像中放射结果的位置），或通过在人体图解图片中“环绕”一个区域来说明体检结果的位置。坐标值的单位是像素。起点在左上角部，正 X 轴指向右边，正 Y 轴指向下边。ROI 及其参考的 Act 之间的关系是通过类型为“SUBJ”、且始终存在的 ActRelationship 进行说明

表 1（续）

层级	类型、域名和/或助记码	助记符	印刷名	定义/描述
3	Leaf	ALRT	alert（警告）	对 Act 或 Acts 组合可能发生的结果进行否定的一个观察
3	Leaf	CLNTRL	clinical trial（临床试验）	对评估生物制药产品(食物、药品、器械等)的效力和/或安全性的实验进行定义的行为集合。在定义语气中,该行为集合通常为临床实验方案;在事件语气中,则是指将行为应用于一个或多个主题的总行动
3	Leaf	CNOD	Condition Node（条件节点）	某个时间点上的一个 Condition 的 Observation 实例,包括与 Condition 相关的所有 Observations 和 Procedures,并链接到用于同一 Condition 的 Condition Node 的早期实例
3	Leaf	COND	Condition（条件）	可以持续一段时间,且倾向于要求干预或管理的一种观察结果或状态,因此需要从某个时间点进行的 Observation 进行区别;可以在进行 Condition 的 Observation 之前或在承担管理 Condition 的干预之后存在。 **示例：** 装备维修状态,器械召回状态,健康风险,金融风险,公共卫生风险,怀孕期,健康维护,慢性疾病
3	Leaf	DGIMG	diagnostic image（诊断影像）	（参见 RIM 类 DiagnosticImage 的定义） 使属性对于诊断影像具有唯一性的类
3	Leaf	MPROT	monitoring program（监测程序）	为追踪特定类型或类别的行动而设立的正式或非正式的程序
3	Leaf	SPCOBS	specimen observation（样本观察）	对可能影响处理、分析或结果说明的实验室环境中的样本进行的观察
2	**S：ActClassSupply**	SPLY	supply（供应）	（参见 RIM 类 Supply 的定义） 供应订单和交付都是关于交付产品的简单 Acts。产品通过 Participation.typeCode ＝ “product”与 Supply Act(供应行动)类相关联。根据常用的 Supply Acts 类,精确标识 Material(生产商、序列号等)是非常重要的。Supply 的大部分信息应使用 Material 类进行表示。如果需要对交付分别进行预订、审查、结算,则将 Transportation Act 类与 Supply Act 类关联起来。药房配药服务表示为与 SubstanceAdministration Act 类相关联的 Supply Act 类。SubstanceAdministration 类表示药物管理,而配药表示供应

表 1（续）

层级	类型、域名和/或助记码	助记符	印刷名	定义/描述
3	Leaf	DIET	diet(饮食)	(参见 RIM 类 Diet 的定义) 饮食服务就是供应服务，在某些方面类似于配药服务：详细的饮食情况可以表示为对与 Participation.typeCode="product"相关的 Material 的说明。医学上有关的饮食类型可以用 Diet.code 来表示。然而，所供应食物和各种组合菜的详细情况应以材料实例进行表示
2	**A：ActDocumentStructureClass**			一个结构就是文档中的一个容器。结构包含可编码的标题。结构可以进行嵌套，也可以包含入口
3	**S：ActClassDocument**	DOC	document（文档）	使文档管理服务的特征具有唯一性的 Act 的具体化
4	**S：ActClinicalDocument**	DOCCLIN	clinical document（临床文档）	一个临床文档就是指一个具有以下特征的临床观察和服务的文件： a) 持久性：在根据地方和管理需要规定的一段时间内，临床文档可以以一种不变的状态持续存在； b) 管理工作：临床文档由可信赖的个人或组织维护； c) 潜在的认证需求：临床文档是一个需要进行合法认证的信息集合； d) 整体性：临床文档的认证针对的是整个文档，而不是不具有文档全部语境的某个组成部分； e) 人类可读性：临床文档应是人类可读的
5	Leaf	CDALVLONE	CDA Level One clinical document（CDA 第一级临床文档）	符合 HL7 CDA(临床文档架构)第一级的临床文档
2	Leaf	ACCM	accomodation(住宿)	住宿是为 Person 或其他 LivingSubject 提供可居住一段时间的地方的一种服务。通常用于追踪为患者提供的病房、私家和半私家住宿
2	Leaf	ACCT	account（账户）	(参见 RIM 类 Account 的定义) 为审计金融行动的最终结果而建立的金融账户

表 1（续）

层级	类型、域名和/或助记码	助记符	印刷名	定义/描述
2	Leaf	ACSN	accession（新增检查项目	一个工作单元，即由执行当前工作的系统定义的一组工作项目。通常，一些实验室检查的执行者在其关于实验室检查的通讯中，会传输新增检查项目的名称。一个或多个样本往往会关联同一个新增检查项目，以致在某些环境中，会将新增检查项目编号看作是某个样本(组)的标识符
2	Leaf	ADJUD	financial adjudication（金融仲裁）	要求支付发票转变成同意支付发票的转变过程。表示发票的仲裁过程(索赔)。仲裁结果可以是同意、调解或拒绝。 仲裁结果包括两个组件：仲裁处理结果和调解书(或判决书)
2	Leaf	CONS	consent（知情同意）	Consent 类表示知情同意书以及患者(或其合法监护人)和服务提供者之间所有类似的医学法律事务。例如，外科手术知情同意书、临床试验知情同意书、受益人事先注意事项、拒绝服务的反医学忠告、信息发布协议等。 知情同意书的细节有许多的不同。一个机构通常有各种不同形式的、用于不同目的的知情同意书，包括提醒医生要提及的主题。这些表格还包括患者教育材料。在电子病历的通讯中，知情同意书是独立产生信息的行动，并且需要对其进行类似于医疗活动的管理活动。因此，Consent 是一个特殊的 Act 类。 通过 Participation 实例以电子形式向知情同意对象表现知情同意文档的“签名”。通常知情同意书具有执行者(告知患者的医疗保健服务提供者、知情同意人、患者或其合法监护人)的 Participation.typeCode。有的知情同意书可能与目击者或公证机关相关联(如生前预嘱、预前医疗指示)。在知情同意书中，医疗保健服务提供者不是必需的(如生前预嘱)，执行者可能是患者自身，也可能是公证机关。 有的知情同意书在其签署知情同意书和正式生效和实施服务之间有一个必需的最小时间间隔，以让患者重新考虑其决定。这个时间间隔可以使用 ActRelationship.pauseQuantity 属性来在行动定义中进行表达。该属性只有在知情同意书生效后才结束暂停时间
2	Leaf	CONTREG	container registration（容器注册）	容器通过自动传感器(如条形码阅读器)或通过手工收据进行注册的一个 Act
2	Leaf	CTTEVENT	clinical trial timepoint event(临床试验时间点事件)	包括定时执行(定义语气)或已经执行(事件语气)一个或多个行为的临床试验的一个可标识时间点。这些行为可能涉及患者与医疗保健专业人员之间的面诊，也可能不涉及

表 1（续）

层级	类型、域名和/或助记码	助记符	印刷名	定义/描述
2	Leaf	ENC	encounter（面诊）	为进行医疗保健相关服务而在患者与护理服务提供者之间的互动。例如：门诊患者到多个科室就诊、上门健康支持（包括理疗）、住院患者住院、急诊室就诊、现场就诊（如交通事故）、诊所就诊、专业治疗、电话咨询
2	Leaf	INC	incident（偶然事件）	发生在一个或多个相关方可控范围之外的事件。包含事故的概念
2	Leaf	INFRM	inform（通知）	传输信息和了解主题的行动。 **讨论：** 本行动可以用来请求将某个 Act 告知患者或服务提供者，或表明已将一个特殊行动告知一个人
2	Leaf	INVE	invoice element（发票元素）	（参见 RIM 类 InvoiceElement 的定义） 表示在医疗保健行动中与发票处理相关的概念
2	Leaf	LIST	working list（工作列表）	（参见 RIM 类 WorkingList 的定义） WorkingList 是指通过 ActRelationship 收集的独立的 Act 实例的动态列表，用于反映某个工作人员、工作组或组织由于许多不同的临床和管理原因而对 Act 列表进行管理的需求。 **示例：** 问题列表、目标列表、过敏列表、待办事项列表
2	Leaf	PCPR	patient care provision（患者护理服务）	PatientCareProvision 关注个体患者或患者群体的医疗保健服务执行者的责任。 **讨论：** 患者护理事件可以在没有发生任何护理行为的情况下存在。护理的范围可以用 Act.code 来标识。 **示例：** a） 选择基本护理服务：基本护理医师是主要执行参与者，发起参与者是患者； b） 全科医生到专家的转诊（请求语气中的 PCPR，其中发起参与者是全科医生，主要执行参与者是专家）； c） 个体患者或患者群体的病案管理者； d） 指派轮班照顾患者的护士

表 1（续）

层级	类型、域名和/或助记码	助记符	印刷名	定义/描述
2	Leaf	PROC	procedure（程序）	（参见 RIM 类 Procedure 的定义） 直接和主要结果(后置条件)是改变主体身体状况的一个 Act。 **示例：** Procedures 可以包括人体表皮的损伤(如切口手术)以及诸如减少脱臼连接的保守程序(包括脊椎疗法、按摩、浴疗法、针灸疗法、指压按摩疗法等物理疗法)。在临床医学外，程序可以是指改变环境(如改直河道、排放沼泽、筑坝)、修理或更换机械等事情。 **讨论：** 对于临床医学，程序只不过是诸如观察、药物管理和交往互动(如教学、建议、心理疗法、简单表示为没有具体属性的 Acts)的几类临床活动之一。程序不包含其他活动，其他活动也不包括程序。应注意，Procedure 并不包括所有的干预或治疗行动。无论是接受物理改变、还是为了对主体有益的物理改变都无关紧要，重要的是行动本质上改变了主体的身体情况。 现实活动表示法之间的选择取决于程序的具体特性是否适用以及活动或活动步骤的必要后置条件是否是物理改变。例如，拍 X 射线图像有时也可以称为“程序”，但它不是一个 RIM 意义上的 Procedure，因为 X 射线图像不能改变身体的物理状况。 许多临床活动将 Observation 和 Procedure 类型的 Acts 组合为一个复合体。例如，介入放射学(如导尿管血栓溶解术)既有观察也有治疗，大多数手术程序包括有意观察步骤和观察记录步骤。因此，这些临床活动最好是采用多个具有合适类型的组件行动进行表示
2	Leaf	REG	registration（注册）	表示对注册系统中的实体或角色的信息进行维护的行动。本类最常用，目的是为个人、患者、医生、装备等各种注册系统提供支持。如果需要，具体的注册系统类型将被视为本类的具体化

表 1（续）

层级	类型、域名和/或助记码	助记符	印刷名	定义/描述
2	Leaf	SBADM	substanceadministration（药物管理）	（参见 RIM 类 SubstanceAdministration 的定义） 将药物引入或应用到主体的一个行动。 **讨论：** 药物的作用通常是建立在生化基础之上的，然而这并不是必需的。例如，放射疗法很大程度上可以使用同一种方式进行描述，特别是如果该疗法是诸如碘放射性同位素之类的系统疗法。本类也包括将化学治疗应用于某个方面。 **示例：** 化学药物治疗方案，药物处方，预防接种记录
2	Leaf	SPCTRT	specimen treatment（样本处理）	对准备用于分析的样本进行的程序或处理
2	Leaf	TRNS	transportation（运输）	运输是指将负载（人或材料）从初始位置移到目的地。因此，运输服务除了具有适用于任何服务的目标（如执行者、器械等）之外，还具有负载、初始位置、目的地这三类的目标实例
2	Leaf	XACT	financial transaction（金融交易）	（参见 RIM 类 FinancialTransaction 的定义） 表示（以货币形式表示其值的）两个账户之间交易的一个 Act 子类。 在“意向”语气中，表示请求一个交易，或表示在两个账户之间的传输流动。 在“事件”语气中，表示账户交易的记录

9.3 ActMood

ActMood 用于 RIM 属性 Act.moodCode 中。表 2 给出了 HL7 RIM 的结构化元素的各种值。

表 2　ActMood 词表

层级	类型、域名和/或助记码	助记符	印刷名	定义/描述
1	**A：ActMoodCompletionTrack**			描述活动在业务周期（从定义、计划、下达指令到完成）中的进程的语气
2	**S：ActMoodIntent**	INT	intent（意向）	执行服务的意向或计划。 **历史说明：** 在 RIM 以前的历史版本中，意向语气是作为一个单独的类层级结构，称为 Service_intent_or_order（服务意向或预订）

表 2（续）

层级	类型、域名和/或助记码	助记符	印刷名	定义/描述
3	Leaf	APT	appointment（预约）	具有具体时间和地点的一个有计划的 Act
3	Leaf	ARQ	appointment request（预约请求）	一个预约请求
3	Leaf	PRMS	promise（承诺）	根据承诺执行服务的一种意向，即其他各方可以依赖于承诺人，承诺人将努力履行这个承诺行动。承诺可以是请求，也可以不是请求
3	Leaf	PRP	proposal（建议）	执行行动的一个非强制意向。用于记录明显不是 Orders（下达指令）的意向。“建议”可以有专业责任，也可以没有
3	Leaf	RQO	request（请求）	服务请求或预订是指放置者（请求者）直接对履行者（服务执行者）的一种意向。 **依据：** “请求”和“预订”被认为是两个不同的概念，因为预订隐含有强制的含义。然而实际上，这种区别在医疗保健信息处理的互操作中没有这种功能。“预订”通常因为各种临床和业务原因而被拒绝，而“请求”是使接收者（履行者）有责任对发送者（发起者）进行响应。事实上，在许多地区（包括澳大利亚和欧洲）最常使用的术语是“请求”。 因此，由于二者没有有效的区别，所以请求这个概念包含了两种意图。如果要使请求具有强制性，就将体现在用于交易的“本地”业务规则中。HL7 希望将来能给出它们之间的区别，个别概念可以作为本概念的具体化。 本概念与其具体化的“意向”之间最重要的区别在于二者的不同之处。意向只涉及由一方（即发起者）作出的决策。而请求涉及由双方（发起者和履行者）作出的决策，履行者有责任对请求进行响应表明其确实将实施这个请求
3	Leaf	SLOT	resource slot（资源时间段）	资源时间安排的时间段。预约占用一个或多个预订时间段。可以认为对预约开放的时间段是可用的，由于管理目的而被占用的时间段是不可用的。“暂时”预订的资源时间段称为保留时间段
2	Leaf	DEF	definition（定义）	服务（主服务）的定义。 **历史说明：** 在 RIM 以前的版本中，定义语气是作为一个独立的类层级结构，称为 Master_service（主服务）

表 2（续）

层级	类型、域名和/或助记码	助记符	印刷名	定义/描述
2	Leaf	EVN	event (occurrence)[事件(已发生的事情)]	是实际发生的一个服务，也可以是一个正在进行的服务或是关于过去的服务的一个文件。 **历史说明：** 在 RIM 以前的版本中，事件语气是作为一个单独的类层级结构，称为 Patient_service_event(患者服务事件)，后来称为 Service_event(服务事件)
1	**A：ActMoodPredicate**			上述所有的服务语气(如事件、意向或目标)都可以转换为表示条件(或查询)准则的谓语。然而，目前只有服务事件准则可用
2	Leaf	EVN.CRT	event criterion (事件准则)	必须要考虑的用于关联服务的服务事件准则或条件
2	Leaf	GOL	Goal(目标)	对未来某个时间里的具体观察及其期望值的预期
2	Leaf	OPT	option(选项)	选项是指一个可替代的特性值绑定集合。选项规定了可替代的值的集合，常用于描述可选项的定义或命令。选项只能作为一个组使用，也就是说所有给定值都必须一起使用。 **历史说明：** 在 HL7 v2.x 中，选项只用于可替代的给药路径(受体)的特殊案例中

9.4 ActRelationshipCheckpoint

ActRelationshipCheckpoint 用于 RIM 属性 ActRelationship.checkpointCode 中。表 3 给出了 HL7 RIM 的结构化元素的各种值。

表 3　ActRelationshipCheckpoint 词表

层级	类型、域名和/或助记码	助记符	印刷名	定义/描述
1	Leaf	B	beginning（开始）	每次执行服务之前都要对条件进行测试（WHILE 条件 DO 服务）
1	Leaf	E	end（结束）	在重复执行的服务完成时对条件进行测试。只有条件为真时才重复执行服务（DO 服务 WHILE 条件）
1	Leaf	S	entry（进入）	在执行服务前对条件进行一次测试（IF 条件 THEN 服务）
1	Leaf	T	through（通过）	在服务执行的整个过程中条件必须为真。一旦条件转变为假（异步 WHILE 循环），则服务将被中止（异步）。服务必须是可以中止的
1	Leaf	X	exit（退出）	条件是一个循环判断点，即如果否定造成包含循环退出，则它是活动计划的一个步骤

9.5　ActRelationshipJoin

ActRelationshipJoin 用于 RIM 属性 ActRelationship.joinCode 中。表 4 给出了 HL7 RIM 的结构化元素的各种值。

表 4　ActRelationshipJoin 词表

层级	类型、域名和/或助记码	助记符	印刷名	定义/描述
1	Leaf	D	detached（独立）	将本分支从其他分支中分离出来，以使其与其他分支不同步
1	Leaf	K	kill（取消）	当其他所有并行分支都终止时，则中断并停止该分支
1	Leaf	W	wait（等待）	等待该分支结束
1	Leaf	X	exclusive wait（排他性等待）	如果终止排他性等待分支集合中的任一分支，则中止其他所有的排他性等待分支

9.6　ActRelationshipSplit

ActRelationshipSplit 用于 RIM 属性 ActRelationship.splitCode 中。表 5 给出了 HL7 RIM 的结构化元素的各种值。

表 5 ActRelationshipSplit 词表

层级	类型、域名和/或助记码	助记符	印刷名	定义/描述
1	Leaf	E1	exclusive try once（一次性排他）	对与分支相关联的前提条件进行一次性评估，若为真，则进入该分支。其他排他性分支之间相互竞争，最后只能选择其中一个。该分支执行 COND、IF 和 CASE 条件语句或是“互斥选择”语句。可以在 Service_relationship.priority_nmb 中对考虑分支的命令进行说明
1	Leaf	EW	exclusive wait（排他性等待）	只要与分支相关联的前提条件评估为真，就应选择一个分支。如果条件为假，就在条件转为真后进入该分支。其他排他性分支之间相互竞争，最后只能选择其中一个。每个等待分支与缺省联合代码“等待”同时执行。在 Service_relationship.priority_nmb 中对考虑分支的命令进行说明
1	Leaf	I1	inclusive try once(一次性相容）	如果相关联的前提条件允许，则执行该分支。如果相关联的前提条件不允许，则不执行该分支。不取消相容性分支和其他分支
1	Leaf	IW	inclusive wait（相容性等待）	只要相关联的条件允许，就执行该分支。如果条件为假，则在条件转为真后进入该分支。不取消相容性分支和其他分支。每个等待分支都与缺省的联合代码“等待”同时执行

9.7 ActRelationshipType

ActRelationshipType 用于 RIM 属性 ActRelationship.typeCode 中。表 6 给出了 HL7 RIM 的结构化元素的各种值。

表 6 ActRelationshipType 词表

层级	类型、域名和/或助记码	助记符	印刷名	定义/描述
1	**A：ActRelationshipConditional**			说明源 Act 可以、必须、一定不或已发生的环境(目标 Act)
2	**S：ActRelationshipReason**	RSON	has reason（具有……的原因）	说明服务的原因或依据。原因链接弱于触发引擎，它只建议某个服务可能或曾经是某个行为的原因，但不建议该原因要求执行该行为。而且，与触发引擎相反，在原因和行为之间没有很强的时间联系。 **讨论：** 在以前的版本中，代码“SUGG”表示为“原因链接的倒置”。在支持倒置指示符成为 ActRelationship 的属性后，该代码被废止
3	leaf	MITGT	mitigates（减弱）	源行动取消目标行动的发生或减弱目标行动的效果
2	leaf	CIND	has contraindication（具有……的禁忌症候）	禁忌症候只是对原因的否定，即它给出了不能进行一个行为的条件。源和目标都可以是任意一种服务，目标服务存在于准则语气中。如何表示禁忌症候的强度(如相对的、绝对的)是一个开放议题。可以考虑使用 priority_nmb 属性
2	leaf	PRCN TRIG	has pre-condition（具有……的前提条件）	在执行服务前要求转为真的一个条件。目标可以是准则语气中的任一服务。对于多个前提条件，可以使用联合属性(AND、OR、XOR)
2	leaf	TRIG	has trigger（具有……的触发引擎）	如果为真就将执行源 Act 的一个前提条件。目标一般存在于准则语气中。当事后报告(即已满足准则)时，则目标可能存在于事件语气中。可以对在触发引擎与触发行为之间规定一个延迟时间间隔。 **讨论：** 这里包括服务或金融工具(如保险计划书或保险策略)所必需的行动的概念。在这些案例中，触发引擎是指发生的具体条件(如受益范围限定受益对象)
1	**S：ActRelationshipReason**	COMP	has component（具有……的组件）	作为源服务执行步骤或子任务的子服务集合。服务可以按照顺序执行或同时执行
2	leaf	ARR	arrival(到达)	从一个 Act(源)链接到一个 Transportation Act(目标)的关系，指出源 Act 的主体通过目标 Transportation 行动进入到源 Act 中

表 6（续）

层级	类型、域名和/或助记码	助记符	印刷名	定义/描述
2	leaf	CTRLV	has control variable（具有……的可控变量）	从一个 Act 到一个 Control Variable(可控变量)的关系。例如，使用 Device 进行 Observation，就将 Observation 与记录影响观察的器械的 Control Variables 联系起来了
2	leaf	DEP	departure(离开)	从一个 Act(源)链接到一个 Transportation Act(目标)的关系，指出源 Act 的主体通过目标 Transportation 行动离开了源 Act
1	**S：ActRelationshipOutcome**	OUTC	has outcome（具有……的结果）	应作为或实际上就是一个条件或行为(有时称为后置条件)的结果或后果的一个观察。目标必须是作为目标、风险或任意准则的观察。对于复合情况，其结果是一个联合属性
2	Leaf	GOAL	has goal（具有……的目标）	由某人定义的、关于患者健康状况的一个目标。随后的计划行为是为了实现该目标。源是一个观察或条件节点，目标必须是目标语气中的一个观察
2	Leaf	OBJC	has continuing objective（具有……的持续目标）	服务行为希望维持的一个期望状态。例如，保持收缩压位于 90 mmHg～110 mmHg 之间。源是一个介入服务。目标必须是准则语气中的一个观察
2	Leaf	OBJF	has final objective（具有……的最终目标）	服务行为希望最终实现的一个期望结果。源是任意一种服务(比较典型的是介入服务)。目标必须是准则语气中的一个观察
2	Leaf	RISK	has risk(具有……的风险）	患者状况中需要注意的不理想结果，即患者状况很可能成为一个新问题，或虽然不足以成为新问题，但处理起来很危险
1	**S：ActRelationshipPertains**	PERT	has pertinent information（具有……的相关信息）	从一项临床信息到另一项之间非常不确定的一种关系。无法判断相关信息所起的作用
2	**A：ActRelationshipPosts**			描述 Act 和金融工具(如金融交易、账户或者发票元素)之间关系的代码
3	Leaf	CHRG	has charge（具有……的收费）	提供可以将收费金融交易(目标)与临床行动(源)进行关联的能力的一种关系。临床行动可以进行与执行或提供的服务相关联的收费。 金融交易将确定提供或执行服务的收费(账单)。 收费和成本是不同的术语。收费是指向一个组织或组织中的实体收费或开账单。成本是指一个组织执行或提供一个服务或产品时的花费

表 6（续）

层级	类型、域名和/或助记码	助记符	印刷名	定义/描述
3	Leaf	COST	has cost（具有……的成本）	提供将成本金融交易（目标）与临床行动（源）进行关联的能力的一种关系。临床行动具有与执行或提供的服务相关联的成本。 金融交易将确定提供或执行服务的成本。 收费和成本是不同的术语。收费是指向一个组织或组织中的实体收费或开账单。成本是指一个组织执行或提供一个服务或产品时的花费
3	Leaf	CREDIT	has credit（具有……的贷款）	贷款是指将一个金融交易与一个账户绑定在一起的一种关系。贷款一旦生效（发布），就可能会根据账户的类型对账户余额产生积极或消极的影响。资产账户贷款将会减少账户余额。非资产账户贷款也会减少账户余额
3	Leaf	DEBIT	has debit（具有……的借款）	借款是指将一个金融交易（目标）与一个账户（源）绑定在一起的一个关系。借款一旦生效（发布），就可能会根据账户的类型对账户余额产生积极或消极的影响。资产账户借款将会增加账户余额。非资产账户借款会减少账户余额
2	**S：has support**	SPRT	has support（具有……的支持）	指出现有服务是一个新观察的证据。支持假设与主张观察的是同一行动者。源必须是一个观察，目标可以是任意一个服务（如指出病后状态）
3	Leaf	SPRTBND	has bounded support（具有……的有限证据）	是“has support”的具体化，如果 ROI 规定了二级观察的准确边界而不是只标记了大概范围，则其可以用于将二级观察与多维观察中的关注区域联系起来。例如，如果心电图中 ST 节段升高时间段的开始和结束可见，则该关系表明 ROI 给出了“ST 节段升高”观察的界限——ROI 确定了该时间段真正的开始和结束之处。反之，如果 ROI 只包含 ST 节段升高，而没有确定该段的界限（开始和结束），则更普遍使用的是“has support”关系。同样，如果图像中的 ROI 确定了“一度烧伤”的真实界限，则使用“has bounded support”关系；但如果 ROI 仅指出烧伤的大概范围，则通常使用“has support”
2	Leaf	AUTH	authorized by（由……授权）	目标行动授权或批准源行动的一种关系
2	Leaf	CAUS	is etiology for（是……的病因）	对假设一个新观察是另一现有观察的原因的肯定。假设与主张观察的是同一行动者。这比证据链接更强大、更具体。例如，金黄色葡萄球菌的增长可能是造成脓肿的病因。源（原因）通常是观察，但当目标必须是一个观察时，源可以是服务

表 6（续）

层级	类型、域名和/或助记码	助记符	印刷名	定义/描述
2	Leaf	COVBY	covered by（被……所涵盖）	源行动被目标行动所涵盖或包含的一种关系。金融工具(如发票元素)包含一个或多个保险单的具体实例
2	Leaf	DRIV	is derived from（源自……）	将派生的观察与其输入参数明确关联起来的一种派生链接。源和目标都必须是观察，通常为数值观察。例如，一个阴离子间隙观察可以作为从给定的钠(钾)、氯或碳酸氢盐观察中派生出来的关联
2	Leaf	EXPL	has explanation（具有……的解释）	与证据正好相反，用于指出某一给定的观察可以用另一观察或条件来解释
2	Leaf	LIMIT	limited by（受限于……）	用目标行动的元素限制或约束源行动的一种关系。例如，授权行为可能受限于资金数额(如最多不超过 500 元)。目标 Act 必须在 EVN.CRIT 语气中
2	Leaf	MFST	is manifestation of（是……的表现）	对一个新的观察可能是另一个现有观察或行为表现的肯定。该假设与主张表现的是同一行动者。这比倒置的证据链接更强大、更具体。例如，焦虑表现可以肯定是一种已知的甲状腺亢进的表现(结果)。这说明，如果不是一个已知病症的常见表现，人们可能不会意识到它是一个病症。目标(原因)可以是一个服务，而源(表现)必须是一个观察
2	Leaf	NAME	assigns name（赋名）	用于将一个“名称”赋给条件线程。源是一个条件节点，目标是一个服务
2	Leaf	PREV	has previous instance（有先例）	目标行动是源行动原有实例的一种关系。一般来说，这些实例相互之间类似但不等同。在医疗保健中，它通常用于将一个声明项目与先前(对相同的服务集合进行要求)的声明项目链接起来
2	Leaf	REFR	refers to(引用)	源行动引用目标行动的一种关系。该关系是一种用于区分引用对象和仲裁人的简单参考关系
2	Leaf	REFV	has reference values（具有……的引用值）	参考范围本质上是对一类结果值[如 normal(正常)、abnormal(异常)、critical(临界)]的描述符。这些值会随着性别、年龄或其他准则的变化而变化。源和目标是观察，目标处于准则语气中。如果临界结果触发了警报，则这种链接类型可以作为触发引擎

表 6（续）

层级	类型、域名和/或助记码	助记符	印刷名	定义/描述
2	Leaf	SUBJ	has subject（具有……的主题）	将一个 Act 与其主题 Act(也是其主要关注的 Act)联系起来。 **示例：** a) 第一个 Act 可以是控制主题 Act 的 ControlAct； b) 第一个 Act 是定义主题 Act 内的范围的一个关注区域(ROI)； c) 第一个 ACT 是一个因为具体的新目的而对主题 Act 进行回应的报告或通知 Act。 **约束条件：** 一个 Act 可以有多个主题行动。 **依据：** ActRelationshipType 类的“has subject”类似于 ParticipationType 类的“subject”，主要操作物理主题的 Acts 使用 Participation，主要操作其他 Acts(其他信息)的 Acts 使用 Act-Relationship
2	Leaf	SUMM	summarized by（由……汇总）	包含用于次级行动列表或集合的汇总值的一个行动。例如，用于特定结算期的交易汇总
1	**S：ActRelationshipSequel**	SEQL	is sequel(是……的后续)	表明源行动是随着目标行动而发生的一种行动关系。原则上源行动应与目标行动表示的是同一种行动。源和目标不需要具有相同的语气代码(语气往往不同)。后续的目标称为前因。后续关系的例子如：修改、转换、原型派生(因为具体化是泛化的一种衍生)、后续行动、实现、实例化
2	**S：ActRelationshipExcerpt**	XCRPT	excerpts(摘录)	源是目标的一个摘录
3	Leaf	VRXCRPT	excerpt verbatim(原文摘录)	源是对目标的一个直接引用
2	**S：ActRelationshipFulfills**	FLFS	fulfills(履行)	源行动履行(整体或部分)目标行动。源行动在语气中必须与目标行动等同或更真实
3	Leaf	OCCR	occurrence(发生)	源行动是指发生一次可重复的目标行动。在“整个完成轨迹”中，源行动和目标行动可以处于任意语气中，但沿着轨迹，源行动要尽可能比目标行动远或更远(即一个意向的发生可以是一个事件，但反之则不然)

表 6（续）

层级	类型、域名和/或助记码	助记符	印刷名	定义/描述
3	Leaf	OREF	references order（参考命令）	将一个约会请求或约会与预订服务的命令联系起来
3	Leaf	SCH	schedules request（调度请求）	将一个具体时间（及相关资源）与一个调度请求或其他意向关联起来
2	**S：ActRelationshipReplacemen**	RPLC	replaces（代替）	源行动代替现有目标行动的一个代替行为。被代替的目标行动的状态变为废止，但通常该行动仍然保留在系统中作为历史参考。源和目标的类型必须相同
3	Leaf	SUCC	succeeds（继承）	增加但不完全代替其前身的一个新命令
2	Leaf	APND	is appendage（是附属部分）	对现有服务对象（目标）的补充（源），包含补充信息。补充本身是链接到补充服务对象的初始服务对象。补充服务对象保持不变，其内容和状态也不会改变
2	Leaf	DOC	documents（文档）	源行动记录目标行动
2	Leaf	ELNK	episodeLink（时间段链接）	表示随时间进行的、链接同一行动的两个实例的关联，表明实例是同一时间段的组成部分。例如：在疾病期间链接两个条件节点，在就医期间链接两次就诊
2	Leaf	GEN	has generalization（具有……的泛化）	泛化关系可以用来表示服务的分类知识（如氨氯吡咪、氨苯蝶啶和螺旋内酯具有共同的成分泛化钾缺乏利尿剂）
2	Leaf	GEVL	evaluates（goal）[（目标）评估]	目标评估是将（意向或实际）观察与一个目标进行链接，以表明观察是为了评估目标。如果给出了目标和观察，则“目标距离”（如目标到观察）可以“计算”出来，而且不需要发送出去
2	Leaf	INST	instantiates（master）[（主服务）举例说明]	用于获得潜在的（“主服务”或计划）服务与实际服务之间的链接，其中实际服务是潜在服务的实例。这种举例说明可以替代主服务的缺省值
2	Leaf	MTCH	matches（trigger）[（触发引擎）匹配]	触发引擎匹配是将实际服务（如已发生的观察或程序）与一个处于准则语气中的服务进行链接。例如，如果触发引擎是“疼痛现象观察”且实际上也观察到了疼痛现象，而且如果疼痛观察导致触发引擎的发生，则疼痛观察可以与触发引擎进行链接

表 6（续）

层级	类型、域名和/或助记码	助记符	印刷名	定义/描述
2	Leaf	OPTN	has option（具有……的选择）	提供详细性能说明的源 Act 到目标 Act 之间的一种关系。 因此源行动是目标行动的具体化，但只涉及新性质的绑定或细化，而不涉及所有的继承属性。 典型用例用于说明某种 Act 的特定替代变量。属性 priorityNumber 用于衡量优于其他替代细化的细化。 **示例：** 指定几项药品路径选项为对各种路径选项的补充细化进行常规处理的 SubstanceAdministrantion
2	Leaf	REV	reverses（撤销）	设法撤销或取消先前目标 Act 的行为的源 Act 与该目标 Act 之间的一种关系。 **示例：** 如果一个已发布的金融交易（如借记交易）是错误的且必须撤销（如通过信贷交易），则认为该信贷交易是对先前目标交易的取消（或撤销）。 **约束条件：** 目标 Act 的“整个完成轨迹”语气与源 Act 相比必须同样“实际”或更“实际”。即当目标行动是 EVN 时，源行动可以是 EVN 或任意 INT。如果目标行动是 INT，则源行动也是 INT
2	Leaf	UPDT	updates （condition）［（条件）更新］	具体来说，条件线程关系是指将条件节点链接在一起形成一个条件线程。源是新条件节点，目标是指现有条件线程中最近的节点
2	Leaf	XFRM	transformation（变形）	当目标 Act 是源 Act 的变形时使用。例如：用于说明 CDA 文件是对一个 DICOM SR 文件的变形

9.8 ActStatus

ActStatus 用于 RIM 属性：Act.statusCode 中。表 7 给出了 HL7 RIM 的结构化元素的各种值。

表 7　ActStatus 词表

层级	类型、域名和/或助记码	助记符	印刷名	定义/描述
1	**S:ActStatusNormal**	normal	normal(正常)	包括 Act 的预期状态，但不包括表示生命周期中异常终止的"nullified"和"obsolete"状态
2	Leaf	aborted	aborted(中断)	Act 在原定完成时间之前就被终止
2	Leaf	active	active(正常进行)	可执行或正在执行 Act
2	Leaf	cancelled	cancelled (取消)	Act 在被激活之前已被放弃
2	Leaf	completed	completed(完成)	Act 在完成所有构件之后正常结束
2	Leaf	held	held(保持)	Act 保持在预备阶段，直到其发出指令后才开始实施
2	Leaf	New	new(新建)	Act 处于预备阶段且尚未执行
2	Leaf	suspended	suspended (暂停)	一个已激活(可能或已经执行了行为)的 Act 被暂时停用，直到其发出指令后才采取进一步的行为
1	Leaf	nullified	nullified(无效)	Act 实例属于错误创建且已"移除"，按从未出现处理。仅为审计目的保留一个记录
1	Leaf	obsolete	obsolete(废止)	Act 实例已被新实例代替

9.9　ContextControl

ContextControl 用于 RIM 属性 ActRelationship.contextControlCode 中。表 8 给出了 HL7 RIM 的结构化元素的各种值。

表 8 ContextControl 词表

层级	类型、域名和/或助记码	助记符	印刷名	定义/描述
1	**A:ContextControlAdditive**			关联增加到与 Act 相关联的现有语境中。该关联与初始 Acts 传递的任意关联都与该 Act 相关
2	Leaf	AN	additive，non-propagating（附加/非传递型）	关联增加到与 Act 相关联的现有语境中，但并不会通过传导型 ActRelationships 传递到每个后代 Acts 中。 **示例：** 如果“发起者”Participation 被标记为“AN”，就意味着发起者将被加入到为本 Act 而从初始 Acts 传递下来的发起者参与集合中。然而，只有先前被传递的发起者才能传递到允许传递语境的任意子 Acts 中
2	Leaf	AP	additive，propagating（附加/传递型）	关联增加到与 Act 相关联的现有语境中，并可通过传导型 ActRelationships 传递到每个后代 Acts 中。 **示例：** 如果“发起者”Participation 被标记为“AP”，就意味着发起者将被加入到从初始 Acts 传递下来的发起者参与集合中，并且其本身将与其他发起者一起传递到允许传递语境的任意子 Acts 中
1	**A:contextcontrolNonProgagting**			关联仅适用于当前的 Act，并且也不会通过传导型 ActRelationship 传递到任何相关的子 Acts 中
2	Leaf	AN	additive，non-propagating（附加/非传递型）	关联增加到与 Act 相关联的现有语境中，但不会通过传导型 ActRelationships 传递到每个后代 Acts 中。 **示例：** 如果“发起者”Participation 被标记为“AN”，就意味着发起者将被加入到为本 Act 而从初始 Acts 传递下来的发起者参与集合中。然而，只有先前被传递的发起者才能传递到允许传递语境的任意子 Acts 中
2	Leaf	ON	overriding，non-propagating（取代/非传递型）	关联被增加到与 Act 相关联的现有语境中，但会取代具有相同或更具体的 typeCode 的关联。然而，该取代关联不会通过传导型 ActRelationships 传递到每个后代 Acts 中。 **示例：** 如果“发起者”Participation 被标记为“ON”，就意味着发起者将取代从初始 Acts 传递下来的发起者参与集合中。此外，无论如何不会有发起者参与传递到允许语境传递的任意子 Acts 中

表 8（续）

层级	类型、域名和/或助记码	助记符	印刷名	定义/描述
1	**A:Contextcontrolverriding**			关联增加到与 Act 相关联的现有语境中，但会取代从初始 Acts 传递下来的、具有相同或更具体的 typeCodes 的关联
2	Leaf	ON	overriding，non-propagating（取代/非传递型）	关联被增加到与 Act 相关联的现有语境中，但会取代具有相同或更具体的 typeCode 的关联。然而，该取代关联不会通过传导型 ActRelationships 传递到每个后代 Acts 中。 **示例：** 如果"发起者"Participation 被标记为"ON"，就意味着发起者将取代已从初始 Acts 传递下来的发起者参与集合中。此外，无论如何不会有发起者参与传递到允许语境传递的任意子 Acts 中
2	Leaf	OP	overriding，propagating（取代/传递型）	关联被增加到与 Act 相关联的现有语境中，但会取代具有相同或更具体的 typeCode 的关联。然而，该取代关联将会通过传导型 ActRelationships 传递到每个后代 Acts 中。 **示例：** 如果"发起者"Participation 被标记为"OP"，就意味着发起者将取代从初始 Acts 传递下来的发起者参与集合中，并且其本身将与其他发起者一起传递到允许传递语境的任意子 Acts 中
1	**A:contextControlPropagating**			关联通过传导型 ActRelationship 传递到相关的任意子 Acts 中
2	Leaf	AP	additive，propagating（附加/传递型）	关联增加到与 Act 相关联的现有语境中，并且通过传导型 ActRelationships 传递到任意后代 Acts 中。 **示例：** 如果"发起者"Participation 被标记为"AP"，就意味着发起者将被增加到从初始 Acts 传递下来的发起者参与集合中，并且其本身将与其他发起者一起传递到允许传递语境的任意子 Acts 中
2	leaf	OP	overriding，propagating（取代/传递型）	关联被增加到与 Act 相关联的现有语境中，但会取代具有相同或更具体的 typeCode 的关联。然而，该取代关联将会通过传导型 ActRelationships 传递到每个后代 Acts 中。 **示例：** 如果"发起者"Participation 被标记为"OP"，就意味着发起者将取代从先前的 Acts 传递下来的发起者参与集合中，并且其本身将与其他发起者一起传递到允许传递语境的任意子 Acts 中

9.10 EntityClass

EntityClass 用于 RIM 属性 Entity.classCode 中。表 9 给出了 HL7 RIM 的结构化元素的各种值。

表 9 EntityClass 词表

层级	类型、域名和/或助记码	助记符	印刷名	定义/描述
1	**S：EntityClassRoot**	ENT	entity(实体)	(参见 RIM 类 Entity 的定义) 对应于 Entity 类
2	**A：EntityClassDocumentReceiving**			
3	**A： EntityClassPersonOrORgReceiving**			
4	**S：EntityClassOrganization**	ORG	organization(组织)	(参见 RIM 类 Organization 的定义) 由人类形成的社会或法律结构
5	Leaf	PUB	public institution(公共机构)	通常在某件事上具有一定权力的一个行政地域的人民机构。包括政府、政府机构、社团
5	Leaf	STATE	state(行政地域)	政治上有组织、包括领土、文化或种族且(在一定程度上)得到其他行政地域(周边的行政地域)认可的主权。包括国家、省、县或市
4	Leaf	PSN	person(人)	(参见 RIM 类 Person 的定义) 现代人种的一种生物体
3	Leaf	HCE	health chart entity(健康图表实体)	在病历管理中所包含的健康图表作为文档接收实体
2	**S：EntityClassLivingSubject**	LIV	living subject(生物体)	(参见 RIM 类 LivingSubject 的定义) 本质上具有生命特性的所有事物，与其当前状态状态无关(如人的尸体本质上仍然是生物体)
3	**S： EntityClassNonPersonLivingSubject**	NLIV	non-person living subject(非人生物体)	

表 9（续）

层级	类型、域名和/或助记码	助记符	印刷名	定义/描述
4	Leaf	ANM	animal(动物)	动物界中的生物体
4	Leaf	MIC	microorganism（微生物）	所有单细胞生物有机体，包括原生动物、细菌、酵母、病毒等
4	Leaf	PLNT	plant(植物)	植物目中的一种生物
3	Leaf	PSN	person	（参见 RIM 类 Person 的定义） 现代人种的一种生物体
2	**S：EntityClassMaterial**	MAT	material(材料)	（参见 RIM 类 Material 的定义） 在空间和质量上可以进行扩展的任何事物，可以是生命体的起源，也可以是非生命体的起源
3	**S：EntityClassManufacturedMaterial**	MMAT	manufactured material（生产材料）	（参见 RIM 类 ManufacturedMaterial 的定义） 对应于 ManufactruedMaterial 类
4	**S：EntityClassContainer**	CONT	container(容器)	（参见 RIM 类 Container 的定义） 放置其他实体的容器
5	Leaf	HOLD	holder(持有者)	持有其他容器或其他持有者的一种容器
4	**S：EntityClassDevice**	DEV	device(器械)	（参见 RIM 类 Device 的定义）
5	Leaf	CER	certificate representation(证书表示)	存储授权批准信息的人造工件
5	Leaf	MODDV	imaging modality(显像模式)	包含诊断图像装备的唯一属性的类
3	Leaf	CHEM	chemical substance（化学药品）	完全由有机或无机化学公式定义的药物，包括其他化学药物的混合物
3	Leaf	FOOD	food(食物)	自然生长、加工或生产的主要作为人类和动物的食物且是自然生长、加工或生产的实体

表 9（续）

层级	类型、域名和/或助记码	助记符	印刷名	定义/描述
2	**S：EntityClassOrganization**	ORG	organization(组织)	（参见 RIM 类 Organization 的定义） 由人类形成的社会或法律结构
3	Leaf	PUB	public institution（公共机构）	通常在某件事上具有一定权力的一个行政地域的人民机构。包括政府、政府机构、社团
3	Leaf	STATE	state（行政地域）	政治上有组织、包括领土、文化或种族且(在一定程度上)得到其他行政地域(周边的行政地域)认可的主权。包括国家、省、县或市
2	**S：EntityClassPlace**	PLC	place	（参见 RIM 类 Place 的定义） 一个具有包含性结构的物理地点或点。可以是自然的，也可以是人造的。地点的地理位置可以改变，也可以不变
3	Leaf	CITY	city or town（城市/城镇）	城市、城镇或其他自治市县的地域
3	Leaf	COUNTRY	country（国家）	主权国家的地域
3	Leaf	COUNTY	county or parish（区县）	州或省下设的县、区或其他行政区的地域
3	Leaf	PROVINCE	state or province（州/省）	主权国家下设的州、省或其他行政区的地域
2	Leaf	RGRP	group（组）	根据调度目的对资源(人员、材料或地方)进行分组。可以是一个类型相似的资源池、一支队伍或是人员、材料和地点的组合

9.11 EntityDeterminer

EntityDeterminer 用于 RIM 属性 Entity.determinerCode 中。表 10 给出了 HL7 RIM 的结构化元素的各种值。

表 10　EntityDeterminer 词表

层级	类型、域名和/或助记码	助记符	印刷名	定义/描述
1	**S:EntityDeterminerDetermined**	KIND	described(描述型)	描述型限定词用于指出所给定的 Entity 可以作为从整体、部分或成组地对一类事物进行的一般性描述
2	Leaf	QUANTI-FIED_KIND	described quantified (定量描述)	定量描述限定词用于指出所给定的 Entity 可以作为对具体数量的事物进行的一般性描述。例如,注射器的 QUANTIFIED KIND(数量=3)代表 3 个注射器
1	Leaf	INSTANCE	specific(特定)	特定限定词用于指出所给定的 Entity 可以作为特定事物的实例。例如,一个人的 INSTANCE(数量 = 1)代表一个具体的人

9.12 EntityStatus

EntityStatus 用于 RIM 属性 Entity.statusCode 中。表 11 给出了 HL7 RIM 的结构化元素的各种值。

表 11　EntityStatus 词表

层级	类型、域名和/或助记码	助记符	印刷名	定义/描述
1	**S: EntityStatusNormal**	normal	normal(正常)	"典型"状态。不包括表示错误创建的 Entity 记录实例的终止状态的"nullified"
2	Leaf	active	active(正常进行)	表示 Entity 记录正在进行的事实的状态
2	Leaf	terminated	terminated(终止)	表示 Entity 记录正常终止的状态
1	Leaf	nullified	nullified(无效)	表示错误创建的 Entity 记录实例终止的状态

9.13 ManagedParticipationStatus

ManagedParticipationStatus 用于 RIM 属性 ManagedParticipation.statusCode 中。表 12 给出了 HL7 RIM 的结构化元素的各种值。

表 12 ManagedParticipationStatus 词表

层级	类型、域名和/或助记码	助记符	印刷名	定义/描述
1	**S:ManagedParticipationStatusNormal**	normal	normal(正常)	"典型"状态。不包括表示错误创建的 Participation 实例的终止状态的"nullified"
2	Leaf	active	active(正常进行)	表示 Participation 正在进行的事实的状态
2	Leaf	cancelled	cancelled(取消)	在激活之前取消 Participation 导致的终止状态
2	Leaf	completed	completed(完成)	表示成功完成 Participation 的最终状态
2	Leaf	pending	pending(待定)	表示 Participation 一直没有开始的事实的状态
1	Leaf	nullified	nullified(无效)	表示错误创建的 Participation 实例终止的状态

9.14 ParticipationType

ParticipationType 用于 RIM 属性 Participation.typeCode 中。表 13 给出了 HL7 RIM 的结构化元素的各种值。

表 13 ParticipationType 词表

层级	类型、域名和/或助记码	助记符	印刷名	定义/描述
1	**A: ParticipationAncillary**			与行动相关但不是最主要的 Participation。转院、住院以及出院医生必须是同一人，并创建用于各自触发引擎事件的 ControlAct 事件
2	Leaf	ADM	admitter(责任医生)	对患者住院期间负有责任的医生
2	Leaf	ATND	attender(住院医生)	在住院期间对患者护理负有责任的主治医生
2	Leaf	CON	consultant(顾问)	通过评估和建议来参与服务的建议者
2	Leaf	DIS	discharger(出院医生)	对住院患者出院负有责任的医生
2	Leaf	ESC	escort(护送者)	只提供运送服务。护送患者的人
2	Leaf	REF	referrer(介绍人)	把服务主体介绍给执行者的一个人(即咨询医生)。一般来说咨询医生会收到一份报告
1	**S: ParticipationIndirectTarget**	IND	indirect target (间接目标)	在行动中实质上不存在、且不受行动直接影响的目标。间接目标应是行动记录或文件的一个重点目标

表 13（续）

层级	类型、域名和/或助记码	助记符	印刷名	定义/描述
2	Leaf	BEN	beneficiary（受益方）	代表服务发生、但在服务中不一定存在的目标。可以与直接目标同时发生，表明二者兼存。包括从行动中获得利益的参与者（如受益方）
2	Leaf	COV	coverage target（涉及目标）	个人参与医疗保健涉及范围行动的目标。其中目标角色既可以是涉及范围中的保险单持有者，也可以是或涉及范围中的受益方
2	Leaf	HLD	holder（持有者）	拥有诸如金融合同（保险单）之类的、通常以与发起者之间的协议为基础的文书的参与者
2	Leaf	RCT	record target（病历目标）	病历目标表明谁的病历中含有关于此行动的文件。当服务主体不是患者本人时这种情况尤为重要
2	Leaf	RCV	receiver（接收者）	接收 Act 产品的人（或组织）
1	**A：ParticipationInformationGenerator**			可以、应该或已经向 Act 提供信息的参与方。这些信息包括导致执行 Act 的决定以及如何执行 Act 的信息（如咨询专家）、Act 本身希望显示的信息（如临床史信息）或 Act 执行信息（如消息提供者、目击者）
2	Leaf	AUT	author（originator）［发起者（创建者）］	发起 Act、并因此要对 Act 中给定的信息和 Act 的所有权负责的一方。 **示例：** 报告起草人，撰写行动定义的人，指南作者，命令下达者，创建报告的心电图车（器械）等。每个 Act 都应有一个发起者。发起者总是实际的发起者，而与语气无关。发起者对其所发起的 Act 拥有所有权。这就意味着除了这个发起者（或这些发起者）之外的其他任何人都不能以其他任何方式取消、终止、完成或修改该 Act 的状态或内容。发起者之外的其他人只可以以其他方式对该 Act 进行修正、推翻、取代、替代或进行实施。因此 Act 仍然保持不变，并与其他参与方创建的另一个 Act 进行链接
2	Leaf	ENT	data entry person（数据录入员）	将数据录入到初始系统中的一个人。可以根据内部质量控制目的选择数据录入员。包括口述内容转录员
2	Leaf	INF	informant（消息提供者）	报告信息的来源（如回答患者病史的亲属）。对于病史问题，逻辑上患者是消息提供者，病史问题的消息提供者暗指患者本人

表 13（续）

层级	类型、域名和/或助记码	助记符	印刷名	定义/描述
2	Leaf	WIT	witness(目击者)	只与服务事件有关。在没做任何事的情况下目睹行为发生的一个人。目击者不一定知道、更谈不上赞成服务事件中所说的任何事。例如:目击者是观看手术的学生或是一个预先医疗指示的目击者
1	**A：ParticipationInformationRecipient**			可以、应该接收或已经接收了 Act 或 Act 的后续信息或衍生信息的一个参与方。信息接收者是稳定的,即与语气无关。 **依据：** 这是一个对多样化家庭的泛化,其中的定义不能太具体,概念是抽象的,以便于进行具体化
2	Leaf	NOT	Ugent notificaticn contact(紧急通知联系人)	由于 Act 紧急事项而需通知的信息接收者。例如:实验室检查中的关键结果需要马上电话通知,这是电话联系;住院患者病危时要马上通知亲属
2	Leaf	PRCP	primary information recipient(第一信息接收者)	行动说明针对的第一信息接收者。例如:接收到住院医生开出的出院通知的家庭医生,接收到传染病疑似病例信息的医疗卫生部门。这些参与可能存在于同一个行动中,而不需对接收者区分主次
2	Leaf	TRC	tracker(追踪者)	接收副本的第二信息接收者(如按照专家的命令接收结果副本的家庭医生)
1	**S:ParticipationPhysicalPerformer**	PRF	performer(执行者)	实际上主要实施行为的一个人。可以不是第一行动负责人(如在外科主治医生监督下进行手术的外科住院医生),也可以是自我护理(如手指针刺测量血糖)的患者。传统的命令行动者是执行者。信息应与服务事件始终相伴
2	Leaf	DIST	distributer（配送者）	对行动中使用或在行动期间产生的材料进行配送
2	Leaf	PPRF	primary performer（第一执行者）	行动的第一执行者
2	Leaf	SPRF	sencondary performer（第二执行者）	通过实际存在和参与而协助行动的一个人。包括:助手、技术人员、同事或其他任何可能的职别
1	**S：ParticipationTargetDirect**	DIR	direct target（直接目标）	实际存在于服务中、并直接受服务行为(包括耗材、器械等)影响的目标

表 13（续）

层级	类型、域名和/或助记码	助记符	印刷名	定义/描述
2	**S：ParticipationConsumable**	CSM	consumable（耗材）	服务中可被占用、减少以及消失的目标
3	Leaf	TPA	therapeutic agent（治疗剂）	用于治疗服务主体以产生生理效应（如治愈、减轻、引起某种情况等）的事物。在药物管理服务中，治疗剂是一种耗材，在制备或配送服务中，它是一种产品。因此，耗材或产品必须根据服务的种类进行详细说明
2	**S：ParticipationTargetDevice**	DEV	device（器械）	（参见 RIM 类 Device 的定义） 在实际不受服务影响的情况下，用于传递服务的事物（即关于特定服务的耐用性或惰性）。 **示例：** 监测设备、工具、通道/引流管线、义肢、心脏起搏器等
3	Leaf	NRD	non-reuseable device（一次性器械）	由于服务而改变所有权的器械，如心脏起搏器、义肢、胰岛素注射装备（笔）等。这种材料可能在使用后需要重新进行补充
3	Leaf	RDV	reuseable device（可重用器械）	没有由于服务而改变所有权的器械，如手术器械、工具或内窥镜。可重用器械与一次性器械之间进行区分的目的是为了确定材料是否需要重新进行补充
2	Leaf	BBY	baby（婴儿）	在产科服务中出生的婴儿
2	Leaf	DON	donor（捐赠者）	在器官移植服务和比较少见的输血服务中，捐赠者是目标参与者。大多数情况下可将移植分为三个服务：（从捐赠者中）移出、运输和（向接收者）植入。捐赠者（接收者）的身份与移出（植入）服务不相关
2	Leaf	PRD	product（产品）	服务中产生（或生产）的材料目标（如样本集合中的样本、位置服务中的通道或引流管线、配药服务中的药物包装）。所生产的材料是否是在服务之前就存在或是否是在服务中创建并不重要（如在供应服务中产品取自于仓库）
2	Leaf	SBJ	subject（主体）	服务应用的主要目标。如接受体检的患者、实验室观察中的样本。也可以是患者的家庭成员（培训）、器械或房间（打扫、消毒、家政服务）。 不是所有的直接目标都是主体，耗材和作为服务工具的器械不是主体。然而，器械可以是维修服务的主体

表 13（续）

层级	类型、域名和/或助记码	助记符	印刷名	定义/描述
1	**S：ParticipationTargetLocation**	LOC	location（场所）	实施服务的设施。可以是静态建筑物（或是其中的房间），也可以是移动场所（如救护车、直升机、飞机、火车、卡车、船舶等）
2	Leaf	DST	destination（目的地）	服务的目的地。可以是静态建筑物（或是其中的房间），也可以是可移动设施（如船舶）
2	Leaf	ELOC	entry location（录入场所）	Act 数据录入的场所
2	Leaf	ORG	origin（起始场所）	服务的起始场所。可以是静态建筑物（或是其中的房间），也可以是可移动设备（如船舶）
2	Leaf	RML	remote（远程）	在多个场所同时发生的某些服务（如远程医疗、电话咨询）。执行服务的主要行动者所处的场所被认为是主要场所（LOC），而其他场所被认为是“远程”
2	Leaf	VIA	via（道路）	对于服务而言是指说明起始位置和目的地之间路径的中间场所
1	**S：ParticipationVerifier**	VRF	verifier（验证者）	验证服务（计划、命令、事件等）的正确性和适合程度、并因此承担相应责任的一个人
2	Leaf	AUTHEN	authenticator（证明人）	证明行动的准确度，但无权以法律形式对行动进行认证的一个人。例如：住院医生为患者看病并做了记录，然后在上面签字。签字就构成了一个证明
2	Leaf	LA	legal authenticator（法律证明人）	可以法律形式证明行动准确度的一个人。例如：主治医生为患者看病后做了记录，然后在上面签字。签字就构成了一个法律证明
1	Leaf	CAT	custodian（管理方）	负责维护服务对象信息的一个人（或组织）。例如：维护报告或主服务目录项的人等
1	Leaf	RESP	responsible party（责任方）	对行为负有主要责任的服务提供者（人或组织）。在行为中责任方不是必需存在的，但应通过授权方式对行动负责，并在事实发生后有责任与执行行动的行动者一起审查行为

9.15 RelationshipConjunction

RelationshipConjunction 用于 RIM 属性 ActRelationship.conjunctionCode 中。表 14 给出了 HL7 RIM 的结构化元素的各种值。

表 14　RelationshipConjunction 词表

层级	类型、域名和/或助记码	助记符	印刷名	定义/描述
1	Leaf	AND	and（与）	条件必须为真
1	Leaf	OR	or（或）	所有的 OR 条件中至少有一个条件为真
1	Leaf	XOR	exclusive or（异或）	XOR 条件中有且只有一个为真

9.16　RoleClass

RoleClass 用于 RIM 属性 Role.classCode 中。

表 15 包括 Role 类的层级结构代码。层级结构中的值表示两个实体(即扮演角色的实体和限制角色范围的实体)之间的关联或联系的一个 Role。Role 的名称是从扮演角色的实体名称中衍生出的。

角色的层级结构源于三个核心概念或抽象域：

——RoleClassOntological 是一个包括各种角色的抽象域，其中扮演角色的实体是由限制角色范围的实体进行定义或说明的。

——RoleClassPartitive 包括各种角色，其中扮演角色的实体在某种意义上是限制角色范围的实体的一部分。

——RoleClassAssociative 包括扮演角色的实体与限制角色范围的实体之间的、其余所有形式的关联。该角色集进一步分为下列两类：

- RoleClassPassive 是指在范围限定实体的赞助下使用、了解、治疗、处理、建立或毁掉扮演角色的实体的角色。在这些角色中扮演角色的实体是被动的，是因为该角色是在没有扮演角色的实体同意的情况下就存在着。
- RoleClassMutualRelationship 是指基于两个实体相互行为的关系。这些关系的基础可以是正式协议或是事实行为。因此，该子域可以进一步分为：
  - ◆ RoleClassRelationshipFormal：其中关系通常是根据合同或协议进行正式定义的。
  - ◆ 个人关系：通过个人关系将两个人进行链接。

除了作为叶概念的“个人关系”，上述层级结构在当前的词表中表示为抽象域集合。

表 15 给出了 HL7 RIM 的结构化元素的各种值。

表 15　RoleClass 词表

层级	类型、域名和/或助记码	助记符	印刷名	定义/描述
1	**S:Roleclassroot**	ROL	role(角色)	(参加 RIM 类 Role 的定义) 对应于 Role 类
2	**A: RoleClassAssociative**			两个实体之间既不是部分也不是本体一般性通关联
3	**A:RoleClassMutualRelationship**			基于相关的两个实体之间相互行为的一种关系。这种关系的基础可以是协议(如配偶、合同当事人),也可以是一种偶然的相互参与关系(如发生争端的各方、兄弟姐妹、子女)
4	**A:RoleClassRelationshipFormal**			通常根据合同或类似的协议正式确认的两个实体之间的关系
5	**S:LicensedEntityRole**	LIC	licensed entity(授权实体)	(参见 RIM 类 LicensedEntity 的定义) 范围限定者证明扮演者(如医疗保健服务提供者、医疗器械、提供方组织)执行属于范围限定者管辖范围内的特定活动(如向医疗保健服务提供者发放许可证的卫生机构、向医疗保健专业人员发放证书的医疗质量管理机构)的一种关系
6	Leaf	DSDLOC	dedicated service delivery location(专用服务传递场所)	被授权为医疗保健服务的实施提供房间的一个地方(扮演者)。范围限定者是进行授权的公共机构
6	Leaf	NOT	notary public(公证人)	
6	Leaf	PROV	healthcare provider(医疗保健服务提供者)	由授权机构(范围限定者)授权其可以提供医疗保健服务的一个实体(扮演者)
5	**S: RoleClassAgent**	AGNT	agent(代理)	代表另一实体(范围限定者)执行或被授权执行的一个实体(扮演者)
6	**S:Role class agent**	ASSIGNED	assigned entity(指定实体)	一个代理角色,其中代理是扮演受雇于某个组织的 Entity。其重点是代表组织的功能角色,而 Employee 角色与其不同,其重点是雇员与机构之间的"人力资源"关系
7	**S:RoleClass AssignedEntity**	CON	contact(联系人)	提供或接收另一实体(范围限定者)的信息的一个人或组织(扮演者)。 **示例:** 患者近亲与紧急联系人,担保联系人,雇主联系人

表 15（续）

层级	类型、域名和/或助记码	助记符	印刷名	定义/描述
8	Leaf	ECON	emergency contact（紧急联系人）	紧急事件中要联系的一个实体
8	Leaf	NOK	next of kin（近亲）	指定某个实体的近亲作为通知对象的一个人
7	Leaf	SGNOFF	signing authority or officer（签署机构或签署官员）	作为官员的一个人（扮演者）的角色或作为范围限定实体（通常为组织，范围限定者）的签名机构的角色
6	Leaf	GUARD	guardian（监护人）	病房监护人
5	**S：RoleClassEmployee**	EMP	employee（雇员）	（参见 RIM 类 Employee 的定义） 在两个人或组织之间为了对交换工作进行补偿而形成的一种关系。这个角色的目的是为了标识相对于雇主而言雇员所具有的关系类型，而不是实际工作的本质（与 AssignedEntity 截然不同）
6	Leaf	MIL	military person（军人）	有军事服务人员所扮演的角色。范围限定者是军队（如陆军、海军、空军等），或更具体地说是部队（如第 3 连、第 3 营、第 4 师等）
5	Leaf	CIT	citizen(公民)	一个政治实体的公民
5	Leaf	COVPTY	covered party（所有受益方）	由依据特定保险单条款而获得利益的人扮演的一个角色类。保险单的保险商是范围限定实体。所有受益方由于与该保险单持有者具有合同关系或其他关系而获得利益。获得利益的原因可以用 Role.code 来表示，并且应包括一种具有间接授权的类型代码的关系链接，其中将保险单持有者角色作为源、将所有受益方角色作为目标。 应注意，一个特定保险单可能涉及多个个体，其中一人可以但不是必需是保险单的持有者。因此，所有受益方的概念是一个不同于保险单持有者的角色
5	Leaf	CRINV	clinical research investigator（临床研究调查员）	提供者扮演的角色，通常为一个人，具有临床研究赞助者的代理权、并代表赞助者直接指导临床研究试验或学习

表 15（续）

层级	类型、域名和/或助记码	助记符	印刷名	定义/描述
5	Leaf	CRSPNSR	clinical research sponsor（临床研究赞助者）	作为临床试验或研究的赞助者的实体(通常是一个组织)扮演的角色。赞助者委托研究并承担费用，负责满足关于主体安全与隐私的所有合法要求，通常还对实验期间所生成数据的采集、存储与分析负责。范围限定者不是必需的，因为临床研究赞助者根据其权力和声明承担了该角色。临床实验赞助者通常是教育组织或其他研究组织、政府机构或生物制药公司
5	Leaf	GUAR	guarantor(担保者)	为另一个人或组织(范围限定者)作经济担保的一个人或组织(扮演者)
5	Leaf	PAT	patient(患者)	(参见 RIM 类 Patient 的定义) 由提供者限定范围
5	Leaf	PAYEE	payee(受款人)	指定为向特定相关方索赔而接收付款的组织或个人的角色。范围限定实体是指发票提交者的组织
5	Leaf	PAYOR	invoice payor（发票付款人）	承担接受索赔发票、评估这些发票的保险范围或应付款额、并指出这些发票受款人的一个组织的角色。该角色可以是保险公司，也可以是保险公司授权的第三方组织。范围限定实体是承担索赔范围的组织
5	Leaf	POLHOLD	policy holder（保险单持有者）	由实体扮演的一个角色，通常为持有保险单的个体。保险单所属的保险公司是范围限定实体。术语同义词是保险单所有人和签署人。当角色是一个保险单持有者时，则保险单的标识符可从“Role.id”中获得。 一个特定的保险单可能涉及若干个人，其中的一个可以但不必是保险单持有者。因此，受益方概念是一个不同于保险单持有者概念的角色
5	Leaf	QUAL	qualified entity（合格的实体）	认为其经过特定培训/具有特定经验或认为其具有适合作为某项活动执行者的其他特征的一个实体(扮演者)。范围限定者是对实体进行教育或使其具有资质的一个组织
5	Leaf	RESBJ	research subject（研究对象）	对其或为其应用实验程序的一个生物体

表 15(续)

层级	类型、域名和/或助记码	助记符	印刷名	定义/描述
5	Leaf	SPNSR	sponsor(赞助者)	由实体扮演的一个角色，通常是作为保险计划赞助者的一个组织。制定保险计划的保险公司是范围限定实体。例如，某公司可能为其雇员办理一项保险计划，但是这些保险单是雇员与保险公司之间的合同义务。一般来说，赞助者的角色是去协商和建立保险计划条款以及确认保险计划的保险单持有者的资格
5	Leaf	STD	student(学生)	由在校学生的个体扮演、并作为范围限定实体的一个角色
5	Leaf	UNDWRT	underwriter(保险公司)	由承担保险计划以及按照保险计划创建的保险单的财政责任或承诺支付的组织所扮演的一个角色
4	Leaf	PRS	personal relationship(个人关系)	通过个人关系将两个人进行链接。该关系的特征必须根据 PersonalRelationshipRoleType 的代码进行定义。扮演者与范围限定者也是根据 PersonalRelationshipRoleType 的代码进行确定
3	**A：RoleClassPassive**			在范围限定实体的赞助下使用、了解、治疗、处理、建立或毁掉扮演角色的实体的一个关联。在这些角色中扮演角色实体是被动的(尽管其可能在其他角色中是主动的)。在这种意义上，该角色中已做的各种事情都可以在没有与其达成协议的情况下发生
4	**S：RoleClassDistributedMaterial**	DST	distributed material(配送材料)	由介于生产商与买方或零售商之间的经销商配送的一种材料(扮演者)
5	Leaf	RET	retailed material(零售材料)	由零售商(范围限定者)销售的材料(扮演者)。零售商也向潜在的买主给出建议
4	**S：RoleClassManufacturedProduct**	MANU	manufactured product(生产产品)	由生产商限定范围
5	Leaf	THER	therapeutic agent(治疗剂)	根据治疗特性而使用的一种生产材料(扮演者)，生产商是范围限定者
4	**S：RoleClassServiceDeliveryLocation**	SDLOC	service delivery location(服务传递场所)	由提供医疗保健服务的地方扮演的一个角色

表 15（续）

层级	类型、域名和/或助记码	助记符	印刷名	定义/描述
5	Leaf	DSDLOC	dedicated service delivery location（专用服务传递场所）	授权为医疗保健服务的实施提供房间的一个地方。范围限定者是授权公共机构
5	Leaf	ISDLOC	incidental service delivery location（临时服务传递场所）	在没有预先指定或授权的情况下由实施医疗保健服务的地方扮演的一个角色
4	Leaf	ACCESS	access（通道）	（参见 RIM 类 Access 的定义） 由其中的扮演实体（一种材料）向另一实体提供通道的一个角色。主要用例是先前存在且需要在医疗路径说明中提及的静脉（或其他身体部位）通道路线
4	Leaf	BIRTHPL	birthplace（出生地）	将某个地方作为生物体（范围限定实体）出生的地方（扮演实体）
4	Leaf	EXPR	exposed entity（接触实体）	由接触了已患接触性传染病的人或动物、或位于一个毒素扩散场所的实体所扮演的角色。该角色的扮演者通常是人或动物，但也有可能是其他实体类型。该角色受限于暴露源，但对于扮演接触方角色的人而言，也很可能会成为由另一人扮演的角色——即范围限定者。也就是说，一旦一个人被传染，则其很可能——也许更可能——会传染其他人。 对接触事件及追踪被接触方的管理是公共卫生的重要功能。在绝大部分公共卫生语境中，接触方被称为“触体”
4	Leaf	HLD	held entity（持有实体）	通常根据与所有者之间的协议持有或使用当前为所有者（范围限定者）的实体
4	Leaf	HLTH-CHRT	health chart（健康图表）	作为属于某个组织（范围限定者）的身体健康图表的一种材料（扮演者）的角色
4	Leaf	IDENT	identified entity（标识实体）	由实体扮演的角色，并受根据不同目的而对其进行标识的实体限定范围
4	Leaf	MNT	maintained entity（维护实体）	由另一实体（范围限定者）维护的一个实体（扮演者）。这是耐用装备所具有的典型角色。范围限定者负责正确的操作、质量与安全性

表 15（续）

层级	类型、域名和/或助记码	助记符	印刷名	定义/描述
4	Leaf	OWN	owned entity（所有权实体）	法律赋予某人（范围限定者）有权宣称其拥有材料（扮演者）的一个实体（扮演者）。这就使范围限定者有权决定对材料的处置
4	Leaf	RGPR	regulated product（受管制产品）	受某个政府组织进行管制的产品。该角色由 Material 扮演，并由 Organization 限定范围。 **依据：** 支持用于识别药品 NDC 码的一个实体复制
4	Leaf	TERR	territorial authority（地方管辖权）	对特定的地方或区域具有特定权力（管辖权）的一个实体，通常为 Organization（范围限定者）。例如，北京市海淀区卫生局（扮演者组织）在"东升乡"内具有地方管辖权
4	Leaf	WRTE	warranted product（保修产品）	当卖方（范围限定实体）向买方承诺产品质量可靠、没有已知缺陷、并负责对有缺陷部件在给定期限内以及特定条件下进行维修时，由一个产品扮演的一个角色
2	**A：RoleClassOntological**			范围限定 Entity 对扮演 Entity 进行定义或规定的一种关系。因此，可以对扮演者的"本质"进行规定
3	**S：RoleClassIsSpeciesEntity**	GEN	has generalization（具有……的泛化）	将一个具体化的材料概念（扮演者）与其泛化（范围限定者）关联起来
4	Leaf	GRIC	has generic（具有……的通称）	药物之间的一种特殊链接，指出目标（范围限定者）是源（扮演者）的通称
3	Leaf	INST	instance（实例）	举例说明一类材料（范围限定者）的一件材料（扮演者）
3	Leaf	SUBS	subsume（归类者）	对另一实体的身份的进行归类的一个实体。用于合并文档化的实体实例的语境。扮演者与范围限定者必须具有相同的 classCode
2	**A：RoleClassPartitive**			两个 Entities 之间的一个关联，其中扮演 Entity 在某些方面被认为是范围限定 Entity 的"组成部分"。例如：成员、组件、成分或内容。从广义角度讲，"组成部分"这个词可以是从扮演 Entity 与范围限定 Entity 之间的整体结构组件到只是一个偶然的临时关联的任何事物

表 15（续）

层级	类型、域名和/或助记码	助记符	印刷名	定义/描述
3	**S:RoleClassIngredientEntity**	INGR	ingredient（成分）	将某个组件(扮演者)与合剂(范围限定者)联系起来。例如，Glucose(葡萄糖)和 Water(水)是 D5W(5%葡萄糖水溶液)的成分，乳胶是气管套管的一种成分
4	**S:RoleClassInactiveIngredient**	IACT	inactive ingredient（辅助成分）	
5	Leaf	COLR	color additive（着色剂）	影响材料(范围限定者)光学性能的一种物质(扮演者)
5	Leaf	FLVR	flavor additive（风味添加剂）	添加到合剂(范围限定者)中以使其具有某种味道的一种物质(扮演者)。在食物中使用风味添加剂是很正常的，在药物中使用风味添加剂可以屏蔽掉有效成分中令人作呕的味道(这对于儿科治疗尤为重要)
5	Leaf	PRSV	preservative（防腐剂）	添加到合剂(范围限定者)中以防止微生物(真菌、细菌)使合剂变质的一种物质(扮演者)
5	Leaf	STBL	stabilizer（稳定剂）	添加到合剂(范围限定者)中以防止主要物质发生分子分解的一种稳定剂(扮演者)
4	Leaf	ACTI	active ingredient（有效成分）	合剂(范围限定者)中的一种治疗用有效成分(扮演者)，其中合剂通常是人造药品
4	Leaf	ACTM	active moiety（有效部分）	
4	Leaf	ADTV	additive（添加物）	添加到基础材料(范围限定者)中、且其数量占合剂总量的很小一部分的一种成分(扮演者)
4	Leaf	BASE	base（基础材料）	在合剂(范围限定者)中占主要部分的一种基本成分(扮演者)。例如，绝大多数静脉注射溶液中的水、药膏中的凡士林。在材料的所有成分中应只有一种基础材料。反过来说，基础材料物质也可以是合剂
3	**S: RoleClassLocatedEntity**	LOCE	located entity（定位实体）	将一个实体(扮演者)与一个以某种形式存在于其中的场所(范围限定者)联系起来。这种存在状态在时间上是有限制的

表 15（续）

层级	类型、域名和/或助记码	助记符	印刷名	定义/描述
4	Leaf	STOR	stored entity（存储实体）	将实体（扮演者，如器械）与一个可在其中发现该实体或在不用时可将该实体存储于其中的场所联系起来
3	**S：RoleClassSpecimen**	SPEC	specimen（样本）	由作为行动样本的材料实体扮演的一个角色。该角色受限于样本的源
4	Leaf	ALQT	aliquot（等分部分）	用于测试或运输的初始样本或源样本（范围限定者）的一部分
4	Leaf	ISLT	isolate（分离菌）	从多种微生物或源基体中分离出来的一种微生物
3	Leaf	CONT	content（内容）	将作为内容（扮演者）的某种材料与一个容器（范围限定者）联系起来。与成分不同，内容与容器保持分离状态（不混合），并且内容能够从容器中移出来。内容并不是空容器的组成部分
3	Leaf	MBR	member（成员）	由作为隶属于一个组的成员的一个实体所扮演的一个角色。该组规定了角色的范围。在其他应用中，如在保险中所用的组（相关个体组成的组）、根据调度和逻辑目的而对资源进行调度所用的组
3	Leaf	PART	part（部分）	两个 Entities 之间的一种关联，其中扮演 Entity 在某些方面被认为是范围限定 Entity 的“组成部分”。例如：成员、组件、成分或内容。从广义角度讲，“组成部分”这个词可以是从扮演 Entity 与范围限定 Entity 之间的整体结构组件到只是一个偶然的临时关联的任何事物

9.17 RoleLinkType

RoleLinkType 用于 RIM 属性 RoleLink.typeCode 中。表 16 给出了 HL7 RIM 的结构化元素的各种值。

表 16 **RoleLinkType 词表**

层级	类型、域名和/或助记码	助记符	印刷名	定义/描述
1	Leaf	DIRAUTH	has direct authority over（对……具有直接管理权）	在管理权链中，源 Role 对目标 Role 具有直接管理权
1	Leaf	INDAUTH	has indirect authority over（对……具有间接管理权）	在管理权链中，源 Role 对目标 Role 具有间接管理权
1	Leaf	PART	has part（作为……的组成部分）	目标 Role 是源 Role 的组成部分
1	Leaf	REPL	replaces(代替)	表明源 Role 代替(或包含)目标 Role 的关系。该关系考虑了用于注册事项或认证的新标识符和/或新的有效时间

9.18 **RoleStatus**

RoleStatus 用于 RIM 属性 Role.statusCode 中。表 17 给出了 HL7 RIM 的结构化元素的各种值。

表 17 **RoleStatus 词表**

层级	类型、域名和/或助记码	助记符	印刷名	定义/描述
1	**S：RoleStatusNormal**	normal	normal（正常）	“典型”状态。不包括表示错误创建的 Role 实例的终止状态的“nullified”
2	Leaf	active	active(正常进行)	表示当前 Entity 在 Role 中正在进行的事实的状态
2	Leaf	suspended	suspended(暂停)	表示扮演 Role 的 Entity 被暂时停止的状态。此状态是从“active”状态转化来的
2	Leaf	terminated	terminated（终止）	表明 Role 成功终止的状态
1	Leaf	nullified	nullified（无效）	表示错误创建的 Role 实例终止的状态

附　录　A
（资料性附录）
制定 RIM 的标准化需求与背景

A.1　概述

本附录对制定 RIM 的标准化需求以及背景进行了说明。

A.2　RIM 在健康信息学中的使用

A.2.1　RIM 在 ISO/TC 215 中的使用

ISO/TC 215（健康信息学标准化技术委员会）曾制定了一项用于研制健康数据交换标准的框架规范 ISO 17113。该规范要求消息传输标准要基于单一且内容全面的健康信息模型。本标准中的 RIM 就是这样一个模型。而且，该 RIM 还可以作为参考文件促进 ISO/TC 215 的健康信息学标准与相关规范之间的一致性。

A.2.2　RIM 在 HL7 组织中的使用

HL7 RIM 是 HL7 V3 标准研制过程的关键组成部分，是所有信息模型和结构的基础。

HL7 V3 标准制定过程采用模型驱动方法学，开发了用于描述 HL7 标准需求和设计的静态和行为特性、以及对其进行管理的基本语义和业务规则的一个内部关联模型。

RIM 给出了 HL7 V3 标准信息需求的静态视图。其中包括类和状态机图，同时还配有用例模型、交互模型、数据类型模型、术语模型和其他类型的模型，用于给出一个 HL7 标准需求和设计的完整视图。RIM 中的类、属性、状态机以及关系用于派生特定域的信息模型。通过一系列约束条件的细化过程，这些模型最终会转化为 HL7 标准信息内容的静态模型。

HL7 V3 标准制定过程规定了从 RIM 中派生域信息模型以及将这些模型提炼成 HL7 标准所需遵循的规则。这些规则要求这些派生模型中的所有信息结构均可以追溯到 RIM，并且其语义和相关业务规则不得与 RIM 中的规则相冲突。因此，RIM 是 HL7 V3 标准中所有信息内容的最终来源。

HL7 国际成员使用 RIM 来对 HL7 V3 标准加以扩展，以满足本地需求。通过所谓的本地化过程，可以将 RIM 作为新的信息内容的源来对 HL7 V3 标准加以扩展。这些新的信息派生自 RIM，并按照原来制定规范的相同方式进行细化。

A.2.3　RIM 在 HL7 组织之外的使用

RIM 最初主要供 HL7 组织及其国际成员使用。然而，HL7 组织之外的其他组织机构也发现了 RIM 的使用价值。HL7 组织拥有本标准表现形式的版权。但 HL7 组织并没有试图对实施本标准的信息结构或程序的使用进行授权或以其他方式进行控制。HL7 V3 标准制定过程的早期采用者使用 RIM 研制出了适用于其自身环境下类似于 HL7 的消息规范。这些早期采用者包括美国国内和国际上的销售商、大型集成提供商以及政府机构。在 HL7 组织中，这些早期采用者十分活跃，并对 RIM 以及 HL7 V3 标准制定过程的其他方面都提供了实用的反馈信息和意见。

一些 HL7 成员组织曾报告说，他们已将 RIM 作为其企业信息架构的输入源或作为系统分析与设计的起始点进行使用。对于这些目的，RIM 可能确实有用。然而，除了用作 HL7 标准研制的参考模型外,HL7 组织不对 RIM 的其他任何用途做任何保证。

RIM 仅仅是一个医疗保健信息需求模型。RIM 的抽象样式以及借助于词汇规范对其进行扩展的能力,使得 RIM 能够适用于任何可能的医疗保健系统信息交换场景。从概念上讲,RIM 适用于任何与扮演各种角色和参与各种行动的实体相关的信息领域。

RIM 的广泛适用性使其适用于像 HL7 这样需考虑大量不同成员需求的组织。RIM 的样式则使其非常稳定,而这是 HL7 的另一重要特性。HL7 标准研制过程要求依据 RIM 派生的特定域模型,并通过对这些模型进行增量式细化将其转换为针对特定问题方面的设计模型。这些特定问题方面的设计模型可以降低 RIM 的抽象性,并且还包括作为用例特异性的属性值和类关系的约束。建议考虑使用 HL7 RIM 的外部组织采用一种类似于派生设计模型的过程,作为实现 RIM 转化的一种途径。

A.3 RIM 的研制背景

A.3.1 RIM 的研制历史

HL7 RIM 的研制开始于 1996 年 4 月。RIM 的版本 1 是由 HL7 技术指导委员会于 1997 年 1 月举行的工作组会议中采用的。本版本采用的是 HL7 RIM 0.80(草案)。

在接下来的两次工作组会议的焦点是熟悉 RIM 草案,并着手收集和协调改善模型的建议。RIM 的维护过程就是所谓的"RIM 的一致性"。在 1998 年到 2000 年间,共召开了 9 次协调会来讨论改善 RIM 草案的建议。直到在 2001 年 1 月召开的工作组会议上才完成并公开 HL7 RIM 1.0。这些会议主要关注 5 个主题:

——确保覆盖 HL7 V2.x 版:将修改建议的内容作为模型草案的组成部分,从而确保其包含了 HL7 2.x 版的所有信息内容;

——删除模型中不确定的内容:从模型草案中删除技术委员会不能发起和找不到保留原因的内容;

——统一服务行为模型:引进了简明的、完整定义的一套结构和词汇,从而可以满足各种临床病案的信息需求(这些建议组成的集合被称为 USAM,是多个技术委员会共同努力的成果);

——确保质量:解决模型草案中的不一致性以及模型与建模形式指南之间的冲突,并开始记录和跟踪模型中存在的问题;

——解决模型的"另一面":引入了用于模型非临床部分(患者管理、财务、调度)的强大结构和词汇(同统一服务行为模型类似,这些建议也是多个技术委员会共同努力的成果)。

一致性过程和主题使 HL7 参考信息模型变得可靠、清晰、全面、简练和协调一致。其结构灵活且可扩展,其内容可以方便映射到 HL7 2.x 的消息标准以及其他被广泛使用的医疗保健数据集规范。

A.3.2 RIM 标准研制的意义

对 RIM 进行投票表决使其不仅仅是一个 HL7 的内部规范。作为已投票表决的标准,RIM 已被采纳为 ANSI 标准和 ISO 标准。其他由 ANSI 或 ISO 认可的标准组织[如 X12 和 CEN/TC 251(欧盟健康信息学标准化组织)]表示愿意在自己的标准研制工作中使用或参考 RIM。将 RIM 制定为标准便于其他的标准制定组织(SDO)使用起来更容易。不同的医疗保健标准制定组织使用一个通用的参考信息模型具有巨大的潜在好处。

已经过投票表决的 RIM 对于满足 HL7 国际成员的本地标准需求也是非常重要的。为了让国际成员能够按照 HL7 V3 标准研制程序对 HL7 标准进行本地化扩展,就要求 RIM 本身必须是一个标准。这通常是由当地的地理政治管辖权强制要求的,如为了确保本地标准是已批准发布的通用标准的扩展。

附 录 B
(资料性附录)
RIM 设计原理

B.1 目的

本标准是设计与制定 HL7 RIM 的基本概念和依据的“行动纲要”。虽然列举了若干个局部的用例，而且这些用例有助于解释 RIM 的基本设计和研制概念，但本标准不是关于 RIM 用法的“应用指南”。

B.2 概述

RIM 的建立是为了促进在多个“局部”语境之间一致共享和使用数据。一般来说，关注范围越广泛，则对这个主题或关注范围的所有假设进行清晰的描述就越重要。HL7 V3 RIM 是为 HL7 标准中使用的所有信息提供一个统一的框架，并作为这些信息的广泛来源。RIM 具体而清晰地表达了医疗保健概念(医疗保健信息系统领域关注的事物)的明确定义以及这些概念之间的关系(也称为“关联”)。

HL7 V3 标准(如 HL7 V3 消息、结构化文档等)允许松散耦合的信息系统对各种医疗保健传输语境(包括那些在不同的提供商组织、视角、辖区中建立的语境)进行互操作。因此，HL7 RIM 的范围包括参与医疗保健的信息系统之间需要传递和处理的全部信息。此外需要指出的是，RIM 不对存储在给定的医疗保健信息系统中、但不传递给其他系统的信息进行建模(也不需要建模)。

RIM 的表示使用的是一种基于 UML 的可视化建模语法。[HL7 建模和方法技术委员会正在审查 RIM 中列出的“标准 UML”与“HL7 UML”之间的具体差异(如相关名称的布置)，以实现二者之间最大一致性的目标。]HL7 也适用于对包含每个 RIM 概念、属性和关联进行详细说明(包括条款的依据、定义、约束以及编辑/更改历史)的数据库(RIM 存储库)。在以后的某个时候，所有这些信息将会以 HL7 专用 UML 框架正式发布。

需注意的是，RIM 并不是某个开发商信息系统的数据库、设计方案或关注某个医疗保健组织或公司视角的逻辑或物理模型。事实上，RIM 不是 HL7 消息的特定集合，而是用于构建任一相关 HL7 消息的数据和关系的集合。具体的 RIM 用户只需按其所需使用 RIM 的相关部分，并将内容应用于其自身的信息建模需求和符号标记方法中。

B.3 RIM 设计的依据

RIM 的总体结构是以 6 个“核心”类：Act、Entity、Role、Participation、ActRelationship 和 RoleLink 为基础的。这六个类及其内部关系的基本思想和基本使用方法的详细说明如下。

HL7 RIM 定义了两个主要的“高层”概念用于理解医疗保健信息领域：有意的“行为”或“服务”(Acts)和关注医疗保健领域的“人、地点和事物”(Entities)。

“Act”(及其子类)的概念表示临床或管理语境中的医疗保健专业人员使用文档记录的所有有意向行为。作为 RIM 核心类之一，Act 类是反映了 HL7 的视图，即从消息传输/系统通讯的视角看，医疗保健是由一系列可归属的有意向行为组成的。所以，Act 类/概念的实例包括临床观察(如患者体温)和干预(如用药)以及管理行为(如接收患者)。应注意，在医疗保健的“以行动为中心”的这种观点中，观察行动含有两种表面上相反的含义：“识别或文档记录具体事实的行动”和“描述观察到的事物”。换言之，一个 Observation Act 的实例既表示观察的归属行动，也表示观察的结果。Observation Act 的这两个方面对其定义进行了扩展，并由类 Act 或其子类 Observation 的具体属性进行说明。

“Entity”(及其子类)的概念包括所有的生物体(如人、动物)、组织(如正式或非正式组织)、材料(如耐用或非耐用物品、食物、动植物组织、容器)和医疗保健消息传输语境中所关注的地方。应注意的是“信息收集”(如病历)的概念不是一个实例或 Entity 的子类，而是一个可归属 Acts 的集合。

RIM 有两个附加的类——Role 和 Participation——介于 Act 和 Entity 之间。Role 类对医疗保健传递领域中常用的几个重要概念进行了建模。首先，Role 指出了各种“静态”实体可以在具体的医疗保健语境中“暂时”假设一个或多个“角色”(如患者、主治医师、责任方、注册护士等)的事实。其次，“能力”(如高级心脏维生术)和“证明”(如持证职业护士)的概念也都是用 Role 类的实例进行定义。最后，对 Entity 和 Role 之间两种关联的多样性(0..1)和名称(范围限定者、扮演者)进行的详细审查表明 Role 类可以用于对 Entity 的实例进行分组。

从“在特定 Act 语境中由 Entity-in-a-Role(Role 中的 Entity)扮演的基于功能的角色”的特定 Act 概念中辨别出 Entity-in-a-Role 的概念是非常重要的。这些语义都使用 Participation 类的实例进行定义。例如，一个麻醉医生(Entity-in-a-Role)向患者(在“注射麻醉剂”Act 中作为“接受者”的 Participation)注射麻醉剂(在“注射麻醉剂”Act 中作为“服务提供者”的 Participation)。应注意，缺乏 Participation 和 Entity 类之间的直接关联是对潜在的 HL7 RIM 假设——Act 包括的 Entity 的所有实例都参与特定 Role 中的 Act——的证明。

总而言之，Participation 与 Role 类对于对 Entity 和 Act 实例之间的复杂语义进行完整的建模是十分必要的。医疗保健的 HL7 RIM 观点可以按照下述内容进行简要说明：在抽象的最高级别中，医疗保健是由一系列有意且可归属的 Acts 组成，这些 Acts 或者其执行针对的是作为参与者的(“作为主要服务提供者”等)，担当特定角色的实体(Entity-in-a-Role)(扮演 Patient 角色的 John Smith)的一个或多个实例，或者是由这些(个)实例来执行的，或者是代表这些(个)实例执行的，或者利用的是这些(个)实例，或者是以某种方式涉及到这些(个)实例。

RIM 中其余的两个类——ActRelationship 和 RoleLink——用于与其相关联的类的实例进行“关联”或“链接”。RoleLink 类用于在两个 Entity-in-a-Role 实例之间建立“基于依赖关系的链接”(如可审计性、信任链等)。ActRelationship 语义的解释如下所述。

B.4 将 Acts 链接在一起：ActRelationship 的语义

理解 ActRelationship 的语义和应用必须先理解 Acts 集合的“分形”或“机械臂”的本质。反过来，最好是从由 ActRelationship 实例表示的三种“归纳关系”的归类总体框架对该视角进行审查：整体/部分[如实验室或测试电池(参见下面对“机械臂”的讨论)，基于规则(如护理计划、协议等)，认知行为(如判断、重命名、更换、包容、对……的支持/理由，等等]。

关于“分形”或“机械臂”的讨论，如上所述，ActRelationship 实例可以用于对基于“整体/部分”关系的“分形”或“机械臂”概念进行建模。以手术过程(如腹腔镜胆囊切除术)为例。该过程可以认为是 Act 的一个实例，或作为 Act 实例的一个“集合”(部分预订)，其中每个实例都比整个过程的粒度要细，如知情同意、术前用药、(整个手术过程中的)麻醉给予、做手术等。反过来，对刚才提到的粒度较细的行为，可以进一步细化/分解。粒度显然依赖行为的语境和执行(或不执行)分解的参与方的关注程度/视角。图 B.1 给出了某个用于胆囊切除术范例的 Act 和 ActRelationship 的实例的“外科医生视角”。

总而言之，Act 为和 ActRelationship 类在其设计上考虑到了表达上述所提到的三种类型集合中任何一种的丰富语义的问题，且无论这种表达所采取的究竟是或粗或细的、适合于特定消息传输语境的何种粒度。此外，行动关系实例所表达的各种集合类型和粒度水平，预计可以(并将会)用来从总体上去采集(捕捉)临床推理的复杂语义，例如，一个行动关系实例(如“得到…的支持”)就可以用来建立一条从表示特定实验室检验项目的一个观察行动实例(如沉降率＝48)到代表特定诊断的一个观察行动实例(如诊断＝系统性红斑狼疮)的链接关系。

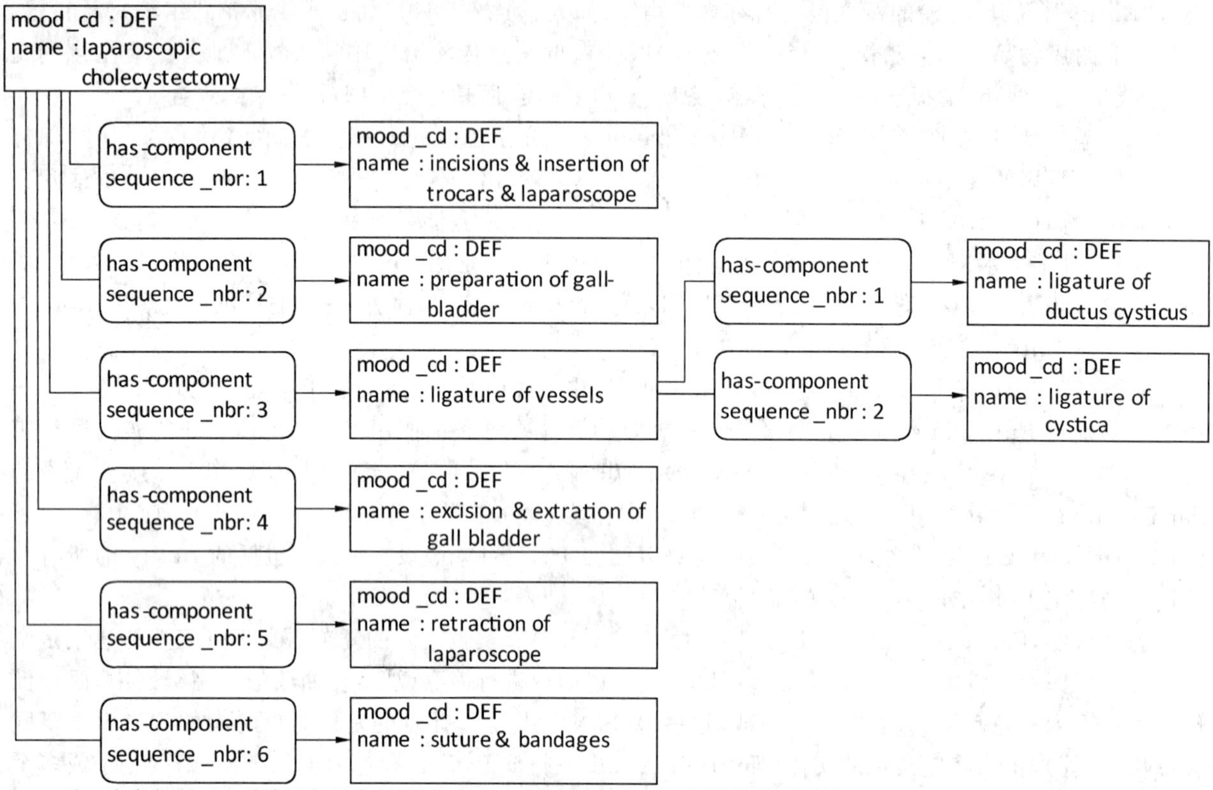

注：尖角框是 Act 实例(定义中的所有内容或"主"语气)。圆角框是类型为 has-component 的 ActRelationship 实例。sequenceNumber 属性规定了序列中的关系。每个行动反过来都可以分解为计划组件。

图 B.1 腹腔镜胆囊切除术的顺序结构图

B.5 RIM 六个核心类的定义

B.5.1 Act

Act 是指已发生、能发生、正在发生、将要发生或请求/要求发生的一个关注行为。在 HL7 业务域中，Act 就是一个有意向行为。医疗保健(和其他任何职业或业务)是由有意向行为构成的。Act 实例是关于这样一个有意向行为的记录。

B.5.2 Entity

Entity 是能参与 Acts 的物理物或物理物的组织/团队的一个类或具体实例和一个人工制品。它包括生物体、组织、材料和地点。Entity 的层级机构包括人、组织、生物体、设备、制药物质等。它不包括事件/行动/行为、事物定义或事物能扮演的角色(如患者、服务提供者)。

B.5.3 Role

Role 是对 Entity 能力的分类。该 Entity 按照规定 Role 范围的 Entity 所定义的那样扮演 Role。

在一个具体的 Role 中，Entity 参与到 Act 中。应注意，具体角色中的具体实体可以任何方式参与到行为中。因此，一个扮演执业医生角色中的 Person 可以作为值班医生或主治医生参与到患者就医过程中。与 Participation 受限于 Act 的范围相反，Role 定义 Entity 的能力，不需考虑任何 Act。

每个角色都由一个 Entity(位于角色中)扮演,并且常由另一个 Entity 限定范围。因此,“患者的”的 Role(通常)由人扮演,并由患者接受服务的服务提供者限定范围。同样,雇主限制了雇员角色的范围。

B.5.4 Participation

Participation 是 Role 与 Act 之间的一个关联。Participation 表示扮演关于关联 Act 的 Role 的 Entity 的情况。一个 Role 可以参与多个 Acts,而一个 Act 可以有多个参与 Roles。一个 Participation 总是位于一个具体的 Role 和一个具体的 Act 之间的一个关联。与不考虑 Act 而进行定义 Entity 能力的 Role 相反,Participation 受限于 Act 的范围。

B.5.5 ActRelationship

ActRelationship 是两个 Acts 之间的关联。它包括 Act 对 Act 的关联(如收集者/组件、前任/继任者、原因/结果)。

本类有两个与 Act 类的关联,一个称为“源”,另一个称为“目标”。……因为与 Act 关联的关系被认为是源行动对象的特性。这就意味着在一个行为对象中报告信息的发起者不仅要对该对象的属性值负责,而且也要对其所有与外界的关系负责。

归因的规则是所有行为关系都属于位于 ActRelationship 的源(源行动)处的 Act 的责任行动者。

B.5.6 RoleLink

RoleLink 是位于两个角色之间的连接,用于表示两个角色之间的依赖关系。

B.5.7 Act、Entity 和 Role 的子类

Entity、Act 和 Role 是“高层”类,尽管它们在正式意义上都不是“抽象”类(即这几种类的有含义实例都很普通)。因此,有必要对这三种类中大量的、更具体的子类进行定义,以对比较具体的语境要求的附加数据(类属性)进行说明(如 Act 的 Observation 子类,Entity 的 Living Subject 和 Material 子类)。一个子类的属性必须是有用且对其是唯一的。子类继承其父类的所有属性。

在不需附加属性的每个层级结构中都有有含义的子类,因此 RIM 中没有表示为类。在每个层级结构中的“classCode”属性都规定了所表示的类。可以与 classCode 属性一起使用的代码集都受 HL7 严格控制。每个层级结构中的第二个属性——“code”属性对每个子类的子类型进行了进一步的分类。

B.5.8 Mood 的概念

Act 类表示了有意向行为。这些行为可以存在于不同的“语气”中。语气描述的是业务循环进程中的各种活动,包括从定义、计划、下达指令到完成。Act 的语气由 Act.moodCode 属性值进行说明。

Act 的每个实例有且仅有一种语气,并且在其生命周期内不会改变。定义、意向、指令、事件等语气似乎规定了活动的生命周期。然而,同数据一样,不同阶段活动的参与者是不同的。因此,Act 实例的语气是静态的。进程的实现(如从定义、计划、下达指令到执行)称为“业务周期”,以与单个行动实例的“生命周期”进行区分。形成这样一个“业务周期”的多个相关的 Acts 实例通过 ActRelationship 类相互链接。

B.6 数据类型和词表说明规范

RIM 的类、属性和关联定义详细说明了逻辑含义,但一个完整的规范需要数据类型和词汇说明。数据类型定义了属性的容许值以及这些值的含义。因此数据类型是形成(和约束)最终能在 RIM 中进

行表达的所有语义的基本结构单元。对于 HL7 V3,数据类型说明可参考 Data Types Abstract Specification(数据类型摘要规范)和 HL7 V3 Data Types Implementable Technology Specification for XML(用于 XML 的 HL7 V3 数据类型实施技术规范)。数据类型的简要说明参见附录 A。

属性的词汇说明包括缺省域的分配和“编码强度”。词表域在词表域中进行了明确定义。它们对编码系统中相互引用和选择性表示法进行文档化,同时对每个代码表达的逻辑概念保持跟踪。每个代码型属性只可以使用特定的词表域来表达。

编码强度是属性的一个代码型特性,用于说明 HL7 V3 标准的用户是否可传输不属于已定义域的代码型值。这样一个值称为该域的一个“特例”。编码强度可以是两个值中的一个。带有 Exceptions (CWE)的代码型值允许最终用户从当地编码系统发送术语来代替正式域中的术语位置。No Exceptions (CNE)说明通信实例只可以包含约束属性域中的代码。

B.7 HL7 V3 方法论和 RIM

总而言之,制定 RIM 的主要动机是希望能够清楚地定义包含医疗保健信息空间的各种数据元素和关系。这种知识说明工作的一个直接结果就是在多个医疗保健消息中重复使用相同概念的能力。在 HL7 V3 指南及相应的 HL7 MDF(Message Definition Framework,消息定义框架)中对定义消息的完整过程进行了定义和讨论。基本步骤包括通过脚本对数据交换需求的定义和文档记录(如旨在支持特定临床或管理过程的一套消息或者说一个消息集),从 RIM 中选择或将 RIM 限定到充填特定消息时所需的那些类和属性,以及后续对于那些针对每种属性的数值或可能取值的额外约束的应用。

附 录 C
（资料性附录）
HL7 V3 数据类型

表 C.1 给出了作为 2002 年 12 月 2 日 HL7 V3 版本组成部分的数据类型定义。

表 C.1 HL7 V3 数据类型概要

名称	符号	描 述
DataValue(数据值)	ANY	定义了每个数据值的基本特性。这是一个抽象类型，表明没有不属于具体类型的数据值。每个具体类型都是通用抽象类型 DataValue 的具体化
Boolean(布尔型)	BL	布尔型表示二值逻辑的值。布尔值可以是 true 或 false，或用 NULL 表示其他任意值
Encapsulated Data(封装数据)	ED	主要用于供人们解释或用于 HL7 范围之外进行进一步的计算机处理的数据。包括无格式书面语言或格式化书面语言、多媒体数据或按照另一标准(如 XML 签名)定义的结构化信息。ED 只可以包含一个引用(参见 TEL)，而不是数据本身。应注意，当 ED 媒体类型是无格式文本时，ST 数据类型就是 ED 数据类型的具体化
Character String(字符串)	ST	字符串数据类型表示的是文本数据，主要用于计算机处理(如分类、查询、检索等)。用于名字、符号和正式表示法
Concept Descriptor(概念描述符)	CD	概念描述符通常通过给出代码系统中定义的代码来表示任一种概念。概念描述符包含作为编码基础的原文或短语以及不同编码系统之间的一个或多个转换。概念描述符也包含用于描述的限定词，如“left foot(左脚)”的概念是根据基本代码“FOOT(脚)”和限定词“LEFT(左)”构建的后组合式术语。在特殊情况中，概念描述符不需要包含代码，而是只需要包含描述概念的原文
Coded Simple Value(代码型简单值)	CS	最简单的代码型数据形式，只需代码而不需预先确定显示名称。代码系统和代码系统版本由 CS 值出现的语境确定。CS 用于具有一个符合 HL7 定义的数值集合的代码型属性中
Coded With Equivalents(等效代码型数据)	CE	代码型数据由一个代码值(CV)以及一个可选的、来自于标识同一概念的其他编码系统的代码型值。当存在可供选择的代码时使用本数据类型
Character String with Code(带有代码的字符串)	SC	可以选择是否带有一个附加代码的字符串。如果代码存在，则一定存在文本。代码通常是本地代码
Instance Identifier(实例标识符)	II	唯一标识事物的标识符。例如，HL7 RIM 对象的对象标识符、病历号、订单号、服务类目项标识符、车辆标识号(VIN)等。实例标识符是按照 ISO 对象标识符进行定义的
Telecommunication Address(通信地址)	TEL	电话或传真号码、电子邮件地址或其他通过通信设备完成的资源定位符。地址被认为是一个受时间规定和使用代码限制的统一资源定位符(Universal Resource Locator，缩写为 URL)，它们有助于确定根据给定的时间和目的来使用的地址
Postal Address(邮政地址)	AD	邮寄、家庭或办公地址
Entity Name(实体名称)	EN	一个人、组织、地方或事物的名称。实体名可以是一个简单的字符串，也可以由若干个实体名部分组成

表 C.1(续)

名称	符号	描　述
Trivial Name(俗名)	TN	是对实体名称的一种限制。这种名称实际上是用于表示事物和地方的简单名称的一个简单字符串
Person Name(人名)	PN	一个人的名字
Organization Name(组织名称)	ON	一个组织的名称
Integer Number(整数)	INT	整数(如－1、0、1、2、100、339 812 9 等)是表明计数和枚举结果的精确数字。整数数字是离散的,整数集合是无穷但可数的。整数的范围没有任何强加的限制。NULL 的两种情况是正负无穷大
Real Number(实数)	REAL	小数。在根据其他实数测量、估计或计算数量的任何时候都使用实数。常用的表示法是小数,其中有意义的小数位数称为精确度
Ratio(比率)	RTO	按照分子数除以分母数的商构建的数量。分子和分母的公因数没有自动约掉。RTO 数据类型支持滴定量(如 1:128)和其他由实验室使用的真正表示为比率的数量。比率不是简单的“结构化数字”,特别是血压测量结果(如 120/60)就不是比率。在许多情况中应使用 REAL(实数)而不是 RTO(比率)
Physical Quantity(物理量)	PQ	表达测量结果的一维数量
Monetary Amount(货币量)	MO	货币量是一个表示某种货币的金额数量。货币是不同经济区域中对货币量值进行计价的单位。当货币量只是一种数量(货币)时,不同单位之间的汇率是可变的。这是物理量与货币量之间的最大区别,也是货币单位为什么不是物理单位的原因
Point in Time(时间点)	TS	说明自然时间轴上的点的数量。时间点通常按照日历表示方法进行表示
Set(集合)	SET	包含没有特定顺序的其他不同值的一个值
Sequence(序列)	LIST	包含按照已定义的序列排列的其他离散值的一个值
Bag(包)	BAG	值的一个无序集合,其中每个值在该包中都可以包含多个
Interval(区间集合)	IVL	一个由有序基准数据类型的连续值组成的集合
History(历史记录)	HIST	符合历史记录项(HXIT)类型(即具有有效时间特性)的一个数据值集合。历史记录信息不局限于过去的值,也可能出现期望将来出现的值
Uncertain Value-Probabilistic(不确定值-概率)	UVP	用来说明表达信息生产者相信给定值保持不变的概率的一种普通数据类型扩展
Parametric Probability Distribution(参数概率分布)	PPD	使用分布函数及其参数来规定定量数据的不确定性的一个普通数据类型扩展。除分布函数的特殊参数外,如果接收应用程序不能处理某一特定概率分布,则平均值(期望值)和标准偏差有助于维护互操作能力的最小层
General Timing Specification(通用一般时序说明规格)	GTS	一个时间点的集合,用于规定说明为某种信息而存在的事件和行为时间安排以及周期性有效模式。例如:白天和晚上的电话号码、(冬天居住在南方而夏季居住在北方的所谓“雪鸟族”的)通信地址和办公时间

参 考 文 献

[1] Rector AL, Nowlan WA, Kay S et al. Foundations for an electronic medical record. Meth Inform Med 1991, 30:179～186

[2] Austin, J. How to Do Things with Words [M]. Oxford: Oxford University Press, 1962

[3] Correlated Observation Sequences specification

[4] Data Types Part II Unabridged Specification, Appendix A :Unified Code for Units of Measure

[5] Point of Reference definition or in NCCLS standard AUTO5 Laboratory Automation: Electromechanical Interfaces

ICS 01.140
A 14

中华人民共和国国家标准

GB/T 30108—2013

信息与文献 图书馆和档案馆的图书、期刊、连续出版物及其他纸质文献的装订要求 方法与材料

Information and documentation—Requirements for binding of books, periodicals, serials and other paper documents for archive and library use—Methods and materials

(ISO 14416:2003,MOD)

2013-12-17 发布 2014-04-15 实施

中华人民共和国国家质量监督检验检疫总局
中国国家标准化管理委员会 发布

前　言

本标准按照 GB/T 1.1—2009 给出的规则起草。

本标准使用重新起草法修改采用 ISO 14416:2003《信息与文献　图书馆和档案馆的图书、期刊、连续出版物及其他纸质文献的装订要求　方法与材料》(英文版)。

本标准与 ISO 14416:2003 相比,在结构上有所调整,将 ISO 14416:2003 的规范性附录 A 的内容调整到前面章节相应的标准条款中。附录 C 列出了本标准与 ISO 14416:2003 章条编号变化对照一览表。

本标准与 ISO 14416:2003 相比,存在下列技术性差异:

——在第 2 章“规范性引用文件”中:
- 删除引用 ANSI L29.1:1977 (R 1984);
- 删除引用 ASTM D 5035-90;
- 增加引用 GB/T 3923.1—1997(见第 5 章)。

——本标准根据国内书籍的装订术语标准,在第 3 章“术语和定义”中将“扒圆和起脊”分为“扒圆”和“起脊”两个术语。

——本标准根据国内纸张情况,修改了环衬纸撕裂度的要求。

——本标准根据国内书籍精装装订的做法,增加了堵头布和吊线的要求。

——本标准根据国内装订材料使用情况,删除了强化纸和强化布的要求。

本标准做了下列编辑性修改:

——将一些适用于国际标准的表述改为适用于我国标准的表述;

——删除国际标准的前言和资料性附录 C。

本标准的附录 A、附录 B、附录 C、附录 D 均为资料性附录。附录 A 为装订方法选择指南,附录 B 为装订及装订技术图解,附录 C 和附录 D 分别为本标准与 ISO 14416:2003 的章条编号对照表和技术性差异及原因。

本标准由全国信息与文献标准化技术委员会(SAC/TC 4)提出并归口。

本标准主要起草单位:国家图书馆、中央档案馆、上海图书馆、中山大学图书馆。

本标准主要起草人:周崇润、孟晓红、刘波、赵鹏、张品芳、林明、肖晓梅、王熹。

引　言

图书馆和档案馆收藏的图书、期刊、连续出版物和其他纸质文献，应在良好的环境条件下保存，保存年限视其保存价值而定。

图书馆和档案馆在对每件文献的保存状况、保存价值及预期寿命进行判断的基础上，决定文献应该如何保存。装订可被视为保护文献的一种方式。

传统上图书馆和档案馆文献的装订往往是按每个装订者的习惯来进行，并随着用户的要求而改变，这导致了装订质量及其评价的混乱。在本标准中详细说明了文献的装订方法，明确了装订材料的要求，以此来确保无论选择哪一家装订企业，都能获得满意、规范的装订。

在图书生产和使用方式迅速改变的社会中，本标准可作为图书馆与档案馆比较和评价装订质量的依据。

本标准适用于所有有装订需求的图书馆和档案馆，目的是帮助它们以装订的方式为馆藏的文献与档案提供更好地利用与保护。它可以：

——保障装订质量；

——帮助装订厂使其产品合理化，包括自动化系统的运用；

——确保装订材料供给的持续性。

本标准对降低图书馆和档案馆的装订成本、节省经费也有一定的现实意义。

为了确保达到特定质量而制定的标准一般需要确定一种程序和方法，并且或者包含最终产品应该达到的要求。然而，装订成品质量的检测方法目前尚不够明确，并且装订技术和装订要求都在不断变化和发展，基于这些原因，本标准将不断修订。

本标准为推荐性标准。

信息与文献　图书馆和档案馆的图书、期刊、连续出版物及其他纸质文献的装订要求　方法与材料

1　范围

本标准规定了图书馆和档案馆纸质文献的装订方法与装订材料的要求。

本标准适用于对耐久性与耐用性有特殊要求的图书、期刊、连续出版物与档案文献的装订。

本标准适用于下列一般工序：出版物或非出版资料的初次精装装订，论著、期刊、连续出版物和其他纸质文献的精装再装订，以及其他需要采用这种保护方式的文献的装订。

本标准不适用于具有高度艺术与历史价值的文献的装订，也不适用于因文献本身物理特性而不能按本标准进行的装订。

2　规范性引用文件

下列文件对于本文件的应用是必不可少的。凡是注日期的引用文件，仅注日期的版本适用于本文件。凡是不注日期的引用文件，其最新版本(包括所有的修改单)适用于本文件。

GB/T 451.2—2002　纸和纸板定量的测定(eqv ISO 536:1995)

GB/T 451.3—2002　纸和纸板厚度的测定(ISO 534:1988,IDT)

GB/T 455—2002　纸和纸板撕裂度的测定(eqv ISO 1974:1990)

GB/T 1545—2008　纸、纸板和纸浆　水抽提液酸度或碱度的测定(ISO 6588:1986,MOD)

GB/T 3916—1997　纺织品　卷装纱　单根纱线断裂强力和断裂伸长率的测定(eqv ISO 2062:1993)

GB/T 3923.1—1997　纺织品　织物拉伸性能　第1部分:断裂强力和断裂伸长率的测定　条样法

GB/T 8693—2008　纺织品　纱线的标示(ISO 1139:1973,MOD)

GB/T 24423—2009　信息与文献　文献用纸　耐久性要求(ISO 9706:1994,MOD)

3　术语和定义

下列术语和定义适用于本文件。

3.1

保护　preservation

为延长文献的保存寿命而采取的各种措施，例如更好的保存环境、适当的处理方式等。

3.2

碱性纸　alkaline buffered paper

pH 等于或大于 7.0 的纸，含有一定量的碱性物质(例如碳酸钙)以中和纸张老化、接触材料以及空气污染所产生的酸。

3.3

脆化的纸　brittle paper

因发生老化折叠时易断裂的纸张。

3.4

补纸　stubbing

修补、垫衬用的纸张，使书芯缺损、扭曲、厚度不均的地方变得平整。

3.5

纵向　machine direction

与造纸(纸板)机网的运动方向一致的纸张(纸板)方向。

3.6

期刊　periodical

在同一题名下的一个或多个系列的连续出版物，通常可以合订在一起。

3.7

档案文献　archive document

由单件或系列的原始文献组成的记录。

3.8

书壳　case

装置在书芯上的封面组合，由封面材料、纸板和中径纸构成。

3.9

精装封面　hard covers

以柔韧材料制成的图书封面，通常为硬纸板支撑着的布料或纸张。

3.10

平装封面　soft covers

通常由纸张制成没有纸板在内里支撑的软质封面。

3.11

中径纸　spine inlay

书壳中部起支撑作用的条状卡片纸。

3.12

折口　overhang

折边前封面超出书壳纸板边缘的部分。

3.13

包边　turn-in

封面折叠粘贴到书壳纸板和中径纸内侧的部分。

3.14

飘口　squares

书壳纸板超出书芯三面切口的部分。

3.15

图书馆式书角　library corner

封面材料和纸板结合成书壳时对边角处理的一种方式。边角处封面材料多出纸板的部分不切掉，而是按斜45°角折叠，然后将两边多出的部分回折。

3.16

书芯　book block

未上书壳或封面的书册。

3.17

环衬　endpaper

书芯前后附加的折页，上书壳时在外侧页面施用粘合剂，将书芯和书壳联结为一体。

3.18

书帖　signature

组成一册书的一个折叠的书页单元。

3.19

书沓　section

通过折叠、粘接、缝合或其他方式固定在一起的纸页单元。与其他类似的结构组成书芯。

3.20

书背　book back

指书帖配册后需粘连或订联的部分。

3.21

书脊　shoulder

起脊工序在书背两侧形成的隆起的棱线。

3.22

书槽　joint

书壳封面与书背连接部位的凹槽。

3.23

订口　binding edge

书页聚合或书帖缝合、粘合或以其他方式固定的页边。

3.24

订口空白　binding margin

订口与印刷区域之间的空白区域。

3.25

检帖　collation

检查书页、卷期、书帖与连续出版物的完整性，并将其按正确的顺序排列。

3.26

插页　insert

夹在书页间不固定的附加成分，如印刷书页、空白纸张或卡片。

3.27

护帖　guard

连接书芯和地图、插图或插页的布带或纸条；也可以用作厚插页和地图的衬条。

3.28

撇纸　fanning out

将一沓书页的侧边撇开成扇形以便粘合的工序。

3.29

铣磨　milling

制作书芯过程中使订口边缘变得粗糙或分散开的一个机械工序，通常用于胶粘装订。

3.30

锯口　notch

穿过订口切入书背的凹槽。常用于胶粘装订中，以增大粘合剂和书页之间的接触面积。

3.31

扒圆　rounding

将裁切后的书芯背部加工成圆弧形的工艺。

3.32

起脊　backing

在扒圆的书背两侧部位加工出一条隆起棱线的工艺。

3.33

方背　flat back

书芯未经扒圆与起脊,书背保持平齐方正状态。

3.34

贴背　spine lining

加固书背和环衬的工序或材料。

3.35

折缝锁线订　sewing through the fold

装订线穿过书帖折痕,将折页订联成册的装订方法。

3.36

单页锁线订　oversewing

将单页书页分成若干小沓,以每沓书页作为一个书帖锁线装订的方法,装订后形成半柔韧的书芯。

注：参见附录B中图B.9。

3.37

双面胶粘装订　double-fan adhesive binding

使用粘合剂将松散书页的订口双面涂胶粘合在一起以形成书芯的方法。

3.38

侧订　side sewing

装订线在订口附近固定书页的方法。装订线与订口平行、贯穿整个书芯。

注：参见附录B中图B.12。

3.39

重装　rebinding

去除旧装订后重新装订的工序。既可采用原书芯订联方式,也可采用新的订联方式。

3.40

重装书壳　re-casing

为书芯重新装上书壳的工序。

3.41

存放型装订　storage binding

对书芯干涉程度最小的一种装订类型,适用于使用频率较低的文献。

3.42

普通平锁　all-along sewing

锁线装订书籍的一种方法,一根线锁一个书帖。

3.43

交错平锁　two-on

手工锁线装订书籍的一种方法,一根线锁两个书帖。

3.44

锁缝　whip-stitch

将多个单张书页手工装订成书帖时类似包边缝纫的装订方法。

3.45

束结 kettle-stitch

手工锁线靠近天头地脚订脚处的线结，通过它们将书帖固定成整体。

3.46

覆膜 foil

将涂有粘合剂的塑料薄膜覆合到印刷品表面的工艺。

4 原则

4.1 有装订需求的图书馆和档案馆，在文献装订之前，应对文献进行仔细检查和评估，然后，根据文献的现状和结构，制定适宜的装订或再装订方案。方案应考虑文献纸张的纵横向、订口空白尺寸、纸张质量、原订联方式、文献年代及完整性等因素。

4.2 依据文献的保存期限、书芯结构和现状，图书馆和档案馆的装订需求大致可分成四类：A、B、C 和 D。不过，这并不排斥其他需求或多种需求的组合。图书馆或档案馆应考虑将自身的装订需求归入适当的类型。

4.3 不同的装订需求类型对应不同的书芯处理方式。书芯处理方式分为 6 种：T1～T6。图书馆和档案馆应按照文献的保存期限和书芯结构，选用适宜的书芯处理方式。

4.4 装订需求类型和对应的书芯处理方式

4.4.1 类型 A：文献需要永久保存，具有完整、折叠的书沓或书帖。

对应的书芯处理方式：

——T1：折缝锁线订。

4.4.2 类型 B：文献需要永久保存，形式为单页或以钉书钉或胶水固定，结构松散。

对应的书芯处理方式：

——T2：单页锁线订；

——T3：双面胶粘装订；

——T4：侧订。

4.4.3 类型 C：文献近期使用频繁，需要一定的保护，但可能不需要永久保存。文献形式为完整的折页或单页，或者具有完好的书芯。

对应的书芯处理方式：

——T1：折缝锁线订；

——T2：单页锁线订；

——T3：双面胶粘装订；

——T4：侧订；

——T5：重装书壳。

4.4.4 类型 D：文献偶然使用，但在其保存期间需要一定的保护。

对应的书芯处理方式：

——T4：侧订；

——T5：重装书壳；

——T6：存放型装订。

4.5 所有处理方式都应注意保持文献的完整。

5 材料

5.1 总则

5.1.1 用于装订的材料，不管现在还是将来，无论是其自身还是通过与其他材料及环境之间的接触反应，均不能包含或产生任何可能损害文献的物质。

5.1.2 也可选用性能达到或超过本标准要求的其他材料。

5.2 纸张和纸板

5.2.1 环衬

5.2.1.1 环衬用纸应为碱性纸并符合 GB/T 24423—2009 的规定。

5.2.1.2 纸张定量应在 110 g/m^2～160 g/m^2 之间，检测应按 GB/T 451.2—2002 的规定进行。

5.2.1.3 纸张撕裂度应大于 850 mN，检测应按 GB/T 455—2002 的规定进行。

5.2.2 补纸、书袋和装饰性插页用纸

补纸、书袋和装饰性插页用纸应为碱性纸并符合 GB/T 24423—2009 的规定。

5.2.3 中径纸

5.2.3.1 中径纸应由定量不低于 225 g/m^2 的纸板制成，检测应按 GB/T 451.2—2002 的规定进行。

5.2.3.2 定量低于 225 g/m^2 的纸张可用于书背宽度不超过 15 mm 的书册，检测应按 GB/T 451.2—2002 的规定进行。

5.2.4 纸板

5.2.4.1 纸板内部应结合紧密，不能脱层。

5.2.4.2 纸板应不易折角、裂边和变形。

5.2.4.3 纸板的单层紧度应在 0.6 g/cm^3～1.0 g/cm^3 之间，检测应按 GB/T 451.3—2002 的规定进行。

5.2.4.4 既需要永久保存又要频繁使用的文献，宜采用紧度在 0.8 g/cm^3～1.0 g/cm^3 之间的纸板，检测应按 GB/T 451.3—2002 的规定进行。

5.2.4.5 纸板的 pH 应大于等于 6，检测应按 GB/T 1545—2008 规定的冷抽提法进行。

5.3 织物

5.3.1 环衬所用的织物

5.3.1.1 每平方厘米织物中经纱应不少于 30 根，纬纱应不少于 28 根。

5.3.1.2 织物经向的断裂强力应不低于 400 N。织物纬向的断裂强力应不低于 175 N，检测应按 GB/T 3923.1—1997 的规定进行。

5.3.2 双面胶粘装订贴背的织物

5.3.2.1 双面胶粘装订文献的书背应由织物贴背。

5.3.2.2 贴背的织物在扒圆与起脊时不能破裂，对粘合剂的吸收速度应适宜。

5.3.3 扒圆与起脊之后贴背的织物

5.3.3.1 书芯扒圆与起脊后应由织物贴背。

5.3.3.2 织物经向的断裂强力应不低于 475 N,纬向的断裂强力应不低于 375 N,检测应按 GB/T 3923.1—1997 的规定进行。
5.3.3.3 可选用性能达到或超过上述要求的其他材料。

5.4 封面

封面材料应耐折、耐撕、耐磨和耐光照,并且应适合直接烫印。

5.5 粘合剂

5.5.1 基本要求

5.5.1.1 粘合剂在粘合的表面间应具有持久的粘合力和足够的粘合强度。粘合表面除非被破坏或使用专业技术,否则不能分开。
5.5.1.2 粘合剂应有良好的耐久性,对各种纸张良好的适应性,以及良好的耐老化性。
5.5.1.3 粘合剂应具有防虫防霉的能力。
5.5.1.4 粘合剂不应含 PVC(聚氯乙烯)。
5.5.1.5 粘合剂的 pH 应大于等于 7。

5.5.2 适用于双面胶粘装订的粘合剂

适用于双面胶粘装订、粘合双面胶粘装书背和给书芯加贴背的粘合剂应为热塑性聚合物,例如 PVAc(聚醋酸乙烯酯)。

注:热塑性聚合物粘合剂在正常室温(20 ℃～30 ℃)的长期老化过程中不会交联。

5.5.3 适用于粘合书背及贴背的粘合剂

适用于粘合书背及贴背的粘合剂应为热塑性聚合物,例如 PVAc(聚醋酸乙烯酯)。

折缝锁线订文献粘合书背和书芯贴背工序时可使用高级动物胶。

5.5.4 制作书壳的粘合剂

制作书壳的粘合剂应为热塑性聚合物粘合剂或动物胶。

5.5.5 书壳与书芯套合的粘合剂

书壳与书芯套合的粘合剂应与制作书壳的粘合剂一致,以便书壳能紧密牢固地粘结到书芯上。

5.6 线

5.6.1 单页锁线订的线

5.6.1.1 单页锁线订所用的线应为棉线、尼龙线或棉包涤纶线。
5.6.1.2 线的断裂强力应不低于 15 N,检测应按 GB/T 3916—1997 的规定进行。

5.6.2 折缝锁线订的线

5.6.2.1 使用机器进行折缝锁线订所用的线应为棉线、尼龙线或棉包涤纶线,线的粗细要适宜以免书背膨胀。
5.6.2.2 线的断裂强力应不低于 15 N,检测应按 GB/T 3916—1997 的规定进行。
5.6.2.3 手工折缝锁线订应使用同样质量的线,也可使用亚麻(或大麻)线。
5.6.2.4 手工折缝锁线订的吊线应使用棉线或亚麻线。线的断裂强力应不低于 150 N,检测应按 GB/T 3916—1997 的规定进行。

5.6.3 侧订的线

5.6.3.1 侧订所用的线应为棉线、尼龙线或棉包涤纶线。

5.6.3.2 线的粗细应与 GB/T 8693—2008 所描述的 R72texf4 规格的棉线相当。

5.6.3.3 线的断裂强力应不低于 15 N,检测应按 GB/T 3916—1997 的规定进行。

5.7 线带

5.7.1 线带应为棉质或亚麻质,宽度应不低于 13 mm。

5.7.2 每厘米经纱应不少于 40 根,每厘米纬纱应不少于 13 根。

5.7.3 织物经向的断裂强力应不低于 1 450 N,纬向的断裂强力应不低于 535 N,检测应按 GB/T 3923.1—1997 的规定进行。

5.8 烫印箔片及油墨

5.8.1 烫印箔片应粘贴完好,应能清晰辨认,在装订寿命之内不应氧化或脱落。

5.8.2 油墨应为碱性。

5.9 覆膜材料

5.9.1 覆膜材料应为预涂丙烯酸粘合剂的聚丙烯薄膜或聚酯薄膜。

5.9.2 覆膜材料应具备良好的弹性和透明度,具有光泽或半光泽的表面,无色,尺寸稳定,耐久,耐折,耐磨和耐老化。

5.9.3 覆膜材料不应与相接触的其他表面粘连。

6 装订基本要求

6.1 准备工作

所有的订书钉均应移除。

6.2 纸张和纸板

环衬、补纸、书袋、插页、中径纸和纸板均应以纵向放置,与订口平行。

6.3 粘合书背

6.3.1 所有书芯在裁切之前都应进行书背粘合。粘合剂应覆盖整个书背。

6.3.2 粘合书背后书芯应错口码放整齐,应不依赖任何加热或烘干设备而自然晾干。

6.4 裁切书芯

6.4.1 书芯应裁切方正,并移除不必要的纸张。切口应光滑平整。

6.4.2 不应过度裁切。

6.4.3 当正文、旁注、插图、折叠的地图以及其他插页有被裁掉的危险时,不应裁切。

6.4.4 重装书壳的书,书芯的天头和地脚可略微裁切。若书芯已经扒圆与起脊,不应裁切。

6.4.5 如果文献被要求不得裁切,应优先遵守这一要求。

6.4.6 铣磨或裁切书背时,应采取措施保护其中的地图、插图和折页,以免损伤。可选择以下措施:

——选择订口空白要求小的书芯订联方式;

——为地图或插图制作织物或纸质插袋,插袋用纸应为碱性纸并符合 GB/T 24423—2009 的规定;

——书芯不加裁切。

6.5 扒圆与起脊

6.5.1 书芯扒圆应均衡，应形成圆滑凸起的书背和凹下的前口。

6.5.2 书脊应对称，高度应与所选择的纸板厚度相称。

注：扒圆与起脊的图解，参见附录B中图B.2。

6.5.3 例外情况：

——双面胶粘装订的书芯应扒圆，可略微起脊，书脊高度要小，以免书芯或贴背破裂；

——折缝锁线订的书芯，若单个书帖厚度超过6 mm，则可扒圆，但不应起脊；

——重装书壳的、原来已经扒圆与起脊的书芯，在严重变形且订线与纸张均很牢固的情况下，应重新扒圆与起脊；

——重装书壳的方背书芯，在装订线与纸张均很牢固的情况下可扒圆与起脊；

——厚度少于7 mm的书芯、包含易碎纸张的书芯及侧订书芯不应扒圆与起脊。

6.6 书芯贴背

6.6.1 书芯应有两层贴背。

6.6.2 第一层应为机织物，长度应短于书芯长15 mm～25 mm，宽度应向前后环衬各延伸至少25 mm。第二层可为纸张，长度应短于书芯长4 mm～6 mm，宽度应从一侧书脊覆盖到另一侧书脊。

6.6.3 当双层贴背妨碍书册打开时，厚度在30 mm以下的书芯可以只有一层贴背。此贴背应为机织物，并应延伸到前后环衬。

6.6.4 如果高质量的单层贴背材料能达到或者超过双层贴背的性能，也可使用单层贴背。

6.6.5 已经有了一层贴背的双面胶粘装订书籍，应再增加一层贴背，从一侧书脊覆盖到另一侧书脊。

注：书芯贴背的图解，参见附录B中图B.3。

6.6.6 折缝锁线订和单页锁线订的书芯，贴背时还应在书背的上下切口两端粘贴堵头布。堵头布的线棱应整齐地露在书背切口外，长度应与书背的宽度或弧长相同。

6.7 书壳

6.7.1 一般要求

封面材料应切割方正，折口应不小于15 mm。

6.7.2 选择与切割纸板

6.7.2.1 纸板应切割方正，切口应光滑平整。对于圆书角书壳，纸板的角应略微裁切成光滑的圆弧形。

6.7.2.2 纸板的高度应比书芯高约6 mm，书壳与书芯底部平齐的情况除外。

6.7.2.3 较厚或较重的书芯，装订时可使书壳与书芯底部平齐以防止书芯变形，此时纸板的高度应相应降低。

6.7.2.4 扒圆起脊书芯的纸板宽度应为从书脊到前口最前端的宽度。方背书芯纸板的宽度应较书芯宽度窄约5 mm。纸板的厚度应在1.5 mm～4 mm之间，并与书芯的大小和重量相适应。

6.7.3 选择与切割中径纸

6.7.3.1 中径纸应具有一定的强度，能加固书壳的中径部位。

6.7.3.2 中径纸应裁切方正，纵向应与书背平行。

6.7.3.3 中径纸宽度应为从一侧书脊到另一侧书脊的长度，高度应与书壳纸板的高度相同。

6.7.4 制作书壳

6.7.4.1 书壳纸板与中径纸应牢固方正地粘贴在封面上。

6.7.4.2 书壳纸板与中径纸之间的距离应保持一致，根据所用纸板的厚度，应介于 5 mm～12 mm 之间。

6.7.4.3 封面边角可不裁切，以便制作图书馆式书角；也可 45°角裁切，以便制作传统书角。

6.7.4.4 封面折边应平整，包边宽窄应一致，应整齐牢固地粘贴在书壳纸板和中径纸的边缘。

注：书壳构成的图解，参见附录 B 中图 B.4。

6.7.5 加固书壳

对装订需求类型从 A 到 C 的所有厚度大于 15 mm 的图书，可将直径约 3 mm 的线绳置于中径纸的两头，以加固书壳书背的天头与地脚。

6.7.6 书壳套合

6.7.6.1 书芯的位置应平正，书芯和书壳连接应紧密。

6.7.6.2 环衬应粘贴平滑，不能有皱褶和气泡。

6.7.6.3 书芯四周飘口宽窄应一致。根据书芯的大小，书壳飘口的宽度应为 3 mm±1 mm。对于特别厚重的书芯，地脚处可以不留飘口，使书芯地脚和书壳底部平齐。

6.7.6.4 套合完成后整本书不应扭曲变形。

6.8 烫印

6.8.1 烫印时应保适持当的压力、温度和烫印时间，以确保烫印字迹在封面上粘贴牢固。

6.8.2 烫印字迹应持久、明显、干净、清晰。对成系列的标题，应使用统一的字体、版面设计和颜色。

6.9 平装封面的处理

6.9.1 文献初始装订的平装封面，可去除后换新的精装封面，也可仿真复制后作为精装封面。

6.9.2 如果图书馆和档案馆想要保护原有的平装封面，则宜将平装封面连在书芯上，然后在上面再加装书壳保护。污损平装封面的处理也可采用这种方法。

6.10 质量控制

6.10.1 装订质量应确保达到规定的标准和要求。

6.10.2 以下几点应特别注意：

——书壳和书芯的边缘不应有粘合剂污损；

——标题的拼写应正确；

——装订工艺应简洁准确；

——材料的纵横向应正确；

——应方便翻阅。

7 书芯订联要求

书芯订联前，应明确说明选用何种检帖与处理方式(T1～T6)。

7.1 检帖

7.1.1 图书

7.1.1.1 书页若缺失或损坏应记录和修复。

7.1.1.2 较厚图书可分成两个或多个书册装订，也可装订成一册但书壳的底部与书芯平齐，即书壳在地脚处不留飘口。

7.1.2 期刊

7.1.2.1 较厚期刊

较厚期刊可分成两个或多个卷册装订，也可装订成一册但书壳的底部与书芯平齐，即书壳在地脚处不留飘口。

7.1.2.2 定制期刊的检帖

定制期刊的检帖应包括下列步骤中的一项或全部：

——放置题名页、目录、索引、附录以及其他需要的插页；

——保留每一卷前后封面，去掉不标页码的广告；

——确保期刊卷期顺序正确；

——检查期刊是否完整与损坏。不完整或有损坏的卷期应记录和修复，或者原样装订。

7.1.2.3 标准期刊的检帖

——确保期刊卷期顺序正确；

——检查期刊是否完整与损坏。不完整或有损坏的卷期应记录和修复，或者原样装订；

——题名页、目录、索引、附录和其他插页应按交付的顺序装订；

——广告保持原样。

7.1.3 档案文献

7.1.3.1 所有档案文献页码顺序应正确。

7.1.3.2 在装订的各个工序应按相同的顺序交接。

7.2 T1：折缝锁线订

7.2.1 一般要求

多个书帖进行折缝锁线装订，可由手工使用单针单线进行，也可由机器使用多针多线进行。为保护书页和连接环衬，由一个书帖组成的书芯也可采用折缝锁线订。

7.2.2 准备工作

7.2.2.1 原有的装订线应剪断去除，书帖应分开。

7.2.2.2 旧有的粘合剂应尽可能地从书帖上去除。

7.2.2.3 损坏的书页应使用对文献无害的材料和方法进行修复。

7.2.2.4 松散的书页和插页应粘贴到书帖上。

7.2.3 书芯订联——手工折缝锁线订

7.2.3.1 为使图书既便于打开又经久耐用，所有手工折缝锁线订的书芯都应使用线带，也可采用挂吊线的方法来加固。

7.2.3.2 使用线带时，高度小于 200 mm 的书芯应至少有两条线带；200 mm～300 mm 之间的书芯应至少有三条线带；300 mm 以上的应有四条或更多。所有线带应向前后环衬各延伸至少 25 mm。

7.2.3.3 采用吊线时，高度小于 200 mm 的书芯应至少有 4 条吊线；200 mm～300 mm 之间的书芯应至少有 6 条吊线；300 mm 以上的应有 8 条或更多。所有吊线应向前后环衬各延伸至少 25 mm。

7.2.3.4 书芯裁切后，束结与天头地脚之间的距离应不小于 6 mm，也不应大于 25 mm。

7.2.3.5 重新装订的书册，如有初装订眼，应尽可能使用。

7.2.3.6 装订应采用普通平锁的方式。多个薄帖组成的书册可采用交错平锁，但前六个及后六个书帖应采用普通平锁。如果书册只有一个书帖，它应使用附录 B 中图 B.6 的模式手工折缝锁线装订，订距不能长于 50 mm。

注：手工缝的线带图解见附录 B 中图 B.5，单个书帖手工折缝锁线订的图解见附录 B 中图 B.6。

7.2.4 书芯订联——机器折缝锁线订

7.2.4.1 书帖的针数在合适的范围内应尽可能达到最大值，但距离天头地脚 10 mm 以内的部位应没有订眼。

7.2.4.2 由锁线机进行折缝锁线订的书芯可加线带。

7.2.4.3 如果书芯只有一个书帖，它应运用双线连锁法进行折缝锁线订，且订距不短于 10 mm。

7.2.5 环衬构造

7.2.5.1 包含多个书帖、平装封面纸张定量大于 175 g/m² 书芯(V1)的环衬

环衬应至少为一张单页。订口侧应粘贴约 20 mm 宽的织物条加固。其中 15 mm 粘贴在环衬正面，5 mm 粘贴在封面背面。

7.2.5.2 包含多个书帖、平装封面纸张定量小于等于 175 g/m² 书芯(V2)的环衬

环衬应至少为一张折页，折页折痕外侧应粘贴约 20 mm 宽的织物条加固，其中 15 mm 粘贴在环衬正面，5 mm 粘贴在环衬背面。

骑马缝纫订的书册，它的环衬应为一个粘贴在书芯订口的折页。

注：V1 环衬结构的图解参见附录 B 中图 B.7，V2 环衬结构的图解参见附录 B 图 B.8。

7.2.5.3 单个书帖书芯的环衬

单个书帖书芯的环衬应由两个折页构成。外侧的折页应由一条 30 mm 宽的织物加固。书帖和环衬应一起进行折缝锁线。

7.3 T2：单页锁线订

7.3.1 一般要求

单页锁线订书芯在铣磨书背后，订口空白的宽度应不小于 12 mm。订口空白小于 12 mm 的书芯，应选择其他书芯订联方式。

7.3.2 准备工作

7.3.2.1 如果需要，书背应经过裁切和铣磨来释放书页以便装订。

7.3.2.2 订口被切除的部分不应大于 3 mm。

7.3.3 书芯订联

7.3.3.1 书芯应被分成若干个约 2 mm 厚的书沓进行锁线装订。

7.3.3.2 裁切之后，订眼距离书芯天头地脚应不小于 10 mm，也不应大于 25 mm。

7.3.3.3 任何情况下，订脚与文本区域的距离都不应小于 6 mm。

7.3.4 环衬构造

7.3.4.1 环衬应为一张折页，粘贴在距订口 6 mm 处。

7.3.4.2 顺着折页的折缝应粘贴一条 40 mm 宽的加固织物。

7.3.4.3 锁线后，最外面的环衬书页向内反折，新折缝与书芯的订口平齐，然后粘贴。

注：单页锁线订环衬的构造与装订的图解参见附录 B 中图 B.10。

7.4 T3：双面胶粘装订

7.4.1 一般要求

7.4.1.1 双面胶粘装订中使用的粘合剂应符合 5.5.1 和 5.5.2 的要求。

7.4.1.2 厚度超过 60 mm 或重量超过 2.5 kg 的书芯不宜采用双面胶粘装订。

7.4.1.3 在决定是否采用双面胶粘装订时，应考虑下列因素：

——书页纸张的纵横向；

——书页的物理状况能否承受整个结构；

——书页的弹性与表面涂层情况；

——书芯的尺寸与重量。

7.4.2 准备工作

7.4.2.1 如果必要，书芯的书背应裁切或铣磨，以释放所有书页使之扇形散开。

7.4.2.2 应通过锯槽增大粘合剂和书页之间的接触面积使纸张与粘合剂达到牢固的粘结。涂料纸还应通过砂纸打磨使纸张纤维尽可能多地暴露在外。

7.4.2.3 锯口深度应不大于 3 mm，也不应切入文字区域。

7.4.3 胶联书芯

7.4.3.1 书芯应夹紧，固定牢固。

7.4.3.2 书芯应双向撇纸，双面涂胶胶联。

7.4.3.3 每张书页上粘合剂的宽度应不小于 0.5 mm，也不应大于 3 mm，且粘合剂也不应到达文字区域。

7.4.3.4 如果订口已经锯槽，所有的锯口都应完全充满粘合剂。

注：书芯双向撇纸与胶粘的图解参见附录 B 中图 B.11。

7.4.3.5 粘合剂完全干燥之前，应给书芯添加贴背。

7.4.3.6 贴背应包覆整个书背，粘贴牢固，位置平正，并应向前后环衬各延伸至少 25 mm。

7.4.3.7 贴背后，书芯应错口码放整齐，应不依赖任何加热或烘干设备而自然晾干。

7.4.4 环衬构造

7.4.4.1 封面纸张定量大于 175 g/m^2 平装封面书芯的环衬

环衬应为一张折页，由织物加固连接到封面上。织物应延伸至环衬外侧 15 mm，延伸至封面背面

5 mm。环衬应在撇纸过程中粘贴到书芯上。

7.4.4.2 封面纸张定量小于等于 175 g/m² 的平装封面书芯的环衬

环衬应为一张折页，在撇纸过程中放置到书芯上。

7.5 T4：侧订

7.5.1 一般要求

厚度超过 12 mm 或订口空白宽度小于 20 mm 的书芯不应采用侧订。

注：侧订的图解参见附录 B 中图 B.12。

7.5.2 订联书芯

7.5.2.1 应使用双线连锁或锁缝法，订距应约为 10 mm。

7.5.2.2 裁切之后，订眼与书芯天头地脚之间的距离应不大于 10 mm，与订口的距离应在 3 mm～5 mm 之间。

7.5.3 环衬构造

7.5.3.1 环衬应为一张折页。

7.5.3.2 环衬应在书芯订联后粘贴。

7.5.3.3 书芯应加织物贴背，贴背应向前后环衬各延伸至少 20 mm。

7.5.3.4 订联时订线应从天头到地脚贯穿整个书背。

7.6 T5：重装书壳

7.6.1 一般要求

7.6.1.1 如果书芯完整无缺，原订线并未断裂，相对于书芯的尺寸与重量而言针数也合适，则可保留原书芯装订，加装或者换装一个新的书壳。原有的封面宜保留。

7.6.1.2 已经有平装封面的书芯，也可加装新的书壳。

7.6.2 准备工作

7.6.2.1 原封面、粘合剂和书芯贴背应小心地去除干净，去除过程不应破坏订线。

7.6.2.2 清理完毕后应检查书芯的状况。如果原订线不够完好，应进行小规模的修补；或者选择其他的书芯订联方式。

7.6.3 环衬联接

7.6.3.1 应采用与书芯初始装订一致的方法将新环衬订联在书芯上。

7.6.3.2 折缝锁线订的书芯，环衬也应采用折缝锁线订联到书芯上，订线应穿过书芯最外侧的一个或二个书帖，然后穿过环衬的折缝订联在一起。

7.6.3.3 单页锁线订的书芯，环衬应采取锁缝法连接到书芯上，订距应约为 25 mm。

7.6.4 环衬构造

7.6.4.1 折缝锁线订书芯的环衬

环衬应为一张由织物加固的折页，缝合到书芯上，订距约 25 mm。织物应至少有 20 mm 粘贴在环衬正面，至少有 10 mm 粘贴在书背上。或织物至少有 20 mm 粘贴在环衬正面，至少有 5 mm 粘贴在环衬背面。

注：参见附录 B 中图 B.13。

7.6.4.2 单页锁线订和侧订书芯的环衬

单页锁线订的书芯，环衬应为一张折页，固定在距订口 6 mm 处。顺着折页的订口，应粘贴一条 40 mm 宽的织物条加固。锁线后，最外面的环衬书页应向内反折，新折缝与书芯的订口平齐地粘贴。

单页锁线订的书芯，环衬也可为一张由织物条加固的折页，粘贴在书芯的订口上。

侧订的书芯，环衬应为一张粘贴在订口的折页。

注：单页锁线订的图解参见附录 B 中图 B.9 与图 B.12。

7.7 T6：存放型装订

7.7.1 进行存放型装订的文献，所有完整的书芯均可加装一个新书壳。存放型装订可作为文献的一种保存方法，仅限于流通很少的文献，当文献以后需要频繁使用时，它易于改变。

7.7.2 存放型装订的工序与重装书壳基本相同，不同之处在于：

——仅粘贴一张折页作为环衬；

——旧有的粘合剂不清除；

——不经裁切；

——不扒圆起脊。

7.7.3 书芯贴背按 6.6 的规定进行；组装书壳按 6.7 的规定进行；书壳套合按 6.7.6 的规定进行。

附 录 A
（资料性附录）
装订方法选择指南

表 A.1 给出了装订方法选择指南。

表 A.1 装订方法选择指南

文献状况	处理方式	特殊处理方式	可选的处理方式
1.初始装订需要原封不动地保留			不加处理
2.文献需要装订	T1～T6		
3.文献需要采取装盒或其他储藏方式		定制书盒或其他专业处理	
4.文献纸张脆化、易碎		专业处理或再造	
5.文献能被替代			新采购
6.文献被认定有艺术或特殊价值		专业处理	
7.书芯完整，仅书壳损坏	T5		
8.文献使用频繁	T1～T6		地脚处不留飘口
9.文献初始状态是订好的书帖	T1～T6		
10.文献需要检帖	T1～T4		标准或传统检帖
11.胶粘装订的文献	T2～T4		
12.书芯厚度在 0 mm 到 60 mm 之间	T1～T4		
13.书芯厚度大于 60 mm 并有一条宽度超过 12 mm 的订口空白	T1，T2，T5，T6		
14.纸张纵向与书背不平行	T1，T5		
15.纸张有厚重的涂层	T1～T6	格外小心的 T3	
16.纸张不适合胶粘装订	T1，T2，T4		
17.将来可能再装订	T1		使用动物胶粘合书背。
18.纸张厚或硬	T1，T5，T6		
19.仅书背被破坏或碾压	T2～T4		
20.平装封面需要保留	T1～T6		封面加装粘接书芯并加固书壳的织物条
21.文献厚度小于 12 mm	T1，T3～T6		
22.需要使用原有封面	T1～T6		封面托裱到书壳上
23.文献需要修补		专业修补	在装订厂修补
24.希望有可选的环衬结构	T1，T4，T5		
25.书芯较厚/或较重，竖立在书架上可能松垂	T1～T6		书壳与书芯的底部平齐，即地脚不留飘口
26.文献不能裁切	T1～T5		不加裁切
27.为文献重装书壳，而不考虑它的文献类型和初始装订形式	T5		T6

附 录 B
（资料性附录）
装订及装订技术图解

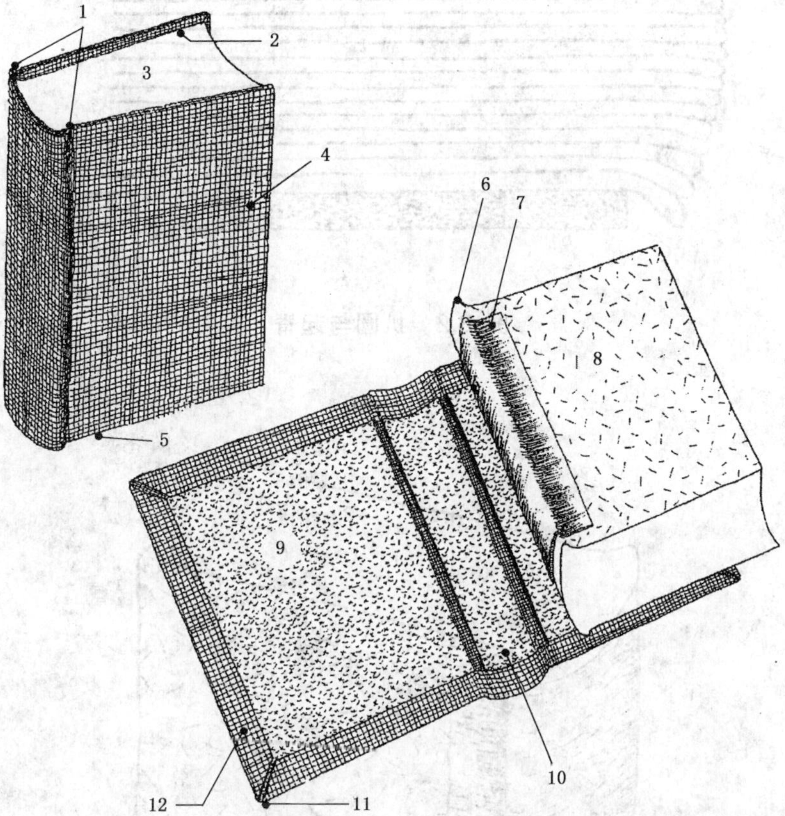

说明：

1——书槽

2——飘口；

3——天头；

4——封面；

5——地脚；

6——书脊；

7——贴背；

8——环衬；

9——纸板；

10——中径纸；

11——图书馆式书角；

12——包边。

图 B.1　图书装订的构成：书芯与书壳

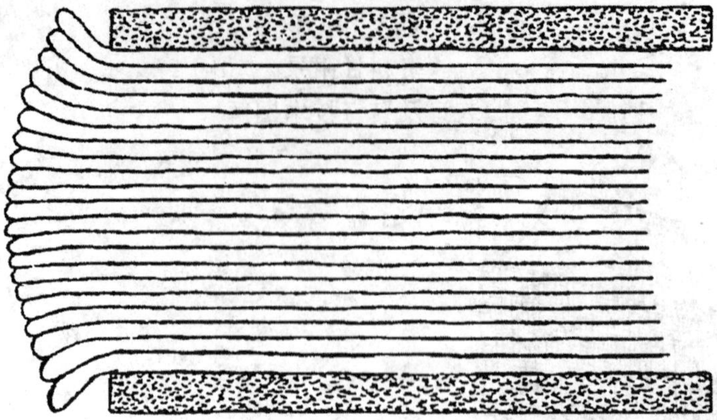

图 B.2　扒圆与起脊

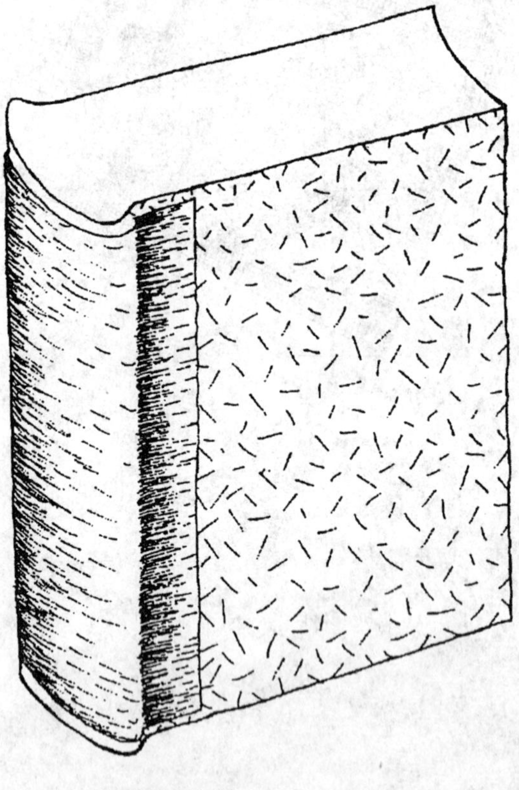

图 B.3　带贴背的书芯

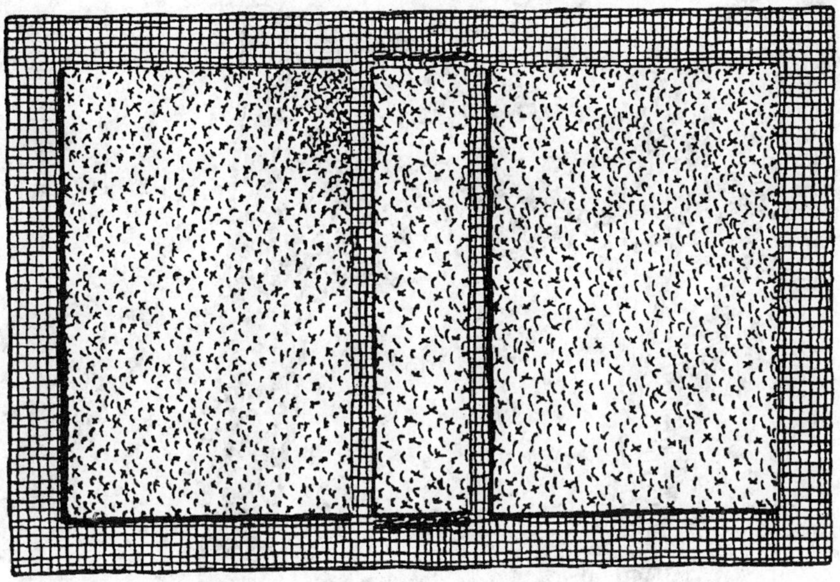

图 B.4 书壳的构成

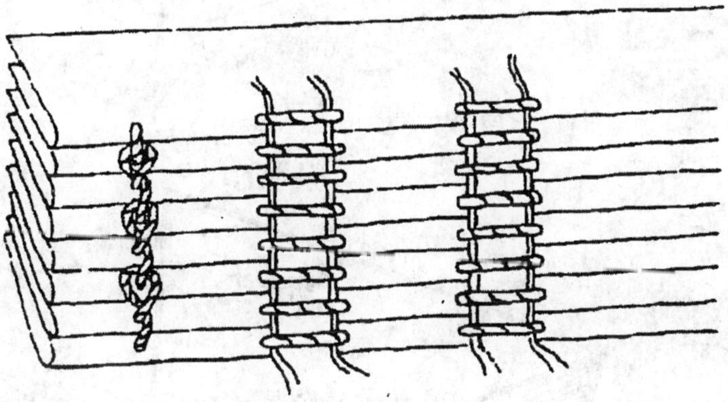

图 B.5 手工缝的线带

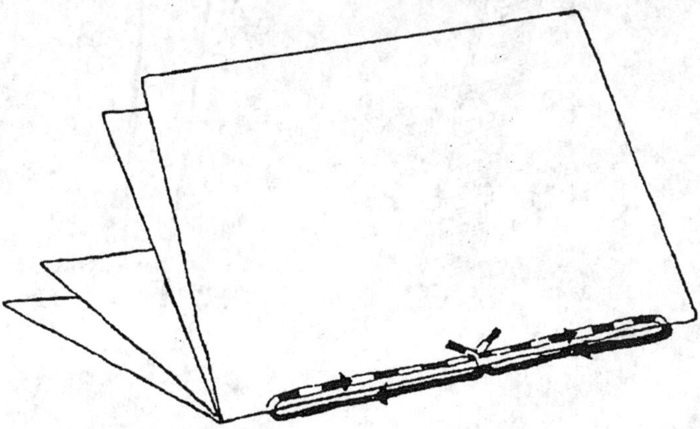

图 B.6 单个书帖手工折缝锁线订

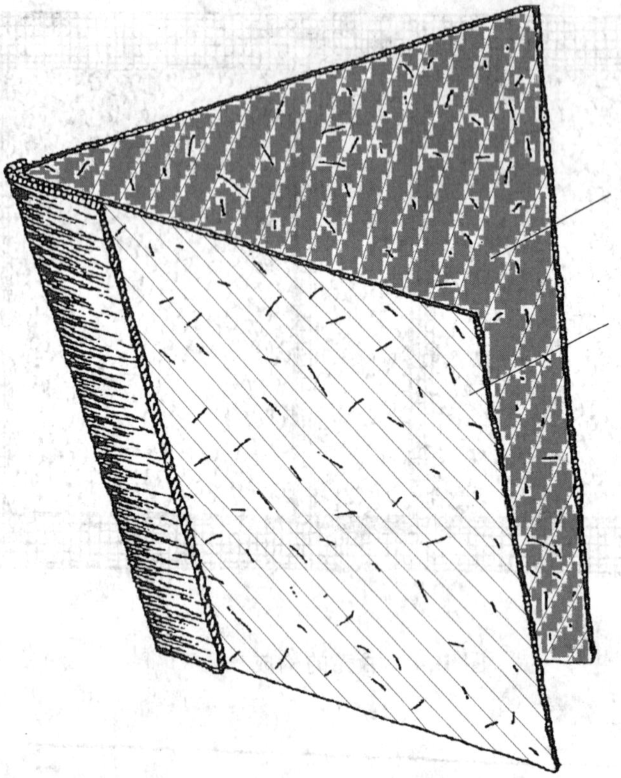

图 B.7　V1 的环衬结构

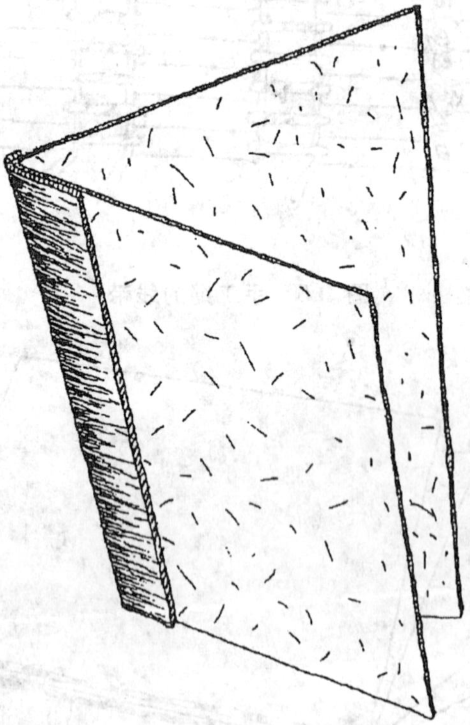

图 B.8　V2 的环衬结构

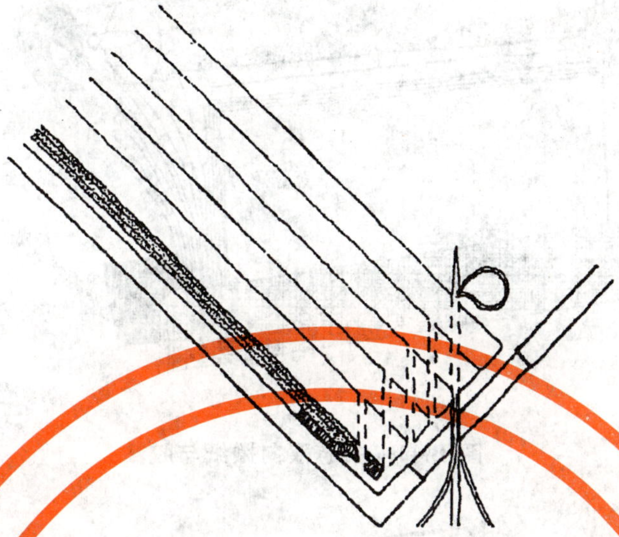

图 B.9 单页锁线订

a） 缝纫前环衬的结构

b） 缝纫后环衬的结构

图 B.10 单页锁线订环衬的构造与装订

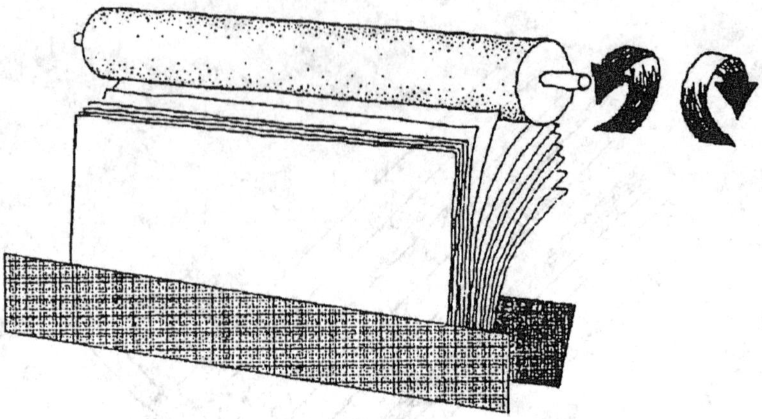

图 B.11　书芯双向撇纸与胶粘

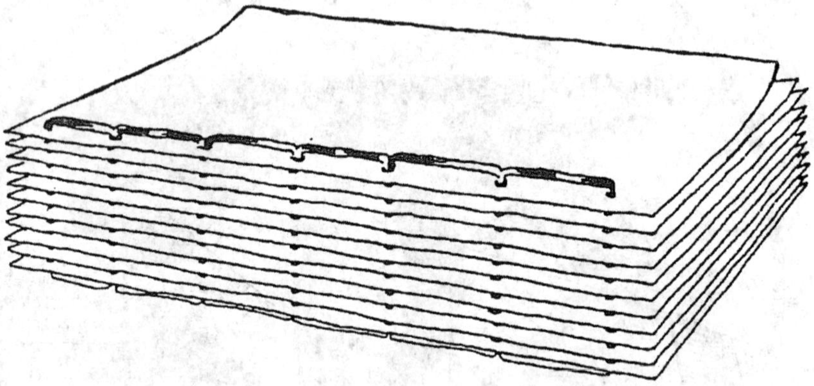

图 B.12　侧订

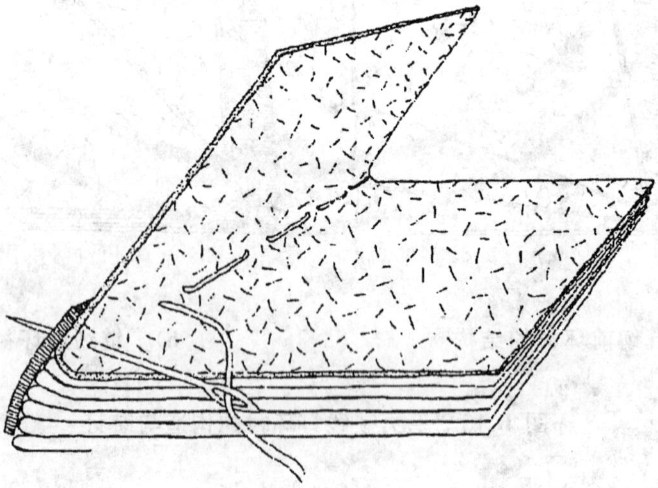

图 B.13　初始装订形式为折缝锁线订的环衬连接

附　录　C
（资料性附录）
本标准与 ISO 14416:2003 的章条编号对照表

表 C.1 给出了本标准章条编号与 ISO 14416:2003 的章条编号对照一览表。

表 C.1　本标准与 ISO 14416:2003 的章条编号对照表

本标准的章条编号	对应 ISO 14416:2003 的章条编号
1	1
2	2
3	3
3.1	3.29
3.2	3.1
3.3	3.7
3.4	3.42
3.5	3.22
3.6	3.28
3.7	3.3
3.8	3.9
3.9	3.17
3.10	3.27
3.11	3.38
3.12	3.25
3.13	3.45
3.14	3.40
3.15	3.21
3.16	3.6
3.17	3.12
3.18	3.37
3.19	3.33
3.20	—
3.21	3.35
3.22	3.19
3.23	3.4
3.24	3.5
3.25	3.10
3.26	3.18

表 C.1（续）

本标准的章条编号	对应 ISO 14416:2003 的章条编号
3.27	3.16
3.28	3.13
3.29	3.23
3.30	3.24
3.31	3.32
3.32	3.32
3.33	3.14
3.34	3.39
3.35	3.34
3.36	3.26
3.37	3.11
3.38	3.36
3.39	3.30
3.40	3.31
3.41	3.41
3.42	3.2
3.43	3.44
3.44	3.46
3.45	3.20
3.46	3.15
4	4、A.1
4.1	A.1
4.2～4.5	4
5	5
5.1	5.1
5.2	5.2.1
5.2.1	5.2.1.1
5.2.2	5.2.1.2
5.2.3	5.2.1.3
5.2.4	5.2.1.4
5.3	5.2.2
5.3.1	5.2.2.1
5.3.2	5.2.2.2
5.3.3	5.2.2.3

表 C.1（续）

本标准的章条编号	对应 ISO 14416:2003 的章条编号
5.4	5.2.3
5.5	5.2.4
5.5.1	5.2.4.1
5.5.2	5.2.4.2
5.5.3	5.2.4.3
5.5.4	5.2.4.4
5.5.5	5.2.4.5
5.6	5.2.5
5.6.1	5.2.5.1
5.6.2	5.2.5.2
5.6.2.1～5.6.2.3	5.2.5.2
5.6.2.4	—
5.6.3	5.2.5.3
5.7	5.2.6
5.8	5.2.7
5.9	5.2.8
6	6、A.3、A.9～A.12
6.1	6.1
6.2	6.2
6.3	6.4
6.4	6.5、A.3、A.9
6.4.1～6.4.4	6.5
6.4.4、6.4.5	A.9
6.4.6	A.3
6.5	6.6
6.5.1、6.5.2	6.6.1
6.5.3	6.6.2
6.6	6.7
6.6.1～6.6.5	6.7
6.6.6	—
6.7	6.8、A.10、A.11
6.7.1	6.8.1
6.7.2	6.8.2、A.10、A.11
6.7.3	6.8.3

表 C.1（续）

本标准的章条编号	对应 ISO 14416:2003 的章条编号
6.7.4	6.8.4
6.7.5	6.8.5
6.7.6	6.8.6、A.11
6.8	6.9
6.9	A.12
6.10	6.10
7	7、A.2、A.7、A.8
7.1	7.1、A.2
7.2	7.2、A.7
7.2.1	7.2.1
7.2.2	7.2.2
7.2.3	7.2.3.1
7.2.3.1、7.2.3.2、7.2.3.4～7.2.3.6	7.2.3.1
7.2.3.3	—
7.2.4	7.2.3.2
7.2.5	7.2.4
7.2.5.1、7.2.5.2	7.2.4.1、A.7
7.2.5.3	7.2.4.2
7.3	7.3
7.3.1	7.3.1
7.3.2	7.3.2
7.3.3	7.3.3
7.3.4	7.3.4
7.4	7.4
7.4.1	7.4.1
7.4.2	7.4.2
7.4.3	7.4.3
7.4.4	7.4.4
7.5	7.5
7.5.1	7.5.1
7.5.2	7.5.2
7.5.3	7.5.3
7.6	7.6、A.8
7.6.1	7.6.1

表 C.1(续)

本标准的章条编号	对应 ISO 14416:2003 的章条编号
7.6.2	7.6.2
7.6.3	7.6.3
7.6.4	7.6.4、A.8
7.7	7.7
附录 A	附录 B
附录 B	附录 D
附录 C	—
附录 D	—

附　录　D
（资料性附录）
本标准与 ISO 14416:2003 的技术性差异及原因

表 D.1 给出了本标准与 ISO 14416:2003 的技术性差异及原因。

表 D.1　本标准与 ISO 14416:2003 的技术性差异及原因

本标准章条编号	技术性差异	原　因
2	删除引用 ANSI L29.1:1977(R 1984)	此标准已经作废且没有更新
2	删除引用 ASTM D 5035-90	此标准在 ISO 14416 后文的条款中并未出现
2	删除引用 ISO 9665:1998	符合我国情况
2	增加引用 GB/T 3923.1—1997	用来规范本标准第 5 章织物断裂强力的测定
3	删除术语“硬衬布(buckram)”及其定义	使之符合国内装订材料的使用情况
3	将术语“扒圆和起脊(rounding and backing)”分为两个术语“扒圆”和“起脊”分别定义	使之符合我国的装订术语习惯和装订程序
5.2.1.3	将环衬纸的撕裂度修改为 850 mN。	符合我国情况
5	删除 ISO 14416:2003 中的 5.2.1.5 关于“强化纸”的要求	标准后文中并未出现有关强化纸的条款
5.3.1.2	将织物断裂强力的单位换算为 N(牛)	符合国际、国内最新标准规定
5.3.3.2	将织物断裂强力的单位换算为 N(牛)	符合国际、国内最新标准规定
5.6.2	增加吊线的材料要求	符合我国装订情况
5.7.3	将织物断裂强力的单位换算为 N(牛)	符合国际、国内最新标准规定
6	删除 ISO 14416:2003 中 6.3 关于“强化布”的要求	标准后文中并未出现有关强化布的条款
6.6.6	增加“堵头布”的规定和要求	使之符合我国折缝锁线订书芯的精装工艺
7.2.3.3	增加挂吊线的装订要求	符合我国装订工艺情况

参 考 文 献

［1］ GB/T 9851.7—2008 印刷技术术语 第7部分：印后加工术语

［2］ CY/T 27—1999 装订质量要求及检验方法——精装

［3］ ETHERINGTON, DON and ROBERTS, MATT T.: bookbinding and the conservation of books. A dictionary of descriptive terminology. Washington, D.C., Library of Congress, 1982. 296 pages. ISBN 0-8444-0366-0

［4］ PARISI, PAUL and MERRILL—OLDHAM, JAN (eds.): Library binding institute standard for library binding. 8th edition. Rochester, N.Y., Library binding Institute, 1986. 17 pages

［5］ PARISI, PAUL and MERRILL—OLDHAM, JAN: Guide to the library binding institute standard for library binding. Chicago, American Library Association, 1990, 62 pages. ISBN 0-8389-3391-2

ICS 17.220.20
A 55

中华人民共和国国家标准

GB/T 30109—2013/IEC 61788-8 Ed.2:2010

交流损耗测量　液氦温度下横向交变磁场中圆形截面超导线总交流损耗的探测线圈测量法

AC loss measurements—Total AC loss measurement of round superconducting wires exposed to a transverse alternating magnetic field at liquid helium temperature by a pickup coil method

(IEC 61788-8 Ed.2:2010,IDT)

2013-12-17 发布　　2014-05-15 实施

中华人民共和国国家质量监督检验检疫总局
中国国家标准化管理委员会　发布

前　言

本标准按照 GB/T 1.1—2009 给出的规则起草。

本标准使用翻译法等同采用 IEC 61788-8 Ed.2:2010《交流损耗测量 液氦温度下横向交变磁场中圆形截面超导线总交流损耗的探测线圈测量法》。

本标准做了编辑性修改。

与本标准中规范性引用的国际文件有一致性对应关系的我国文件如下：

——GB/T 13811—2003 电工术语 超导电性(IEC 60050-815:2000,MOD)。

本标准由全国超导标准化技术委员会提出。

本标准由全国超导标准化技术委员会(SAC/TC 265)归口。

本标准负责起草单位:中国科学院电工研究所、中国科学院物理研究所。

本标准参加起草单位:西部超导材料科技有限公司、华北电力大学。

本标准主要起草人:王银顺、郑东宁、刘宜平、朱志芹、朱思华。

引　言

国际电工委员会超导技术委员会(IEC/TC 90)提出用磁强计和探测线圈方法来测量复合超导线在随时间变化的横向磁场中的交流损耗。它们代表了在最常见的磁场位形——横向场中测量各种影响交流损耗的初步标准化方法。

IEC/TC 90 决定将上述提议拆分为两个文件分别涵盖两种标准方法。其中之一用于描述磁滞损耗和在低频磁场(或低扫场速率)情况下总交流损耗的磁强计测量法;另一种方法用于描述在较高频磁场(或较高扫场速率)下总交流损耗的探测线圈测量方法。磁强计法测量频率范围为 0 Hz～0.06 Hz,探测线圈法测量频率范围为 0.005 Hz～60 Hz,重叠部分(0.005 Hz～0.06 Hz)是两种方法都可采用的频率范围。

本标准涉及的是探测线圈法。其涉及的交流损耗标准测试法部分基于先进材料和标准的凡尔赛计划(VAMAS)中关于 NbTi 复合超导体交流损耗标准化的前期工作[1]。

交流损耗测量　液氦温度下横向交变磁场中圆形截面超导线总交流损耗的探测线圈测量法

1　范围

本标准规定了利用探测线圈法测量横向交变磁场中复合超导线总交流损耗的方法。损耗可能包括磁滞损耗、耦合损耗和涡流损耗。IEC 61788-13 已描述了只测量直流磁场或者低扫速率磁场中磁滞损耗的标准方法[2]。

本标准适用于脉冲线圈和交流线圈中的金属和氧化物圆形截面超导线，在随时间变化(时变)的磁场和/或电流的应用中会产生交流损耗。在常规线圈应用的电磁位形中，交流损耗主要来自(时变)磁场。对于处于横向交变磁场中的超导线，本方法通常用在液氦温度、频率范围上限可达工频 50/60 Hz 的总交流损耗测量。采纳本方法测量的总交流损耗分为超导单丝中的磁滞损耗、丝间的耦合损耗和常导部分的涡流损耗。在超导线外没有厚度较大的正常导体包套的情况下，交流损耗主要是磁滞损耗和耦合损耗；由于每周耦合损耗与频率成正比，磁滞损耗部分可以通过在较低频率范围内所测得的交流损耗外推至频率为零时的损耗估算得到。

2　规范性引用文件

下列文件对于本文件的应用是必不可少的。凡是注日期的引用文件，仅注日期的版本适用于本文件。凡是不注日期的引用文件，其最新版本(包括所有的修改单)适用于本文件。

IEC 60050-815:2000　电工术语　超导电性[International electrotechnical volcabulary(IEV)—Part 815: Superconductivity]

3　术语和定义

IEC 60050-815:2000 界定的术语和定义以及下列术语和定义适用于本文件。

3.1

交流损耗　AC loss

P

因随时间变化的磁场或电流，复合超导体中功率的消耗。

[IEC 60050-815:2000 中的 815-04-54]

3.2

磁滞损耗　hysteresis loss

P_h

超导体在变化磁场中出现的一种损耗，其每一周期内的损耗值和频率无关。

注：磁滞损耗由磁通钉扎导致超导材料的不可逆磁性所引起。

[IEC 60050-815:2000 中的 815-04-55]

3.3

涡流损耗　eddy current loss

P_e

在变化的磁场或自场中，超导体的常导基体或结构材料中感应的涡流所产生的损耗。

[IEC 60050-815:2000 中的 815-04-56]

3.4

[丝]耦合[电流]损耗　(filament) coupling (current) loss

P_c

有正常基体的多丝超导线中，耦合电流产生的损耗。

[IEC 60050-815:2000 中的 815-04-59]

3.5

[丝]耦合时间常数　(filament) coupling time constant

τ

低频下，股线中垂直于丝的耦合电流的特征时间常数。

[IEC 60050-815:2000 中的 815-04-60]

3.6

屏蔽电流　shielding current

由外加磁场作用于超导体而感应出的电流。当磁场变化后，在复合超导体中该感应电流包括耦合电流和涡流。

3.7

临界[磁]场强度　critical (magnetic) field strength

H_c

在零磁场强度下，超导凝聚能所对应的磁场强度。

[IEC 60050-815:2000 中的 815-01-21]

3.8

[超导体的]磁化强度　magnetization (of superconductor)

超导体的磁矩除以其体积。

注：宏观磁矩也等于下述两部分之和：一部分是屏蔽电流与复合超导体中屏蔽电流闭合路径所包围面积的乘积，另一部分为复合超导体中俘获磁通的磁矩。

3.9

测量交流损耗的磁化强度法　magnetization method for AC loss

由磁化强度回线的面积决定材料的交流损耗的方法。

[IEC 60050-815:2000 中的 815-08-15]

3.10

探测线圈法　pickup coil method

通过探测线圈确定流入材料内的电磁功率从而确定材料交流损耗的方法。

注 1：用探测线圈测量磁通变化，然后对测得的磁通变化进行积分得到固定线圈样品的磁化强度，这种方法称作探测线圈法。

注 2：探测线圈装置主要由一个初级绕组(由时变电流供电的超导磁体)和一对次级绕组(探测线圈)组成，其中的一个探测线圈(主探测线圈)装有待测样品，另一个探测线圈(补偿线圈)起两个作用：1)补偿未放样品时主探测线圈上的信号；2)提供磁场扫描信息。

探测线圈如图 1 所示同轴、同心布置，这是交流损耗测量的标准布置。为了使待测线材样品具有足够大的体积，同时使其完全处于横向磁场中，样品必须绕成线圈。以这种方法制备的样品也称之为“线圈样品”。

3.11

背景损耗　background loss

当探测线圈中没有样品时，由探测线圈法测量得到的表观损耗。

注：背景损耗给出探测线圈法交流损耗测量系统的试验误差。这种误差是由补偿过程中电信号的相移、很多试验硬件元件中感应的附加磁矩以及外部噪声引起的。背景损耗可以通过调整试验装置减小，并从所测得的交流损耗中减去如7.4.2所测得的背景损耗来进行补偿。

3.12

线圈样品的有效横截面积　effective cross-sectional area of the coiled specimen

样品总体积除以样品线圈高度或探测线圈高度中的较大者。

3.13

弯[曲]应变　bending strain

$\boldsymbol{\varepsilon}_b$

由纯弯曲引起的百分数应变，定义为$\varepsilon_b=100\ r/R(\%)$，式中$r$为样品的半厚度；$R$为弯曲半径。

[IEC 60050-815:2000中的815-08-03]

注：在探测线圈法中，以先反应后绕制工艺制备线圈样品时，要注意其可容许的弯应变。

3.14

[超导体的]*n*值　*n*-value (of a superconductor)

n

在特定的电场强度或电阻率区间，超导体的电压-电流曲线$U(I)$可近似表示为$U\propto I^n$，其中I的幂指数就是超导体的n值。

[IEC 60050-815:2000中的815-03-10]

4　原理

为了估算3.1所定义的交流损耗，要对样品施加横向交变磁场并利用探测线圈检测在样品中感应的屏蔽电流的磁矩。

5　装置

5.1　测试装置

测试装置应这样组构：探测线圈和线圈样品放置在由超导磁体提供的均匀交变磁场区域内。

测试装置中线圈的几何布置：主探测线圈和补偿线圈通常分别同轴地放置在线圈样品的外侧和内侧。

外加交变磁场应具有7.1.5所述的高均匀度。

测试装置包含一个子系统，对探测线圈信号进行积分计算样品磁化强度和交流损耗。交流损耗测量的典型电路如图2所示。

5.2　探测线圈

为了避免低温下产生较大的涡流，探测线圈应由很细的经过绝缘的导线绕制而成，如直径为0.1 mm的绝缘铜线。

探测线圈的骨架应由非金属和无磁材料加工制成，如玻璃纤维增强塑料、酚醛树脂等。

主探测线圈应放在补偿线圈外面，两者应同轴放置并同心可调。图1是标准布置示意图，补偿线圈高度与主探测线圈高度相同。补偿线圈匝数通常应调整到略多于达到平衡条件所需要的匝数，即进入补偿线圈的外加磁场的总交链磁通与进入主探测线圈的交链磁通相等。

探测线圈装置应制成使线圈样品能够很容易地从探测线圈系统中放入和取出。

探测线圈法存在与线圈样品和探测线圈布置有关的几何误差。附录C简要提及几何误差。为使由于几何因素影响产生的不确定度小于1%,线圈样品和两个探测线圈应按下列标准布置:线圈样品高度30 mm,探测线圈高度10 mm,线圈样品半径18 mm,线圈样品半径与两个探测线圈半径相差均为2 mm。若样品和探测线圈的布置情况稍有不同于以上标准布置,其几何误差应按附录C方法进行估算。如果不能定量地估算几何误差,可按附录D介绍的方法进行标定。

5.3 补偿电路

通常通过调整匝数使补偿线圈中外加磁场的总交链磁通稍微大于主线圈中的总交链磁通。借助补偿电路,用减小后的补偿线圈信号抵消掉主线圈的信号。通常采用电阻分压器结构的补偿电路对补偿系数进行更精细地调整。所选用的电阻分压器应具有4位或5位宽的可调范围,即最小可调单位10^{-4}或10^{-5}。利用电路宽范围的精细调节,按照7.4.1的步骤可以完全补偿到几乎消除磁化强度回线的倾斜。补偿电路位数的设计主要考虑最小可调单位相对于主探测线圈中与磁矩相关的分量和与场相关的分量的比值要足够小。

6 样品制备

6.1 线圈样品

6.1.1 样品的绕制

应用线圈骨架将样品绕制成单层螺管线圈。如果样品有绝缘层,线圈各匝应进行密绕。如果样品表面没有涂绝缘材料,样品应以匝间相等的间隔进行绕制,匝间填入非金属和非磁性隔离物,例如填入钓鱼线可以达到样品匝间绝缘的目的。隔离物的直径应近似样品线径的一半;如要减小由于邻近线匝产生的退磁效应,样品也可采用在线匝间插入适当的隔离物进行绕制。

6.1.2 线圈样品的形状

为了减小来自于线圈样品的端部效应引起的几何误差,样品线圈的高度应大于探测线圈高度的3倍。

6.1.3 最大弯[曲]应变

将超导线制备好的线圈样品放置在两个同心的探测线圈之间,在线圈样品绕制过程中应考虑超导线的允许弯曲应变。对于用Nb-Ti线绕制的样品,最大弯曲应变应不超过其在直流临界电流测量时的允许值。

注:对于Nb-Ti复合超导线直流临界电流测试,IEC 61788-1 (2006)中给出的允许应变为3%[3]。

6.1.4 样品端部横截面的处理

样品的两端应开路,并用12 μm(800目)~7 μm(1 000目)的砂纸打磨,以防止丝间相互接触。

6.2 样品线圈骨架

用于绕制样品的骨架应由非金属和无磁材料制成,如玻璃纤维增强塑料、酚醛树脂。应用氰基丙烯酸酯或环氧树脂之类粘合剂作粘结材料将样品固定在线圈骨架上以保持圆柱形线圈形状。

7 测试条件

7.1 外加磁场

7.1.1 外加磁场的幅值

考虑到计算耦合时间常数的频率范围,外加磁场幅值的标准范围大约应从 0.1 T~1 T。

注:如 A.2 所示,在过去循环比对实验中,对 Cu/Nb-Ti 多丝超导线在 0.005 Hz~1 Hz 的频率范围内,外加磁场幅值为 1 T;对三组元超导线在频率 0.005 Hz~10 Hz 范围内,外加磁场幅值为 0.5 T。

7.1.2 外加磁场方向

在线圈样品中,外加磁场方向应沿线圈轴向。

7.1.3 外加磁场波形

外加磁场标准波形应为正弦波或三角波。

7.1.4 外加磁场频率

为了测量总交流损耗,本方法所用的频率范围应达到工频 50 Hz 或 60 Hz。在较高频区域,应注意减小来自于探测线圈附近金属部件产生的电磁噪声,参见附录 A。

对于细丝超导线,在更宽的频率范围内和对数坐标下,测量数据点数应多于 5 个,以便通过耦合损耗与频率成线性关系来计算耦合时间常数,见 8.6。在进行交流损耗与频率关系的测量中,外加磁场幅值应固定不变。

注:在低频范围和外加磁场幅值较小的范围内,观察到耦合损耗与频率成线性关系[4]。在某一固定磁场幅值上,耦合損耗与频率不是线性关系的情况下,测量频率范围应向较低频率侧移动,以便得到线性关系。对于 Cu/Nb-Ti 多丝线和三组元超导线,推荐的频率范围在 A.2 中给出。

7.1.5 外加磁场的均匀度

外加磁场均匀度在样品线圈和探测线圈长度范围内应分别在 5%和 1%以内。

7.2 样品的安装

线圈样品应同轴和同心地安装在主探测线圈和补偿线圈之间。

7.3 测量温度

样品与探测线圈应浸没在液氦中。测量温度应使用标定过的温度计或者气压测量来确定。

7.4 测试步骤

7.4.1 补偿

补偿的第一步是在固定外加磁场幅值下将主线圈信号减去补偿线圈信号,测量样品磁化强度的磁滞回线。由于耦合到补偿线圈内的总交链磁通稍大于耦合到主线圈内的总交链磁通,所得到的磁化回线通常倾斜于外加磁场横轴。

补偿的第二步,为了减小磁化回线的倾斜,通过补偿电路给补偿线圈信号乘以稍小于 1 的补偿系数,对补偿线圈信号进行初步地修正。

补偿的最后一步是精确调整补偿系数到满足如下条件:升场和降场过程中,最大外加磁场附近的磁化曲线两个分支部分相对于横轴对称。

7.4.2 背景损耗的测量

为了估算探测线圈系统包括探测线圈、补偿电路、放大器等的背景损耗，当探测线圈中没有样品时应测量其表观损耗。测量步骤与7.4.3介绍的一般样品测量步骤相同。

7.4.3 损耗测量

在探测线圈法中，交流损耗应对补偿过的主探测线圈信号（与磁矩有关）和补偿线圈信号（与磁场有关）的乘积进行积分计算得到，参见式(3)。如果在损耗测量系统中表观的背景损耗不能忽略，样品的交流损耗应从测得的表观交流损耗中减去背景损耗得到。在用背景损耗进行修正时，应注意背景损耗的正负号。

交流损耗也能通过磁化强度对外加磁场一个周期的积分来估算，参见附录B。

7.4.4 标定

一般情况下，为了使交流损耗测量更精确，标定是必要的。附录D给出了推荐的标定方法。另一方面，如果探测线圈和线圈样品的结构满足第5章、第6章及附录C说明的条件，几何结构的误差小于几个百分点，可以进行交流损耗和磁化强度的测量而无需标定。然而，当探测线圈系统的结构超出给定条件时，需要按附录D介绍的方法进行标定。

8 结果的计算

8.1 外加磁场的幅值

将补偿线圈测量的电压 $U_c(t)$ 代入式(1)计算得到外加磁场 $H_e(t)$。

$$H_e(t)=\frac{1}{\mu_0 N_c S_c}\int_0^t U_c(t')\mathrm{d}t' \qquad \cdots\cdots(1)$$

这里 N_c 和 S_c 分别是补偿线圈的匝数和每匝交链面积。积分的初始时间是 $U_c(t)$ 的过零点。磁场的零值等于式(1)中 $H_e(t)$ 最大值与最小值的中点值。磁场幅值应是 $H_e(t)$ 的最大值和最小值之差的一半。

8.2 磁化强度

将探测线圈补偿过的电压信号 $U_{p-c}(t)$ 代入式(2)可计算得磁化强度

$$M(t)=\frac{1}{\mu_0 N_p S_s}\int_0^t U_{p-c}(t')\mathrm{d}t' \qquad \cdots\cdots(2)$$

这里 N_p 是主探测线圈的匝数，S_s 是线圈样品的有效横截面积，它等于样品总体积除以样品高度。积分的初始时间也是 $U_c(t)$ 的过零点。磁化强度的零值等于式(2)中 $M(t)$ 的最大值与最小值的中点值。

8.3 磁化曲线

从初始时间开始外加磁场变化一个周期，通过绘制磁化强度与磁场图可以得到磁滞磁化曲线。磁化强度和磁场的零值可参照8.1和8.2求得。

8.4 交流损耗

如附录B所示，超导线每一周期内的交流损耗可以在超导线闭合表面上、周期为 T 的交变电磁环境中对坡印亭矢量$\boldsymbol{E}\times\boldsymbol{H}$进行积分估算。在这种情况下,将补偿过的主线圈电压$U_{p-c}$和外加磁场$H_e$代入式(3)可以计算单位体积的交流损耗$P$[W/m³]:

$$P=-\frac{f}{N_p S_s}\int_0^T U_{p-c}(t)H_e(t)\mathrm{d}t \qquad (3)$$

这里f是外加磁场的频率,等于$1/T$。恒定周期条件下,式(3)与由式(2)定义的磁化强度表达式在所加磁场一个周期内的积分表达式等同,参见附件B。

如果样品常导金属内的涡流损耗很小,在外加磁场幅值固定不变的情况下,通过测量损耗与频率的变化关系,可以将交流损耗分为两个主要部分:磁滞损耗P_h和耦合损耗P_c。

如果在损耗测量系统中背景损耗不可忽略,应从测量损耗中减去背景损耗得到实际的交流损耗。

8.5 磁滞损耗

细丝单位体积的磁滞损耗P_h应通过将单位体积交流损耗外推到$f=0$得到。每周交流损耗与频率的关系采用线性回归法进行外推得到。

注:在交流损耗不区分磁滞损耗和耦合损耗的测量中,例如n值低的样品,只报告总的交流损耗测量结果。

8.6 耦合损耗和耦合时间常数[5,6]

在较低频率区域,每周的耦合损耗与频率成正比,通过从总损耗中减去磁滞损耗可得到丝间耦合损耗。外加正弦波磁场于极细丝圆形截面、各向同性超导线时,单位体积的耦合损耗P_c理论计算公式见式(4):

$$P_c=4\pi^2\tau\mu_0 H_m^2 f^2 \qquad (4)$$

这里τ是耦合时间常数;H_m是外加磁场的幅值。耦合时间常数可通过每周期内耦合损耗对频率(拟合)的比例系数求得。在圆形截面线中施加各种波形的外加磁场时,耦合损耗的各种表达式在附录E中给出。

9 不确定度

9.1 综述

附录F和附录G概述了不确定度的引入背景、定义及在探测线圈法中的应用。以NbTi导体为例,在附录G中关于相对合成标准不确定度计算,对于磁滞损耗的相对合成标准不确定度为3.8 %,对于耦合损耗(耦合时间常数)为5.4 %(5.5 %),作为实例,在磁滞损耗与全部损耗比值小于0.5的条件下,其中总损耗是在测量频率区域的上限范围的平均值。本方法的目标相对合成标准不确定度定义为扩展不确定度,其包含因子为$k=2$,以上述NbTi导体为例,磁滞损耗和耦合损耗的相对合成标准不确定度分别不超过7.6 %和10.8 %(11.0 %)。

9.2 测量设备的不确定度

应使用相对标准不确定度不超过0.5 %的测量设备。尺寸测量设备的相对标准不确定度应不超过0.5 %。

9.3 外加磁场的不确定度

外加磁场系统提供的磁场其相对标准不确定度应不超过0.5 %。外加磁场应具有7.1.5给出的均匀度。

9.4 测量温度的不确定度

低温容器应为交流损耗测量提供必要的环境,样品应完全浸没在液氦中进行测量。假定样品温度视为与液氦温度相同,报告的液氦温度的标准不确定度应不超过 0.05 K。为了将低温容器内观察到的气压值转换为温度值,应使用氦相图。气压测量应具有足够低的不确定度,以便获得所要求的温度测量的不确定度。如果液氦深度大于 1 m,可能需要压差修正。

10 测试报告

10.1 样品的标识

如有可能,应给出被测样品的如下信息:

a) 生产厂家名称;

b) 类别;

c) 批号;

d) 基体材料;

e) 超导线的尺寸;

f) 芯丝径;

g) 芯丝数;

h) 芯丝间距;

i) 铜与非铜比;

j) 扭距;

k) 剩余电阻比(RRR);

l) 绝缘层厚度。

10.2 线圈样品结构

应报告线圈样品的下列结构信息:

a) 内径;

b) 外径;

c) 高度;

d) 匝数;

e) 线圈样品的有效横截面积;

f) 在探测线圈高度范围内线圈样品体积与探测线圈之间间隔体积之比。

10.3 测试条件

应报告以下测试条件:

a) 外加磁场幅值;

b) 外加磁场波形;

c) 外加磁场频率;

d) 在样品线圈长度和探测线圈长度范围内外加磁场的均匀度;

e) 测试温度;

f) 温度测量方法;

g) 探测线圈感应电压采样时间;

h) 背景损耗值。

10.4 结果

在总交流损耗、磁滞损耗和耦合损耗(耦合时间常数)重复测量中,应报告平均值和包含因子 $k=2$

的相对扩展不确定度以及重复次数 n,应报告的测试结果包括:

a) 包括磁滞损耗和耦合损耗的总交流损耗。

b) 磁滞损耗。

c) 耦合时间常数或耦合损耗。

d) 磁化曲线。

在测量过程中,若交流损耗不区分磁滞损耗和耦合损耗,应只报告上述 a) 和 d) 两项结果。即使在误差可控制的情况下,如 5.2 和附录 C 中提到的探测线圈几何误差能够减小的情况下,仍然推荐报告下列结果。

e) Pb 标样的磁滞损耗和磁化曲线。

f) 在外加磁场幅值为 0.1 T 的情况下,Pb 标样磁化强度的最大和最小值。

g) Pb 标样的临界场强。

10.5 测量装置

测试报告应包括以下信息:

10.5.1 探测线圈

a) 探测线圈和线圈样品之间的位置关系;

b) 主探测线圈参数(内径、外径、高度、匝数、线的材料和直径、线圈骨架材料);

c) 补偿线圈参数(内径、外径、高度、匝数、线材料和直径、线圈骨架材料)。

10.5.2 测试系统

a) 测试系统电路;

b) 低温容器材料。

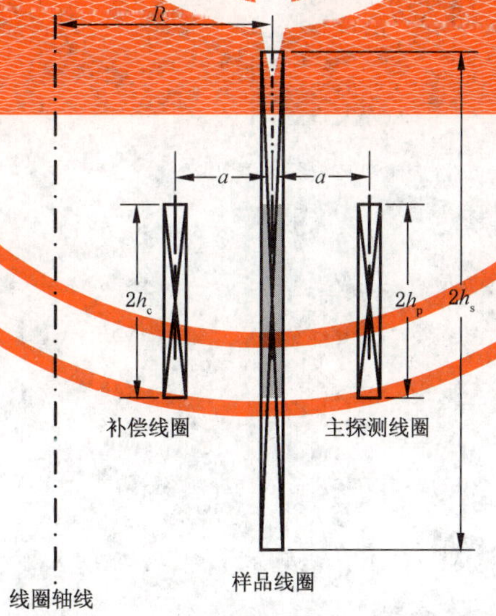

图 1 样品线圈和探测线圈的标准布置

R 和 $2h_s$ 分别是样品线圈的半径和高度,$2h_c$ 和 $2h_p$ 分别是补偿线圈和主探测线圈的高度,a 是样品线圈和探测线圈的半径之差。

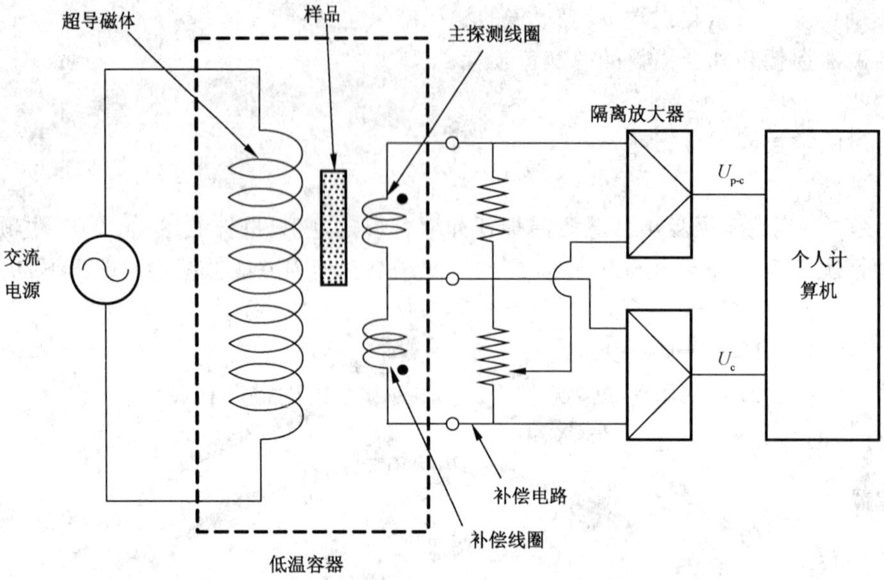

图 2　探测线圈法测量交流损耗的典型电路

附　录　A
（资料性附录）
有关 1～10 章的补充信息

A.1　有关范围

通常，本探测线圈法可以用于测量液氦温度下测量按 6.1 所示的线圈样品在较宽频率和外加磁场幅值范围内的总交流损耗。在测量 Cu/Nb-Ti 多丝线和三组元超导线交流损耗循环对比实验中的最大频率是 7.1.4 中给出的频率上限。本方法也可以测量超导线在更高频率范围的交流损耗，但是必须注意减小探测线圈附近金属部件中涡流引起的电磁噪声，这些部件包括非金属低温容器的超级绝热层材料、提供外加磁场的磁体绕组感应的屏蔽电流。

本探测线圈法不仅可以用于 Cu/Nb-Ti 多丝线和三组元超导线，而且原则上可以用于其他圆形截面超导线，这些超导线应该采用 7.4.4 和附录 D 所示的交流损耗测量方法标定。这些超导线如下：

a)　Nb_3Sn，Nb_3Al 等低温复合超导线；

b)　中等温超导线如 MgB_2；

c)　高温超导线如 Bi-2212 等。

A.2　耦合时间常数

为了减小横向交流磁场中多丝超导线中的耦合损耗，多丝超导线中的超导丝要进行扭绞。对于商用金属超导线，扭距设计要保证在扭绞加工机械可容许范围内，在实用频率范围和外加磁场幅值条件下，使得耦合损耗限制到与超导各丝磁滞损耗相当的量级。

如 8.6 所示，在每周耦合损耗与频率成线性关系的频率区域，在 8.6 所示磁场幅值不变时，耦合时间常数由每周耦合损耗与频率成正比的比例系数计算得到。为了减小耦合时间常数计算中的不确度，在对数坐标上的测量数据点应延伸到较宽频率范围。在交流损耗最低频率测量点上，磁滞损耗占主要部分；在最高频率测量点上，磁滞损耗和耦合损耗量级相近。例如，在过去循环比对实验中，对于 Cu/Nb-Ti 多丝线[7]，在磁场幅值为 1 T 时，测量频率范围为 0.005 Hz～1 Hz；对于三组元超导线[8]，在磁场幅值为 0.5 T 时，测量频率为 0.005 Hz～10 Hz。

A.3　线圈样品的制备

每根超导线绕制的线圈样品应置于两个同心探测线圈之间，注意容许的弯曲应变裕度。应根据临界电流测量时机械应变条件估算容许程度。对较粗的线，考虑弯曲应变会导致较大的线圈样品半径。大样品的几何误差也能通过考虑附录 C 给出的系数 G 来估算。一旦线圈样品容许半径超出图 C.1 给出的范围，样品线圈和探测线圈尺寸应采用与图例 C.1 相似的比例。

另一方面，对于先绕制后反应工艺制备的线圈样品，在反应热处理前，调整半径，其调整方法与 IEC 61788-2[9] 介绍的 Nb_3Sn 超导线临界电流测量方式相同；同时还应保证线圈样品相邻匝间的绝缘。

A.4　低温补偿法

如图 2 所示，另一种探测线圈感应电压的补偿是在低温容器内进行的。如图 2 所示。在这种补偿方案中,探测线圈和补偿线圈直接在冷端反串联接而无需将全部信号从低温容器引出到室温,再馈送到放大器。

探测线圈和补偿线圈绕制匝数应匹配,以使反串联接线圈剩余的感应信号最小。为了使测量更精确,因此需要进行一些微调。微调可对来自磁体电流的感应信号或者对来自磁体内小的补偿线圈信号进行。这微调是在室温下用放大器进行的,其方法与7.4和图2描述的补偿方法相似。

低温补偿法的优点是,不是将探测线圈和补偿线圈的全部电压引到室温再馈送到放大器。由于出现与交流损耗信号同位相的部分感应信号,所以两个放大器中信号相移差导致背景损耗增加(即探测线圈中没有样品时的损耗)。另外,探测线圈、补偿线圈之间布线信号干扰,以及室温下探测线圈和补偿线圈电路放大器电路不可能完全一致,将导致背景损耗的增加。采用低温补偿法,最大部分补偿在冷端完成。没有大的感应信号馈送到可能有相移差的放大器中,将低温和室温之间的信号干扰风险降到最低。采用低温补偿法,空心线圈效应可降至最小,并且能够提高测量精度。

附 录 B
(资料性附录)
坡印亭矢量对交流损耗测量的解释[10]

一般情况下,超导线每周交流损耗可在超导线闭合表面 A 上及周期性电磁环境中对坡印亭矢量 $\boldsymbol{E}\times\boldsymbol{H}$ 进行积分进行估算。样品单位体积的交流损耗为:

$$P=-\frac{f}{V_s}\int_0^T \mathrm{d}t\int_A \mathrm{d}A\cdot(\boldsymbol{E}\times\boldsymbol{H}) \qquad \text{(B.1)}$$

这里,E 和 H 是表面 A 上的电场和磁场;V_s 是由(闭合)表面 A 所围成的样品体积。当样品置于均匀交变磁场 H_e 中时,利用探测线圈按照下列方法测量交流损耗。例如,样品(线圈)和探测线圈的布置如图 1 所示,式(B.1)可变为:

$$P=-\frac{fd_p}{V_s}\int_0^T \mathrm{d}tH_e\int_\Gamma \mathrm{d}sE=-\frac{f}{n_pV_s}\int_0^T \mathrm{d}tH_eU_{p-c} \qquad \text{(B.2)}$$

这里,d_p 是探测线圈绕组平均节距;n_p 是主探测线圈单位长度匝数,Γ 是层内沿绕制方向的路径。这样交流损耗可以通过对外加磁场 H_e 和探测线圈上补偿过的端电压 U_{p-c} 的乘积在一个周期内进行积分估算得到。图 1 中闭合表面包围的样品部分以阴影区域表示。将式(2)定义的磁化强度 M 代入式(B.2),则式(B.2)变为:

$$P=\mu_0 f\int_0^T H_e\frac{\partial M}{\partial t}\mathrm{d}t=\mu_0 f\oint H_e\mathrm{d}M \qquad \text{(B.3)}$$

在稳态周期性条件下,每周期内磁化曲线是闭合的,式(B.3)变成:

$$P=-\mu_0 f\oint M\mathrm{d}H_e \qquad \text{(B.4)}$$

样品和探测线圈形状的几何误差是由于取探测线圈侧表面积近似于其总表面积 A 而造成的。定量的考虑在附录 C 中介绍。

附 录 C
(资料性附录)
探测线圈法中几何误差的估算

由于探测线圈检测的不完善，正如附录B所提出的，探测线圈法具有几何误差。如果由式(2)得到的表观磁化强度 M 等于 $G(h_p, h_c, h_s, R, a)M_0$，那么式(B.4)变成下列表达式

$$P = -\mu_0 f G(h_p, h_c, h_s, R, a) \oint M_0 \mathrm{d}H_e \qquad \cdots\cdots(C.1)$$

这里，M_0 是样品中感应的实际磁化强度。系数 G 给出几何误差，且仅与主探测线圈高度 $2h_p$、补偿线圈高度 $2h_c$、线圈样品的线圈高度 $2h_s$ 和半径 R，以及每个探测线圈半径和样品半径之差 a 有关[11]。当系数 G 趋近于1时，相当精确地测量交流损耗是可能的。

按照几何误差的估算，得到5.2给出的线圈样品和探测线圈标准布置的条件 $|G-1.00|<0.01$。图C.1也说明了略微不同于标准布置情况下的几何误差。

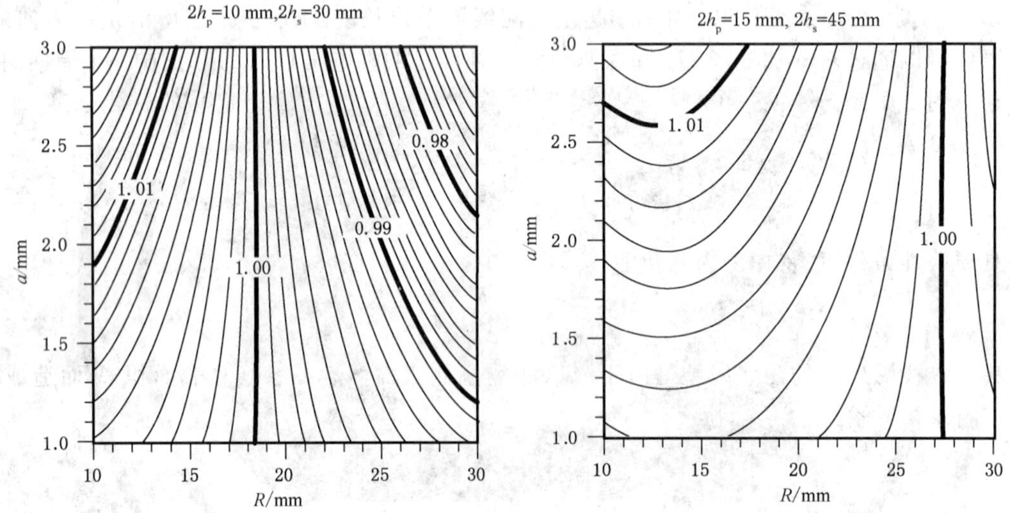

a) 例1　　　b) 例2

图C.1 计算几何系数 G 的等值线图例

附 录 D
(资料性附录)
推荐的磁化强度和交流损耗的标定方法

D.1 标定概述

即使在诸如附录C中所提到的探测线圈系统的几何误差等可控制误差可以减小的情况下,仍然推荐对磁化强度进行标定以补偿对样品中随时间变化的感应磁矩的不完整测量。应用第Ⅰ类超导体标样如高纯度Pb线来标定磁化强度。利用D.4所示的可逆M-H_e曲线的峰值对磁化强度进行标定。除了线圈结构和下列测试条件外,标样磁化测量步骤原则上与通常样品线的测量步骤相同。

D.2 标样的线圈结构

标样线应与非金属无磁线(如钓鱼线)一同松绕,后者作为单层线圈的匝间绝缘。推荐选取隔离物的直径近似等于样品线径的一半。

标样的两端应开路,标样线圈高度应与通常样品高度相同。

D.3 标样的测试条件

当标样选择Pb,外加磁场的幅值应为0.1 T。外加磁场波形应为正弦波并且频率在0.006 Hz~0.06 Hz范围内。三角波也可用于外加磁场波形。

D.4 标样磁化强度的标定

众所周知,对具有一定退磁(效应)的第Ⅰ类超导体进行测量的磁化曲线的斜率与退磁因子大小有关,但是最大磁化强度往往是一样的且等于临界磁场强度H_c。这已由SQUID磁测法得到的试验结果所证实,如图D.1a)所示。如果通过线性外推法对曲线进行圆滑近似,试验峰值往往是相同的而且在5%的误差(范围内)等于临界场强度39.8 kA/m,这与磁化强度消失时直接测得的场强非常一致。

利用探测线圈法测量的纯Pb线的两组实验结果也在图D.1b)中一并给出。在此图中,实线和虚线分别表示频率为0.006 Hz和0.06 Hz的结果。探测线圈和样品以本标准给出的条件布置。磁化曲线具有与频率有关的磁滞性。在上述频率范围内,升场分支(曲线)是可再现的,然而降场分支(曲线)对频率很敏感[12]。正如图中箭头所指出的那样,如果在升场过程中估算磁化强度峰值,43.8 kA/m等于临界场强42.2 kA/m加上或者减去其(临界磁场)几个百分点的量。预期的峰值与测量峰值之比是磁化测量及探测线圈系统交流损耗测量的标定系数。在本标准所叙述探测线圈系统的条件下,在小于百分之几的误差范围内可以进行交流损耗测量而无须标定。

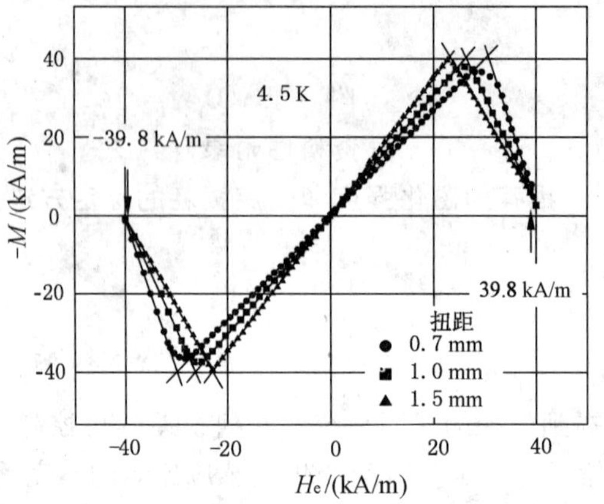

a） 纯 Pb 标样的磁化曲线（SQUISD 磁强计法）

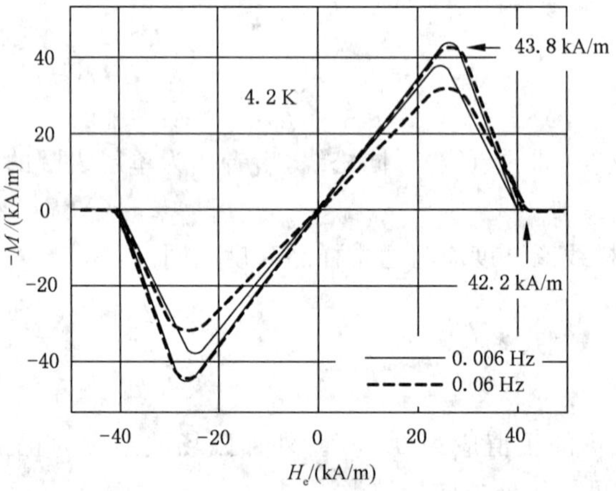

b） 纯 Pb 标样的磁化曲线（探测线圈法）

图 D.1 由磁化曲线进行临界场的估算

附 录 E
（资料性附录）
各类波形外加磁场的耦合损耗

在 8.6 中提到的各向同性细丝超导线电磁条件下，两种类型（波形）外加磁场的耦合损耗表达式如式（E.1）、式（E.2）：

$$P_c = 4\pi^2 \tau \mu_0 H_m^2 f^2 \quad \text{正弦波} \tag{E.1}$$

$$P_c = 64 \tau \mu_0 H_m^2 f^2 \quad \text{三角波} \tag{E.2}$$

每一种波形的具体参数如图 E.1 所示。

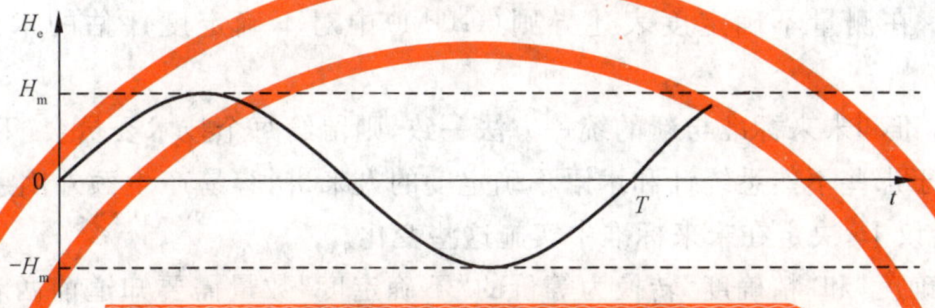

a） 周期为 $T=1/f$ 的正弦波形

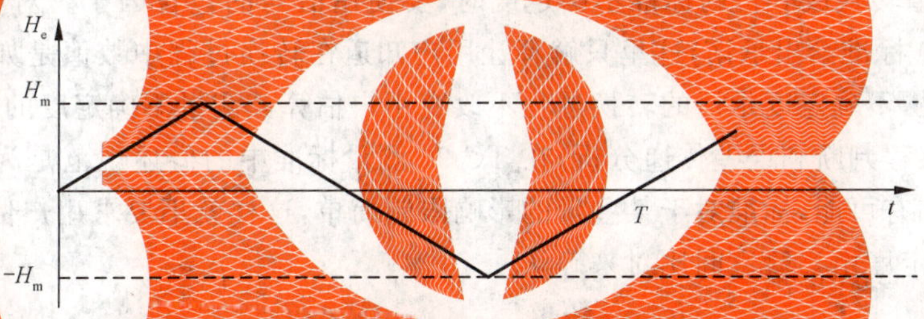

b） 三角波形，周期 $T=1/f$

图 E.1 周期为 $T=1/f$ 的外加磁场波形

附 录 F
（资料性附录）
不确定度考虑

F.1 概述

1995 年，很多国际标准组织包括 IEC 在它们的标准中决定统一使用统计术语。对于所有定量（与数有关）的统计表述决定使用“不确定度”，而去掉定量使用“精确度”和“准确度”。“准确度”和“精确度”仍然可以定性使用。在测量不确定度表述导则（GUM）中对不确定度评估的术语和方法进行了标准化[13]。

是否改变现有标准和未来标准与新的统一方法一致，则留给每个技术委员会（TC）决定。这种改变是困难的，尤其是对于那些不熟悉统计和术语不确定度的人来讲，容易产生额外困惑。2006 年 6 月，在京都召开的 TC90 会议上，决定在未来标准中实施这些变化。

将带数量的“准确度”和“精确度”转换为等价的“不确定度”数量需要知道前两者的原始数值来源。扩展不确定度的包含因子可以是 1,2,3 或其他数量。有时用矩形分布描述的制造商规范导致转换数量为 $1/\sqrt{3}$。将原始数值转换成等价的标准不确定度时，要使用恰当的包含因子。对于转换过程，标准的使用者无需向 TC 90 标准给出承诺，这里只解释让用户知道在转换过程中数值是如何变化的。为了确定标准准则是否满足，不确定度术语的转换过程不改变用户估算其测量不确定度的需要。

基于召集人的工程判断和误差传递分析，在 TC 90 测量标准中的概述规范是为了限制影响测量任何量的不确定度。如有可能，标准对于某些量的影响限制简单，这样就不要求用户估算这些量的不确定度，标准的整体不确定度由实验室间比对来确认。

F.2 术语和定义

统计术语和定义从 3 个来源找到：测量不确定度导则（GUM ）、计量学中基本和一般术语国际词汇（VIM）[14]和 NIST 测量结果的不确定度估算及表述的 NIST 导则[15]。本标准中并不是所有的统计术语和定义都在 GUM 中有明确定义。例如，在 GUM（5.1.6 条 1，附录 J ）中使用的术语“相对标准不确定度”和“相对合成标准不确定度”，但是在 GUM 中两者没有正式定义（见[15]）。

F.3 不确定度概念的考虑

过去统计计算中常常使用变异系数（COV），即标准偏差与平均值之比（注：变异系数通常叫做相对标准偏差）。这些计算已用于评估测量精密度并给出重复实验的接近程度。与变异系数 COV 相比，标准不确定度（SU）更依赖于重复测量次数，较少依赖于平均值；因此在某些情况下，对离散数据和实验辨别给出更加真实的描述。下面将说明使用相同的信号调节器和数据采集系统，对标称完全相同的伸长计进行测量的一组电子漂移及蠕动电压实例。测量数据见表 F.1，数据处理见表 F.2～表 F.5。从 32 000单元电子数据表中随机提取 $n=10$ 对数据。这里，伸长计 1 (E_1)处于零偏置位置，而使伸长计 2(E_2)偏移 1 mm。输出信号电压单位为 V。

表 F.1 两个标称一致的伸长计输出信号

输出信号/V	
E_1	E_2
0.001 220 70	2.334 594 73
0.000 610 35	2.334 289 55
0.001 525 88	2.334 289 55
0.001 220 70	2.334 954 73
0.001 525 88	2.334 594 73
0.001 220 70	2.333 984 38
0.001 525 88	2.334 289 55
0.000 915 53	2.334 289 55
0.000 915 53	2.334 594 73
0.001 220 70	2.334 594 73

表 F.2 两输出信号的平均值

平均值 $\overline{X}$ /V	
E_1	E_2
0.001 190 19	2.334 411 62

$$\overline{X}=\frac{\sum_{i=1}^{n}X_i}{n} \qquad [\mathrm{V}] \qquad \cdots\cdots(\mathrm{F.1})$$

表 F.3 两输出信号的试验标准偏差

实验标准偏差 s/V	
E_1	E_2
0.000 303 48	0.000 213 381

$$s=\sqrt{\frac{1}{n-1}\cdot\sum_{i=1}^{n}(X_i-\overline{X})^2} \qquad [\mathrm{V}] \qquad \cdots\cdots(\mathrm{F.2})$$

表 F.4 两输出信号的标准不确定度

标准不确定度(u) /V	
E_1	E_2
0.000 095 97	0.000 067 48

$$u=\frac{s}{\sqrt{n}} \quad [\mathrm{V}] \tag{F.3}$$

表 F.5　两输出信号的变化系数

变化系数(COV)/%	
E_1	E_2
25.498 2	0.009 1

$$\mathrm{COV}=\frac{s}{\bar{X}} \tag{F.4}$$

对于两个伸长计偏移量来讲,标准不确定度非常相近。相反,若采用变化系数 COV,两组数据相差近 2 800 倍。这就表明了采用与平均值无关的标准不确定度的优点。

F.4　TC 90 标准不确定度计算实例

实验观测值与被测量真值往往不会恰好一致。观测值可认为是真值的估计。不确定度是“测量误差”的一部分,“测量误差”是任何测量的固有部分。不确定度的大小是测量计量质量的测度,并提高对测量规程的认识。任何物理测量结果由两部分构成:一部分是对被测量真值的估计;另一部分是这种“最好”估计的不确定度。本文中,GUM 是明晰的、标准化的测量规程文件导则。人们尝试通过测量“最好估值”并利用不确定度评价测量真值,认为这种不确定度估算有两类:A 类 不确定度(实验室重复测量一般表示为高斯分布形式);B 类不确定度(先前的实验,文献数据,厂商信息等通常以矩形分布的形式提供)。

有关利用 GUM 规程进行不确定度计算以下列实例进行说明:

a)　第一步以确认的被测量形式作为所有输入量的函数,用户必须推导数学测量模型。利用负荷传感器测量力的不确定度为实例,给出此模型的简单实例:

被测量力$=W$(预期的标准重量)$+d_{\mathrm{W}}$(厂商提供的数据)$+d_{\mathrm{R}}$(每天标准重量重复检查)$+d_{\mathrm{Re}}$(不同天检验的可再现性)。

这里输入量是:用不同天平对标准重量所测重量(A 类),厂商提供数据(B 类);利用数字电子系统重复实验结果(B 类)和不同天测量最终值的可再现性(B 类)。

b)　用户应该识别每一输入量的分布类型(例如,A 类测量属于高斯分布;B 类测量术语矩形分布)。

c)　估算 A 类测量的标准不确定度:

$$u_{\mathrm{A}}=\frac{s}{\sqrt{N}}$$

这里 s 是标准偏差,N 是测量数据点数的总数目。

d)　估算 B 类测量的标准不确定度:

$$u_{\mathrm{B}}=\sqrt{\frac{1}{3}\cdot d_{\mathrm{W}}{}^{2}+\cdots}$$

这里 d_{W} 是矩形分布值范围。

e)　利用下列表达式,结合所有测量的标准不确定度计算合成标准不确定度:

$$u_c=\sqrt{u_A^2+u_B^2}$$

这种情况是假定输入量之间没有关联。如果模型方程包含乘积或商项,合成不确定度利用偏微分进行估算,由于灵敏度性系数,相互之间的关系会变得更复杂[16,17]。

f) 可选择法－提到的被测量估算的合成标准不确定度可以乘以包含因子(如 1 对应 68%、2 对应 95%、3 对应 99%),以此来增加几率,期望被测量位于概率分布的间隔范围内。

g) 连同测量单位以形式"被测量估算值±扩展不确定度"报告结果,并最低限度地陈述用于计算扩展不确定度和估算包含概率的包含因子。

为了使得计算简洁和标准化规范,直接的方法是使用合适的有资质的商业软件,这样能够减小日常工作量[18,19]。尤其是使用这些软件工具,能够很容易地得到所指定的偏导数。测量不确定度导则的进一步参考文献在[15, 20, 21]中给出。

附　录　G
(资料性附录)
探测线圈法交流损耗测量不确定度的估算[22]

探测线圈法交流损耗测量的不确定度主要来自测量条件的影响、信号的处理以及如何区分交流损耗。测量条件的影响由两种主要损耗分量(磁滞损耗 P_h和耦合损耗 P_c)的理论表达式估测。信号处理是计算交流损耗的一个关键步骤,由实验输出信号通过式(1)和式(2)进行。第三项是个附加步骤,按照8.5 和 8.6 中的步骤将交流损耗分为两种损耗分量。作为典型实例,对 NbTi 导体估算的两种损耗分量的相对合成标准不确定度总结于表 G.1。

测量条件对于不确定度评定的影响,除了测量装置的基本标准不确定度外,要从放置样品处的温度和磁场的基本标准不确定度开始。这些初始数据在正文和表 G.1 中给出。初始标准不确定度向 P_h 和 P_c 不确定的传递通过下列理论表达式和穿透场 H_p 以及耦合时间常数 τ 估算。

$$P_h=\frac{4}{3}\mu_0 H_p^2\left(2\frac{H_m}{H_p}-1\right)f\cong\frac{8}{3}\mu_0 H_p H_m f \qquad \text{(G.1)}$$

$$P_c=4\pi^2\tau\mu_0 H_m^2 f^2 \qquad \text{(G.2)}$$

测量中,应考虑到交流损耗在频率下限时几乎对应于磁滞损耗,相当于在频率上限处将交流损耗分成两个损耗分量。交流损耗的相对合成标准不确定度表示为:

$$u_{c,r1}(P_{lower})=u_{c,r1}(P_h) \quad \text{频率下限} \qquad \text{(G.3)}$$

$$u_{c,r1}(P_{upper})=\sqrt{\alpha^2u_{c,r1}^2(P_h)+(1-\alpha)^2u_{c,r1}^2(P_c)} \quad \text{频率上限} \qquad \text{(G.4)}$$

这里 $u_{c,r1}(P_h)$和 $u_{c,r1}(P_c)$分别是由式(G.1)和式(G.2)得到的 P_h 和 P_c 的相对合成标准不确定度。系数 α 是频率取上限时磁滞损耗与总损耗之比,这里假定 $u_{c,r1}(P_h)$和 $u_{c,r1}(P_c)$相互独立。推荐 α 取值在 0.3～0.5 范围。作为典型实例,表 G.1 给出了 $\alpha=0.5$ 的不确定度估算结果。

用式(1)和式(2)估算信号处理引起的不确定度,此步骤中其基本标准不确定度也列于表 G.1。在此阶段,只计算总交流损耗的相对合成标准不确定度 $u_{c,r2}(P)$。在全部补偿的条件下的计算中,假定式(2)中 U_{p-c}不确定度几乎与探测线圈初始信号不确定度等价。应将这两步骤中计算的结果整合就得到交流损耗的相对合成标准不确定度 $u_{c,r}(P)$:

$$u_{c,r}(P)=u_{c,r}(P_{lower})=\sqrt{u_{c,r1}^2(P_{lower})+u_{c,r2}^2(P)} \quad \text{频率下限} \qquad \text{(G.5)}$$

$$=u_{c,r}(P_{upper})=\sqrt{u_{c,r1}^2(P_{upper})+u_{c,r2}^2(P)} \quad \text{频率上限} \qquad \text{(G.6)}$$

最后,损耗分量 P_h 和 P_c 的相对合成标准不确定度由频率下限和频率上限处总交流损耗相对合成标准不确定度计算。P_h 的相对合成标准不确定度 $u_{c,r}(P_h)$就认为是频率下限处交流损耗的相对合成标准不确定度。同样,P_c 的相对合成标准不确定度 $u_{c,r}(P_c)$可以在频率取上限时交流损耗的相对合成标准不确定度估算得到,计算公式如下:

$$u_{u,r}(P_h)=u_{u,r}(P_{lower}) \qquad \text{(G.7)}$$

$$u_{c,r}(P_c)=\sqrt{(\frac{\alpha}{1-\alpha})^2u_{c,r}^2(P_h)+(\frac{1}{1-\alpha})^2u_{c,r}^2(P_{upper})}=\sqrt{(\frac{\alpha}{1-\alpha})^2u_{c,r}^2(P_{lower})+(\frac{1}{1-\alpha})^2u_{c,r}^2(P_{upper})} \qquad \text{(G.8)}$$

这里使用了频率取上限时 P_h 和 P_c 平均值相同的条件。耦合时间常数的相对合成标准不确定度也可以用式(G.2)计算。

在整个计算过程中，磁滞损耗的不确定度主要受温度影响，耦合损耗和耦合时间常数的不确定度主要受温度和最后一步区分损耗计算的影响。

对于磁滞损耗和耦合损耗(耦合时间常数)的相对合成标准不确定度 $u_{c,r}$，若取包含因子 $k=2$，本方法目标相对合成标准不确定度定义为扩展不确定度 U_r：

$$U_r = 2u_{c,r} \qquad \text{(G.9)}$$

在过去的循环比对实验中[7],[8]，利用COV总结国际比对结果。依据附录G计算的每个交流损耗分量的COV和不确定度两者之间的关系在文献[10]进行了讨论。

表 G.1 探测线圈法相对不确定度的传递($\alpha=0.5$)

测量条件的影响		测量中信号处理的影响	
测量装置 磁场 温度	5.0×10^{-3} 5.0×10^{-3} 1.2×10^{-2}	探测线圈匝数 探测线圈截面 测量采样间隔	1.5×10^{-3} 1.0×10^{-2} 1.4×10^{-6}
穿透磁场 H_p 耦合时间常数 τ 磁滞损耗 耦合损耗	3.6×10^{-2} 1.4×10^{-2} 3.7×10^{-2} 2.0×10^{-2}	探测线圈端电压 磁场处理 总交流损耗处理 两种影响的整合	3.2×10^{-6} 1.0×10^{-2} 1.0×10^{-2}
频率下限交流损耗 频率上限交流损耗	3.7×10^{-2} 2.1×10^{-2}	频率下限交流损耗 频率上限交流损耗	3.8×10^{-2} 2.3×10^{-2}
交流损耗分量的区分			
磁滞损耗 耦合损耗 耦合时间常数			3.8×10^{-2} 5.4×10^{-2} 5.5×10^{-2}
$k=2$ 时的相对扩展不确定度			
磁滞损耗 耦合损耗 耦合时间常数			7.6×10^{-2} 10.8×10^{-2} 11.0×10^{-2}

参 考 文 献

［1］ SCHMIDT, C., ITOH, K., WADA, H.AC magnetization measurement of hysteresis and coupling losses in NbTi multifilamentary strands.Cryogenics, 1997, Vol.37, No.2, p.77-89.

［2］ IEC 61788-13 (2003), Superconductivity—Part 13: AC loss measurements—Magnetometer methods for hysteresis loss in Cu/Nb-Ti multifilamentary composites.

［3］ IEC 61788-1 (2006), Superconductivity—Part 1: Critical current measurement—DC critical current of Nb-Ti composite superconductors.

［4］ SUMIYOSHI, F., IRIE, F., YOSHIDA, K., FUNAKOSHI, H.AC loss of a multifilamentary superconducting composite in a transverse ac magnetic field with large amplitude. J. Appl. Phys., 1979, Vol.50, No.11, p.7044-7050.

［5］ CARR Jr., W.J.AC loss in a twisted filamentary superconducting wire. I. J. Appl. Phys., 1974, Vol.45, No.2, p.929-934

［6］ CAMPBELL, A.M.A general treatment of losses in multifilamentary superconductors.Cryogenics, 1982, Vol.22, No.1, p.3-16

［7］ FUNAKI, K., YUMURA, H., KAWABATA, A., SUGIMOTO, M., ITO, K., OSAMURA, K.: "Standardization of AC loss measurement of Cu/Nb-Ti composites exposed to alternating transverse magnetic field by pickup coil method." Advances in Superconductivity XII (Springer-Verlag, Tokyo), 2000, p.706-708

［8］ KAWABATA, S., TSUZURA, H., FUKUDA, Y., FUNAKI, K., OSAMURA, K. Standardization of the pickup coil method for AC loss measurement of three-component superconducting wires.PHYSICA C: Superconductivity, 2003, Vol.392-396, p.1129-1133.

［9］ IEC 61788-2, Superconductivity—Part 2: Critical current measurement—DC critical current of Nb_3Sn composite superconductors

［10］ KAJIKAWA, K., NAKAMURA, M., IWAKUMA, M., FUNAKI, K.Theoretical evaluation of geometrical errors in AC loss measurements using pickup coil methods.Advances in Superconductivity X (Springer-Verlag, Tokyo), 1998, p.1413-1416.

［11］ KAJIKAWA, K., IWAKUMA, M., FUNAKI, K., WADA, M., TAKENAKA, A.Influences of geometrical configuration on AC loss measurement with pickup coil method.IEEE Trans. Appl.Supercond., 1999, Vol.9, No.2, p.746-749.

［12］ MENDELSSOHN, K., PONTIUS, R.B.Time effects in supra-conductors.Nature, 1936, July 4, p.29-30.

［13］ ISO/IEC Guide 98-3:2008, Uncertainty of measurement—Part 3: Guide to the expression of uncertainty in measurement (GUM:1995)

［14］ ISO/IEC Guide 99:2007, International vocabulary of metrology—Basic and general concepts and associated terms(VIM)

［15］ TAYLOR, B.N.and KUYATT, C.E., Guidelines for Evaluating and Expressing the Uncertainty of NIST Measurement Results.NIST Technical Note 1297 (1994) (Available at <http://physics.nist.gov/Pubs/pdf.html>)

［16］ KRAGTEN, J., Calculating standard deviations and confidence intervals with a universally applicable spreadsheet technique.Analyst, 1994, 119, p.2161-2166

［17］ EURACHEM / CITAC Guide CG 4 Second edition:2000, Quantifying Uncertainty in Analytical Measurement

[18] Available at http://www.gum.dk/e-wb-home/gw_home.html

[19] Available at <http://www.isgmax.com/>

[20] CHURCHILL, E., HARRY, H.K., and COLLE, R., Expression of the Uncertainties of Final Measurement Results.NBS Special Publication 644 (1983)

[21] JAB NOTE 4 Edition 1:2003, Estimation of Measurement Uncertainty (Electrical Testing / High Power Testing).(Available at <http://www.jab.or.jp>).

[22] FUNAKI, K., FUJIKAMI, J., IWAKUMA, M., KASAHARA, H., KAWABATA, S., TANAKA, Y., EHARA, K Uncertainty consideration in AC loss measurement of multi filamentary superconducting wires performed via a pickup coil method.Cryogenics, 2010, Vol.50, p.111-117.

ICS 49.060
H 80

中华人民共和国国家标准

GB/T 30110—2013

空间红外探测器碲镉汞外延材料参数测试方法

Measuring methods of parameters of HgCdTe epilayers used for space infrared detectors

2013-12-17 发布　　2014-05-15 实施

中华人民共和国国家质量监督检验检疫总局
中国国家标准化管理委员会　发布

前　言

本标准按照 GB/T 1.1—2009 给出的规则起草。

本标准由全国空间科学及其应用标准化技术委员会(SAC/TC 312)归口。

本标准起草单位:中国科学院上海技术物理研究所、中国电子科技集团第十一研究所、中国兵器工业集团昆明物理研究所。

本标准主要起草人:杨建荣、周立庆、魏彦锋、折伟林、孙士文、陈路、王金义、何力。

空间红外探测器碲镉汞外延材料参数测试方法

1 范围

本标准规定了空间红外探测器用碲镉汞(HgCdTe)外延材料性能参数的测试方法和测试设备要求。

本标准适用于空间红外探测器用碲镉汞外延材料的参数测试,其他用途的碲镉汞外延材料参数的测试可参照使用。

2 规范性引用文件

下列文件对于本文件的应用是必不可少的。凡是注日期的引用文件,仅注日期的版本适用于本文件。凡是不注日期的引用文件,其最新版本(包括所有的修改单)适用于本文件。

GB/T 1553—2009 硅和锗体内少数载流子寿命测定-光电导衰减法

GB/T 1555—2009 半导体单晶晶向测定方法

GB/T 4326—2006 非本征半导体单晶霍尔迁移率和霍尔系数测量方法

GJB 548B—2005 微电子器件试验方法和程序

GJB 1485 材料物理性能测试方法的精密度、精确度和不确定度

GJB 2712 测量设备的质量保证要求计量确认体系

3 术语和定义

下列术语和定义适用于本文件。

3.1

衬底 substrate

为外延提供周期性排列的表面原子结构的单晶材料。

3.2

外延材料 epitaxial material

在单晶衬底上用气相和液相等生长方法获得的单晶薄膜材料。

3.3

液相外延 liquid phase epitaxy;LPE

把半导体材料溶解在溶剂中,使其形成饱和溶液,然后把此饱和溶液覆盖在单晶衬底上,降低温度,溶液过饱和,在衬底上沿衬底结晶轴方向生长出新的半导体单晶薄层的工艺。

[GB/T 14264—2009,定义 3.143]

3.4

分子束外延 molecular beam epitaxy;MBE

在超高真空下,使衬底保持在适当温度,把一束或多束分子连续沉积到衬底表面而得到超薄单晶层的工艺。

[GB/T 14264—2009,定义 3.161]

3.5

缓冲层　buffer layer

位于衬底与外延材料之间的过渡层。

3.6

组分　composition

膺二元化合物$(A_{1-x}B_x)_{1-y}C_y$（y 值非常接近 0.5）中 B 原子数含量占 A 原子和 B 原子数量之和的比例。

3.7

表观组分　apparent composition

按均匀材料计算得到的组分非均匀材料的组分值。

3.8

组分梯度　composition gradient

组分沿材料纵向随厚度变化的比例。

3.9

透过率　transmissivity

当特定波长的光线垂直入射到上下表面平行的片状材料时的透射光强度与入射光强度的比值。

3.10

施主　donor

半导体中一种杂质或不完整性，它向导带提供电子形成电子导电。

[GB/T 14264—2009，定义 3.68]

3.11

受主　acceptor

半导体材料中的一种杂质，它接受从价带激发的电子，形成空穴导电。

[GB/T 14264—2009，定义 3.1]

3.12

n 型半导体　n-type semiconductor

多数载流子为电子的半导体材料。

[GB/T 14264—2009，定义 3.171]

3.13

p 型半导体　p-type semiconductor

多数载流子为空穴的半导体材料。

[GB/T 14264—2009，定义 3.202]

3.14

霍尔系数　Hull-coefficient

在霍尔效应中霍尔电场的大小与磁感应强度及电流密度成正比，比例系数称为霍尔系数。

[GB/T 14264—2009，定义 3.110]

3.15

霍尔迁移率　Hall-mobility

霍尔系数与导电率的乘积。

[GB/T 14264—2009，定义 3.112]

3.16

多数载流子　majority carrier

在非本征半导体材料中，多于载流子总浓度半数的载流子，例如，p 型半导体中的空穴。

[GB/T 14264—2009,定义 3.150]

3.17

迁移率　mobility

载流子在单位电场强度作用下的平均漂移速度。

[GB/T 14264—2009,定义 3.160]

3.18

少数载流子　minority carrier

在非本征半导体材料中,少于载流子总浓度半数的载流子,例如,p 型半导体中的电子。

[GB/T 14264—2009,定义 3.159]

3.19

位错　dislocation

晶体中的一种线缺陷,它是晶体中已滑移与未滑移区之间边界构成的,或是以伯格氏回路闭合性破坏来表征的缺陷。

[GB/T 14264—2009,定义 3.36]

3.20

表面缺陷　surface defect

未经缺陷腐蚀剂腐蚀就以凸起或凹陷方式显露在材料表面的晶体结构缺陷。

3.21

表面平整度　surface flatness

设两个平行的基准面,使得规定区域内的材料表面落在两平行平面的范围内,两平面之间的最小距离被定义为材料表面平整度,该距离也是表面起伏的峰谷差,单位采用微米(μm)表示。

3.22

表面粗糙度　surface roughness

特定面积内材料表面与表面基准面(各表面点到基准面距离的算术平均值为零)之间距离的标准均方差值。

3.23

X 射线衍射貌相　X-ray topography

材料中特定原子晶面因 X 射线入射而产生的衍射光的强度面分布。

3.24

X 射线双晶衍射半峰宽　X-ray full width at half maximum;FWHM

材料中特定原子晶面所产生的衍射光强度最大值的 50%所对应 X 射线入射角的变化角度。

3.25

表面晶向　crystal orientation of surface

材料表面的法线所对应的外延材料的结晶学取向,用晶体学的密勒指数表示。对于有极性的化合物晶体材料,表面原子层为金属原子时,其表面称为 A 面,为非金属原子时称为 B 面。例如,(111)晶向的表面需用(111)A 或(111)B 来表示。

3.26

非均匀性　non-uniformity

表面不同位置上材料参数的均方差,单位和所评价参数相同。

4　符号和说明

表 1 中的符号适用于本文件。

表 1　碲镉汞外延材料参数符号、名称和单位

符号	名称	单位
T	温度	K
x	组分	无量纲
x_c	表观组分	无量纲
g_x	组分梯度	cm^{-1}
d	外延材料的厚度	μm
σ	非均匀性	—
PV	表面平整度	μm
RMS	表面粗糙度	μm
Δz	组分互扩散区厚度	μm
d_{CT}	碲化镉(CdTe)缓冲层厚度	μm
T_{wafer}	透过率	无量纲
N_D	施主浓度	cm^{-3}
N_A	受主浓度	cm^{-3}
n	n 型载流子浓度	cm^{-3}
p	p 型载流子浓度	cm^{-3}
μ_n	n 型载流子迁移率	$cm^2/V\cdot s$
μ_p	p 型载流子迁移率	$cm^2/V\cdot s$
n_H	n 型霍尔浓度	cm^{-3}
p_H	p 型霍尔浓度	cm^{-3}
μ_H	霍尔迁移率	$cm^2/V\cdot s$
τ	少数载流子寿命	ns 或 μs
EPD	位错腐蚀坑密度	cm^{-2}
FWHM	双晶衍射半峰宽	arcsec
$N_s(y)$	尺寸大于 y 的表面缺陷密度	cm^{-2}

5　材料参数测试方法

5.1　组分与厚度测试

5.1.1　测试原理

用红外光谱仪测量碲镉汞外延材料的透射率曲线，根据碲镉汞材料组分与禁带宽度的关系以及禁带宽度与材料吸收系数的关系，获取材料的组分参数，并利用透射率曲线的干涉条纹确定外延层的厚度。

5.1.2　测试系统和流程

红外光谱仪的组成如图 1 所示，主要包括光源、分束器、待测样品、动镜、定镜及计算机系统。

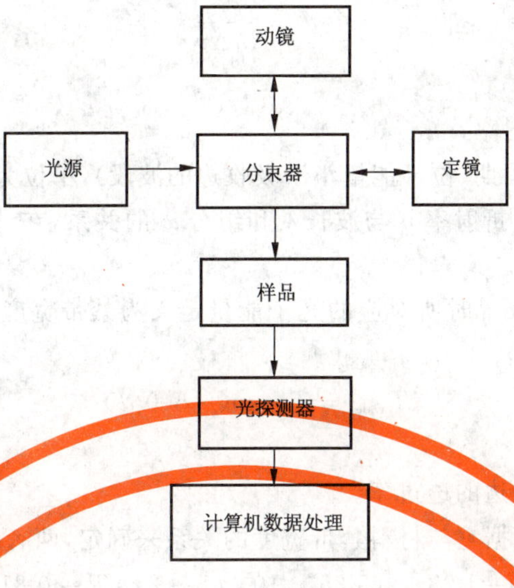

图 1　红外光谱仪的组成和测试流程图

5.1.3　测试条件

样品的测试条件如下：

a)　测量温度：室温；

b)　大气环境：湿度应小于 45%；

c)　光谱的波段选取：长波方向应保证在透光区测量到的干涉条纹大于 3 个以上，短波方向应测量到材料的透过率小于 1%。

5.1.4　样品要求

对测试样品的要求如下：

a)　样品测试区域离外延材料边缘的距离应大于 5 mm；

b)　样品表面应无损伤和沾污；

c)　衬底背面应为化学机械抛光后的平整表面（表面粗糙度应小于 0.2 μm）；

d)　衬底厚度应大于 300 μm。

5.1.5　测试步骤

对样品进行测试的步骤如下：

a)　对无样品时透过光栏的光（即入射光）强度进行光谱测量；

b)　将样品放入光路中的测试位置，测量区域与光阑孔对准；

c)　对透射光的强度光谱进行测量；

d)　将透射光的强度除以入射光的强度得到样品的透过率光谱。

5.1.6　参数提取

5.1.6.1　纵向组分均匀分布的碲锌镉（CdZnTe）衬底的碲镉汞外延材料

方法 1：根据吸收系数为 500 cm^{-1} 处的波数计算外延材料的组分。

HgCdTe/CdZnTe 外延材料中碲镉汞薄膜的厚度 d 按式(1)进行计算：

$$d=\frac{1}{2n\Delta v} \qquad \cdots\cdots(1)$$

式中：

n ——碲镉汞材料的折射率；

Δv ——干涉条纹的波数周期(位于能量小于吸收边的波段)，单位为 cm^{-1}。

附录A给出了碲镉汞材料折射率 n 与波长 λ 和组分 x 的关系，在计算时，折射率的取值和波数周期的取值应在相同的波段位置。

将吸收系数 α 等于 500 cm^{-1} 时所对应的光子能量定义为禁带宽度 E_g，它在透射光谱上所对应的透过率 T_{wafer} 按式(2)进行计算：

$$T_{wafer}=T_0\exp(-500\ d) \qquad \cdots\cdots(2)$$

式中：

T_0——光子能量小于吸收边的透过率。

碲镉汞外延材料组分 x 根据它与材料禁带宽度的关系来确定，两者的关系按式(3)进行计算[1]：

$$E_g=-0.302+1.93x+5.35\times10^{-4}(1-2x)T-0.81x^2+0.832x^3 \qquad \cdots\cdots(3)$$

式中：

T——测量温度，单位为K；

E_g——吸收系数 α 等于 500 cm^{-1} 时所对应的光子能量，单位为 eV。

方法2：根据50%最大透过率处的波数计算外延材料的组分。

将50%最大透过率处所对应的光子能量定义为禁带宽度 E_g，HgCdTe 外延材料组分 x 根据它与材料的禁带宽度 E_g 关系来确定，两者的关系如式(3)所示。

式中：

T——测量温度，单位为K；

E_g——E_g 为50%最大透过率处所对应的光子能量[2]，单位为 eV。

5.1.6.2 纵向组分非均匀的碲锌镉衬底的碲镉汞外延材料

5.1.6.2.1 表观组分

将组分非均匀分布的碲镉汞外延材料当作均匀材料处理，按5.1.6.1计算方法得到的组分和厚度即为材料的特征组分 x_c 和厚度 d。

使用这一方法时，需要对碲镉汞外延材料的厚度有较好的控制(如±1μm)，不同厚度碲镉汞外延材料的特征组分没有可比性。

5.1.6.2.2 组分分布参数

碲镉汞材料的组分分布由表面组分和组分梯度来表征，式(4)给出了组分分布 $x(z)$ 的计算公式：

$$x(z)=x_s+g_x(d-z) \qquad \cdots\cdots(4)$$

式中：

x_s ——外延层的表面组分；

g_x ——外延层的组分梯度；

d ——外延层厚度，单位为 μm；

z ——为外延层中材料离 HgCdTe/CdZnTe 界面的距离，单位为 μm。

对于液相外延(LPE)材料，高温生长工艺导致碲锌镉衬底和碲镉汞外延层在界面附近形成组分互扩散区，式(5)为该材料的组分分布的计算公式[3]。

$$x(z)=x_s+g_x(d-z)+(1-x_s-g_xd)(1-(\mathrm{erf}(\frac{2z}{\Delta z}))^3) \quad \cdots\cdots(5)$$

式中：

Δz——外延层组分扩散区的厚度，单位为 μm。

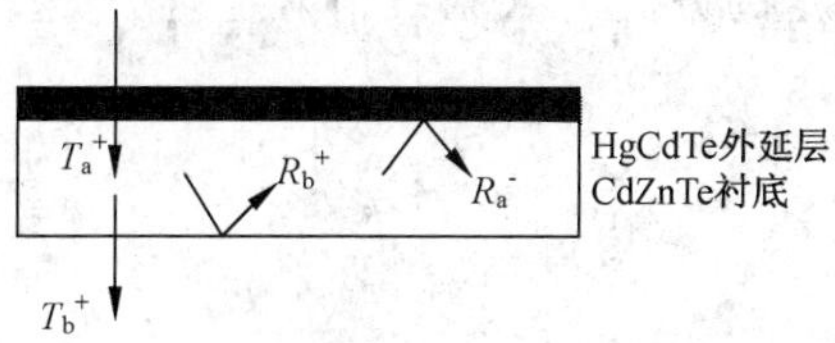

图 2　HgCdTe/CdZnTe 外延材料光正向传输的示意图

在 HgCdTe/CdZnTe 外延材料中，具有纵向组分梯度分布的碲镉汞薄膜，需要采用相干的多层模型来计算碲镉汞材料的红外透射光谱，但外延材料的碲锌镉衬底厚度较厚，不能采用相干的计算模型，因此，在计算外延材料的红外透射光谱时，两者需分开处理。图 2 给出 HgCdTe/CdZnTe 外延材料光正向传输的示意图，入射光从上表面入射到碲镉汞外延层，经过外延层与衬底后的透过率 T_{wafer} 可用式(6)进行计算[4]：

$$T_{\mathrm{wafer}}=\frac{T_a^+T_b^+}{1-R_a^-R_b^+} \quad \cdots\cdots(6)$$

式中：

R_b^+——碲锌镉和空气界面上的反射率；

T_b^+——碲锌镉和空气界面上的透射率；

T_a^+——入射光经碲镉汞外延层后进入碲锌镉材料的透过率；

R_a^-——光从碲锌镉材料经碲镉汞外延层后进入空气时的透过率。

R_b^+ 和 T_b^+ 分别按式(7)和式(8)进行计算：

$$R_b^+=\frac{(1-n_{\mathrm{CZT}})^2}{(1+n_{\mathrm{CZT}})^2} \quad \cdots\cdots(7)$$

$$T_b^+=\frac{4n_{\mathrm{CZT}}}{(n_{\mathrm{CZT}}+1)^2} \quad \cdots\cdots(8)$$

式中：

n_{CZT}——碲锌镉衬底材料的折射率。

由于碲镉汞外延层的组分非均匀性和光传输具有相干性，T_a^+ 和 R_a^- 需根据多层膜的传递矩阵来计算(见附录 B)，计算中使用的材料光学常数见附录 A。将计算得到的透过率(t)曲线与实际测量结果进行拟合，确定碲镉汞外延材料的表面组分、厚度、组分梯度和组分扩散区的厚度。

5.1.6.3　砷化镓(GaAs)(或硅(Si)、锗(Ge))衬底上的碲镉汞外延材料

HgCdTe/CdTe/GaAs(或 Si、Ge)外延材料的组分和厚度参数包括碲镉汞材料的组分 x、厚度 d 和碲化镉缓冲层的厚度 d_{CT}。用附录 B 中处理组分非均匀材料的多层膜系传递矩阵方法，计算 HgCdTe/CdTe 双层膜系材料的透射率曲线，衬底对透过率曲线的影响也采用附录 B 给出的方法进行计算，双层膜系材料的透射光谱曲线具有双重干涉条纹，将计算得到的透过率(t)曲线与实际测量结果进行拟合，确定碲镉汞材料的组分 x、厚度 d 和碲化镉缓冲层的厚度 d_{CT}。

5.2 表面晶向测试

5.2.1 晶向测试

按照 GB/T 1555—2009 中规定的方法 1“X 射线衍射定向法”进行测试。

5.2.2 表面极性测试

5.2.2.1 测试原理

利用腐蚀剂对不同极性表面腐蚀后形成的表面形貌差异来确定材料的表面极性。

5.2.2.2 腐蚀剂配方

腐蚀剂为 Polisar Ⅱ 腐蚀剂[5]，腐蚀剂的配方为 HNO_3 ∶ HCl(浓度为 36.5%～37%) ∶ HO_2 ∶ CH_3COOH ∶ Br= 60 cm^3 ∶ 25 cm^3 ∶ 90 cm^3 ∶ 5 cm^3 ∶ 0.1 cm^3。

5.2.2.3 测试条件

样品的测试条件如下：

a) 腐蚀液温度为 20 ℃～25 ℃；

b) 腐蚀时间：30 s；

c) 用合适放大倍数的显微镜进行观察(以看清楚腐蚀坑为准)。

5.2.3 样品要求

对测试样品的要求如下：

a) 样品表面应无沾污；

b) 测试前样品表面应进行腐蚀与清洗。

5.2.4 测试步骤

对样品进行测试的步骤如下：

a) 对碲镉汞外延材料表面用三氯乙烯加热(至沸腾)清洗 2 遍，接着在室温条件下用甲醇清洗 3 遍；

b) 用 0.2%的 Br 甲醇对材料表面腐蚀 30 s，接着在室温条件下用甲醇清洗 3 遍，再用去离子水清洗 3 遍后待用；

c) 在烧杯中按要求配制腐蚀液；

d) 从水中取出后直接放入腐蚀液进行腐蚀，腐蚀过程中轻微晃动样品；

e) 腐蚀结束后用去离子水将腐蚀液清洗干净，清洗过程中样品不与空气接触，取出后用氮气吹干后待用；

f) 把显微镜调至 Nomarski 观察模式，将样品放置在显微镜的视场下进行观察。

5.2.5 A、B 面的确定

在 500 倍或 1 000 倍视场下，如能在样品表面观察到腐蚀坑，则材料表面为 A 面；如表面为不存在腐蚀坑的粗糙面，则材料表面为 B 面。

5.3 晶格常数测试

5.3.1 测试原理

晶格常数的测试选取三轴 X 射线衍射模式，如图 3 所示。在探测器前端加入了晶体单色器，衍射光只有满足分析晶体 Bragg 衍射才能被探测器收集，从而减小了探测器的接收角，提高了角分辨率。

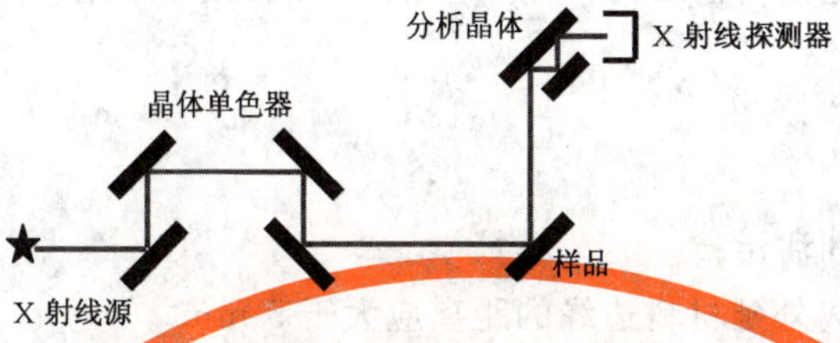

图 3 三轴 X 射线衍射测量晶格常数测试的原理图

式(9)为单色 X 射线投射到样品表面后发生 Bragg 衍射条件：

$$2d\sin\theta = m\lambda \qquad \cdots\cdots(9)$$

式中：

d——衍射面的间距，单位为 μm；

θ——衍射角，单位为弧度(arcsec)；

m——衍射级数，通常取为 1；

λ——X 射线波长，单位为 μm。

式(10)为 d 和晶格常数 a 的关系：

$$d = \frac{a}{\sqrt{h^2 + k^2 + l^2}} \qquad \cdots\cdots(10)$$

式中：

h、k、l——衍射面的密勒指数。

式(11)为由此得出的晶格常数的计算公式。

$$a = \frac{m\lambda}{2\sin\theta}\sqrt{h^2 + k^2 + l^2} \qquad \cdots\cdots(11)$$

通过测量衍射角 θ，即可测量出样品的晶格常数。

5.3.2 测试系统和流程

测试系统和流程如图 4 所示，整个测试系统由 X 射线源、狭缝、待测样品、分析晶体、入射光角度优化装置、样品台及计算机系统组成。

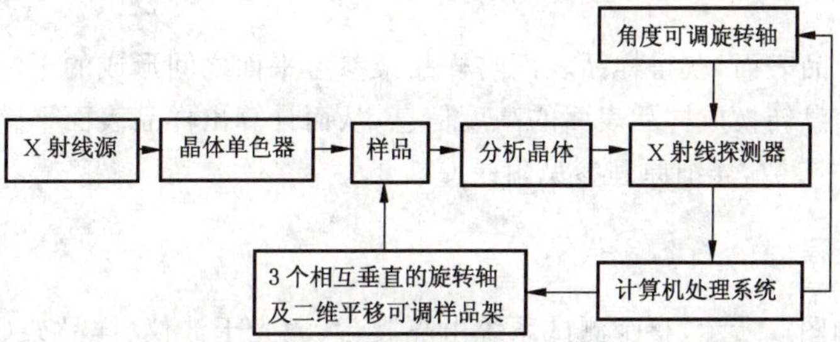

图 4 三轴 X 射线衍射测试系统的组成及晶格常数测试的流程图

5.3.3 测试条件

样品的测试条件如下：

a) X射线源采用Cu靶的Kα1线；

b) X射线晶体单色器，波长发散度 $\Delta\lambda/\lambda$ 小于 3×10^{-5}，角度发散度不大于12弧秒；

c) 衍射仪具备立体角优化调整结构，X射线光路角度机械调整精度优于4弧秒。

5.3.4 样品要求

对测试样品的要求如下：

a) 样品表面应无损伤和沾污；

b) 样品有效测试区域离外延材料边缘的距离应大于5 mm。

5.3.5 测试步骤

5.3.5.1 测试步骤1：零点测量法

对样品进行测试的步骤如下：

a) 将所有位置参数置零，在0°附近扫描衍射角，将衍射极大处设置为衍射角零点；

b) 让入射X射线对准样品中心，将X射线入射角、衍射角、样品倾角进行优化，满足Bragg衍射条件，使衍射强度达到极大；

c) 对样品进行 $\omega-2\theta$ 联动扫描，横坐标为 2θ，并记录X射线衍射强度随衍射角的变化曲线，在 $\omega-2\theta$ 曲线上读取衍射极大值点对应的 2θ 角。

5.3.5.2 测试步骤2：Bond法

a) 安装样品并扫面样品厚度，取最大强度的50%处为样品的衍射平面；

b) 选择高角衍射，设置好 2θ 角，扫描 ω 获得衍射峰，并记录衍射峰的左右边界，再通过扫描 *Chi* 和 Φ 使衍射强度极大且衍射角度不再随着扫描次数的增加而有变化，此时的 ω 角记为 ω_1；

c) 设置探测器的角度为 2θ，扫描 ω 找出衍射峰，记录衍射峰的左右边界，此时的 ω 记为 ω_2（$\omega_2=180°-2\theta+\omega_1$）；

d) 由 ω_1 和 ω_2 求得衍射角 θ；

e) 将 θ 值代入式(11)，得到样品的晶格常数。

5.4 表面平整度测试

5.4.1 激光干涉仪法

5.4.1.1 测试方法

将激光束照射到样品表面，获得样品表面与样品架参考平面之间形成的干涉条纹全息图，通过理论模拟分析将干涉条纹信息转换成样品表面的高度信息，从而计算出样品表面平整度(PV)与表面粗糙度(RMS)等样品表面质量参数，详细原理参见附录C。

5.4.1.2 测试系统和流程

测试系统和流程如图5所示，整个测试系统由隔震台、激光干涉仪、样品架（倾斜角度可调）以及计算机系统（能够处理和分析由干涉条纹形成的样品三维轮廓图）等组成。

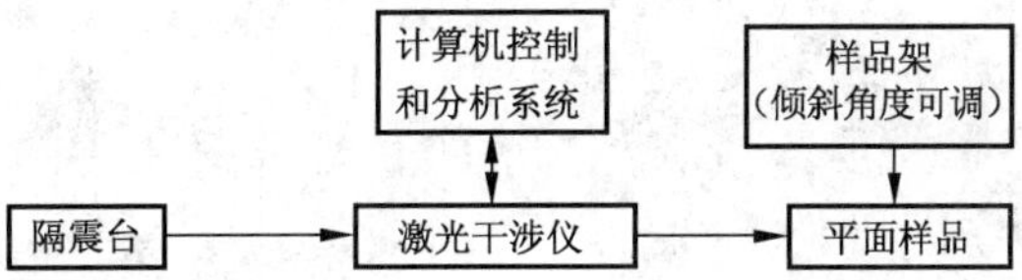

图 5　激光干涉仪测试材料表面平整度的流程图

5.4.1.3　测试条件

样品的测试条件如下：

a)　测室环境的洁净等级应不低于 10 000 级；

b)　测试环境湿度为 40%±20%；

c)　环境温度为 23 ℃±2 ℃；

d)　测试时样品附近应无各种扰动。

5.4.1.4　样品要求

对测试样品的要求如下：

a)　待测样品测试区域离外延材料边缘距离应大于 5 mm；

b)　样品背面应整洁平滑；

c)　待测样品表面应保持干净(清洗去除表面沾污和颗粒物)。

5.4.1.5　测试步骤

对样品进行测试的步骤如下：

a)　将样品放置到样品架上，使待测样品尽可能靠近干涉仪的光学镜头；

b)　调节样品台的倾斜角度，使得计算机屏幕上的干涉条纹数量达到最少，并使样品成像清晰；

c)　确定测试区域的大小，对样品进行测试；

d)　由计算机软件对测试结果进行分析，并给出样品表面平整度的 PV 值。

5.4.2　白光干涉仪法

5.4.2.1　测试原理

一束白光经分光镜后投射到样品表面，入射光的另一部分反射到参考表面，从样品和参考表面反射回的光将在分光镜处合形成干涉条纹。通过算法解调这些条纹信号后，可测量出材料表面的高度。

5.4.2.2　测试系统和流程

白光干涉仪测试系统的组成和测试流程如图 6，主要包括光源、分光镜、待测样品、探测器和计算机系统等组成。

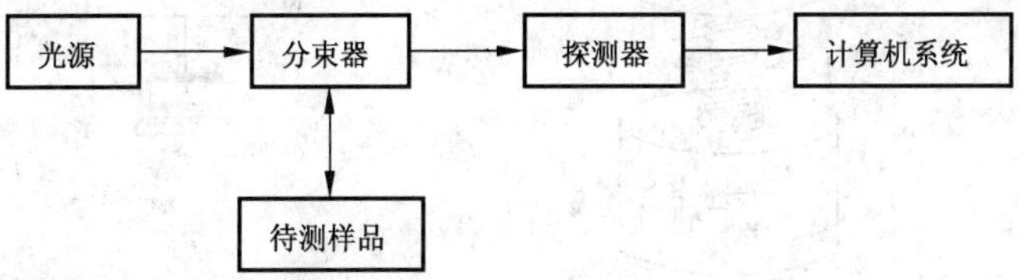

图 6　白光干涉仪测试系统的组成和测试流程图

5.4.2.3 测试条件

和5.4.1.3相同。

5.4.2.4 样品要求

和5.4.1.4相同。

5.4.2.5 测试步骤

对样品进行测试的步骤如下：

a) 安装样品；

b) 通过软件调整物镜高度，聚焦到样品表面；

c) 通过样品台移动找到需要测试的区域；

d) 通过软件调整物镜的倾斜，获得合适的干涉条纹数量；

e) 设置扫描参数并开始测试，软件直接获得测试数据。

5.5 表面粗糙度测试

5.5.1 激光干涉仪法

激光干涉仪法适合于测试表面粗糙度在微米量级（从亚微米到10微米）的材料，测试方法参照5.9，最终由计算机对测试结果进行分析，给出样品表面粗糙度的RMS值。

5.5.2 原子力显微镜法

5.5.2.1 测试原理

通过检测待测样品表面和一个微型力敏感元件之间的极微弱的原子间相互作用力来研究物质的表面结构及性质。将一个对微弱力极敏感的微悬臂一端固定，另一端有一个微小的针尖，针尖与样品表面轻轻接触，由于针尖尖端原子与样品表面原子间存在极微弱的作用力，利用压电陶瓷传感器使微悬臂在扫描时保持作用力恒定，微悬臂将在垂直于样品的表面方向起伏运动，采用激光探测器检测这些变化，可测得微悬臂对应于扫描各点的位置变化，从而以纳米级分辨率获得待测样品表面结构信息，其测试原理图见图7。原子力显微镜法适合于测试表面粗糙度在纳米量级（从1纳米到上百纳米）的材料。

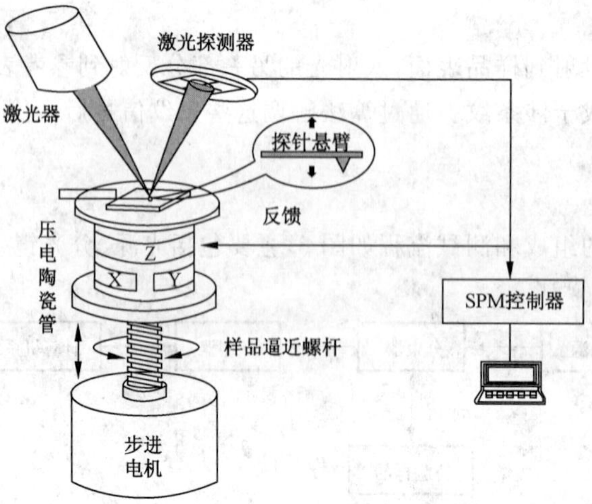

图7 原子力显微镜测试原理图

式(12)为表面粗糙度 RMS (Root Mean Square) 的计算公式：

$$\mathrm{RMS}=\sqrt{\frac{1}{NM}\sum_{j=1}^{M}\sum_{i=1}^{N}\eta^{2}(x_{i},x_{j})} \qquad \cdots\cdots(12)$$

式中：

M——拟合曲线上所统计的点的个数；

N——所有统计的拟合曲线的条数；

η——拟合曲线上坐标处于(x,y)点处的振幅。

5.5.2.2 测试系统和流程

原子力显微镜测试系统的组成及测试流程如图 8 所示，整个测试系统主要由激光器、待测样品、探针、压电陶瓷、SPM 控制系统、激光检测器和数据处理系统等组成。

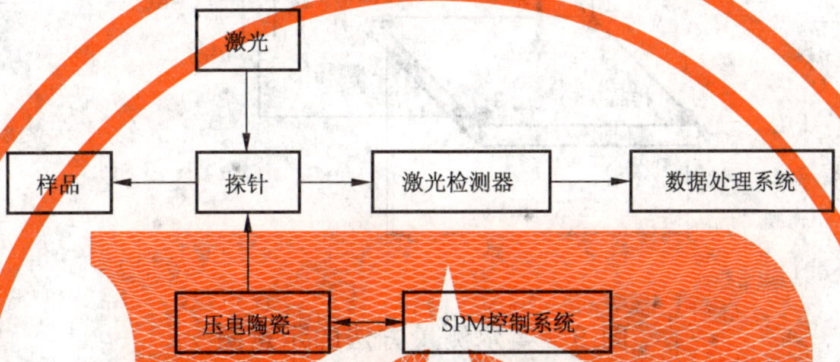

图 8 原子力显微镜的组成和测试流程图

5.5.2.3 测试条件

和 5.4.1.3 相同。

5.5.2.4 样品要求

对测试样品的要求如下：

a) 待测样品测试区域离外延材料边缘距离应大于 5 mm；

b) 样品背面应整洁平滑(可满足真空吸附)；

c) 待测样品表面应保持干净(清洗去除表面沾污和颗粒物)。

5.5.2.5 测试步骤

对样品进行测试的步骤如下：

a) 启动设备，打开操作软件；

b) 选择与待测样品匹配的探针；

c) 安装样品并调整探针和待测样品之间的距离；

d) 设定扫描速度和扫描范围等测试参数，开始测试；

e) 利用计算机软件处理测试结果。

5.6 材料电学参数测试

5.6.1 材料的电学参数

碲镉汞材料的电学参数包括材料的多数载流子浓度、载流子迁移率、施主或受主浓度，材料电学参数与霍尔效应中的霍尔浓度和霍尔迁移率密切相关,霍尔浓度和霍尔迁移为直接测量参数。

5.6.2 测试方法

本标准利用霍尔效应,并采用范德堡法对霍尔参数进行测量,测试方法为在样品的垂直方向上加入磁场(见图 9),并在样品的一组电极之间输入恒定电流,测量霍尔效应在材料另一组电极上形成的电压。通过改变输入电极和磁场,并测量不同电极之间的电压,获得材料的霍尔系数和电阻率。然后根据霍尔系数和电阻率随温度、磁场强度的依赖关系提取出材料的多数载流子浓度、载流子迁移率、施主浓度和受主浓度。

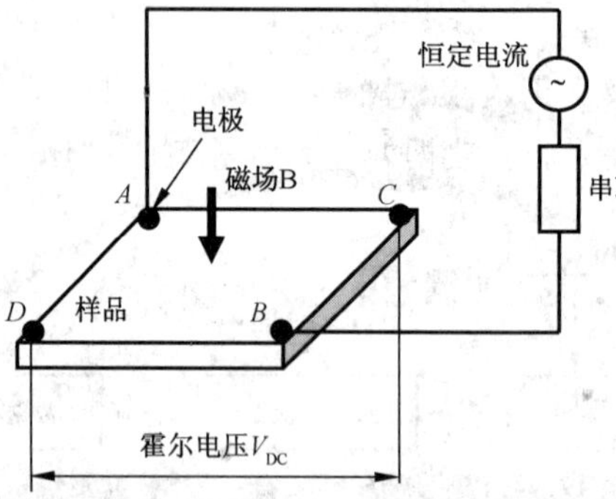

图 9 霍尔测量方法的示意图

5.6.3 测试系统

霍尔测试系统如图 10 所示,整个测试系统由磁体、杜瓦、待测样品、恒流源和电压测量仪、制冷系统及计算机系统组成。

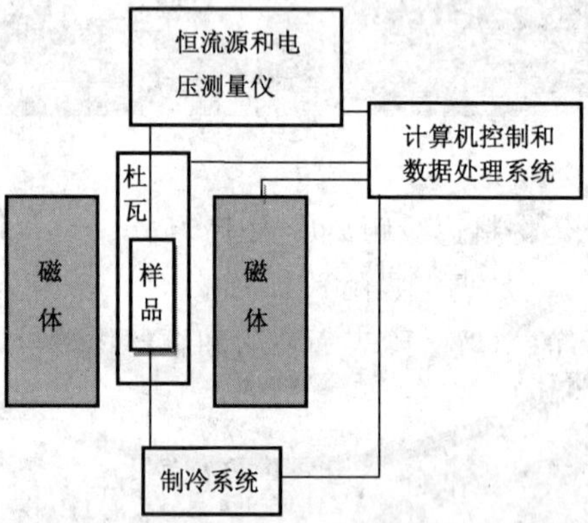

图 10 霍尔测试系统的主要部件及构成图

5.6.4 测试条件

样品的测试条件如下:

a) 温度测试范围:10 K～300 K;

b) 磁场测试范围:0.1 T～2 T,以样品霍尔参数不随磁场增大而变化为标准;

c) 电流:电流大小可在 0.1 mA～20 mA 之间选取,样品功耗应不超过 5 mW,样品霍尔电压值应不小于 20 mV。

5.6.5 样品要求

对测试样品的要求如下：

a) 样品应取自离外延材料边缘大于 5 mm 的区域；

b) 面积应大于 5 mm×5 mm；

c) 样品表面应无损伤和沾污；

d) 测试前样品表面应进行清洗与腐蚀；

e) 电极制作，用热传导加热的方式将 In 球焊到导线的一端，再用助焊剂将 In 球焊到样品上，In 球直径应小于样品线度的 1/10，位置应尽量靠近边缘（见图 9），四电极的分布应尽量对称。在测试条件范围内，电极之间的 *I*-*V* 曲线应满足线性依赖关系。

5.6.6 测试步骤

按 GB/T 4326—2006 中 6.2 给出的测试步骤进行。

5.6.7 参数的提取

5.6.7.1 霍尔参数（霍尔系数 $\boldsymbol{R}_{\mathrm{H}}$、电阻率 $\boldsymbol{\rho}$ 和霍尔迁移率 $\boldsymbol{\mu}_{\mathrm{H}}$）

按 GB/T 4326—2006 中 7.3 和 7.4 给出的计算方法进行。

5.6.7.2 霍尔浓度

材料的霍尔浓度直接由测量到的霍尔系数 R_{H} 确定，式(13)为霍尔浓度的计算公式：

$$p_{\mathrm{H}}=\frac{1}{\mathrm{e}R_{\mathrm{H}}} \text{ 或 } n_{\mathrm{H}}=\frac{1}{\mathrm{e}R_{\mathrm{H}}} \qquad \cdots\cdots(13)$$

5.6.7.3 多数载流子浓度和载流了迁移率

在固定温度的条件下，霍尔系数 R_{H} 和电阻率 ρ 与载流子浓度、迁移率相关，式(14)和式(15)分别为材料的霍尔系数 R_{H} 和电阻率 ρ 的计算公式[6]：

$$R_{\mathrm{H}}=\frac{1}{\mathrm{e}}\frac{(\mu_{\mathrm{h}}^{2}p-\mu_{\mathrm{e}}^{2}n)+\mu_{\mathrm{e}}^{2}\mu_{\mathrm{h}}^{2}(p-n)B^{2}}{(\mu_{\mathrm{h}}p+\mu_{\mathrm{e}}n)^{2}+\mu_{\mathrm{e}}^{2}\mu_{\mathrm{h}}^{2}(p-n)^{2}B^{2}} \qquad \cdots\cdots(14)$$

$$\rho=\frac{1}{\mathrm{e}}\frac{(\mu_{\mathrm{h}}p+\mu_{\mathrm{e}}n)+\mu_{\mathrm{e}}\mu_{\mathrm{h}}(\mu_{\mathrm{e}}p+\mu_{\mathrm{h}}n)B^{2}}{(\mu_{\mathrm{h}}p+\mu_{\mathrm{e}}n)^{2}+\mu_{\mathrm{e}}^{2}\mu_{\mathrm{h}}^{2}(p-n)^{2}B^{2}} \qquad \cdots\cdots(15)$$

式中：

p ——材料中的空穴浓度，单位为 cm^{-3}；

n ——材料中的电子浓度，单位为 cm^{-3}；

μ_{h} ——材料中的空穴迁移率，单位为 $\mathrm{cm}^{2}/\mathrm{V}\cdot\mathrm{s}$；

μ_{e} ——材料中的电子迁移率，单位为 $\mathrm{cm}^{2}/\mathrm{V}\cdot\mathrm{s}$；

B ——磁感应强度，单位为特斯拉(T)（$1\ \mathrm{T}=1\times10^{-4}\ \mathrm{Vs/cm^{2}}$）。

当材料中少数载流子的作用降低到可忽略不计时（所对应的测试条件是低温和强磁场），霍尔参数将不随磁感应强度增加而变化，上述方程将简化为计算式(16)和式(17)：

$$p=p_{\mathrm{H}}=\frac{1}{\mathrm{e}R_{\mathrm{H}}} \text{ 或 } n=n_{\mathrm{H}}=\frac{1}{\mathrm{e}R_{\mathrm{H}}} \qquad \cdots\cdots(16)$$

$$\mu_{\mathrm{h}}=\mu_{\mathrm{H}}=\frac{R_{\mathrm{H}}}{\rho} \text{ 或 } \mu_{\mathrm{e}}=\mu_{\mathrm{H}}=\frac{R_{\mathrm{H}}}{\rho} \qquad \cdots\cdots(17)$$

并由此获得材料的多数载流子浓度（p 或 n）和 n 型半导体材料的载流子迁移率 μ_{e} 或 p 型半导体

材料的载流子迁移率 μ_h。上述条件对于不同组分和导电类型的碲镉汞材料是不一样的，组分越小，需要的测试温度越低，磁场强度越大。

5.6.7.4 n型半导体材料的施主浓度

n型半导体材料的霍尔浓度在低温区应不随温度进一步降低而发生变化，在此温度区域，材料的施主浓度和载流子浓度之间的关系可根据式(18)进行计算：

$$N_D = n \qquad \cdots\cdots (18)$$

由此可获得材料的施主浓度。

5.6.7.5 p型半导体材料的受主浓度

测量温度应覆盖p型半导体材料霍尔浓度(cm^{-3})的对数随温度倒数($1/T$(K))增加而下降的变化率小于10的温度区域，此时材料的霍尔浓度 p_H 等于多数载流子浓度 p，并可用式(19)和式(20)进行计算：

$$p = \frac{N_A}{1 + \frac{4p}{N_v}\exp(\frac{E_A}{kT})} \qquad \cdots\cdots (19)$$

$$N_v = 2(\frac{2\pi m_h^* kT}{h^2})^{3/2} \qquad \cdots\cdots (20)$$

式中：

m_h^* ——空穴有效质量，单位为g；

h ——普朗克常数。

通过对空穴浓度 p 随温度变化的曲线进行拟合，求得p型材料的受主浓度 N_A。

5.7 少数载流子寿命测试

5.7.1 光电导衰减法

5.7.1.1 测试原理

见GB/T 1553—2009第4章。

5.7.1.2 测试条件

样品的测试条件如下：

a) 采用波长为904 nm的激光器作为脉冲光源，按GB/T 1553—2009中6.2的要求，脉冲下降沿宽度的选择应小于材料少子寿命 τ 的1/5；

b) 偏置电压 V_{dc} 的大小为 $10\times L$，L 为样品上两端电极之间的距离，单位为厘米(cm)，V_{dc} 的单位为伏(V)；

c) 材料少数载流子寿命的测量在77 K～300 K温度下进行，样品需装在低温杜瓦中进行测量，为确定样品温度，应在安放样品的基座上放置热接触良好的测温电阻；

d) 测试仪器的要求应满足GB/T 1553—2009中第6章给出的规定。

5.7.1.3 样品条件

对测试样品的要求如下：

a) 测试样品为矩形(见图11)，碲镉汞外延材料表面两端镀有欧姆接触的金属膜，n型碲镉汞材料的金属膜为In膜，p型碲镉汞材料的金属膜为Au膜，偏置电压和信号通过引出电极输入和测量；

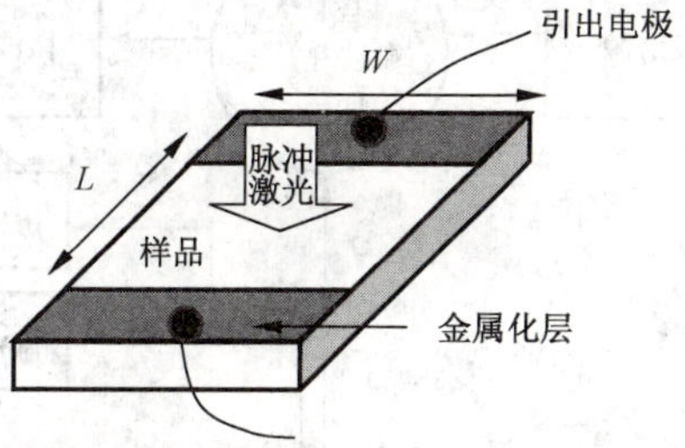

图 11　用于光电导衰减法测量的样品示意图

b)　L 应满足 GB/T 1553—2009 中 8.10.3 的要求，式(21)为这一要求的数学表达式，

$$L \geqslant \frac{\mu_\tau}{30}\tau \cdot V_{dc} \quad \cdots\cdots(21)$$

式中：

μ_τ——少子迁移率，单位为 $cm^2/V \cdot s$。

c)　样品两侧之间的距离(宽度)应大于光斑尺寸的两倍，并按 GB/T 1553—2009 中 8.8.1 的规定选择少子寿命参数的提取方法；

d)　样品表面应进行钝化。

5.7.1.4　测试步骤

按照 GB/T 1553—2009 中第 8 章进行测试。

5.7.2　微波反射光电导衰减法

5.7.2.1　测试原理

用脉冲激光在碲镉汞外延材料中激发出非平衡载流子，同时探测微波反射信号在非平衡载流子复合过程中的变化，瞬态微波反射信号正比于少数载流子浓度，通过测量瞬态微波反射信号的衰减曲线，亦可通过计算衰减曲线的时间常数求出材料的少数载流子寿命。

5.7.2.2　测试系统和流程

微波反射光电导衰减的测试装置由微波发射源、微波环行器、微波探测器、激光探测器和温度受控样品架组成(见图 12)。

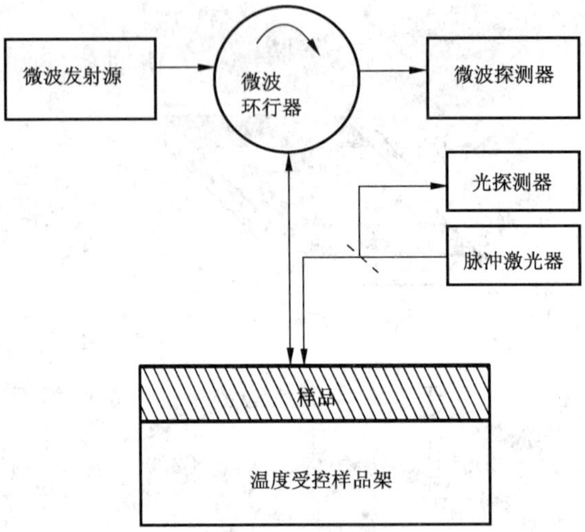

图 12　微波反射光电导衰减法测试系统的组成和少子寿命测试的流程图

5.7.2.3　**测试条件**

样品的测试条件如下：

a)　激光波长：904 nm；

b)　激光脉冲下降沿宽度小于少子寿命的 1/5；

c)　照射在样品表面的激光强度应处在和微波响应信号成线性相关的区域，以保证测量处于小信号条件；

d)　样品温度：77 K～300 K；

e)　样品表面应进行钝化。

5.7.2.4　**样品要求**

对测试样品的要求如下：

a)　所取样品离外延材料边缘的距离应大于或等于 5 mm；

b)　样品表面应无损伤和沾污；

c)　测试前样品表面应进行清洗与腐蚀。

5.7.2.5　**测试步骤**

对样品进行测试的步骤如下：

a)　安装样品，保证样品和样品架之间具有良好的热传导特性；

b)　抽真空至 10 Pa 以下；

c)　将样品架温度降低到测试温度；

d)　开启微波发射源，由控制系统触发激光器和微波探测器的输出；

e)　对输出信号与时间关系的关系曲线进行拟合，得到材料的少子寿命 τ。

5.8　位错密度测试

5.8.1　测试原理

利用腐蚀剂在位错附近对材料的腐蚀速率有别于正常区域所形成的腐蚀坑来揭示位于材料表面的

位错，并用光学显微镜进行观察和计数。

5.8.2 腐蚀剂的选择

5.8.2.1 腐蚀剂1：Schaake 腐蚀剂[7]

腐蚀剂的配方为 CrO_3：H_2O：HCl(浓度为36.5%～37%)=1.67g：5 mL：1 mL，用于(111)B晶向的碲镉汞外延材料。

5.8.2.2 腐蚀剂2：Chen 腐蚀剂[8]

腐蚀剂的配方为 H_2O：HCl(浓度为36.5%～37%)：HNO_3(69%～71%)：$K_2Cr_2O_7$=80 mL：10 mL：20 mL：8 g，用于(211)B晶向的碲镉汞外延材料。

5.8.3 测试条件

样品的测试条件如下：

a) 腐蚀液温度为20 ℃～25 ℃；
b) 腐蚀时间：Schaake 腐蚀剂的腐蚀时间约为90 s，Chen 腐蚀剂的腐蚀时间约为200 s；
c) 根据腐蚀坑的大小，选用合适的放大倍数(以看清楚腐蚀坑为准)；
d) 表面腐蚀坑所需观察面积的大小应保证所观察区域内腐蚀坑的数量大于30个(参见附录D)。

5.8.4 样品要求

对测试样品的要求如下：

a) 样品测试区域离外延材料边缘的距离应大于5 mm；
b) 样品表面应无损伤和沾污；
c) 测试前样品表面应进行腐蚀与清洗。

5.8.5 测试步骤

对样品进行测试的步骤如下：

a) 对碲镉汞外延材料表面用三氯乙烯加热(至沸腾)清洗2遍，接着在室温条件下用甲醇清洗3遍；
b) 用0.2%的Br甲醇对材料表面腐蚀30 s，接着在室温条件下用甲醇清洗3遍，再用去离子水清洗3遍后待用；
c) 在烧杯中按要求配制腐蚀液；
d) 从水中取出后直接放入腐蚀液进行腐蚀，腐蚀过程中轻微晃动样品；
e) 腐蚀结束后用去离子水将腐蚀液清洗干净，清洗过程中样品不与空气接触，取出后用氮气吹干后待用；
f) 把显微镜调至 Nomarski 观察模式，将样品放置在500倍或1000倍视场下进行观察，并对视场内的腐蚀坑进行计数；
g) 由所需观察的面积除以视场面积得出对不同区域进行测量的次数，不同测量点应在被测试样品上或特定区域(针对位错分布不均匀的样品)内成均匀分布，总的测量次数应不少于或等于5次。对于径向对称分布的异质衬底上生长的碲镉汞外延材料，不同测量点沿径向均匀分布，间隔不大于10 mm，总的测量次数应不少于或等于5次。

5.8.6 位错密度的计算

位错密度的测量值等于观察到的腐蚀坑总数除以被观察区域的总面积，位错密度测量值偏离平均值的标准均方差与腐蚀坑计数平均值的关系参见附录 D。

5.9 表面缺陷密度测试

5.9.1 测试方法

缺陷的尺寸用光学显微镜直接测量，缺陷的密度通过对一定区域内缺陷数量的计数来确定。

5.9.2 测试条件

样品的测试条件如下：

a) 选用合适的放大倍数(以看清楚尺寸大于 y 的表面晶格缺陷为准)；

b) 观察面积的大小应保证所观察区域内表面缺陷的数量大于 30 个。

5.9.3 样品要求

样品的测试区域离外延材料边缘的距离应大于 5 mm。

5.9.4 测试步骤

对样品进行测试的步骤如下：

a) 确定样品被观察区域的位置。

b) 把显微镜调至 Nomarski 观察模式，将样品放置在合适的视场下进行观察，并对所需观察区域中的表面晶格缺陷进行计数。

c) 观察的面积除以视场面积得出对不同区域进行测量的次数，次数不小于 5 次，不同测量区域应在被测试样品上或特定区域内成均匀分布。对于径向对称分布的异质衬底上生长的碲镉汞外延材料，不同测量点沿径向均匀分布，间隔不大于 10 mm，总的测量次数应不少于或等于 5 次。

d) 采用视场扫描方式对所需观察区域中的表面缺陷进行计数。当整个样品上表面缺陷总数小于 30 个时，对整个样品上的表面缺陷进行计数。对于径向对称分布的异质衬底上生长的碲镉汞外延材料，增加间隔的距离直至被观察区域内的缺陷数量大于 30 个。

5.9.5 表面缺陷密度的计算

表面缺陷密度 $Ns(y)$ 的测量值为观测到的表面缺陷总数除以被观测区域的总面积，表面缺陷测量值偏离平均值的均方差与被观测腐蚀坑总数平均值的关系参见附录 D。碲镉汞分子束外延材料的表面缺陷有不同的种类，也有不同的尺寸，测量应包括尺寸大于 y 的所有被观测到的缺陷，并在给出测量值时标注被观测缺陷的尺寸的最小值。

5.10 X 射线双晶衍射半峰宽测试

5.10.1 测试原理

当单色 X 射线投射到样品表面上，在满足 Bragg 衍射的条件下，将会发生衍射强度极大，其原理见图 13。测量 X 射线衍射光强度在 Bragg 角附近随入射角的变化，可以得到双晶衍射摇摆曲线，曲线的半峰宽可以用来评价晶体材料的质量。

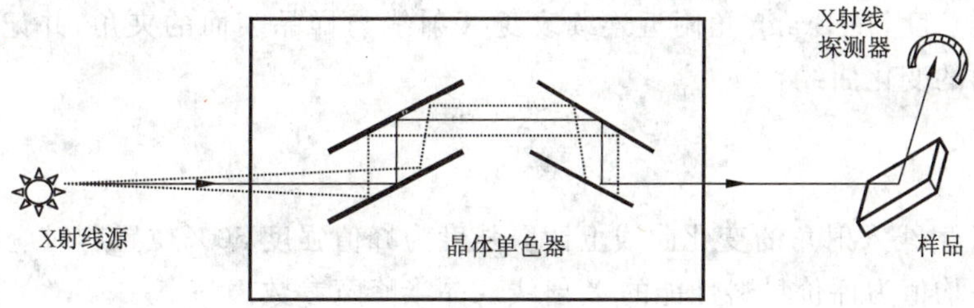

图 13 X 射线双晶衍射半峰宽的测试原理图

5.10.2 测试系统和流程

测试系统和流程如图 14 所示，整个测试系统由 X 射线源、狭缝、晶体单色器、待测样品、测角仪、样品台、探测器及计算机系统组成。

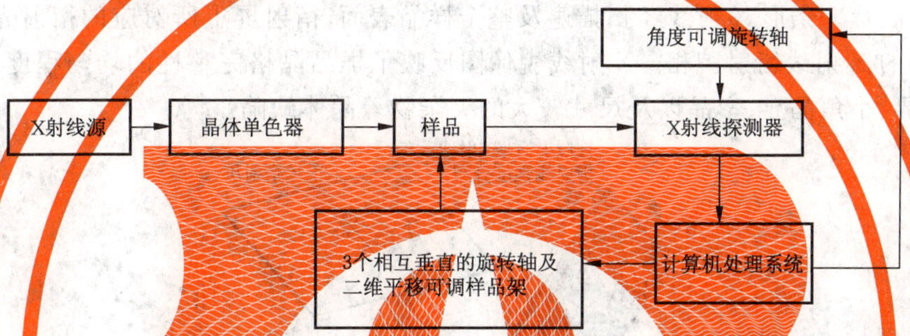

图 14 X 射线双晶衍射半峰宽测试系统的组成和测试流程

5.10.3 测试条件

样品的测试条件如下：

a) X 射线源采用 Cu 靶的 Kα1 线；

b) X 射线单色器，波长发散度 $\Delta\lambda/\lambda$ 小于 3×10^{-5}，角度发散度不大于 12 弧秒；

c) 衍射仪具备立体角优化调整结构，X 射线光路角度机械调整精度优于 4 弧秒；

d) X 射线光斑尺为 1 mm×2 mm；

e) 采用高指数面对称衍射方式，(111)碲镉汞材料应采用(333)面作为衍射面，(211)碲镉汞材料应采用(422)作为衍射面；

f) 环境温度为 23 ℃±2 ℃。

5.10.4 样品要求

对测试样品的要求如下：

a) 样品表面应无损伤和沾污；

b) 样品有效测试区域离外延材料边缘的距离应大于 5 mm。

5.10.5 测试步骤

对样品进行测试的步骤如下：

a) 让入射 X 射线对准样品区域，将 X 射线入射角、衍射角、样品倾角与自旋角进行优化，使得衍射强度达到最大；

b) 固定探测器角度，在 Bragg 角附近连续改变 X 射线与样品表面的夹角，并记录 X 射线衍射强度随入射角的变化曲线。

5.10.6 读数方法

在衍射强度随 X 射线入射角的变化曲线上读取强度为峰值强度 50% 位置所对应的角宽度，在同一样品上测量得到的平均值为评价材料性能的 X 射线双晶半峰宽参数。

5.11 X 射线形貌测试

5.11.1 测试原理

X 射线衍射设备采用 Berg-Barrett 反射式貌相配置，其原理见图 15。X 射线经狭缝入射到样品表面，所产生的衍射光线在衍射屏上产生线状的衍射光强分布，该光强分布区域与样品表面被 X 射线照射的区域有一一对应关系。衍射屏用于记录 X 射线的强度，可以是 X 射线面阵探测器、感光胶片或其他衍射光强记录装置。条形 X 射线经扫描遍及整个样品表面，衍射屏上所对应的衍射光强拼接成的灰度图即形成样品的 X 射线衍射貌相。X 射线貌像图反映了样品晶格完整性的均匀程度，并能判断出晶体中的多晶、晶界、小角晶界、孪晶以及尺寸较大的夹杂物等晶体缺陷。

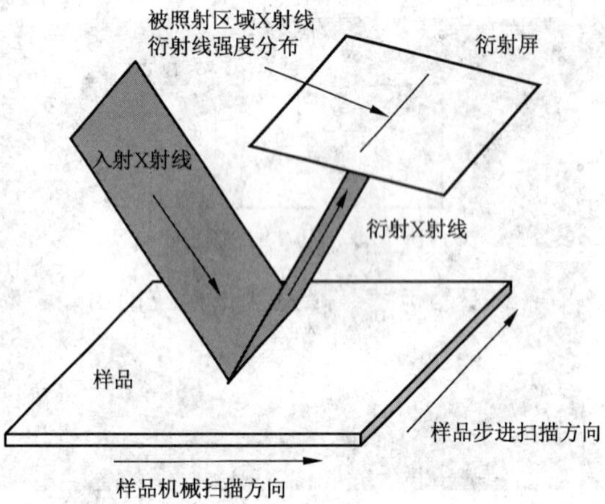

图 15 X 射线形貌的测试原理图

5.11.2 测试系统和流程

测试系统和流程如图 16 所示，整个测试系统由 X 射线源、狭缝、待测样品、入射光角度优化装置、样品面扫描装置、衍射光强记录设备及计算机系统组成。

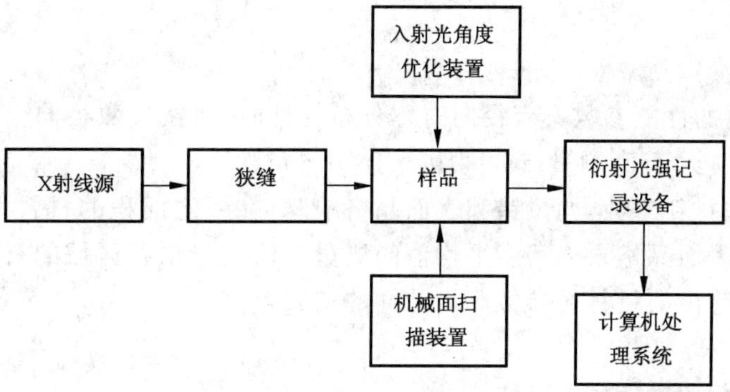

图 16　X 射线衍射测试系统的组成和测试流程图

5.11.3　测试条件

样品的测试条件如下：

a)　X 射线源采用 Cu 靶的 Kα1 线；

b)　衍射装置采用 Berg-Barrett 反射配置；

c)　测试过程中环境温度为 23 ℃±2 ℃；

d)　二维平移运动扫描机构在样品测试区域内保持入射光角度不变。

5.11.4　样品要求

见 5.10.4。

5.11.5　测试步骤

对样品进行测试的步骤如下：

a)　让入射 X 射线对准样品中心，调整入射角、衍射角以及样品旋转角，使得各个角度满足 Bragg 衍射条件，使衍射强度最大；

b)　平移样品寻找样品边缘衍射位置，并记录样品二维扫描的极限位置；

c)　设置样品的初始扫描位置以及扫描范围；

d)　根据对图像质量的要求和测试时间长短平衡考虑，设置扫描步长、曝光时间等参数；

e)　使样品做水平扫描，并记录所对应的衍射线条强度。

5.11.6　X 射线形貌成图方法

如果衍射屏与样品同步扫描，衍射屏上所记录的图像就是样品的 X 射线衍射貌相图。如果衍射屏保持不动只对样品进行扫描，需要用软件对样品不同位置时的衍射线条进行拼接获得完整的 X 射线衍射貌相图。

5.12　材料性能非均匀性测试

对于性能参数连续变化的材料参数，其非均匀性采用材料参数面分布的均方差(亦称标准差)来衡量，如材料的组分、厚度和电学参数，即在一定面积的材料上均匀选取 M 个区域，M 不小于 5，测量出每个区域内材料的性能参数 P_i，并通过式(22)进行计算：

$$\sigma=\sqrt{\frac{1}{M}\sum_{i=1}^{M}(P_i-\overline{P})^2} \qquad \cdots\cdots(22)$$

计算出衡量材料参数非均匀性的均方差值，

式中：

$\overline{P}$——P_i 的平均值。

当碲镉汞外延材料的性能参数具有径向对称分布特性时，可按参数径向分布的数据计算参数的均方差值，测量点的数量应大于5，测量点的间距小于10 mm。

对于非连续变化的材料参数，如位错和表面晶格缺陷，在一定面积的材料上均匀选取 $N \times M$ 个区域，按前述位错密度和表面晶格缺陷密度平均值的测量方法测量出各区域的材料位错和表面晶格缺陷密度，再根据式(22)计算出衡量材料参数非均匀性的均方差值。

6 空间环境下材料抗辐照性能测试方法

6.1 试验条件

辐照冲击的条件依照 GJB 548B—2005 方法 1019.2 进行。

6.2 材料抗辐照性能参数测试

环境试验后材料抗辐照性能参数的测试按以下步骤进行：

a) 按 5.6、5.7 和 5.10 对样品的电学参数、少子寿命和 X 射线双晶半峰宽进行测量，得到测量参数 $V1_i$，V_i 分别表示材料电学参数、X 射线双晶半峰宽和少子寿命的测量值；
b) 将样品按 6.1 给出的试验条件进行辐照冲击试验；
c) 再次按 5.6、5.7 和 5.10 对样品的电学参数、少子寿命和 X 射线双晶半峰宽进行测量，得到测量参数 $V2_i$，并根据式(23)计算出材料参数 V_i 的变化率 r_i。

$$r_i = \frac{2\,|V2_i - V1_i|}{(V1_i + V2_i)} \qquad \cdots\cdots(23)$$

7 材料参数的精密度、精确度和不确定度测试方法

按 GJB 1485 规定的试验程序和计算方法来确定。

8 测试设备要求

为保证测试结果的有效性，测试设备应符合 GJB 2712 的相关要求。

附 录 A
（规范性附录）
材料的光学常数

A.1 Si材料折射率[9]

$$n^2-1=C_1\lambda^2/(\lambda^2-C_2{}^2)+C_3\lambda^2/(\lambda^2-C_4{}^2)+C_5\lambda^2/(\lambda^2-C_6{}^2) \quad \cdots\cdots(A.1)$$

式中：

$C_1=10.6684293$；$C_2=0.301516485$；$C_3=0.003043475$；$C_4=1.13475115$；$C_5=1.54133408$；$C_6=1104.0$。

A.2 Ge材料折射率[9]

$$n^2=C_1+C_2\lambda^2/(\lambda^2-C_3)+C_4\lambda^2/(\lambda^2-C_5) \quad \cdots\cdots(A.2)$$

式中：

$C_1=9.28156$；$C_2=6.72880$；$C_3=0.44105$；$C_4=0.21307$；$C_5=3870.1$。

A.3 GaAs材料折射率[9]

$$n^2=C_1+C_2\lambda^2/(\lambda^2-C_3{}^2)+C_4\lambda^2/(\lambda^2-C_5{}^2) \quad \cdots\cdots(A.3)$$

式中：

$C_1=3.5$；$C_2=7.4969$；$C_3=0.4082$；$C_4=1.9347$；$C_5=37.17$。

A.4 碲锌镉和碲化镉材料折射率[9]

$$n^2-1=C_1\lambda^2/(\lambda^2-C_2{}^2)+C_3\lambda^2/(\lambda^2-C_4{}^2) \quad \cdots\cdots(A.4)$$

式中：

$C_1=6.1977889$；$C_2=0.317069$；$C_3=3.2243821$；$C_4=72.0663$。

A.5 碲镉汞材料折射率[10]

$$n^2=A+\frac{B}{1-(C/\lambda)^2}+D\lambda^2 \quad \cdots\cdots(A.5)$$

式中：

$A=13.173-9.852x+2.909x^2$；

$B=0.83-0.24x-0.961x^2$；

$C=6.706-14.437x+8.531x^2$；

$D=1.953\times10^{-4}-1.28\times10^{-3}x+1.853\times10^{-4}x^2$。

附 录 B
（规范性附录）
纵向组分梯度分布的碲镉汞外延材料透过率 T_a^+ 和反射率 R_a^- 的计算

将碲镉汞薄膜看作为存在于空气和无限厚的碲锌镉之间的片状材料（见图 B.1），并将碲镉汞外延层分为 m 层，m 的取值以计算结果不随 m 值的增加而发生变化为准，每层假定具有相同的组分和光学常数，即将外延层材料等效为 m 层模系的光学薄膜材料。入射光电场强度 E_0 从空气经非均匀组分分布碲镉汞外延材料进入无限厚碲锌镉衬底后的电场强度 E_{m+1} 可根据多层模型和膜系传递矩阵进行计算[4]，计算公式为

$$\begin{bmatrix} E_{0,t}^{+} \\ E_{0,t}^{-} \end{bmatrix} = M \begin{bmatrix} E_{m+1/m,t}^{+} \\ E_{m+1/m,t}^{-} \end{bmatrix} \quad \cdots\cdots\cdots\cdots(\text{B.1})$$

式中：

$E_{0,t}^{+}$ ——入射介质（空气）中平行于界面的入射光电磁场矢量；

$E_{0,t}^{-}$ ——入射介质（空气）中平行于界面的反射光电磁场矢量；

$E_{m+1/m,t}^{+}$ ——出射介质（衬底材料）中平行于界面的出射光电磁场矢量；

$E_{m+1/m,t}^{-}$ ——出射介质（衬底材料）中平行于界面的反射光电磁场矢量；

M ——膜系传递矩阵。

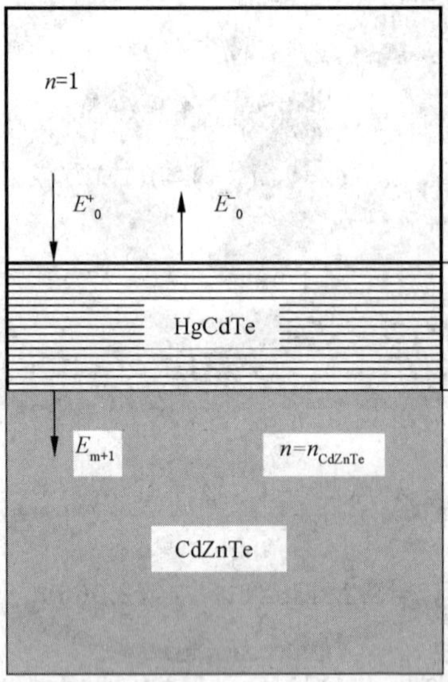

图 B.1 无限厚衬底非均匀组分分布碲镉汞外延材料的光传输模型

M 的计算公式为

$$M = \left(\prod_{k=1}^{m} V_{k-1}^{-1} V_k U_k\right) V_m^{-1} V_{m+1} = \begin{bmatrix} M_{11} & M_{12} \\ M_{21} & M_{22} \end{bmatrix} \quad \cdots\cdots\cdots\cdots(\text{B.2})$$

式中：

V_k——导纳矩阵；

U_k——位相矩阵。

V_k 的表达式为

$$V_k = \begin{bmatrix} 1 & 1 \\ \eta_k & -\eta_k \end{bmatrix} \quad \cdots\cdots\cdots\cdots(\text{B.3})$$

式中：

V_k^{-1}——V_k 的逆矩阵；

η_k ——光学导纳。

对于 P 偏振，

$$\eta_{k,P}=\frac{N_k}{\cos\theta} \qquad \text{(B.4)}$$

式中：

θ ——入射角；

N_k ——复数折射率。

N_k 与碲镉汞折射率 n、消光系数 k 和吸收系数 α 的关系为

$$N_k=n_k-jk_k \qquad \text{(B.5)}$$

$$k_k=\frac{\alpha_k\lambda}{4\pi} \qquad \text{(B.6)}$$

碲镉汞材料折射率 n 与组分和波长的关系见附录 A，吸收系数与材料组分 x 和波长 λ 的关系为[10]

$$\alpha=\alpha_o(\alpha_g/\alpha_o)^{(E-E_0)/(E_g-E_0)} \quad E<E_g \qquad \text{(B.7)}$$

$$\alpha=\alpha_g\exp[\beta(E-E_g)]^{1/2} \quad E>E_g \qquad \text{(B.8)}$$

式中：

$$\ln\alpha_0=-18.5+45.68x \qquad \text{(B.9)}$$

$$\alpha_g=-65+1.88T+(8\,694-10.31T)x \qquad \text{(B.10)}$$

$$E_0=-0.355+1.77x \qquad \text{(B.11)}$$

$$E_g=-0.295+1.87x-0.28x^2+(6-14x+3x^2)T+0.35x^4 \qquad \text{(B.12)}$$

$$\beta=-1+0.083T+(21-0.13T)x \qquad \text{(B.13)}$$

$$\lambda=\frac{hc}{E} \qquad \text{(B.14)}$$

对于 S 偏振，

$$\eta_{k,S}=N_k\cos\theta \qquad \text{(B.15)}$$

位相矩阵 U_k 的表达式为

$$U_k=\begin{bmatrix}\exp j\delta_k & 0\\ 0 & \exp j(-\delta_k)\end{bmatrix} \qquad \text{(B.16)}$$

式中：

δ_k——光程差。

它与折射率 N_k 和薄膜厚度 Δd 的关系为

$$\delta_k-\frac{2\pi N_k\Delta d\cos\theta}{\lambda} \qquad \text{(B.17)}$$

式中：

Δd——分层后薄膜的厚度。

由上述方程可求出多层膜总反射率（适用于 P 和 S 偏振）

$$R_{S,P}=\left|\frac{E_{0,t}^-}{E_{0,t}^+}\right|^2=\left|\frac{M_{21}}{M_{11}}\right|^2 \qquad \text{(B.18)}$$

对于 P 偏振，多层膜总透过率为

$$T_P=\left(\frac{N_{m+1}\cos\theta_0}{N_0\cos\theta_{m+1}}\right)\left|\frac{1}{M_{11}}\right|^2 \qquad \text{(B.19)}$$

式中：

θ_0 ——入射角；

θ_{m+1}——出射角。

对于 S 偏振，多层膜总透过率为

$$T_S=\left(\frac{N_{m+1}\cos\theta_{m+1}}{N_0\cos\theta_0}\right)\left|\frac{1}{M_{11}}\right|^2 \qquad \cdots\cdots(\text{B}.20)$$

对于非偏振光，总透过率则为

$$T_{\text{wafer}}=\frac{1}{2}(T_P+T_S) \qquad \cdots\cdots(\text{B}.21)$$

该透过率即为透过率 T_a^+。将入射光从空气进入碲镉汞外延层改为从衬底进入外延层，重复以上计算，由式(B.18)给出的反射率即为 R_a^-。

附　录　C
（资料性附录）
激光干涉仪原理

激光束经分光镜后分成两路，一路被分光镜反射，为参考光束，另一路光束透射到样品表面后被反射，这两束光构成相干光，经成像透镜后可在成像面上产生干涉条纹，形成样品表面反射的全息图。通过对干涉条纹进行分析，可将干涉条纹信息转换成样品表面的高度信息，从而计算出样品表面平整度与表面粗糙度等样品表面质量参数。其测试原理如图 C.1 所示。

——若分束面与样品表面平行，且样品表面绝对平整，则成像面上将观察不到干涉条纹；

——若样品表面绝对平整，但分束面与样品表面不平行，则在成像面上可观察到均匀的干涉条纹。棱镜分束面与样品表面的角度越大，干涉条纹数量越多，相反，角度越小，干涉条纹数量越少。因此，在测试时应反复调整样品的角度，使得干涉条纹数量最少，测试后可再通过软件计算对样品的倾斜角度进行校正；

——若棱镜分束面与样品表面平行，但样品表面不平整，则在成像面上将出现分布不规则的干涉条纹。

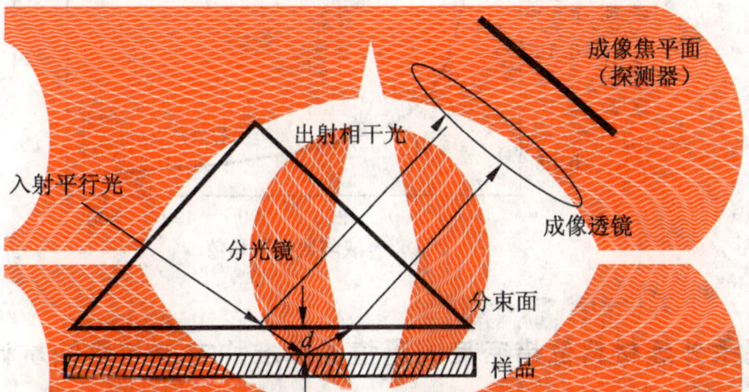

图 C.1　激光干涉仪的原理图

根据激光的波长和干涉条纹数，由式(C.1)可计算出被测表面平整度数值 PV。

$$PV = M\lambda/2 \qquad \text{(C.1)}$$

其中，M 为干涉条纹数；λ 为激光波长。

表面粗糙度 RMS 则根据干涉条纹拟合得到的表面面形计算出样品表面的基准面，再通过计算表面各点和基准面之间的距离的标准均方差而获得。

附 录 D
（资料性附录）
位错密度测量值的标准均方差与腐蚀坑计数平均值的关系

位错在碲镉汞材料中呈随机分布，其密度测量值的精度与被测区域中腐蚀坑的数量相关。假定腐蚀坑呈完全随机分布，通过产生 N 个随机数，可获得腐蚀坑位置的分布图，在图中选取一定尺寸的特定区域，对落在该区域中的腐蚀坑进行计数，并求出位错密度，这样的过程进行 M 次，可求得腐蚀坑密度的平均值和标准均方差，结果显示标准均方差仅与腐蚀坑计数的平均值相关。图 D.1 给出了位错密度测量值的标准均方差（均方差除以平均值）和腐蚀坑计数平均值的关系。在本标准所建议测试条件（缺陷观察数量大于或等于 30 个）下，得到的测量值具有小于 18％的标准均方差，测量时也可按实际应用对测量值精度的要求，由图 D.1 确定被测材料所需观察的面积。

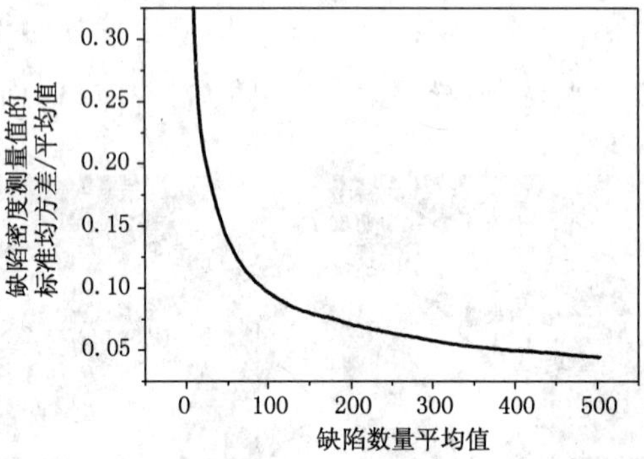

图 D.1　碲镉汞外延材料位错密度测量值的标准均方差与腐蚀坑计数平均值的关系

参 考 文 献

[1] G.L.Hansen and J.L.Schmit，Calculation of intrinsic carrier concentration in $Hg_{1-x}Cd_xTe$，J.Appl.Phys.，1983，54：1639.

[2] G.L.Hansen，J.L.Schmit and T.N.Casselman，Energy Gap Versus Alloy Composition and Temperature i $Hng_{1-x}Cd_xTe$，J.Appl.Phys.1982，53：7099.

[3] 王庆学，魏彦锋，杨建荣.液相外延碲镉汞薄膜组分均匀性对红外透射光谱的影响，半导体学报，2005，26(5)：904.

[4] 林永昌，卢维强.光学薄膜原理.北京国防工业出版社，1990.

[5] E.H.Putley，The Hall Effect and Related Phenomena，Butterworth，1960.

[6] H.F.Schaake，A.J.Lewis，Mater.Res.Soc.Symp.Proc.(USA)14，(1983)301.

[7] J.S.Chen，Etchant for revealing dislocations in II—VI compounds，1990，US Patent No.4.897.152.

[8] Michael Bass Casimer DeCusatis，Jay Enoch et al.，Handbook of Optics，Third Edition Volume IV：Optical Properties of Materials，Nonlinear Optics，Quantum Optics.

[9] Liu K，Chu J H，Li B，and Tang D Y，Measurement of composition in $Hg_{1-x}Cd_xTe$ epilayers ，Appl.Phys.Lett.，1994，64(21)：2818.

[10] Chu J H ，Li B，Liu K，and Tang D Y，Empirical rule of intrinsic absorption spectroscopy in $Hg_{1-x}Cd_xTe$ ，J.Appl.Phys.，1994，75：1234.

ICS 17.180.30
N 35

中华人民共和国国家标准

GB/T 30111—2013

星敏感器通用规范

General specification for star sensor

2013-12-17 发布　　2014-05-15 实施

中华人民共和国国家质量监督检验检疫总局
中国国家标准化管理委员会　发布

前　言

本标准按照 GB/T 1.1—2009 给出的规则起草。

本标准由全国空间科学及其应用标准化技术委员会(SAC/TC 312)归口。

本标准起草单位:中国科学院西安光学精密机械研究所。

本标准主要起草人:赵建科、张周锋、张洁、周艳、任珊红、薛勋。

星敏感器通用规范

1 范围

本标准规定了星敏感器通用技术要求、检验规则、标志、包装、装箱、运输和贮存。

本标准适用于星敏感器的设计、制造、检验、验收、运输及贮存。

2 规范性引用文件

下列文件对于本文件的应用是必不可少的。凡是注日期的引用文件，仅注日期的版本适用于本文件。凡是不注日期的引用文件，其最新版本(包括所有的修改单)适用于本文件。

GB/T 191 包装储运图示标志

GJB 150A 军用装备实验室环境试验方法

GJB 151A 军用设备和分系统电磁发射和敏感度要求

GJB 152A 军用设备和分系统电磁发射和敏感度测量

GJB/Z 299C 电子设备可靠性预计手册

GJB 1027A—2005 运载器、上面级和航天器试验要求

GJB 1032 电子产品环境应力筛选方法

GJB 2705—1996 星载CCD相机通用规范

GJB 2786A 军用软件开发通用要求

GJB 4057 军用电子设备印制电路板设计要求

GJB 5296 多余物控制要求

GJB 6395—2008 航天器星敏感器通用规范

QJ 165A 航天电子电气产品安装通用技术要求

QJ 908A 电子产品老炼试验方法

QJ 2630 卫星组件空间环境试验方法

QJ 3138 航天产品环境应力筛选指南

3 术语和定义

下列术语和定义适用于本文件。

3.1

星敏感器 star sensor，star tracker

以恒星为测量目标，输出其测量坐标系在惯性坐标系下姿态信息的光学测量设备。

3.2

点源透过率 point source transmission

光学系统视场外的点目标辐射经光学系统后，在像面处产生的辐照度与在入瞳处产生的辐照度之比值。

3.3

星图信噪比 signal to noise ratio of star image

星图中星目标信号与噪声的比值。

3.4

最暗星等 limiting magnitude

保证星敏感器能够准确输出姿态信息的最弱能量对应的视星等。

3.5

恒星探测灵敏度 detection sensitivity of star magnitude

星敏感器在视场内能够探测到最暗星等的能力。

3.6

初始捕获时间 initial capture time

星敏感器从开始积分(曝光)至输出有效姿态信息的时间间隔。

4 技术要求

4.1 总则

星敏感器应符合本标准和相应详细规范的所有要求。本标准的要求与详细规范不一致时,应以详细规范为准。

4.2 星敏感器坐标系

以星敏感器光学系统光轴与探测器靶面交点为坐标原点 O,以光轴为 Z 轴,垂直于 Z 轴并平行于探测器靶面行方向为 X 轴,列方向为 Y 轴,X 轴、Y 轴、Z 轴成右手正交坐标系,如图1所示。

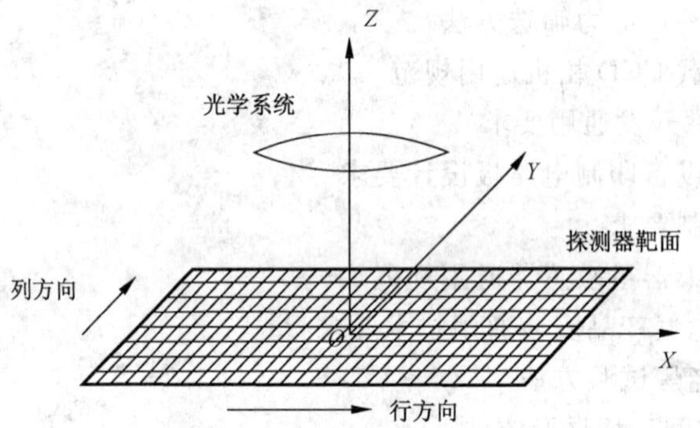

图1 星敏感器坐标系

4.3 光电性能

4.3.1 焦距

一般应在 10 mm～250 mm 之间选取。

4.3.2 相对孔径

一般应在 1∶0.8～1∶6 之间选取。

4.3.3 视场角

一般应在 1°～45°之间选取。

注:包含子午及弧矢两个方向视场角。

4.3.4 **工作光谱范围**

一般应在 0.3 μm～0.9 μm 之间选取。

4.3.5 **弥散斑尺寸及能量分布**

弥散斑尺寸一般应使用集中 80% 能量所对应直径表示，该直径占星敏感器探测器 5×5 个像元以内。

4.3.6 **太阳光抑制角**

太阳光抑制角图如图 2 所示。

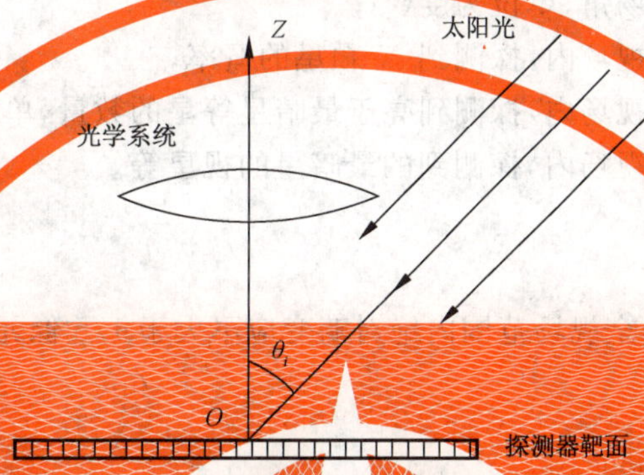

图 2 太阳光抑制角示意图

太阳光抑制角(θ_i)一般应在 25°～45°范围内选择，大于等于规定抑制角的星敏感器光学系统点源透过率应满足式(1)：

$$PST(\theta_i) \leqslant 10^{-7} \quad \cdots\cdots(1)$$

式中：

$PST(\theta_i)$——点源透过率，无量纲；

θ_i ——太阳光抑制角，单位为度(°)。

注 1：太阳光抑制角(θ_i)即为允许太阳光入射的最小角度，抑制角一般取光学系统最大视场角。

注 2：此处用点源透过率来衡量星敏感器光学系统(含遮光罩)对太阳光的抑制能力。

4.3.7 **星图信噪比**

星图信噪比应满足式(2)的要求：

$$SNR \geqslant V_{th} \quad \cdots\cdots(2)$$

式中：

SNR ——星图信噪比；

V_{th} ——信噪比阈值。

在探测最暗星等条件下，信噪比阈值应大于等于 5。

4.3.8 **恒星探测能力**

4.3.8.1 **恒星探测灵敏度**

星敏感器的最暗星等一般应在 4.5 mv～6.5 mv 之间。

4.3.8.2 星识别概率及数量

星识别概率按式(3)计算：

$$P_N = 1 - \sum_{k=0}^{N-1} e^{-N_{FOV}} N_{FOV}^k / k! \quad \cdots\cdots (3)$$

星识别数量按式(4)计算：

$$N_{FOV} = 6.57 \times e^{1.08 \times mv} \times \frac{2\pi - 4\arccos\left[\sin^2\left(\frac{A_{FOV}}{2}\right)\right]}{4\pi} \quad \cdots\cdots (4)$$

式中：

A_{FOV}——星敏感器有效视场角，单位为度(°)；

P_N——在星敏感器有效视场内，探测到 N 颗星的概率；

N_{FOV}——在星敏感器有效视场内，探测到亮于最暗星等星的数量，单位为个数；

mv——在星敏感器有效视场内，探测到的最暗星的视星等。

4.3.9 畸变

工作谱段范围内，星敏感器全视场范围内绝对畸变应不大于1/5像元，相对畸变应不大于1%。

4.3.10 单星测角精度

工作谱段范围内，星敏感器全视场范围内，单星测角精度一般应优于5″(1σ)。单星测角精度按式(5)计算：

$$\xi_{single\ star} = \frac{A_{FOV}}{N_{pixel}} \times \sigma_{(x,y)centroid} \times 3\,600 \quad \cdots\cdots (5)$$

式中：

$\xi_{single\ star}$——单星测角精度，单位为(角)秒(″)；

A_{FOV}——子午(或弧矢)视场角，单位为度(°)；

N_{pixel}——探测器水平(或垂直)方向上的有效像元数，单位为像元个数；

$\sigma_{(x,y)centroid}$——星坐标质心测量误差，单位为像元个数。

4.3.11 姿态角测量精度

姿态角测量精度分为横滚、偏航和俯仰方向的姿态角测量，一般要求横滚角测量精度应优于25″，偏航角和俯仰角测量精度应优于10″(1σ)，分别按式(6)、式(7)计算姿态角测量精度：

$$\sigma_{roll} = \sqrt{\frac{2}{N_{FOV} - 1}} \times \frac{\xi_{single\ star}}{\theta_{sep}} \quad \cdots\cdots (6)$$

$$\sigma_{pitch} = \sigma_{yaw} = \frac{\xi_{single\ star}}{\sqrt{N_{FOV}}} \quad \cdots\cdots (7)$$

式中：

σ_{roll}——横滚方向姿态角测量精度，单位为(角)秒(″)；

σ_{pitch}——俯仰方向姿态角测量精度，单位为(角)秒(″)；

σ_{yaw}——偏航方向姿态角测量精度，单位为(角)秒(″)；

θ_{sep}——参与计算的星的平均角距，单位为(角)秒(″)。

4.3.12 动态指标

在角速度不大于1°/s，角加速度不大于2°/s^2的范围内，单星测角精度应符合4.3.10的要求。

在角速度不大于3°/s,角加速度不大于2°/s^{2}的范围内,姿态角测量精度应符合4.3.11的要求。

4.3.13 量化等级

模数转化位数一般应在8位～12位之间选用。

4.3.14 可控增益

星敏感器具有增益可控功能,并可通过指令控制,增益档数应不小于4。

4.3.15 积分时间

一般应在0.1 ms～1 000 ms之间可调。

4.3.16 初始捕获时间

一般应小于10 s。

4.3.17 数据更新速率

一般应在0.5 Hz～50 Hz之间选取。

4.3.18 工作温度范围

一般应在－40 ℃～＋70 ℃之间。

4.3.19 绝缘电阻

绝缘电阻之间以及隔离电路与壳体之间的绝缘电阻在正常环境条件下应不小于10 mΩ。

4.3.20 外壳表面电气连通性

外壳表面任意两点间的电阻值应不大于10 mΩ。

4.3.21 功耗

功耗一般应小于50 W。

4.4 接口

接口一般按GJB 6395—2008中的3.13的规定进行。

注:包含电接口、机械接口和光学基准、热接口。

4.5 外观

要求如下:

a) 光学镜头不得有明显的麻点、擦痕、气泡、霉斑和附着物;
b) 光学膜层应牢固、均匀,视场内不得有脱膜或脱胶现象;
c) 机械表面(包括遮光罩)应无掉色、无明显划痕和其他多余物;
d) 连接件、紧固件应连接可靠,不得有松动现象,紧固件应紧固到位;
e) 电连接器插针应无弯曲,插孔无堵塞现象;
f) 标识应准确、完整、清晰。

4.6 重量

重量一般应小于8 kg。

4.7 材料及元器件

材料及元器件一般按 GJB 6395—2008 中的 3.5 的规定进行。

4.8 应力筛选

应力筛选一般根据应用范围，按 GJB 1032、QJ 3138 的相应规定进行，试验后主要性能、接口及外观应满足 4.3、4.4 及 4.5 中的要求。

4.9 老炼

老炼一般按 QJ 908A 的相应规定进行，试验后主要性能、接口应满足 4.3、4.4 的要求。

4.10 环境适应性

环境适应性一般根据应用范围，按 GJB 150A、GJB 1027A—2005、QJ 2630 的规定进行，试验后主要性能、接口及外观应满足 4.3、4.4 及 4.5 中的要求。

4.11 电磁兼容性

除另有规定外，星敏感器应满足 GJB 151A 的规定。

4.12 设计寿命及可靠性

5 年寿命末期可靠度≥0.918。

4.13 制造质量

要求如下：

a） 光学及机械零件的制造和部件的装配应符合详细规范规定；

b） 所使用的印制电路板应符合 GJB 4057 的规定；

c） 电气安装应符合 QJ 165A 的规定；

d） 在制造装配过程中按 GJB 5296 的规定严格控制多余物；

e） 软件应符合 GJB 2786A 的规定。

5 检验规则

5.1 责任

5.1.1 检验责任

除任务书或合同书另有规定外，承制方应负责完成本标准规定的全部检验。必要时，使用方或上级有关机构有权对本标准规定的任一项目进行检验。

5.1.2 合格责任

星敏感器应符合 4 章～5 章的要求。若详细规范中包含有超出本标准的检验内容，承制方所提交检验的星敏感器还应符合相应的检验要求。

5.2 检验条件

5.2.1 检验环境条件

若无特殊规定,检验环境应满足以下要求:

a) 温度:15 ℃~35 ℃;

b) 相对湿度:20%~75%;

c) 气压:试验场所气压;

d) 洁净度:十万级或以上;

e) 应有良好的接地及防静电措施。

5.2.2 检验用的仪器及设备一般要求

检验用的仪器、设备应经检定合格,并在有效期内使用,设备的精度和量程应优于产品的精度和量程要求。

5.3 出厂检验

出厂检验的项目、要求和方法见表1,各类星敏感器根据使用要求,选定相关试验。

表1 出厂检验项目表

序号	检验项目	要求	检验方法
1	光电性能	4.3	5.5.1
2	接口	4.4	5.5.2
3	外观	4.5	5.5.3
4	重量	4.6	5.5.4
5	材料及元器件	4.7	5.5.5
6	应力筛选	4.8	5.5.6
7	老炼	4.9	5.5.7
8	热循环试验	4.10	5.5.8
9	热真空试验	4.10	5.5.8
10	热平衡试验	4.10	5.5.8
11	加速度试验	4.10	5.5.8
12	冲击试验	4.10	5.5.8
13	振动试验	4.10	5.5.8
14	湿热试验	4.10	5.5.8
15	盐雾试验	4.10	5.5.8
16	温度存储试验	4.10	5.5.8
17	抗辐射试验	4.10	5.5.8
18	电磁兼容性	4.11	5.5.9
19	设计寿命及可靠性	4.12	5.5.10

5.4 判定规则

5.4.1 合格判定

出厂检验的试验应符合表 1 的规定，若有一项不符合要求，而且确因产品质量所造成，则判为该产品不合格。

5.4.2 重检

未通过出厂检验的产品，承制方应查明原因，排除问题进行修复，并提供修复情况报告后，再次进行检验。

5.5 检验方法

5.5.1 光电性能

5.5.1.1 焦距

5.5.1.1.1 测试框图

测试框图如图 3 所示。

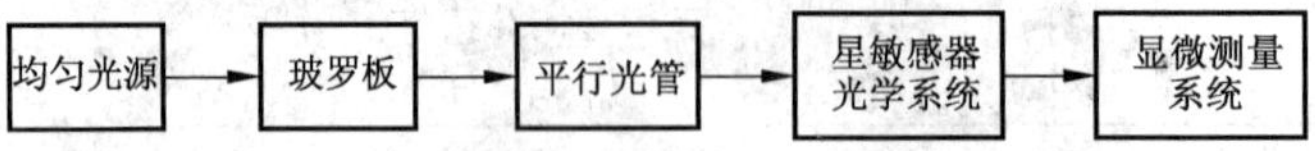

图 3 焦距测试框图

5.5.1.1.2 测试步骤

对星敏感器的焦距测试步骤如下：

a) 选用焦距为星敏感器焦距 3 倍～5 倍的平行光管，在其焦面处安装分化板并用均匀光源照明；
b) 调整平行光管、星敏感器光学系统及显微测量系统位置，使其同轴；
c) 星敏感器光学系统对玻罗板成像，通过显微测量系统测出玻罗板像的线对间距；
d) 由玻罗板的实际线对间距、玻罗板像的线对间距以及平行光管焦距计算星敏感器光学系统的焦距。

5.5.1.1.3 数据处理

根据测试步骤，按公式(8)计算星敏感器的焦距：

$$f'=f_0'\frac{y'}{y} \qquad \cdots\cdots(8)$$

式中：

f' ——星敏感器光学系统焦距，单位为毫米(mm)；
f_0'——平行光管焦距，单位为毫米(mm)；
y' ——玻罗板像的线对间距，单位为毫米(mm)；
y ——玻罗板的实际线对间距，单位为毫米(mm)。

5.5.1.2 相对孔径

光学系统的相对孔径用入瞳直径与焦距的比值表示。

5.5.1.2.1　测试框图

测试框图如图 4 所示。

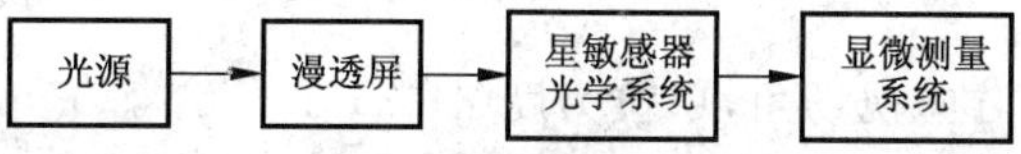

图 4　入瞳直径测试框图

5.5.1.2.2　测试步骤

对星敏感器的入瞳直径测试步骤如下：

a)　将一块漫透屏放在被测光学系统的像方空间，光源经此屏以漫射光照亮被测光学系统的有效光阑；

b)　用显微测量系统在被测光学系统物方直接对有效光阑的像(即入瞳)调焦，以能清晰地看到其边缘；

c)　沿垂直于星敏感器光学系统光轴的方向移动显微镜，先后对准入瞳直径方向两个边缘，测量得到的两读数之差就是被测光学系统的入瞳直径 D 。

5.5.1.2.3　数据处理

星敏感器的相对孔径为星敏感器光学系统的入瞳直径 D 与 5.5.1.1 中所测星敏感器的焦距 f' 的比值，即 $\frac{D}{f'}$ 。

5.5.1.3　视场角

5.5.1.3.1　测试框图

测试框图如图 5 所示。

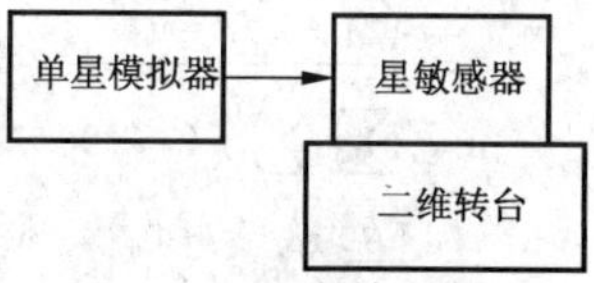

图 5　视场角测试框图

5.5.1.3.2　测试步骤

对星敏感器的视场角测试步骤如下：

a)　按图 5 所示搭建测试光路，将星敏感器安装于二维转台之上，并使其后节点与二维转台回转中心重合；

b)　将单星模拟器安放在星敏感器物方，调整星敏感器位置，转动转台，使星点在星敏感器成像面上的轨迹与行(列)方向基本一致；

c)　星敏感器对星点目标进行成像，转动二维转台方位角使平行光管星点像分别至星敏感器探测器水平方向的两个边缘，从二维转台读取角度值 α_1 和 α_2，则星敏感器水平方向的视场角见式(9)：

$$\alpha = \left| \alpha_1 - \alpha_2 \right| \quad \cdots\cdots(9)$$

d) 同理，转动二维转台俯仰角使平行光管星点像分别至星敏感器探测器垂直方向的两个边缘，从二维转台读取角度值 β_1 和 β_2，则星敏感器垂直方向的视场角见式(10)：

$$\beta=|\beta_1-\beta_2| \tag{10}$$

式中：

α ——星敏感器水平方向视场角，单位为度(°)；

β ——星敏感器垂直方向视场角，单位为度(°)；

α_1、α_2 ——星敏感器水平方向边缘视场对应二维转台角度值，单位为度(°)；

β_1、β_2 ——星敏感器垂直方向边缘视场对应二维转台角度值，单位为度(°)。

5.5.1.4 工作光谱范围

按 GJB 2705—1996 中的 4.8.2.1 的方法进行。

5.5.1.5 弥散斑尺寸及能量分布

5.5.1.5.1 测试步骤

对星敏感器的弥散斑尺寸及能量分布测试步骤如下：

a) 按图 5 所示搭建测试光路，将被测星敏感器后节点与二维转台回转中心调整重合，并调节单星模拟器光轴和星敏感器光轴重合；

b) 选择达到被测星敏感器衍射极限的星点并安装于单星模拟器焦面处；

c) 星敏感器采集星点图像并计算弥散斑尺寸及能量分布；

d) 转动二维转台，依次采集星点图像并计算星敏感器子午及弧矢方向弥散斑尺寸及能量分布。

5.5.1.5.2 数据处理

按以下步骤进行数据处理：

a) 以弥散斑灰度最大值为中心，在星点图像中选取合适的计算区域，根据式(11)、式(12)在所选区域内计算弥散斑中心位置；

$$x_0=\frac{\sum_{i=1}^{N} i\times f(i,j)}{\sum_{i=1}^{N}\sum_{j=1}^{N} f(i,j)} \tag{11}$$

$$y_0=\frac{\sum_{j=1}^{N} j\times f(i,j)}{\sum_{i=1}^{N}\sum_{j=1}^{N} f(i,j)} \tag{12}$$

式中：

i、j ——选定区域中像元的坐标位置，单位为像元个数；

$f(i,j)$——选定区域中第 i 行 j 列所对应像元能量值，单位为 DN 值；

x_0、y_0 ——弥散斑中心位置，单位为像元个数。

b) 对区域内能量分布进行归一化处理，按式(13)进行拟合，根据式(14)、式(15)计算能量集中度及弥散斑尺寸；

$$A(i,j)=a\cdot\exp\left[\frac{(i-i_0)^2+(j-j_0)^2}{2\sigma^2}\right] \tag{13}$$

$$\frac{\int_{-x}^{x}\int_{-x}^{x}A(i,j)\,\mathrm{d}i\,\mathrm{d}j}{\int_{-m}^{m}\int_{-m}^{m}A(i,j)\,\mathrm{d}i\,\mathrm{d}j}=k \tag{14}$$

$$d_x = 2x \qquad \cdots\cdots (15)$$

式中：

j、i ——选定区域中像元的行坐标为 i，列坐标为 j，单位为像元个数；

i_0、j_0 ——弥散斑中心位置，单位为像元个数；

$A(i,j)$ ——能量分布，单位为 DN 值；

a ——拟合系数；

d_x ——弥散斑尺寸，单位为像元个数；

$-x$、x、$-m$、m ——能量积分上下限，单位为像元个数；

$m \times m$ ——包含弥散斑的全部能量计算区域，单位为像元个数；

k ——能量集中度，一般取 0.8。

注 1：计算区域的选取原则：此区域足以包含弥散斑的全部能量。

注 2：如需测量不同谱段下弥散斑尺寸及能量分布可在单星模拟器中加相应谱段带通滤光片进行测量。

5.5.1.6 太阳光抑制角

5.5.1.6.1 测试框图

测试框图如图 6 所示。

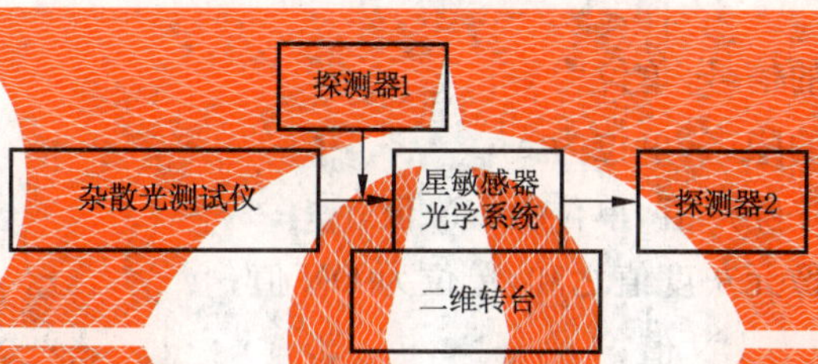

图 6 点源透过率(PST)测试方框图

5.5.1.6.2 测试步骤

对星敏感器光学系统点源透过率(PST)的测试步骤如下：

a) 将被测星敏感器安装于二维转台之上，使其后节点中心通过二维转台回转中心，并将被测星敏感器物方对准杂散光测试仪光束出口，杂散光测试仪输出均匀平行光束，充满星敏感器入瞳；

b) 将杂散光测试仪中的探测器 1 安装于星敏感器入瞳位置，测量入瞳处辐照度；

c) 将杂散光测试仪中的探测器 2 安装于星敏感器像面位置，探测器 2 与星敏感器两者位置相对固定；

d) 旋转二维转台，用探测器 2 测量星敏感器不同视场角(大于或等于太阳光抑制角的视场角)像面处的辐照度。

5.5.1.6.3 数据处理

根据式(16)计算点源透过率：

$$\mathrm{PST}(\theta_i) = \frac{E_i(\theta_i)}{E_0} \qquad \cdots\cdots (16)$$

式中：

$\mathrm{PST}(\theta_i)$ ——点源透过率，无量纲；

E_0 ——入瞳处辐照度，单位为瓦每平方米($\mathrm{W/m^2}$)；

$E_i(\theta_i)$ ——不同视场角像面处的辐照度，单位为瓦每平方米($\mathrm{W/m^2}$)。

注：上述方法中所提到的星敏感器特指星敏感器光学系统(含遮光罩)。

5.5.1.7 星图信噪比

5.5.1.7.1 测试步骤

利用星模拟器在星敏感器动态范围内模拟不同亮度的星等，用星敏感器分别对不同亮度的星等进行拍摄，在采集的星点图像中选取包含星点目标并大小合适的区域(一般选取 5×5 像元)计算图像灰度值总和作为信号值，以此区域以外选择一定大小区域[一般选取(9×9 像元)～(20×20 像元)]范围计算噪声值，按式(17)计算信噪比，如果信噪比满足式(2)要求，则符合要求。

5.5.1.7.2 数据处理

根据式(17)计算星图信噪比。

$$SNR=\frac{S_E}{N_E}=\frac{S_C\cdot g}{\sqrt{S_C\cdot g+B_C\cdot g+N^2\cdot g^2}}=\frac{S_C}{\sqrt{\frac{S_C}{g}+\frac{B_C}{g}+N^2}} \qquad \cdots\cdots\cdots(17)$$

式中：

SNR ——信噪比；

S_E ——以电子数表示的信号，单位为 e-；

N_E ——以电子数表示的噪声，单位为 e-；

N ——暗背景噪声和热噪声值，单位为 DN 值；

S_C ——计算区域内的像元灰度值之和，单位为 DN 值；

B_C ——暗背景值，单位为 DN 值；

g ——CCD 的增益，单位为 e-/DN。

5.5.1.8 恒星探测能力

5.5.1.8.1 恒星探测灵敏度

5.5.1.8.1.1 测试框图

测试框图如图 7 所示。

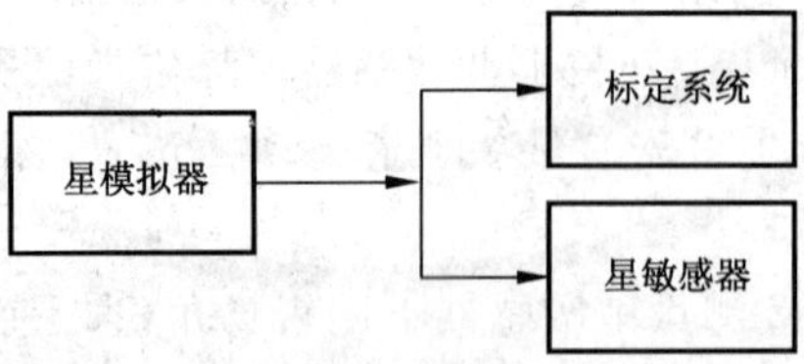

图 7 恒星探测灵敏度测试方框图

5.5.1.8.1.2 测试步骤

对星敏感器的恒星探测灵敏度测试步骤如下：

a) 首先用星模拟器模拟出所要求的最暗星等，同时用标定系统对模拟的星等进行标定，使其达到详细规范的要求；

b) 用星敏感器对模拟的最暗星等进行拍摄，根据 5.5.1.7 计算星图信噪比，若信噪比满足式(2)要求，则星敏感器恒星探测灵敏度满足要求。

5.5.1.8.2　星识别概率及数量

根据5.5.1.3中测量的视场角及5.5.1.8.1中测量的恒星探测灵敏度确定出的最暗星等，再代入式(3)、式(4)中计算星识别概率及星识别数量。

5.5.1.9　畸变

5.5.1.9.1　测试步骤

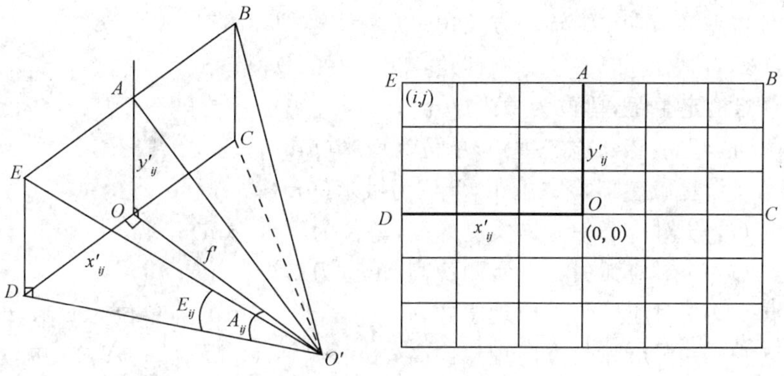

图8　畸变测试计算原理图

对星敏感器的畸变测试步骤如下：

a)　按图5所示搭建测试光路，将被测星敏感器后节点与二维转台回转中心重合，调整单星模拟器、被测系统光轴平行；

b)　转动二维转台，依次采集星点图像，同时记录每个测试点(i,j)所对应的二维转台角度信息（方位角为A_{ij}，俯仰角为E_{ij}）；

c)　由星敏感器所采集星点图像，得到不同视场角对应的像高；

d)　根据视场角及对应的像高计算检定主距，并计算星敏感器畸变值。

5.5.1.9.2　数据处理

星敏感器畸变计算如图8所示，按以下步骤进行数据处理：

a)　计算检定主距：

分别计算俯仰角$E_{ij}=0$及方位角$A_{ij}=0$时对应的星敏感器检定主距值f'_x、f'_y，见式(18)、式(19)：

$$f'_x=\frac{\sum x_{0j}\cdot\tan A_{0j}}{\sum\tan^2 A_{0j}}\qquad\cdots\cdots(18)$$

$$f'_y=\frac{\sum y_{i0}\cdot\tan E_{i0}}{\sum\tan^2 E_{i0}}\qquad\cdots\cdots(19)$$

由f'_x、f'_y计算检定主距f'，见式(20)：

$$f'=\frac{f'_x+f'_y}{2}\qquad\cdots\cdots(20)$$

b)　根据式(21)～式(24)计算各点(i,j)的畸变：

绝对畸变：

子午方向： $\delta x_{ij} = x'_{ij} - x_{ij}$ ……………………（21）

弧矢方向： $\delta y_{ij} = y'_{ij} - y_{ij}$ ……………………（22）

相对畸变：

子午方向： $qx_{ij} = \frac{\delta x_{ij}}{x_{ij}} \times 100\%$ ……………………（23）

弧矢方向： $qy_{ij} = \frac{\delta y_{ij}}{y_{ij}} \times 100\%$ ……………………（24）

式中：

A_{ij} ——测试点 (i,j) 对应二维转台方位角，单位为度（°）；

E_{ij} ——测试点 (i,j) 对应二维转台俯仰角，单位为度（°）；

f' ——星敏感器检定主距，单位为微米（μm）；

f'_x —— $E_{ij}=0$ 时，星敏感器检定主距，单位为微米（μm）；

f'_y —— $A_{ij}=0$ 时，星敏感器检定主距，单位为微米（μm）；

x'_{ij} ——测试点 (i,j) 对应子午方向实测像高，单位为微米（μm）；

y'_{ij} ——测试点 (i,j) 对应弧矢方向实测像高，单位为微米（μm）；

x_{ij} ——测试点 (i,j) 对应子午方向理想像高，$x_{ij}=f'\cdot\tan A_{ij}$，单位为微米（$\mu$m）；

y_{ij} ——测试点 (i,j) 对应弧矢方向理想像高，$y_{ij}=f'\cdot(\tan E_{ij}/\cos A_{ij})$，单位为微米（$\mu$m）；

δx_{ij} ——测试点 (i,j) 对应子午方向绝对畸变，单位为微米（μm）；

δy_{ij} ——测试点 (i,j) 对应弧矢方向绝对畸变，单位为微米（μm）；

qx_{ij} ——测试点 (i,j) 对应子午方向相对畸变，单位为百分数（%）；

qy_{ij} ——测试点 (i,j) 对应弧矢方向相对畸变，单位为百分数（%）。

5.5.1.10 单星测角精度

5.5.1.10.1 测试步骤

对星敏感器的单星测角精度测试步骤如下：

a） 按图 5 所示搭建测试光路，转动二维转台使星点目标位于星敏感器探测器靶面中心；

b） 判读此时星点坐标位置，同时记录二维转台角度值；

c） 在星敏感器有效视场内，转动二维转台方位角使星点像分别至星敏感器探测器水平方向不同视场角下，星敏感器对星点坐标位置进行判读，同时记录每个视场角下二维转台方位角所对应的角度信息；

d） 同理，记录每个视场角下二维转台俯仰角所对应的角度信息。

5.5.1.10.2 数据处理

根据式(25)计算方位方向的单星测角精度，根据式(26)计算俯仰方向的单星测角精度。

$$\sigma_A = \sqrt{\frac{\sum_{i=1}^{n}(\Delta A'_{ij} - \Delta A_{ij})^2}{n}} \quad (n \geqslant 15) \qquad \cdots\cdots\cdots\cdots(25)$$

$$\sigma_E = \sqrt{\frac{\sum_{i=1}^{n}(\Delta E'_{ij} - \Delta E_{ij})^2}{n}} \quad (n \geqslant 15) \qquad \cdots\cdots\cdots\cdots(26)$$

其中：

$$\Delta A_{ij} = A_{ij} - A_0 \qquad \cdots\cdots\cdots\cdots(27)$$

$$\Delta E_{ij} = E_{ij} - E_0 \qquad \cdots\cdots\cdots\cdots(28)$$

$$\Delta A'_{ij} = \arctan\left[\frac{(x_{ij} - x_0) \times s}{f'}\right] \quad \cdots\cdots (29)$$

$$\Delta E'_{ij} = \arctan\left[\frac{(y_{ij} - y_0) \times s}{f'}\right] \quad \cdots\cdots (30)$$

式中：

x_0、y_0 ——星点在星敏感器探测器靶面中心时的坐标位置，单位为像元个数；

x_{ij} 、y_{ij}——星点在星敏感器探测器靶面不同视场时星点坐标位置，单位为像元个数；

A_0、E_0 ——星点在星敏感器探测器靶面中心时二维转台对应的方位角、俯仰角，单位为度(°)；

A_{ij}、E_{ij} ——星点在星敏感器探测器靶面不同视场时二维转台对应的方位角、俯仰角，单位为度(°)；

f' ——星敏感器焦距，单位为微米(μm)；

s ——探测器像元尺寸，单位为微米(μm)；

n ——测量点数。

5.5.1.11 姿态角测量精度

5.5.1.11.1 测试框图

测试框图如图 9 所示：

图 9 姿态角测试方框图

5.5.1.11.2 测试步骤

对星敏感器的姿态角测量精度测试步骤如下：

a) 将星敏感器安装在天文观测站测试平台上，用星敏感器对天空中的恒星进行拍摄；
b) 星敏感器星图计算软件对星敏感器接收的恒星图像坐标进行解算；
c) 通过星图匹配算法对星图识别；
d) 经过旋转矩阵将恒星在星敏感器像空间坐标系中的坐标(x_i , y_i , $-f'$)转换为惯性坐标系中的坐标(L_i , M_i , N_i)^{T}，转换公式参见附录 A；
e) 依据式(31)计算姿态角测量精度：

$$\sigma(\alpha,\delta,\gamma) = \sqrt{\frac{\sum_{i=1}^{n}[\theta'(\alpha,\delta,\gamma) - \theta(\alpha,\delta,\gamma)]^2}{n}} \quad \cdots\cdots (31)$$

式中：

$\sigma(\alpha,\delta,\gamma)$ ——姿态角(偏航角、俯仰角、横滚角)测量精度，单位为(角)秒(″)；

$\theta'(\alpha,\delta,\gamma)$——星敏感解算的姿态角，单位为(角)秒(″)；

$\theta(\alpha,\delta,\gamma)$ ——天文观测站测试平台提供的标准姿态角，单位为(角)秒(″)。

在试验前需对天文观测站测试平台进行校准。

5.5.1.12 动态指标

按图 5 所示搭建测试光路， 依据 4.3.12 中的要求设置二维转台转动速率及转动加速度，根据

5.5.1.10及5.5.1.11的方法计算动态条件下星敏感器单星测量精度和姿态角测量精度。

5.5.1.13 量化等级

将星敏感器对准均匀光源，调节光源亮度由暗变亮使探测器达到饱和，图像采集系统记录变化过程中的图像数据，用计算机读取图像灰度值，探测器饱和时的灰度值应为 2^n-1，即量化等级就为要求的 n 位。

5.5.1.14 可控增益

按GJB 2705—1996中的4.8.2.13的方法进行。

5.5.1.15 积分时间

按GJB 2705—1996中的4.8.2.6的方法进行。

5.5.1.16 初始捕获时间和数据更新率

按GJB 6395—2008中4.5.9的规定进行。

5.5.1.17 工作温度范围

按GJB 6395—2008中4.5.11的方法进行。

5.5.1.18 绝缘电阻

应使用100 V兆欧表测量。

5.5.1.19 外壳表面电气连通性

应使用毫欧表测量。

5.5.1.20 功耗

在预置的环境条件下，将仪器全系统全部开启，用精密万用表测量系统工作时的电压和电流，计算系统功耗，见式(32)：

$$P=U\times I \qquad (32)$$

式中：

U ——电压，单位为伏特(V)；

I ——电流，单位为安培(A)；

P ——功耗，单位为瓦特(W)。

5.5.2 接口

按GJB 6395—2008中4.5.17～4.5.19的方法分别对电接口、机械接口和光学基准、热接口进行检测。

5.5.3 外观

应在透射光或反射光下用4倍～10倍放大镜对4.5中a)项目视检查，同时目视检查4.5中b)、c)、d)、e)、f)项。

5.5.4 重量

应使用符合量程范围的台秤进行测量。

5.5.5 材料及元器件

按 GJB 6395—2008 中 4.5.1 的方法进行。

5.5.6 应力筛选

星载产品按 QJ 3138 的方法进行，机载、弹载及舰船载产品按 GJB 1032 的方法进行。

5.5.7 老炼

老炼试验方法按 QJ 908A 的规定进行。

5.5.8 环境适应性

加速度、振动、冲击、湿热及温度存储试验按 GJB 150A 的规定进行，热循环试验方法按 GJB 1027A—2005 进行，热真空及热平衡试验方法按 QJ 2630 进行，抗辐射试验方法按详细规范的规定进行。

5.5.9 电磁兼容性

电磁兼容性的试验方法按 GJB 152A 的规定进行。

5.5.10 设计寿命及可靠性

根据 GJB/Z 299C 给出的失效率数据、任务时间对星敏感器设计工作寿命及可靠性进行分析预计评估。

5.6 文件资料检查

应检查下列文件资料：

a) 星敏感器的原材料、原器件选择及加工的各种证明文件(包括检验合格证、验收报告及元器件质量分析报告)；
b) 星敏感器在生产调试和所有试验过程中的详细记录(包括试验环境条件、检查设备、检测数据及试验结果等)，尤其是出现故障、性能异常及损坏等现象时，需重新查验各项试验过程的详细记录，分析结果、处理方法等试验技术报告；
c) 产品履历书、产品测试覆盖性检查报告和产品证明书。

6 交货准备

6.1 标志

星敏感器的标志应符合详细规范的规定，图示、标志应符合 GB/T 191 的相关规定，标志应醒目、清晰、牢固。标志的内容包括：产品代号、名称、编号。

6.2 包装

星敏感器的包装要求如下：

a) 星敏感器的外包装应符合 GB/T 191 的相关规定；
b) 包装箱内应有防潮、防振防腐蚀等措施，并按详细规范的规定采取防静电、防污染措施。

6.3 装箱

星敏感器的装箱要求如下：

a） 星敏感器应装入包装箱内贮存，装箱单应包括：产品名称、数量、编号、附件清单、有关文件（证书、履历书等）；

b） 有防潮、防震、防倒置、防静电等特殊要求的产品，应在箱外贴上明显的标志。

6.4 运输和贮存

星敏感器的运输和贮存要求如下：

a） 装有星敏感器的包装箱，在有关规定的运输条件下应不受损伤，避免雨淋、跌落、长期暴晒和剧烈的冲击、振动；

b） 星敏感器应装入包装箱内贮存，贮存时间一般为一年，贮存温度 10 ℃～30 ℃、相对湿度 20％～60％、大气压力 86 kPa～106 kPa，贮存场所应无腐蚀性气体，无强辐射，无明显机械振动。

附　录　A
（资料性附录）
姿态角计算原理与计算公式

A.1　姿态角计算原理示意图

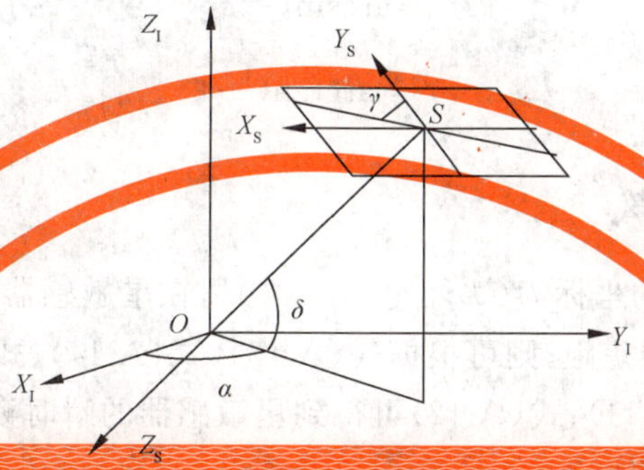

图 A.1　星敏感器三轴姿态示意图

如图 A.1 所示，$O\text{-}X_IY_IZ_I$ 是惯性坐标系（F_I），$S\text{-}X_SY_SZ_S$ 是星敏感器的像空间坐标系（F_S）。星敏感器的姿态角由摄影方向（Z_S 轴的负方向）的赤经 α，赤纬 δ，以及像平面的旋角 γ 组成，具体定义如下：

偏航角 α——Z_S 轴负方向在 X_IY_I 面上的投影与 X_I 轴的夹角，从 X_I 轴起逆时针计量；

俯仰角 δ——Z_S 轴负方向与它在 X_IY_I 面上的投影之间的夹角，从投影线起逆时针计量；

横滚角 γ——Z_S 轴在 Y_SZ_S 面上的投影与 Y_S 轴的夹角，从投影线起顺时针计量。

A.2　计算公式

A.2.1　计算旋转矩阵

F_I 经过三次旋转可成为 F_S，具体旋转为：第一次绕 Z_I 轴旋转 $\alpha+3\pi/2$，此时 X_S 轴处于与摄站子午面垂直的位置；第二次绕旋转后的 X_S 轴旋转 $\delta+\pi/2$，使 Z_I 轴与 Z_S 轴重合；第三次绕两次旋转后的 Z（Z_S 或 Z_I）轴旋转 γ，则 F_I 与 F_S 重合。用 M_{SI} 表示这个旋转矩阵，则：

$$M_{SI}=\begin{bmatrix}\cos(\alpha+3\pi/2) & -\sin(\alpha+3\pi/2) & 0\\ \sin(\alpha+3\pi/2) & \cos(\alpha+3\pi/2) & 0\\ 0 & 0 & 1\end{bmatrix}\cdot\begin{bmatrix}1 & 0 & 0\\ 0 & \cos(\delta+\pi/2) & -\sin(\delta+\pi/2)\\ 0 & \sin(\delta+\pi/2) & \cos(\delta+\pi/2)\end{bmatrix}\cdot\begin{bmatrix}\cos(\gamma) & \sin(\gamma) & 0\\ \sin(\gamma) & \cos(\gamma) & 0\\ 0 & 0 & 1\end{bmatrix}$$

$$=\begin{bmatrix}a_1 & a_2 & a_3\\ b_1 & b_2 & b_3\\ c_1 & c_2 & c_3\end{bmatrix}$$

其中：

$$a_1=\sin\alpha\cos\gamma-\cos\alpha\sin\delta\sin\gamma \qquad\cdots\cdots\text{(A.1)}$$

$$a_2=-\sin\alpha\sin\gamma-\cos\alpha\sin\delta\cos\gamma \qquad\cdots\cdots\text{(A.2)}$$

$$a_3=-\cos\alpha\cos\delta \qquad\cdots\cdots\text{(A.3)}$$

$$b_1=-\cos\alpha\cos\gamma-\sin\alpha\sin\delta\sin\gamma \qquad\cdots\cdots\text{(A.4)}$$

$$b_2 = \cos\alpha\sin\gamma - \sin\alpha\sin\delta\cos\gamma \qquad \cdots\cdots(\text{A.5})$$

$$b_3 = \sin\alpha\cos\delta \qquad \cdots\cdots(\text{A.6})$$

$$c_1 = \cos\delta\sin\gamma \qquad \cdots\cdots(\text{A.7})$$

$$c_2 = \cos\delta\cos\gamma \qquad \cdots\cdots(\text{A.8})$$

$$c_3 = -\sin\delta \qquad \cdots\cdots(\text{A.9})$$

由以上九个参数可以求得 α 、δ 、γ 分别为：

$$\alpha = \arctan\left(\frac{b_3}{a_3}\right) \qquad \cdots\cdots(\text{A.10})$$

$$\delta = \arcsin(-c_3) \qquad \cdots\cdots(\text{A.11})$$

$$\gamma = \arctan\left(\frac{c_1}{c_2}\right) \qquad \cdots\cdots(\text{A.12})$$

A.2.2 计算旋转矩阵的方向余弦

设某颗星在惯性坐标系中的坐标为$(L_i, M_i, N_i)^{\mathrm{T}}$,在星敏感器像空间坐标系中的坐标为$(x_i, y_i, -f')$,其中 f' 为星敏感器焦距,则可根据式(A.13)、式(A.14)、式(A.15)计算出旋转矩阵的 9 个方向余弦,代入式(A.10)、式(A.11)、式(A.12)可得到星敏感器的瞬时姿态角的最小二乘解。

$$\begin{bmatrix} \sum_{i=1}^{n} L_i^2 & \sum_{i=1}^{n} L_iM_i & \sum_{i=1}^{n} L_iN_i \\ \sum_{i=1}^{n} L_iM_i & \sum_{i=1}^{n} M_i^2 & \sum_{i=1}^{n} M_iN_i \\ \sum_{i=1}^{n} L_iN_i & \sum_{i=1}^{n} M_iN_i & \sum_{i=1}^{n} N_i^2 \end{bmatrix} \begin{bmatrix} a_1 \\ b_1 \\ c_1 \end{bmatrix} = \begin{bmatrix} \sum_{i=1}^{n} \frac{x_iL_i}{\sqrt{x_i^2+y_i^2+f'^2}} \\ \sum_{i=1}^{n} \frac{x_iM_i}{\sqrt{x_i^2+y_i^2+f'^2}} \\ \sum_{i=1}^{n} \frac{x_iN_i}{\sqrt{x_i^2+y_i^2+f'^2}} \end{bmatrix} \qquad \cdots\cdots(\text{A.13})$$

$$\begin{bmatrix} \sum_{i=1}^{n} L_i^2 & \sum_{i=1}^{n} L_iM_i & \sum_{i=1}^{n} L_iN_i \\ \sum_{i=1}^{n} L_iM_i & \sum_{i=1}^{n} M_i^2 & \sum_{i=1}^{n} M_iN_i \\ \sum_{i=1}^{n} L_iN_i & \sum_{i=1}^{n} M_iN_i & \sum_{i=1}^{n} N_i^2 \end{bmatrix} \begin{bmatrix} a_2 \\ b_2 \\ c_2 \end{bmatrix} = \begin{bmatrix} \sum_{i=1}^{n} \frac{y_iL_i}{\sqrt{x_i^2+y_i^2+f'^2}} \\ \sum_{i=1}^{n} \frac{y_iM_i}{\sqrt{x_i^2+y_i^2+f'^2}} \\ \sum_{i=1}^{n} \frac{y_iN_i}{\sqrt{x_i^2+y_i^2+f'^2}} \end{bmatrix} \qquad \cdots\cdots(\text{A.14})$$

$$\begin{bmatrix} \sum_{i=1}^{n} L_i^2 & \sum_{i=1}^{n} L_iM_i & \sum_{i=1}^{n} L_iN_i \\ \sum_{i=1}^{n} L_iM_i & \sum_{i=1}^{n} M_i^2 & \sum_{i=1}^{n} M_iN_i \\ \sum_{i=1}^{n} L_iN_i & \sum_{i=1}^{n} M_iN_i & \sum_{i=1}^{n} N_i^2 \end{bmatrix} \begin{bmatrix} a_3 \\ b_3 \\ c_3 \end{bmatrix} = \begin{bmatrix} \sum_{i=1}^{n} \frac{-f'L_i}{\sqrt{x_i^2+y_i^2+f'^2}} \\ \sum_{i=1}^{n} \frac{-f'M_i}{\sqrt{x_i^2+y_i^2+f'^2}} \\ \sum_{i=1}^{n} \frac{-f'N_i}{\sqrt{x_i^2+y_i^2+f'^2}} \end{bmatrix} \qquad \cdots\cdots(\text{A.15})$$

式中：

a_i 、b_i 、c_i $(i=1,2,3)$——姿态矩阵的方向余弦；

i ——为恒星数量。

注：此处姿态描述是基于欧拉角的姿态参数,同时采用最小二乘法求解姿态角的算法。

ICS 07.040
A 46

中华人民共和国国家标准

GB/T 30112—2013

月球空间坐标系

The lunar coordinate system

2013-12-17 发布　　　　2014-05-15 实施

中华人民共和国国家质量监督检验检疫总局
中国国家标准化管理委员会　发布

前　言

本标准按照 GB/T 1.1—2009 给出的规则起草。

本标准由全国空间科学及其应用标准化技术委员会(SAC/TC 312)归口。

本标准起草单位:中国科学院国家天文台。

本标准主要起草人:李春来、任鑫、刘建军、牟伶俐、王奋飞。

引　言

月球空间坐标系是用来描述月球表面、月球内部或者月球空间环境内某一或某些研究对象的空间位置信息的一套协议，包括原点、尺度和定向及其随时间演变的一系列协议、算法和常数等内容。

20 世纪 50 年代以来，人类进入了月球空间探测时代，先后完成了飞越月球、绕月轨道器探测、月球硬着陆和软着陆探测、采样返回以及载人登月等探测任务，获取了海量的月球探测数据，使得人类对月球的认识不断深入。"绕、落、回"是我国月球探测规划的第一阶段，嫦娥系列探测器的成功发射和科学探测，对月球开展了全球性和综合性的探测，丰富了月球探测的成果。月球探测活动的工程需求、月球探测数据处理、数据应用和综合科学研究，都要求将这些探测数据在统一的空间坐标体系下进行表达，而且要具有唯一性，并与国际接轨，因此，制定统一、标准的月球空间坐标系，规范月球探测数据的使用，十分必要。

本标准针对月球探测及其数据处理过程对坐标系的各种要求，参考了国内外有关资料，规范地定义了相关的月球坐标系及相互之间的转换关系，可用于月球探测的数据获取、数据处理以及科学研究。在选择术语上尽量与已有资料协调，同时又保持本标准的相对独立性和完整性，对于相同的术语，以严密、准确为原则，使其定义与相关标准、规范保持统一、协调。

月球空间坐标系

1 范围

本标准规定了月球探测及其数据处理相关的坐标系，包括坐标系的原点、尺度、定向及其随时间演变的一系列协议、算法和常数，并定义了相关坐标系之间的转换关系。

本标准适用于月球探测的数据获取、数据处理以及科学研究。

2 术语和定义

下列术语和定义适用于本文件。

2.1

参考椭球　reference ellipsoid

为处理和表达测量成果而采用的一种与天体大小、形状最接近，并具有一定参数的旋转椭球。

[GB/T 14911—2008，定义 2.14]

2.2

参考椭球长半径　major radius of reference ellipsoid

参考椭球长半轴的长度(a)。

[GB/T 17159—1997，定义 4.8]

2.3

参考椭球短半径　minor radius of reference ellipsoid

参考椭球短半轴的长度(b)。

[GB/T 17159—1997，定义 4.9]

2.4

参考椭球面　surface of reference ellipsoid

参考椭球的表面。

2.5

岁差　precession

地球瞬时自转轴在空间中不断改变方向的长期性运动。

[GB/T 17159—1997，定义 3.22]

2.6

章动　nutation

地球瞬时自转轴在空间中不断改变方向的周期性运动。

[GB/T 17159—1997，定义 3.23]

2.7

天球　celestial sphere

用于在其表面投影天体位置而假想的以空间某点为中心，无限长为半径的圆球。

[GB/T 17159—1997，定义 3.4]

2.8

黄道　ecliptic

地球绕太阳公转的轨道平面与天球相交的大圆。

[GJB 1028—90,定义 3.2]

2.9

地球赤道 earth equator

过地球质心且垂直于其自转轴的平面与地球参考椭球面相交的大圆。

2.10

月球赤道 moon equator

过月球质心且垂直于其自转轴的平面与月球参考椭球面相交的大圆。

2.11

平赤道 mean equator

过地球质心且与经过了章动修正的北极方向(即平极)垂直的平面与地球参考椭球面相交的大圆。

2.12

春分点 vernal equinox

天球球面上沿黄道圈由南向北与赤道圈的交点。

[GB/T 17159—1997,定义 3.26]

2.13

平春分点 mean vernal equinox

天球球面上沿黄道圈由南向北与平赤道圈的交点。

2.14

J2000.0

地球时 2000 年 1 月 1.5 日的历元。

注:根据 1994 年 IAU 的决议,新的标准历元为地球时(TT)2000 年 1 月 1.5 日,记作 J2000.0。此时儒略日(JD)为 2451545.0,世界时(UTC)为 2000 年 1 月 1 日 11:58:55.816。

2.15

天文子午面 astronomic meridianal plane

过地面一点的重力线,平行于地球自转轴的平面。

[GB/T 17159—1997,定义 3.44]

2.16

本初子午面 prime meridian

过固定平极和经度原点的天文子午面。

[GB/T 17159—1997,定义 3.46]

2.17

月球天平动 lunar libration

月球自转轴在惯性空间中作类似于天平的周期性摇摆运动。可分为物理天平动和纬度天平动、经度天平动、周日天平动等三种几何天平动。

注:月球天平动使月球在不同的轨道位置面向地球的一面略有不同,累计起来,从地球上可以观测到月球整个表面的约 59%。

2.18

月球经度原点 moon longitude origin

平均地球方向在月球赤道上的投影点定义为月球的经度原点。

2.19

平均地球方向 mean earth direction

月心到月球经度原点的连线方向。

注:月球自转周期等于它绕地球公转的周期,因此在地球上只能看到月球的正面,地球质心相对于月球球面的位置

关系基本上不变。但是，由于月球运动存在天平动，地球质心在月面上的投影点会有微小的变化。根据大量持续的观测数据得到的该投影点的平均位置作为月球经度原点，对应的地球方向作为平均地球方向。

2.20

J2000.0 动力学春分点　dynamical equinox of J2000.0

根据 IAU1976 岁差天文常数和 IAU1980 章动理论，同时顾及若干射电源观测坐标值所确定的相对于历元 J2000.0 的平春分点。

[GB/T 17159—1997，定义 3.27]

2.21

天极　celestial pole

过天球中心平行于地球自转轴的直线与天球面的交点。

[GB/T 17159—1997，定义 3.33]

2.22

国际天球参考架　International Celestial Reference Frame (ICRF)

由国际地球自转服务局(IERS)推荐的根据 J2000.0 动力学春分点和天极，以 IERS 天文常数为基础所定义的天球参考系和太阳系质心坐标系。

[GB/T 17159—1997，定义 3.61]

2.23

J2000.0 地心平赤道坐标系　geocentric mean equator coordinate system for epoch J2000.0

以地球质心为原点，J2000.0 平赤道面为基本平面，X 轴指向 J2000.0 平春分点，Z 轴垂直于基本平面指向北极的右手笛卡尔直角坐标系。

注：J2000.0 地心平赤道坐标系是国际天球参考架(The International Celestial Reference Frame，ICRF)中用来定义行星星历表和探测卫星轨道位置等的一种常用坐标系。

3　月球空间坐标系

3.1　月球参考椭球

月球几何形状定义为一个正球体，平均半径、赤道半径和极半径相等，均为 1737.4 km±1 km，与实际椭球的标准偏差为 2.5 km。

月球参考椭球采用半径为 1737.4 km 的正球体，参考椭球长半径 a 和参考椭球短半径 b 相等，均为 1737.4 km，椭球体中心为月球质心，该正球体表面为月球参考椭球面。

3.2　月球旋转参数

月球质心沿自转轴指向北天极的方向为月球的北极方向，其与月球参考椭球面的交点为月球北极。月球质心指向月球北极的矢量方向为月球的自转轴方向，月球的自转方向采用右手螺旋法则，自转方向为东。在 J2000.0 地心平赤道坐标系中，月球自转轴的指向用 $90°+\alpha_0$，$90°-\delta_0$ 和 ω 三个旋转角元素来表达(见图 1)，这三个欧拉角参数即为月球相对于 ICRF 的月球天平动参数。

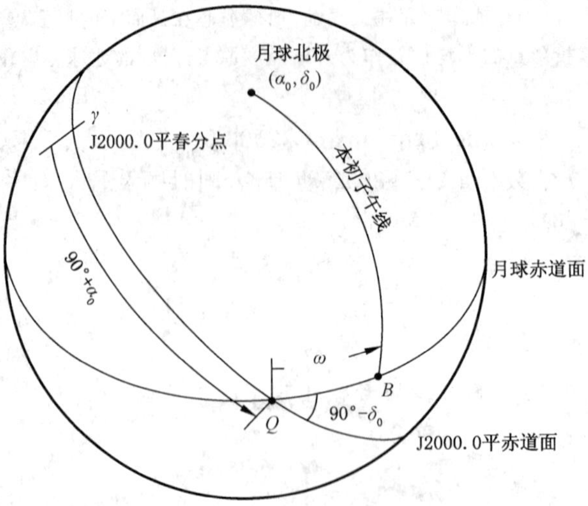

说明：

(α_0,δ_0)——月球北极点在 J2000.0 地心平赤道坐标系中的赤经与赤纬；

γ ——J2000.0 平春分点位置；

Q ——J2000.0 平赤道面与月球赤道面的升交点；

B ——月球本初子午线与月球赤道的交点，即月球经度原点；

ω ——经度原点 B 相对于 Q 点的角距。

图 1　月球旋转元素示意图

图 1 中，J2000.0 月心平地球赤道坐标系首先绕其 Z 轴旋转角度 $90°+\alpha_0$，再绕 X 轴旋转角度 $90°-\delta_0$，最后再绕 Z 轴旋转角度 ω，最终与月固坐标系的坐标轴重合。据此，可以构建 J2000.0 月心平地球赤道坐标系和月固坐标系之间的转换关系。

α_0，δ_0，ω 按公式(1)计算：

$$\begin{aligned}
\alpha_0 = {} & 269.9949° + 0.0031°T - 3.8787°\sin E_1 - 0.1204°\sin E_2 \\
& + 0.0700°\sin E_3 - 0.0172°\sin E_4 + 0.0072°\sin E_6 \\
& - 0.0052°\sin E_{10} + 0.0043°\sin E_{13} \\
\delta_0 = {} & 66.5392° + 0.0130°T + 1.5419°\cos E_1 + 0.0239°\cos E_2 \\
& - 0.0278°\cos E_3 + 0.0068°\cos E_4 - 0.0029°\cos E_6 \\
& + 0.0009°\cos E_7 + 0.0008°\cos E_{10} - 0.0009°\cos E_{13} \\
\omega = {} & 38.3213° + 13.17635815°d - 1.4°\times 10^{-12} d^2 + 3.5610°\sin E_1 \\
& + 0.1208°\sin E_2 - 0.0642°\sin E_3 + 0.0158°\sin E_4 \\
& + 0.0252°\sin E_5 - 0.0066°\sin E_6 - 0.0047°\sin E_7 \\
& + 0.0046°\sin E_8 + 0.0028°\sin E_9 + 0.0052°\sin E_{10} \\
& + 0.0040°\sin E_{11} + 0.0019°\sin E_{12} - 0.0044°\sin E_{13}
\end{aligned} \quad \cdots\cdots (1)$$

式中：

d ——时间参数，以 J2000.0 为时间起点的儒略日，单位为秒(s)；

(α_0,δ) ——见图 1，其中的线性项代表岁差，非线性项代表章动效应；

ω ——见图 1，其中的线性项是月球的自转速率；

T ——以 J2000.0 为时间起点的儒略世纪数(1 儒略世纪数=36525 天，每天 86400s)；

$E_1 \sim E_{13}$——角度参数，单位为度，按公式(2)计算。

$$E_1 = 125.045° - 0.0529921°d, E_2 = 250.089° - 0.1059842°d,$$
$$E_3 = 260.008° + 13.0120009°d, E_4 = 176.625° + 13.3407154°d,$$
$$E_5 = 357.529° + 0.9856003°d, E_6 = 311.589° + 26.4057084°d,$$
$$E_7 = 134.963° + 13.0649930°d, E_8 = 267.617° + 0.3287146°d, \quad \cdots\cdots\cdots\cdots\cdots\cdots (2)$$
$$E_9 = 34.226° + 1.7484877°d, E_{10} = 15.134° - 0.1589763°d,$$
$$E_{11} = 119.743° + 0.0036096°d, E_{12} = 239.961° + 0.1643573°d,$$
$$E_{13} = 25.053° + 12.9590088°d$$

3.3 J2000.0 月心平地球赤道坐标系

以月球质心为原点，X 轴指向、Y 轴指向和 Z 轴指向平行于 J2000.0 地心平赤道坐标系的右手笛卡尔直角坐标系(见图 2)。该坐标系主要用于实现 J2000.0 地心平赤道坐标系与月固坐标系之间的转换。

3.4 月固坐标系

采用笛卡尔直角坐标系，以月球质心为原点，月球赤道面为基本平面，Z 轴垂直于基本平面指向北极，X 轴在赤道面内指向经度原点方向(平均地球方向)，Y 轴与 X 轴、Z 轴符合右手螺旋法则构成右手系(见图 2)。因此，月固坐标系是一个平地球/极轴坐标系。该坐标系是用于表达月球空间位置的基本坐标系。

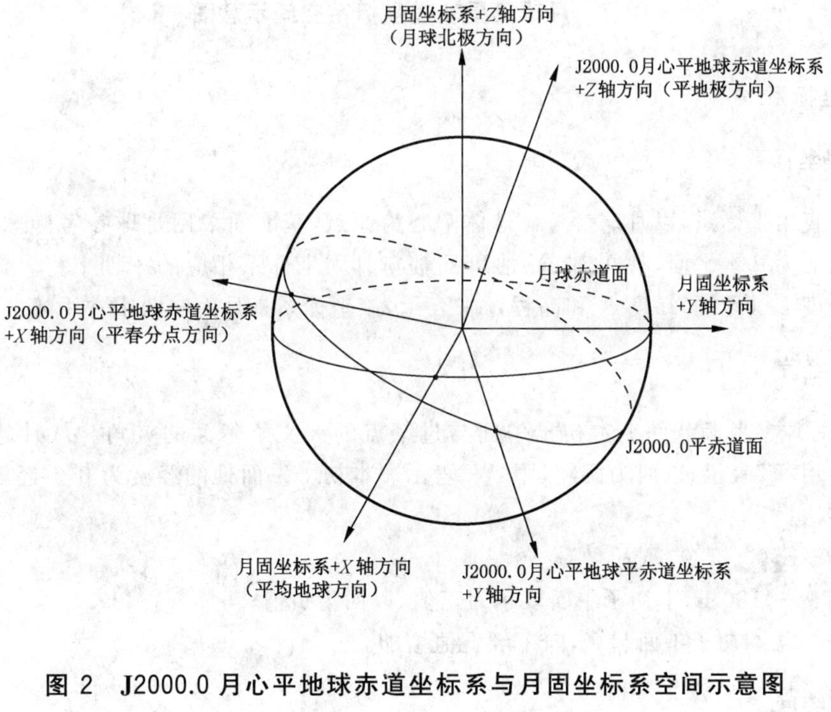

图 2　J2000.0 月心平地球赤道坐标系与月固坐标系空间示意图

3.5 月球卫星轨道坐标系

采用笛卡尔直角坐标系，以月球卫星质心为原点，卫星绕月运行的轨道面为基本平面，Z 轴在轨道面内指向月球质心方向，Y 轴与卫星轨道角动量方向相反，X 轴与 Y 轴、Z 轴符合右手螺旋法则构成右手系(见图 3)。该坐标系主要用于表达月球探测卫星相对于月球的空间位置和姿态。

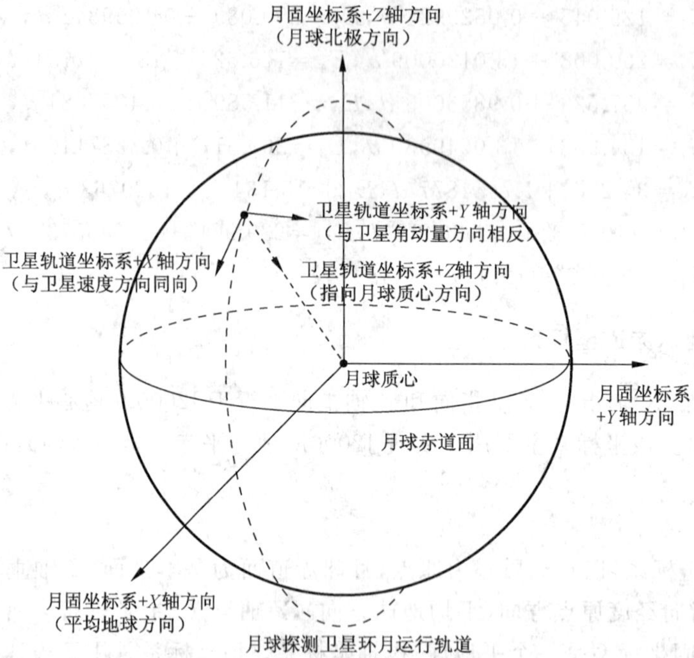

图3　月球卫星轨道坐标系空间示意图

3.6　月球表面坐标系

3.6.1　月球地理坐标系

采用笛卡尔直角坐标系，以月球参考椭球体圆心为原点，基准面采用月球参考椭球体球面，月球本初子午面和赤道面为基本平面，其 X 轴、Y 轴和 Z 轴与月固坐标系相应的三轴平行。月球表面某点的位置用（地理）经度 L、（地理）纬度 B 和高程 h 来表示，该坐标系是月面制图中常用的坐标系。

3.6.1.1　（地理）经度

用 L 表示，月球参考椭球面上本初子午面与过某点的天文子午面的夹角。从月球本初子午面起算，以东为东经，用"E"表示；以西为西经，用"W"表示。本初子午面处的经度为0°。经度值的表达和取值可采用三种方法：

a)　0°～180° E，0°～180° W；

b)　0°～(＋/－)180°E，本初子午面以东为正值，以西为负值；

c)　0°～360°，从本初子午面起算，向东经度值增加。

3.6.1.2　（地理）纬度

用 B 表示，过月面点的参考椭球面法线与赤道面的夹角。纬度从赤道起算，赤道处纬度为0°；位于赤道以北的点的纬度称为北纬，用"N"表示；位于赤道以南的点的纬度称为南纬，用"S"表示。纬度值的表达和取值可采用2种方法：

a)　0°～90° N，0°～90° S；

b)　0°～(＋/－)90°，赤道向北为正值，向南为负值。

3.6.1.3　高程

用 h 表示，月面点沿过该点的参考椭球面法线到参考椭球面的距离。从参考椭球面起量算，向天顶方向为正,向月球质心方向为负。

3.6.2 月面站心坐标系

采用笛卡尔直角坐标系,以月球表面的站心位置为原点,通过站点位置的月球参考椭球体的切平面为基本平面,Z 轴与站点处的法线重合指向月球质心的相反方向,X 轴在该切平面内指向月球正东方向,Y 轴在切平面内指向月球正北方向,X 轴、Y 轴和 Z 轴符合右手螺旋法则构成右手系(见图 4)。该坐标系主要用于表达物体在月面局部区域内的相对位置关系。

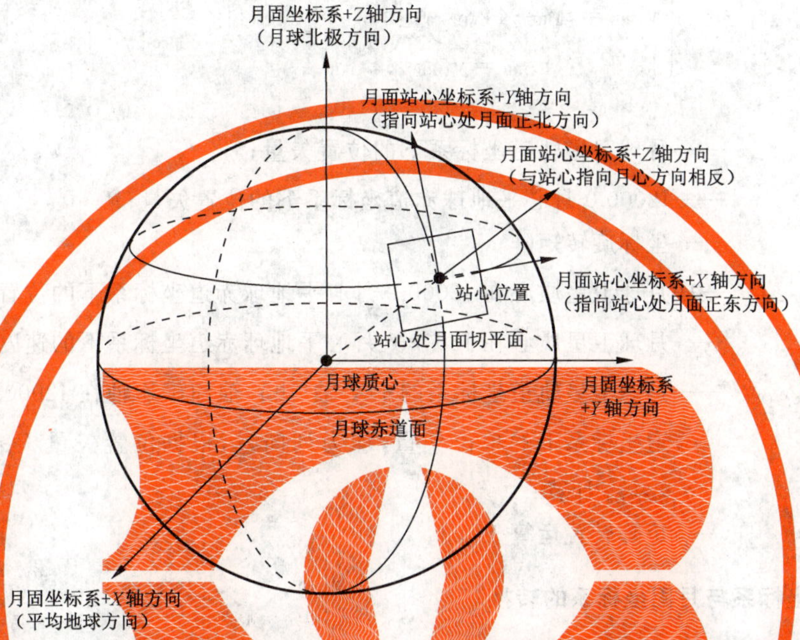

图 4 月面站心坐标系空间示意图

4 月球坐标系之间及其与地球坐标系的转换

4.1 月球坐标系之间的转换

4.1.1 J2000.0 月心平地球赤道坐标系与月固坐标系之间的转换

二者之间的转换关系表达见公式(3)和公式(4):

$$\vec{V}_{\mathrm{MFX}}=T_{\mathrm{MFX}\leftarrow\mathrm{MJ2000}}\vec{V}_{\mathrm{MJ2000}} \quad\cdots\cdots(3)$$

$$T_{\mathrm{MFX}\leftarrow\mathrm{MJ2000}}=R_z(\omega)R_x(90^\circ-\delta_0)R_z(90^\circ+\alpha_0) \quad\cdots\cdots(4)$$

式中:

$\vec{V}_{\mathrm{MFX}}$ ——月固坐标系下的位置矢量;

$\vec{V}_{\mathrm{MJ2000}}$ ——J2000.0 月心平地球赤道坐标系下的位置矢量;

$T_{\mathrm{MFX}\leftarrow\mathrm{MJ2000}}$ ——坐标旋转矩阵;

$90^\circ+\alpha_0, 90^\circ-\delta_0, \omega$ ——三个月球旋转参数,根据公式(1)计算;

R_x, R_z ——分别是 J2000.0 月心平地球赤道坐标系绕 X 和 Z 轴对应的旋转参数的正交矩阵。

4.1.2 J2000.0 月心平地球赤道坐标系与月球卫星轨道坐标系之间的转换

二者之间的转换关系表达见公式(5)和公式(6)：

$$\vec{V}_{\mathrm{ORB}}=T_{\mathrm{ORB}\leftarrow \mathrm{MJ2000}}\vec{V}_{\mathrm{MJ2000}} \qquad (5)$$

$$\begin{cases} T_{\mathrm{ORB}\leftarrow \mathrm{MJ2000}}=\begin{bmatrix}\vec{x}_{\mathrm{ORB}} & \vec{y}_{\mathrm{ORB}} & \vec{z}_{\mathrm{ORB}}\end{bmatrix}^{T} \\ \vec{z}_{\mathrm{ORB}}=-\vec{P}_{\mathrm{MJ2000}}/\left|\vec{P}_{\mathrm{MJ2000}}\right| \\ \vec{y}_{\mathrm{ORB}}=\vec{z}_{\mathrm{ORB}}\times\vec{\nu}_{\mathrm{MJ2000}}/\left|\vec{z}_{\mathrm{ORB}}\times\vec{\nu}_{\mathrm{MJ2000}}\right| \\ \vec{x}_{\mathrm{ORB}}=\vec{y}_{\mathrm{ORB}}\times\vec{z}_{\mathrm{ORB}} \end{cases} \qquad (6)$$

式中：

$\vec{V}_{\mathrm{ORB}}$ ——月球卫星轨道坐标系下的位置矢量；

$\vec{V}_{\mathrm{MJ2000}}$ ——J2000.0 月心平地球赤道坐标系下的位置矢量；

$T_{\mathrm{ORB}\leftarrow \mathrm{MJ2000}}$ ——坐标旋转矩阵；

$\vec{P}_{\mathrm{MJ2000}}$ ——月球卫星质心在 J2000.0 月心平地球赤道坐标系下的位置矢量；

$\vec{\nu}_{\mathrm{MJ2000}}$ ——月球卫星质心在 J2000.0 月心平地球赤道坐标系下的速度矢量；

$\vec{x}_{\mathrm{ORB}}$，$\vec{y}_{\mathrm{ORB}}$，$\vec{z}_{\mathrm{ORB}}$ ——月球卫星轨道坐标系的$+X$ 轴、$+Y$ 轴和$+Z$ 轴在 J2000.0 月心平地球赤道坐标系下的单位矢量，均为列向量，根据位置矢量 $\vec{P}_{\mathrm{MJ2000}}$ 和速度矢量 $\vec{\nu}_{\mathrm{MJ2000}}$ 计算；

T ——矩阵转置运算。

4.1.3 月球地理坐标系与月固坐标系的转换

二者之间的转换关系表达见公式(7)：

$$\begin{cases} X=(R+h)\cos B\cos L \\ Y=(R+h)\cos B\sin L \\ Z=(R+h)\sin B \end{cases} \qquad (7)$$

式中：

X,Y,Z ——为对应月面点在月固坐标系下的坐标值；

R ——为月球半径；

L,B,h ——为月面点在月球地理坐标系下的坐标值，其中 L、B 分别为经度和纬度，h 为高程。

4.1.4 月固坐标系与月面站心坐标系的转换

二者之间的转换关系表达见公式(8)和公式(9)：

$$\vec{V}_{\mathrm{STA}}=T_{\mathrm{STA}\leftarrow \mathrm{MFX}}\vec{V}_{\mathrm{MFX}} \qquad (8)$$

$$\begin{cases} T_{\mathrm{STA}\leftarrow \mathrm{MFX}}=\begin{bmatrix}\vec{x}_{\mathrm{STA}} & \vec{y}_{\mathrm{STA}} & \vec{z}_{\mathrm{STA}}\end{bmatrix}^{T} \\ \vec{z}_{\mathrm{STA}}=\vec{N} \\ \vec{x}_{\mathrm{STA}}=\vec{E} \\ \vec{y}_{\mathrm{STA}}=\vec{z}_{\mathrm{STA}}\times\vec{x}_{\mathrm{STA}} \\ \vec{N}=\dfrac{1}{\sqrt{X^2+Y^2+Z^2}}\begin{bmatrix}X & Y & Z\end{bmatrix}^{T} \\ \vec{E}=\begin{bmatrix}-\sin L & \cos L & 0\end{bmatrix} \end{cases} \qquad (9)$$

式中：

$\vec{V}_{STA}$ ——月面站心坐标系下的位置矢量；

$\vec{V}_{MFX}$ ——月固坐标系下的位置矢量；

$T_{STA \leftarrow MFX}$ ——坐标旋转矩阵；

X,Y,Z ——月面站点在月固坐标系下的坐标值；

L ——月面站点处的地理经度；

$\vec{N}$ ——月面站点处月球参考椭球体切平面的法线方向；

$\vec{E}$ ——月面站点处切平面内月球正东方向；

$\vec{x}_{STA}$ ，$\vec{y}_{STA}$ ，$\vec{z}_{STA}$ ——月面站心坐标系的$+X$ 轴、$+Y$ 轴和$+Z$ 轴在月固坐标系下的单位矢量，均为列向量，根据站点处的正东、正北和法线方向确定；

T ——表示矩阵转置运算。

4.2 J2000.0 地心平赤道坐标系与 J2000.0 月心平地球赤道坐标系之间的转换

二者之间的转换关系表达见公式(10)：

$$\vec{V}_{MJ2000} = \vec{V}_{EJ2000} - \vec{V}_0 \qquad \cdots\cdots(10)$$

式中：

$\vec{V}_{EJ2000}$ ——J2000.0 地心平赤道坐标系下的位置矢量；

$\vec{V}_{MJ2000}$ ——J2000.0 月心平地球赤道坐标系下的位置矢量；

$\vec{V}_0$ ——月球质心在 J2000.0 地心平赤道坐标系下的位置矢量。

参 考 文 献

[1] GB/T 14911—2008 测绘基本术语

[2] GB/T 16820—1997 地图学术语

[3] GB/T 16831—1997 地理点位置的纬度、经度和高程的标准表示法

[4] GB/T 17159—1997 大地测量术语

[5] GB/T 17943—2000 大地天文测量规范

[6] GB 22021—2008 国家大地测量基本技术规定

[7] GJB 1028—90 卫星坐标系

[8] B.A.Archinal, M.F.A'Hearn, E.Bowell, et al.Report of the IAU Working Group on Cartographic Coordinates and Rotational Elements: 2009. Celest Mech Dyn Astr. Springer (2011) 109:101-135

ICS 17.020
A 42

中华人民共和国国家标准

GB/T 30113.1—2013

空间微重力流体物理　流场光学测量技术规范　第1部分：阴影法、纹影法

Optical measurement methods on flow field in microgravity fluid physics—Part 1: Shadowgraph and schlieren

2013-12-17 发布　　2014-07-15 实施

中华人民共和国国家质量监督检验检疫总局
中国国家标准化管理委员会　发布

前言

本部分按照 GB/T 1.1—2009 给出的规则起草。

GB/T 30113《空间微重力流体物理　流场光学测量技术规范》分为以下几个部分：

——第 1 部分：阴影法、纹影法；

——第 2 部分：干涉法；

——第 3 部分：激光多普勒测速技术；

——第 4 部分：粒子图像测速技术、激光诱导荧光技术和热色液晶技术。

本部分为 GB/T 30113 的第 1 部分。

本部分由全国空间科学及其应用标准化技术委员会(SAC/TC 312)归口。

本部分起草单位：中国科学院力学研究所。

本部分主要起草人：胡良、康琦、段俐。

空间微重力流体物理　流场光学测量技术规范　第1部分:阴影法、纹影法

1　范围

GB/T 30113的本部分规定了空间微重力流体物理实验阴影、纹影测量系统设计和测试的原则、要求和方法。

本部分适用于在空间微重力环境中使用的,航天器载荷的阴影、纹影测量系统的设计和测试,落塔、抛物线飞机和地面实验的阴影、纹影测量系统设计和测试也可参考使用。

2　规范性引用文件

下列文件对于本文件的应用是必不可少的。凡是注日期的引用文件,仅注日期的版本适用于本文件。凡是不注日期的引用文件,其最新版本(包括所有的修改单)适用于本文件。

GJB/Z 27　电子设备可靠性热设计手册

GJB 368B　装备维修性工作通用要求

GJB 450A　装备可靠性工作通用要求

GJB 900　系统安全性通用大纲

GJB 1027A　运载器、上面级、航天器试验要求

GJB 2547　装备测试性大纲

GJB 3872　装备综合保障通用要求

GJB 4239　装备环境工程通用要求

QJ 2172A　卫星可靠性设计指南

QJ 3273　航天产品安全性分析指南

3　术语和定义

下列术语和定义适用于本文件。

3.1

光阑　aperture

限制光束尺寸或空间范围的光学器件。

注:纹影法光路中,在光线汇聚的焦平面附近放置的光阑称为纹影光阑。

3.2

刀口光阑　knife-edge aperture

刀口　knife-edge

利用锋利刃口边缘限制光线通过的光学器件。

3.3

洛仑兹-劳伦斯关系　Lorentz-Lorenz relation

不导电的透明介质折射率与密度的关系式:

$$\frac{n^2-1}{n^2+2}=K\rho \qquad \cdots\cdots(1)$$

式中：

ρ——密度，单位为千克每立方米（kg/m^3）；

n——折射率；

K——比例因子，单位为立方米每千克（m^3/kg）。

3.4

阴影法　shadowgraph method

光线通过测量区域后，由折射率不均匀引起光线聚集和发散，成像形成与折射率变化相对应的阴影图像，通过阴影图像反映流场折射率二阶导数空间分布的方法。

注：根据洛仑兹-劳伦斯关系，利用该阴影图像可检测流场密度等参量动态变化。

3.5

纹影法　schlieren method

光线通过折射率不均匀的测量区域后经透镜或凹面镜聚焦，在焦点处通过光阑的空间滤波作用，成像产生明暗不均的纹影图像，通过纹影图像反映流场折射率一阶导数空间分布的方法。

注：根据洛仑兹-劳伦斯关系，利用该纹影图像可检测流场密度等参量动态变化。

4　设计原则

4.1　设计条件

4.1.1　功能性能约束

至少应满足以下功能、性能约束条件：

a）测量灵敏度优于待测实验模型的特征量；

b）待测实验模型的特征量变化小于测量范围。

4.1.2　资源约束

至少应满足以下资源约束条件：

a）重量和体积；

b）供电和功耗；

c）热控；

d）数据存贮与传输。

4.1.3　力学环境约束

应满足任务规定的力学环境试验条件。

4.1.4　空间环境约束

至少应满足以下空间环境约束条件：

a）微重力；

b）压力、温度；

c）空间辐射。

4.2　设计通则

在满足功能、性能要求的前提下，一般应遵循以下原则：

a）测量方案力求简洁；

b） 安全性、可靠性贯穿设计过程始终；

c） 适用时考虑测量单元内各个部组件的通用性、互换性、可达性，提高可维修性；

d） 优先采用具有空间飞行经历的成熟原材料、元器件及零部件；

e） 尽量降低实验装置的质心高度；

f） 实验装置结构力求紧凑。

5 设计要求

5.1 光学设计

5.1.1 阴影法、纹影法选用

需要突显实验介质折射率二阶导数分布的物理过程优先选用阴影法；需要突显实验介质折射率一阶导数分布的物理过程优先选用纹影法。

两种方法都可以满足科学需求时，优先选择阴影法。

5.1.2 光源

光源选用一般为发光二极管(LED)、半导体激光器和卤钨灯。选用时应考虑下列因素：

a） 选择重量轻、体积小、抗振性能好的光源；

b） 稳定性、可靠性高；

c） 满足热设计、功耗要求；

d） 使用彩色滤光片光阑的彩色纹影方法使用白光光源。

5.1.3 光学器件

光学器件的布置、选用考虑下列因素：

a） 根据物理模型确定实验段的观测视场尺寸，准直镜和纹影镜通光口径不小于观测视场尺寸；

b） 为提高阴影测量灵敏度，实验段到观察屏的距离在有效载荷尺寸约束下宜尽量长(参见附录 A 的 A.1)；

c） 为提高纹影测量灵敏度，纹影镜的焦距 f_2 在有效载荷尺寸约束下宜尽量长(参见 A.2)；

d） 受空间实验装置体积限制时，扩束透镜和准直透镜宜尽量选用短焦距透镜；

e） 在纹影镜面的任意 25 mm 直径范围内，面形误差峰谷值(PV)宜优于光源波长的 1/5。

5.1.4 刀口光阑

适用时，刀口光阑的选用考虑下列因素：

a） 综合考虑光强和测量灵敏度因素，刀口光阑遮挡量宜取 50%；

b） 当纹影图像的对比度过高时，可采用灰度渐变片或彩色滤光片作为纹影光阑，以增加纹影图像的细节，减少衍射条纹干扰；

c） 彩色纹影光阑应染色均匀、低色差、无杂点；

d） 刀口光阑材料、厚度及安装方式应充分考虑散热性。

注 1：刀口光阑处于纹影镜焦点，能量集中，温度较高。

注 2：纹影法测量灵敏度反比于光源像上缘与刀口的距离 a(参见图 A.3)。

5.1.5 实验段光学窗口

在实验段光学窗口任意 25 mm 直径范围内，面形误差峰谷值(PV)宜优于光源波长的 1/2。

5.1.6 图像采集系统

考虑以下因素：

a） 像元靶面分辨率应优于物理场要求的成像分辨率；

b） 在满足要求的前提下，时间分辨率、空间分辨率、位深度宜采用较低配置。

5.2 机械结构设计

应考虑以下因素：

a） 光学器件的固定、安装、调整、抗振；

b） 光路和周边消杂光处理。

5.3 可靠性设计

可靠性设计按照 GJB 450A、QJ 2172A 的要求进行。热设计按照 GJB/Z 27 的要求进行。

5.4 安全性设计

按照 GJB 900、QJ 3273 的要求进行。

5.5 维修性设计

按照 GJB 368B 的要求进行外，参考 GJB 645 的内容。

注：阴影、纹影测量系统在轨维修主要内容有光学器件的清洁、光路调整、实验段及激光器更换。

5.6 测试性设计

按照 GJB 2547 的要求进行。

5.7 保障性设计

按照 GJB 3872 的要求进行。

5.8 环境适应性设计

按照 GJB 4239 的要求进行。

6 测试方法

6.1 仿真与地面模拟验证

仿真模拟分为科学和工程两个部分。

科学仿真主要是物理场仿真，获得阴影图像或纹影图像，分析测量系统设计对需求的满足度和方案可行性。

工程仿真包括测量系统的机械强度、刚度、稳定性、热设计、抗振性等仿真验证。

通过地面模拟实验验证阴影、纹影方法的可行性。

6.2 匹配试验

测量系统加入实验介质，模拟空间实验工况，进行光学测量系统的功能、性能验证，确定空间实验的参数。

6.3 环境模拟试验

按照 GJB 1027A 的要求，结合型号任务剖面和环境剖面，进行环境模拟试验，验证环境适应性。

附　录　A
（资料性附录）
阴影法、纹影法原理及光路

A.1　阴影法原理及特点

A.1.1　原理

阴影法和纹影法的原理都是利用光通过非均匀流场时的折射效应，从而得到流动参数的定性或定量测量结果。

阴影法原理如图 A.1 所示，光线通过实验段，根据光线受到扰动的偏置量测定流体折射率二阶导数的空间分布，获得流体的密度和（或）温度特征，关系如式（A.1）所示。

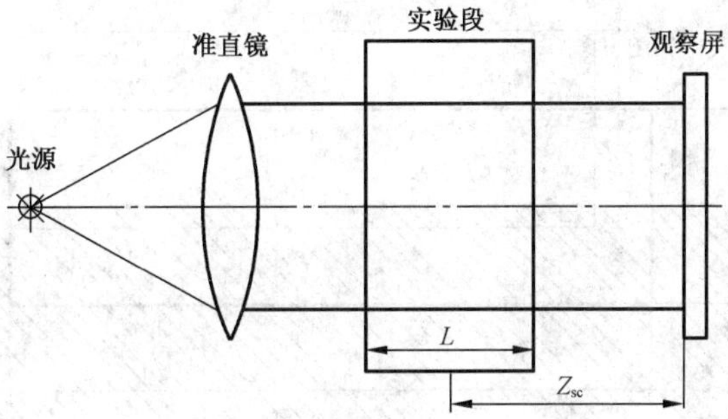

图 A.1　阴影法原理图

$$R_c = -Z_{sc}\int_L\left(\frac{\partial^2 n}{\partial x^2}+\frac{\partial^2 n}{\partial y^2}\right)(\ln n)\mathrm{d}z \quad \cdots\cdots(\text{A.1})$$

式中：

R_c ——图像对比度；

Z_{sc} ——实验段到观察屏的距离；

L ——实验段在光轴方向的长度；

n ——流体折射率。

A.1.2　特点

结构简单，调整容易，不易失调。阴影法对折射率二阶导数灵敏，适用于测量密度梯度或温度梯度变化较强的流场。

平行光路阴影法的灵敏度正比于实验段到观察屏的距离 Z_{sc}。

A.2　纹影法原理及特点

A.2.1　原理

纹影法原理如图 A.2 所示，光线通过实验段，根据光线受到扰动的偏置量测定流体折射率一阶导数的空间分布，获得流体的密度和（或）温度特征，关系如式（A.2）所示。

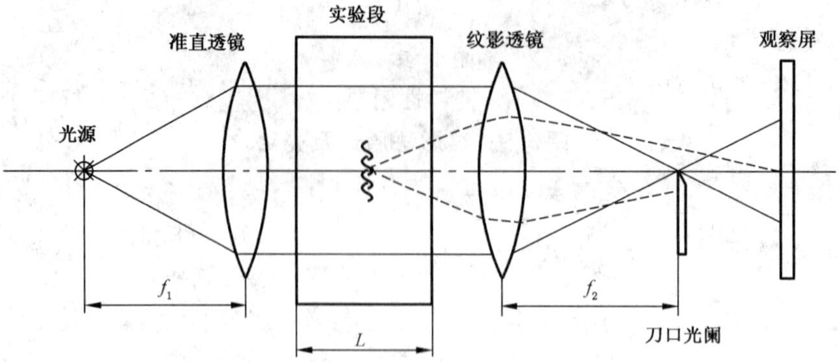

图 A.2 纹影法原理图

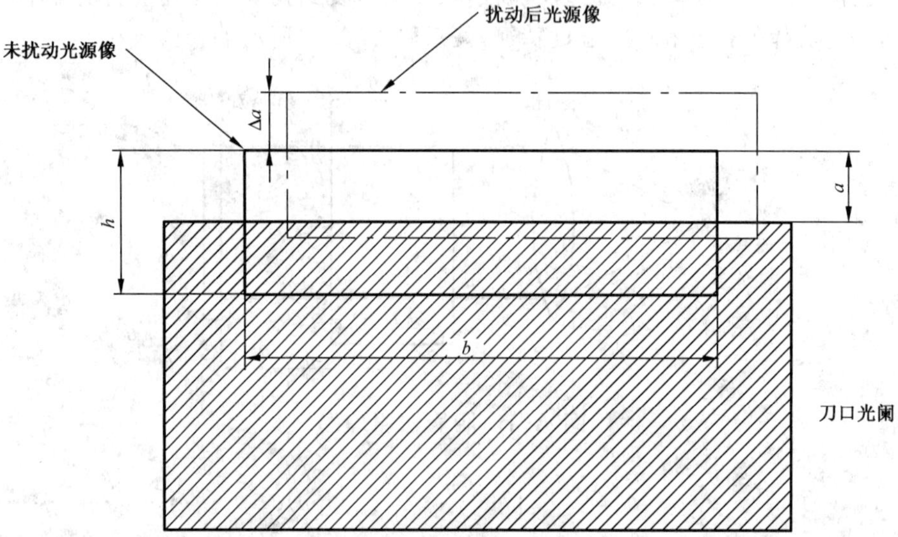

图 A.3 在刀口处光源像的示意图

$$R_c = \pm \frac{f_2}{a}\int_L \left(\frac{1}{n}\right)\left(\frac{\partial n}{\partial x}+\frac{\partial n}{\partial y}\right)\mathrm{d}z \qquad \cdots\cdots(\text{A.2})$$

式中：

R_c ——图像对比度；

f_2 ——纹影透镜焦距；

a ——光源像上缘与刀口的距离，见图 A.3；

L ——实验段在光轴方向的长度；

n ——折射率。

A.2.2 特点

通过采用不同方向的刀口光阑，可以得到法向的折射率场一阶导数空间分布。对折射率的一阶导数灵敏，比阴影法有更多的细节分辨，能显示连续变化的流场。

与阴影法比较，结构相对复杂，调整难度增加，易失调。

平行光路纹影法的灵敏度正比于纹影透镜的焦距 f_2，反比于光源像上缘与刀口的距离 a。

A.3 阴影法、纹影法的其他光路设计

A.3.1 平行光式、非平行光式

按照光线通过实验段的方式分为平行光式和非平行光式两类。

平行光式阴影法如图 A.1 所示，平行光式纹影法如图 A.2 所示。非平行光式阴影法如图 A.4a)所示，非平行光式纹影法如图 A.4b)所示。

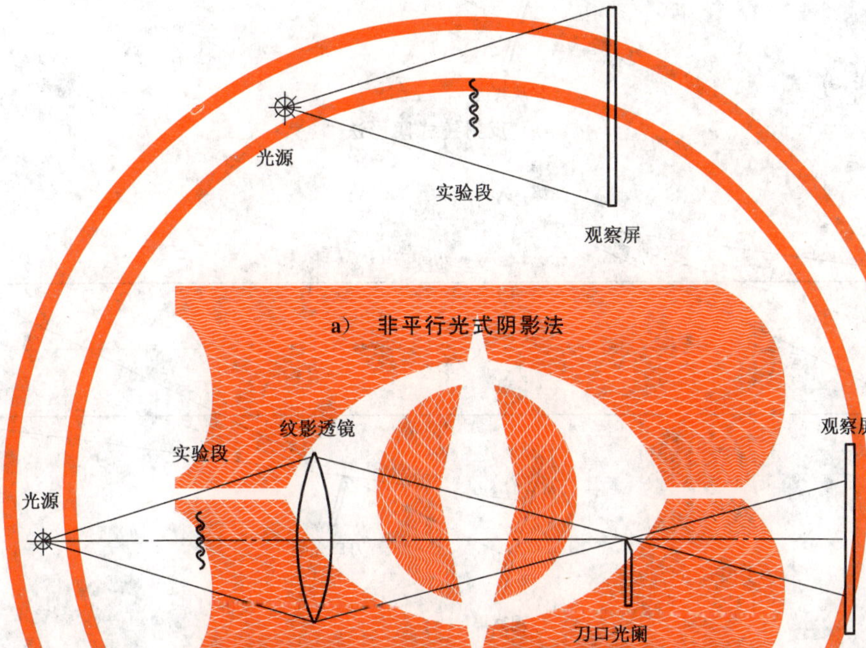

b) 非平行光式纹影法

图 A.4 非平行光形式原理图

平行光式光路，流场图像失真小，调整略微复杂，大量应用于阴影、纹影测量系统。

非平行光式光路阴影法、纹影法结构相对简单，流场的图像有失真，可用于流场定性检测和野外检测。

空间流体物理科学实验适宜采用平行光式光路布置。

A.3.2 透镜式和反射镜式纹影法特点

透镜式阴影法与纹影法分别如图 A.1 和图 A.2 所示，采用透镜作为准直镜和纹影镜。反射镜式阴影法与纹影法分别如图 A.5 a)和图 A.5 b)所示，采用凹面镜作为准直镜和纹影镜，光路为 Z 形布置。

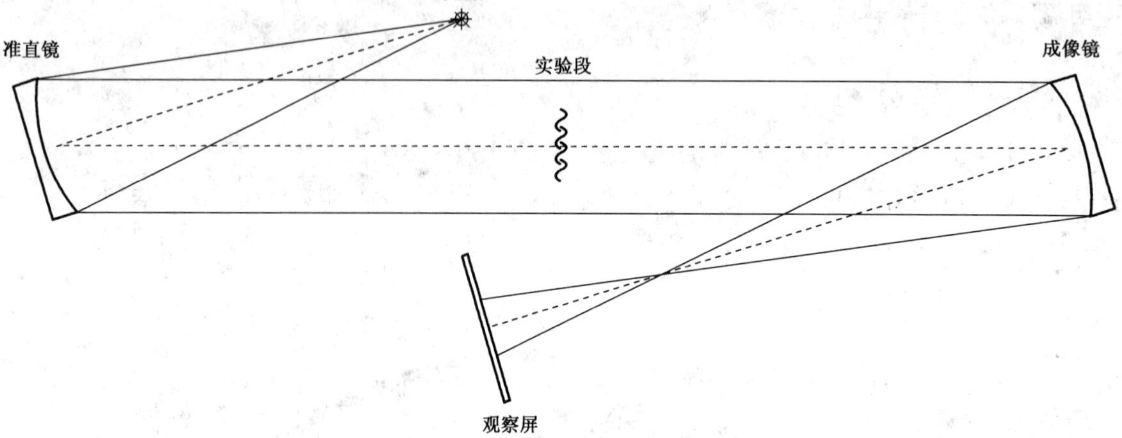

a） 反射镜式阴影法

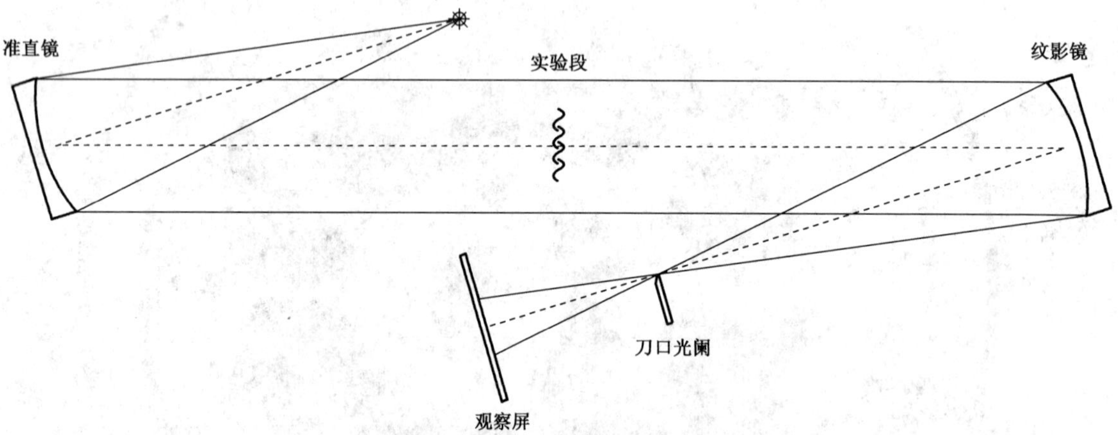

b） 反射镜式纹影法

图 A.5　反射镜式原理图

透镜式方法成像质量好，但是高精度大口径透镜加工困难且色差难以避免，所以透镜式方法适用于口径小于 200 mm 的小型阴影、纹影测量系统。

反射镜式方法多为离轴系统并且有彗差和像散，成像质量稍差，但是大口径凹面镜加工相对容易，所以反射镜式方法适用于口径大于 200 mm 的中大型阴影、纹影测量系统。

参 考 文 献

[1] GJB 645 军用光学仪器维修性规范

ICS 01.040.49
V 04

中华人民共和国国家标准

GB/T 30114.1—2013

空间科学及其应用术语 第1部分:基础通用

Terminology for space science and application—Part 1: General

2013-12-17 发布 2014-07-15 实施

中华人民共和国国家质量监督检验检疫总局
中国国家标准化管理委员会 发布

前　言

本部分按照 GB/T 1.1—2009 给出的规则起草。

GB/T 30114《空间科学及其应用术语》分为 8 个部分：

——第 1 部分：基础通用；

——第 2 部分：空间物理；

——第 3 部分：空间天文；

——第 4 部分：月球与行星科学；

——第 5 部分：空间生命科学和生物技术；

——第 6 部分：航天医学；

——第 7 部分：微重力科学；

——第 8 部分：空间地球科学。

本部分为 GB/T 30114 的第 1 部分。

本部分由全国空间科学及其应用标准化技术委员会(SAC/TC 312)归口。

本部分起草单位：中国科学院空间应用工程与技术中心、北京航空航天大学、北京大学、中国科学院高能物理研究所、中国科学院力学研究所、中国航天员科研训练中心、中国科学院国家天文台。

本部分主要起草人：张玉涵、郭炯、庄逢源、张东和、宋黎明、康琦、曹瑞英、牟伶俐。

空间科学及其应用术语 第1部分：基础通用

1 范围

GB/T 30114 的本部分界定了空间科学及其应用领域需要统一定义的基础通用术语。

本部分适用于空间科学及其应用领域相关标准的制定，技术文件的编制，以及有关的科技交流和工程应用。

2 空间科学学科术语

2.1

空间科学 space science

以航天、航空飞行器以及地面工作平台，研究发生在地球、日地空间、太阳系乃至整个宇宙的物理、化学及生命等自然现象及其规律的学科。

注：主要领域为空间物理学、空间天文学、月球和行星科学、空间地球科学、空间生命科学和微重力科学等。

2.1.1

空间 space

太空

地球稠密大气层以外的区域。

注：在空间科学领域，指地球 100 km 以上，包括中高层大气的区域。

2.1.2

近地空间 terrestrial space

从地球海平面起约 100 km 到约 323 000 km 地月系统第一拉格朗日点(L1)，地球引力范围的球壳状区域。

2.1.3

日地空间 solar-terrestrial space

太阳的电磁辐射和粒子流对地球磁场、电离层和气候等方面产生影响和相互作用的区域。

2.1.4

行星际空间 interplanetary space

太阳日球层包含的数百亿千米的围绕太阳和行星的空间区域。

2.2

空间物理学 space physics

研究发生在日地空间、太阳系及行星际空间的物理现象和规律的学科。

2.3

日球层物理学 heliospheric physics

研究发生在日球层区域内物理过程的学科。

2.3.1

日球层 heliosphere

太阳风等离子体所到达的围绕太阳的空间区域。

2.3.2

太阳风　solar wind

日冕气体向外膨胀而生成的等离子体流。

2.4

磁层物理学　magnetospheric physics

研究地球内禀磁场在太阳风作用下形成的区域中的物理过程及与电离层和太阳风扰动之间关系的学科。

2.5

电离层物理学　ionospheric physics

研究离地面约 60 km～1 000 km 高度上，大气被太阳辐射部分电离，显著影响无线电波传播的区域的状态、变化规律及其物理过程的学科。

2.6

高层大气物理学　aeronomy

研究地球中高层的大气结构、成分和动力学等物理过程的学科。

2.7

日地物理学　solar-terrestrial physics

研究太阳电磁辐射和粒子辐射在日地空间的传输和对地球空间产生影响的学科。

2.8

空间环境科学　space environment science

研究空间自然、非自然状态和变化规律，以及日地空间状态对航天器的影响、对地球人类活动影响的学科。

注： 200 km 到数千千米的地球外层空间是航天、载人航天活动最频繁的区域，其高层大气成分与密度、空间辐射环境、日地物理现象、地磁活动、地球辐射带，以及流星、微流星和空间碎片等宇宙物质分布和航天飞行器运动所产生的物理、化学现象等是空间环境科学研究的重点。

2.9

空间天气学　space weather

把太阳大气、行星际和地球磁层、电离层和中高层大气作为一个系统，研究发生在这个系统内的，影响空间、地面技术系统的运行和可靠性，以及危害人类健康和生命的空间灾害性事件过程、变化规律和效应现象的学科。

2.10

太阳物理学　solar physics

研究太阳的化学组成、结构、物理状态以及起源和演化的学科。

注： 主要研究方向是根据太阳质量、半径、光度、光谱来推算它的表面温度、内部结构、能源机制等；通过太阳表面细节、微小的光度变异，得到太阳磁场分布，观测研究太阳黑子、日珥、耀斑等日面活动的物理状态及其变化；直接观测太阳风的影响，获得日冕和行星际物质信息。

2.11

宇宙线物理学　cosmic ray physics

研究宇宙线的成分、能谱、强度分布、空间分布和时变规律，及其起源、加速、传播过程等的学科。

2.12

宇宙学　cosmology

从整体上研究宇宙的起源、结构、组成、演化的天文学分支学科。

示例： 观测宇宙学(Observational Cosmology)侧重于发现宇宙大尺度观测特征；理论宇宙学(Theoretical Cosmology)侧重于研究宇宙的运动学、动力学以建立宇宙模型。

2.13

空间天文学　space astronomy

利用空间平台，在空间进行宇宙天体观测和研究天体的形态、结构、组成、运动物理性质、演化规律的学科。

注1：空间天文观测排除了地球大气层的干扰，可实现全波段观测。

注2：空间天文学观测可采用高空飞机、平流层气球、探空火箭、人造地球卫星、行星际探测器、载人航天器等进行。

2.14

空间射电天文学　space radio astronomy

利用空间平台接收源自天体的波长约1 mm以上的无线电波，研究天体现象的天文学分支学科。

2.15

空间亚毫米波天文　space submillimeter wave astronomy

利用空间平台接收源自天体的波长约为0.1 mm～1 mm的无线电波，研究天体现象的射电天文学分支。

2.16

空间红外天文　space infrared astronomy

利用空间飞行器，通过探测宇宙天体红外波段（1 μm～1 mm）电磁波辐射，研究天体的天文学分支学科。

2.17

空间光学天文　space optical astronomy

利用空间平台，通过探测来自天体的波长0.3 μm～1 μm光学波段的电磁波辐射，开展天体研究的天文学分支学科。

2.18

空间紫外天文　space ultra-violet astronomy

利用空间飞行器，通过探测宇宙天体波长10 nm～0.38 μm的紫外线辐射，研究天体的天文学分支学科。

注：对太阳系外天体的紫外观测会受到星际气体吸收影响，目前研究范围只限于约91 nm～0.38 μm之间。

2.19

空间X射线天文　space X-ray astronomy

利用空间飞行器，通过探测宇宙天体波长0.01 nm～10 nm（能量约0.1 keV～100 keV）的X射线辐射，研究天体的天文学分支学科。

注：宇宙中辐射X射线的天体包括：吸积双星、脉冲星、伽玛射线暴、超新星遗迹、活动星系核、太阳活动区，以及星系团周围的高温气体等。X射线射线天文学中以电子伏特（eV）表示光子的能量，0.1 keV～10 keV称为软X射线，10 keV～100 keV称为硬X射线。

2.20

空间γ射线天文　space γ-ray astronomy

利用空间飞行器，通过探测宇宙天体的波长短于0.01 nm（能量高于约100 keV）的γ射线辐射，研究天体现象的天文学分支学科。

2.21

空间中微子天文　space neutrino astronomy

利用空间平台，通过探测天体发射的中微子获得有关天体内部的信息，研究天体上可能发生的中微子过程以及这些过程对天体结构和演化的作用的天文学分支学科。

注：中微子是一种不带电、静止质量接近于零、与物质相互作用很弱的基本粒子。

2.22

银河系天文学 galactic astronomy

研究银河系内的恒星、星团、星云、星际物质等的形态、结构、组成、运动、物理性质、演化规律的天文学分支学科。

2.23

河外天文学 extragalactic astronomy

研究银河系外星系、星系团、星系际空间等的形态、结构、组成、运动、物理性质和演化规律等的天文学分支学科。

2.24

高能天体物理 high energy astrophysics

研究天体和其他宇宙物质的高能现象和高能过程的天文学分支学科。

2.25

天体物理学 astrophysics

研究天体的形态、结构、化学组成等物理特性和演化规律的学科。

2.26

恒星物理学 stellar physics

研究恒星的性质、结构、物理状况、化学组成、起源和演化等的天体物理学分支学科。

2.27

行星物理学 planetary physics

研究太阳系内行星及其卫星的物理状态、地质化学性质的学科。

注：主要研究内容是测定行星及其卫星的各种物理参数；行星及其卫星表面构造、表面覆盖物特性、表面温度及其周期变化；具有大气的行星和卫星的大气构造、物理状态和化学组成；行星内部结构；行星的磁场、磁层以及太阳风与行星的相互作用等。

2.28

天体测量学 astrometry

研究和测定天体的位置和运动、建立基本参考系和确定天体坐标的学科。

2.29

生物天文学 bioastronomy

通过天文观测，探索和研究有居住条件的行星、宇宙生命迹象和化学进化形成的有机化合物的生命科学和天文学交叉学科。

2.30

空间地球科学 space earth science

利用空间平台和技术手段，探测与研究地球大气圈、水圈、冰冻圈、岩石圈、生物圈及其相互关系，以及人类活动影响等地球整体行为的学科。

2.31

地球系统科学 earth system science

把地球作为一个由陆圈(地核、地幔、岩石圈)、水圈、冰冻圈、大气圈、生物圈和人类社会等组成的有机整体，研究各部分之间相互作用及过程与演化的科学。

2.32

空间大地测量学 space-geodesy

利用空间技术测定地球表面重力场分布、地物几何形状、地面点坐标等信息，及研究它们随时间变化的理论和方法的学科。

2.33

卫星气象学　satellite meteorology

利用空间平台的遥感能力探测大气各种气象要素以及探测资料应用于大气科学，研究其探测原理、应用理论和技术方法的学科。

2.33.1

大气遥感　atmosphere remote sensing

利用遥感手段，获取来自特定方向和距离上的信息，定量反演获得大气的成分、物理要素和运动参量等要素特征的路径分布或路径总量的技术科学。

2.34

卫星海洋学　satellite oceanography

利用空间平台的遥感能力，探测海洋态势和海洋要素的图像或数据资料，开展探测原理、方法及其在海洋科学研究中应用的学科。

2.35

航天测绘技术　space mapping technique

利用航天遥感器，进行地貌二维、三维测量，提供大范围高精度定位地理信息的研究学科。

2.36

月球与行星科学　lunar and planetary science

研究月球与行星、行星的卫星、矮行星、小行星和彗星等各层次天体的特征、形成与演化过程的学科。

2.37

比较行星学　comparative planetology

以地球为基础，对比研究太阳系各行星（特别是类地行星）及其卫星的地形地貌、物质组成、地质构造、表面与空间环境、物理场与内部构造、起源与演化历史的共性和特性的学科。

2.38

空间化学　space chemistry

研究太阳系各层次天体与行星际空间物质组成和化学演化规律的学科。

2.39

陨石学　meteoritics

研究从行星际空间坠落到地球上的各类陨石的元素与同位素组成、有机分子、矿物与岩石学特征、结构构造、形成和演化过程，及太阳星云的分馏、凝聚与太阳系形成演化的学科。

2.40

行星地质学　planetary geology

运用地质学、地球物理学、地球化学等的理论和方法，研究太阳系各个行星及其卫星的地形地貌、物质组成、地质构造、物理场与内部构造、起源与演化历史的学科。

2.41

月球地质学　geology of the Moon；lunar geology

月质学　selenogeology

运用地质学的理论和方法，研究月球的地形地貌、物质组成、地质构造、物理场与内部构造、起源与演化历史的学科。

2.42

月貌学　selenomorphology

研究月表形态特征及其发生、发展和分布规律的学科。

2.43

空间生命科学　space life science

研究生命在宇宙中的起源、进化和分布，地球生物在空间环境中的生物学规律的学科。

2.44

空间生物学　space biology

在空间和地面模拟空间环境中研究地球生物对空间环境响应的生物学问题的学科。

2.45

空间生理学　space physiology

研究在空间环境中，在微重力环境下，动物、植物各类生命体，特别是哺乳动物和人从生物大分子、细胞、组织、器官、系统和个体上生理活动的适应性变化的学科。

2.46

重力生物学　gravitational biology

研究在不同重力环境下对生物影响规律的学科。

2.47

空间辐射生物学　space radiation biology

研究空间辐射对生命物质和生命现象的影响，及其损伤机理和修复方法的学科。

2.48

空间生物技术　space biotechnology

利用空间条件，应用生命科学研究成果，对生物或生物的成分进行改造和利用的技术。

注：空间生物技术综合分子生物学、生物化学、遗传学、细胞生物学、胚胎学、免疫学、化学、物理学、信息学、计算机等多学科技术和利用空间条件研究生命活动的规律和提供产品为社会服务。

2.49

空间制药　space pharmaceutical production

利用空间生物技术研制开发应用于诊断、预防、治疗人体疾病的试剂和药品。

2.50

航天医学　space medicine

研究航天飞行中影响航天员安全、健康和工作效率等医学问题的综合性理论与应用学科。

2.51

航天医学工程学　space medico-engineering

研究载人航天活动对人的影响及其特征规律，探索载人航天人-机(航天器)-环境系统工程理论与技术，保障航天员的安全、健康和高效工作的综合性应用技术学科。

2.52

地外生物学　exobiology

研究地球以外空间中生命的起源、进化、分布及其特征的学科。

2.53

微重力科学　microgravity science

研究物质在微重力环境中的运动、变化、现象与规律的学科。

示例：在空间微重力环境中研究基本物理规律，流体运动规律及燃烧特征，材料相变、结晶，生物、生命现象变化规律等。

2.54

微重力流体物理学　microgravity fluid physics

研究微重力环境中液体、气体以及分散体系等物质的流体形态及其物理运动规律和机理的学科。

注：其研究为空间材料科学、空间生命科学及生物技术、航天医学及基础物理学等研究提供相关流体理论指导；为航天器工程设计提供(热)流体管理、动力推进等理论支持。

2.55

微重力燃烧科学　microgravity combustion science

研究微重力环境中物质燃烧的现象、过程与规律的学科。

2.56

空间材料科学　materials science in space

在微重力、空间辐射和高真空等空间环境条件下，研究材料的结构和性能变化及制备过程的规律，以及材料物理、化学性能变化和使役行为的学科。

注：以微重力因素为主要研究条件时，也称为微重力材料科学。

2.57

空间基础物理学　space fundamental physics

研究空间环境中物质的物理运动规律的学科。

注：目前主要研究方向集中在检验物理基本定律、寻找新的相互作用，以及探寻量子规律的新物理规律等范畴。

3　空间科学实验、探测及应用术语

3.1

空间探测　space exploration

对地球大气层圈和外层空间的物理、天文、化学及生命等客观状态、物质、自然现象及其变化等所进行的以观测为依据的科学研究活动。

注：有两层含义：一是指在空间进行的间接或直接探测；二是指探测对象是空间。

3.1.1

月球探测　lunar exploration

借助绕月或登月的探测器对月球的物质组成、表面特征、物理场、内部构造、起源与演化历史等进行的观测与采样研究活动。

3.1.2

行星探测　planetary exploration

对太阳系内除地球以外的行星、矮行星、卫星、小行星与彗星以及行星际空间的探测与采样研究活动。

示例：火星探测、太阳系行星探测。

3.2

空间环境预报　space environment prediction

研究空间环境变化的规律，分析空间环境事件对地球人类活动、航天活动等的影响，预测空间环境变化趋势，发布预告或警示的科学活动。

3.3

空间探测器　space probe

由功能完整的科学仪器和平台组成的，具有明确观测对象和研究目标的空间飞行器。

示例：宇宙探测器、月球探测器、火星探测器、行星和行星际探测器、小天体探测器等。

3.4

探测器　detector

利用敏感原理设计的，探测、搜集、记录相关物理、化学或生命信息的仪器装置。

示例：应用于大气中性粒子探测的质谱仪；应用于电子、质子和重离子等高能粒子探测的盖革-缪勒计数器、正比计数器和电离室、闪烁计数器、半导体计数器、契伦科夫探测器；应用于等离子体探测的法拉第筒、减速势分析器、离子捕集器以及探针；应用于磁场探测的线圈式磁强计、磁通门磁强计、质子旋进磁强计、光泵磁强计。

3.5

空间自然环境监测　earth environment monitoring from the space

利用空间技术手段,对地球表面大气、海洋、陆地、生态等环境因素及其变化进行探测与综合分析的科学活动。

3.6

空间自然资源探测　natural resource exploration from the space

利用空间技术手段,对地球土地、植被、水文、矿产等及其变化进行探测与综合分析的科学活动。

3.7

人类活动影响空间监测　human activity monitoring from the space

利用空间技术手段,对因人类活动所产生的温室气体排放、土地利用变化、环境污染等进行探测与综合分析的科学活动。

3.8

灾害空间监测与预测　disaster monitoring and predicting from the space

利用空间技术手段,对台风、地震、旱涝、污染等重大自然灾害和人类活动产生的灾害等进行监测、分析与预报的科学活动。

3.9

数字地球　digital earth

在地球空间坐标上,依托多类型、多分辨率数据与信息,对地球进行多维综合分析、模拟与显示的虚拟系统。

3.10

环境控制与生命保障系统　environmental control and life support system

将载人航天器密封舱内的大气环境控制在人体生理要求范围之内,并提供维持人员正常生活所需条件以及应急状态下人员生命安全保障的设备、设施。

3.11

非再生式生命保障技术　non-regenerative life support technology

维持人员生命所必需的氧气、食物和水全部由地面带到空间,而人员代谢和生活废物全部抛弃,污染物吸收剂一次性使用的技术。

3.12

物理化学再生式生命保障技术　physical and chemical regenerative life support technology

以物理和化学原理为基础,把人员产生的二氧化碳、水汽、排泄物和生活废水等大部分废弃物转变为氧气、纯净水,大部分的污染物吸收剂再生循环使用的技术。

3.13

受控生态生命保障系统　controlled ecosystem life support system;CELSS

应用生态学基本原理,建立的生态平衡体系,并通过生物学技术,将体系中产生的代谢物、废弃物和植物的不可食部分,转化为人员生存所需的物质和植物的营养物质的技术系统。

3.14

整合式再生生保系统　integrated regenerative life supporting system

采用生物生态链实现水、氧气、食物再生产利用和采用化学、物理再生产水和氧气的两种方法相结合的技术支持系统。

注:是新的研究方向,也是未来建立月球基地、火星基地生保系统的可行方案。目前最先进的研究成果,已经实现2人～3人,4个月～6个月的密闭实验研究,氧气和水达到100%的再生,食物能够达到80%再生闭合程度。

3.15

空间科学实验 space science experiment

利用空间条件开展的,具有实验对象(实验样品)和实验体系的科学研究活动。

注 1:改写 GB/T 28877—2012,定义 2.1。

注 2:空间条件主要指微重力、真空、超净、辐射环境以及飞行器上的人造环境中一种条件或多种条件的组合。

示例:微重力流体物理实验、微重力燃烧实验、空间材料科学实验、空间基础物理实验、空间生命科学和生物技术实验。

3.16

遥科学实验 tele-science experiment

实验者远离实验研究对象和实验现场,通过远程技术实时或准实时掌握、干预和控制实验进程的科学实验方法。

3.16.1

遥现场 tele-presence

获取实验现场场景和必要参数,以远程通讯技术方法为基础,在地面或非同一场合用虚拟手段再现科学实验现场。

3.16.2

遥操作 tele-operation

以远程信息通道和相关设备组成实验链路,通过人机交互方式,实现对科学实验进程的干预、控制。

3.17

重力 gravity

在天体附近,物体受天体的引力和随天体自转的惯性离心力的矢量和。

注:不特别说明所指的"天体"时,通常指地球重力。

3.18

重力加速度 acceleration of gravity

物体仅由重力作用所产生的加速度。

注:不特别说明所指的"天体"时,通常指地球重力加速度。

示例:地球重力加速度标准值被 1901 年第三次国际度量衡会议定义为 9.806 65 m/s^2。月球重力加速度约为 1.6 m/s^2;火星重力加速度约为 3.7 m/s^2。

3.19

失重 weightless

物体处于弱引力场中或物体在引力场中以引力加速度运动时,表现出重量几乎消失的状态。

3.20

超重 super-gravity

物体处于强引力场中或物体做过载加速运动时,表现出重量高于地面常重力作用时的状态。

3.21

微重力环境 microgravity environment

微重力条件 microgravity condition

微重力 microgravity

引力加速度为 μg 量级的弱引力场环境或残余加速度为 μg 量级的环境条件。

注:在空间实验中也泛指残余加速度小于 10^{-2} g 的环境条件。

3.22

G-跳 G-jitter

微重力环境中残余重力加速度方向、大小的陡变。

3.23

重力效应　gravity effect

物体对不同重力环境所表现出的特性、特征发生变化的现象。

3.24

对地观测　earth observation

利用空间飞行器、飞机等对地球大气、海洋、陆地进行的观察、测量和分析研究。

3.25

遥感　remote sensing

采用非接触的远距离探测技术，对目标物的电磁波辐射、反射或散射进行感知和测量，通过必要的反演处理和分析，揭示观测对象的形态、物理和生化参数的方法和技术，包括信息的获取、处理、定标、分析、应用等。

注：遥感分类：按遥感工作平台分为近地遥感、航空遥感、航天遥感；按应用领域分为环境遥感、气象遥感、资源遥感、海洋遥感、地质遥感、农业遥感、林业遥感等；按基本方法分为被动遥感和主动遥感；按波段不同分为紫外、可见光、红外、微波遥感等。

3.26

航天遥感　space remote sensing

太空遥感

以各类航天飞行器为平台，对天体和地球进行非接触的远距离观测、测量与分析研究。

3.27

行星遥感　planetary remote sensing

使用空间探测器对行星及其卫星等天体，进行非接触的观测、测量与分析研究。

3.28

遥感图像处理　remote sensing image process

对遥感所测量到的目标物原始资料（图像、数值等）进行数字化处理、几何和辐射校正、增强、信息提取、加工、分析的各种技术方法的统称。

3.29

遥感应用　remote sensing application

综合利用遥感获取的信息，为经济、国防建设和科学研究等提供多方面信息服务的工作。

3.30

大气窗口　atmospheric window

电磁波辐射穿过地球大气层时，透过率较高的谱波段。

注：主要窗区分别处于可见光段，红外段和微波波段。

3.31

遥感器　remote sensor

安装在工作平台上，远距离探测目标物形态和特征等相关信息的装置或仪器。

注：遥感器有一个庞大复杂的分类群：①按探测信息的波段特征分紫外遥感器、可见光遥感器，红外遥感器、微波遥感器、激光遥感器等；②按传感器类型分主动遥感器、被动遥感器；③按获取信息特征分：成像遥感器和非成像遥感器；④按具体工程任务或功能、性能、用途等定名的各种遥感器。

4　空间科学任务工程术语

4.1

有效载荷　payload

装载于空间技术平台上，用于执行特定科学实验、科学探测与应用研究任务的仪器及设备系统。

4.2

海洋卫星　ocean satellite; oceanographic satellite

以海洋为主要探测目标，通过空间探测平台与传感器，获取海洋要素观测信息的航天飞行器。

示例：中国海洋卫星系列、美国 SEASAT 等。

4.3

气象卫星　meteorological satellite

以地球大气层为主要探测目标，通过空间探测平台与传感器，获取大气要素观测信息的航天飞行器。

示例：中国风云卫星系列、美国 NOAA 系列等。

4.4

陆地卫星　land satellite

以地球陆地为主要探测目标，通过空间探测平台与传感器，获取陆地表面自然景观与资源等信息的航天飞行器。

示例：中国资源卫星系列、美国 LANDSAT 系列、法国 SPOT 系列等。

4.5

地球环境综合监测卫星　earth environment monitoring satellite

以地球上环境要素为探测目标，通过空间探测平台与不同类型传感器，获取地球环境综合信息的航天飞行器。

示例：欧空局的 Envisat、美国的 EOS-AM、EOS-PM 等。

4.6

任务分析　mission analysis

为实现目标，对工作对象进行的特征、特点、技术难度、关键问题，以及实施方法和工作计划要求等进行的预先研究和策划。

4.7

实验柜　experiment rack

在飞行平台资源约束下，有统一机、电、热接口的，适用于支持一定学科范围开展不同实验任务的通用技术设施。

示例：国际空间站上的国际标准有效载荷机柜(ISPR)。

4.8

载荷数据处理单元　payload data handling unit; PDHU

对空间科学实验设施实施运行管理、进程控制、信息采集和传送的软/硬件设备。

4.9

实验系统　experiment system

由软硬件实验技术手段、实验对象和实验操作管理组成的用于实现科学目标的研究体系。

4.10

实验模块　experiment module

具备某一完整独立功能，可以组合在实验系统内完成一项科学实验的设备。

4.11

实验单元　experiment unit

以标准实验柜为约束条件，按标准插件或单元，为特定科学实验项目设计的，以干预、调控实验研究对象为主要目的的装置部件。

4.12

实验需求　experiment requirement

实现科学实验目标所需要的软件、硬件等实验技术手段和资源条件以及输入、输出信息。

4.13

实验材料　experiment materials

科学实验观察、探索的实验研究对象的物质，及与之结合，起到干预和控制作用，凸显实验研究现象的相关物质。

4.14

实验样品　experiment sample

从实体物质中抽取能够代表该物质通性的，用做实验具体对象的实体物质。

示例：空间生物学效应实验样品，可以是动/植物细胞、组织、微生物、各类生物个体、种群等；空间材料科学实验样品可以是金属、金属合金、非金属、半导体、复合材料等。

4.15

模式样品　model sample

在科学实验中，采用同一实验手段，用作标准实验研究对象或参照比对的实体物质。

4.16

模拟样品　simulation sample

具备相同或相近物理、化学性质而用作替代，但并非用作真实实验对象的实体物质。

4.17

实验工质　(experiment) working medium

在实验过程中用于调节、控制或维持实验状态，或者使实验状态、过程发生变化的物质。

示例：控制实验研究对象环境温度的冷却循环水，使物质从高温冷却到室温的水或气体；为实验研究对象制造一个超低温条件的液氦制冷系统的液氦。

4.18

实验介质　experiment medium

实验的物理或化学系统在其间存在，或实验的物理化学过程在其间进行的实体物质。

示例：空间液滴迁移的实验，通过母液和子液两种实验介质来凸显出液体流场的变化规律及其与温度梯度场的关系。

4.19

辅助材料　auxiliary materials

除实验样品之外而服务于实验过程中为干预、控制和约束实验研究对象，以便于观察、探索、测量和研究而添加的实体物质。

示例：生命科学实验中，作为提供维持实验对象生命活体状态的培养基、饵料、固定液等；材料科学实验中使用的石英或氮化硼坩埚、催化剂或保护气体等。

4.20

匹配性试验　matching test

为了检验空间实验手段和实验对象按照设计实验进程协调工作的能力，验证工程和科学设计的实验指标，进行的定性或定量测量和分析工作。

示例1：空间生命科学实验准备过程中，研究装置技术条件与研究对象生物样品的加载量、接种密度，以及气、液、光照等环境控制参数的最佳协调性，干预、控制能力等所开展的实验室试验、中间试验。

示例2：空间材料科学实验准备过程中，研究温度梯度、进样速度等实验条件和研究对象的成分、位置等的协调性，以及干预和控制能力等所开展的实验室试验、中间试验。

示例3：微重力流体物理学实验准备过程中，研究实验条件设置、干预和控制能力，以及观察和检测的诊断能力，以求得实验系统的最佳协调性而开展的实验室试验、中间试验。

4.21

整合试验　integrated test

在有多个实验对象的集成性科学实验系统中，一次空间实验进行多项彼此相对独立的科学研究，以检验多个实验的相互协调性、适应性的地面验证性研究活动。

示例1：一套空间生物培养箱，有多个独立培养单元，实验对象有植物、动物、微生物、水生生物、细胞、组织等多类型生命活体，利用整套实验系统进行整合试验，检验实验对象的生物活性、时效性，以及实验单元组合可能带来的复杂生物环境的交叉影响。

示例2：一套空间材料科学实验装置中，可以进行金属合金、半导体、非金属陶瓷等多类材料的熔融结晶实验，进行整合试验，检验其对每项实验进行干预、控制、操作等功能的协调性，以及相互交叉影响。

4.22

演练试验　procedure rehearsal

以规范空间科学实验实施前的准备程序和集成组装等为目的，开展的基于优化操作细则、流程和操作者技能训练的地面试验研究活动。

示例：空间生命科学实验，一般要求在临发射前制备安装空间生物实验样品，为保证生物样品的鲜活性和满足发射场发射工艺流程约束，事先通过演练试验来设计、检验、优化样品制备、加注、贮运的节点控制和制备工艺、操作细则，以及定岗、定员的操作者技能。

4.23

相容性试验　compatibility test

以检测、验证构成空间实验手段的物质条件与实验对象之间的物理、化学和生物的相互兼容性、适应性的地面验证性研究活动。

示例1：空间科学实验设计中，检验生物培养容器的结构物质材料是否会影响实验对象生物活性的专项试验。

示例2：合金生长实验的安瓿容器设计时，检验容器是否与合金样品会在给定的温度、压力等实验条件下产生侵润、扩散，从而影响合金成分的专项试验。

示例3：微重力流体物理学实验系统的物质材料是否会对实验介质构成物理或化学污染和干扰的检验实验。

4.24

对比实验　reference experiment

采用相同的实验手段，对相同的实验研究对象，为了排除或突出某一项环境因素或实验参数，所进行的对照参考的研究活动。

注：根据科学实验特性和可能实施的条件，可以采用同步对比，也可以采用非同步对比两种方式。

示例1：空间生命科学实验时，基于生物活性，采用同批次实验装置产品和实验对象，开展同时、同操作程序的地面同步对比实验，来对比空间条件对实验的影响。

示例2：空间材料科学实验后，利用回收的实验装置，再装入相同的实验对象，在地面按相同操作程序进行非同步对比实验，来对比天地实验结果的差异。

4.25

程控　programmed control

根据空间科学与应用任务的目标，实验者在进行实验手段设计时，以硬件或软件方式，设置先验实验进程及干预策略，有效载荷在轨运行时，按顺序逐步运行的方式。

4.26

遥控　remote control

利用通信方式对远距离被控对象进行控制的技术。

4.27

数据注入　(data) uploading

通过通讯信道，把一个或多个运行参数、管理控制命令以编码形式发送，并装订到实验系统中的运行控制管理过程。

4.28

环模试验　environmental condition simulation test

环境模拟试验

为了保证产品在规定的寿命期间，在预期的使用、运输或贮存的所有环境下，保持功能可靠性而进行的先验活动。

4.29

仿真系统　simulation system

描述系统结构或行为过程的，具有一定逻辑关系或数量关系的物理或半物理模型，用以定量或定性分析系统各要素性质及其相互关系，以获得正确决策和验证设计的成套设施。

4.30

科学数据　experiment data

通过有效载荷运行获取的科学与应用信息。

4.31

有效载荷工程数据　house-keeping data

勤务数据

表征包括飞行器平台和有效载荷等工程技术系统运行工作状态的测量参数。

注：主要指为科学数据分析提供的必要信息。

4.32

数据产品　data product

有效地运用数据分析方法，从海量的原始信息中挖掘出对用户有价值的信息，以直观、有效的表现形式，为用户应用提供的数字化信息。

4.33

接口　interface

两个设备、系统连接时，在物理级或软件级，以及逻辑描述上两侧特性所定义的共享边界。

注：改写 GB/T 14733.5—1993，定义 721.34.11。

4.34

接口数据单　interface data sheet；IDS

描述系统间、设备间相互约定的，特性所定义的共享界面信息的技术文件。

4.35

计划流程　schedule work flow

为一项科研工程任务实施编制的，完整周期或阶段周期的，各项工作的有序时间安排。

4.36

技术流程　technical work flow

从研究和工程技术角度，为一项科研工程任务，所制定的完整周期或阶段周期技术工作的有序安排。

4.37

定标　calibration

标定

利用量值确定的已知信息，通过比对、校准、修正等方法，确定仪器测量数据与实际物理量之间定量关系的过程。

注：常见的定标包括辐射定标、能谱定标、几何定标等。

4.37.1

地面定标　ground-based calibration

在地面实验室和室外场地进行的检验、校准、修正，以制定仪器设备确定的度量关系的工作。

4.37.2

室内定标　laboratory calibration

在实验室用模拟源做标准，对探测仪器进行检验、校准、修正，以确定输入输出关系的工作。

4.37.3

室外定标　field calibration

在室外场地，利用人工辐射源或自然辐射源目标已知物理参数，对探测仪器设备进行检验、校准、修正，以确定仪器测量数值与实测物理量关系的工作。

4.37.4

在轨定标　in-orbit calibration

在空间飞行器上，利用定标源，对探测仪器设备进行检验、校准、修正其精度和稳定性的工作。

注：定标源可以是天体源、地面定标场或探测设备自身携带的参考源。

4.38

定标源　calibration source

校准基准源　reference source of calibration

已知定量参数、可以用作标准的信号源或辐射源。

4.39

真实性检验　validation

通过现场观测来对比遥感数据、遥感产品和遥感算法的正确程度的过程。

索　引

汉语拼音索引

Z

英文对应词索引

A

B

C

D

E

F

G

H

I

L

M

N

O

P

R

S

ICS 07.040
A 77

中华人民共和国国家标准

GB/T 30115—2013

卫星遥感影像植被指数产品规范

Specifications for vegetation index production from satellite remote sensing imagery

2013-12-17 发布　　2014-07-15 实施

中华人民共和国国家质量监督检验检疫总局
中国国家标准化管理委员会　发布

前　言

本标准按照 GB/T 1.1—2009 给出的规则起草。

本标准由全国遥感技术标准化技术委员会(SAC/TC 327)提出并归口。

本标准起草单位:武汉大学、中国科学院遥感与数字地球研究所、国家卫星气象中心。

本标准主要起草人:巫兆聪、江万寿、仲波、陈星、张晔萍、杨健、张翔、颜源。

引　言

绿色植物叶子的细胞结构在红外波段有很强的反射特性，其叶绿素在可见光红光波段有强的吸收特性，由卫星遥感数据红光波段和红外波段的反射率数据的线性或非线性组合可计算一系列指数，这些指数包含了大量的植被信息，它们被统称为植被指数（无量纲）。植被指数是绿色植被的叶面积指数（LAI）、植被覆盖密度、叶绿素含量、绿色生物量以及可吸收光合有效辐射（APAR）的综合体现，是反映绿色植被相对丰度和活性的有效度量值。

陆地资源卫星搭载的遥感器大多会配置红光和红外波段，由这些卫星影像数据可大面积、持续地获得地表的植被指数。在一定条件下，遥感获取的植被指数被认为是反映可见光、红外波段植被与土壤背景之间差异的主要指标，可以用来定性或定量评价植被覆盖及其生长活力。定性方面，植被指数常被用来增强分类与识别的能力。定量方面，由于植被指数与多种植被参数具有良好的相关性，可用来反演一系列植被生物物理参量，例如叶面积指数、叶绿素含量、生物量、光合有效辐射吸收系数等，进而用于分析植被生长过程，如净初级生产力和蒸散（蒸腾）等。

在实际应用中，不同的研究人员计算植被指数时可能采用不同的处理方法和流程，包括采用不同的卫星反射率数据，不同的辐射校正、植被指数计算、植被指数合成和产品质量评价方法等。本标准主要针对这些问题，对由光学卫星遥感影像数据计算陆地植被指数中产品级别、产品生产与合成、产品质量评价等进行规范，以保证植被指数在遥感研究和应用中的一致性。

卫星遥感影像植被指数产品规范

1 范围

本标准规定了光学卫星遥感影像陆地植被指数产品的级别划分、生产流程和质量评价方法。

本标准适用于光学卫星遥感影像陆地植被指数产品的生产、质量评价和数据交换过程。

2 规范性引用文件

下列文件对于本文件的应用是必不可少的。凡是注日期的引用文件,仅注日期的版本适用于本文件。凡是不注日期的引用文件,其最新版本(包括所有的修改单)适用于本文件。

GB/T 13989 国家基本比例尺地形图分幅和编号

GB/T 14950—2009 摄影测量与遥感术语

GB/T 15968 遥感影像平面图制作规范

3 术语和定义

GB/T 14950—2009 界定的以及下列术语和定义适用于本文件。

3.1

辐射通量 radiant flux

在单位时间内通过某一面积的辐射能。

3.2

辐射亮度 radiance

单位投影面积、单位立体角上的辐射通量。

3.3

表观辐亮度 apparent radiance

遥感器入瞳处观测到的辐射亮度。

3.4

数字灰度值 digital number

由遥感器各波段获取的反射或辐射能量量化而成的灰度等级。

注:无量纲,取值范围随遥感器量化等级的不同而不同。

3.5

辐射校正 radiometric correction

对由于外界因素,数据获取和传输系统产生的系统的、随机的辐射失真或畸变进行的校正。

[GB/T 14950—2009,定义 5.195]

3.6

表观反射率 apparent reflectance

表观辐亮度与无大气水平场景绝对白体假设下遥感器应获得入瞳辐亮度之间的比值。

3.7

辐射定标　radiometric calibration

根据遥感器定标方程和定标系数，将其记录的量化数字灰度值转换成对应视场表观辐亮度的过程。

3.8

大气校正　atmospheric correction

消除或减弱遥感影像在获取时因大气传输中的吸收或散射作用引起的辐射畸变。

注：改写 GB/T 14950—2009，定义 5.191。

3.9

地表反射率　surface reflectance

地物表面反射能量与到达地物表面的入射能量的比值。

3.10

二向性反射率分布函数　bidirectional reflectance distribution function

描述物体表面微小面积元上特定方向反射光辐亮度与特定方向入射光辐照度比值的函数。

3.11

植被指数　vegetation index

一种利用遥感影像不同谱段数据的线性或非线性组合而形成的能反映绿色植物的生长状况和分布的特征指数。

注：改写 GB/T 14950—2009，定义 5.201。

3.12

植被指数产品　vegetation index product

由遥感影像数据生产的植被指数数据及其元数据文件、质量评价数据、像元可信度文件等一系列数据产品的统称。

3.13

植被指数合成　vegetation index compositing

按照一定规则，从一段时间的多个植被指数数据中，选择或计算出一个植被指数的过程。

3.14

植被指数合成期　vegetation index compositing period

用于实施植被指数合成的时间段，多以日、周、旬、月计。

3.15

多日植被指数　multi-day compositing vegetation index

植被指数合成的结果，用来表征合成期内植被指数的平均状态。

3.16

植被指数合成方法　vegetation index compositing algorithm

植被指数合成过程中，选择或计算多日植被指数的方法。

注：常见的植被指数合成方法有最大值合成、有限视角最大值合成、BRDF 合成等。

3.17

植被指数级别　level of vegetation index

根据计算所采用的反射率数据对植被指数进行的划分。

注：包括大气层顶植被指数和大气层底植被指数。

3.18

大气层顶植被指数　top of atmosphere vegetation index

利用大气层顶表观反射率计算得到的植被指数。

3.19

大气层底植被指数　bottom of atmosphere vegetation index

利用经过大气校正的地表反射率计算得到的植被指数。

4　缩略语和符号

4.1　缩略语

下列缩略语适用于本文件。

BOA	大气层底(Bottom of Atmosphere)
BOAVI	大气层底植被指数(Bottom of Atmosphere Vegetation Index)
BRDF	二向性反射率分布函数(Bidirectional Reflectance Distribution Function)
CV-MVC	有限视角最大值合成(Constraint View Angle Maximum Value Compositing)
DN	数字灰度值(Digital Number)
MVC	最大值合成(Maximum Value Compositing)
TOA	大气层顶(Top of Atmosphere)
TOAVI	大气层顶植被指数(Top of Atmosphere Vegetation Index)
VI	植被指数(Vegetation Index)

4.2　符号

下列符号适用于本文件。

ρ_{BOA}	地表反射率(Surface Reflectance)
ρ_{TOA}	表观反射率(Apparent Reflectance)

5　基本要求

光学卫星遥感影像陆地植被指数产品的基本要求如下：

a)　陆地植被指数产品的平面坐标系和投影系统执行 GB/T 15968 的相关规定；

b)　陆地植被指数产品的分幅和编号，执行 GB/T 13989 的相关规定。

6　植被指数级别

对于不同种类的植被指数(如：归一化差值植被指数、垂直植被指数等)，根据其用于计算的反射率数据所属的辐射校正阶段来划分级别。

依据是否进行了大气校正，反射率数据可以分为表观反射率和地表反射率，相应地植被指数分为两个级别，即大气层顶植被指数(TOAVI，也可称表观植被指数)和大气层底植被指数(BOAVI，也可称冠层植被指数)，见图 1。

陆地植被指数产品的生产和应用应明确指明植被指数级别。

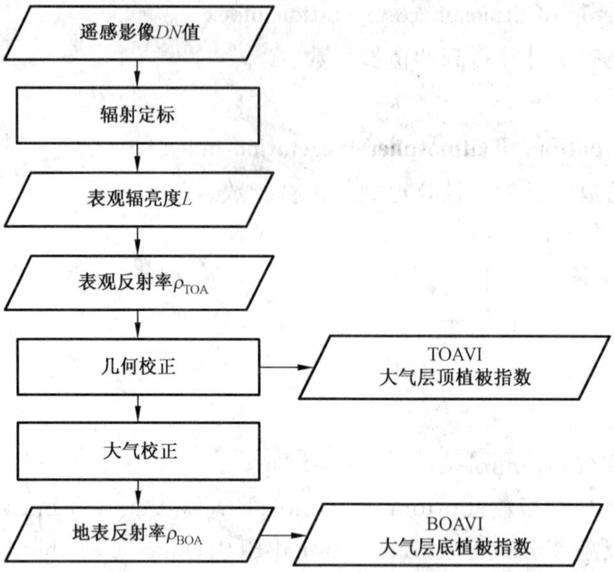

图 1 植被指数级别划分

7 植被指数计算

7.1 总体流程

植被指数计算总体流程见图 2。

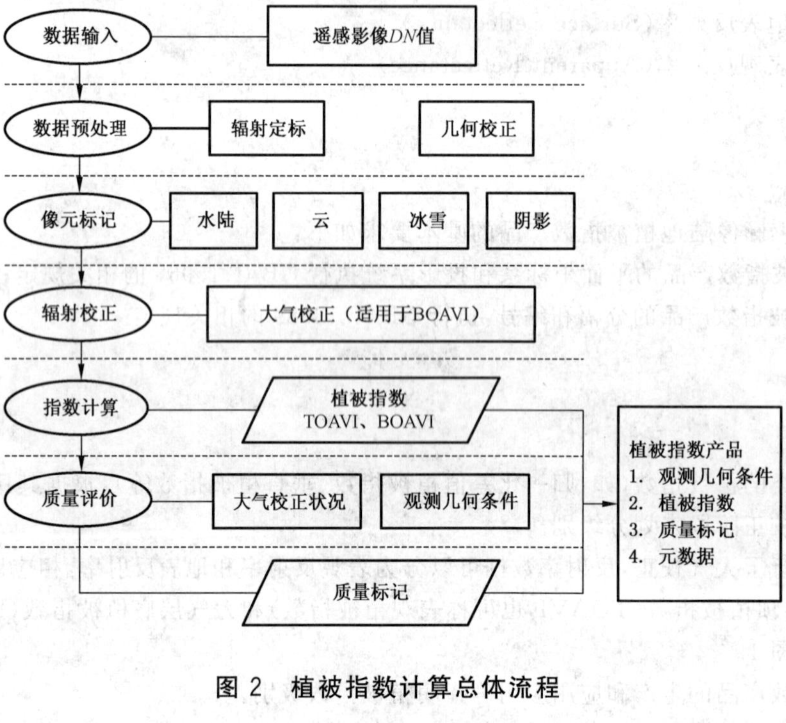

图 2 植被指数计算总体流程

7.2 输入数据准备

7.2.1 数据源要求

用来计算植被指数的光学卫星遥感影像数据，一般情况下不应做辐射增强处理。

7.2.2 辅助数据准备

除影像数据外，还应准备观测几何条件和水陆、云、冰雪、阴影等掩膜数据。

7.3 辐射定标

7.3.1 辐亮度计算

对遥感影像各波段数据(DN 值)进行辐射定标。辐射定标根据遥感器的定标公式及各波段定标系数进行。

辐射定标公式的一般形式为：

$$L = a \cdot \mathrm{DN} + b \qquad \cdots\cdots (1)$$

式中：

L ——表观辐亮度，单位为瓦每平方米球面度微米($\mathrm{W \cdot m^{-2} \cdot sr^{-1} \cdot \mu m^{-1}}$)；

a、b——定标系数。

遥感器不同波段各有其定标系数。

特别要注意的是，随着遥感器的老化和功能衰退，定标系数会有所改变。

7.3.2 表观反射率计算

根据式(1)所得 L，按式(2)计算得到表观反射率 ρ_{TOA}：

$$\rho_{\mathrm{TOA}} = \frac{\pi L d^2}{E_0 \cos\theta_s} \qquad \cdots\cdots (2)$$

式中：

ρ_{TOA}——表观反射率(无量纲)；

L ——表观辐亮度，单位为瓦每平方米球面度微米($\mathrm{W \cdot m^{-2} \cdot sr^{-1} \cdot \mu m^{-1}}$)；

d ——日地距离(以天文单位计)；

E_0 ——卫星的波段平均太阳辐照度，单位为瓦每平方米微米($\mathrm{W \cdot m^{-2} \cdot \mu m^{-1}}$)；

θ_s ——太阳天顶角。

7.4 几何校正

根据遥感器成像机理和观测区域的地形特点，采用几何纠正或正射投影方法对表观反射率影像进行地理编码(转换到标准的地理空间基准之中)。

7.5 像元类别判断与标记

根据掩膜文件判断并标记出水、云、冰雪、阴影等像元，供植被指数计算时进行像元选择与质量评价：

a) 若为海洋或内陆水域像元，不计算 VI 值，用表 A.1 规定的无效值填充，并在质量标记中标记为“由于其他原因无法使用”，见附录 B 中的 2 bit～4 bit；

b) 若为云、冰雪、阴影像元，计算 VI 值，并在质量标记文件中标记，见附录 B 中的 9 bit～13 bit。

7.6 大气层顶植被指数计算

对于判别为陆地的像元，采用经几何校正的表观反射率数据(7.4)计算大气层顶植被指数。

常见植被指数计算公式参见附录C。

7.7 大气校正

大气校正方法可以根据遥感器特性、地表覆盖和气象参数等条件进行选择。所选择的大气校正方法应能基本消除大气瑞利散射、水汽吸收和气溶胶的影响，一般应为基于大气辐射传输模型的方法。

大气校正过程中，需记录像元的具体校正内容，包括是否采用气溶胶气候学、气溶胶浓度、是否做大气邻近效应校正和是否采用基于BRDF的大气校正等，用于后阶段质量评价使用。具体记录内容见附录B中的5 bit～8 bit。

7.8 大气层底植被指数计算

对于判别为陆地的像元，采用地表反射率数据(7.7)计算大气层底植被指数。

常见植被指数计算公式参见附录C。

7.9 植被指数合理性检查

对于计算得到的大气层顶植被指数与大气层底植被指数，根据各植被指数的合理取值范围，进行合理性检查。

植被指数的合理取值范围应根据具体植被指数的类型确定，可参见附录C。

对于不符合取值范围的像元，用表A.1规定的无效值填充，并在质量标记中标记为“由于其他原因无法使用”，见附录B中的2 bit～4 bit。

7.10 植被指数质量评价

植被指数产品质量评价的具体步骤如下：

a) 从质量标记文件和观测几何条件文件提取大气校正状况、云覆盖、阴影和太阳-目标地物-遥感器几何位置等信息，根据表1给出各项具体评分，评分总和为该像元的质量评价分值；
b) 植被指数质量等级划分为7级：高质量、较高质量、一般质量、较低质量、低质量、原始数据缺失和由于其他原因无法使用，划分方式如表2所示；
c) 按各像元评定所属质量等级，在质量标记中标记，见附录B中的2 bit～4 bit。

表1 植被指数质量评价的参数与分值

参数名称	状况	分值
气溶胶	大气校正中采用气溶胶气候学	2
	气溶胶光学厚度大	3
	气溶胶光学厚度中等	1
大气邻近效应校正	未进行大气邻近效应校正	1
采用基于BRDF的大气校正	未采用基于BRDF的大气校正	2
混合云	可能存在混合云	3
阴影	可能存在阴影	2
观测天顶角	观测天顶角＞40°	1
太阳天顶角	太阳天顶角＞60°	1
注：大气层顶植被指数(TOAVI)不计算涉及大气校正项的分值。		

表 2 植被指数质量等级

等级	TOAVI 分值	BOAVI 分值
高质量	0	0
较高质量	1～2	1～3
一般质量	3～4	4～6
较低质量	5～6	7～9
低质量	7	10～13
原始数据缺失	—	—
由于其他原因无法使用	—	—

7.11 植被指数有效性评价

植被指数有效性划分为 4 个等级，分别为：

a) 已经生产 VI，质量好；

b) 已经生产 VI，使用时要检查植被指数质量标记；

c) 已经生产 VI，但很可能受云影响；

d) 未生产 VI，由于其他原因。

植被指数有效性等级划分方法如下：

a) 查看质量标记中植被指数的质量等级，若植被指数质量为“高质量”，则有效性等级定为“已生产 VI，质量好”；

b) 若植被指数质量等级为“原始数据缺失”或者“由于其他原因无法使用”，则有效性等级定为“未生产 VI，由于其他原因”；

c) 若植被指数质量标记为有云，则有效性等级定为“已经生产 VI，但很可能受云影响”；

d) 其余情况下有效性等级评为“已经生产 VI，使用时要检查植被指数质量标记”。

有效性评价完成后，将评价结果在质量标记文件中标记，见附录 B 中的 0～1 bit。

7.12 植被指数产品输出

植被指数产品除记录植被指数本身外，还应记录：

a) 观测几何条件（观测天顶角、太阳天顶角、相对方位角）；

b) 质量标记；

c) 用于描述植被指数数据源、数据质量、植被指数级别的元数据。

此外，亦可记录用于植被指数计算的波段反射率数据。

各文件的数据类型、有效值范围等信息见附录 A。

8 植被指数合成

8.1 总体流程

植被指数合成总体流程见图 3。

8.2 输入数据准备

输入数据包括单日植被指数数据文件、观测几何条件文件及质量标记文件。

选择 BRDF 合成时，还需要用于植被指数计算的地表反射率数据。

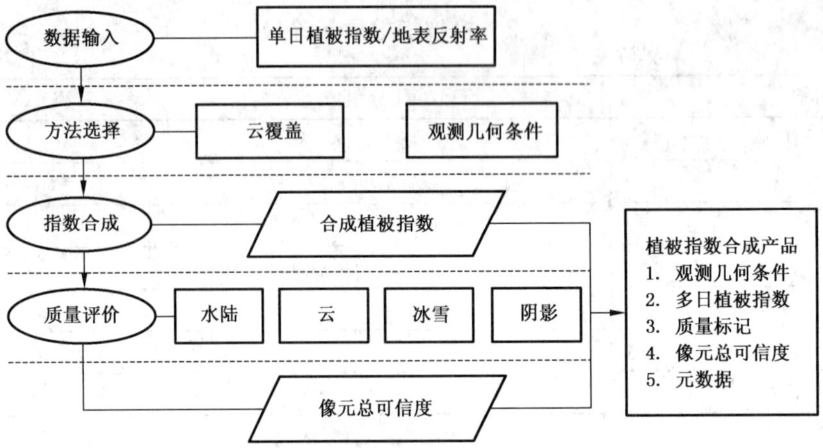

图 3 植被指数合成总体流程

8.3 植被指数合成方法

8.3.1 唯一值合成

将唯一的植被指数值作为植被指数合成值。

8.3.2 最大值合成(MVC)

取所有植被指数中最大的值作为植被指数合成值。

8.3.3 有限视角最大值合成(CV-MVC)

在观测视角小于某一限值的多个植被指数数据中,选择视角最小的两个植被指数数据,取二者中的大值作为植被指数合成值。

8.3.4 BRDF 合成

把遥感器在不同时间、不同视角获得的多个地表反射率归一化为某一方向(如垂直下视方向)的地表反射率,然后计算植被指数作为合成值。

BRDF 合成常用的 BRDF 模式有 Walthall、Roujean 等模式,具体可参见附录 E。

BRDF 合成只适用于 BOAVI 的合成。

8.4 合成方法选择原则

合成方法的选择可以参考以下原则:

a) 若合成期内无云观测的次数能够满足 BRDF 合成,采用 BRDF 合成;
b) 若 BRDF 合成失败,且无云观测的次数达 2 次以上(含),采用有限视角最大值合成(CV-MVC);
c) 若无云观测的次数只有 1 次,采用唯一值合成;
d) 若没有无云观测,采用最大值合成(MVC);
e) 若所有观测计算的植被指数都无效,用表 A.2 规定的无效值进行填充。

8.5 合成数据合理性检查

对于合成得到的植被指数,逐像元进行合理性检查。合成植被指数的合理取值范围应根据具体植被指数算法的类型确定。

对于不符合取值范围的像元,用表 A.2 规定的无效值填充,并在质量标记中标记为“由于其他原因无法使用”,见附录 B 中的 2 bit～4 bit。

8.6 合成数据质量标记与像元总可信度

8.6.1 质量标记

合成植被指数的质量标记包括植被指数质量、植被指数有效性和像元的状态信息(包括像元覆盖类型和大气校正状况),此外,还应标记该像元所采用的植被指数合成方法,见附录 B 中的 14 bit~15 bit。

对于非 BRDF 合成的像元,从所选观测的植被指数质量标记文件中提取信息,直接进行合成数据质量标记和像元总可信度评价;对于 BRDF 合成的像元,从参与合成的各观测植被指数质量标记文件中提取信息,根据其平均数值或状态进行合成数据质量标记和像元总可信度评价。

8.6.2 像元总可信度

像元总可信度划分为 5 个等级,等级值及其描述见表 3,等级划分方法见图 4。

表 3 植被指数合成产品像元总可信度

等级值	像元总可信度	描述
−1	填充值	未处理
0	好	放心使用
1	一般	可用,但是要查看质量标记信息
2	冰雪	像元被冰雪覆盖
3	有云	像元被云覆盖,不可见

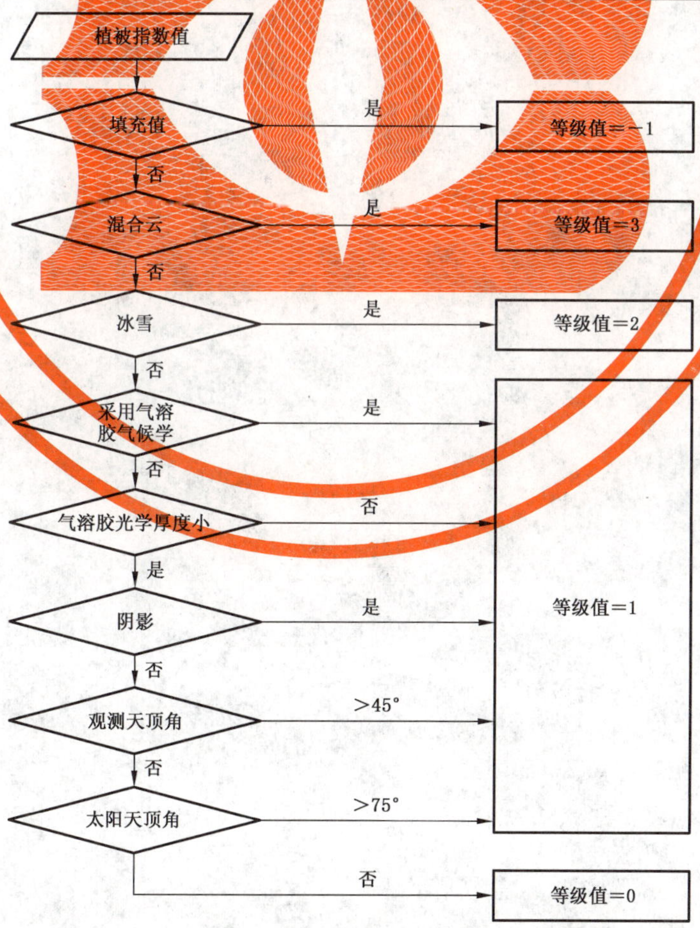

图 4 植被指数合成产品像元总可信度等级划分

8.7 植被指数合成产品输出

植被指数合成产品除记录多日植被指数本身外，还应记录：

a) 观测几何条件(观测天顶角、太阳天顶角、相对方位角)；

b) 质量标记；

c) 用于描述植被指数数据源、数据质量、植被指数级别的元数据；

d) 合成产品像元总可信度。

此外，亦可记录用于植被指数计算的波段反射率数据。

各文件的数据类型、有效值范围等信息见附录 A。

附　录　A
（规范性附录）
植被指数产品组成

表 A.1　植被指数产品组成

栅格数据文件名称	数据类型	缩放转换	有效值范围	填充值
植被指数	INT 16	1 000	由植被指数类型决定	无效：－32 768； 水域：－32 767
植被指数质量标记	UINT 16	无	0,65 534	65 535
波段反射率数据	INT 16	10 000	0,10 000	－10 000
观测天顶角	INT 16	100	－9 000,9 000	－10 000
太阳天顶角	INT 16	100	－9 000,9 000	－10 000
相对方位角	INT 16	10	－3 600,3 600	－10 000
注：输入的波段数据多少取决于植被指数的类型;波段数据反射率的类型取决于植被指数的级别。				

表 A.2　植被指数合成产品组成

栅格数据文件名称	数据类型	缩放转换	有效值范围	填充值
多日植被指数	INT 16	1 000	由植被指数类型决定	无效：－32 768； 水域：－32 767
植被指数质量标记	UINT 16	无	0,65 534	65 535
多日波段反射率数据	INT 16	10 000	0,10 000	－10 000
平均观测天顶角	INT 16	100	－9 000,9 000	－10 000
平均太阳天顶角	INT 16	100	－9 000,9 000	－10 000
平均相对方位角	INT 16	10	－3 600,3 600	－10 000
合成产品像元总可信度	INT 8	无	0,3	－1
注：输入的波段数据多少取决于植被指数的类型;波段数据反射率的类型取决于植被指数的级别。				

附 录 B
（规范性附录）
植被指数质量标记文件

表 B.1 各比特位质量标记信息

比特位(bit)	参数名	值	描 述	备 注
0～1	植被指数有效性	00 01 10 11	已经生产 VI,质量好 已经生产 VI,使用时要检查植被指数质量标记 已经生产 VI,但很可能受云影响 未生产 VI,由于其他原因	
2～4	植被指数质量	000 001 010 011 100 101 110	高质量 较高质量 一般质量 较低质量 低质量 原始数据缺失 由于其他原因无法使用	
5～6	气溶胶	00 01 10 11	大气校正中采用气溶胶气候学 气溶胶光学厚度小 气溶胶光学厚度中等 气溶胶光学厚度大	大气层底植被指数产品使用
7	采用大气邻近效应校正	0/1	否/是	大气层底植被指数产品使用
8	基于 BRDF 的大气校正	0/1	否/是	大气层底植被指数产品使用
9	云	0/1	否/是	
10～11	水陆	00 01 10 11	沿海或内陆水域 沿海地区 湿地 陆地	
12	冰雪	0/1	否/是	
13	阴影	0/1	否/是	
14～15	合成方法	00 01 10 11	BRDF 合成 有限视角最大值合成 唯一值合成 最大值合成	植被指数合成产品使用

附 录 C
（资料性附录）
常用植被指数

表 C.1 常用植被指数

名称	缩写	公 式	取值范围	作者和年代
多光谱植被指数				
比值植被指数	RVI	$RVI=\frac{NIR}{R}$	[0,+∞]	Pearson 和 Miller,1972
差值植被指数	DVI	$DVI=NIR-R$	[−1,1]	Jordan,1969
归一化差值植被指数	NDVI	$NDVI=\frac{NIR-R}{NIR+R}$	[−1,1]	Rouse 等,1974
垂直植被指数	PVI	$PVI=(NIR-a\times R-b)/\sqrt{a^2+1}$ a 为土壤线斜率；b 为土壤线截距	[−1,1]	Richardson 和 Wiegand,1977
土壤调节植被指数	SAVI	$SAVI=\frac{NIR-R}{NIR+R+L}\times(1+L)$ L 为土壤调节参数	[−1,1]	Huete,1988
大气阻抗植被指数	ARVI	$ARVI=\frac{NIR-RB}{NIR+RB}$；$RB=R-\gamma\times(B-R)$ γ 为光学路径效应因子	[−1,1]	Kaufman,Tanré 等,1992
增强型植被指数	EVI	$EVI=G\frac{NIR-R}{NIR+C_1\times R-C_2\times B+L}$ G 为增益因子；C_1、C_2 为大气修正参数； L 为土壤调节参数	[−1,1]	Hui Qing Liu 和 Alfre Huete,1995
全球环境监测指数	GEMI	$GEMI=\eta\times(1-0.25\times\eta)-\frac{R-0.125}{1-R}$ $\eta=\frac{2(NIR^2-R^2)+1.5\times NIR+0.5\times R}{NIR+R+0.5}$	[0,1]	Pinty 和 Verstraete,1992
高光谱植被指数				
叶绿素吸收率指数	CARI	$CARI=\frac{\rho_{700}}{\rho_{670}}\times\frac{\lvert 670\times a+\rho_{670}+b\rvert}{\sqrt{a^2+1}}$ $a=\frac{\rho_{700}-\rho_{550}}{150}$；$b=\rho_{550}-550\times a$	[0,2]	Kim 等,1994
修正叶绿素吸收率指数	MCARI	$MCARI=[(\rho_{700}-\rho_{670})-0.2\times(\rho_{700}-\rho_{550})]\times(\frac{\rho_{700}}{\rho_{670}})$	[−1,1]	Daughtry 等,2000
叶绿素吸收连续区指数	CACI	$CACI=\sum_{\lambda_i}^{\lambda_n}(\rho_i^c-\rho_i)\times\Delta\lambda_i$；$\rho_i^c=\rho_{550}+i\times\frac{d\rho^c}{d\lambda}\times\Delta\lambda_i$ n 为 550 nm～730 nm 区间总波段数；i 为波段序号，$i=1,2,\cdots,n$；λ_i 为第 i 波段波长；ρ_i 为第 i 波段反射率；ρ_i^c 为第 i 波段连续区间反射率。	[−10,50]	Broge 和 Leblanc,2000

表 C.1（续）

名称	缩写	公　式	取值范围	作者和年代
三角植被指数	TVI	$TVI=0.5\times[120\times(\rho_{750}-\rho_{550})-200\times(\rho_{670}-\rho_{550})]$	[−10,50]	Broge 和 Leblanc,2000
结构相关色素指数	SIPI	$SIPI=\frac{\rho_{800}-\rho_{445}}{\rho_{800}-\rho_{680}}$	[0,2]	Penuelas 等,1995
光化反射率指数	PRI	$PRI=\frac{\rho_{570}-\rho_{531}}{\rho_{570}+\rho_{531}}$	[−1,1]	Gamon 等,1992

注 1：*NIR*、*R*、*B* 分别代表近红外波段、红波段、蓝波段的表观反射率或地表反射率。

注 2：$\rho_{\times\times\times}$ 表示波长在××× nm 处的表观反射率或地表反射率，如 ρ_{570} 表示在 570 nm 处的表观反射率或地表反射率。

附 录 D
（规范性附录）
植被指数元数据文件数据项

植被指数元数据文件用于记录植被指数数据集总体信息，包括植被指数产品基本信息、总体质量信息、文件名称、时间信息、地理位置信息和图幅接合表信息。具体元数据项见表 D.1。

表 D.1 植被指数元数据文件数据项

序号	数据项	数据类型	备 注
植被指数产品基本信息			
1	产品名称	字符型	小于 255 个字符
2	产品代号	字符型	小于 255 个字符
3	图幅名称	字符型	小于 255 个字符
4	图幅代号	字符型	小于 255 个字符
5	植被指数类型	字符型	植被指数使用的算法名称，小于 255 个字符
6	植被指数级别	字符型	TOAVI 或者 BOAVI
7	遥感器名称	字符型	小于 255 个字符
8	遥感器搭载平台	字符型	小于 255 个字符
9	波段选择	字符型	格式为波段 1、波段 2、波段 3……
10	地面空间分辨率	浮点型	单位为米(m)
11	图幅宽度	整型	按像元记
12	图幅高度	整型	按像元记
13	产品生产日期	整型	日期格式为 YYYYMMDD
14	产品出版日期	整型	日期格式为 YYYYMMDD
15	产品所有权单位名称	字符型	小于 255 个字符
16	产品生产单位名称	字符型	小于 255 个字符
17	产品出版单位名称	字符型	小于 255 个字符
18	密级	字符型	密级由强到弱依次为绝密、机密、秘密、内部、公开
植被指数产品整体质量信息			
19	优质数据比例	浮点型	有效范围 0.0～100.0
20	无效值的比例	浮点型	有效范围 0.0～100.0
21	云覆盖比例	浮点型	有效范围 0.0～100.0
植被指数产品文件名			
22	植被指数文件名	字符型	小于 255 个字符
23	植被指数质量标记文件名	字符型	小于 255 个字符

表 D.1（续）

序号	数据项	数据类型	备　注
24	波段反射率数据文件名 1	字符型	小于 255 个字符
25	波段反射率数据文件名 2	字符型	小于 255 个字符
26	波段反射率数据文件名……	字符型	小于 255 个字符
27	观测天顶角文件名	字符型	小于 255 个字符
28	太阳天顶角文件名	字符型	小于 255 个字符
29	相对方位角文件名	字符型	小于 255 个字符
30	合成产品像元总可信度文件名	字符型	小于 255 个字符
合成植被指数产品时间信息			
31	合成产品数据序列开始时间	整型	时间格式为 HHMMSS
32	合成产品数据序列开始日期	整型	日期格式为 YYYYMMDD
33	合成产品数据序列结束时间	整型	时间格式为 HHMMSS
34	合成产品数据序列结束日期	整型	日期格式为 YYYYMMDD
植被指数产品地理位置信息			
35	椭球体名称	字符型	小于 255 个字符
36	椭球体参数	字符型	需要给出椭球体的赤道参数和扁率，小于 255 个字符
37	地图投影名称	字符型	小于 255 个字符
38	地图投影参数	字符型	需要给出的投影分带等，小于 255 个字符
39	图廓角点经度范围	字符型	经度范围格式为 DDDMMSS,DDDMMSS
40	图廓角点纬度范围	字符型	纬度范围格式为 DDMMSS,DDMMSS
41	坐标系名称	字符型	小于 255 个字符
42	中心点横坐标	浮点型	
43	中心点纵坐标	浮点型	
44	西南图廓角点横坐标	浮点型	
45	西南图廓角点纵坐标	浮点型	
46	西北图廓角点横坐标	浮点型	
47	西北图廓角点纵坐标	浮点型	
48	东北图廓角点横坐标	浮点型	
49	东北图廓角点纵坐标	浮点型	
50	东南图廓角点横坐标	浮点型	
51	东南图廓角点纵坐标	浮点型	
植被指数产品图幅接合表信息			
52	图幅接合表中西北图幅名称	字符型	小于 255 个字符

表 D.1（续）

序号	数据项	数据类型	备 注
53	图幅接合表中北图幅名称	字符型	小于 255 个字符
54	图幅接合表中东北图幅名称	字符型	小于 255 个字符
55	图幅接合表中西图幅名称	字符型	小于 255 个字符
56	图幅接合表中东图幅名称	字符型	小于 255 个字符
57	图幅接合表中西南图幅名称	字符型	小于 255 个字符
58	图幅接合表中南图幅名称	字符型	小于 255 个字符
59	图幅接合表中东南图幅名称	字符型	小于 255 个字符
注：“优质数据比例、无效值的比例、云覆盖比例”根据表 B.1 中相应 bit 位数值统计得到。			

附　录　E
（资料性附录）
常见 BRDF 模式

E.1　Walthall 模式

Walthall 等(1985)根据大量野外实验数据提出 Walthall 模式，该模式是一个经验模式，其表达式为：

$$\rho_\lambda(\theta_V,\varphi_S,\varphi_V)=a_\lambda\theta_V^2+b_\lambda\theta_V\cos(\varphi_V-\varphi_S)+c_\lambda \quad\cdots\cdots\text{(E.1)}$$

式中：

$\rho_\lambda(\theta_V,\varphi_S,\varphi_V)$——地表二向反射率；

θ_V——卫星天顶角；

φ_S——太阳方位角；

φ_V——卫星方位角；

λ——光谱波长；

a_λ、b_λ、c_λ——权重系数。

a_λ 用于描述 BRDF 的大体曲率，b_λ 提供了一个依赖于卫星天顶角的线性相关，使其与式(E.1)右边第一项相互作用以适应更多的地表形状。

a_λ、b_λ 和 c_λ 可以通过最小二乘拟合得到，c_λ 即星下点反射率。

E.2　Roujean 模式

Roujean 等(1992)将地表的二向反射率函数表示为：

$$\rho(\theta_S,\theta_V,\varphi)=k_0+k_1f_1(\theta_S,\theta_V,\varphi)+k_2f_2(\theta_S,\theta_V,\varphi) \quad\cdots\cdots\text{(E.2)}$$

式中：

θ_S——太阳天顶角；

θ_V——观测天顶角；

φ——相对方位角；

k_0、k_1、k_2——与地表特征相关的系数。

$f_1(\theta_S,\theta_V,\varphi)$ 函数用式(E.3)表示：

$$f_1(\theta_S,\theta_V,\varphi)=\frac{1}{2\pi}\left[(\pi-\varphi)\cos\varphi+\sin\varphi\right]\tan\theta_S\tan\theta_V - \frac{1}{\pi}\left[\tan\theta_S+\tan\theta_V+\sqrt{\tan^2\theta_S+\tan^2\theta_V-2\tan\theta_S\tan\theta_V\cos\varphi}\right] \quad\cdots\cdots\text{(E.3)}$$

$f_2(\theta_S,\theta_V,\varphi)$ 函数用式(E.4)表示：

$$f_2(\theta_S,\theta_V,\varphi)=\frac{4}{3\pi}\frac{1}{\cos\theta_S+\cos\theta_V}\left[\left(\frac{\pi}{2}-\xi\right)\cos\xi+\sin\xi\right]-\frac{1}{3} \quad\cdots\cdots\text{(E.4)}$$

其中，ξ 定义为：

$$\cos\xi=\cos\theta_S\cos\theta_V+\sin\theta_S\sin\theta_V\cos\varphi \quad\cdots\cdots\text{(E.5)}$$

ICS 31.550
L 95

中华人民共和国国家标准

GB/T 30116—2013

半导体生产设施电磁兼容性要求

Requirements for semiconductor manufacturing facility electromagnetic compatibility

2013-12-17 发布　　2014-04-15 实施

中华人民共和国国家质量监督检验检疫总局
中国国家标准化管理委员会　发布

前　言

本标准按照 GB/T 1.1—2009 给出的规则起草。

请注意本文件的某些内容可能涉及专利。本文件的发布机构不承担识别这些专利的责任。

本标准由全国半导体设备与材料标准化技术委员会(SAC/TC 203)提出并归口。

本标准起草单位:工业和信息化部电子工业标准化研究院、安徽鑫阳电子有限公司。

本标准主要起草人:黄英华、谭建国、刘军、周历群、钟华、冯亚彬。

半导体生产设施电磁兼容性要求

1 范围

本标准规定了为保证半导体生产设施与用于生产半导体器件的设备能一起可靠运行的电磁兼容性(EMC)要求。

本标准适用于生产半导体器件的设施和设备，这些设施和设备涵盖所有的设施警报、安全、通信与控制系统、工艺设备、测量设备、自动化设备以及信息技术设备。

本标准不适用于集成电路的封装与功能测试所采用的设备和设施，也不适用于可能在半导体生产过程中产生的静电。

2 规范性引用文件

下列文件对于本文件的应用是必不可少的。凡是注日期的引用文件，仅注日期的版本适用于本文件。凡是不注日期的引用文件，其最新版本(包括所有的修改单)适用于本文件。

GB 9254　信息技术设备的无线电骚扰限值和测量方法

GB/T 17626.2—2006　电磁兼容　试验和测量技术　静电放电抗扰度试验

GB/T 17626.3—2006　电磁兼容　试验和测量技术　射频电磁场辐射抗扰度试验

GB/T 17626.4—2008　电磁兼容　试验和测量技术　电快速瞬变脉冲群抗扰度试验

GB/T 17626.5—2008　电磁兼容　试验和测量技术　浪涌(冲击)抗扰度试验

GB/T 17626.16—2007　电磁兼容　试验和测量技术　0 Hz～150 kHz 共模传导骚扰抗扰度试验

3 术语和定义

下列术语和定义适用于本文件。

3.1

电磁兼容性　electromagnetic compatibility; EMC

电子设备在电磁干扰(EMI)和静电放电(ESD)环境中正常工作且不对该环境中的任何事物构成不能承受的电磁干扰的能力。

3.2

电磁干扰　electromagnetic interference; EMI

电磁波谱的非离子化(亚光学)部分中任何可能会引起电子设备中不希望有的反应的电磁信号。

3.3

静电放电　electrostatic discharge; ESD

具有不同静电电位的物体相互靠近或直接接触引起的电荷转移。

3.4

超低频磁场　extremely low frequency magnetic; ELF

设备和设施内电流产生的超低频(约为 1 Hz～1 kHz)磁场。

3.5

敏感设备　sensitive equipment

任何性能会受到 ELF 的不利影响的设备。

注：例如扫描电子显微镜(SEM)。

3.6

受试设备　equipment under test ;EUT

进行电磁兼容试验的设备。

3.7

端口　port

指定设备与外部电磁环境的特定接口(见图 1)。

图 1

3.8

机箱端口　enclosure port

设备的物理边界。电磁场通过该边界辐射或照射。

4 要求

4.1 性能要求

以下是评价半导体制造中所用不同等级的设备和电子系统的电磁兼容性的通用准则。在电磁兼容试验中,任何类型的故障或失常都应记录在试验报告中。半导体生产设施电磁兼容性分为 A、B、C 三个等级,判据如下：

性能判据 A:设备在试验期间和试验后应满足功能或性能要求。对于工艺设备,所有处理结果都应符合相应要求。不应出现任何安全隐患和错误警报。

性能判据 B:设备在试验后应满足功能或性能要求,在按照制造商指定等级的试验期间,出现功能暂时丧失或性能暂时降低,但不应改变运行状态或丢失储存的数据,且设备性能或功能可自行恢复。

性能判据 C:设备功能暂时性丧失,但可以自动或者通过操作控制装置可以恢复。控制系统或警报系统的任何故障均在故障安全模式内,例如错误警报或设备停机。

4.2 安全要求

如果试验导致出现危险或潜在危险情况时,例如威胁人身或财产安全,设备应能自动失效。例如紧急停机(EMO)按钮操作失灵或失误地打开有毒气体阀门等时,则设备会自动失效。

5 试验方法

5.1 通则

所有的电磁兼容试验都应在设备已安装好并且正常运行的条件下进行。试验装置应尽可能地与最终生产装置一致。有害气体和化学药品可以使用替代品,其他变动应确保试验能以一种完全安全和环境允许的方式进行。本标准并不要求采用特殊的电磁兼容设施。

5.2 抗扰度试验

5.2.1 机箱端口

5.2.1.1 试验要求

机箱端口的试验要求见表1。

表1

编号	试验类型	试验要求	基本标准	备注	性能判据
1	ESD抗扰度	4 kV接触放电 8 kV空气放电	GB/T 17626.2—2006	见附录A和附录B	A
2	辐射抗扰度 幅度调制	10 V/m 450 MHz～520 MHz 800 MHz～950 MHz 调幅80%(1 kHz)	GB/T 17626.3—2006	见设施要求 (5.2.1.2)	A
3	ELF抗扰度	按照需要,等级 A～E	ELF试验 (见5.2.1.3)	仅适用于对ELF敏感的设备	A

5.2.1.2 设施要求

由于许多半导体生产设备的规模和复杂性程度不同,试验不要求在屏蔽室、电波暗室或其他特殊的设施中进行。如果能够使用这样的设施,试验结果将更可能重现,并且也更加精确。

辐射抗扰度试验仅适合在移动通信适用的频率下进行,如表1中编号2所示。试验应符合国家或地方辐射要求,并应在规定的频率下进行。

5.2.1.3 ELF试验

敏感度等级规定如下:

A级——ELF的均方根小于0.25 mGs(毫高斯);

B级——ELF的均方根小于0.50 mGs(毫高斯);

C级——ELF的均方根小于1.00 mGs(毫高斯);

D级——ELF的均方根小于2.00 mGs(毫高斯);

E级——ELF的均方根大于或等于2.00 mGs(毫高斯)。

ELF敏感度是通过在EUT的最大ELF敏感度位置,让ELF以电源线频率或接近电源线频率穿过一个或一组线圈从而产生一个均匀的磁场来测定。施加的磁场应设置在对EUT产生最大干扰的方向上。磁场电平应采用有刻度的极低频场强仪测定。

若性能降低出现在较高ELF等级,则应规定每个等级的性能。

5.2.2 短距离数据总线端口

程序控制中未包含的信号线和短距离(小于30 m)数据总线的端口试验要求见表2。

表 2

编号	试验类型	试验要求	基本标准	备注	性能判据
1	快速瞬变脉冲群	1 kV(峰值) 5/50 Tr/Th ns 5 kHz 重复频率	GB/T 17626.4—2008 电容夹持耦合时	适用于长度超过 3 m 的电缆	B
2	射频场感应的传导骚扰 1 kHz 80%调幅	0.15 MHz～100 MHz 3 V(r.m.s)(未调制) 150 Ω 电源阻抗	GB/T 17626.16—2007	适用于长度超过 1 m 的电缆	A

5.2.3 工艺、测量及控制线和长距离总线及长距离控制线的端口

工艺、测量、控制线、长总线及长控制线的端口试验要求见表 3。

表 3

编号	试验类型	试验要求	基本标准	备注	性能判据
1	快速瞬变脉冲群	2 kV(峰值) 5/50 Tr/Th ns 2.5 kHz 重复频率	GB/T 17626.4—2008 电容夹持耦合时	—	B
2	射频场感应的传导骚扰 1 kHz 80%调幅	0.15 MHz～100 MHz 3 V(r.m.s)(未调制) 150 Ω 电源阻抗	GB/T 17626.16—2007	适用于长度超过 1 m 的电缆	A

5.2.4 直流输入和输出端口

直流输入和输出端口试验要求见表 4。

表 4

编号	试验类型	试验要求	基本标准	备注	性能判据
1	快速瞬变脉冲群	2 kV(峰值) 5/50 Tr/Th ns 2.5 kHz 重复频率	GB/T 17626.4—2008	电容夹持耦合时为 4 kV(峰值)	B
2	射频场感应的传导骚扰 1 kHz 80%调幅	0.15 MHz～100 MHz 3 V(r.m.s)(未调制) 150 Ω 电源阻抗	GB/T 17626.16—2007	适用于长度超过 1 m 的电缆	A
注：如果电流消耗少于 100 A，应采用直流输入法。本试验对用于连接输入端口专用的不可再充电电源的输入端口不适用。					

5.2.5 交流输入和输出端口

交流输入和输出端口试验要求见表 5。

表 5

条号	试验类型	试验要求	基本标准	备注	性能判据
1	快速瞬变脉冲群	4 kV(峰值) 5/50 Tr/Th ns 5 kHz 重复频率	GB/T 17626.4—2008	电容夹持耦合时为 4 kV(峰值)	B
2	射频场感应的传导骚扰 1 kHz 80%调幅	0.15 MHz～100 MHz 150 Ω 电源阻抗	GB/T 17626.16—2007	适用于长度超过 1 m 的电缆	A
3	浪涌	4.0 kV	GB/T 17626.5—2008	使用组合波信号发生器：1.2/50 μs 开路状态，8/20 μs 短路情况	C

5.3 发射试验

5.3.1 EMI 试验

设备应按照 GB 9254 进行试验。试验限值为 A 级，这个级别通常限于非家用设施。

对于辐射发射试验，鉴于半导体设备的尺寸和复杂性，可取消特殊设施的使用。因此，由于试验场地的限制，可按需要修改 GB 9254 中的试验。使用特殊的设施可使得试验的重现性提高，如有可能，推荐使用这样的设施。

在任何情况下，应保证噪声电平至少比 A 级规定的限值低 6 dB。

5.3.2 ELF 试验

应对所有的 ELF 敏感设备进行 ELF 发射试验，因为这样的设备一般组合使用。其他类型设备的 ELF 发射试验，可根据预计在邻近区域安装 ELF 敏感设备的用户的要求进行。

ELF 发射应采用经过校准的极低频场强仪测量。设备发射应在距 EUT 的整个周边 1.5 m、高度为 1 m 的位置上测量。设备 ELF 应在计划安装 ELF 敏感设备的区域内高度为 1 m 的位置上测量。在上述指定的区域中，各测量点间相隔的距离不得大于 0.5 m。设备电气系统与邻近的设备应处于正常的工作状态，以保证获得实际运行环境下的精确测量值。

在每个测量点上，ELF 传感器应朝向显示最大读数的方向。然后根据表 6 用所有测量点上获得的最大读数确定敏感度等级。

表 6

等级	要　　求
A 级	ELF 的均方根小于 0.25 mGs(毫高斯)
B 级	ELF 的均方根小于 0.50 mGs(毫高斯)
C 级	ELF 的均方根小于 1.00 mGs(毫高斯)
D 级	ELF 的均方根小于 2.00 mGs(毫高斯)
E 级	ELF 的均方根大于或等于 2.00 mGs(毫高斯)

6　设备安装与接地

设备供应商应满足本标准所必需的安装、通电和接地的专门要求，并完全文档化。

可移动的护板或门应正确安装以符合本标准的要求，同时应贴上“固定此板以减少电磁辐射”的标签。对于应固定在要运行的设备上的互锁板，这种贴标要求则不适用。

7　文件编制

根据用户要求，应提供符合本标准的试验结果报告。制造商可以用本标准作参考来具体说明设备的环境要求。

附 录 A
（资料性附录）
带电晶片测试

为了减少微小沾污物的影响，半导体制作过程中需使用无静电消耗的晶片运输装置。所需接触晶片的装置均需使用带电量为 18 kV/in 的晶片进行测试。GB/T 17626.2 测试使用的充电装置可以为晶片充电。此测试需要经过多次实验确定最优方法。接触晶片的机械装置也会受到空气或接触放电的影响。

建议晶片传输装置应该设计成需具备使进入该装置的晶片静电消除的能力，并且是可控的，不能产生静电火花。将一台简易的无线电收音机放置于传输装置的附近，可以很好的检测静电干扰。如果有静电干扰，静电产生引起的砰砰响声会使无线电收音机发出噪音，从而检测到静电。

附　录　B
（资料性附录）
ESD试验方法

虽然已经发现ESD试验的接触放电法比空气放电法的重复性更好，但空气放电却是半导体制造厂中可能出现的各种情况的更真实模拟。而且，空气放电法对于主要是由绝缘体制造的试验对象（如湿法工作台和键盘）来说是唯一现实的方法。

除了与人和晶片接触的试验表面之外，对设备的任何可暴露在ESD环境中的区域进行试验都很重要。例如，湿法工作台在接近金属传感器与控制器附近的部分由含有大量绝缘体的零部件构成。绝缘体的表面会慢慢地积聚电荷，然后引起设备内部的传感器或控制器产生静电火花。

ICS 31.260
L 51

中华人民共和国国家标准

GB/T 30117.2—2013/IEC TR 62471-2:2009

灯和灯系统的光生物安全 第2部分:非激光光辐射安全相关的制造要求指南

Photobiological safety of lamps and lamp systems—Part 2:Guidance on manufacturing requirements relating to non-laser optical radiation safety

(IEC TR 62471-2:2009,IDT)

2013-12-17 发布　　2014-07-15 实施

中华人民共和国国家质量监督检验检疫总局
中国国家标准化管理委员会　发布

前　言

GB/T 30117《灯和灯系统的光生物安全》分为5个部分。

——第1部分:灯和灯系统的光生物安全;

——第2部分:非激光光辐射安全相关的制造要求指南;

——第3部分:对人体的强脉冲光源设备的安全使用准则;

——第4部分:测量方法;

——第5部分:投影仪灯系统的光生物安全。

本部分为GB/T 30117的第2部分。

本部分按照GB/T 1.1—2009给出的规则起草。

本部分使用翻译法等同采用国际电工委员会发布的IEC TR 62471-2:2009《灯和灯系统的光生物安全　第2部分:非激光光辐射安全相关的制造要求指南》。

与本部分中规范性引用文件有一致性对应关系的我国文件如下:

——GB/T 20145—2006　灯和灯系统的光生物安全性(CIE S 009/E:2002,IDT)

——GB/T 2900.65—2004　电工术语　照明(IEC 60050-845:1987,MOD)

——GB/T 5465.2—2008　电气设备用图形符号　第2部分:图形符号(IEC 60417 DB:2007,IDT)

注:CIE S:009-2002于2006年作为IEC标准IEC 62471:2006发布。

请注意本文件的某些内容可能涉及专利。本文件的发布机构不承担识别这些专利的责任。

本部分由中国机械工业联合会提出。

本部分由全国光辐射安全和激光设备标准化技术委员会(SAC/TC 284)归口。

本部分起草单位:杭州浙大三色仪器有限公司、广东省惠州市质量计量监督检测所、浙江省医疗器械。

本部分主要起草人:王建平、叶祥平、乔波、李俊凯、罗勇军、牟同升、郑健。

灯和灯系统的光生物安全 第2部分:非激光光辐射安全相关的制造要求指南

1 范围

GB/T 30117的本部分规定了非激光产品光辐射安全要求的基本原则,指导相应的通用产品规范对安全要求作出规定,同时为灯系统制造商利用灯制造商提供的安全信息提供依据。

本部分规定了下列指导原则:

——光辐射安全评估要求;

——安全措施;

——产品标识。

本部分不涉及日光浴设备、眼科仪器及其他医疗/美容设备等有意辐照的光辐射安全要求,其特定的安全问题由相应的标准解决。

2 规范性引用文件

下列文件对于本文件的应用是必不可少的。凡是注日期的引用文件,仅注日期的版本适用于本文件。凡是不注日期的引用文件,其最新版本(包括所有的修改单)适用于本文件。

IEC 62471 灯和灯系统的光生物安全(Photobiological safety of lamps and lamp systems)

IEC 60825-1 激光产品的安全 第1部分:设备分类、要求和使用指南(Safety of laser products—Part 1:Equipment classification,requirementa and user's guide)

IEC 60825-2 激光产品的安全 第2部分:光纤通信系统的安全(Safety of laser products—Part 2:Safety of optical fiber communication systems)

IEC 60050-845 电工术语照明(International electrotechnical vocabulary)

IEC 60417-1 电气设备用图形符号 第1部分:综览和使用(Graphical symbols for use on equipment—Part 2:Overview and application)

3 术语和定义

下列术语和定义适用于本文件。

3.1

受控区域 controlled access location

经工程和(或)管理上控制措施限制的区域,经相应安全培训的授权人员除外。

3.2

曝辐危害值 exposure hazard value;EHV

由以下公式定义:

EHV(距离,曝辐时间)=曝辐射量(距离,曝辐时间)/曝辐限值

当曝辐射量(3.3)超过曝辐限值(3.4)时,EHV大于1。

3.3

曝辐射量　exposure level;EL

一个光源在规定的时间内对空间某区域的曝辐射大小。

3.4

曝辐限值　exposure limit value;ELV

预期不会导致不良的生物效应,眼睛或皮肤所允许的最大辐射限值。根据可预见的光生物效应由曝辐限值可确定危害距离。

3.5

危害距离　hazard distance;HD

曝辐射量等于相应的曝辐限值所对应的位置与光源之间的距离。

3.6

预期观看　intended viewing

对光辐射源或虚光源(如反射器)有意的观看行为。

3.7

预期使用　intended use

根据制造商和供应商提供的规格、说明和信息,对产品、方法和服务的使用。

3.8

灯　lamp

光辐射波长范围在 200 nm 和 3 000 nm 之间的电力驱动装置,激光除外。

3.9

灯系统　lamp system

由一个或多个灯组成的电器产品,包括结构件和相关的电气或电子元件,一般用于照明目的(如灯具)。

注 1:灯系统可能包括漫射器、外壳和/或改变光束的光学元件。

注 2:对于本部分,灯系统也可能包含不作为产品主要功能部件的灯,例如,冰箱内的指示灯或照明灯。

3.10

光调节元件　modifying optics

当灯集成至灯系统时,用于改变其光辐射特性的光学元件,如滤光片、透镜和反射器。

3.11

非激光光辐射　non-laser optical radiation

由非受激辐射产生的非相干光辐射。

3.12

限制接近的区域　restricted access location

通常通过工程或管理手段控制的,不允许普通人群(包括工作人员、参观者和居民等)进入的区域,但经授权的人员(不一定经过专门的安全培训)可以进入。

3.13

小光源　small source

根据危险评估或分类,对边角小于所对应接收角 γ 的光源或表观光源。

注:其结果可能是光源或表观光源的空间平均辐亮度(3.15)的视场角要大于光源辐亮度(3.14)所采用的视场角。

3.14

光源辐亮度　source radiance

L

光源发光部分的辐射亮度(参见 IEV 845-01-34)。但可用的接收角不应小于 1.7 mrad。

注:该定义用以区别空间平均辐亮度(3.15)。

3.15

空间平均辐亮度　spatially averaged radiance

Lsa

由于眼球运动等生理因素，空间平均辐亮度是在指定接收角内辐射亮度的平均值(有时被称为“生理辐射亮度”)；空间平均辐射亮度值往往低于光源辐亮度值(见 3.14)。

3.16

超辐射发光二极管　superluminescent diode

基于超发光的边发光半导体光源。它结合了激光二极管的大功率和高亮度以及传统发光二极管的低相干特性，发射带宽为 20 nm～100 nm。

3.17

非预期观看　unintentional viewing

眼睛非有意接触到光辐射的情况。

3.18

非预期的皮肤接触　unintentional skin exposure

皮肤非有意接触光辐射的情况。

3.19

观察者相关的危险　viewer-related risk

在特定的应用条件下，光源对有意或无意观察者造成的危险。

注：为了不受使用条件影响，灯和灯系统的危险等级分类是基于曝辐时间、瞳孔大小和观看距离处于最坏情况下的假设。然而灯的出射光往往是多种多样的，而且当一个灯被整合成一个产品时，依据产品的设计和应用，这些评估条件也可能变得不适用。这种情况下，为了可预见的特定应用条件，产品可采用最近距离和最长曝辐时间进行评估。

4　用于光辐射安全评估的危险等级

4.1　光辐射安全分类的基础

IEC 62471 提供了确定各种灯或任何含有灯的产品的危险等级的方法。IEC 62471 中的危险等级指出了潜在光辐射危害的危险程度，并尽量减少进一步的测量。危险分类是基于数十年使用灯的经验和相关光辐射的意外损伤分析(一般来说，除紫外灯或弧光灯外，会产生损伤的极少)制定的。共有四种基本危险等级：

——无危险类(RG0)：在合理的、可预见的条件下，没有光危害；甚至可连续、无限制的使用。最典型的例子为家用磨砂白炽灯和荧光灯；

——1 类危险(RG1)：产品在大部分的应用情况下是安全的；除非长时间辐照，而眼睛可能直接受到辐照，如：家用手电筒；

——2 类危险(RG2)：如果厌光反应限制了辐照的持续时间或实质上不会存在长时间辐照时，该等级产品通常不构成实质性的光危害；

——3 类危险(RG3)：该等级产品即使短暂的辐照也会有潜在的危害，且一般必需有系统安全要求。

IEC 62471 没有对制造要求和控制措施进行规定。这些问题应在特定的应用产品标准中进行规定(见 4.3.3)。但是，为了使不同产品实施一致，本部分对标识要求(非规范性)作了概述(见 5.4)。

4.2　评估准则

标准测量条件应考虑发射光谱，并根据危害的类型，通过辐照度或空间平均辐亮度检测对眼睛和

(或)皮肤的危害。测量条件与潜在危害的观察条件有关,同时应考虑眼睛的生理因素,如调节、瞳孔缩放、厌光反应及眼球运动(眼跳)。

IEC 62471 对普通照明用灯和其他功能用灯(如杀菌、取暖、信号、数据传输等)有所区别,这两个类别的评估和测量条件不同:

a) 普通照明用灯——危害值为 500 lx 照度所在位置的辐照度或空间平均辐亮度值;

b) 其他应用——危害值应在距光源 200 mm 处测得。

不同的应用类别定义了一系列操作、维护和服务条件。如果在不同的应用类别产品通用规范中进行评价,那么 IEC 62471 的测量条件可根据特定的应用类别作相应调整。

4.3 与应用相关的问题

4.3.1 近红外光源

红外光谱区域的限制设置原本是针对带大量 IR-A 和 IR-B 辐射的大型红外辐射器,这些限制用以保护眼睛的角膜或晶状体不受长期的热效应(如白内障)所影响。因此,这些限制适用于可能会对眼睛造成超过 1 000 s 照射时长及日均辐照度至少为 100 $W \cdot m^{-2}$ 的慢性和长时间曝光的情况。其主要目的是将晶状体和角膜的热效应减到最小。

4.3.2 点光源

可能会有少数情况,非相干光辐射源以几乎单色的"点"光源出现,这种情况应考虑在激光安全标准体系内。通常这只适用于类似于"点光源"的超辐射发光二极管(SLDs)(见 3.16);以及用于光纤通讯的 LED 灯(此时光纤源也类似于一个点光源)。针对超辐射发光二极管,一般参照 IEC 60825-1;而针对光纤通讯系统,一般参照 IEC 60825-2。

4.3.3 与应用相关的产品通用规范

产品通用规范的要求可包括:

——限制在给定应用中光源的危险等级;

——基于危险等级规定的特定性能要求;

——规定特定应用情况的控制措施。

基于直视光源的可能性的基本指南见第 6 章。产品通用规范应遵循不必降低光辐射至比实际可达到程度还低的原则。但是作为一般指南,不必要的人体辐照应尽量最小。采用的安全措施应遵循国际公认的制造商的安全措施优先次序。即工程控制(如滤光、屏蔽等)的优先级最高,其次是管理措施(如警告和标识,见 5.4),个人防护装备作为最后的手段。详细信息应在特定应用情况的产品通用规范中给出。

5 灯和灯系统制造商如何应用 IEC 62471 的指南

5.1 限值

5.1.1 概述

应当指出,IEC 62471 的危险等级分类系统主要是针对灯。但是在产品安全方面,灯系统制造商有责任评估最终灯系统产品。由于不同的技术任务和需求,灯系统或灯具制造商可能在测试和测量的能力方面有限,他们通常依赖灯或 LED 制造商提供的灯或 LED 的数据。因此,指南给出了灯系统制造商如何及何时可能要依靠灯制造商提供的数据。

预期用途已知的灯有很多种,例如,对于传统光源,灯系统制造商对一体化灯与安全相关的光学特性的修改一般都不重要。在大多数情况下是单独一个传统灯泡用在灯具上，而灯系统制造商仅添加一个结构件和一个电源。在这类情况下，灯的数据通常直接转给灯系统。灯系统制造商可以将灯的评估和危险等级分类用于灯系统分类。但是，其他类型的灯可能需要详细考虑。

安全标准的限值以两种不同类型的参数描述，需要分别进行考虑。

5.1.2 辐照度或曝辐值对应的限值

在 IEC 62471 中，200 nm～400 nm 和 1 400 nm～3 000 nm 的光谱范围内的发射限值以辐照度和曝辐值给出，单个灯的测量结果不能简单地直接传递给灯系统，需要进行光学综合分析以确定灯系统的危险等级。

当灯采用另外一体化的或带附加的光束整形或投影光学元件时，该灯系统应被视为不同的产品，灯系统制造商应提供一个新的安全分类等级。

注：增加的光学元件主要改变光源的辐照度(即对于根据辐照度或曝辐值要求进行的分类，可能会有明显的影响)，而辐亮度可能保持不变(即对于辐亮度的分类影响小)。

5.1.3 辐亮度(或时间积分)对应的限值

在 IEC 62471 的发射限值以空间平均辐亮度或时间积分空间平均辐亮度给出的情况下，辐射亮度守恒定律应谨慎使用；即按照辐射亮度守恒定律，如果一只灯或单个 LED 的发射值低于每个危险等级规定的辐亮度，最后灯系统或 LED 阵列也不会超过发射限值。但是，IEC 62471 所要求的空间平均辐亮度(3.15)值的测量结果，其结果为视场和光源区域之间的关系，因为这是用于单个元件的表征，可能会因为将单个灯或 LED 整合至灯具(阵列)中，或附带有光束整形的光学元件而发生变化。

在特定条件下(见 5.2.2)，单灯或 LED 的评价直接转移至灯系统或灯具。危险等级将保持不变，或可能降低(如通过滤光等)。

注：由于增加的光学元件主要用于改变(增加)光源的辐照度，而不是辐亮度，因此不应改变评估时以最严格的分类标准来验证灯系统(由辐亮度到辐照度)。

5.2 灯/LED 制造商指南

5.2.1 概述

灯或 LED 制造商对灯进行危险等级分类的主要目的是告知用户或最终产品制造商在最终产品的安全设计中其潜在危害可能有待处理。因此，当灯处于 1 类、2 类或 3 类危险时，对用户而言重要的是告知其哪些潜在的危害需要控制。如果制造商提供灯的曝幅危害值或危害距离(见 5.3.4)，那么相应的控制措施就可以简化。

5.2.2 测量条件

在 IEC 62471 中，200 nm～400 nm 和 1 400 nm～3 000 nm 的光谱范围内的发射限值以辐照度和曝辐值给出，并根据 IEC 62471 进行测量。

在 200 nm～400 nm 或 1 400 nm～3 000 nm 的光谱范围内，IEC 62471 的限值以辐照度或曝辐值给出，测量应按照 IEC 62471 进行。如果 IEC 62471 的限值以空间平均辐亮度或时间积分辐亮度给出，则光源的辐亮度(根据 3.14)数据应根据 IEC 62471 进行检测(对于 LED 应在最大工作条件下工作，如最大电流)。在任何情况下接收角均应固定在 1.7 mrad。

注：这些值应与危险等级规定的限值进行比较(而不是用不同的接收角)。在这些条件下，它可以保证组件的危险等级在任何情况下都可直接转移并有利于最后的灯系统的评价。

如果产品的用途是已知并明确的，应采用特定的应用需求(即产品通用规范)，如果有的话，或者应该采用 4.2 和 4.3。

如果是多功能灯或不存在特定应用的要求(如产品通用规范),单个灯和组件应在 200 mm 的距离测量,同时危险等级和数值应出现在用户信息中。

危险等级的分类和评估应基于这些数值。

5.2.3 用户信息

用户信息应包括灯的危险等级分类,这可以用于灯系统危险等级分类。

危险等级分类的信息应由预期用途给定。如果应用中有规定条件或要求(在 4.2 和 4.3 中指出,或在产品通用规范中规定),则应给出信息。应注意如果灯用于其他应用情况时应重新进行分类。

在 200 nm～400 nm 或 1 400 nm～3 000 nm 范围内,基于辐照度或曝辐值的分类,应注意单支灯的评价不能直接转移至最终灯系统。但是,如果灯集成至灯系统并未改变灯的出射性能,灯系统的危险等级分类可以与灯的相同。

5.3 灯系统/灯具制造商指南

5.3.1 概述

灯危险等级的分类指出了在产品通用规范中规定的应用场合所需的,用以减少危险所需的安全措施。如果灯的危险明显低于应用场合的最大值(见表 3),制造商应保证灯的危险分类等级可直接过渡至灯系统。

灯制造商生产一些具有特定应用目的(4.2 和 4.3,或按产品通用规范)的灯,这些产品应该由灯制造商在指定应用条件下进行分类。如果这些光源被修改或作其他用途销售,灯系统制造商应对其进行重新评估,并给出相应的危险分类等级。

5.3.2 普通照明光源

IEC 62471 指出,用于普通照明的灯和灯系统,应以产生 500 lx 照度的距离下的辐照度或空间平均辐亮度值作为危害值。只有在 500 lx 照度位置上被评价为对皮肤危害为无危险类的灯和灯系统,一般才被用于普通照明。并且,如果皮肤需要接近光源光辐射,且照度可能超过 500 lx,照射时长超过 1 h,应警告用户需要进行曝辐评价。

注: 以上是旨在确保考虑到紫外线辐射限值过量等应用场合。这可能要考虑一些辐射限值不超过 500 lx,但在可能在手上产生更高的照度,例如,可能在精细工作的照明中,头部位置相对照度为 500 lx 的工作面更接近光源。

普通照明用灯系统所需的照度测量应考虑灯系统中所有部件的贡献。相对于危险分类等级确定的辐亮度测量,普通照明光源照度测量时的接收角是不受限的。当多个灯或调整光学元件应用于普通照明产品时,在许多情况下,产品的紫外及红外辐射可能会减少。因此,相应的危险也会降低。此外,如果透镜或阵列增加 500 lx 的距离,组件光源的对边角会减小(同时空间平均辐亮度降低),从而使危险仍然不变。

如果灯制造商的分类是基于辐亮度或时间积分辐亮度,且基于辐照度的危害可以忽略不计(LED 或通过使用合适的滤光片),则普通照明光源的分类可直接转移至灯系统或灯具。

5.3.3 多功能灯

在确定灯系统的危险等级时,应该遵循下列通用原则。在灯的危险分类基于最严格的辐亮度或时间积分的辐亮度标准的情况下,这些数值保持不变或通过将灯一体化至系统及加入光学元件而降低。这些措施或要素相反可能会改变光源的辐照度或曝辐值,同时在基于这些标准的情况下应考虑一体化灯的危险分类。然而,如果一体化灯是基于亮度的分类则应考虑最严格的分类标准的可能变化(即由辐亮度到辐照度)。

5.3.4 危害距离的确定

为了使灯和灯系统的危险等级分类不依赖于使用条件，对曝辐时间，瞳孔大小和观察距离作了最严酷的假设。但是，灯的辐射往往是发散的，在一个合理的距离下，产品危险分类可能无法真实反映与观察者相关的危险程度，即实际的危险低一些。

曝辐危害值 EHV，即超过适用的曝辐限值，具有重大的实际意义(见 3.2)。这个定义在考虑适当控制措施时有用，用以适当地限制光源的曝辐时间或接近程度。

曝辐危害值 EHV 可以图形化地显示距离相关数值，即随着距离增加，灯或灯系统对应的危害值下降(见图 1)。在距离 X_1 处，EHV＝ 1，即 EHV 等于对应的发射限值。距离 X_1 是该灯系统的危害距离(HD)。在距离 X_2 处，光辐射危害的数值通过 A 系数超过适用的发射限值，在这个距离下，过量的光辐射可能会通过系数 A 限制曝辐时间降低(如果发射限值以曝辐或时间积分的辐亮度来表示)，或通过使用工程控制(如滤光片)衰减发射量和/或个人防护(如眼镜、服装)，这将限制潜在的出射能量。

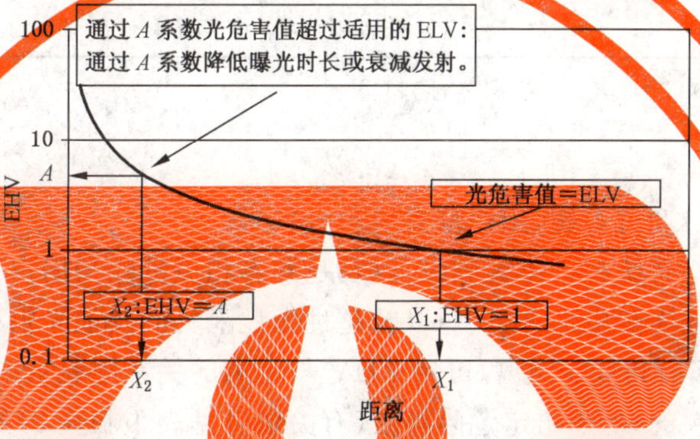

图 1 危害值相对距离的变化曲线示例

类似于灯或灯系统危险等级的分类，这些危害的距离值也可以分类，以确定实际使用条件下的有效的观察者相关危险(3.19)。例如，对于一个 3 类危险的灯系统(在 200 mm 的测量距离下得到的分类)来说，随着距离的增加，逐步降低为 2 类危险(图 1 X_2)、1 类危险(图 1 X_1)，直至无危险类，所测得的辐照度或辐亮度会降至危险分类等级所对应的发射限值以下。

因此，除了指定灯系统危险等级外，灯系统制造商还应提供此类数据。危险等级在无危险类以上的灯系统，制造商应至少提供给定危险等级以下所有等级的危害距离(HD)。这些危险等级相关的危害距离可以用来确定适用的安全措施，参见表 3。

注：以上的示例和图 1 应用于一个限值(“危害”)和特定的曝辐时间。对于所有相关的危害限值，与不同曝辐时间一样需要类似的数据。

5.4 标识

通常情况下，制造商需要使用主要的工程控制措施，使产品“安全设计”。具体细节取决于应用情况，并应在指定应用的产品通用规范中注明。为了提供一个适用于各种应用情况的通用方法，本部分规定了标识要求作为二级(管理)控制措施的主要部分。灯系统应由供应商根据表 1 的要求进行标记。

以下指南给出了现有应用指定的产品通用规范中未涵盖的产品。除了只在 400 nm～780 nm 光谱范围出射的免除危险等级和 1 类危险的灯系统，危险等级应标识在产品上。如果产品的大小或设计导致不能粘贴标识，则标识应包含于包装和用户手册中。警告标志应符合 IEC 60417-1 规定。

外壳上的标识应永久固定，在维护和服务时清晰可见，同时应位于使用者无需处于光辐射超出适用的曝辐限值的情况下即可看到的位置。文本和边框应为黑色，且背景为黄色。标识尺寸应适合于产品的尺寸。所有需要的标识均应再现于用户手册中。

表 1　危害有关的危险等级灯系统标识

危害	无危险类	1 类危险	2 类危险	3 类危险
200 nm～400 nm 紫外危害	不需要	注意 该产品有紫外辐射	警示 该产品有紫外辐射	警告 该产品有紫外辐射
300 nm～400 nm 视网膜蓝光损伤	不需要	不需要	警示 该产品可能有光辐射危害	警告 该产品可能有光辐射
400 nm～780 nm 视网膜蓝光损伤或热损伤	不需要	不需要	警示 该产品可能有光辐射危害	警告 该产品可能有光辐射危害
780 nm～3 000 nm 角膜/晶状体红外损伤	不需要	注意 该产品有红外辐射	警示 该产品有红外辐射	警告 该产品有红外辐射
780 nm～1 400 nm 视网膜热损伤，微小视觉刺激	不需要	警告 该产品有红外辐射	警告 该产品有红外辐射	警告 该产品有红外辐射

5.5　其他信息

对于免除等级以外的灯和灯系统，用户信息应包含：

a)　明确声明该灯或灯系统超过免除等级，以及观察者相关危险与用户安装和使用情况有关；

b)　无危险类最严重的光辐射危害类型，以及超过无危险类的其他光辐射危害类型(见表 1)；

c)　曝幅危害值(EHVs)和危害距离，可用 EHV 与距离的关系图表示；

d)　与所有观察者有关的，低于给定危险等级(有关信息见表 1 和表 2)的危害距离(HD)；

e)　用于正确装配、安装、维修和安全使用的合适的操作说明，包括有关预防可能有害的光辐射的明确警告；

f)　安全操作步骤的建议，以及可预见的误操作、故障及危险的失效模式警告；详细描述维护步骤，还应明确说明遵循的安全步骤；

g)　5.4 要求的标识和表 2 对其意义的解释；

h)　需用户考虑的控制类型的信息。

表 2　控制措施的标识信息和指南说明

危害	免除	1 类危险	2 类危险	3 类危险
200 nm～400 nm 紫外危害	不需要	使眼睛和皮肤的 辐照最小 采用合适的防护	辐照可能会对眼睛或 皮肤造成刺激。 使用合适的防护	避免眼睛和皮肤受到 无防护产品的辐照
300 nm～400 nm 视网膜蓝光损伤	不需要	不需要	灯工作时不得注视， 可能伤害眼睛	灯工作时不得注视， 可能损伤眼睛
400 nm～780 nm 视网膜蓝光损伤或热损伤	不需要	不需要	灯工作时不得注视， 可能伤害眼睛	灯工作时不得注视， 可能损伤眼睛
780 nm～3 000 nm 角膜/晶状体红外损伤	不需要	采用合适的遮蔽防护或 采取眼睛防护措施	避免直接暴露在眼前。 采用合适的遮蔽防护 或采取眼睛防护措施	避免眼睛直接辐射。 采用合适的遮蔽防护 或采取眼睛防护措施
780 nm～1 400 nm 视网膜热损伤，弱视觉刺激	不需要	灯工作时不得注视	灯工作时不得注视	灯工作时不得注视

当灯或灯系统在一个以上的危害光谱区域产生光辐射时，该灯或灯系统应归类为最严格的情况。如果在任何光谱范围内光辐射均超过其免除危险等级的限制，那么适当的警告字句应在产品标识上注明。例如，一只视网膜红外3类危险且紫外2类危险的灯，标识图示应以相应“警告”文本指出分类等级3类，并给出紫外2类危险的“警示”提示，但不应该再提及2类危险，如图2所示。

3类危险
警告：本产品有红外辐射，请勿直视。 **警示**：本产品有紫外辐射。直接照射可能会刺激眼睛或皮肤，请使用合适的遮挡物。

图2　具有多个危害光谱波段灯的警告标识示例

6　安全措施

6.1　概述

灯或灯系统制造商应进行危险分析，以确定应采取的必要安全措施及对用户的残余危险，提出必要的警告并建议用户进行安全防范。危险等级分类有助于制造商对工程控制进行设计，使灯和灯系统达到一个可接受的安全水平。产品的类型和预期用途确定了辐射的可接受水平、预期的曝辐时间及预期的接近距离。

应通过控制光源减少不需要的光辐射，例如通过光谱滤光或外罩遮挡。应尽可能避免不需要的有害紫外和红外线辐射，或通过适当的滤光装置进行衰减。

注：在可见光谱范围内对非预期光谱成分进行选择性的控制更具有挑战性，因为光谱滤光可能会改变灯系统的基本颜色或强度。

制造商应向用户提供安全信息，并应说明需用户考虑的控制类型的信息。根据产品应用，所需的控制措施可能包括限制和受控进入的区域。

室内限制进入区域的例子有：

——设备柜放在加锁或专用的房间内；

——服务/维护人员专用区域；

——需要专用设备方可进入的区域(如道路照明、体育场馆照明等)。

限制进入区域的指定是根据产品而定的，应在产品通用规范中给出。

受控进入区域的例子包括严格受控进入的上锁房间，围栏/安保区域，和需要专用工具或钥匙才能进入的设备内部区域。受控进入区域的要求由产品规定，并应在产品通用规范中给出。

一般而言，在工作场所条件下使用的专用产品仅在其他控制方式不恰当或不能实行时，才考虑培训、限制进入危害区域和配备个人防护设备。规定产品类型的安全性应在对应的产品通用规范中给出。

6.2　与观察者相关的最大可接受的危险

将一只灯分类至一个特定的危险等级是基于这个灯在200 mm的距离和适用的危险等级曝辐时间下的辐射，但是当一只灯组装成一个产品时，根据产品的设计和应用，这些评价条件可能变得不具代表性。在这种情况下，产品可能在最小的距离和最大的曝辐时间下进行评价，以代表预期使用的特定应用条件(观察者相关的危险)。

根据在光束内观察的可能性这些应用可分为三类：

——非预期短暂照射(汽车灯、射灯、闪光灯、投影灯)；

——间歇，偶尔(或可能)短期(儿童正常短暂注视的许多玩具、实验室设备、家居用灯、信号灯)照射；

——故意的(或可能)长期(显示器)照射。

当一个产品在规定的应用条件下进行评估时,这种观察者相关的危险等级分类可能与灯整合至该产品的危险等级有所区别。

表3提供了特定应用条件下产品最大允许危险等级的指南。

因此,如果3类危险的灯做成显示器(预期长期接触),只有显示器观察者相关的危险类别为无危险类时才可接受。

如果3类危险的灯做成信号装置(预期短期接触),只有信号装置的可预见的辐照受接近距离和/或最大曝辐时间控制,对观察者属于1类危险才可接受。

如果3类危险的灯做成汽车前灯时(非预期短期接触),只有汽车前灯对可预见的辐照受到最小接近距离的控制,对观察者属于2类危险才可接受接近距离。

表3 特定条件下对观察者相关危险所评估的产品可接受的最大危险等级

灯系统的危险等级	特定条件下评估的危险等级——观察者相关的危险		
	非预期 短期	预期 短期	预期(可能)长期
无危险类	无危险类	无危险类	无危险类
1类危险	1类危险	1类危险	无危险类——通过接近距离或受控接触进行限制
2类危险	2类危险	1类危险——通过接近距离或曝辐时间限制曝光或在规定区域使用该产品	无危险类——通过接近距离或受控接触进行限制
3类危险	2类危险——通过接近距离或在规定区域使用该产品限制	1类危险——通过接近距离和/或曝辐时间,或在规定区域使用该产品限制	无危险类——通过接近距离或受控接触进行限制

表3为指南。应用相关的产品通用规范可能提供所需评估的更多细节,并指定可能需要考虑的安全控制措施。

应用特定条件下的分类仅适用于该产品的预期用途。提供给维修人员和维护人员的安全措施应基于灯的危险等级,而不应取决于灯系统。

附 录 A
（资料性附录）
扩展光源的辐亮度和眼睛危害

A.1 概述

辐射光谱范围为400 nm～1 400 nm的扩展光源，属于视网膜危害区域（在400 nm～1 400 nm光谱的视网膜危害区域发射光辐射的扩展光源）。所以，利用辐亮度描述光源和进行辐射计算，以及确定是否存在视网膜危害是非常有用的。

在讨论有益的辐射之前，首先要确定那些不可能是有益辐射的光源类型和曝辐情况。由于点光源的辐亮度不明确，因此对激光的光束内视以及任何对边角为1.7 mrad或小于1.7 mrad的光源的注视，采用其他辐射数量的测量和讨论会更好，例如在特定距离的辐照度。如果上述光源可以利用光学放大元件进行观察，则其对边角可能增大到1.7 mrad以上。因此，应考虑此种光源成为扩展光源的可能性。然而，在这种情况下，光源的危害仍然可以通过沿用辐照度这一类的方法得以更好的整体解决，这一方法同时囊括了对同一类光源的点光源和扩展光源的处理。

对于输出光谱在视网膜危害区域以外的光源，辐亮度不足以描述其危害性。此时，更多的是利用辐照度和曝辐量来描述。测量几何图形之间的转换是复杂的，而且可能引入误差。因此，作为一般性的规则，辐亮度只用于可见光和近红外光源的评估。亮度是可见光源辐亮度的光照度模拟值，因此，IEC 62471使用较高的亮度值作为确定无危险类的灯的指南。

A.2 辐亮度几何原理

同观察者相关的光源假设几何条件与辐射亮度、对应的光度量-亮度一同使用。这对于危害分析和光度测定都会非常有用。亮度经常被用来形容发光表面的明亮程度如显示器；同理，辐亮度也可用来定义发光表面的危害。辐亮度表示为单位面积每立体角内的辐射强度（$W \cdot m^{-2} \cdot sr^{-1}$）。几何辐亮度的主要结论之一，例如扩展光源的距离不变性，如图A.1所示。当观察者或探测器逐渐远离扩展光源，平方反比的损失会由于光源取样面积的增加而得到补偿。

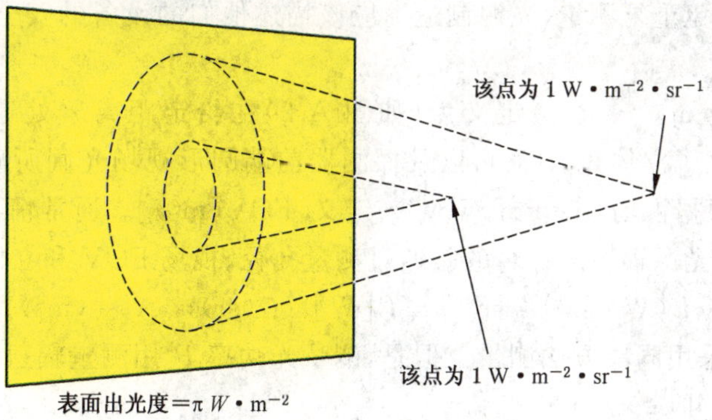

图A.1 扩展光源的辐亮度随距离的不变性

当将折射、反射放大或缩小的光学元件插入到扩展源和观察者之间时，相同的辐亮度数据表明它是守恒的（吸收会造成损失）。换言之，尽管放大或缩小光学元件可能会改变表观光源可视角，也可能会通过改变单位面积上的表观光源能量来补偿，因此辐亮度只取决于光学元件的吸收和出瞳耦合问题。

A.3 视网膜阈值与光源参数之间的关系

视网膜损伤阈值的试验测定通常是测量视网膜的辐照度值，单位为 $W \cdot m^{-2}$。对比光源特性的视网膜损伤阈值，将涉及复杂的辐照度转换，且对于扩展光源，需要考虑距离依赖性。采用辐亮度重新表述视网膜阈值，考虑到了眼睛的光学系统，以及外加中间光学系统的情况，这将大大简化危害性评估步骤。

A.4 辐亮度用于危害评价的局限性

利用辐亮度来表征光源的局限性在 A.1 中已经提及。

此外，由于灯和照明行业的关联性，通过测量辐亮度来表征光源的方式，对于某些特定封装和封闭的光源来说是困难的。由于"m^{-2}"是辐亮度单位"$W \cdot m^{-2} \cdot sr^{-1}$"的组成部分，所以问题常常出现在光源的界定区域上。虽然辐射通量的测量通常是直接的，而且光源立体角的定义没有太大困难。但是利用测量仪表测量光源面积或采样面积可能会非常困难。一种可能的解决方案是同时定义在光学系统中光源的实像或虚像的立体角和面积，如果存在的话。如果立体角和面积在同一平面下测得，其有效性应符合辐亮度守恒原理。然而，利用上述方法须避免立体角和面积不是在同一个平面下测得的错误。

A.5 非均匀光源

对于存在局部辐射差异的光源(即非均匀光源)的辐亮度测量，应该在 IEC 62471 中规定的立体角内进行积分。在考虑到眼球运动和眼睛像差的情况下，这样可以保证测量得到的辐亮度与试验性的视网膜损伤阈值进行正确的比较。

A.6 光源辐亮度和平均辐亮度之间的关系

由辐亮度或时间积分辐亮度中给出的曝辐限值可以推导出，根据辐亮度守恒原理，如果灯的辐射量低于特定的辐亮度水平(对于给定的危险等级)，那么最终的灯具的辐射量也不会超过可以其可达到的辐射限值。因此，为了避免重复测量，光源制造商应该描述他们的设备的安全性能(单灯)，并提供其所属的危险等级。

通常，辐亮度 $L(W \cdot m^{-2} \cdot sr^{-1})$定义为(如图 A.2)在给定距离 r 处通过孔径光阑的辐射功率 $P(W)$。光圈直径 d 定义了立体角 $\Omega(sr)$，以及探测器前端圆形视场光阑所确定的接收角 γ 所对应的测量面积 A_{FOV}[此处是根据视场"field of view"来定义，$FOV(m^2)$]。通常情况下，光源会超出视场，如图 A.2 所示(即 $\alpha > \gamma$)。光源辐亮度计算的是通过测量孔径、视场 FOV 和立体角 Ω 的光功率值(P)：

$$L(W \cdot m^{-2} \cdot sr^{-1}) = P[W]/(\Omega(sr) \times A_{FOV}(m^2))$$

时间积分的辐亮度采用同一方法测量。但是，测量光功率 P 用测量辐射能量 Q 代替。

注 1：辐亮度 L 具有不同的定义：

$$L_e = \frac{d\phi_e}{dA \cdot \cos\theta \cdot d\Omega}$$

因此，必须指出上述的视场和立体角已经是经过积分的数值，而且上述公式求得的功率也是积分后的数值(参照 IEV 845-01-34)。

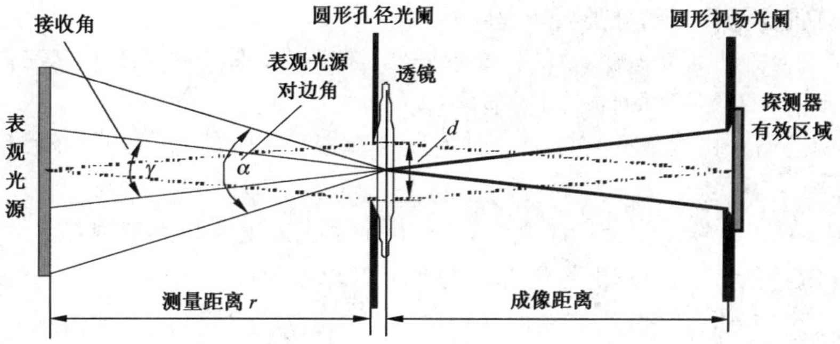

图 A.2 常用的辐亮度和时间积分辐亮度的测量条件

IEC 62471 要求测量空间平均辐亮度时需考虑眼球的移动和成像性能。采用此种方式测得的辐亮度会不同于传统测量方式得到的结果，但该结果更能反映光源对于眼球的危害。空间平均辐亮度的测量需要指定接收角 γ，且该角度很大程度上取决于曝辐时间。因此，测量装置的相应视场可能小于光源[溢出，如图 A.3a)所示]，或者大于光源[不足，如图 A.3b)所示]，这取决于每个光源的尺寸以及危险类别确定的曝辐时间。辐亮度限值仅取决于视场限定的区域，而与光源的实际尺寸无关，这与光源必须超出测量面积的传统测量辐亮度的方法之间存在很大的差异。

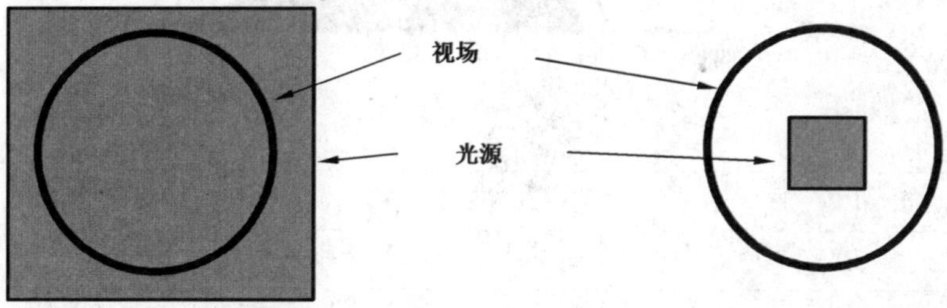

a）光源尺寸大于视场　　　　b）光源尺寸小于视场

图 A.3 光源尺寸

辐亮度守恒原则适用于单个光源的对边角 α 大于接收角[实际光源辐亮度值，如图 A.3a)所示]时的情况。若光源小于视场，只要视场和光源区域之间的关系保持不变，则基于辐亮度守恒原则的安全声明仍然是有效的。当对单个灯进行集成或将 LED 整合成灯具(阵列)以及使用放大光学元件时，上述的关系可能发生改变(附录 D)。

注 2：对于对边角大于视场的光源，辐亮度守恒原理成立的条件是光源是规则的，即光源辐亮度在光源区域内是恒定的。对于非规则光源，则需测量最坏情况下的视场。

特别是当该设备属于无危险类，对于最严苛蓝光危害，最大接收角为 100 mrad。最坏情况下的评估距离为 200 mm，对应的 100 mrad 的平均视场直径为 20 mm。LED 芯片、单颗 LED 或普通灯丝的尺寸通常很小。当使用空间平均辐亮度将其归为无危险类时，这意味着这些小模组的实际辐亮度从理论上可能会因为$(\gamma/\alpha)^2$ 因子而变大。因此，当这些小模组组合成为一个灯系统时，它有可能会超过无危险类曝辐限值，例如：高密度 LED 阵列。

另一种情况是附带有光束整形光学元件的模组。在这种情况下，一个小的表观光源经过放大或扩束(如附录 D 所示)后通常会超过视场区域。然而，此时得到的光源辐亮度的近似值与真值相比，不会发生改变。

一般情况下，属于无危险类的光源，当曝辐时间为 10 000 s 时它是安全的话，则更短的曝辐时间或观察时间也是安全的，即该光源相对于 1 类危险和 2 类危险的评判准则是安全的。因此，至少对于模组来说，机械地遵循灯具安全标准的分类要求是不恰当的。

注 3：视场取决于危险类别，这可能意味着一个模组符合无危险类的要求，但却不符合 1 类危险和 2 类危险的要求。这种情况下，划分至无危险类可能是正确的。

灯和 LED 的制造商在比较限值与分类的时候，应该确定“实际的”辐亮度，在此应该使用 1.7 mrad 的最小接收角。

对于会超出视场[图 A.3a)]的大尺寸光源，所产生的辐亮度值应独立于视场。

对于小尺寸光源[图 A.3b)]，模组的最坏情况是可以转移的，这对于最终灯系统的分类等级会有帮助。然而，这对于最终产品、灯系统或灯具的评价来说可能会过于严格。这种情况下，制造商需要在不同的视场下对其进行评估。

图 A.4 给出了一个采用成像辐亮度计测量的蓝光加权函数 $B(\lambda)$ 的单芯片白光 LED 示例。

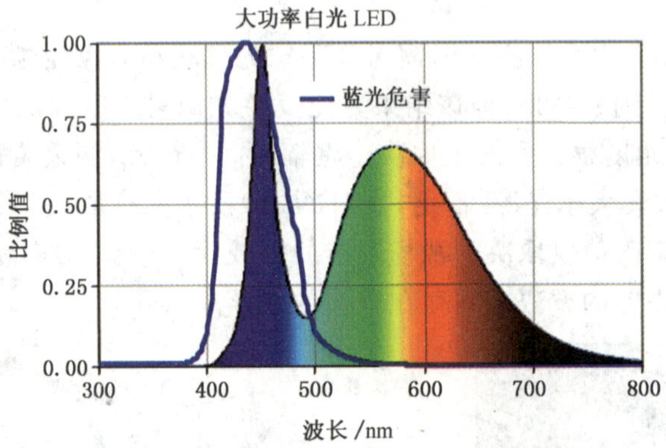

γ_{FOV}/mrad	测量值/(W·m^{-2}·sr^{-1})	限值/(W·m^{-2}·sr^{-1})
100(无危险类)	250	100
11(1 类危险)	7.5×10^3	1×10^4
1.7(2 类危险)	1.1×10^4	4×10^6

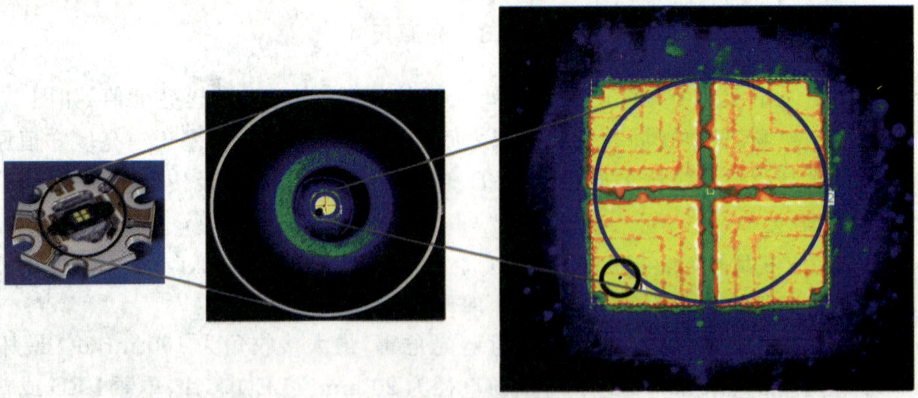

γ_{FOV}：　100 mrad　　11 mrad　　1.7 mrad 11 mrad

在 200 mm 的距离处用 3 个合适的视场进行的测量(即，将来的应用是未知的)

来源：Source：W. Halbritter e.a. Proc. CIE Expert Symposium 2008 on Advances in Photometry and Colorimetry。

图 A.4　单芯片白光 LED 模组蓝光加权函数 $B(\lambda)$分布

根据危险等级分类，三种接收角被应用于一个或相同的装置中。图 A.4 的表格显示了不同 γ_{FOV} 条件下的辐亮度测量值，以及所对应的限值。

如上所述，如果一个装置作为模组在接收角为 1.7 mrad 的情况下被评估，当其组合成一个复杂的系统时，它可能超过 1 类危险限值($1\times10^4\ W\cdot m^{-2}\cdot sr^{-1}$)而属于 2 类危险。这种最严苛条件下的分类是非常保守的，灯系统制造商在任何情况下也不能增加这种等级。

然而，如果一个装置作为最终的产品且危险等级得到了限制(因为最终的产品可能已经附带了安全措施)，则应该按照 IEC 62471 进行全面的分析。当采用合适的视场进行辐亮度测量时蓝光加权函数 $B(\lambda)$仅会超过无危险类的限值，在这种情况下，最终的产品可能归为 1 类危险。

附 录 B
（资料性附录）
危害距离的确定

B.1 概述

通常，为了不受限于使用条件，对于光源的危险分类等级通常是假设曝辐时间、瞳孔大小和观察距离等处于最坏的情况。因此，灯的安全标准所需的测量距离通常是 200 mm，相当于人的一个合理的最小观察距离。然而，灯具的空间辐射往往是发散的，所以灯在最坏情况下的分类可能无法正确反映有意或无意的观察者在一个合理的距离所受到的真正危害。因此，灯系统的最低安全距离就显得非常重要。在这种背景下，危害距离被定义为测得的光源辐射值等于相应的曝辐限值的位置与光源的之间距离。由于辐射限值是提供给不同的危险类别的，因此为了确定对有意或无意观察者的危害，可以为每个危险类别确定相应的危害距离。第 6 章中对产品通用规范发展的粗略指南基本上就是基于这个概念。因此，其取决于应用(如直视光源)，特定情况(见表 3)下的观察者相关的危险(在各自的危害距离)是可接受的。相应的安全距离可用于部署适当的安全措施，例如，预防近距离地接近光源。

IEC 62471 的限值在两个不同的条款中提及，需要分别进行考虑。对于辐照度的限值(视网膜危害区域以外)，可以把测量值与光源距离的平方反比假设为第一近似值。这通常不适用于按照时间积分辐亮度给出的视网膜限值，因为由此得到的辐亮度值不应随测量距离的变化而改变。

B.2 辐照度限值

B.2.1 一般关系

在视网膜危害波长区域(400 nm～1 400 nm)以外，灯安全标准的曝辐限值以辐照度($W \cdot m^{-2}$)的形式给出。对于这些辐照度限值，可以利用辐射测量的平方反比定律确定观看的安全距离。然而，这只能应用于光源尺寸小于测试距离，在远场的发散光源。一般来说，测试距离是光源尺寸的 5 倍以上。给定光源的辐亮度与不同距离处对应的辐照度之间的普遍关系以及不同光源尺寸见图 B.1。

从图 B.1 中的箭头可知，当测试距离是光源尺寸的 5 倍以上时，利用简单的平方反比定律求出的值(黑线)与 L 和 E(蓝线)的相互关系之间的误差小于 1%。品红线表示在考虑之中的对边角的相应范围(α_{min}和 α_{max}之间)，它表明了根据 IEC 62471 所做的危害评估，一般采用远场条件。因此，进行光度和辐射度测量时，基础的平方反比定律可用于危害距离的确定。

在此情况下，测试距离 r_1 下的辐照度 E_1 以及测试距离 r_2 下的辐照度 E_2 的关系如下：

$$E_1 r_1^2 = E_2 r_2^2$$

这意味着，如果光谱加权辐照度曝辐限值超过了 r_1 距离下所得的 E_1 值，则相应的危害距离可计算为

$$\mathrm{HD} = \sqrt{\frac{E_1 \cdot r_1^2}{\mathrm{ELV}}}$$

因此，如果 $r_1 = 200$ mm：

$$\mathrm{HD} = \sqrt{\frac{E_1 \cdot 0.04}{\mathrm{ELV}}}\ (\mathrm{m})$$

各个危险类别的辐照度曝辐限值都可根据上式进行计算。

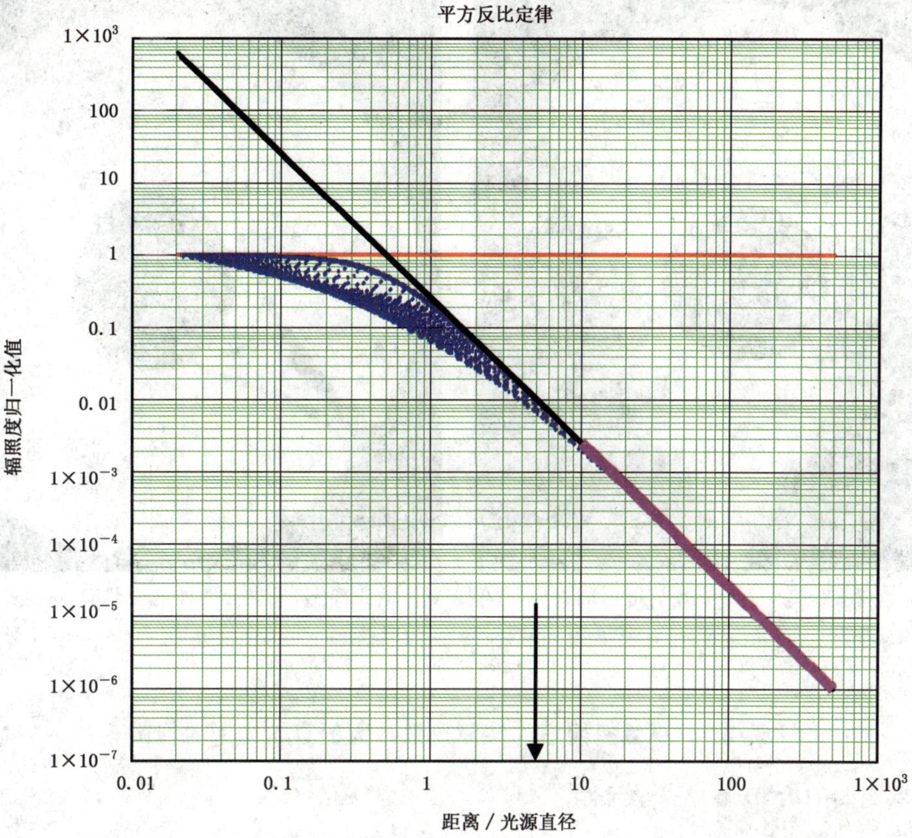

说明：

x 轴：测试距离与光源尺寸比值，即～$1/\alpha$。

蓝线：L 与 E 之间的关系（光源尺寸与距离的范围非常宽），因此有多条蓝线。

红线：辐亮度守恒（E 与 L 成比例）。

黑线：平方反比定律（E 与 L/r^2 成比例）。

品红线：考虑了与之对应的对边角的情况。

图 B.1　不同光源尺寸和测量距离下的辐亮度 L 和辐照度 E 的归一化关系

B.2.2　光束整形元件的影响

B.2.2.1　投影灯

通常，应谨慎考虑带有光束整形元件的光源，参见附录 D。尽管如图 B.1 所示的基本关系仍然成立，但是含有光束整形元件的光源可能会被放大，如图 B.2 所示（然而，辐照度增大了）。这意味着辐亮度 L 和辐照度 E（红线）的线性关系在较大的光源距离处也适用，而平方反比定律适用的远场条件，往往起始于一个更大的光源距离（有时也称之为“闪亮距离”）。

如果已知投影系统中反射镜或透镜的焦距 f、光源的直径 D 和反射镜（或透镜）光圈直径 a，则可计算出该闪亮距离 r_f：

$$r_f \approx a \times f/D$$

事实上，光圈尺寸通常是反射镜直径的 50%～70%。

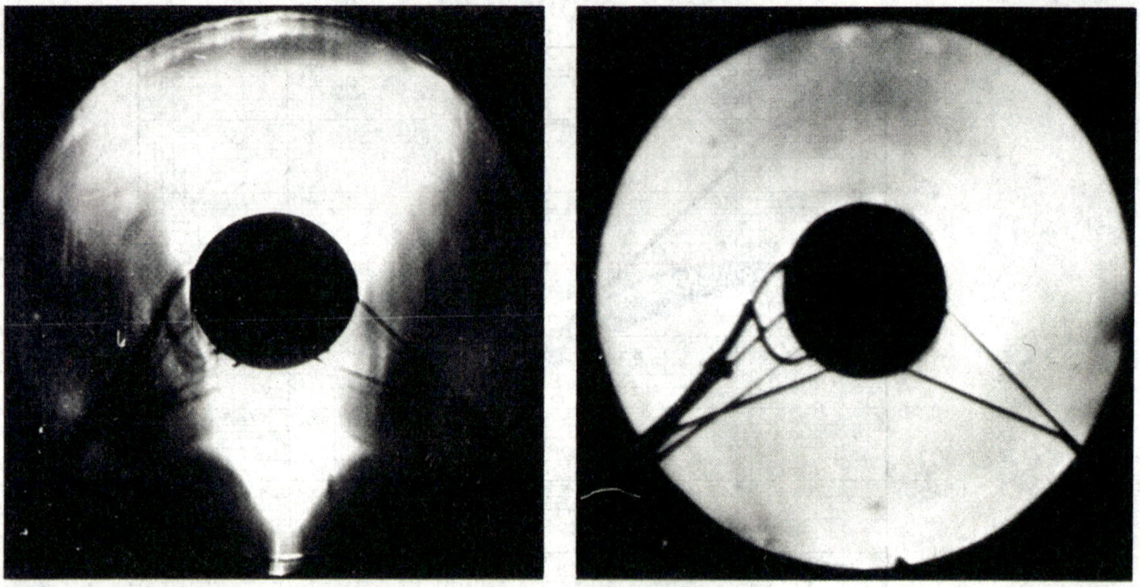

在相对近的观察距离下可以观察到电弧的三角形，但在更远的距离下，反射元件被完全照亮，根据距离平方反比定律，辐照值会相应下降。（来源：Sliney and Wolbarsht，Safety with Lasers and Other Optical Sources，New York，Plenum，1980）

图 B.2 电弧探照灯的实际电弧放大的直接光束内视图

B.2.2.2 塑料封装的 LED 集成光学元件

由于 LED 或多或少存在定向辐射，因此闪光距离可能相当于光源直径的 60 倍，这取决于空间辐射分布的半峰边角(θ)。

对于符合理想朗伯尔余弦分布的 LED 芯片，“经验法则”同样适用：到光源的距离应该是光源尺寸的 5 倍以上。但是，如果封装 LED 的辐射是根据半峰边角(来自数据表)由反射器或透镜定向的，则光源尺寸焦距 f 会增加。这可以计算得到，图 B.3 显示了 LED 光源直径 D 的系数范围与半峰边角之间的关系。

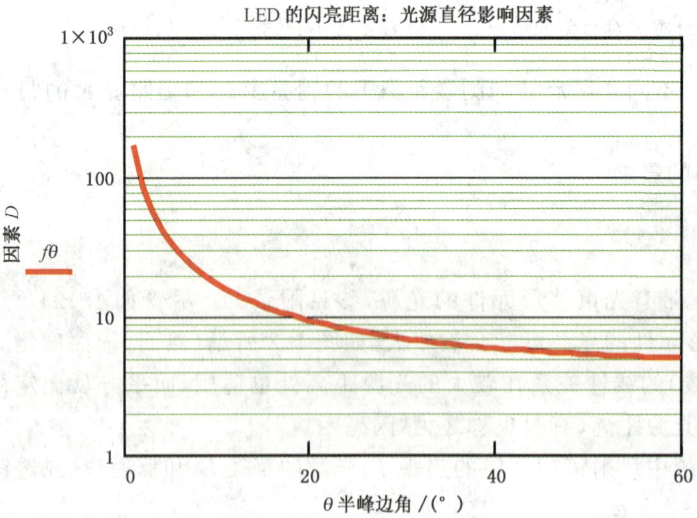

说明：

y 轴——光源直径参量。

图 B.3 依据空间辐射的半峰边角计算得到的 LED 的闪亮距离

如图 B.3 所示，由上述经验公式可知，对于 $\theta=60^{\circ}$ 的理想朗伯尔光源，其所对应的 f 为 5。

例如：当 $\theta=5^{\circ}$ 时，$f\geqslant34$；因此，对于直径 $D=10$ mm 的光源，应用平方反比定律得出的最小 r_f 为 340 mm，这大于标准所规定的 200 mm 的测量距离。

如果闪亮距离大于 200 mm 的测量距离，进行危害距离计算时，可将上式中的 r_1 换为相应"闪亮距离"的 r_f。

B.2.3 举例：为推导出安全措施，将最大允许曝辐时间与最小安全距离作图

根据 IEC 62471，光化学紫外危害的曝辐限值为 30 J·m^{-2}，或者用辐照度表示为 ELV(t)=30/t W·m^{-2}（曝辐时间 t 的单位为秒）。

因此与危险分类有关的辐照度限值（单位为 W·m^{-2}）为：

无危险类（t=30 000 s）： $ELV_{EX}=0.001$ W·m^{-2}

1 类危险（t=10 000 s）： $ELV_{RG1}=0.003$ W·m^{-2}

2 类危险（t=1 000 s）： $ELV_{RG2}=0.03$ W·m^{-2}

对于紫外危害评价，需要紫外危害的光谱加权函数 $S(\lambda)$。这个加权通常在分光测量之后进行。相反的，它也可能通过光谱加权函数对光源光谱的指定限值进行计算。所得的这些值相应的积分值，即不分光测量。

以一个色温为 5 800 K 的普朗克辐射体光源模型为例，经过加权函数 $S(\lambda)$ 进行加权后，特定光源的光化学紫外危害的适用限值由 30 J·m^{-2}（有效值）变为 250 J·m^{-2}（不加权）。因此，对此例来说：

无危险类（t=30 000 s）： $ELV_{EX}=0.008$ W·m^{-2}

1 类危险（t=10 000 s）： $ELV_{RG1}=0.025$ W·m^{-2}

2 类危险（t=1 000 s）： $ELV_{RG2}=0.25$ W·m^{-2}

在这个例子中，在波长范围为 200 nm～400 nm，测试距离为 r_1=200 mm 的情况下，测量辐照度所得的值为 $E_S=10$ W·m^{-2}（3 类危险）。

对于辐照度的最小安全观察距离（危害距离）可按下式进行计算：

$$HD=\sqrt{\frac{E_1\times0.04}{ELV}}$$

由此可得的各个危险等级的危害距离分别为：

无危险类： $HD_{EX}=7$ m

1 类危险： $HD_{RG1}=4$ m

2 类危险： $HD_{RG2}=1.3$ m

相同的计算可广泛运用于时间相关的曝辐限值：

$$HD(t)=\sqrt{\frac{E_1\times0.04}{ELV(t)}}$$

结合该计算公式，可以图示推导危害距离下的最大允许曝辐时间（图 B.4）。

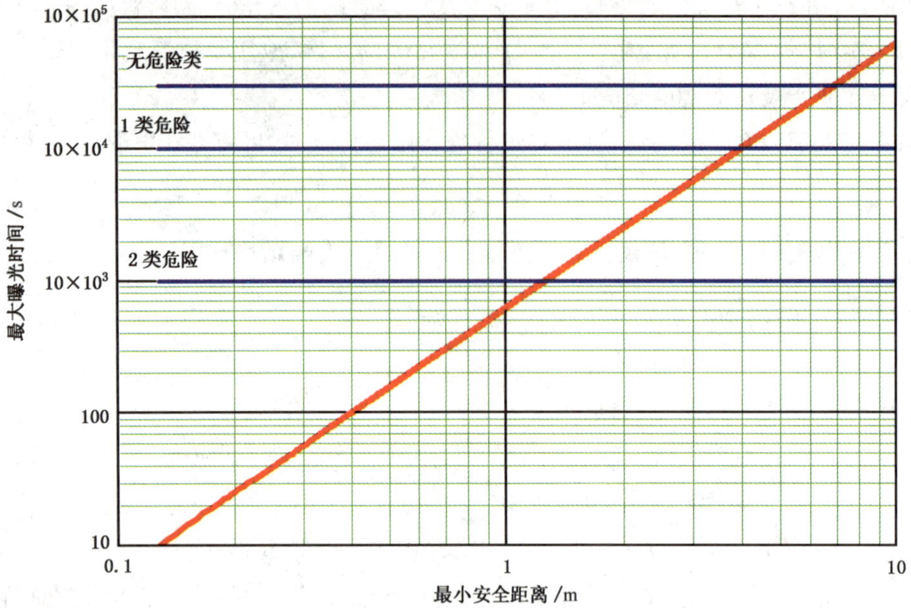

图 B.4 显示了当曝辐时间和危害距离的参数组合在红线以下的安全使用条件。由图 B.4 可知，适当的安全参数集合也许也是根据危险类别来选择的。

图 B.4　辐射体实例的光化学紫外危害安全使用条件

与视场观察者有关的危险类别在确定危害距离时，取决于灯系统的应用场合(可能是直视光源)。如果一个灯系统用于发信号(偶然观察)，则对于有意的观察者来说，其最大危险类别为 1 类危险(参见表格 3)。然而，这样的分级依赖于使用者如何安装和使用该产品。任何情况下，适当的危险类别所规定的条件必须在可控的措施之下(例如合适的安装位置)，从而确保预期观察者不进入 1 类危险所规定的 4 m 的危害距离范围。

有些情况下(如图 B.4 所示)，还有另一种可能性。以光化学紫外危害为例，1 类危险所规定的曝辐时间为 10 000 s。如果有可能减短曝辐时间或直视时间(例如限值了信息显示板的接通时间)，则危害距离可以相应的缩短。通常情况下，长时间地直视一个信号或信息显示板是不现实的，应该将其限制在获取信息的必要时间之内。在这种情况下，用危害距离与曝光时间作图是很有帮助的。例如，最大持续观察时间限定为 100 s，则其相应的危害距离即为 40 cm。然而，其可能性依赖于主要(最严格的)危害和相关的时间。更详细的说明可以在应用相关的产品通用规范中给出。

B.3　时间积分辐亮度限值

B.3.1　一般关系

在 380 nm～780 nm 的波长范围内，曝辐限值是以辐亮度($W \cdot m^{-2} \cdot sr^{-1}$)的形式给出。因此，视网膜的曝辐线性依赖于光源的辐亮度。

如上所述，与辐照度不同，辐亮度的测量值与测量距离无关。

然而，与通常的光学元件分类方法相比，IEC 62471 的一个主要和突出的特征就是利用空间平均辐亮度来代替光源辐亮度的“真实值”(参见本部分的附录 A)。该测量方法不受真实的光源对边角限制，是限定其所应用的光源平面区域的特定接收角 γ 内辐亮度的平均值。因此，尽管测量距离增大到了危害距离的位置，但接收角必须保持不变(不受限于与光源之间的距离)，否则光源的对边角 α 会减小。换言之，尽管光源面积本身保持不变，但相应的光源平面的视场会增加：即光源尺寸和随距离改变的平均视场之间的关系。这里没有肯定的结论，只要光源面积大于所采用的视场的面积即可。

然而，尤其是对于无危险类的蓝光危害，最大接收角为 100 mrad：在 200 mm 距离处视场相当于 20 mm 的光源直径。这个尺寸已经超过了大多数的灯丝或单颗 LED 灯。从一定的距离开始，随着与光源之间距离的增加，对边角开始小于接收角。从距离光源的此特定位置开始，光源和空间平均辐亮度成平方反比关系 r_{IS}。通常这对于确定危害距离来说非常重要，对于普通照明用灯，则假设其为 500 lx 的距离(参见附录 C)。在此规定下，对于一个辐亮度不变的光源来说，依据关系 $(\gamma/\alpha)^2$，空间平均辐亮度测量值会随着测量距离的增加而减小。由于空间平均辐亮度限值与未填满(参见附录 A)的视场区域有关，该视场为扩展和增加面积的平均值。而光源的真实尺寸未发生改变。

从一定的距离开始，随着与光源之间距离的增加，对边角开始小于接收角。在视网膜危害辐亮度限值最严格的情况下，也能确定危害距离。光源尺寸越小，危害距离越短。空间平均辐亮度随测量距离的增加而减小，而且在空间平均辐亮度等于特定危险等级限值的位置，可以确定相应的危害距离。应当指出的是，每个限值都结合了特定的接收角。如果将 γ 随着采用的限值的增加也考虑在内的话，那么空间平均辐亮度随着距离增加而减小的现象会更加显著。

如果需要，可以计算出光源特定的距离 r_{IS}，在这种计算过程中，光源与空间平均辐亮度之间不再是线性关系而是平方反比的关系。因此，与辐照度限值方程类似，辐亮度限值的危害距离可由下式进行计算：

$$\mathrm{HD}=\sqrt{\frac{L_{S}\cdot r_{IS}^{2}}{\mathrm{ELV}}}$$

式中：

L_S ——光源辐亮度；

ELV——给定危险类别和危害的空间平均辐亮度所采用的曝辐限值。

上述关系式在危害距离计算值大于 r_{IS} 时是有效的。每个危害组别都可以计算出各自的危害距离。由于 γ 取决于危险类别，则其所对应的值应该适用于 r_{IS} 的确定。

B.3.2 实例

蓝光危害辐亮度的例子和白光 LED 的限值如附录 C 所述。确定危害距离时，需要考虑光源可能含有扩展发射频谱、其他危害，以及随着距离的增加可能会重叠或相交的情况。这是具有挑战性的，图 B.5 的理论分析指出了这一点。该图表示了直径为 7 mm 的卤素灯所有适用的无危险类限值。为了能在一张图上对多个限值进行比较，辐照度限值(参见 B.2)都被转换为相应的辐亮度限值，这取决于光源尺寸与距离(参见图 B.1)。由于对边角会随着距离的增加而减小，视网膜热危害的辐亮度限值变为依赖于距离，直到对边角等于 α_{min}，如图 B.5 所示：褐色和黑色的实线缠绕在一起。为完整起见，依据危险类别的要求，假设光源的亮度为 $3\times10^7\ \mathrm{cd\cdot m^{-2}}$，则可能需要测量的结合距离的不同空间平均辐亮度理论模型也同时给出。

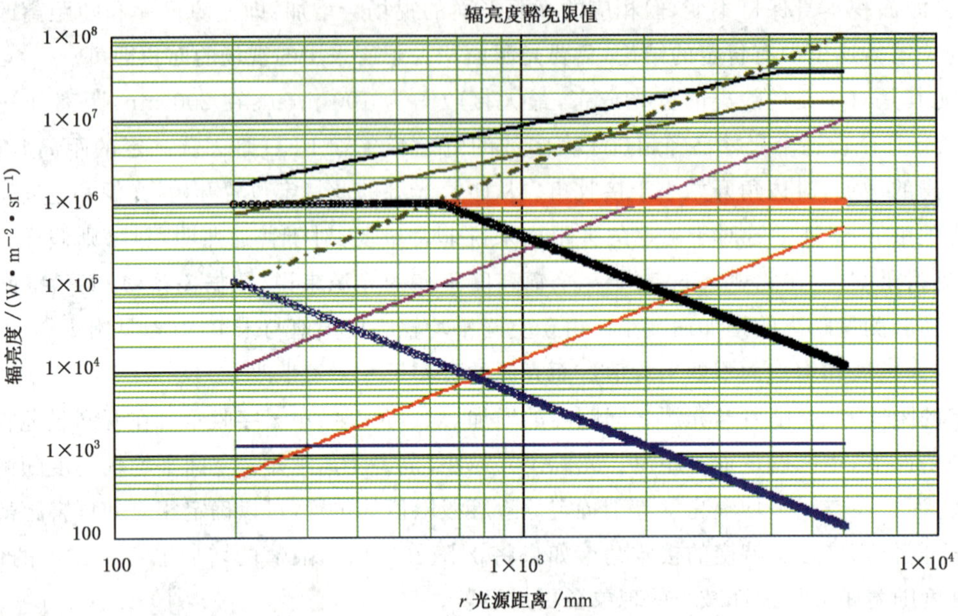

说明：

蓝色：蓝光危害；

红色：光化学紫外危害；

品红：眼睛紫外危害；

褐色：视网膜热危害(微弱视觉刺激)；

黑色：视网膜热危害；

褐色 点画线：角膜/晶状体的危害。

依据光源的实际辐亮度 1×10^{6} W·m^{-2}·sr^{-1}，随着距离增加的生理学辐亮度值也同时给出：

——蓝圈：蓝光危害(在 $\gamma=100$ mrad 下测量)；

——黑圈：视网膜热危害(在 $\gamma=11$ mrad 下测量)；

——红圈：相应辐亮度(不变)—为了与最初以辐照度给出的限值做比较。

图 B.5 直径为 7 mm 卤素灯的距离依赖性无危险类别限值的空间平均辐亮度

如果考虑其他危险类别的限值和空间平均辐亮度的不同距离(由于接收角不同或不适用)，则该图形会更加复杂。

一个卤素灯的合理的亮度为 3×10^{7} cd·m^{-2}。在考虑了合适的光度—辐射度转换因素的情况下，该值可用于相应的空间平均辐亮度的计算，如图 B.5 所示。可以计算出下面的危害距离，如表 B.1 所示，单位为 m：

表 B.1 空间平均辐亮度

单位为米

	光化学紫外危害	眼睛近紫外危害	蓝光危害	视网膜热危害	视网膜热危害(微弱视觉刺激)	角膜晶状体
2 类危险	0.69	0.27	0.20	0.20	0.20	0.20
1 类危险	2.2	0.47	0.78	0.20	0.20	0.20
无危险类(见图 B.5)	3.8	0.85	0.86	0.20	0.20	0.27

在这个实例中，光化学紫外危害提供了最严苛的准则，因为每个危险类别的距离都超过了200 mm。然而，需要指出的是，提出了最严苛的分类标准的危害并不一定也会对应着最大的危害距离。

这可能会导致该卤素灯在最严苛条件下的光化学紫外危险等级属于3类危险。如果过滤了紫外危害，则剩余的最大限制准则将为蓝光危害。基于危害距离的基础之上，此种情况属于2类危险。正如第6.2所讨论的，卤素灯主要用于无意的短暂照射(汽车灯、射灯、闪光灯、投影灯)。如表3所示，在基于厌恶情绪反应的情况下，相关观察者所能接受的最大危险为2类危险。因此，如果过滤了紫外辐射的话，这个样品灯可用于这种情况之下，而不带有其他额外的安全要求，然而，6.2也同时指出，如果样品灯用于有意的短期接触(实验室设备、家居、信号灯)则相关观察者所能接受的最大危险为1类危险。因此，应该确定适当的控制措施使最小的观察距离为0.78 m。如果可达到的观察距离大于0.86 m，则没有进一步限制的必要。

如果这个卤素灯仅仅用于普通照明且进行评价的距离对应于照度为500 lx的位置，则基于“蓝光”的危害类别甚至可以为RG0(无危害类)，参见附录C。

附 录 C
(资料性附录)
用于普通照明的光源

虽然 IEC 62471 是一个系列标准,但是它提供了与应用相关的要求。特别是对于专门用于普通照明的光源来说,不能像应用于其他光源那样在最严苛条件下的 200 mm 测量距离进行评估。在这些情况下,“……危害值应该以照度为 500 lx 的测量距离下的辐照度或辐亮度给出(500 lx 为办公室或车间典型的最低工作照度)。对于所有其他光源或灯系统,包括脉冲灯光源,危害值应在 200 mm 的测量距离下给出……”。

然而,在许多情况下,一只灯的制造商可能不知道一个特定的灯是否用于普通照明,而单灯或 LED 的分类应在 200 mm 的测量距离下进行。需要在 500 lx 处测量的主要是最终的灯具。况且,将此项要求应用于单灯通常是没有意义的,因为单灯通常要与其他灯(例如构成阵列)或光束整形元件结合在一起,等等。因此,最终普通照明用灯照度测量的需要考虑到了整个灯具。与危险类别测量不同,对普通照明用光源照度测量的接收角不应进行限制。

与 200 mm 的评估距离相比,将距离扩展到 500 lx 处最重要的含义在于光源的辐照度,即也就是说,好像在以辐照度限值作为分类依据的情况下展现出优势。依据 ANSI/IESNA RP-27 灯或灯系统的光生物安全推荐条款,引入这一标准的背景是利用辐照度来描述紫外限值。根据平方反比定律,辐照度通常会随着距离的增加而减小,但是辐亮度实质上会保持不变。因此,如果集成的灯依据最严苛的辐亮度限值进行分级,则增加评估距离的优势无从体现。

IEC 62471 认为应用空间平均辐亮度来代替物理辐亮度(参见附录 A)。独立于光源的对边角进行曝辐限值的比较,曝辐水平在一个特定限制的接收角 γ 内的平均值,而这个限值适用于相应确定的视场。因此,尽管评估距离增加至 500 lx 的位置,但接收角必须保持不变(独立于与光源的距离),否则光源的对边角 α 会减小。从某一位置开始,随着与光源之间距离的增加,对边角开始小于接收角。从光源的这个特定的距离 r_{IS} 开始,光源与空间平均辐亮度满足平方反比关系。这个问题对于危害距离的确定(见附录 B)非常重要,而对于普通照明用灯,可能也适用于 500 lx 距离处的情况。

500 lx 准则也放宽了最严苛情况下的视网膜危害辐亮度限值:光源越小,限值放的越宽。另一个实例如图 C.1 所示:一个白光 LED 有两个不同的光源尺寸,一个是单颗,另一个是阵列。因为不存在紫外危害的情况下,蓝光危害占据了主导地位。经过光谱函数 $B(\lambda)$ 加权后的 200 mm 距离下的光源辐亮度总和为 $3.4\times10^{4}\ \mathrm{W\cdot m^{-2}\cdot sr^{-1}}$。

图 C.1 显示了距离光源更远的位置上的空间平均辐亮度。为了突出辐亮度测量值对光源尺寸的依赖性,本实例中考虑了两种不同的光源尺寸:2 mm(单颗 LED:红线)和 50 mm(LED 阵列:蓝线)。IEC 62471 的曝辐限值以黑线表示:无危险类由实线表示,1 类危险由虚线表示。

需要指出的是,为了确定特定危险类别的危害距离,本图使用了适用于危险类别的两个特定的接收角(参见附录 B)。在不同情况下,危险类别相关的危害距离就是虚线或实线相互交叉处的距离。由于无危险类适用的蓝光危害限值为 $100\ \mathrm{W\cdot m^{-2}\cdot sr^{-1}}$,对于 1 类危险来说为 $1\times10^{4}\ \mathrm{W\cdot m^{-2}\cdot sr^{-1}}$,如果按照标准的 200 mm 的测量距离进行评估,则白光 LED 光源属于 2 类危险。危害距离的计算得出表 C.1 所示的距离,在图 C.1 中也有表述。

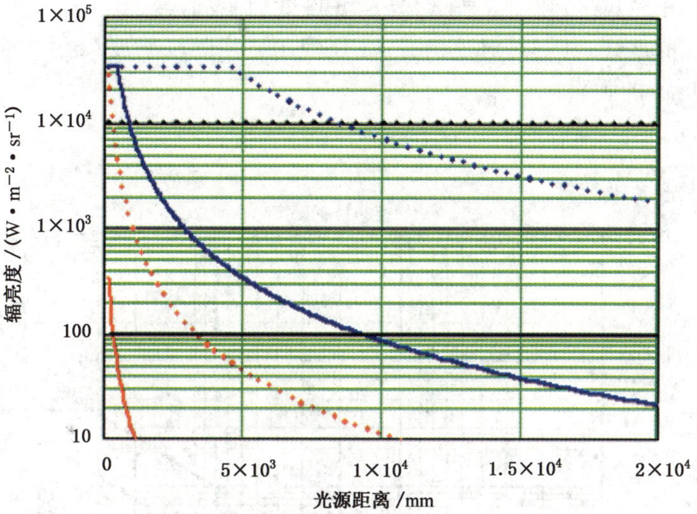

说明：

对于给定的“实际”辐亮度值(属于 2 类危险)：随着离开光源的距离增加，空间平均辐亮度的测量预期平均值(超过 11 mrad 的接收角：虚线；超过 100 mrad 的接收角：实线)的发展趋势：2 mm(红线)，50 mm(蓝线)。

图 C.1 空间平均辐亮度测量

表 C.1 危险等级相关的平方反比定律和危害距离

光源直径	2 mm		500 mm	
	r_{IS}	HD	r_{IS}	HD
1 类危险	0.02	0.34	4.5	8.4
无危险类	0.18	0.37	0.5	9.2
本表显示了图 C.1 中两个白光 LED(辐亮度相同，但光源尺寸不同)的与危险等级相关的平方反比定律和危害距离(单位为 m)。				

由于光源面积和视场限定的面积之间的关系，扩展后的 LED(阵列)的危害距离变大。在这种情况下，危险类别不能由 1 类危险转变为无危险类，直到与光源之间的距离大于 8 m。然而，由于增大了视场，无危险类的下一个危害距离会缩短(图 C.1 也表示了)。为了核对普通照明用灯的要求，该光源 500 lx 的距离同样需要计算。对于单个光源的照度 E、距离光源的特定距离 r 和亮度 L(对于圆形光源)之间的一般关系为：

$$E=\pi\cdot L\frac{D^2}{(D^2 + 4r^2)}$$

式中：

D ——光源直径；

r ——与光源之间的距离；

L ——光源的总亮度；

E ——光源平面的辐照度。

经过调整之后，对于 E 等于 500 lx 的距离可由光源直径 D 和亮度 L 计算得到，如图 C.2 所示。

对于单个尺寸为 D 的光源，500 lx 的距离仅与光源的亮度有关。

上述的一般关系不受光源类型的限制。同样，IEC 62471 提供的辐亮度限值也不受光源类型的限制，但是以辐射度的单位形式给出。如果辐亮度限值被用于计算 500 lx 的距离，则特定光源的辐射度/光度转换因子也必需使用。普通照明用灯准则对于一些光源类型产生不同的影响主要是由于辐射度/

光度转换因子(单位为 $lm \cdot W^{-1}$)和加权数 $B(\lambda)$的光谱效力不同。

结合图 C.2 和各自的准则，并通过对该白光 LED 使用适当的辐射度/光度转换因子，在有两种光源的情况下可以确定 500 lx 的距离：

2 mm 光源：0.42 m；

50 mm 光源：10.05 m。

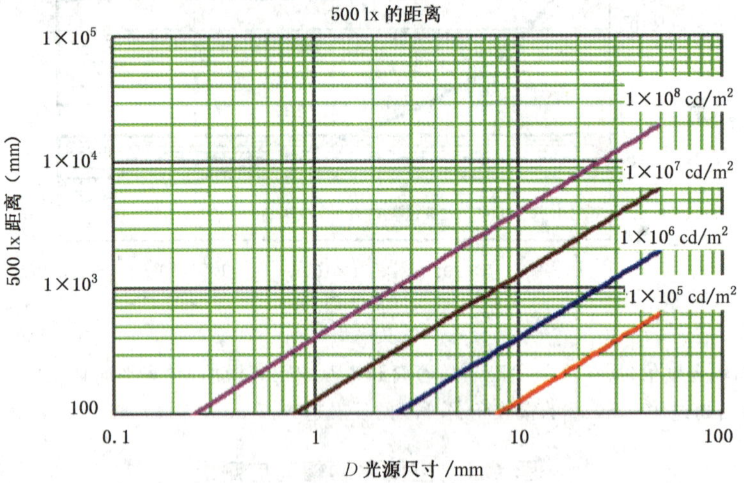

图 C.2　多个光源尺寸的 500 lx 照度与光源亮度(cd/m^2)和一些典型亮度的距离之间的关系情况

对比每个光源的这两个值与表 C.1 所示的值，可知在两种情况下 500 lx 的距离均大于按照平方反比定律计算出的值，更重要的是，危害距离被划分至较低一级的危害类别中。因此，使用了普通照明用灯要求之后，最初的危险类别由 1 类危险转为无危险类。

在各种情况下，如果辐照度仅来源于单个的光源，则计算出的 500 lx 的距离是有效的；通常情况下，由于这种测量不限定视场，因此辐照度也包含从其他光源组件或光源引入的部分。这些距离表示了最近的 500 lx 距离的最严苛情况。这些距离越大，空间平均辐亮度测量值与"真实的"辐亮度就越接近：见图 C.1。

应当指出，上述讨论的仅限于光化学危害，在需要考虑视网膜热危害的情况下，需要特别小心。特别是对于无危险类，依据 IEC 62471 测量空间平均辐亮度所采用的接收角，不同于进行光化学危害测量时所使用的接收角。

有可能需要额外测量在 500 lx 距离下热危害的相应光源辐亮度，而对于蓝光危害上述$(\gamma/\alpha)^2$ 放宽处理可以适用。此外，虽然在这些条件下测得的视网膜热危害辐亮度保持不变，但是在这种情况下，使用的曝辐限值会增加，因为它与对边角成反比。与蓝光准则相比，此举会补偿部分缺陷，在普通照明用灯的 500 lx 准则和确定安全视距的情况下，这可能会导致最严苛条件下危害距离发生交叉。此外，如果考虑辐照度曝辐限值(同紫外危害)，则该情况将会更加复杂。这些问题结合一般依赖于参数的距离在附录 B 中进行了讨论。表 C.2 再次列出了附录 B 所述的直径为 7 mm、亮度合理测量值为 $3\times10^7\ cd \cdot m^{-2}$ 的卤素灯危害距离的计算值。

表 C.2　直径为 7 mm、亮度为 $3\times10^7\ cd \cdot m^{-2}$ 的卤素灯的与危险类别相关的危害距离

	光化学紫外危害	眼睛近紫外危害	蓝光危害	视网膜热危害	视网膜热危害(微弱视觉刺激)	角膜晶状体
2 类危险	0.69	0.27	0.20	0.20	0.20	0.20
1 类危险	2.2	0.47	0.78	0.20	0.20	0.20
无危险类	3.8	0.85	0.86	0.20	0.20	0.27

由于光谱分布广泛，因此当与 LED 实例相比时，必须考虑更多的光辐射危害(表 C.1)。在最严苛条件下，该卤素灯的光化学紫外危害被归为 3 类危险。如果滤除了紫外危害，则最受限制的准则将会是蓝光危害。根据表 C.2 所示的危害距离，在这种情况下，该灯属于 2 类危险。然而，上述分类是基于 200 mm 的标准评估距离。该光源只能作为普通照明用灯，危害类别评估应该在更大的距离下进行，在此距离下照度等于 500 lx。

如果照度仅来自于单个光源，则该卤素灯所对应的最近的 500 lx 距离在最严苛的情况下为 1.5 m(参见图 C.2)。对于表 C.2 所示的光化学紫外危害来说，这个距离可能会小于 1 类危险和无危险类所规定的危害距离。因此，危险类别可能会从 3 类危险转变为 2 类危险。在这个方面，普通照明用灯评估要求没有任何优势。如果紫外辐射被滤掉，剩余的蓝光危害情况会改善。

500 lx 距离大于所有的危害距离，则会使其被归为无危险类。

这是一种基于计算的最严苛情况的分析。在实践中，测得的 500 lx 也包含了来自其他光源组件或测量环境的部分，而 500 lx 可能会在更远的距离测得。

总之，对于基于辐亮度的占主导地位的危害，普通照明用灯准则提供了非常宽松的要求，但是在其他情况下并非如此。这可能依赖于特定光源的辐射度/光度转换和加权函数 $B(\lambda)$ 的效力。500 lx 准则像有时声称的那样，不能确保满足任何情形下的无危险类要求。然而，需要指出的是普通照明用灯中的白光 LED 应该始终将其作为无危险类的产品来考虑。

附　录　D
(资料性附录)
一体化的或带附加的光束整形或投射光学元件的灯和灯系统

D.1　背景

国际非电离辐射防护委员会对非相干宽带光源的指南及衍生的灯安全标准中的默认适用条件是裸光源。但是,很多灯都应用在如视听应用的投射系统中、以及应用在探照灯、外科手术照明及剧院照明等场合。在一些应用场合中,紫外和红外辐射通常都会特意地用投射光学元件过滤掉(如图 D.1 所示),但是在构成灯系统产品时应由灯系统制造商对其重新进行评估。另外,很多 LED 都内置有投射(光束整形)元件,与发散的朗伯尔表面发光的 LED 芯片相比,辐射或发光强度会有所增加。

说明:

辐亮度不变,但视网膜图像尺寸会由于大多数投影光学元件的存在而增加。

图 D.1　投射光学元件对紫外及红外的过滤

在这些情况下常见的问题是,这种光学元件可能会扭曲光源的尺寸和位置,从而对直接观察者而言形成一个虚拟的光源。这种表观光源的尺寸和位置应该根据可能的视网膜危害来评估。至少在热危害占主导的情况下,为了确定的合适的限值,需要知道表观光源对边角 α。而且在此情况下,视网膜危害合适的测量距离(200 mm 或 500 lx 距离)也可以是表观光源的位置。

注:这不适用于评估角膜/晶状体的红外危害。对于图 D.2 所示的凹面镜的实例,表观光源的距离为 200 mm,但是灯丝直接与角膜接触。

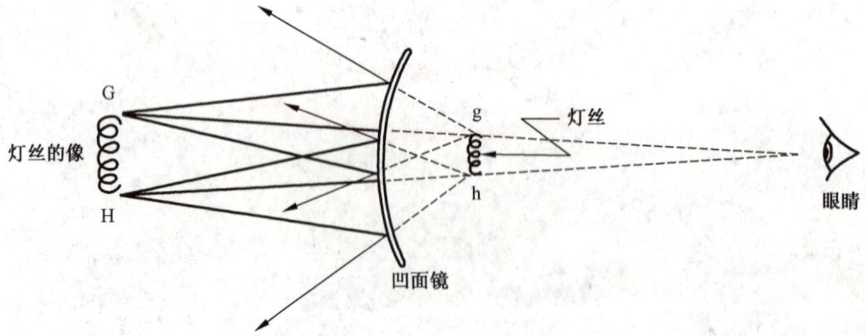

说明:

辐亮度保持不变但视网膜成像的尺寸有所增加(来源:Sliney and Wolbarsht,*Safety with Lasers and Other Optical Sources*,New York,Plenum,1980)。

图 D.2　白炽投影灯中放大了表观光源尺寸的灯丝

投影光学元件的实例如图 D.3 所示。

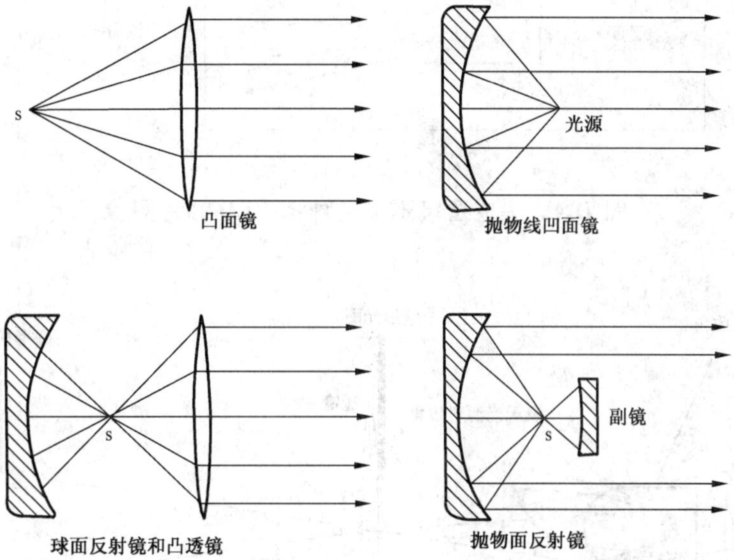

说明：
不同投影光学系统增加了眼睛的表观光源尺寸，但是在每种情况下，辐亮度限制在灯源的发光组件内。

图 D.3 投影光学元件实例

D.2 LED

内置有投影光学元件的灯具的一个常见例子是塑料封装 LED。对于此类 LED，虚拟发光面积不仅取决于芯片尺寸，还取决于内置有透镜、反射镜和散射镜在内的外壳。塑料封装 LED 的表观光源区域需要根据可能的视网膜危害来进行评估。IEC 62471 规定的测量或者评估距离与表观光源的位置有关，即，不但尺寸 d，还需要知道他们的相对位置 I（见图 D.4）。芯片到透镜的距离和半球半径都会使此种 LED 的集束性发生改变，此时表观光源的尺寸和位置也会相应地改变。随着光束变窄，表观光源的位置也移到更远的距离（见图 D.4）。在视网膜热危害占主导的情况下，表观光源对边角 α 的确定需要依靠图 D.4 所示的 50% 发光点的尺寸 d 和合适的评估距离。这通常需要某种成像和强度分析。任何情况下都需确定相对位置 I。一个测量实例如图 D.5 所示。

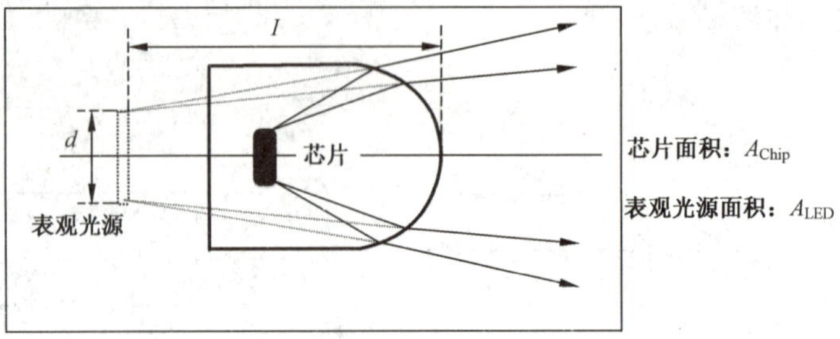

图 D.4 集成透镜形成的虚拟 LED 芯片图像

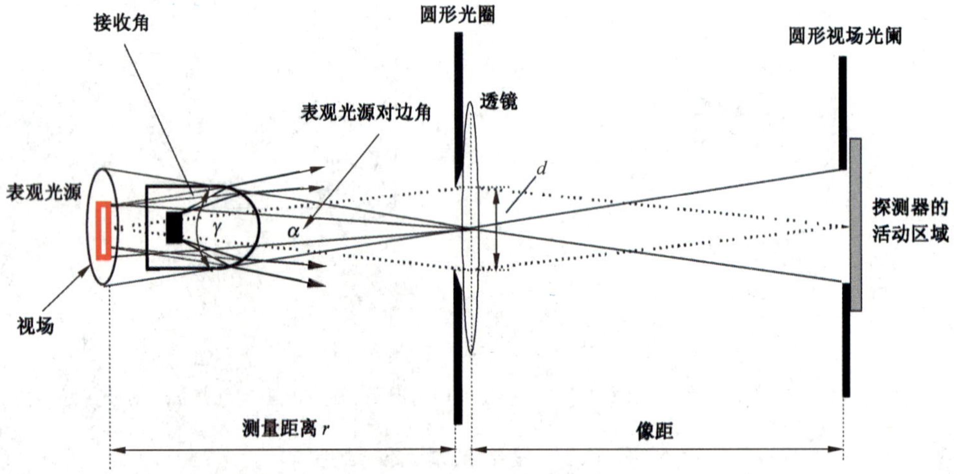

说明：

在此例中，空间平均辐亮度测量采用的视场(取决于危险类别)是未充满的。

图 D.5 表观光源的成像和带有内置或附带的投影光学元件的光源评估测量条件

D.3 结论

D.3.1 危险类别的划分

在大多数情况下，光束整形元件将灯丝或 LED 芯片的朗伯尔出射光束进行会聚以产生更多的定向出射。真实辐亮度作为光源的一项属性不能随着光学元件模块的使用而有所增加(变得更亮)。除了在特定方向上改变发光或辐射强度外，这些光学元件系统还会放大观察者眼睛上的投影光源尺寸(见图 D.4)。以图 D.4 的 LED 为例，实际芯片的面积 A_{Chip}、光源的投影面积 A_{LED}、相关的发光强度初始值 I_{Chip}和改变值 I_{LED}满足辐亮度守恒定律，可以用来作为修正或确定表观光源尺寸的第一近似值，分别为：

$$\frac{A_{LED}}{A_{Chip}}=\frac{I_{LED}}{I_{Chip}}$$

注：很多情况下在一个成像系统中，投影系统的光学元件会限制光源的部分角分布，这些损失会减少辐亮度。

更加集中/平行的辐射意味着光束内的能量密度增加，因此增加了相应的辐照度。依据IEC 62471，与裸光源或灯特性相比，这可能会对附带有光束整形或投影光学元件的灯和集成灯系统危害评估的产生一定影响：

在非视网膜危害占主导的情况下(特别是波长在 380 nm～780 nm 以外的和通常的皮肤危害)，限值以辐照度给出，相比之下由于增加了光学元件，辐照度值有所增加。此外，光学元件可能会使表观光源或投影光源发生凹陷(至无限大)，则测量距离相应的进行调整，即在大多数情况下，测量孔径发生变化，更接近于与“物理”光源。应当承认，它可以达到零位置甚至是负数。

如果利用本部分评估灯(确定光源的辐亮度而不是空间平均值)，在蓝光危害占主导的情况下，由于光源辐亮度保持不变，第一顺序的危险等级分类在增加光学元件的情况下也不会受到影响。其危险类别保持不变，或由于过滤而减小等。

在视网膜热危害占主导的情况下，限值由辐亮度描述。在此情况下，他们依赖于光源对边角，会随着因放大而导致的光源尺寸的增加而减小，而光源辐亮度保持不变。在此情况下，分级可能会由于增加了光学的元件而受到影响。

增加的光学元件可能会改变光源的辐照度，则依赖于辐照度或曝幅限值准则的分级会受到显著的影响，然而，基于辐亮度准则的分级会受到较小的影响，而且辐亮度不会发生改变。然而，在后一种情况下，如果由于辐照度的增加而未使灯系统在最严苛条件下的分类标准发生改变(从辐亮度到辐照度准则)，则应当进行核实。

D.3.2 危害距离的确定

如果光源在附加额外的光学元件前后的情况都被考虑的话，上述的危险等级分类是有效的，即，可将裸灯的数据转移到灯系统。大多数的实际情况下，下一步需要确定危害距离。光束整形元件对于辐亮度相关危害距离的主要影响如图 C.1 所示。两个具有相同辐亮度的 LED，可以认为一个是原始的(2 mm 直径)，另一个是放大的(50 mm 直径)。在光源被放大的情况下，由于光源对边角和接收角之间的关系发生改变，使得危害距离变得更远。

同样，在辐照度限值占主要地位的情况下，由于增加了能量密度，使危害距离变的更远。在使用平方反比定律确定危害距离以前，可能还需要考虑闪亮距离(参见 B.1.2)。

ICS 31.140
L 21

中华人民共和国国家标准

GB/T 30118—2013

声表面波(SAW)器件用单晶晶片规范与测量方法

Single crystal wafers for surface acoustic wave (SAW) device applications—Specifications and measuring methods

(IEC 62276:2005,MOD)

2013-12-17 发布 2014-05-15 实施

中华人民共和国国家质量监督检验检疫总局
中国国家标准化管理委员会 发布

前　言

本标准按照 GB/T 1.1—2009 给出的规则起草。

本标准使用翻译法修改采用 IEC 62276:2005《声表面波(SAW)器件用单晶晶片规范与测量方法》。

本标准在采用国际标准时进行了修改。这些技术性差异用垂直单线标识在它们所涉及的条款的页边空白处。在附录 C 中给出了技术性差异及其原因的一览表以供参考。

本标准还作了下列编辑性修改：

——删除了 IEC 标准前言。

——在引用标准中，用 GB/T 3505《产品几何技术规范(GPS)　表面结构　轮廓法　术语、定义及表面结构参数》代替 ISO 4287；用 GB/T 2828.1《计数抽样检验程序　第 1 部分：按接收质量限(AQL)检索的逐批检验抽样计划》代替 IEC 60410；用 GB/T 3352《人造石英晶体　规范与使用指南》代替 IEC 60758；此外，还增加了 GB/T 6618《硅片厚度和总厚度变化测试方法》。

——在图 1 中原文把第二基准面与基准面画成一样，是不正确的，产品加工中第二基准面应比基准面短，以便区分。

本标准由中华人民共和国工业和信息化部提出。

本标准由全国频率控制和选择用压电器件标准化技术委员会(SAC/TC 182)归口。

本标准起草单位：中国电子科技集团第二十六研究所、中国电子科技集团德清华莹电子有限公司、北京石晶光电科技有限公司。

本标准主要起草人：张小梅、蒋春健、吴兆刚、吴剑波、赵雄章、周洋舟。

声表面波(SAW)器件用单晶晶片规范与测量方法

1 范围

本标准规定了人造石英、铌酸锂(LN)、钽酸锂(LT)、四硼酸锂(LBO)和硅酸镓镧(LGS)等单晶晶片等。

本标准适用于人造石英、铌酸锂(LN)、钽酸锂(LT)、四硼酸锂(LBO)和硅酸镓镧(LGS)等单晶晶片。这些单晶晶片用作声表面波(SAW)滤波器和谐振器等基片材料。

2 规范性引用文件

下列文件对于本文件的应用是必不可少的。凡是注日期的引用文件,仅注日期的版本适用于本文件。凡是不注日期的引用文件,其最新版本(包括所有的修改单)适用于本文件。

GB/T 2828.1 计数抽样检验程序 第1部分:按接收质量限(AQL)检索的逐批检验抽样计划(ISO 2859-1:1999,IDT)

GB/T 3352 人造石英晶体 规范与使用指南(IEC 60758:2008,MOD)

GB/T 3505 产品几何技术规范(GPS) 表面结构 轮廓法 术语、定义及表面结构参数(ISO 4287:1997,IDT)

GB/T 6618 硅片厚度和总厚度变化测试方法

3 术语和定义

下列术语和定义适用于本文件。

3.1 SAW晶片用单晶晶体

3.1.1

人造石英晶体 synthetic quartz crystal;QZ

采用水热法生长的右旋或左旋石英单晶晶体。单晶化学式为 $\alpha\text{-SiO}_2$。

注:有关石英晶体更多的说明见GB/T 3352。

3.1.2

铌酸锂 lithium niobate;LN

采用Czochralski法(提拉法)或其他方法生长的,单晶化学式为 $LiNbO_3$ 的单晶晶体。

3.1.3

钽酸锂 lithium tantalate;LT

采用Czochralski法(提拉法)或其他方法生长的,单晶化学式为 $LiTaO_3$ 的单晶晶体。

3.1.4

四硼酸锂 lithium tetraborate;LBO

采用Czochralski法(提拉法)、V-Bridgman法(下降法)或其他方法生长的,单晶化学式为 $Li_2B_4O_7$ 的单晶晶体。

3.1.5

硅酸镓镧 lanthanum gallium silicate;LGS

采用 Czochralski 法(提拉法)或其他方法生长的,单晶化学式为 $La_3Ga_5SiO_{14}$ 的单晶晶体。

3.2

生产批 manufacturing lot

根据供应方和使用方之间达成的协议确定。

3.3 LN 和 LT 晶体的术语和定义

3.3.1

居里温度 Curie temperature

T_c

晶体铁电相与顺电相之间的相变温度,采用差热分析(DTA)或介电方法测量。

3.3.2

单畴 single domain

电畴极性方向一致的铁电晶体(如 LN 和 LT)。

3.3.3

极化处理 polarization (or poling) process

晶体单畴化的电处理过程。

3.4 晶体的通用术语和定义

3.4.1

晶格常数 lattice constant

单位晶胞沿主晶轴方向的长度,采用 X-射线 Bond 法测量。

3.4.2

一致熔融组分 congruent composition

在单晶生长过程中,处于热力学平衡状态时,与熔体的化学组分相同的单晶化学组分,称为一致熔融组分。

3.4.3

双晶 twin

单晶中的结晶缺陷。

注:双晶晶体沿晶界分隔,晶界两边的晶格呈镜像对称。

3.5

基准面 orientation flat;OF

标明晶体方向的晶片外缘的平直部分。基准面通常与 SAW 传播方向垂直,亦称为"主基准面"(见图 1)

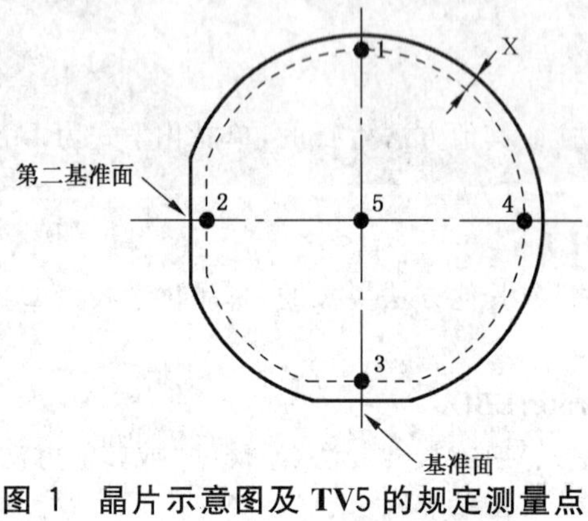

图 1 晶片示意图及 TV5 的规定测量点

3.6

第二基准面　secondary flat;SF

晶片外缘上,明显短于 OF 的另外一条平直面。SF 用于确定晶片的极性方向,并且能够用来辨别不同的晶片切型,亦称为"副基准面"(见图 1)。

3.7　平面度　Flatness

3.7.1

稳定质量区域　fixed quality area;FQA

距晶片标称边缘 X 所确定的晶片表面中心区域。

注:FQA 的边界是指晶片标称直径边缘(包括基准面)相距 X 的所有点。

3.7.2

参考平面　reference plane

平面度测量要求规定的某个既定平面,它可以是下列平面之一:

a)　在晶片夹持测量中,与晶片背面相接触的承载平面;

b)　在 FQA 区域内,晶片正面特定位置上的三个点;

c)　在晶片正面的 FQA 区域内,由全部测量点通过最小二乘法拟合构成的平面;

d)　在晶片正面某一选定区域内,由全部测量点通过最小二乘法拟合构成的平面。

3.7.3

选定区域　site

晶体正面上的正方区域,其一条边平行于 OF。平面度参数既可在整个 FQA 区域内进行测量,也可在每个选定区域进行单独测量。

3.7.4

5 点厚度偏差　thickness variation for five points;TV5

TV5 是晶片厚度差的一种测量值,定义为五个厚度测量点之间的最大厚度差值。厚度测量的选点为晶片圆心点及周边的四点,如图 1 所示。

3.7.5

总厚度偏差　total thickness variation;TTV

TTV 是夹持状态下相对于基准面的晶片厚度差,基准面按 3.7.2 a)的规定。TTV 为最大厚度值(A)和最小厚度值(B)之差,如图 2 所示。

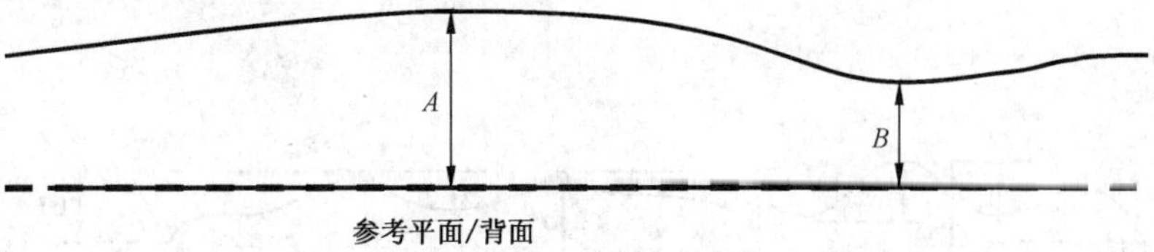

图 2　TTV 的示意图

3.7.6

翘曲度　warp

非夹持状态下的晶片变形程度,指晶片正面与参考平面之间正负方向的最大偏离值之和,如图 3 所示。参考平面的定义采用 3.7.2 b)规定。翘曲度不仅反映了晶片的正面特征,也反映了晶片的整体特征。

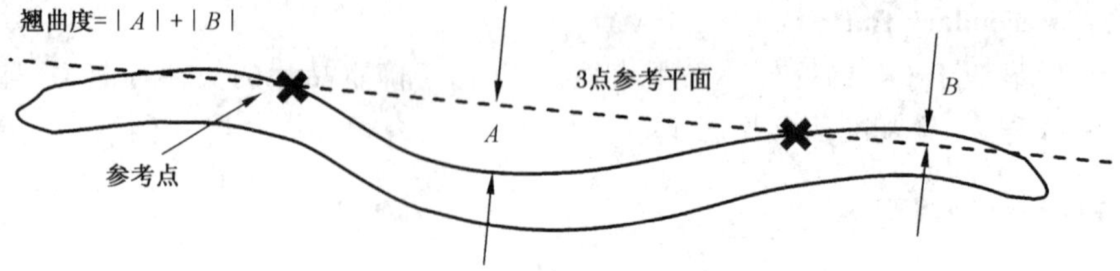

图 3 翘曲度的示意图

3.7.7

峰-谷值 sori

非夹持状态下的晶片变形程度，指晶片正面与参考平面之间正负方向的最大偏离值之和。与翘曲度不同的是，峰-谷值参考平面的定义采用 3.7.2 c）规定。

3.7.8

局部厚度偏差 local thickness variation；LTV

具有特定边长（如 5 mm×5 mm）的选定区域所构成矩阵的厚度变化。其测量参考平面为 3.7.2 a）所规定的夹持平面。选定区域矩阵如图 4 所示。该测量值为每个选定区域的最高点与最低点之间的厚度差值，且为正数，如图 5 所示。所有选定区域的 LTV 值均小于规定值，即该晶片满足 LTV 要求。

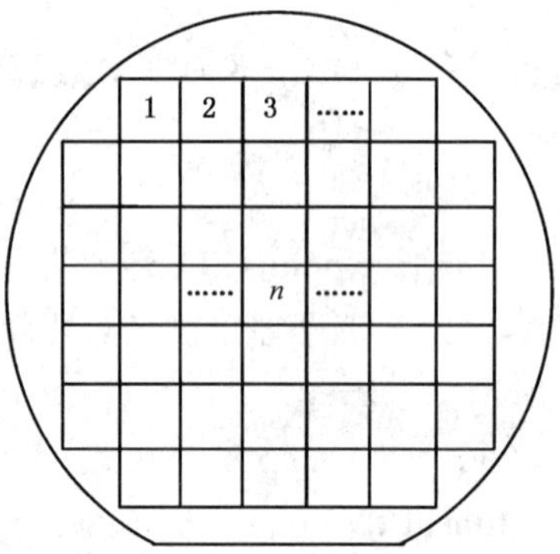

注：在 FQA 范围内，所有选定区域都有其中心点。

图 4 LTV 选定区域分布的图例

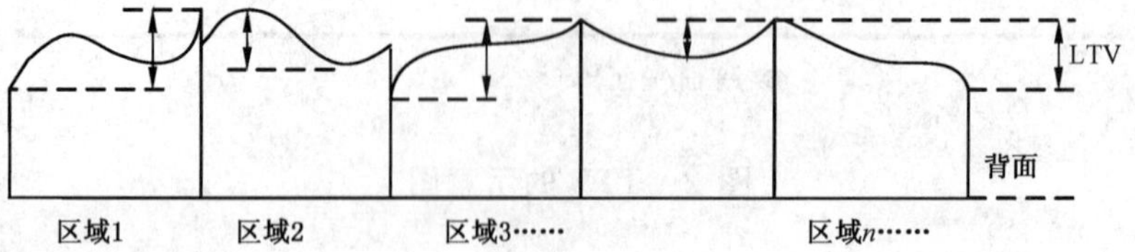

图 5 LTV 是一个正值且要求在每个选定区域内进行单独测量

3.7.9

局部厚度偏差率 percent local thickness variation；PLTV

在夹持状态下，满足 LTV 规定值的选定区域所占有的百分比。

3.7.10

焦平面偏差　focal plane deviation;FPD

聚焦面偏差

表示晶片表面(在 FQA 以内)上的某一点与焦平面之间的最大距离。如果该点高于参考平面,FPD 则为正;如果该点低于参考平面,FPD 则为负。测量采用 3.7.2 b)所确定的三点参考平面。

3.8

背面粗糙度　back surface roughness

Ra

Ra 的定义见 GB/T 3505。

3.9

晶片表面方向　surface orientation

垂直于晶片表面的晶轴方向。

3.10

晶片取向与 SAW 传播方向的关系　description of orientation and SAW propagation

晶片取向与 SAW 传播方向的表示用"-"符号分开。两者方向差角为 0°时,角度通常被省略。典型表示方法见表 1。

表 1　晶片取向的表示

材料	LN	LT	石英晶体	LBO	LGS
表达方式	127.86°Y-X Y-Z 64°Y-X	X-112.2°Y 36°Y-X	ST-X	45°X-Z	yxlt/48.5°/26.6°

3.11

ST-切型　ST-cut

原定义为 Y 旋转 42.75°切、X 方向传播,但为获得零温度系数,实际切角可以在 20°～42.75°范围内变化。

3.12

晶片表面方向(定向)允差　tolerance of surface orientation

给定的表面方向与通过 X-射线衍射获得的实测方向之间的允许差值。

3.13

倒角　bevel

晶片外缘圆角的形状,亦称"边缘形貌"。其加工过程称为"倒角"或"边缘磨圆"。倒角形貌及其容差应当由供应方或使用方规定。

3.14

晶片直径　diameter of wafer

不包含 OF 和 SF 区域的晶片圆周部分的直径。

3.15

晶片厚度　wafer thickness

在晶片中心测得的厚度。

3.16　表面缺陷的定义

3.16.1

污染　contamination

主要污染是指区域污染,次要污染是指微粒污染。通过清洗工艺未去除的玷污物或者清洗后形成的玷污物导致了主要污染的产生。这些污染物可能是附着于晶片表面的外来物质,例如晶片局部的污迹、玷污、变色、失色、杂色区域,也可能是由于外来材料附着成膜而产生的大面积雾状或云状区域。

3.16.2

裂纹　crack

在晶片表面延伸的并可能穿透或未穿透整个晶片厚度的破裂部分。

3.16.3

划痕　scratch

晶片上低于表面的浅槽或切痕,其长宽比大于5∶1。

3.16.4

缺口　chip

晶片表面或者边缘出现材料崩落的部位。缺口的尺寸可以通过其最大径向深度和外围弦长来表示。

3.16.5

凹陷　dimple

晶片表面直径大于3 mm的平滑沉降部位。

3.16.6

麻坑　pit

晶片表面未被消除的孔洞状不规则体。一般是由于晶体缺陷或加工工艺不当造成的。

3.16.7

橘皮　orange peel

在漫射光照下目视可见的表面粗糙体。

4 技术要求

4.1 材料

4.1.1 QZ

用Z切向角度偏差在+5°以内的籽晶生长的人造石英晶体,且晶片不含-X方向生长区。按GB/T 3352,人造石英晶体的品质应满足或优于下面的等级:

——红外吸收系数α值:D级;

——包裹体密度(个/cm^3):Ⅱ级;

——腐蚀隧道密度(条/cm^2):2级。

4.1.2 LN

具有特定居里温度的单畴晶体。

4.1.3 LT

具有特定居里温度或者晶格常数的单畴晶体。

4.1.4 LBO、LGS

无双晶的单晶。

4.2 晶片

4.2.1 概述

供应方与使用方之间在缺乏相关替代协议的情况下,可使用本标准。随着现有加工技术的提高和新技术的开发，这些技术规范将不断完善和演变。

对于步进光刻设备用晶片，LTV是最有代表性的平面度指标之一；在对晶片进行全方位光刻曝光时，系统将对晶片正面进行倾斜校正，故FPD比TTV更重要；在测量晶片时，由于最小二乘法拟合的参考平面更能准确地反映晶片的表面形貌，所以，峰-谷值(sori)比翘曲度(warp)更有代表性。

4.2.2 直径和允差

晶片的直径和允差如下：

76.2 mm±0.25 mm (一般称为“3″”晶片)；

100.0 mm±0.5 mm (一般称为“4″”晶片)；

125.0 mm±0.5 mm (一般称为“5″”晶片)；

150.0 mm±0.5 mm (一般称为“6″”晶片)。

4.2.3 厚度和允差

晶片的厚度和允差如下：

直径≤100 mm的晶片：(0.3 mm～0.5 mm)±0.03 mm；

直径>100 mm的晶片：(0.5 mm～0.8 mm)±0.03 mm。

4.2.4 OF

OF尺寸和允差如下：

a) 尺寸

22.0 mm±3.0 mm(对于76.2 mm的晶片)；

32.5 mm±3.0 mm(对于100 mm的晶片)；

42.5 mm±3.0 mm(对于125 mm的晶片)；

57.5 mm±3.0 mm(对于150 mm的晶片)。

b) 定向允差

定向允差：±15′；

除非另有规定，OF方向应该垂直于SAW传播方向。石英晶片的OF方向是X面(110)方向，由晶片中心直指OF的方向即是-X方向。

4.2.5 SF

SF尺寸和允差如下：

a) SF尺寸和允差

除非另有规定，SF尺寸和允差的参考指标如下：

11.2 mm±4.0 mm(对于76.2 mm的晶片)；

18.0 mm±4.0 mm(对于100 mm的晶片)；

27.2 mm±4.0 mm(对于125 mm的晶片)；

37.5 mm±4.0 mm(对于150 mm的晶片)。

b) SF定向允差

SF定向允差可参照OF，使用方和供应方一般协商规定为±1°。

c) 可使用激光标记标识晶片的正面。

4.2.6 背面粗糙度

由使用方和供应方协商确定(见表2)。

表 2 背面粗糙度、翘曲度、TV5 和 TTV 的技术要求

材料	晶片直径 mm	背面粗糙度 μm	翘曲度 μm	TV5 μm	TTV μm
QZ	76.2(3″)	≥0.5	≤30	≤10	≤10
		<0.5	≤20	≤10	≤10
	100.0(4″)	≥0.5	≤40	≤10	≤10
		<0.5	≤30	≤10	≤10
LN、LT	76.2(3″)	≥2.0	≤50	≤15	≤15
		2.0～0.5	≤40	≤15	≤15
		<0.5	≤40	≤10	≤10
	100.0(4″)	≥2.0	≤50	≤20	≤20
		2.0～0.5	≤40	≤15	≤15
		<0.5	≤40	≤10	≤10
	125.0(5″)	≥2.0	≤60	≤20	≤20
		2.0～0.5	≤50	≤15	≤15
		<0.5	≤40	≤10	≤10
	150.0(6″)	≥2.0	≤60	≤20	≤25
		2.0～0.5	≤50	≤15	≤20
		<0.5	≤40	≤10	≤15
LBO	76.2(3″)	≥0.5	≤40	≤15	≤15
		<0.5	≤40	≤10	≤10
	100.(4″)	≥0.5	≤40	≤20	≤20
		<0.5	≤40	≤10	≤10
LGS	76.2(3″)	≥0.5	≤40	≤15	≤15
		<0.5	≤40	≤10	≤10
	100.0(4″)	≥0.5	≤40	≤20	≤20
		<0.5	≤40	≤10	≤10

4.2.7 翘曲度

翘曲度如表 2 所示。

4.2.8 TV5 或 TTV

TV5 或 TTV 如表 2 所示。

4.2.9 正面(传播面)加工质量

晶片正面应当进行镜面抛光。表面加工的详细要求按使用方和供应方之间的协议。

4.2.10 正面缺陷

正面缺陷应按下列规定：

a) 划痕：

目检，无划痕。

b) 缺口：

1) 边缘缺口(亦称崩边)：

径向深度：小于 0.5 mm；

外围弦长：小于 1.0 mm。

2) 表面缺口：

目检，无缺口。

c) 裂纹：

目检，无裂纹。

d) 污染：

目检，无污染。

e) 其他：

目检，无其他如凹陷、麻坑和橘皮等缺陷。

4.2.11 晶片取向(定向)允差

晶片取向允差应由使用方和供应方协商按下列要求确定：

a) 石英晶体：±10′；

b) LN、LT、LBO：±15′；

c) LGS 晶体：±10′。

4.2.12 包裹体

LN/LT/LBO/LGS：目检，无可视包裹体。

人造石英晶体：按照 GB/T 3352 的规定，包裹体密度(个/cm^3)应满足或优于Ⅱ级。

4.2.13 石英晶片的腐蚀隧道密度和籽晶位置

石英晶片的腐蚀隧道密度和籽晶位置规定如下：

a) 石英晶片籽晶部分的腐蚀隧道密度：

腐蚀隧道在未贯穿石英籽晶正、背表面的情况下，76.2 mm 规格晶片的腐蚀隧道密度应小于 36 条/cm^2，100 mm 规格晶片的腐蚀隧道密度应小于 47 条/cm^2。

b) 籽晶位置：

籽晶应位于 Z 向中心宽度±3.5 mm 范围之内，且平行于晶片中心的 X 方向。

4.2.14 倒角

倒角允差由使用方和供应方协商确定。

4.2.15 居里温度和允差

LN：中心值在 1 139 ℃～1 145 ℃内，允差±3 ℃；

LT：中心值在 600 ℃～604 ℃内，允差±3 ℃。

注：居里温度及其允差只适用于 LN、LT 晶体，该指标的中心值和允差由使用方和供应方协商确定。对 LT 晶体也

可以规定晶格常数。

4.2.16 晶格常数

LT 晶体：a_0-轴 0.515 38 nm±0.000 02 nm。

注：也可以规定居里温度。

5 抽样

5.1 概述

抽样检验方案应当由使用方和供应方协商确定。晶片样品应随机抽取，且对总体产品具有代表性。所确定的检验方法应符合质量保证水平的要求。

5.2 抽样

除非另有规定，按 GB/T 2828.1 规定的一次抽样方案 AQL 为 2.5％进行，AQL 的抽样结果能够反映晶片缺陷的整体情况。

5.3 抽样方案

应采用适用的统计方法，根据生产批的大小确定恰当的样品数和接收判据。在无更适用的统计数据的情况下，可以采用以下抽样方案：

a) 尺寸：
 直径：2 片/生产批；
 厚度：2 片/生产批；
 OF 的长度：2 片/生产批。
b) 晶片表面方向：2 片/生产批。
c) OF 的方向：2 片/生产批。
d) 背面粗糙度：2 片/生产批。
e) TV5：2 片/生产批。
f) warp：2 片/生产批。
g) TTV：2 片/生产批。

5.4 全数检验

所有晶片都要进行以下项目的检查：

a) OF 和 SF 的有无和位置；
b) 表面加工情况；
c) 晶片缺陷；
d) 包裹体；
e) 倒角。

6 检验方法

6.1 直径

用足够准确度的卡尺测量晶片直径(不包含 OF 和 SF 部分)。

6.2 厚度

用足够准确度(通常为 1 μm)厚度计测量晶片中心的厚度,按照 GB/T 6618 规定的测试方法。

6.3 OF 长度

用足够准确度卡尺测量 OF 长度(与晶片圆周相交接的直切边)。

6.4 OF 方向

用 X-射线定向仪测量几何基准面与晶格平面参考方向的偏差。测量方法按 10.4 和图 10。

6.5 TV5

用足够准确度(通常为 1 μm)卡尺、按 GB/T 6618 规定的测试方法测量 TV5。选点为晶片中心点和距晶片边缘 X mm 的四点。

6.6 翘曲度

采用光学平面度测量装置测量翘曲度和其他平面度参数。

6.7 TTV

用光学平面度测量装置测量夹持状态下晶片的 TTV。

6.8 晶片正面缺陷

按第 11 章的规定检查晶片的表面缺陷。

6.9 包裹体

用晶片抛光表面的光反射检验包裹体。检验应当在洁净环境中进行。检验时要采用强光光束,且背对暗背景,以防止漫射光的干扰。

6.10 背面粗糙度

既可采用接触方法,也可采用光学方法来测量背面粗糙度。表 2 所列的平均粗糙度(Ra)数值是通过接触式轮廓仪测得的。晶片的测量数据通常取决于测量方法(例如探针半径、取样间距、光学参数等)。

6.11 晶片方向

用 X-射线定向仪(XRD)(见 10.1 和图 9)测量晶片方向。

6.12 居里温度

用差热法或介电测试法(见 8.1)测量铁电材料的居里温度。

6.13 晶格常数

用 X-射线定向仪(XRD)(见第 9 章)测量晶片的晶格常数。

7 包装、标签和标识、交货条件

7.1 包装

晶片必须由供应商进行包装，以避免在装运或储藏期间被污染和损坏。有特殊包装要求的，应按使用方和供应方之间的协议规定。

7.2 标签和标识

所有的晶片包装盒都应标贴含有以下信息的标签：

a) 供应方的名称或者商标；

b) 材料类型；

c) 晶片方向；

d) 生产批号；

e) 产品数量；

f) 检验合格证。

7.3 交货条件

附加条款和装运要求由使用方和供应方协商确定。

8 居里温度的测量

8.1 概述

钽酸锂(LT)和铌酸锂(LN)单晶都需要测定其居里温度(T_c)。测定 T_c 所采用的DTA(差热分析)方法和介电常数方法均属于破坏性试验。针对同一样品的测量，两种方法的测量结果可能有所不同，依各自的试验条件和试验设备而定。由多个厂家供货的晶片用户应当意识到，在比较不同厂家的数据报告之前，需要知道与测量结果相关的试验条件。

8.2 DTA 测量方法

DTA(差热分析)方法以单晶由铁电相转变为顺电相时，会发生吸热或放热反应的现象为基础。将试样和参照物对称地放置于加热炉中(见图6)，以规定的速率加热，同时记录试样和参照物之间的温差。进行LN或LT的DTA实验时，一般以三氧化二铝(α-Al_2O_3)作为参照物。当LN或LT超过相变温度时就会释放热量，相对于三氧化二铝的温度曲线将被记录下来。温差突变时的温度为被测试样的居里温度(T_c)。

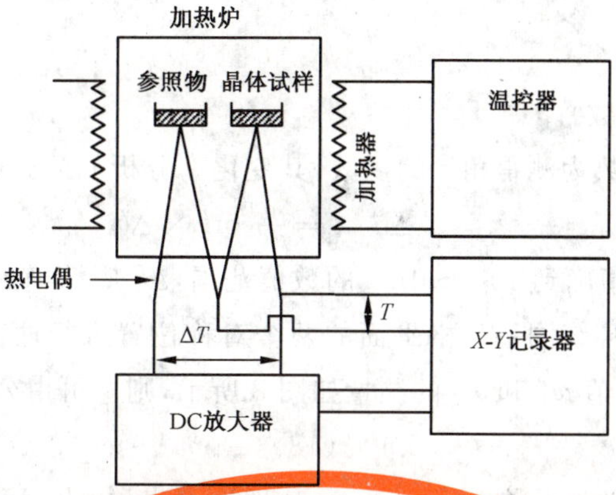

图 6 DTA 系统示意图

8.3 介电常数方法

介电常数方法基于对沿铁电晶体 Z 轴方向(极轴)的介电常数的测试。经测试发现,介电常数的极大值出现在晶体相变温度之处。由于给定晶体试样的介电常数及其对应的电容仅是温度的函数,所以,可以选择足够小的加热或冷却速率来使热滞后最小化。在图 7 中,给晶体试样设置了 Pt 或者 Ag-Pd 电极,沿 Z 轴方向施加电场。仔细观察相位转变时的温度,同时通过 LCR 仪表来测量晶体试样的电容量。当电容量达到峰值的时候,此时的温度即为居里温度 T_c。此法适用于测定 LT 晶体的居里温度。

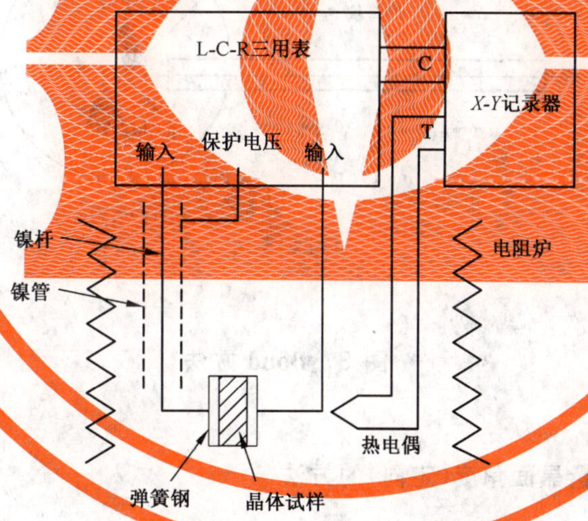

图 7 介电常数测试系统的示意图

9 晶格常数的测量(Bond 方法)

随着晶体化学组分的变化,SAW 传播速度和晶格常数也会发生变化。为了将 SAW 速度精确到 10^{-4},晶格常数测量应精确到 10^{-5}。其测量方法应精确到 10^{-6}。

通常采用 X-射线衍射来测量晶格常数。测量方法符合布拉格(Bragg)方程,如公式(1)所示:

$$2d \times \sin\theta = n \times \lambda \quad \cdots\cdots(1)$$

式中:

d ——晶格间距;

θ ——布拉格角；

λ ——X-射线的波长；

n ——衍射级数(取整数)。

当给定 λ,d 和晶格常数为测得角 θ 的函数,其变化率分析如公式(2)所示：

$$\Delta d/d = -\cot\theta \times \Delta\theta \qquad (2)$$

为使测得的 $\Delta d/d$ 值精确到 10^{-6}～10^{-7}的数值范围,$\Delta\theta$ 应精确到弧秒级。

在 Bond 方法中,要对环绕同一晶格平面的两个对称位置进行两次测量,(即“正方向”和“负方向”测量)摇摆曲线的两个波峰值 ω_1 和 ω_2 的测量如图 8 所示,则 θ 可由公式(3)推出：

$$\theta = 0.5 \times (180° - |\omega_1 - \omega_2|) \qquad (3)$$

这种方法消除了偏心吸收误差(off-center),从理论上来说,也就消除了零位误差。值得注意的是,还应将温度、折射、散射和洛伦兹极化(Lorentz-polarization)校正考虑进去。

通过 Bond 方法测得 $LiTaO_3$ 米勒指数(330),其 a——轴晶格常数由公式(4)计算：

$$a = 6 \times d_{330} \qquad (4)$$

经过多次校正后,$LiTaO_3$ 的晶格常数能够达到 10^{-6}～10^{-7}的准确度。

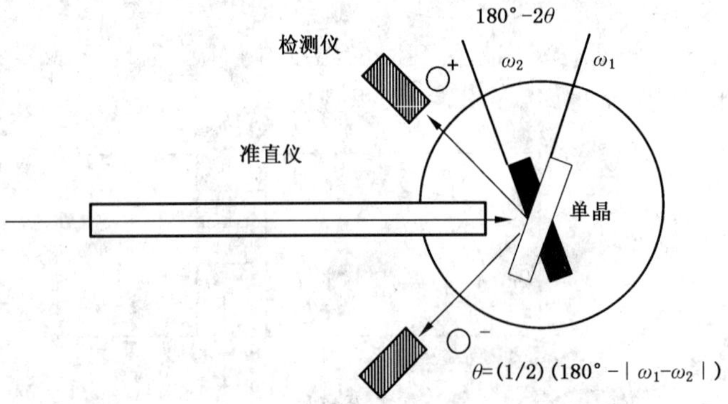

图 8 **Bond 方法**

10 用 X-射线(定向仪)测量晶面角度(定向)的方法

10.1 测量原理

假设晶面间距为 d,X-射线波长为 λ,衍射级数为 n。那么,当布拉格角 θ 满足下式条件时,X-射线光束则发生衍射：

$$2d \times \sin\theta = n \times \lambda$$

X-射线源由一束准直光和一块光反射晶片组成。X-射线检测仪设置在与射线源成一定角度的地方。检测仪将在晶体旋转到布拉格角时记录下最大信号值,测角仪则将显示出晶片表面与晶格面之间的夹角 α,如图 9 所示。

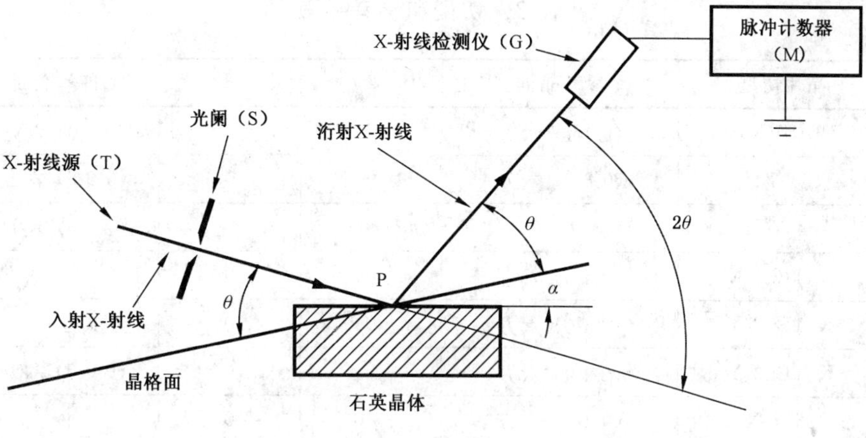

图9 通过X-射线的测试方法

10.2 测量方法

在测量受测样品的晶面角度之前，需用参考样品来校准测角仪。然后，将受测样品的衍射数据与参考样品的数据进行比对，计算受测样品的晶面角度偏差。

10.3 晶片取向的测量

应按两个方向测量晶面角度：

与OF平行方向：α（正视OF的时候，如图10所示正方向）。

与OF垂直方向：β（如图10所示正方向）。

10.4 OF方向的测量

角度γ的测量（如图10所示正方向）。

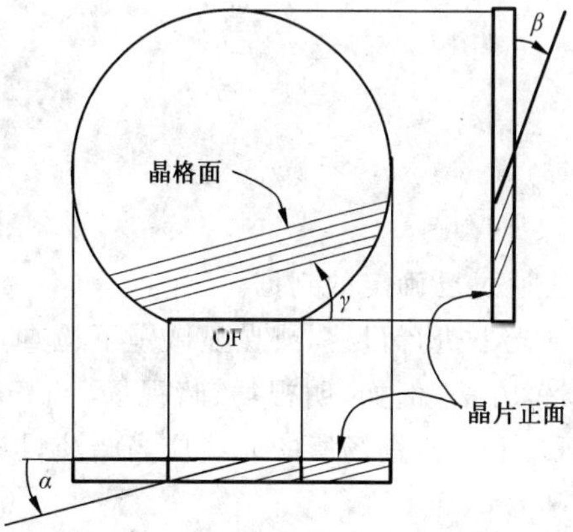

图10 切角与晶面的关系

10.5 典型的晶片切型和参考平面

典型的晶片切型和参考平面见表3。

表 3 切型和参考平面

材料	晶片切型	参考晶面	α	β	OF 基准面	γ
LN	127.86°Y-X	$(0\bar{1}4)$ 六方	0	0	$(2\bar{1}0)$ 六方	0
LN	Y-Z	(0 3 0) 六方	0	0	(0 0 6) 六方	0
LN	64°Y-X	(0 1 8) 六方	+4°46′	0	$(2\bar{1}0)$ 六方	0
LT	X- 112.2°Y	$(2\bar{1}0)$ 六方	0	0	(0 1 2) 六方	−79°16′
LT	X- 112.2°Y	$(2\bar{1}0)$ 六方	0	0	$(0\bar{1}10)$ 六方	−5°02′
LT	X- 112.2°Y	$(2\bar{1}0)$ 六方	0	0	(0 0 6) 六方	−22°12′
LT	36°Y-X	(0 1 2) 六方	−3°04′	0	$(2\bar{1}0)$ 六方	0
LT	42°Y-X	(0 1 2) 六方	−9°05′	0	$(2\bar{1}0)$六方	0
LBO	45°X-Z	(1 1 0) 四方	0	0	(0 0 1)四方	0
QZ	ST-X	(0 1 1) 六方	+4°32′	0	$(2\bar{1}0)$六方	0
LGS	yxlt/48.5°/26.6°	(0 1 1) 六方	−5°45′	0	(1 1 0)六方	−26°36′

11 晶片正面检查方法

制作性能稳定的 SAW 换能器(器件),要求对晶片的正面进行镜面抛光。晶片的常规检查应目检下列缺陷:

——划痕;

——缺口或崩边;

——裂纹;

——玷污;

——凹陷、麻坑、橘皮等。

目检判据可以是:

a) 定量测量;

b) 定性描述;

c) 可视文件(如图表、照片等);

d) 有代表性的样品。

检验记录应明确表明产品是否通过已确定的判据。

典型的晶片检验是在白炽灯强光下进行目检,或在显微镜下检查,以进一步查明晶片的细微缺陷。根据环境条件,可使用不同的显微镜方法(例如,明视场、暗视场、Nomarsky)。目检应在洁净环境中进行,且将晶片悬置于暗视场的表面之上。检查场所的光线应当暗淡,以防止外围杂散光的干扰,使检验员能清楚查看晶片表面。

为了避免测量的片面性和准确地计量受检样品的缺陷数量,晶片样片应当以固定的抽样频次从某批产品中随机抽取。对于一些可变条件,例如晶体表面的受检区域、检查光源的具体要求(如强度、类型或者照射角度),应在使用方和供应方之间达成协议。在条件允许时,应采用定量的缺陷判据。

附　录　A
(规范性附录)
压电单晶的欧拉角表示法

A.1　晶片方向的欧拉角表示法

压电单晶材料的张量特性,例如压电常数(d_{11})、弹性常数(c_{11})和介电常数(ε_{11})可以用一个与晶轴有关的直角坐标系(X,Y,Z)来表达。用于SAW器件制作的晶片的切向通常为各种旋转切向。欧拉角(Euler angle)表示法是一种表示晶片表面法线的结晶方向和与SAW传播方向重合的基准面方向的方法。

图A.1示出了将晶轴(X,Y,Z)转变为图A.2所示晶片坐标系(x_1,x_2,x_3)的三次旋转及各自的角度。SAW传播方向一般为x_1方向;晶片表面法线为x_3方向;晶片正面(用$+x_3$表示)为制备电极的抛光面。x_2由与其他二个向量所构成的右旋正交坐标系来确定。为了使欧拉角旋转更为形象化,从具有(X,Y,Z)晶轴的晶体开始说明。按照图A.1所示的方向,第一次旋转为围绕Z轴旋转角度φ,φ取值范围为0°～360°,旋转后,原X轴被定位在$x_{旋}$;第二次旋转围绕新定位的$x_{旋}$旋转角度θ,θ取值范围被限定为0°～180°,旋转后,原Z轴被定位在x_3,这是晶片表面的法线;第三次旋转围绕x_3旋转角度ψ,ψ取值范围为0°～360°,旋转后,$x_{旋}$被定位为x_1,即晶片基准边方向。利用特定范围的欧拉角,为任意晶片方向的表示提供了一个完整的方法。并且,该表示法还可以指明晶片哪一面需要被抛光。以LN晶片为例,其Y面为极性面,采用氢氟酸进行湿法腐蚀,晶片正背两面的腐蚀速率不同。角度(0°,90°,90°)表示晶片的$-Y$面为抛光面,有一条基准边在晶片的$+Z$端上;角度(180°,90°,90°)表示晶片的$+Y$面为抛光面,该基准边仍然在晶片的$+Z$端上。虽然SAW的特性一般与晶片哪一面被抛光没有关系,但是,热释电、腐蚀等特性却与之有关。所以,确定晶片的抛光面是必要的。

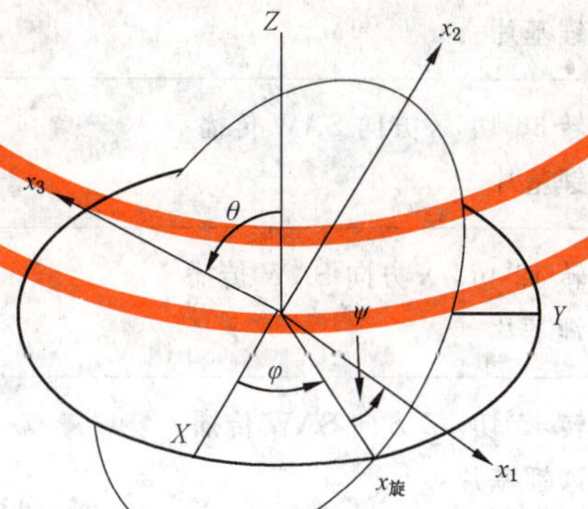

图A.1　将坐标系(X,Y,Z)旋转为(x_1,x_2,x_3)的欧拉角示意图

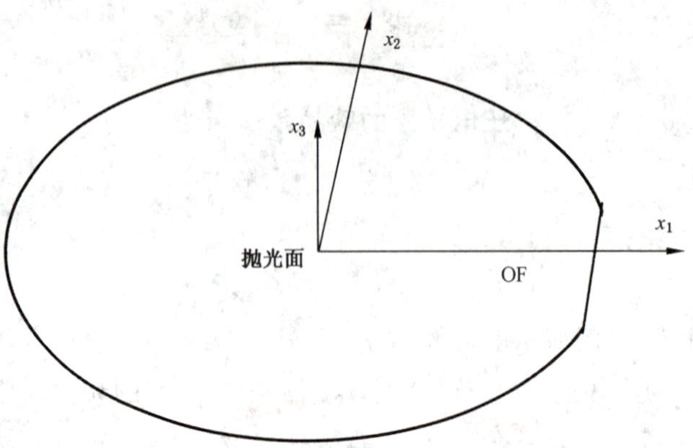

图 A.2 SAW 晶片坐标系

表 A.1 列出了 SAW 基片的典型方向和欧拉角，其对应的基片切向如图 A.3 所示。

表 A.1 SAW 基片方向的选取与对应的欧拉角

材料(缩写)	切角和传播方向	化学式和欧拉角
127.86°Y-X LN	Y 旋转 127.86°切，X 方向 SAW 传播 铌酸锂基片	$LiNbO_3$ (0°,37.8°,0°)
Y-Z LN	Y 切，Z 方向 SAW 传播 铌酸锂基片	$LiNbO_3$ (180°,90°,90°)
64°Y-X LN	Y 旋转 64°切，X 方向 SAW 传播 铌酸锂基片	$LiNbO_3$ (180°,26°,180°)
X- 112.2°Y LT	X 切，Y 旋转 112.2°方向 SAW 传播 钽酸锂基片	$LiTaO_3$ (90°,90°,112.2°)
36°Y-X LT	Y 旋转 36°切，X 方向 SAW 传播 钽酸锂基片	$LiTaO_3$ (180°,54°,180°)
42°Y-X LT	Y 旋转 42°切，X 方向 SAW 传播 钽酸锂基片	$LiTaO_3$ (180°,48°,180°)
45°X -Z LBO	X 旋转 45°切，Z 方向 SAW 传播 四硼酸锂基片	$Li_2B_4O_7$ (45°,90°,90°)
ST-X α-石英	ST 切，X 方向 SAW 传播 α-石英晶体	SiO_2(α-石英) (0°,132.75°,0°)
yxlt/48.5°/26.6° LGS	Y 旋转 48.5°切，X 旋转 26.6°方向 SAW 传播 硅酸镓镧基片	$La_3Ga_5SiO_{14}$ (0°,138.5°,26.6°)

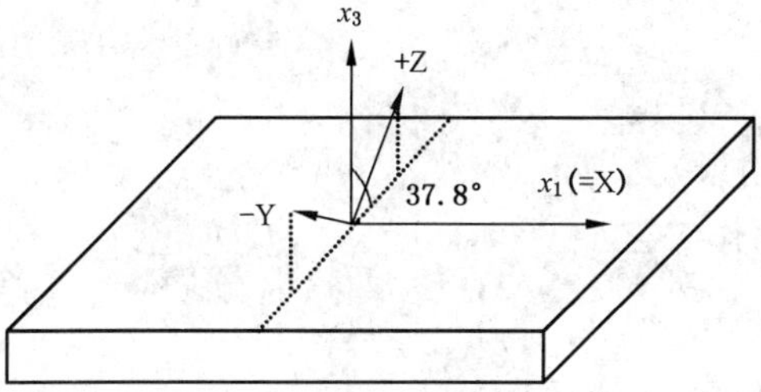

a) 127.86°**Y-X LiNbO$_3$**(0°,37.8°,0°)

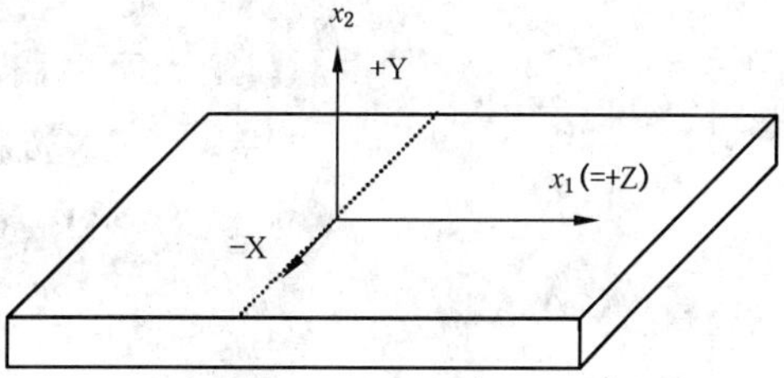

b) **Y-Z LiNbO$_3$**(180°,90°,90°)

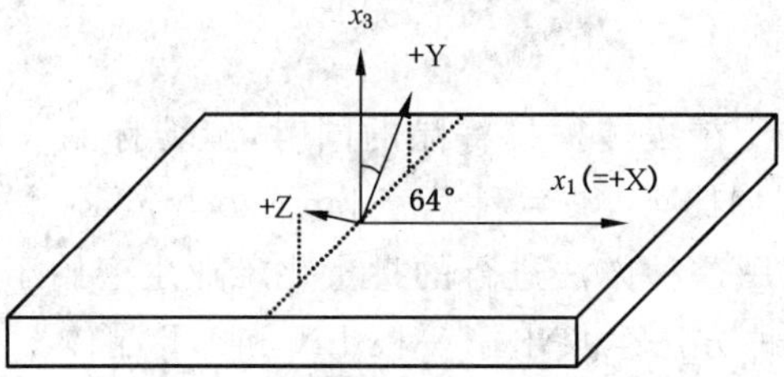

c) 64°**Y-X LiNbO$_3$**(180°,26°,180°)

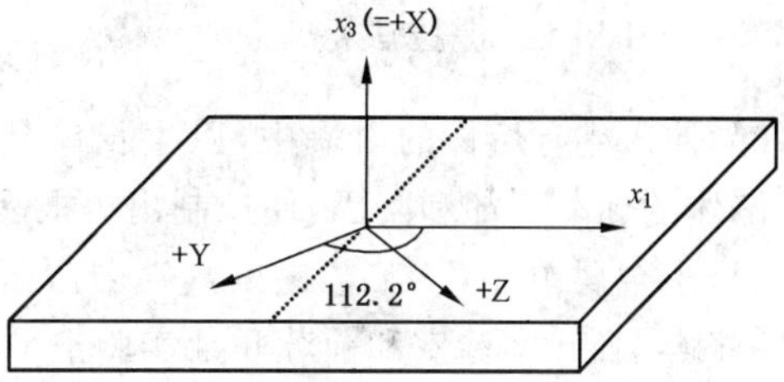

d) **X**-112.2°**Y LiTaO$_3$**(90°,90°,112.2°)

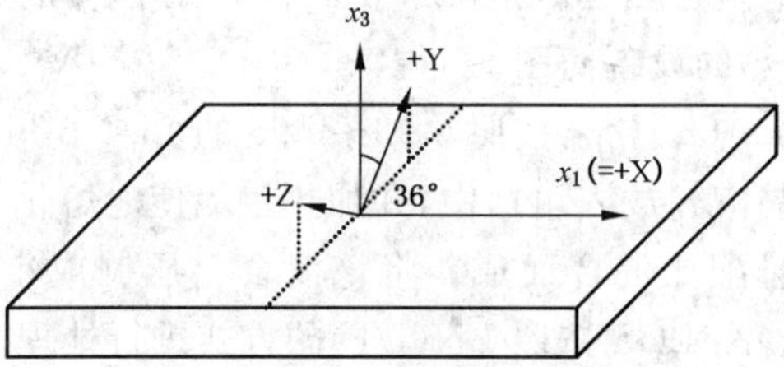

e) 36° **Y-X LiTaO$_3$**(180°,54°,180°)

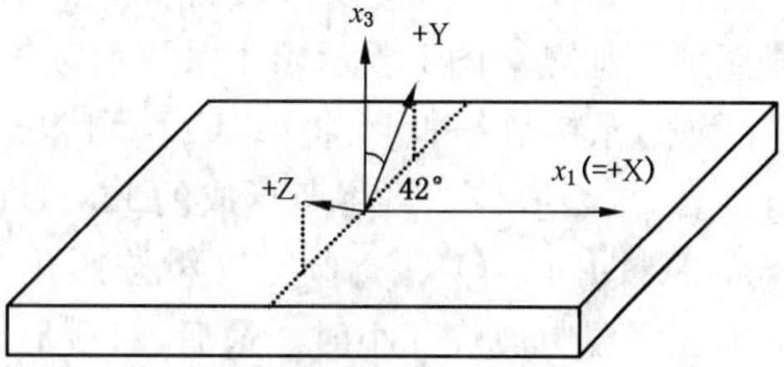

f) 42° **Y-X LiTaO$_3$**(180°,48°,180°)

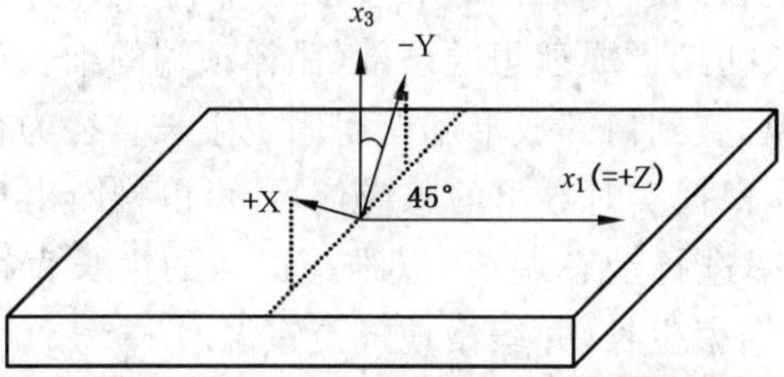

g) 45° **X-Z Li$_2$B$_4$O$_7$**(45°,90°,90°)

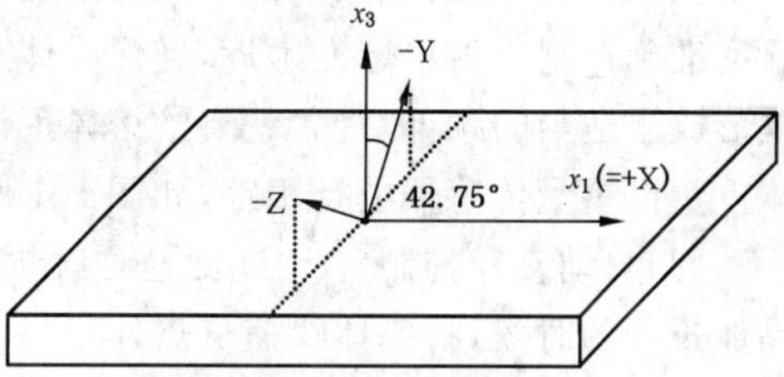

h) **ST-X α-** 水晶(0°,132.75°,0°)

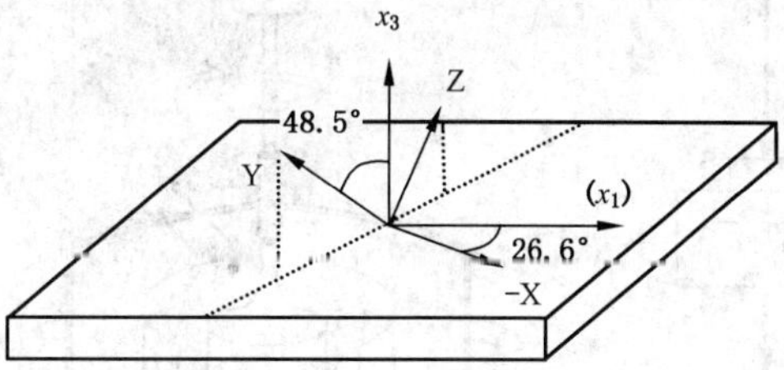

i) **yxlt**/48.5°/26.6° **La$_3$Ga$_5$SiO$_{14}$**(0°,138.5°,26.6°)

图 A.3 某些晶片方向的晶轴、欧拉角与 SAW 方向之间的关系

附　录　B
（资料性附录）
SAW 晶片制作工艺

B.1　晶体生长方法

B.1.1　Czochralski 法（提拉法）

将籽晶伸入盛有熔体的坩埚中，以生长单晶晶棒。在缓慢提拉籽晶的同时，旋转籽晶或坩埚。这样，随着熔体的逐渐冷却和凝固，便拉制出一根晶棒。1916 年，波兰科学家 Jan Czochralski 率先使用这种方法生长出金属单晶，该工艺遂以其姓名命名。利用这种方法进行的批量化工业生产始于 Ge 和 Si 单晶。1965 年，Bell 实验室和前苏联某实验室采用这种方法生长出第一根 LN 和 LT 晶体。在国内一般称为提拉法。

虽然这种方法既可采用射频感应加热，也可采用电阻加热。但是，LN、LT 和 LGS 晶体的生长一般都采用射频感应加热。图 B.1 示出了采用射频感应加热的设备简图。

LN(LT)的原料制备如下：将 Li_2CO_3 和 Nb_2O_5(Ta_2O_5)粉末按照 0.93～0.95 的 Li/Nb(Li/Ta)摩尔比进行混合、成型煅烧。再将所形成的 LN(LT)多晶陶瓷放入坩埚中，并加热坩埚使之熔化。

LGS 的原料由 La_2O_3、Ga_2O_3、SiO_2 按照化学计量配比混合而成。将该混合料压制成小球状，在 1 200 ℃ 以上高温中煅烧几小时。最后，将所形成的多晶 LGS 按照 LN(LT)的方式进行处理。

按所需要的晶体方向切割籽晶，小心地下放籽晶，使其端部恰好接触熔体。旋转该籽晶，以便在固液界面产生受控的凸界面。然后，以平缓的速度开始提拉，使得籽晶(连带生长的晶体)从熔体中拉出。将熔体温度准确控制于材料熔点附近，确保晶体在生长初期形成理想的颈部(晶棒顶端的细长部位)。

一旦形成了适当的颈部，接着就要给熔体逐渐降温，直到肩部成形和获得固定生长直径为止。生长时的晶体重量由重量传感器进行跟踪，如图 B.1 所示。根据实时导出的感应信号，可以推断出当前的生长直径。随即，自动直径控制(ADC)装置对射频的功率进行动态调节，以维持适当的生长直径。当达到所需晶体长度的时候，将晶体快速从熔体中提出来，结束生长，并缓慢地降至室温。

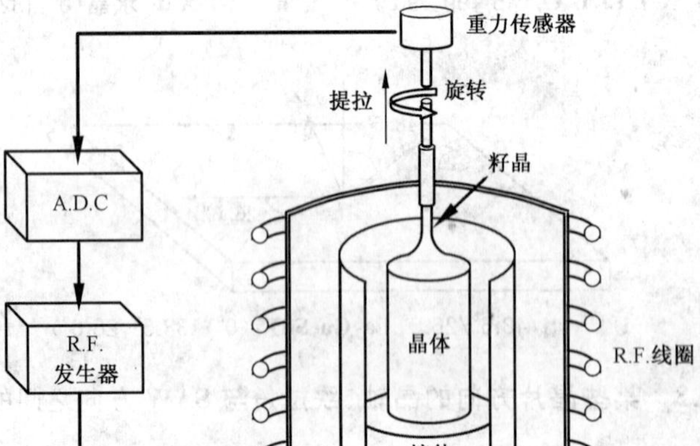

图 B.1　提拉法晶体生长

B.1.1.1　畴结构

LN和LT都是铁电晶体，在生长过程中存在非极性顺电相。当把它们冷却到相变温度，即居里温度之下时，晶体结构从铁电相向顺电相转变，同时沿Z轴自发极化。这种情况发生后，在晶体内部一般会形成许多不同的极性区域，即所谓的畴，一些相邻的畴的极性甚至相反。这样的多畴结构是达不到使用要求的，因此，在将多畴晶体降温至相变温度之下的同时，要外加一个直流电压，使之转变为单畴晶体，这个过程叫做“极化”。

由于LN、LT晶体沿Z轴自发极化，因此，要在垂直于Z轴的晶面上放置电极对，将晶体加热到居里温度以上，在施加直流电压的同时进行冷却，实现极化。为消除晶体生长过程中的热应力，应当在极化前，以低于熔点的温度对晶体进行退火。对于LT晶体而言，退火处理应在1 300 ℃左右的温度下进行。晶体冷却至室温后，把导电金属电极贴附在晶体表面，再升温到大约650 ℃，接着按照一定的电压/长度比值(mV/cm)施加直流电压，最后将晶体降温至约600 ℃的相变温度之下。由于LN晶体居里温度大约为1 140 ℃，因此，其退火(约为1 200 ℃)和极化处理通常是同时进行的。

B.1.1.2　组分均匀性

晶体并不一定要像其分子式所表示的那样，按照化学计量配比的组分进行生长。还可改用按照一致熔融组分配比的固熔体组分来进行结晶。对于这样的晶体材料，熔体组分决定了生长晶体组分。一般来说，晶体中的组分随生长过程发生变化。某些材料组成具有特定组分，当固体与熔体处于热动力平衡的时候，即为“一致熔融组分”。如果组分不被挥发(例如Li_2O或者Ga_2O_3)，那么，就能从一致熔融组分熔体中生长出具有相同组分的均匀单晶晶体。

当Li/Nb(Li/Ta)摩尔比为0.93～0.95时，能从熔体中生长组分均匀的LN和LT晶体。生长LN和LT晶体时，如果生长组分偏离了理想组分，那么晶体的组分、居里温度、晶格常数和折射率等则会发生改变，SAW器件的关键指标声波传播速率也将随之改变。图B.2显示了LN生长实例。样品No.4为富Li生长，随着晶体的生长，Li不断析出到熔体中。而熔体中的Li/Nb比增加，反过来使晶体中Li含量逐渐增加。因此沿着生长方向Li/Nb比增加，声波传播速率也将增大。只有当晶体沿晶轴按理想组分生长，声波传播速率才能在该方向保持不变，样品No.2为理想组分生长。在晶体生长过程中，组分挥发等因素也是导致晶体组分偏离一致熔融成分的原因之一。比如LGS晶体，在其提拉法生长过程中，Ga_2O_3挥发严重，而且该晶体属于离子无序占位结构，晶体头尾会出现较大的成分偏差。

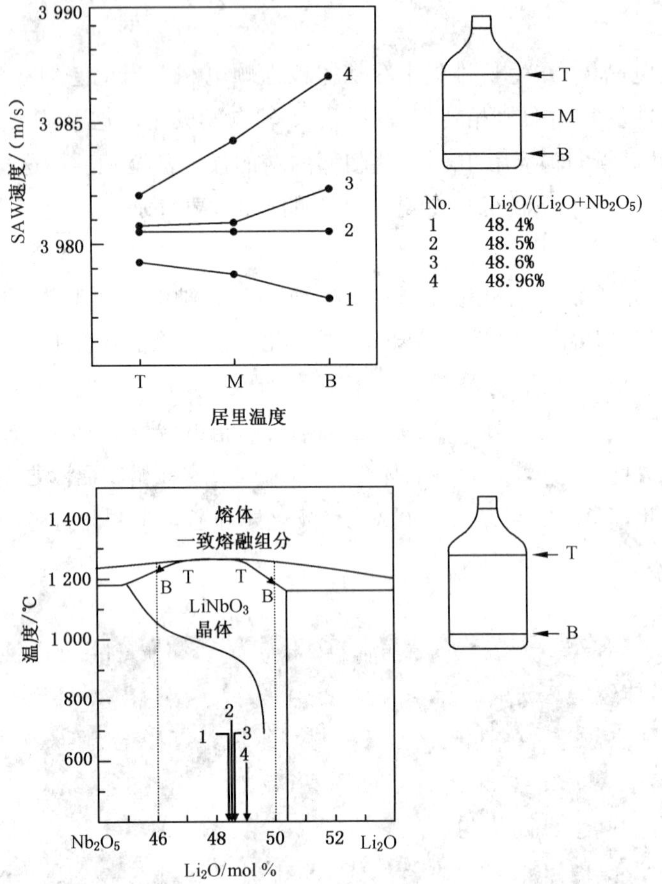

图 B.2　由不同成分的熔融组分生长的晶体的非均匀性实例

B.1.2　垂直 Bridgman 法(下降法)

四硼酸锂($Li_2B_4O_7$:LBO)为化学计量配比。它的熔体组分相同,由于不会发生相变,可以在熔点下生长晶体。LBO 不属于铁电体,因此不需要进行极化处理。

LBO 晶体生长最初采用的是 Czochralski 方法。但是,采用这种方法难以获得可供工业使用的大尺寸晶体。现在采用的是垂直 Bridgman 方法,采用这种方法可以获得满足商业化 SAW 晶片产品需求的大尺寸晶体。

垂直 Bridgman 方法是通过单方向固化的方式来生长晶体的。具体做法是,将装有熔融态原料的坩埚沿着温度垂直分布的炉子移动。这种方法国内一般称为下降法。与其他生长方法相比,这种方法简单,成本低廉,晶体直径不需人为控制。由于熔体的黏度大、晶体与坩埚温差形成的热应力等因素的影响,生长的晶体偶尔会有双晶、开裂、多晶等缺陷。

图 B.3 为 LBO 晶体生长时炉膛温度分布示意图。LBO 晶体熔点温度为 917 ℃,相对较低,因此可以采用电阻加热。通常采用圆柱状薄壁铂金坩埚来消除各向异性热膨胀造成的应力。原料选用化学配比的多晶原料块或粉末。

根据资料报道,在温度梯度为 10 ℃/cm~20 ℃/cm、生长速度 0.2 mm/h~0.3 mm/h、熔体温度不超过 950 ℃~1 100 ℃等生长条件下可以生长 2″~4″＜001＞、＜100＞、＜110＞和＜011＞等方向的 LBO 晶体。

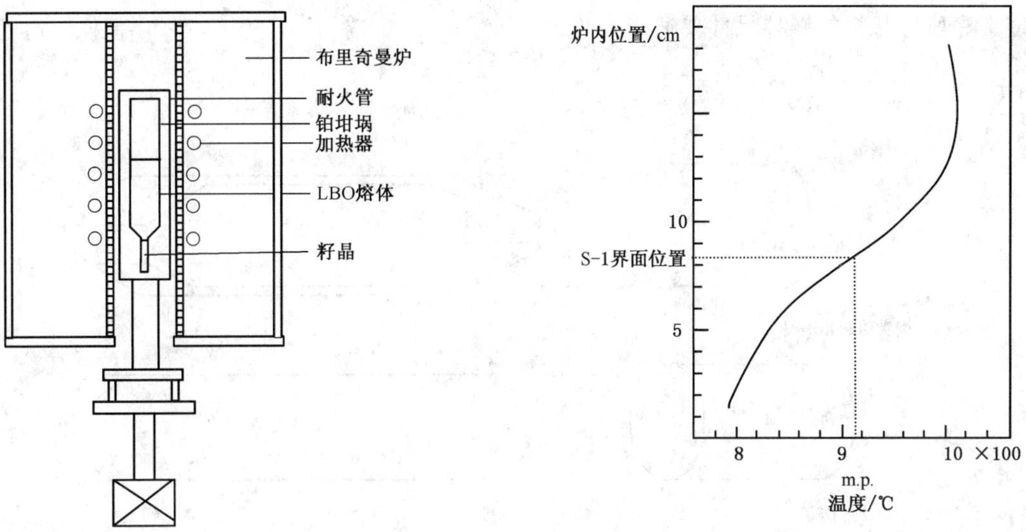

图 B.3　Bridgman 垂直熔炉的示意图及温度分布实例

B.2　晶片制作工艺

B.2.1　工艺流程图

晶片制作工艺从原生晶体开始，工艺流程图如图 B.4 所示。

B.2.2　端头切断和滚圆

原生晶体应按规定的表面方向和规定的角度去除两侧端头(端头表面方向的测量如 10.3 所述)。然后对该晶体的纵向表面进行均匀磨削，使之磨成一根直径等于或略大于待加工晶片直径的圆柱状晶棒。

成形晶体进行定位夹装时，应考虑端面的定向偏差，以便晶片切割时对角度偏差进行校正。

B.2.3　确定基准面

为了表明 SAW 传播方向，要在晶棒表面确定一个基准平面。该平面决定了将在下道工序中被加工的基准面的位置。SAW 的传播方向就是根据这个基准面来确定的。

B.2.4　切片

晶体切片可采用下列方式之一：

a)　OD(外圆刀片)切片：利用刀片外圆周上带有钻石层的刀刃切割。

b)　ID(内圆刀片)切片：利用刀片内圆周上带有钻石层的刀刃切割。

c)　条锯或线锯切片：利用粘附有磨料(一般为 SiC 或钻石)的条锯或金属丝进行切割。

刚切下的晶片(常称为毛坯片)的厚度偏差、翘曲度以及亚表面损伤深度可能对后续工序产生影响。

B.2.5　双面研磨

通常毛坯片不能满足平行度、翘曲度、厚度一致性等技术要求。因此晶面抛光前，预先对毛坯片进行研磨，以提高平面度。研磨时，使研磨料悬浮于毛坯片与研磨板之间。由于增加磨料的颗粒尺寸或者研磨板的移动速率，都将加深亚表面的损伤和使表面纹路更加粗重。所以通常研磨工艺分为多道工序，并且每道工序所用磨料的颗粒尺寸要适当。

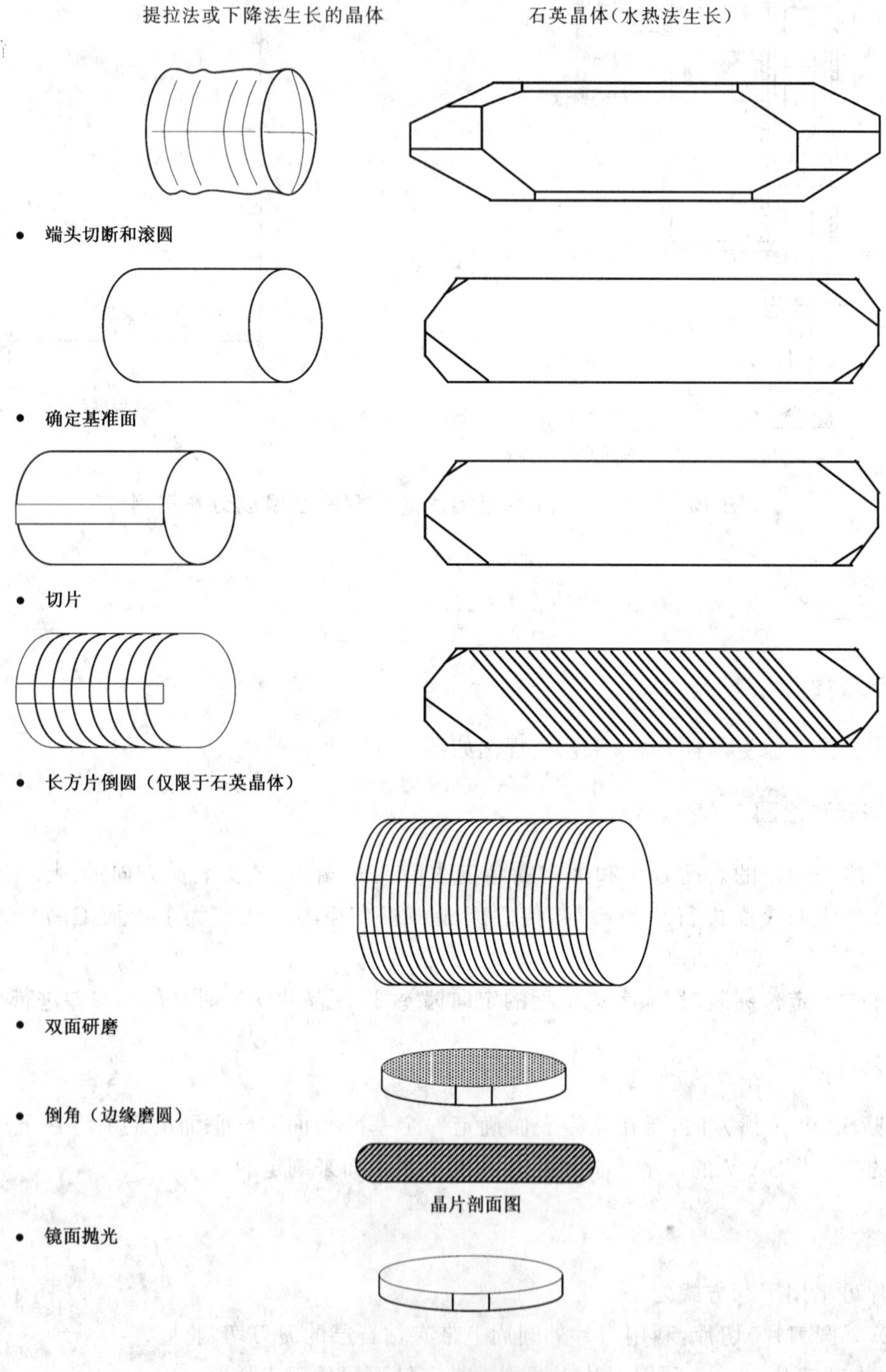

图 B.4 工艺流程图

B.2.6 倒角

倒角的目的是为了防止加工过程中边缘缺口，继而防止崩落的缺口碎片引起表面划痕。同样地，圆形边缘还减少了后工序热循环和加工作业时晶片开裂的可能性。

B.2.7　镜面抛光

研磨之后，要对晶片进行镜面抛光，以获得无机械应力和划痕的平面。晶片的抛光面应当保持单晶的原有特性(例如单畴、无双晶)。在抛光工艺中，如果不能彻底消除结晶缺陷和诸如亚表面损伤之类的加工缺陷，可能会对SAW器件的性能产生影响。

附　录　C
（资料性附录）
本标准与 IEC 62276:2005 的技术性差异及其原因

表 C.1 给出了本标准与 IEC 62276:2005 的技术性差异及其原因的一览表。

表 C.1　本标准与 IEC 62276:2005 的技术性差异及其原因

本标准章条号	技术性差异	原　　因
3.1.1　人造石英晶体	将原文“原生人造石英晶体”中的“原生”去掉，并用 QZ 表示	文中不涉及原生人造石英晶体
3.5　图 1	将图中的副基准面改短； 将数字“6”换成用“X”表示	原文中副基准面与基准面画成一样，是不正确的，容易引起误解，产品加工中副基准面应比基准面短，以便区分将数字“6”换成用“X”表示更为恰当，并与文中表述一致
3.10　表 1 10.5　表 3 附录 A 表 A.1、图 A.3	将表 1、表 3、表 A.1、图 A.3 中“128°Y-X、X-112°Y”改为“127.86°Y-X、X-112.2°Y”	根据我国行业习惯
—	删除“3.16.8　可接收质量限”	不作为专用术语在此定义
4.2.2　厚度和允差	对于直径＞100 mm 的晶片，应增加厚度允差：±0.03 mm	原文中没有给出相应的厚度允差是不合理的，不具操作性
4.2.4 b)　定向允差	将“定向允差：± 30′”改为“定向允差：±15′”	目前国内晶片的定向允差均在：±5′～±15′之间
4.2.5 a)　SF 尺寸和允差	将允差“±4 mm”改为“±4.0 mm”	原文中 SF 尺寸给出了小数点的有效位数，而允差却没给出，前后不一致，不具操作性
4.2.2　直径和允差	将“100.0 mm±0.5 mm 125.0 mm±0.5 mm 150.0 mm±0.5 mm ” 改为“100.0 mm±0.5 mm(一般称为“4″”晶片) 125.0 mm±0.5 mm(一般称为“5″”晶片) 150.0 mm±0.5 mm(一般称为“6″”晶片)”	增加英寸表示，便于国际接轨
4.2.7　表 2	将“100 mm、125 mm、150 mm”改为“100.0 mm、125.0 mm、150.0 mm”，并增加英寸表示	前后保持一致

表 C.1（续）

本标准章条号	技术性差异	原　因
4.2.11　晶片取向(定向)允差	将“LN、LT、LBO：±20′”改为“LN、LT、LBO：±15′”	根据我国国情，与 4.2.4b)规定一致
4.2.15　居里温度和容差	将“LN：中心值在 1 133 ℃～1 145 ℃内，LT：中心值在 598 ℃～608 ℃内”改为“LN：中心值在 1 139 ℃～1 145 ℃内，LT：中心值在 600 ℃～604 ℃内”	原文给出的中心值范围偏大，而目前国内单晶生产中 LN 的中心值范围在 1 139 ℃～1 145 ℃内，LT 的中心值范围在 600 ℃～604 ℃内，在以上温度范围内才能得到相应 LN、LT 晶体

ICS 71.040.10
N 53

中华人民共和国国家标准

GB/T 30119—2013

原子吸收测量用校准溶液制备方法

Preparation method of calibration solution for atomic absorption measurement

2013-11-21 发布　　2014-06-01 实施

中华人民共和国国家质量监督检验检疫总局
中国国家标准化管理委员会　发布

前　言

本标准由中国机械工业联合会提出。

本标准由全国工业过程测量和控制标准化技术委员会(SAC/TC 124)归口。

本标准起草单位:上海市计量测试技术研究院,北京瑞利分析仪器有限公司、北京普析通用仪器有限责任公司。

本标准主要起草人:丁敏、顾玮然、王京凤、郑清林。

原子吸收测量用校准溶液制备方法

警告:使用本标准的人员应有正规化学实验室工作的资格或实践经验。本标准并未指出所有可能的安全问题。使用者有责任采取适当的安全和健康措施,并保证符合国家有关法规规定的条件。

1 范围

本标准规定了原子吸收测量用铜、镉校准溶液的制备方法,制备用试剂、设备要求,校准溶液的不确定度评定方法及验证方法。

本标准适用于原子吸收测量用校准溶液的制备,也适用于相关光谱分析仪器校准溶液的制备。

2 规范性引用文件

下列文件对于本文件的应用是必不可少的。凡是注日期的引用文件,仅注日期的版本适用于本文件。凡是不注日期的引用文件,其最新版本(包括所有的修改单)适用于本文件。

GB/T 6682—2008 分析实验室用水规格和试验方法

3 试剂

试验用试剂:

a) 硝酸:优级纯;

b) 金属铜:高纯;

c) 金属镉:高纯;

d) 水:本标准用水,除特别说明外,均应符合 GB/T 6682—2008 二级水要求;

e) 无水乙醇:分析纯。

4 设备

试验用的设备:

a) 天平:经检定或校准在有效期内的天平,最大秤量≤200 g,实际分度值优于 0.1 mg,检定分度值优于 1 mg;

b) 1 mL、2 mL 、5 mL 、10 mL 单标线移液管:A 级;

c) 100 mL、1 000 mL 容量瓶:A 级;

d) 100 mL 烧杯;

e) 定量滤纸;

f) 干燥器;

g) 高压聚乙烯瓶。

5 溶液制备

5.1 环境条件

制备溶液的基本环境条件:

a) 环境温度:20 ℃±5 ℃;
b) 相对湿度:不大于 85 %;
c) 配制用水温度:20 ℃±2 ℃。

5.2 容器、器皿的处理

所有容器、器皿先用自来水清洗后,再用 5%硝酸浸泡 24 h,用第 3 章中 d)要求的水洗净、晾干。

5.3 储备液的制备

5.3.1 储备液的组成

储备液的组成见表 1。

表 1 储备液组成

序号	元素	浓度 mg/mL	配制体积 L	溶质		介质	
				名称	用量 g	名称	用量 mL
1	铜(Cu)	1.00	1.00	高纯铜	1.000 0	硝酸	40
2	镉(Cd)	1.00	1.00	高纯镉	1.000 0	硝酸	40

5.3.2 储备液的制备

5.3.2.1 铜储备液的制备

取适量高纯铜,置于烧杯中,加入稀硝酸去除氧化皮,弃去硝酸处理液,用水洗至中性,再洗涤三遍,然后用无水乙醇洗涤 1 次~2 次,取出,用滤纸吸干,置于干燥器中待用。

称取干燥的高纯铜 1.000 0 g,置于烧杯中,加水约 10 mL,再缓缓加入硝酸 10 mL,盖上表面皿,微热溶解,保温 2 h,冷却至室温。用水洗涤表面皿两次,并将洗涤溶液和烧杯中的铜溶液全部转入 1 000 mL 容量瓶中,加入硝酸 40 mL,加水定容,摇匀。

用上述制得的铜储备液洗涤洁净的高压聚乙烯瓶 3 遍,弃去洗涤溶液,并立即将制得的铜储备液储于瓶中,密封备用。

5.3.2.2 镉储备液的制备

称取干燥的高纯镉 1.000 0 g,置于烧杯中,加水约 10 mL,再缓缓加入硝酸 10 mL,盖上表面皿,微热溶解,保温 2 h,冷却至室温。用水洗涤表面皿两次,并将洗涤溶液和烧杯中的镉溶液全部转入 1 000 mL 容量瓶中,加入硝酸 40 mL,加水定容,摇匀。

用上述制得的镉储备液洗涤洁净的高压聚乙烯瓶 3 遍,弃去洗涤溶液,并立即将制得的镉储备液储于瓶中,密封备用。

同浓度的有证标准物质可直接作为储备液使用。

5.4 校准溶液的制备

用储备液洗涤洁净的烧杯 3 次,弃去洗涤溶液,再取一定量储备溶液置于烧杯中,并用烧杯中的储备液洗涤移液管 3 次。

从烧杯中吸取一定体积的储备液(需大于 0.50 mL)至容量瓶中,加入硝酸,用第 3 章中 d)要求的水逐级稀释到使用浓度,稀释后溶液硝酸浓度为 0.5%。

校准溶液制备示例见表 2。

表 2　校准溶液制备示例

序号	校准溶液浓度 μg/mL	校准溶液体积 mL	中间液浓度 μg/mL	中间液体积 mL	加酸量 mL
1	100.0	100	1 000	10.0	0.5
2	10.0	100	100.0	10.0	0.5
3	8.00	100	100.0	8.00	0.5
4	7.00	100	100.0	7.00	0.5
5	6.00	100	100.0	6.00	0.5
6	5.00	100	100.0	5.00	0.5
7	4.00	100	100.0	4.00	0.5
8	3.00	100	100.0	3.00	0.5
9	2.00	100	100.0	2.00	0.5
10	1.00	100	100.0	1.00	0.5
11	0.50	1 000	100.0	5.00	5
12	0.40	1 000	100.0	4.00	5
13	0.30	1 000	100.0	3.00	5
14	0.20	1 000	100.0	2.00	5
15	0.10	1 000	100.0	1.00	5
16	0.05	1 000	10.0	5.00	5
17	0.01	1 000	1.00	10.00	5
18	0.005	1 000	1.00	5.00	5
19	0.004	1 000	1.00	4.00	5
20	0.003	1 000	1.00	3.00	5
21	0.002	1 000	1.00	2.00	5
22	0.001	1 000	1.00	1.00	5
23	0.000 5	2 000	1.00	1.00	10

6　校准溶液浓度计算

校准溶液浓度的计算见式(1)：

$$c_1=\frac{c_0V_0}{V_1} \quad\cdots\cdots(1)$$

式中：

c_1——校准溶液浓度，单位为微克每毫升(μg/mL)；

c_0——储备溶液或中间溶液浓度，单位为微克每毫升(μg/mL)；

V_1——校准溶液体积，单位为毫升(mL)；

V_0——储备溶液或中间溶液体积，单位为毫升(mL)。

7 储备液的保存

储备液应装于高压聚乙烯瓶中于 15 ℃～30 ℃密封保存。保存 2～3 月，若发现有混浊、发霉或沉淀现象时不能继续使用。

8 校准溶液不确定度

本标准配制的校准溶液相对扩展不确定度优于 2%($k=2$)。

不确定度的评定方法见附录 A。

9 校准溶液标准值的验证方法

本标准配制的校准溶液标准值与有证标准物质比对方法见附录 B。

附 录 A
（规范性附录）
校准溶液不确定度评定

A.1 不确定度来源

校准溶液的不确定度主要来自以下方面：

a) 试剂纯度引入的标准不确定度 u_P；

b) 称量的不确定度 u_m；

c) 储备液定容的不确定度 u_V；

d) 稀释过程引入不确定度 u_d。

A.2 不确定度评定

A.2.1 试剂纯度引入的标准不确定度 u_P

高纯金属纯度 P 可达 99.9%以上，服从矩形分布，标准不确定度为 $u_P=(1-P)/\sqrt{3}$ 。

A.2.2 称量的不确定度 u_m

天平称量引入的标准不确定度为 u_b，按照式(A.1)计算称量的不确定度：

$$u_{mrel}=\frac{u_b}{m}\times 100\% \qquad \cdots\cdots(A.1)$$

式中：

m——高纯试剂质量，单位为克(g)。

A.2.3 储备液定容的不确定度 u_V

储备液定容体积的标准不确定度 u_V 由三方面引起的：容量瓶体积、定容重复性和温度变化。A级容量瓶的容量允差见表 A.1，服从三角分布，则容量瓶体积的标准不确定度 u_{V1} 见表 A.1。

对容量瓶进行 10 次定容和称量，计算平均值的标准偏差为 S_V，即为定容重复性的标准不确定度 u_{V2}。

配制用水温度 20 ℃±2 ℃，水的体积膨胀系数为 2.1×10^{-4} ℃$^{-1}$，按照式(A.2)计算温度效应导致的体积变化 V_T：

$$V_T=V\times 2\times 2.1\times 10^{-4} \qquad \cdots\cdots(A.2)$$

式中：

V——容量瓶或移液管体积，单位为毫升(mL)。

假设服从正弦分布，则温度变化的标准不确定度为 $u_{V3}=V_T/\sqrt{2}$。

以上三者互不相关，可采用方和根的方式合成，按照式(A.3)计算储备液定容的相对不确定度 u_{Vrel}：

$$u_{Vrel}=\frac{\sqrt{u_{V1}^2+u_{V2}^2+u_{V3}^2}}{V}\times 100\% \qquad \cdots\cdots(A.3)$$

表 A.1　定容及稀释器具容量允差及标准不确定度　　单位为毫升(mL)

名　　称	规　　格	容量允差	标准不确定度
A 级容量瓶	100	±0.10	0.04
A 级容量瓶	1 000	±0.40	0.16
A 级单标线移液管	1.00	±0.007	0.00
A 级单标线移液管	2.00	±0.010	0.00
A 级单标线移液管	3.00	±0.015	0.01
A 级单标线移液管	5.00	±0.015	0.01
A 级单标线移液管	10.0	±0.020	0.01

A.2.4　稀释过程引入的不确定度 u_d

稀释过程引入的不确定度包括取样体积的不确定度 u_y 以及定容的不确定度 u_x。

取样体积的不确定度由三方面引起的：移液管准确度、移液管取样体积重复性和温度变化。

以一级稀释为例进行分析。

A 级移液管的体积允差见表 A.1，服从三角分布，则可得到移液管体积的标准不确定度 u_{y1} 见表 A.1。

对移液管进行 10 次取样和称量，计算平均值的标准偏差为 S_y，即为定容重复性的标准不确定度 u_{y2}。

配制用水温度为 20 ℃±2 ℃，水的体积膨胀系数为 2.1×10^{-4} ℃$^{-1}$，则按照式(A.2)计算温度效应导致的体积变化。

假设服从正弦分布，则温度变化的标准不确定度为 $u_{y3}=V_T/\sqrt{2}$ 。

以上三者互不相关，可采用方和根的方式合成，按照式(A.4)计算定容的不确定度 u_y：

$$u_{yrel}=\frac{\sqrt{u_{y1}^2+u_{y2}^2+u_{y3}^2}}{V_y}\times100\% \qquad \cdots\cdots\cdots\cdots(A.4)$$

式中：

V_y——移液管体积，单位为毫升(mL)。

稀释过程定容的相对不确定度 u_{xrel} 的计算同储备液定容的不确定度 u_{Vrel}。

以上两个标准不确定度互不相关，可采用方和根的方法合成。则稀释过程的不确定度 u_{drel} 按照式(A.5) 计算：

$$u_{drel}=\sqrt{u_{yrel}^2+u_{xerl}^2} \qquad \cdots\cdots\cdots\cdots(A.5)$$

多次稀释过程引入的相对不确定度计算见式(A.6)：

$$u_{drel}=\sqrt{\sum_{i=1}^{n}u_{dreli}^2} \qquad \cdots\cdots\cdots\cdots(A.6)$$

A.2.5　合成不确定度

以上不确定度互不相关，可采用方和根的方法合成，计算见式(A.7)。

$$u_{rel}=\sqrt{u_{prel}^2+u_{mrel}^2+u_{Vrel}^2+u_{drel}^2} \qquad \cdots\cdots\cdots\cdots(A.7)$$

附 录 B
(规范性附录)
校准溶液标准值的验证方法

B.1 简介

本附录用于对实验室自配原子吸收测量用校准溶液标准值的验证。

B.2 仪器设备

经检定或校准在有效期内的原子吸收分光光度计。

B.3 试剂和样品

实验室自配原子吸收测量用铜、镉校准溶液,扩展不确定度为 $U_{LAB}(k=2)$;

水中铜、镉有证标准物质,扩展不确定度为 $U_s(k=2)$。

B.4 验证试验

将水中铜、镉有证标准物质与实验室自配原子吸收测量用铜、镉校准溶液稀释到同浓度,使稀释溶液的原子吸收分光光度计吸光度读数于 0.05~0.8 范围内。同样的条件下分别重复测量水中铜、镉有证标准物质(或稀释液)及铜、镉校准溶液(或稀释液)的吸光度值,计算得到水中铜、镉有证标准物质(或稀释液)吸光度平均值为 A_s,自配铜、镉校准溶液(或稀释液)的吸光度值平均值为 A_{LAB}。

B.5 验证结果评价

验证结果采用国际上普遍接受的 E_n 值进行评价。

按照式(B.1)计算测量结果的 E_n 值:

$$E_n = \frac{A_{LAB} - A_S}{\sqrt{U_{LAB}^2 + U_S^2}} \quad \cdots\cdots\cdots\cdots (B.1)$$

式中

U_{LAB}——实验室自配溶液吸光度值的扩展不确定度;

U_S ——水中铜、镉有证标准物质吸光度值扩展不确定度。

对实验室自配原子吸收测量用校准溶液,可接受的 E_n 值应在 -1~$+1$ 之间,即 $|E_n| \leqslant 1$($|E_n|$越趋近于零越好)。

当 $|E_n|$ 明显大于 1 时,应评价该测量结果,并谨慎使用该实验室自配校准溶液。

ICS 17.200.20
N 11

中华人民共和国国家标准

GB/T 30120—2013/IEC 62460:2008

纯金属组合热电偶分度表

Temperature—Electromotive force (EMF) tables for pure-element thermocouple combinations

(IEC 62460:2008,IDT)

2013-11-21 发布　　　　2014-06-01 实施

中华人民共和国国家质量监督检验检疫总局
中国国家标准化管理委员会　发布

前言

本标准按照 GB/T 1.1—2009 给出的规则起草。

本标准使用翻译法等同采用 IEC 62460:2008《纯金属组合热电偶分度表》。

与本标准中规范性引用的国际文件有一致性对应关系的我国文件如下：

——GB/T 16839.1—1997 热电偶 第1部分:分度表(IEC 60584-1:1995,IDT)。

鉴于 IEC 62460:2008 的附录 A 和附录 B 分别包含了规范性内容“分度函数的系数”和资料性内容“近似反函数的系数”,本标准做了下列编辑性修改：

——将原 IEC 62460:2008 的附录 A“金-铂热电偶的系数”拆分为附录 A(规范性附录)“金-铂热电偶分度函数的系数”和附录 C(资料性附录)“金-铂热电偶近似反函数的系数”;

——将原 IEC 62460:2008 的附录 B“铂-钯热电偶的系数”拆分为附录 B(规范性附录)“铂-钯热电偶分度函数的系数”和附录 D(资料性附录)“铂-钯热电偶近似反函数的系数”;

——附录 C 中,对应于 1 000 ℃的电动势由 17 085 μV 修改为 17 085.3 μV,与分度表和附录 A 保持一致;

——附录 B 和附录 D 中,对应于 1 500 ℃的电动势由 22 932 μV 改为 22 931.7 μV,与分度表保持一致。

本标准由中国机械工业联合会提出。

本标准由全国工业过程测量和控制标准化技术委员会(SAC/TC 124)归口。

本标准起草单位:上海工业自动化仪表研究院、安徽天康股份有限公司、重庆市大正温度仪表有限公司。

本标准主要起草人:王骏、王嘉宁、刘仁聪、周步余。

纯金属组合热电偶分度表

1 范围

本标准规定了金-铂热电偶和铂-钯热电偶的温度-电动势(EMF)和电动势-温度分度表及函数关系式。同时为了方便使用,本标准也提供了温度-电动势函数关系的近似函数。

本标准规定的分度表及函数式,适用于采用按重量百分比计纯度不小于99.999%的金、铂和纯度不小于99.99%的钯组成的金-铂热电偶和铂-钯热电偶。

本标准没有规定热电偶的电动势-温度初始值的允差。如果需要,该允差宜由偶丝制造商与用户协商确定。

本标准使用的温度基于1990年国际温标(ITS-90),以摄氏度为单位,符号为 t_{90}/ ℃。电动势(EMF)以微伏为单位,符号为 E/ μV。

本标准不涉及用于纯金属组合热电偶的延长和补偿导线。其使用问题由制造商与用户协商确定。

2 规范性引用文件

下列文件对于本文件的应用是必不可少的。凡是注日期的引用文件,仅注日期的版本适用于本文件。凡是不注日期的引用文件,其最新版本(包括所有的修改单)适用于本文件。

IEC 60584-1 热电偶 第1部分:分度表(Thermocouples—Part 1: Reference tables)

3 术语和定义

下列术语和定义适用于本文件。

3.1

热电偶类型 thermocouple types

本标准涉及下列类型的热电偶丝:

- 金-铂(Au/Pt,金/铂);
- 铂-钯(Pt/Pd,铂/钯)。

标识热电偶时,按国际惯例(如IEC 60584-1的规定)将正极放在前面。

3.2

ITS-90定义固定点的热电值 thermoelectric values at the ITS-90 fixed points

在相应分度表温度范围内定义三相点(TP)、熔点(MP)和凝固点(FP)的值。塞贝克系数 S 是温度-电动势的一阶导数。

注:塞贝克系数是微小温差引起塞贝克电势变化的变化率,塞贝克系数以微伏每摄氏度为单位,符号为 S/(μV/℃)。

4 分度表及函数式

本标准包括下列分度表:

- 金-铂热电偶:电动势-温度关系,间隔为1 ℃;

- 金-铂热电偶：温度-电动势关系，间隔为 10 μV；
- 金-铂热电偶在 ITS-90 定义固定点的热电值；
- 铂-钯热电偶：电动势-温度关系，间隔为 1 ℃；
- 铂-钯热电偶：温度-电动势关系，间隔为 10 μV；
- 铂-钯热电偶在 ITS-90 定义固定点的热电值。

本标准给出的分度表的参比温度为 0 ℃。

附录 A 和附录 B 分别给出了产生金/铂热电偶分度表和铂/钯热电偶分度表的电动势(E/μV)与温度(t_{90}/℃)函数关系的方程。

为了方便使用，附录 C 和附录 D 还给出了规定误差限内每种热电偶的温度(t_{90}/℃)与电动势(E/μV)函数关系的近似方程。

5 金-铂热电偶分度表

5.1 金-铂热电偶：电动势-温度关系，间隔为 1 ℃

t_{90}/℃	0	1	2	3	4	5	6	7	8	9	t_{90}/℃
						E/μV					
0	0.0	6.1	12.1	18.3	24.5	30.7	36.9	43.2	49.5	55.9	0
10	62.3	68.7	75.2	81.7	88.2	94.8	101.4	108.1	114.8	121.5	10
20	128.3	135.1	141.9	148.8	155.7	162.7	169.7	176.7	183.7	190.8	20
30	197.9	205.1	212.3	219.5	226.8	234.1	241.4	248.8	256.2	263.6	30
40	271.1	278.6	286.1	293.7	301.3	308.9	316.6	324.3	332.1	339.8	40
50	347.6	355.5	363.3	371.2	379.2	387.1	395.1	403.2	411.2	419.3	50
60	427.5	435.6	443.8	452.1	460.3	468.6	476.9	485.3	493.6	502.1	60
70	510.5	519.0	527.5	536.0	544.6	553.2	561.8	570.5	579.2	587.9	70
80	596.6	605.4	614.2	623.1	632.0	640.9	649.8	658.7	667.7	676.8	80
90	685.8	694.9	704.0	713.1	722.3	731.5	740.7	750.0	759.2	768.6	90
100	777.9	787.3	796.7	806.1	815.5	825.0	834.5	844.1	853.6	863.2	100
110	872.8	882.5	892.2	901.9	911.6	921.4	931.2	941.0	950.8	960.7	110
120	970.6	980.5	990.5	1 000.4	1 010.4	1 020.5	1 030.5	1 040.6	1 050.7	1 060.9	120
130	1 071.0	1 081.2	1 091.4	1 101.7	1 112.0	1 122.3	1 132.6	1 142.9	1 153.3	1 163.7	130
140	1 174.1	1 184.6	1 195.1	1 205.6	1 216.1	1 226.7	1 237.2	1 247.8	1 258.5	1 269.1	140
150	1 279.8	1 290.5	1 301.3	1 312.0	1 322.8	1 333.6	1 344.4	1 355.3	1 366.2	1 377.1	150
160	1 388.0	1 399.0	1 410.0	1 421.0	1 432.0	1 443.1	1 454.1	1 465.3	1 476.4	1 487.5	160
170	1 498.7	1 509.9	1 521.1	1 532.4	1 543.7	1 555.0	1 566.3	1 577.6	1 589.0	1 600.4	170
180	1 611.8	1 623.3	1 634.7	1 646.2	1 657.7	1 669.3	1 680.8	1 692.4	1 704.0	1 715.6	180
190	1 727.3	1 739.0	1 750.7	1 762.4	1 774.1	1 785.9	1 797.7	1 809.5	1 821.3	1 833.2	190
200	1 845.1	1 857.0	1 868.9	1 880.9	1 892.8	1 904.8	1 916.8	1 928.9	1 941.0	1 953.0	200
210	1 965.1	1 977.3	1 989.4	2 001.6	2 013.8	2 026.0	2 038.3	2 050.5	2 062.8	2 075.1	210
220	2 087.4	2 099.8	2 112.2	2 124.6	2 137.0	2 149.4	2 161.9	2 174.4	2 186.9	2 199.4	220

t_{90}/℃	0	1	2	3	4	5	6	7	8	9	t_{90}/℃
						E/μV					
230	2 211.9	2 224.5	2 237.1	2 249.7	2 262.3	2 275.0	2 287.7	2 300.4	2 313.1	2 325.8	230
240	2 338.6	2 351.4	2 364.2	2 377.0	2 389.8	2 402.7	2 415.6	2 428.5	2 441.4	2 454.4	240
250	2 467.3	2 480.3	2 493.3	2 506.4	2 519.4	2 532.5	2 545.6	2 558.7	2 571.9	2 585.0	250
260	2 598.2	2 611.4	2 624.6	2 637.8	2 651.1	2 664.4	2 677.7	2 691.0	2 704.3	2 717.7	260
270	2 731.1	2 744.5	2 757.9	2 771.3	2 784.8	2 798.3	2 811.8	2 825.3	2 838.9	2 852.4	270
280	2 866.0	2 879.6	2 893.2	2 906.9	2 920.5	2 934.2	2 947.9	2 961.6	2 975.4	2 989.1	280
290	3 002.9	3 016.7	3 030.5	3 044.4	3 058.2	3 072.1	3 086.0	3 099.9	3 113.8	3 127.8	290
300	3 141.8	3 155.8	3 169.8	3 183.8	3 197.9	3 211.9	3 226.0	3 240.1	3 254.3	3 268.4	300
310	3 282.6	3 296.8	3 311.0	3 325.2	3 339.4	3 353.7	3 368.0	3 382.3	3 396.6	3 410.9	310
320	3 425.3	3 439.7	3 454.1	3 468.5	3 482.9	3 497.4	3 511.8	3 526.3	3 540.8	3 555.4	320
330	3 569.9	3 584.5	3 599.1	3 613.7	3 628.3	3 642.9	3 657.6	3 672.2	3 686.9	3 701.7	330
340	3 716.4	3 731.1	3 745.9	3 760.7	3 775.5	3 790.3	3 805.2	3 820.0	3 834.9	3 849.8	340
350	3 864.7	3 879.6	3 894.6	3 909.6	3 924.6	3 939.6	3 954.6	3 969.6	3 984.7	3 999.8	350
360	4 014.9	4 030.0	4 045.1	4 060.3	4 075.4	4 090.6	4 105.8	4 121.0	4 136.3	4 151.5	360
370	4 166.8	4 182.1	4 197.4	4 212.8	4 228.1	4 243.5	4 258.9	4 274.3	4 289.7	4 305.1	370
380	4 320.6	4 336.1	4 351.6	4 367.1	4 382.6	4 398.1	4 413.7	4 429.3	4 444.9	4 460.5	380
390	4 476.1	4 491.8	4 507.4	4 523.1	4 538.8	4 554.6	4 570.3	4 586.1	4 601.8	4 617.6	390
400	4 633.4	4 649.3	4 665.1	4 681.0	4 696.8	4 712.7	4 728.6	4 744.6	4 760.5	4 776.5	400
410	4 792.5	4 808.5	4 824.5	4 840.5	4 856.6	4 872.7	4 888.7	4 904.9	4 921.0	4 937.1	410
420	4 953.3	4 969.4	4 985.6	5 001.8	5 018.1	5 034.3	5 050.6	5 066.9	5 083.1	5 099.5	420
430	5 115.8	5 132.1	5 148.5	5 164.9	5 181.3	5 197.7	5 214.1	5 230.6	5 247.0	5 263.5	430
440	5 280.0	5 296.5	5 313.1	5 329.6	5 346.2	5 362.8	5 379.4	5 396.0	5 412.6	5 429.3	440
450	5 446.0	5 462.6	5 479.4	5 496.1	5 512.8	5 529.6	5 546.3	5 563.1	5 579.9	5 596.8	450
460	5 613.6	5 630.5	5 647.3	5 664.2	5 681.1	5 698.0	5 715.0	5 731.9	5 748.9	5 765.9	460
470	5 782.9	5 799.9	5 817.0	5 834.0	5 851.1	5 868.2	5 885.3	5 902.4	5 919.6	5 936.8	470
480	5 953.9	5 971.1	5 988.3	6 005.6	6 022.8	6 040.1	6 057.3	6 074.6	6 091.9	6 109.3	480
490	6 126.6	6 144.0	6 161.3	6 178.7	6 196.1	6 213.6	6 231.0	6 248.5	6 265.9	6 283.4	490
500	6 301.0	6 318.5	6 336.0	6 353.6	6 371.2	6 388.7	6 406.4	6 424.0	6 441.6	6 459.3	500
510	6 477.0	6 494.7	6 512.4	6 530.1	6 547.8	6 565.6	6 583.4	6 601.1	6 619.0	6 636.8	510
520	6 654.6	6 672.5	6 690.4	6 708.2	6 726.2	6 744.1	6 762.0	6 780.0	6 797.9	6 815.9	520
530	6 833.9	6 852.0	6 870.0	6 888.1	6 906.1	6 924.2	6 942.3	6 960.4	6 978.6	6 996.7	530
540	7 014.9	7 033.1	7 051.3	7 069.5	7 087.7	7 106.0	7 124.3	7 142.6	7 160.9	7 179.2	540
550	7 197.5	7 215.9	7 234.2	7 252.6	7 271.0	7 289.4	7 307.9	7 326.3	7 344.8	7 363.3	550

t_{90}/℃	0	1	2	3	4	5	6	7	8	9	t_{90}/℃
						$E/\mu V$					
560	7 381.8	7 400.3	7 418.8	7 437.4	7 455.9	7 474.5	7 493.1	7 511.7	7 530.3	7 549.0	560
570	7 567.6	7 586.3	7 605.0	7 623.7	7 642.5	7 661.2	7 680.0	7 698.7	7 717.5	7 736.3	570
580	7 755.2	7 774.0	7 792.9	7 811.7	7 830.6	7 849.5	7 868.5	7 887.4	7 906.4	7 925.3	580
590	7 944.3	7 963.3	7 982.3	8 001.4	8 020.4	8 039.5	8 058.6	8 077.7	8 096.8	8 115.9	590
600	8 135.1	8 154.3	8 173.4	8 192.6	8 211.9	8 231.1	8 250.3	8 269.6	8 288.9	8 308.2	600
610	8 327.5	8 346.8	8 366.2	8 385.5	8 404.9	8 424.3	8 443.7	8 463.2	8 482.6	8 502.1	610
620	8 521.5	8 541.0	8 560.5	8 580.1	8 599.6	8 619.2	8 638.7	8 658.3	8 677.9	8 697.6	620
630	8 717.2	8 736.9	8 756.5	8 776.2	8 795.9	8 815.6	8 835.4	8 855.1	8 874.9	8 894.7	630
640	8 914.5	8 934.3	8 954.1	8 974.0	8 993.9	9 013.7	9 033.6	9 053.6	9 073.5	9 093.4	640
650	9 113.4	9 133.4	9 153.4	9 173.4	9 193.4	9 213.5	9 233.5	9 253.6	9 273.7	9 293.8	650
660	9 313.9	9 334.1	9 354.2	9 374.4	9 394.6	9 414.8	9 435.0	9 455.3	9 475.5	9 495.8	660
670	9 516.1	9 536.4	9 556.7	9 577.0	9 597.4	9 617.8	9 638.2	9 658.6	9 679.0	9 699.4	670
680	9 719.9	9 740.3	9 760.8	9 781.3	9 801.8	9 822.3	9 842.9	9 863.5	9 884.0	9 904.6	680
690	9 925.2	9 945.9	9 966.5	9 987.2	10 007.9	10 028.5	10 049.3	10 070.0	10 090.7	10 111.5	690
700	10 132.2	10 153.0	10 173.8	10 194.7	10 215.5	10 236.4	10 257.2	10 278.1	10 299.0	10 319.9	700
710	10 340.9	10 361.8	10 382.8	10 403.8	10 424.8	10 445.8	10 466.8	10 487.9	10 508.9	10 530.0	710
720	10 551.1	10 572.2	10 593.3	10 614.5	10 635.6	10 656.8	10 678.0	10 699.2	10 720.4	10 741.7	720
730	10 762.9	10 784.2	10 805.5	10 826.8	10 848.1	10 869.5	10 890.8	10 912.2	10 933.6	10 955.0	730
740	10 976.4	10 997.8	11 019.3	11 040.8	11 062.2	11 083.7	11 105.3	11 126.8	11 148.3	11 169.9	740
750	11 191.5	11 213.1	11 234.7	11 256.3	11 277.9	11 299.6	11 321.3	11 343.0	11 364.7	11 386.4	750
760	11 408.1	11 429.9	11 451.7	11 473.5	11 495.3	11 517.1	11 538.9	11 560.8	11 582.6	11 604.5	760
770	11 626.4	11 648.3	11 670.3	11 692.2	11 714.2	11 736.2	11 758.2	11 780.2	11 802.2	11 824.3	770
780	11 846.3	11 868.4	11 890.5	11 912.6	11 934.7	11 956.9	11 979.0	12 001.2	12 023.4	12 045.6	780
790	12 067.8	12 090.0	12 112.3	12 134.6	12 156.8	12 179.1	12 201.5	12 223.8	12 246.1	12 268.5	790
800	12 290.9	12 313.3	12 335.7	12 358.1	12 380.6	12 403.0	12 425.5	12 448.0	12 470.5	12 493.0	800
810	12 515.6	12 538.1	12 560.7	12 583.3	12 605.9	12 628.5	12 651.2	12 673.8	12 696.5	12 719.2	810
820	12 741.9	12 764.6	12 787.3	12 810.1	12 832.8	12 855.6	12 878.4	12 901.2	12 924.0	12 946.9	820
830	12 969.7	12 992.6	13 015.5	13 038.4	13 061.3	13 084.3	13 107.2	13 130.2	13 153.2	13 176.2	830
840	13 199.2	13 222.2	13 245.3	13 268.4	13 291.4	13 314.5	13 337.7	13 360.8	13 383.9	13 407.1	840
850	13 430.3	13 453.5	13 476.7	13 499.9	13 523.1	13 546.4	13 569.7	13 593.0	13 616.3	13 639.6	850
860	13 662.9	13 686.3	13 709.6	13 733.0	13 756.4	13 779.8	13 803.3	13 826.7	13 850.2	13 873.6	860
870	13 897.1	13 920.7	13 944.2	13 967.7	13 991.3	14 014.9	14 038.4	14 062.0	14 085.7	14 109.3	870
880	14 133.0	14 156.6	14 180.3	14 204.0	14 227.7	14 251.5	14 275.2	14 299.0	14 322.7	14 346.5	880
890	14 370.3	14 394.2	14 418.0	14 441.9	14 465.7	14 489.6	14 513.5	14 537.5	14 561.4	14 585.3	890

t_{90}/℃	0	1	2	3	4	5	6	7	8	9	t_{90}/℃
						E/μV					
900	14 609.3	14 633.3	14 657.3	14 681.3	14 705.3	14 729.4	14 753.4	14 777.5	14 801.6	14 825.7	900
910	14 849.9	14 874.0	14 898.2	14 922.3	14 946.5	14 970.7	14 994.9	15 019.2	15 043.4	15 067.7	910
920	15 092.0	15 116.3	15 140.6	15 164.9	15 189.3	15 213.6	15 238.0	15 262.4	15 286.8	15 311.2	920
930	15 335.7	15 360.1	15 384.6	15 409.1	15 433.6	15 458.1	15 482.6	15 507.2	15 531.7	15 556.3	930
940	15 580.9	15 605.5	15 630.1	15 654.8	15 679.4	15 704.1	15 728.8	15 753.5	15 778.2	15 803.0	940
950	15 827.7	15 852.5	15 877.3	15 902.1	15 926.9	15 951.7	15 976.6	16 001.4	16 026.3	16 051.2	950
960	16 076.1	16 101.0	16 126.0	16 150.9	16 175.9	16 200.9	16 225.9	16 250.9	16 276.0	16 301.0	960
970	16 326.1	16 351.2	16 376.2	16 401.4	16 426.5	16 451.6	16 476.8	16 502.0	16 527.2	16 552.4	970
980	16 577.6	16 602.8	16 628.1	16 653.3	16 678.6	16 703.9	16 729.2	16 754.6	16 779.9	16 805.3	980
990	16 830.7	16 856.1	16 881.5	16 906.9	16 932.3	16 957.8	16 983.3	17 008.8	17 034.3	17 059.8	990
1 000	17 085.3										1 000

5.2 金-铂热电偶:温度-电动势关系,间隔为 10 μV

E/μV	0	10	20	30	40	50	60	70	80	90	E/μV
						t_{90}/℃					
0	0.00	1.65	3.28	4.89	6.49	8.07	9.64	11.20	12.74	14.27	0
100	15.78	17.28	18.77	20.25	21.72	23.17	24.62	26.05	27.47	28.89	100
200	30.29	31.68	33.07	34.44	35.81	37.17	38.52	39.86	41.19	42.51	200
300	43.83	45.14	46.44	47.74	49.02	50.30	51.58	52.84	54.10	55.36	300
400	56.60	57.84	59.08	60.31	61.53	62.75	63.96	65.17	66.37	67.56	400
500	68.75	69.94	71.12	72.29	73.46	74.63	75.79	76.94	78.09	79.24	500
600	80.38	81.52	82.65	83.78	84.90	86.02	87.14	88.25	89.36	90.46	600
700	91.56	92.66	93.75	94.84	95.92	97.01	98.08	99.16	100.23	101.29	700
800	102.36	103.42	104.47	105.53	106.58	107.62	108.67	109.71	110.74	111.78	800
900	112.81	113.84	114.86	115.88	116.90	117.92	118.93	119.94	120.95	121.95	900
1 000	122.96	123.96	124.95	125.95	126.94	127.93	128.91	129.90	130.88	131.86	1 000
1 100	132.83	133.81	134.78	135.75	136.72	137.68	138.64	139.60	140.56	141.52	1 100
1 200	142.47	143.42	144.37	145.31	146.26	147.20	148.14	149.08	150.02	150.95	1 200
1 300	151.88	152.81	153.74	154.67	155.59	156.51	157.43	158.35	159.27	160.18	1 300
1 400	161.09	162.00	162.91	163.82	164.72	165.63	166.53	167.43	168.33	169.22	1 400
1 500	170.12	171.01	171.90	172.79	173.68	174.56	175.45	176.33	177.21	178.09	1 500
1 600	178.97	179.84	180.72	181.59	182.46	183.33	184.20	185.06	185.93	186.79	1 600
1 700	187.65	188.52	189.37	190.23	191.09	191.94	192.80	193.65	194.50	195.35	1 700
1 800	196.19	197.04	197.89	198.73	199.57	200.41	201.25	202.09	202.93	203.76	1 800

$E/\mu V$	0	10	20	30	40	50	60	70	80	90	$E/\mu V$
						t_{90}/℃					
1 900	204.60	205.43	206.26	207.09	207.92	208.75	209.58	210.40	211.22	212.05	1 900
2 000	212.87	213.69	214.51	215.32	216.14	216.96	217.77	218.58	219.40	220.21	2 000
2 100	221.02	221.82	222.63	223.44	224.24	225.05	225.85	226.65	227.45	228.25	2 100
2 200	229.05	229.84	230.64	231.44	232.23	233.02	233.81	234.61	235.39	236.18	2 200
2 300	236.97	237.76	238.54	239.33	240.11	240.89	241.67	242.46	243.23	244.01	2 300
2 400	244.79	245.57	246.34	247.12	247.89	248.66	249.43	250.20	250.97	251.74	2 400
2 500	252.51	253.28	254.04	254.81	255.57	256.34	257.10	257.86	258.62	259.38	2 500
2 600	260.14	260.90	261.65	262.41	263.16	263.92	264.67	265.42	266.18	266.93	2 600
2 700	267.68	268.42	269.17	269.92	270.67	271.41	272.16	272.90	273.64	274.39	2 700
2 800	275.13	275.87	276.61	277.35	278.09	278.82	279.56	280.30	281.03	281.76	2 800
2 900	282.50	283.23	283.96	284.69	285.42	286.15	286.88	287.61	288.34	289.06	2 900
3 000	289.79	290.52	291.24	291.96	292.69	293.41	294.13	294.85	295.57	296.29	3 000
3 100	297.01	297.73	298.44	299.16	299.87	300.59	301.30	302.02	302.73	303.44	3 100
3 200	304.15	304.86	305.57	306.28	306.99	307.70	308.41	309.11	309.82	310.52	3 200
3 300	311.23	311.93	312.64	313.34	314.04	314.74	315.44	316.14	316.84	317.54	3 300
3 400	318.24	318.93	319.63	320.33	321.02	321.72	322.41	323.11	323.80	324.49	3 400
3 500	325.18	325.87	326.56	327.25	327.94	328.63	329.32	330.01	330.69	331.38	3 500
3 600	332.06	332.75	333.43	334.12	334.80	335.48	336.17	336.85	337.53	338.21	3 600
3 700	338.89	339.57	340.24	340.92	341.60	342.28	342.95	343.63	344.30	344.98	3 700
3 800	345.65	346.33	347.00	347.67	348.34	349.01	349.68	350.35	351.02	351.69	3 800
3 900	352.36	353.03	353.70	354.36	355.03	355.69	356.36	357.02	357.69	358.35	3 900
4 000	359.01	359.68	360.34	361.00	361.66	362.32	362.98	363.64	364.30	364.96	4 000
4 100	365.62	366.27	366.93	367.59	368.24	368.90	369.55	370.21	370.86	371.51	4 100
4 200	372.17	372.82	373.47	374.12	374.77	375.42	376.07	376.72	377.37	378.02	4 200
4 300	378.67	379.31	379.96	380.61	381.25	381.90	382.54	383.19	383.83	384.48	4 300
4 400	385.12	385.76	386.40	387.05	387.69	388.33	388.97	389.61	390.25	390.89	4 400
4 500	391.52	392.16	392.80	393.44	394.07	394.71	395.35	395.98	396.62	397.25	4 500
4 600	397.88	398.52	399.15	399.78	400.42	401.05	401.68	402.31	402.94	403.57	4 600
4 700	404.20	404.83	405.46	406.08	406.71	407.34	407.97	408.59	409.22	409.85	4 700
4 800	410.47	411.10	411.72	412.34	412.97	413.59	414.21	414.83	415.46	416.08	4 800
4 900	416.70	417.32	417.94	418.56	419.18	419.80	420.42	421.03	421.65	422.27	4 900
5 000	422.89	423.50	424.12	424.73	425.35	425.97	426.58	427.19	427.81	428.42	5 000
5 100	429.03	429.65	430.26	430.87	431.48	432.09	432.70	433.31	433.92	434.53	5 100

$E/\mu V$	0	10	20	30	40	50	60	70	80	90	$E/\mu V$
					t_{90}/℃						
5 200	435.14	435.75	436.36	436.97	437.57	438.18	438.79	439.39	440.00	440.60	5 200
5 300	441.21	441.81	442.42	443.02	443.63	444.23	444.83	445.44	446.04	446.64	5 300
5 400	447.24	447.84	448.44	449.04	449.64	450.24	450.84	451.44	452.04	452.64	5 400
5 500	453.24	453.83	454.43	455.03	455.62	456.22	456.81	457.41	458.00	458.60	5 500
5 600	459.19	459.79	460.38	460.97	461.57	462.16	462.75	463.34	463.93	464.53	5 600
5 700	465.12	465.71	466.30	466.89	467.48	468.06	468.65	469.24	469.83	470.42	5 700
5 800	471.00	471.59	472.18	472.76	473.35	473.93	474.52	475.10	475.69	476.27	5 800
5 900	476.86	477.44	478.02	478.61	479.19	479.77	480.35	480.94	481.52	482.10	5 900
6 000	482.68	483.26	483.84	484.42	485.00	485.58	486.15	486.73	487.31	487.89	6 000
6 100	488.47	489.04	489.62	490.20	490.77	491.35	491.92	492.50	493.07	493.65	6 100
6 200	494.22	494.80	495.37	495.94	496.51	497.09	497.66	498.23	498.80	499.37	6 200
6 300	499.95	500.52	501.09	501.66	502.23	502.80	503.37	503.93	504.50	505.07	6 300
6 400	505.64	506.21	506.77	507.34	507.91	508.47	509.04	509.61	510.17	510.74	6 400
6 500	511.30	511.87	512.43	513.00	513.56	514.12	514.69	515.25	515.81	516.37	6 500
6 600	516.94	517.50	518.06	518.62	519.18	519.74	520.30	520.86	521.42	521.98	6 600
6 700	522.54	523.10	523.66	524.21	524.77	525.33	525.89	526.44	527.00	527.56	6 700
6 800	528.11	528.67	529.23	529.78	530.34	530.89	531.45	532.00	532.55	533.11	6 800
6 900	533.66	534.21	534.77	535.32	535.87	536.42	536.98	537.53	538.08	538.63	6 900
7 000	539.18	539.73	540.28	540.83	541.38	541.93	542.48	543.03	543.57	544.12	7 000
7 100	544.67	545.22	545.77	546.31	546.86	547.41	547.95	548.50	549.04	549.59	7 100
7 200	550.14	550.68	551.22	551.77	552.31	552.86	553.40	553.94	554.49	555.03	7 200
7 300	555.57	556.12	556.66	557.20	557.74	558.28	558.82	559.36	559.90	560.44	7 300
7 400	560.98	561.52	562.06	562.60	563.14	563.68	564.22	564.76	565.30	565.83	7 400
7 500	566.37	566.91	567.44	567.98	568.52	569.05	569.59	570.13	570.66	571.20	7 500
7 600	571.73	572.27	572.80	573.33	573.87	574.40	574.94	575.47	576.00	576.53	7 600
7 700	577.07	577.60	578.13	578.66	579.19	579.73	580.26	580.79	581.32	581.85	7 700
7 800	582.38	582.91	583.44	583.97	584.50	585.02	585.55	586.08	586.61	587.14	7 800
7 900	587.66	588.19	588.72	589.25	589.77	590.30	590.83	591.35	591.88	592.40	7 900
8 000	592.93	593.45	593.98	594.50	595.03	595.55	596.07	596.60	597.12	597.64	8 000
8 100	598.17	598.69	599.21	599.73	600.26	600.78	601.30	601.82	602.34	602.86	8 100
8 200	603.38	603.90	604.42	604.94	605.46	605.98	606.50	607.02	607.54	608.06	8 200
8 300	608.58	609.09	609.61	610.13	610.65	611.16	611.68	612.20	612.71	613.23	8 300
8 400	613.75	614.26	614.78	615.29	615.81	616.32	616.84	617.35	617.87	618.38	8 400

$E/\mu V$	0	10	20	30	40	50	60	70	80	90	$E/\mu V$
					$t_{90}/℃$						
8 500	618.89	619.41	619.92	620.43	620.95	621.46	621.97	622.48	623.00	623.51	8 500
8 600	624.02	624.53	625.04	625.55	626.06	626.57	627.09	627.60	628.11	628.61	8 600
8 700	629.12	629.63	630.14	630.65	631.16	631.67	632.18	632.68	633.19	633.70	8 700
8 800	634.21	634.71	635.22	635.73	636.23	636.74	637.25	637.75	638.26	638.76	8 800
8 900	639.27	639.77	640.28	640.78	641.29	641.79	642.30	642.80	643.30	643.81	8 900
9 000	644.31	644.81	645.31	645.82	646.32	646.82	647.32	647.83	648.33	648.83	9 000
9 100	649.33	649.83	650.33	650.83	651.33	651.83	652.33	652.83	653.33	653.83	9 100
9 200	654.33	654.83	655.33	655.82	656.32	656.82	657.32	657.82	658.31	658.81	9 200
9 300	659.31	659.81	660.30	660.80	661.29	661.79	662.29	662.78	663.28	663.77	9 300
9 400	664.27	664.76	665.26	665.75	666.25	666.74	667.23	667.73	668.22	668.71	9 400
9 500	669.21	669.70	670.19	670.69	671.18	671.67	672.16	672.65	673.15	673.64	9 500
9 600	674.13	674.62	675.11	675.60	676.09	676.58	677.07	677.56	678.05	678.54	9 600
9 700	679.03	679.52	680.01	680.50	680.98	681.47	681.96	682.45	682.94	683.42	9 700
9 800	683.91	684.40	684.89	685.37	685.86	686.35	686.83	687.32	687.80	688.29	9 800
9 900	688.78	689.26	689.75	690.23	690.72	691.20	691.68	692.17	692.65	693.14	9 900
10 000	693.62	694.10	694.59	695.07	695.55	696.04	696.52	697.00	697.48	697.97	10 000
10 100	698.45	698.93	699.41	699.89	700.37	700.85	701.33	701.82	702.30	702.78	10 100
10 200	703.26	703.74	704.22	704.70	705.17	705.65	706.13	706.61	707.09	707.57	10 200
10 300	708.05	708.53	709.00	709.48	709.96	710.44	710.91	711.39	711.87	712.34	10 300
10 400	712.82	713.30	713.77	714.25	714.72	715.20	715.68	716.15	716.63	717.10	10 400
10 500	717.58	718.05	718.53	719.00	719.47	719.95	720.42	720.89	721.37	721.84	10 500
10 600	722.31	722.79	723.26	723.73	724.21	724.68	725.15	725.62	726.09	726.56	10 600
10 700	727.04	727.51	727.98	728.45	728.92	729.39	729.86	730.33	730.80	731.27	10 700
10 800	731.74	732.21	732.68	733.15	733.62	734.09	734.56	735.02	735.49	735.96	10 800
10 900	736.43	736.90	737.36	737.83	738.30	738.77	739.23	739.70	740.17	740.63	10 900
11 000	741.10	741.57	742.03	742.50	742.96	743.43	743.90	744.36	744.83	745.29	11 000
11 100	745.76	746.22	746.68	747.15	747.61	748.08	748.54	749.00	749.47	749.93	11 100
11 200	750.39	750.86	751.32	751.78	752.25	752.71	753.17	753.63	754.09	754.56	11 200
11 300	755.02	755.48	755.94	756.40	756.86	757.32	757.78	758.24	758.70	759.16	11 300
11 400	759.62	760.08	760.54	761.00	761.46	761.92	762.38	762.84	763.30	763.76	11 400
11 500	764.22	764.67	765.13	765.59	766.05	766.51	766.96	767.42	767.88	768.34	11 500
11 600	768.79	769.25	769.71	770.16	770.62	771.08	771.53	771.99	772.44	772.90	11 600
11 700	773.35	773.81	774.26	774.72	775.17	775.63	776.08	776.54	776.99	777.45	11 700
11 800	777.90	778.35	778.81	779.26	779.71	780.17	780.62	781.07	781.53	781.98	11 800

$E/\mu V$	0	10	20	30	40	50	60	70	80	90	$E/\mu V$
					t_{90}/℃						
11 900	782.43	782.88	783.33	783.79	784.24	784.69	785.14	785.59	786.04	786.50	11 900
12 000	786.95	787.40	787.85	788.30	788.75	789.20	789.65	790.10	790.55	791.00	12 000
12 100	791.45	791.90	792.35	792.80	793.24	793.69	794.14	794.59	795.04	795.49	12 100
12 200	795.93	796.38	796.83	797.28	797.73	798.17	798.62	799.07	799.51	799.96	12 200
12 300	800.41	800.85	801.30	801.75	802.19	802.64	803.08	803.53	803.97	804.42	12 300
12 400	804.87	805.31	805.76	806.20	806.64	807.09	807.53	807.98	808.42	808.87	12 400
12 500	809.31	809.75	810.20	810.64	811.08	811.53	811.97	812.41	812.85	813.30	12 500
12 600	813.74	814.18	814.62	815.07	815.51	815.95	816.39	816.83	817.27	817.71	12 600
12 700	818.16	818.60	819.04	819.48	819.92	820.36	820.80	821.24	821.68	822.12	12 700
12 800	822.56	823.00	823.44	823.88	824.32	824.75	825.19	825.63	826.07	826.51	12 800
12 900	826.95	827.39	827.82	828.26	828.70	829.14	829.57	830.01	830.45	830.89	12 900
13 000	831.32	831.76	832.20	832.63	833.07	833.51	833.94	834.38	834.81	835.25	13 000
13 100	835.69	836.12	836.56	836.99	837.43	837.86	838.30	838.73	839.17	839.60	13 100
13 200	840.03	840.47	840.90	841.34	841.77	842.20	842.64	843.07	843.50	843.94	13 200
13 300	844.37	844.80	845.24	845.67	846.10	846.53	846.97	847.40	847.83	848.26	13 300
13 400	848.69	849.13	849.56	849.99	850.42	850.85	851.28	851.71	852.14	852.57	13 400
13 500	853.00	853.44	853.87	854.30	854.73	855.16	855.58	856.01	856.44	856.87	13 500
13 600	857.30	857.73	858.16	858.59	859.02	859.45	859.88	860.30	860.73	861.16	13 600
13 700	861.59	862.02	862.44	862.87	863.30	863.73	864.15	864.58	865.01	865.43	13 700
13 800	865.86	866.29	866.71	867.14	867.57	867.99	868.42	868.84	869.27	869.70	13 800
13 900	870.12	870.55	870.97	871.40	871.82	872.25	872.67	873.10	873.52	873.95	13 900
14 000	874.37	874.79	875.22	875.64	876.07	876.49	876.91	877.34	877.76	878.18	14 000
14 100	878.61	879.03	879.45	879.87	880.30	880.72	881.14	881.56	881.99	882.41	14 100
14 200	882.83	883.25	883.67	884.10	884.52	884.94	885.36	885.78	886.20	886.62	14 200
14 300	887.04	887.46	887.88	888.30	888.72	889.15	889.57	889.99	890.40	890.82	14 300
14 400	891.24	891.66	892.08	892.50	892.92	893.34	893.76	894.18	894.60	895.01	14 400
14 500	895.43	895.85	896.27	896.69	897.11	897.52	897.94	898.36	898.78	899.19	14 500
14 600	899.61	900.03	900.45	900.86	901.28	901.70	902.11	902.53	902.94	903.36	14 600
14 700	903.78	904.19	904.61	905.03	905.44	905.86	906.27	906.69	907.10	907.52	14 700
14 800	907.93	908.35	908.76	909.18	909.59	910.01	910.42	910.83	911.25	911.66	14 800
14 900	912.08	912.49	912.90	913.32	913.73	914.14	914.56	914.97	915.38	915.80	14 900
15 000	916.21	916.62	917.03	917.45	917.86	918.27	918.68	919.10	919.51	919.92	15 000
15 100	920.33	920.74	921.15	921.56	921.98	922.39	922.80	923.21	923.62	924.03	15 100

$E/\mu V$	0	10	20	30	40	50	60	70	80	90	$E/\mu V$
						$t_{90}/℃$					
15 200	924.44	924.85	925.26	925.67	926.08	926.49	926.90	927.31	927.72	928.13	15 200
15 300	928.54	928.95	929.36	929.77	930.18	930.59	931.00	931.40	931.81	932.22	15 300
15 400	932.63	933.04	933.45	933.85	934.26	934.67	935.08	935.49	935.89	936.30	15 400
15 500	936.71	937.12	937.52	937.93	938.34	938.74	939.15	939.56	939.96	940.37	15 500
15 600	940.78	941.18	941.59	941.99	942.40	942.81	943.21	943.62	944.02	944.43	15 600
15 700	944.83	945.24	945.64	946.05	946.45	946.86	947.26	947.67	948.07	948.48	15 700
15 800	948.88	949.28	949.69	950.09	950.50	950.90	951.30	951.71	952.11	952.51	15 800
15 900	952.92	953.32	953.72	954.13	954.53	954.93	955.33	955.74	956.14	956.54	15 900
16 000	956.94	957.34	957.75	958.15	958.55	958.95	959.35	959.75	960.16	960.56	16 000
16 100	960.96	961.36	961.76	962.16	962.56	962.96	963.36	963.76	964.16	964.56	16 100
16 200	964.96	965.36	965.76	966.16	966.56	966.96	967.36	967.76	968.16	968.56	16 200
16 300	968.96	969.36	969.76	970.16	970.56	970.95	971.35	971.75	972.15	972.55	16 300
16 400	972.95	973.34	973.74	974.14	974.54	974.93	975.33	975.73	976.13	976.52	16 400
16 500	976.92	977.32	977.72	978.11	978.51	978.91	979.30	979.70	980.10	980.49	16 500
16 600	980.89	981.28	981.68	982.08	982.47	982.87	983.26	983.66	984.05	984.45	16 600
16 700	984.84	985.24	985.63	986.03	986.42	986.82	987.21	987.61	988.00	988.40	16 700
16 800	988.79	989.19	989.58	989.97	990.37	990.76	991.15	991.55	991.94	992.34	16 800
16 900	992.73	993.12	993.51	993.91	994.30	994.69	995.09	995.48	995.87	996.26	16 900
17 000	996.66	997.05	997.44	997.83	998.23	998.62	999.01	999.40	999.79	1 000.19	17 000

5.3 金-铂热电偶在 ITS-90 定义固定点的热电值(资料性)

固定点	$t_{90}/℃$	$E/\mu V$	$S/(\mu V/℃)$
水三相点	0.01	0.06	6.037
镓熔点	29.764 6	196.25	7.133
铟凝固点	156.598 5	1 350.94	10.861
锡凝固点	231.928	2 236.18	12.599
锌凝固点	419.527	4 945.63	16.157
铝凝固点	660.323	9 320.44	20.139
银凝固点	961.78	16 120.49	24.945

6 铂-钯热电偶分度表

6.1 铂-钯热电偶:电动势-温度关系,间隔为 1 ℃

t_{90}/℃	0	1	2	3	4	5	6	7	8	9	t_{90}/℃
						E/μV					
0	0.0	5.3	10.6	15.9	21.3	26.6	31.9	37.3	42.7	48.0	0
10	53.4	58.8	64.2	69.6	75.0	80.5	85.9	91.3	96.8	102.2	10
20	107.7	113.2	118.7	124.2	129.7	135.2	140.7	146.2	151.7	157.3	20
30	162.8	168.4	173.9	179.5	185.1	190.7	196.3	201.9	207.5	213.1	30
40	218.7	224.3	230.0	235.6	241.3	246.9	252.6	258.3	264.0	269.7	40
50	275.4	281.1	286.8	292.5	298.2	303.9	309.7	315.4	321.2	326.9	50
60	332.7	338.5	344.3	350.1	355.9	361.7	367.5	373.3	379.1	384.9	60
70	390.8	396.6	402.5	408.3	414.2	420.1	425.9	431.8	437.7	443.6	70
80	449.5	455.4	461.3	467.3	473.2	479.1	485.1	491.0	497.0	502.9	80
90	508.9	514.9	520.9	526.9	532.9	538.9	544.9	550.9	556.9	562.9	90
100	569.0	575.0	581.1	587.1	593.2	599.3	605.3	611.4	617.5	623.6	100
110	629.7	635.8	641.9	648.1	654.2	660.3	666.5	672.6	678.8	684.9	110
120	691.1	697.3	703.5	709.7	715.9	722.1	728.3	734.5	740.7	746.9	120
130	753.2	759.4	765.7	771.9	778.2	784.5	790.7	797.0	803.3	809.6	130
140	815.9	822.2	828.6	834.9	841.2	847.6	853.9	860.3	866.6	873.0	140
150	879.4	885.8	892.2	898.6	905.0	911.4	917.8	924.2	930.7	937.1	150
160	943.6	950.0	956.5	962.9	969.4	975.9	982.4	988.9	995.4	1 001.9	160
170	1 008.5	1 015.0	1 021.5	1 028.1	1 034.6	1 041.2	1 047.8	1 054.4	1 060.9	1 067.5	170
180	1 074.1	1 080.7	1 087.4	1 094.0	1 100.6	1 107.3	1 113.9	1 120.6	1 127.2	1 133.9	180
190	1 140.6	1 147.3	1 154.0	1 160.7	1 167.4	1 174.1	1 180.9	1 187.6	1 194.4	1 201.1	190
200	1 207.9	1 214.7	1 221.4	1 228.2	1 235.0	1 241.8	1 248.7	1 255.5	1 262.3	1 269.2	200
210	1 276.0	1 282.9	1 289.7	1 296.6	1 303.5	1 310.4	1 317.3	1 324.2	1 331.2	1 338.1	210
220	1 345.0	1 352.0	1 358.9	1 365.9	1 372.9	1 379.9	1 386.9	1 393.9	1 400.9	1 407.9	220
230	1 415.0	1 422.0	1 429.1	1 436.1	1 443.2	1 450.3	1 457.4	1 464.5	1 471.6	1 478.7	230
240	1 485.9	1 493.0	1 500.2	1 507.3	1 514.5	1 521.7	1 528.9	1 536.1	1 543.3	1 550.5	240
250	1 557.7	1 565.0	1 572.2	1 579.5	1 586.8	1 594.1	1 601.4	1 608.7	1 616.0	1 623.3	250
260	1 630.7	1 638.0	1 645.4	1 652.7	1 660.1	1 667.5	1 674.9	1 682.3	1 689.7	1 697.2	260
270	1 704.6	1 712.1	1 719.6	1 727.0	1 734.5	1 742.0	1 749.5	1 757.1	1 764.6	1 772.2	270
280	1 779.7	1 787.3	1 794.9	1 802.5	1 810.1	1 817.7	1 825.3	1 833.0	1 840.6	1 848.3	280
290	1 856.0	1 863.6	1 871.3	1 879.1	1 886.8	1 894.5	1 902.3	1 910.0	1 917.8	1 925.6	290

t_{90}/℃	0	1	2	3	4	5	6	7	8	9	t_{90}/℃
						E/μV					
300	1 933.4	1 941.2	1 949.0	1 956.8	1 964.7	1 972.5	1 980.4	1 988.3	1 996.2	2 004.1	300
310	2 012.0	2 019.9	2 027.9	2 035.9	2 043.8	2 051.8	2 059.8	2 067.8	2 075.8	2 083.9	310
320	2 091.9	2 100.0	2 108.1	2 116.2	2 124.3	2 132.4	2 140.5	2 148.6	2 156.8	2 165.0	320
330	2 173.1	2 181.3	2 189.5	2 197.8	2 206.0	2 214.2	2 222.5	2 230.8	2 239.1	2 247.4	330
340	2 255.7	2 264.0	2 272.4	2 280.7	2 289.1	2 297.5	2 305.9	2 314.3	2 322.7	2 331.2	340
350	2 339.6	2 348.1	2 356.6	2 365.1	2 373.6	2 382.1	2 390.7	2 399.2	2 407.8	2 416.4	350
360	2 425.0	2 433.6	2 442.2	2 450.9	2 459.5	2 468.2	2 476.9	2 485.6	2 494.3	2 503.1	360
370	2 511.8	2 520.6	2 529.3	2 538.1	2 546.9	2 555.8	2 564.6	2 573.5	2 582.3	2 591.2	370
380	2 600.1	2 609.0	2 617.9	2 626.9	2 635.8	2 644.8	2 653.8	2 662.8	2 671.8	2 680.9	380
390	2 689.9	2 699.0	2 708.1	2 717.2	2 726.3	2 735.4	2 744.6	2 753.7	2 762.9	2 772.1	390
400	2 781.3	2 790.5	2 799.8	2 809.0	2 818.3	2 827.6	2 836.9	2 846.2	2 855.6	2 864.9	400
410	2 874.3	2 883.7	2 893.1	2 902.5	2 911.9	2 921.4	2 930.8	2 940.3	2 949.8	2 959.3	410
420	2 968.9	2 978.4	2 988.0	2 997.6	3 007.2	3 016.8	3 026.4	3 036.0	3 045.7	3 055.4	420
430	3 065.1	3 074.8	3 084.5	3 094.3	3 104.1	3 113.8	3 123.6	3 133.5	3 143.3	3 153.1	430
440	3 163.0	3 172.9	3 182.8	3 192.7	3 202.6	3 212.6	3 222.6	3 232.5	3 242.6	3 252.6	440
450	3 262.6	3 272.7	3 282.7	3 292.8	3 302.9	3 313.1	3 323.2	3 333.4	3 343.5	3 353.7	450
460	3 363.9	3 374.2	3 384.4	3 394.7	3 405.0	3 415.3	3 425.6	3 435.9	3 446.3	3 456.6	460
470	3 467.0	3 477.4	3 487.9	3 498.3	3 508.8	3 519.2	3 529.7	3 540.2	3 550.8	3 561.3	470
480	3 571.9	3 582.5	3 593.1	3 603.7	3 614.3	3 625.0	3 635.7	3 646.4	3 657.1	3 667.8	480
490	3 678.5	3 689.3	3 700.1	3 710.9	3 721.7	3 732.5	3 743.4	3 754.3	3 765.2	3 776.1	490
500	3 787.0	3 797.9	3 808.9	3 819.9	3 830.9	3 841.9	3 853.0	3 864.0	3 875.1	3 886.2	500
510	3 897.3	3 908.4	3 919.6	3 930.7	3 941.9	3 953.1	3 964.3	3 975.6	3 986.8	3 998.1	510
520	4 009.4	4 020.7	4 032.1	4 043.4	4 054.8	4 066.2	4 077.6	4 089.0	4 100.5	4 111.9	520
530	4 123.4	4 134.9	4 146.4	4 158.0	4 169.5	4 181.1	4 192.7	4 204.3	4 215.9	4 227.6	530
540	4 239.3	4 250.9	4 262.7	4 274.4	4 286.1	4 297.9	4 309.7	4 321.5	4 333.3	4 345.1	540
550	4 357.0	4 368.9	4 380.8	4 392.7	4 404.6	4 416.6	4 428.5	4 440.5	4 452.5	4 464.6	550
560	4 476.6	4 488.7	4 500.8	4 512.9	4 525.0	4 537.1	4 549.3	4 561.5	4 573.7	4 585.9	560
570	4 598.1	4 610.4	4 622.7	4 635.0	4 647.3	4 659.6	4 672.0	4 684.3	4 696.7	4 709.1	570
580	4 721.6	4 734.0	4 746.5	4 759.0	4 771.5	4 784.0	4 796.5	4 809.1	4 821.7	4 834.3	580
590	4 846.9	4 859.5	4 872.2	4 884.9	4 897.6	4 910.3	4 923.0	4 935.8	4 948.5	4 961.3	590
600	4 974.1	4 987.0	4 999.8	5 012.7	5 025.6	5 038.5	5 051.4	5 064.4	5 077.3	5 090.3	600
610	5 103.3	5 116.3	5 129.4	5 142.4	5 155.5	5 168.6	5 181.7	5 194.9	5 208.0	5 221.2	610
620	5 234.4	5 247.6	5 260.8	5 274.1	5 287.4	5 300.6	5 314.0	5 327.3	5 340.6	5 354.0	620
630	5 367.4	5 380.8	5 394.2	5 407.7	5 421.1	5 434.6	5 448.1	5 461.6	5 475.2	5 488.7	630

t_{90}/℃	0	1	2	3	4	5	6	7	8	9	t_{90}/℃
						E/μV					
640	5 502.3	5 515.9	5 529.5	5 543.1	5 556.8	5 570.5	5 584.2	5 597.9	5 611.6	5 625.4	640
650	5 639.1	5 652.9	5 666.7	5 680.6	5 694.4	5 708.3	5 722.1	5 736.0	5 750.0	5 763.9	650
660	5 777.9	5 791.8	5 805.8	5 819.9	5 833.9	5 848.0	5 862.0	5 876.1	5 890.2	5 904.4	660
670	5 918.5	5 932.7	5 946.9	5 961.1	5 975.3	5 989.5	6 003.8	6 018.1	6 032.4	6 046.7	670
680	6 061.1	6 075.4	6 089.8	6 104.2	6 118.6	6 133.0	6 147.5	6 162.0	6 176.4	6 191.0	680
690	6 205.5	6 220.0	6 234.6	6 249.2	6 263.8	6 278.4	6 293.1	6 307.7	6 322.4	6 337.1	690
700	6 351.8	6 366.5	6 381.3	6 396.1	6 410.9	6 425.7	6 440.5	6 455.3	6 470.2	6 485.1	700
710	6 500.0	6 514.9	6 529.9	6 544.8	6 559.8	6 574.8	6 589.8	6 604.9	6 619.9	6 635.0	710
720	6 650.1	6 665.2	6 680.3	6 695.5	6 710.6	6 725.8	6 741.0	6 756.2	6 771.5	6 786.7	720
730	6 802.0	6 817.3	6 832.6	6 847.9	6 863.3	6 878.7	6 894.0	6 909.4	6 924.9	6 940.3	730
740	6 955.8	6 971.2	6 986.7	7 002.3	7 017.8	7 033.3	7 048.9	7 064.5	7 080.1	7 095.7	740
750	7 111.4	7 127.0	7 142.7	7 158.4	7 174.1	7 189.9	7 205.6	7 221.4	7 237.2	7 253.0	750
760	7 268.8	7 284.7	7 300.5	7 316.4	7 332.3	7 348.2	7 364.2	7 380.1	7 396.1	7 412.1	760
770	7 428.1	7 444.1	7 460.1	7 476.2	7 492.3	7 508.4	7 524.5	7 540.6	7 556.8	7 572.9	770
780	7 589.1	7 605.3	7 621.5	7 637.8	7 654.0	7 670.3	7 686.6	7 702.9	7 719.3	7 735.6	780
790	7 752.0	7 768.3	7 784.7	7 801.2	7 817.6	7 834.0	7 850.5	7 867.0	7 883.5	7 900.0	790
800	7 916.6	7 933.1	7 949.7	7 966.3	7 982.9	7 999.5	8 016.2	8 032.9	8 049.5	8 066.2	800
810	8 082.9	8 099.7	8 116.4	8 133.2	8 150.0	8 166.8	8 183.6	8 200.4	8 217.3	8 234.2	810
820	8 251.1	8 268.0	8 284.9	8 301.8	8 318.8	8 335.8	8 352.8	8 369.8	8 386.8	8 403.8	820
830	8 420.9	8 438.0	8 455.1	8 472.2	8 489.3	8 506.5	8 523.6	8 540.8	8 558.0	8 575.2	830
840	8 592.5	8 609.7	8 627.0	8 644.3	8 661.6	8 678.9	8 696.2	8 713.6	8 730.9	8 748.3	840
850	8 765.7	8 783.1	8 800.6	8 818.0	8 835.5	8 853.0	8 870.5	8 888.0	8 905.5	8 923.1	850
860	8 940.7	8 958.3	8 975.9	8 993.5	9 011.1	9 028.8	9 046.4	9 064.1	9 081.8	9 099.5	860
870	9 117.3	9 135.0	9 152.8	9 170.6	9 188.4	9 206.2	9 224.0	9 241.9	9 259.7	9 277.6	870
880	9 295.5	9 313.4	9 331.4	9 349.3	9 367.3	9 385.3	9 403.3	9 421.3	9 439.3	9 457.4	880
890	9 475.4	9 493.5	9 511.6	9 529.7	9 547.8	9 566.0	9 584.1	9 602.3	9 620.5	9 638.7	890
900	9 656.9	9 675.2	9 693.4	9 711.7	9 730.0	9 748.3	9 766.6	9 784.9	9 803.3	9 821.6	900
910	9 840.0	9 858.4	9 876.8	9 895.3	9 913.7	9 932.2	9 950.7	9 969.1	9 987.7	10 006.2	910
920	10 024.7	10 043.3	10 061.8	10 080.4	10 099.0	10 117.7	10 136.3	10 154.9	10 173.6	10 192.3	920
930	10 211.0	10 229.7	10 248.4	10 267.2	10 285.9	10 304.7	10 323.5	10 342.3	10 361.1	10 379.9	930
940	10 398.8	10 417.6	10 436.5	10 455.4	10 474.3	10 493.3	10 512.2	10 531.2	10 550.1	10 569.1	940
950	10 588.1	10 607.1	10 626.2	10 645.2	10 664.3	10 683.3	10 702.4	10 721.5	10 740.7	10 759.8	950
960	10 779.0	10 798.1	10 817.3	10 836.5	10 855.7	10 874.9	10 894.2	10 913.4	10 932.7	10 952.0	960

t_{90}/℃	0	1	2	3	4	5	6	7	8	9	t_{90}/℃
						$E/\mu V$					
970	10 971.3	10 990.6	11 010.0	11 029.3	11 048.7	11 068.0	11 087.4	11 106.8	11 126.3	11 145.7	970
980	11 165.1	11 184.6	11 204.1	11 223.6	11 243.1	11 262.6	11 282.1	11 301.7	11 321.3	11 340.8	980
990	11 360.4	11 380.0	11 399.7	11 419.3	11 439.0	11 458.6	11 478.3	11 498.0	11 517.7	11 537.4	990
1 000	11 557.2	11 576.9	11 596.7	11 616.5	11 636.3	11 656.1	11 675.9	11 695.7	11 715.6	11 735.5	1 000
1 010	11 755.3	11 775.2	11 795.1	11 815.1	11 835.0	11 855.0	11 874.9	11 894.9	11 914.9	11 934.9	1 010
1 020	11 954.9	11 975.0	11 995.0	12 015.1	12 035.2	12 055.2	12 075.3	12 095.5	12 115.6	12 135.7	1 020
1 030	12 155.9	12 176.1	12 196.3	12 216.5	12 236.7	12 256.9	12 277.2	12 297.4	12 317.7	12 338.0	1 030
1 040	12 358.3	12 378.6	12 398.9	12 419.3	12 439.6	12 460.0	12 480.3	12 500.7	12 521.2	12 541.6	1 040
1 050	12 562.0	12 582.5	12 602.9	12 623.4	12 643.9	12 664.4	12 684.9	12 705.4	12 726.0	12 746.5	1 050
1 060	12 767.1	12 787.7	12 808.3	12 828.9	12 849.5	12 870.1	12 890.8	12 911.4	12 932.1	12 952.8	1 060
1 070	12 973.5	12 994.2	13 014.9	13 035.7	13 056.4	13 077.2	13 098.0	13 118.8	13 139.6	13 160.4	1 070
1 080	13 181.2	13 202.1	13 222.9	13 243.8	13 264.7	13 285.6	13 306.5	13 327.4	13 348.4	13 369.3	1 080
1 090	13 390.3	13 411.2	13 432.2	13 453.2	13 474.2	13 495.3	13 516.3	13 537.4	13 558.4	13 579.5	1 090
1 100	13 600.6	13 621.7	13 642.8	13 663.9	13 685.1	13 706.2	13 727.4	13 748.6	13 769.8	13 791.0	1 100
1 110	13 812.2	13 833.4	13 854.7	13 875.9	13 897.2	13 918.5	13 939.8	13 961.1	13 982.4	14 003.7	1 110
1 120	14 025.1	14 046.4	14 067.8	14 089.2	14 110.6	14 132.0	14 153.4	14 174.8	14 196.3	14 217.7	1 120
1 130	14 239.2	14 260.6	14 282.1	14 303.6	14 325.2	14 346.7	14 368.2	14 389.8	14 411.3	14 432.9	1 130
1 140	14 454.5	14 476.1	14 497.7	14 519.3	14 541.0	14 562.6	14 584.3	14 606.0	14 627.7	14 649.4	1 140
1 150	14 671.1	14 692.8	14 714.5	14 736.3	14 758.0	14 779.8	14 801.6	14 823.4	14 845.2	14 867.0	1 150
1 160	14 888.8	14 910.7	14 932.5	14 954.4	14 976.3	14 998.2	15 020.1	15 042.0	15 063.9	15 085.8	1 160
1 170	15 107.8	15 129.7	15 151.7	15 173.7	15 195.7	15 217.7	15 239.7	15 261.8	15 283.8	15 305.9	1 170
1 180	15 327.9	15 350.0	15 372.1	15 394.2	15 416.3	15 438.4	15 460.6	15 482.7	15 504.9	15 527.0	1 180
1 190	15 549.2	15 571.4	15 593.6	15 615.8	15 638.1	15 660.3	15 682.6	15 704.8	15 727.1	15 749.4	1 190
1 200	15 771.7	15 794.0	15 816.3	15 838.6	15 861.0	15 883.3	15 905.7	15 928.1	15 950.5	15 972.9	1 200
1 210	15 995.3	16 017.7	16 040.1	16 062.6	16 085.0	16 107.5	16 130.0	16 152.5	16 175.0	16 197.5	1 210
1 220	16 220.0	16 242.5	16 265.1	16 287.6	16 310.2	16 332.8	16 355.4	16 378.0	16 400.6	16 423.2	1 220
1 230	16 445.9	16 468.5	16 491.2	16 513.8	16 536.5	16 559.2	16 581.9	16 604.6	16 627.3	16 650.1	1 230
1 240	16 672.8	16 695.6	16 718.3	16 741.1	16 763.9	16 786.7	16 809.5	16 832.3	16 855.2	16 878.0	1 240
1 250	16 900.9	16 923.7	16 946.6	16 969.5	16 992.4	17 015.3	17 038.2	17 061.2	17 084.1	17 107.0	1 250
1 260	17 130.0	17 153.0	17 176.0	17 199.0	17 222.0	17 245.0	17 268.0	17 291.0	17 314.1	17 337.2	1 260
1 270	17 360.2	17 383.3	17 406.4	17 429.5	17 452.6	17 475.7	17 498.9	17 522.0	17 545.2	17 568.3	1 270
1 280	17 591.5	17 614.7	17 637.9	17 661.1	17 684.3	17 707.6	17 730.8	17 754.0	17 777.3	17 800.6	1 280
1 290	17 823.9	17 847.1	17 870.4	17 893.8	17 917.1	17 940.4	17 963.8	17 987.1	18 010.5	18 033.9	1 290

t_{90}/℃	0	1	2	3	4	5	6	7	8	9	t_{90}/℃
						E/μV					
1 300	18 057.2	18 080.6	18 104.0	18 127.5	18 150.9	18 174.3	18 197.8	18 221.2	18 244.7	18 268.2	1 300
1 310	18 291.7	18 315.2	18 338.7	18 362.2	18 385.7	18 409.3	18 432.8	18 456.4	18 480.0	18 503.5	1 310
1 320	18 527.1	18 550.7	18 574.3	18 598.0	18 621.6	18 645.2	18 668.9	18 692.6	18 716.2	18 739.9	1 320
1 330	18 763.6	18 787.3	18 811.0	18 834.7	18 858.5	18 882.2	18 906.0	18 929.7	18 953.5	18 977.3	1 330
1 340	19 001.1	19 024.9	19 048.7	19 072.5	19 096.4	19 120.2	19 144.1	19 167.9	19 191.8	19 215.7	1 340
1 350	19 239.6	19 263.5	19 287.4	19 311.3	19 335.3	19 359.2	19 383.2	19 407.1	19 431.1	19 455.1	1 350
1 360	19 479.1	19 503.1	19 527.1	19 551.1	19 575.1	19 599.2	19 623.2	19 647.3	19 671.4	19 695.5	1 360
1 370	19 719.5	19 743.6	19 767.8	19 791.9	19 816.0	19 840.1	19 864.3	19 888.5	19 912.6	19 936.8	1 370
1 380	19 961.0	19 985.2	20 009.4	20 033.6	20 057.8	20 082.1	20 106.3	20 130.6	20 154.8	20 179.1	1 380
1 390	20 203.4	20 227.7	20 252.0	20 276.3	20 300.6	20 325.0	20 349.3	20 373.7	20 398.0	20 422.4	1 390
1 400	20 446.8	20 471.2	20 495.6	20 520.0	20 544.4	20 568.8	20 593.3	20 617.7	20 642.2	20 666.6	1 400
1 410	20 691.1	20 715.6	20 740.1	20 764.6	20 789.1	20 813.6	20 838.2	20 862.7	20 887.3	20 911.8	1 410
1 420	20 936.4	20 961.0	20 985.6	21 010.2	21 034.8	21 059.4	21 084.0	21 108.6	21 133.3	21 157.9	1 420
1 430	21 182.6	21 207.3	21 232.0	21 256.7	21 281.4	21 306.1	21 330.8	21 355.5	21 380.2	21 405.0	1 430
1 440	21 429.7	21 454.5	21 479.3	21 504.1	21 528.9	21 553.7	21 578.5	21 603.3	21 628.1	21 653.0	1 440
1 450	21 677.8	21 702.7	21 727.5	21 752.4	21 777.3	21 802.2	21 827.1	21 852.0	21 876.9	21 901.8	1 450
1 460	21 926.8	21 951.7	21 976.7	22 001.7	22 026.6	22 051.6	22 076.6	22 101.6	22 126.6	22 151.6	1 460
1 470	22 176.7	22 201.7	22 226.8	22 251.8	22 276.9	22 301.9	22 327.0	22 352.1	22 377.2	22 402.3	1 470
1 480	22 427.4	22 452.6	22 477.7	22 502.9	22 528.0	22 553.2	22 578.3	22 603.5	22 628.7	22 653.9	1 480
1 490	22 679.1	22 704.3	22 729.6	22 754.8	22 780.0	22 805.3	22 830.5	22 855.8	22 881.1	22 906.4	1 490
1 500	22 931.7										1 500

6.2 铂-钯热电偶:温度-电动势关系,间隔为 10 μV

E/μV	0	10	20	30	40	50	60	70	80	90	E/μV
						t_{90}/℃					
0	0.00	1.88	3.76	5.63	7.50	9.36	11.22	13.07	14.91	16.75	0
100	18.59	20.42	22.24	24.06	25.87	27.68	29.49	31.29	33.09	34.88	100
200	36.67	38.45	40.23	42.00	43.77	45.54	47.30	49.06	50.82	52.57	200
300	54.31	56.06	57.80	59.53	61.26	62.99	64.72	66.44	68.16	69.87	300
400	71.58	73.29	74.99	76.69	78.39	80.09	81.78	83.46	85.15	86.83	400
500	88.51	90.18	91.86	93.52	95.19	96.85	98.51	100.17	101.82	103.47	500
600	105.12	106.77	108.41	110.05	111.68	113.32	114.95	116.57	118.20	119.82	600
700	121.44	123.06	124.67	126.28	127.89	129.49	131.09	132.69	134.29	135.88	700
800	137.47	139.06	140.64	142.23	143.81	145.38	146.96	148.53	150.10	151.66	800

$E/\mu V$	0	10	20	30	40	50	60	70	80	90	$E/\mu V$
						t_{90}/℃					
900	153.22	154.78	156.34	157.90	159.45	161.00	162.54	164.09	165.63	167.17	900
1 000	168.70	170.23	171.76	173.29	174.82	176.34	177.86	179.37	180.89	182.40	1 000
1 100	183.91	185.41	186.91	188.41	189.91	191.40	192.90	194.38	195.87	197.35	1 100
1 200	198.83	200.31	201.79	203.26	204.73	206.20	207.66	209.12	210.58	212.04	1 200
1 300	213.49	214.94	216.39	217.83	219.28	220.71	222.15	223.59	225.02	226.45	1 300
1 400	227.87	229.29	230.71	232.13	233.55	234.96	236.37	237.77	239.18	240.58	1 400
1 500	241.98	243.37	244.77	246.16	247.55	248.93	250.31	251.69	253.07	254.44	1 500
1 600	255.81	257.18	258.55	259.91	261.27	262.63	263.99	265.34	266.69	268.03	1 600
1 700	269.38	270.72	272.06	273.40	274.73	276.06	277.39	278.71	280.04	281.36	1 700
1 800	282.68	283.99	285.30	286.61	287.92	289.23	290.53	291.83	293.12	294.42	1 800
1 900	295.71	297.00	298.28	299.57	300.85	302.13	303.40	304.68	305.95	307.22	1 900
2 000	308.48	309.75	311.01	312.26	313.52	314.77	316.02	317.27	318.52	319.76	2 000
2 100	321.00	322.24	323.48	324.71	325.94	327.17	328.39	329.62	330.84	332.06	2 100
2 200	333.27	334.48	335.70	336.90	338.11	339.31	340.52	341.72	342.91	344.11	2 200
2 300	345.30	346.49	347.68	348.86	350.04	351.22	352.40	353.58	354.75	355.92	2 300
2 400	357.09	358.26	359.42	360.58	361.74	362.90	364.05	365.21	366.36	367.50	2 400
2 500	368.65	369.79	370.93	372.07	373.21	374.35	375.48	376.61	377.74	378.86	2 500
2 600	379.99	381.11	382.23	383.35	384.46	385.58	386.69	387.80	388.90	390.01	2 600
2 700	391.11	392.21	393.31	394.41	395.50	396.59	397.68	398.77	399.86	400.94	2 700
2 800	402.02	403.10	404.18	405.26	406.33	407.41	408.48	409.54	410.61	411.67	2 800
2 900	412.74	413.80	414.86	415.91	416.97	418.02	419.07	420.12	421.17	422.21	2 900
3 000	423.25	424.30	425.34	426.37	427.41	428.44	429.48	430.51	431.53	432.56	3 000
3 100	433.59	434.61	435.63	436.65	437.67	438.68	439.70	440.71	441.72	442.73	3 100
3 200	443.73	444.74	445.74	446.75	447.75	448.74	449.74	450.74	451.73	452.72	3 200
3 300	453.71	454.70	455.68	456.67	457.65	458.63	459.61	460.59	461.57	462.54	3 300
3 400	463.52	464.49	465.46	466.43	467.39	468.36	469.32	470.29	471.25	472.21	3 400
3 500	473.16	474.12	475.07	476.03	476.98	477.93	478.87	479.82	480.77	481.71	3 500
3 600	482.65	483.59	484.53	485.47	486.41	487.34	488.27	489.21	490.14	491.06	3 600
3 700	491.99	492.92	493.84	494.77	495.69	496.61	497.53	498.44	499.36	500.27	3 700
3 800	501.19	502.10	503.01	503.92	504.83	505.73	506.64	507.54	508.44	509.34	3 800
3 900	510.24	511.14	512.04	512.93	513.83	514.72	515.61	516.50	517.39	518.28	3 900
4 000	519.17	520.05	520.93	521.82	522.70	523.58	524.46	525.33	526.21	527.09	4 000
4 100	527.96	528.83	529.70	530.57	531.44	532.31	533.18	534.04	534.90	535.77	4 100

$E/\mu V$	0	10	20	30	40	50	60	70	80	90	$E/\mu V$
	$t_{90}/℃$										
4 200	536.63	537.49	538.35	539.21	540.06	540.92	541.77	542.63	543.48	544.33	4 200
4 300	545.18	546.03	546.87	547.72	548.57	549.41	550.25	551.09	551.93	552.77	4 300
4 400	553.61	554.45	555.29	556.12	556.95	557.79	558.62	559.45	560.28	561.11	4 400
4 500	561.94	562.76	563.59	564.41	565.23	566.06	566.88	567.70	568.52	569.33	4 500
4 600	570.15	570.97	571.78	572.60	573.41	574.22	575.03	575.84	576.65	577.46	4 600
4 700	578.26	579.07	579.87	580.68	581.48	582.28	583.08	583.88	584.68	585.48	4 700
4 800	586.28	587.07	587.87	588.66	589.45	590.25	591.04	591.83	592.62	593.41	4 800
4 900	594.19	594.98	595.76	596.55	597.33	598.12	598.90	599.68	600.46	601.24	4 900
5 000	602.01	602.79	603.57	604.34	605.12	605.89	606.66	607.44	608.21	608.98	5 000
5 100	609.75	610.52	611.28	612.05	612.82	613.58	614.34	615.11	615.87	616.63	5 100
5 200	617.39	618.15	618.91	619.67	620.43	621.18	621.94	622.69	623.45	624.20	5 200
5 300	624.95	625.70	626.45	627.20	627.95	628.70	629.45	630.20	630.94	631.69	5 300
5 400	632.43	633.17	633.92	634.66	635.40	636.14	636.88	637.62	638.36	639.09	5 400
5 500	639.83	640.57	641.30	642.03	642.77	643.50	644.23	644.96	645.69	646.42	5 500
5 600	647.15	647.88	648.61	649.34	650.06	650.79	651.51	652.24	652.96	653.68	5 600
5 700	654.40	655.12	655.84	656.56	657.28	658.00	658.72	659.43	660.15	660.87	5 700
5 800	661.58	662.30	663.01	663.72	664.43	665.15	665.86	666.57	667.27	667.98	5 800
5 900	668.69	669.40	670.10	670.81	671.51	672.22	672.92	673.63	674.33	675.03	5 900
6 000	675.73	676.43	677.13	677.83	678.53	679.23	679.92	680.62	681.32	682.01	6 000
6 100	682.71	683.40	684.09	684.79	685.48	686.17	686.86	687.55	688.24	688.93	6 100
6 200	689.62	690.31	690.99	691.68	692.37	693.05	693.74	694.42	695.11	695.79	6 200
6 300	696.47	697.15	697.83	698.52	699.20	699.87	700.55	701.23	701.91	702.59	6 300
6 400	703.26	703.94	704.61	705.29	705.96	706.64	707.31	707.98	708.66	709.33	6 400
6 500	710.00	710.67	711.34	712.01	712.68	713.34	714.01	714.68	715.34	716.01	6 500
6 600	716.68	717.34	718.00	718.67	719.33	719.99	720.66	721.32	721.98	722.64	6 600
6 700	723.30	723.96	724.62	725.28	725.93	726.59	727.25	727.90	728.56	729.21	6 700
6 800	729.87	730.52	731.18	731.83	732.48	733.13	733.79	734.44	735.09	735.74	6 800
6 900	736.39	737.04	737.68	738.33	738.98	739.63	740.27	740.92	741.57	742.21	6 900
7 000	742.85	743.50	744.14	744.79	745.43	746.07	746.71	747.35	747.99	748.63	7 000
7 100	749.27	749.91	750.55	751.19	751.83	752.46	753.10	753.74	754.37	755.01	7 100
7 200	755.64	756.28	756.91	757.55	758.18	758.81	759.44	760.08	760.71	761.34	7 200
7 300	761.97	762.60	763.23	763.86	764.49	765.11	765.74	766.37	767.00	767.62	7 300
7 400	768.25	768.87	769.50	770.12	770.75	771.37	771.99	772.62	773.24	773.86	7 400

$E/\mu V$	0	10	20	30	40	50	60	70	80	90	$E/\mu V$
						$t_{90}/℃$					
7 500	774.48	775.10	775.72	776.34	776.96	777.58	778.20	778.82	779.44	780.06	7 500
7 600	780.67	781.29	781.91	782.52	783.14	783.75	784.37	784.98	785.60	786.21	7 600
7 700	786.82	787.44	788.05	788.66	789.27	789.88	790.49	791.10	791.71	792.32	7 700
7 800	792.93	793.54	794.15	794.76	795.36	795.97	796.58	797.18	797.79	798.39	7 800
7 900	799.00	799.60	800.21	800.81	801.42	802.02	802.62	803.22	803.83	804.43	7 900
8 000	805.03	805.63	806.23	806.83	807.43	808.03	808.63	809.23	809.83	810.42	8 000
8 100	811.02	811.62	812.21	812.81	813.41	814.00	814.60	815.19	815.79	816.38	8 100
8 200	816.98	817.57	818.16	818.75	819.35	819.94	820.53	821.12	821.71	822.30	8 200
8 300	822.89	823.48	824.07	824.66	825.25	825.84	826.43	827.01	827.60	828.19	8 300
8 400	828.78	829.36	829.95	830.53	831.12	831.70	832.29	832.87	833.46	834.04	8 400
8 500	834.62	835.21	835.79	836.37	836.95	837.53	838.12	838.70	839.28	839.86	8 500
8 600	840.44	841.02	841.60	842.17	842.75	843.33	843.91	844.49	845.06	845.64	8 600
8 700	846.22	846.79	847.37	847.95	848.52	849.10	849.67	850.25	850.82	851.39	8 700
8 800	851.97	852.54	853.11	853.68	854.26	854.83	855.40	855.97	856.54	857.11	8 800
8 900	857.68	858.25	858.82	859.39	859.96	860.53	861.10	861.67	862.23	862.80	8 900
9 000	863.37	863.94	864.50	865.07	865.64	866.20	866.77	867.33	867.90	868.46	9 000
9 100	869.03	869.59	870.15	870.72	871.28	871.84	872.40	872.97	873.53	874.09	9 100
9 200	874.65	875.21	875.77	876.33	876.89	877.45	878.01	878.57	879.13	879.69	9 200
9 300	880.25	880.81	881.36	881.92	882.48	883.04	883.59	884.15	884.71	885.26	9 300
9 400	885.82	886.37	886.93	887.48	888.04	888.59	889.14	889.70	890.25	890.81	9 400
9 500	891.36	891.91	892.46	893.01	893.57	894.12	894.67	895.22	895.77	896.32	9 500
9 600	896.87	897.42	897.97	898.52	899.07	899.62	900.17	900.72	901.26	901.81	9 600
9 700	902.36	902.91	903.45	904.00	904.55	905.09	905.64	906.18	906.73	907.27	9 700
9 800	907.82	908.36	908.91	909.45	910.00	910.54	911.08	911.63	912.17	912.71	9 800
9 900	913.25	913.80	914.34	914.88	915.42	915.96	916.50	917.04	917.58	918.12	9 900
10 000	918.66	919.20	919.74	920.28	920.82	921.36	921.90	922.44	922.98	923.51	10 000
10 100	924.05	924.59	925.12	925.66	926.20	926.73	927.27	927.81	928.34	928.88	10 100
10 200	929.41	929.95	930.48	931.02	931.55	932.08	932.62	933.15	933.68	934.22	10 200
10 300	934.75	935.28	935.81	936.35	936.88	937.41	937.94	938.47	939.00	939.53	10 300
10 400	940.06	940.59	941.12	941.65	942.18	942.71	943.24	943.77	944.30	944.83	10 400
10 500	945.35	945.88	946.41	946.94	947.47	947.99	948.52	949.05	949.57	950.10	10 500
10 600	950.62	951.15	951.68	952.20	952.73	953.25	953.77	954.30	954.82	955.35	10 600
10 700	955.87	956.39	956.92	957.44	957.96	958.49	959.01	959.53	960.05	960.58	10 700
10 800	961.10	961.62	962.14	962.66	963.18	963.70	964.22	964.74	965.26	965.78	10 800

$E/\mu V$	0	10	20	30	40	50	60	70	80	90	$E/\mu V$
	$t_{90}/℃$										
10 900	966.30	966.82	967.34	967.86	968.38	968.90	969.41	969.93	970.45	970.97	10 900
11 000	971.48	972.00	972.52	973.04	973.55	974.07	974.58	975.10	975.62	976.13	11 000
11 100	976.65	977.16	977.68	978.19	978.71	979.22	979.74	980.25	980.76	981.28	11 100
11 200	981.79	982.30	982.82	983.33	983.84	984.35	984.87	985.38	985.89	986.40	11 200
11 300	986.91	987.43	987.94	988.45	988.96	989.47	989.98	990.49	991.00	991.51	11 300
11 400	992.02	992.53	993.04	993.54	994.05	994.56	995.07	995.58	996.09	996.59	11 400
11 500	997.10	997.61	998.12	998.62	999.13	999.64	1 000.14	1 000.65	1 001.16	1 001.66	11 500
11 600	1 002.17	1 002.67	1 003.18	1 003.68	1 004.19	1 004.69	1 005.20	1 005.70	1 006.21	1 006.71	11 600
11 700	1 007.22	1 007.72	1 008.22	1 008.73	1 009.23	1 009.73	1 010.24	1 010.74	1 011.24	1 011.74	11 700
11 800	1 012.24	1 012.75	1 013.25	1 013.75	1 014.25	1 014.75	1 015.25	1 015.75	1 016.26	1 016.76	11 800
11 900	1 017.26	1 017.76	1 018.26	1 018.76	1 019.26	1 019.76	1 020.25	1 020.75	1 021.25	1 021.75	11 900
12 000	1 022.25	1 022.75	1 023.25	1 023.74	1 024.24	1 024.74	1 025.24	1 025.74	1 026.23	1 026.73	12 000
12 100	1 027.23	1 027.72	1 028.22	1 028.72	1 029.21	1 029.71	1 030.20	1 030.70	1 031.20	1 031.69	12 100
12 200	1 032.19	1 032.68	1 033.18	1 033.67	1 034.17	1 034.66	1 035.15	1 035.65	1 036.14	1 036.64	12 200
12 300	1 037.13	1 037.62	1 038.12	1 038.61	1 039.10	1 039.59	1 040.09	1 040.58	1 041.07	1 041.56	12 300
12 400	1 042.06	1 042.55	1 043.04	1 043.53	1 044.02	1 044.51	1 045.00	1 045.49	1 045.98	1 046.47	12 400
12 500	1 046.97	1 047.46	1 047.95	1 048.44	1 048.92	1 049.41	1 049.90	1 050.39	1 050.88	1 051.37	12 500
12 600	1 051.86	1 052.35	1 052.84	1 053.32	1 053.81	1 054.30	1 054.79	1 055.28	1 055.76	1 056.25	12 600
12 700	1 056.74	1 057.22	1 057.71	1 058.20	1 058.68	1 059.17	1 059.66	1 060.14	1 060.63	1 061.11	12 700
12 800	1 061.60	1 062.09	1 062.57	1 063.06	1 063.54	1 064.03	1 064.51	1 065.00	1 065.48	1 065.96	12 800
12 900	1 066.45	1 066.93	1 067.42	1 067.90	1 068.38	1 068.87	1 069.35	1 069.83	1 070.32	1 070.80	12 900
13 000	1 071.28	1 071.76	1 072.25	1 072.73	1 073.21	1 073.69	1 074.17	1 074.65	1 075.14	1 075.62	13 000
13 100	1 076.10	1 076.58	1 077.06	1 077.54	1 078.02	1 078.50	1 078.98	1 079.46	1 079.94	1 080.42	13 100
13 200	1 080.90	1 081.38	1 081.86	1 082.34	1 082.82	1 083.30	1 083.78	1 084.26	1 084.73	1 085.21	13 200
13 300	1 085.69	1 086.17	1 086.65	1 087.12	1 087.60	1 088.08	1 088.56	1 089.03	1 089.51	1 089.99	13 300
13 400	1 090.46	1 090.94	1 091.42	1 091.89	1 092.37	1 092.85	1 093.32	1 093.80	1 094.27	1 094.75	13 400
13 500	1 095.23	1 095.70	1 096.18	1 096.65	1 097.13	1 097.60	1 098.08	1 098.55	1 099.02	1 099.50	13 500
13 600	1 099.97	1 100.45	1 100.92	1 101.39	1 101.87	1 102.34	1 102.81	1 103.29	1 103.76	1 104.23	13 600
13 700	1 104.71	1 105.18	1 105.65	1 106.12	1 106.60	1 107.07	1 107.54	1 108.01	1 108.48	1 108.95	13 700
13 800	1 109.43	1 109.90	1 110.37	1 110.84	1 111.31	1 111.78	1 112.25	1 112.72	1 113.19	1 113.66	13 800
13 900	1 114.13	1 114.60	1 115.07	1 115.54	1 116.01	1 116.48	1 116.95	1 117.42	1 117.89	1 118.36	13 900
14 000	1 118.83	1 119.29	1 119.76	1 120.23	1 120.70	1 121.17	1 121.64	1 122.10	1 122.57	1 123.04	14 000
14 100	1 123.51	1 123.97	1 124.44	1 124.91	1 125.38	1 125.84	1 126.31	1 126.78	1 127.24	1 127.71	14 100

$E/\mu V$	0	10	20	30	40	50	60	70	80	90	$E/\mu V$
						t_{90}/℃					
14 200	1 128.17	1 128.64	1 129.11	1 129.57	1 130.04	1 130.50	1 130.97	1 131.43	1 131.90	1 132.37	14 200
14 300	1 132.83	1 133.30	1 133.76	1 134.22	1 134.69	1 135.15	1 135.62	1 136.08	1 136.55	1 137.01	14 300
14 400	1 137.47	1 137.94	1 138.40	1 138.86	1 139.33	1 139.79	1 140.25	1 140.72	1 141.18	1 141.64	14 400
14 500	1 142.10	1 142.57	1 143.03	1 143.49	1 143.95	1 144.42	1 144.88	1 145.34	1 145.80	1 146.26	14 500
14 600	1 146.72	1 147.18	1 147.65	1 148.11	1 148.57	1 149.03	1 149.49	1 149.95	1 150.41	1 150.87	14 600
14 700	1 151.33	1 151.79	1 152.25	1 152.71	1 153.17	1 153.63	1 154.09	1 154.55	1 155.01	1 155.47	14 700
14 800	1 155.93	1 156.39	1 156.84	1 157.30	1 157.76	1 158.22	1 158.68	1 159.14	1 159.59	1 160.05	14 800
14 900	1 160.51	1 160.97	1 161.43	1 161.88	1 162.34	1 162.80	1 163.26	1 163.71	1 164.17	1 164.63	14 900
15 000	1 165.08	1 165.54	1 166.00	1 166.45	1 166.91	1 167.36	1 167.82	1 168.28	1 168.73	1 169.19	15 000
15 100	1 169.64	1 170.10	1 170.55	1 171.01	1 171.47	1 171.92	1 172.38	1 172.83	1 173.28	1 173.74	15 100
15 200	1 174.19	1 174.65	1 175.10	1 175.56	1 176.01	1 176.46	1 176.92	1 177.37	1 177.83	1 178.28	15 200
15 300	1 178.73	1 179.19	1 179.64	1 180.09	1 180.55	1 181.00	1 181.45	1 181.90	1 182.36	1 182.81	15 300
15 400	1 183.26	1 183.71	1 184.17	1 184.62	1 185.07	1 185.52	1 185.97	1 186.42	1 186.88	1 187.33	15 400
15 500	1 187.78	1 188.23	1 188.68	1 189.13	1 189.58	1 190.03	1 190.48	1 190.93	1 191.39	1 191.84	15 500
15 600	1 192.29	1 192.74	1 193.19	1 193.64	1 194.09	1 194.54	1 194.98	1 195.43	1 195.88	1 196.33	15 600
15 700	1 196.78	1 197.23	1 197.68	1 198.13	1 198.58	1 199.03	1 199.47	1 199.92	1 200.37	1 200.82	15 700
15 800	1 201.27	1 201.72	1 202.16	1 202.61	1 203.06	1 203.51	1 203.95	1 204.40	1 204.85	1 205.30	15 800
15 900	1 205.74	1 206.19	1 206.64	1 207.08	1 207.53	1 207.98	1 208.42	1 208.87	1 209.32	1 209.76	15 900
16 000	1 210.21	1 210.66	1 211.10	1 211.55	1 211.99	1 212.44	1 212.88	1 213.33	1 213.77	1 214.22	16 000
16 100	1 214.67	1 215.11	1 215.56	1 216.00	1 216.44	1 216.89	1 217.33	1 217.78	1 218.22	1 218.67	16 100
16 200	1 219.11	1 219.55	1 220.00	1 220.44	1 220.89	1 221.33	1 221.77	1 222.22	1 222.66	1 223.10	16 200
16 300	1 223.55	1 223.99	1 224.43	1 224.88	1 225.32	1 225.76	1 226.20	1 226.65	1 227.09	1 227.53	16 300
16 400	1 227.97	1 228.41	1 228.86	1 229.30	1 229.74	1 230.18	1 230.62	1 231.07	1 231.51	1 231.95	16 400
16 500	1 232.39	1 232.83	1 233.27	1 233.71	1 234.15	1 234.59	1 235.03	1 235.48	1 235.92	1 236.36	16 500
16 600	1 236.80	1 237.24	1 237.68	1 238.12	1 238.56	1 239.00	1 239.44	1 239.88	1 240.32	1 240.75	16 600
16 700	1 241.19	1 241.63	1 242.07	1 242.51	1 242.95	1 243.39	1 243.83	1 244.27	1 244.71	1 245.14	16 700
16 800	1 245.58	1 246.02	1 246.46	1 246.90	1 247.34	1 247.77	1 248.21	1 248.65	1 249.09	1 249.52	16 800
16 900	1 249.96	1 250.40	1 250.84	1 251.27	1 251.71	1 252.15	1 252.59	1 253.02	1 253.46	1 253.90	16 900
17 000	1 254.33	1 254.77	1 255.21	1 255.64	1 256.08	1 256.51	1 256.95	1 257.39	1 257.82	1 258.26	17 000
17 100	1 258.69	1 259.13	1 259.56	1 260.00	1 260.44	1 260.87	1 261.31	1 261.74	1 262.18	1 262.61	17 100
17 200	1 263.05	1 263.48	1 263.91	1 264.35	1 264.78	1 265.22	1 265.65	1 266.09	1 266.52	1 266.96	17 200
17 300	1 267.39	1 267.82	1 268.26	1 268.69	1 269.12	1 269.56	1 269.99	1 270.42	1 270.86	1 271.29	17 300
17 400	1 271.72	1 272.16	1 272.59	1 273.02	1 273.46	1 273.89	1 274.32	1 274.75	1 275.19	1 275.62	17 400

$E/\mu V$	0	10	20	30	40	50	60	70	80	90	$E/\mu V$
					$t_{90}/℃$						
17 500	1 276.05	1 276.48	1 276.91	1 277.35	1 277.78	1 278.21	1 278.64	1 279.07	1 279.50	1 279.94	17 500
17 600	1 280.37	1 280.80	1 281.23	1 281.66	1 282.09	1 282.52	1 282.95	1 283.38	1 283.81	1 284.25	17 600
17 700	1 284.68	1 285.11	1 285.54	1 285.97	1 286.40	1 286.83	1 287.26	1 287.69	1 288.12	1 288.55	17 700
17 800	1 288.98	1 289.41	1 289.84	1 290.27	1 290.69	1 291.12	1 291.55	1 291.98	1 292.41	1 292.84	17 800
17 900	1 293.27	1 293.70	1 294.13	1 294.55	1 294.98	1 295.41	1 295.84	1 296.27	1 296.70	1 297.12	17 900
18 000	1 297.55	1 297.98	1 298.41	1 298.84	1 299.26	1 299.69	1 300.12	1 300.55	1 300.97	1 301.40	18 000
18 100	1 301.83	1 302.26	1 302.68	1 303.11	1 303.54	1 303.96	1 304.39	1 304.82	1 305.24	1 305.67	18 100
18 200	1 306.10	1 306.52	1 306.95	1 307.37	1 307.80	1 308.23	1 308.65	1 309.08	1 309.50	1 309.93	18 200
18 300	1 310.36	1 310.78	1 311.21	1 311.63	1 312.06	1 312.48	1 312.91	1 313.33	1 313.76	1 314.18	18 300
18 400	1 314.61	1 315.03	1 315.46	1 315.88	1 316.31	1 316.73	1 317.15	1 317.58	1 318.00	1 318.43	18 400
18 500	1 318.85	1 319.28	1 319.70	1 320.12	1 320.55	1 320.97	1 321.39	1 321.82	1 322.24	1 322.66	18 500
18 600	1 323.09	1 323.51	1 323.93	1 324.36	1 324.78	1 325.20	1 325.63	1 326.05	1 326.47	1 326.89	18 600
18 700	1 327.32	1 327.74	1 328.16	1 328.58	1 329.00	1 329.43	1 329.85	1 330.27	1 330.69	1 331.11	18 700
18 800	1 331.54	1 331.96	1 332.38	1 332.80	1 333.22	1 333.64	1 334.07	1 334.49	1 334.91	1 335.33	18 800
18 900	1 335.75	1 336.17	1 336.59	1 337.01	1 337.43	1 337.85	1 338.27	1 338.69	1 339.11	1 339.53	18 900
19 000	1 339.96	1 340.38	1 340.80	1 341.22	1 341.64	1 342.05	1 342.47	1 342.89	1 343.31	1 343.73	19 000
19 100	1 344.15	1 344.57	1 344.99	1 345.41	1 345.83	1 346.25	1 346.67	1 347.09	1 347.51	1 347.93	19 100
19 200	1 348.34	1 348.76	1 349.18	1 349.60	1 350.02	1 350.44	1 350.85	1 351.27	1 351.69	1 352.11	19 200
19 300	1 352.53	1 352.95	1 353.36	1 353.78	1 354.20	1 354.62	1 355.03	1 355.45	1 355.87	1 356.29	19 300
19 400	1 356.70	1 357.12	1 357.54	1 357.95	1 358.37	1 358.79	1 359.21	1 359.62	1 360.04	1 360.46	19 400
19 500	1 360.87	1 361.29	1 361.71	1 362.12	1 362.54	1 362.95	1 363.37	1 363.79	1 364.20	1 364.62	19 500
19 600	1 365.03	1 365.45	1 365.87	1 366.28	1 366.70	1 367.11	1 367.53	1 367.94	1 368.36	1 368.77	19 600
19 700	1 369.19	1 369.60	1 370.02	1 370.43	1 370.85	1 371.26	1 371.68	1 372.09	1 372.51	1 372.92	19 700
19 800	1 373.34	1 373.75	1 374.17	1 374.58	1 374.99	1 375.41	1 375.82	1 376.24	1 376.65	1 377.06	19 800
19 900	1 377.48	1 377.89	1 378.30	1 378.72	1 379.13	1 379.55	1 379.96	1 380.37	1 380.78	1 381.20	19 900
20 000	1 381.61	1 382.02	1 382.44	1 382.85	1 383.26	1 383.68	1 384.09	1 384.50	1 384.91	1 385.33	20 000
20 100	1 385.74	1 386.15	1 386.56	1 386.98	1 387.39	1 387.80	1 388.21	1 388.62	1 389.04	1 389.45	20 100
20 200	1 389.86	1 390.27	1 390.68	1 391.09	1 391.50	1 391.92	1 392.33	1 392.74	1 393.15	1 393.56	20 200
20 300	1 393.97	1 394.38	1 394.79	1 395.21	1 395.62	1 396.03	1 396.44	1 396.85	1 397.26	1 397.67	20 300
20 400	1 398.08	1 398.49	1 398.90	1 399.31	1 399.72	1 400.13	1 400.54	1 400.95	1 401.36	1 401.77	20 400
20 500	1 402.18	1 402.59	1 403.00	1 403.41	1 403.82	1 404.23	1 404.64	1 405.05	1 405.46	1 405.86	20 500
20 600	1 406.27	1 406.68	1 407.09	1 407.50	1 407.91	1 408.32	1 408.73	1 409.14	1 409.54	1 409.95	20 600
20 700	1 410.36	1 410.77	1 411.18	1 411.59	1 411.99	1 412.40	1 412.81	1 413.22	1 413.63	1 414.03	20 700
20 800	1 414.44	1 414.85	1 415.26	1 415.67	1 416.07	1 416.48	1 416.89	1 417.30	1 417.70	1 418.11	20 800

E/μV	0	10	20	30	40	50	60	70	80	90	E/μV
						t_{90}/℃					
20 900	1 418.52	1 418.92	1 419.33	1 419.74	1 420.15	1 420.55	1 420.96	1 421.37	1 421.77	1 422.18	20 900
21 000	1 422.59	1 422.99	1 423.40	1 423.80	1 424.21	1 424.62	1 425.02	1 425.43	1 425.84	1 426.24	21 000
21 100	1 426.65	1 427.05	1 427.46	1 427.87	1 428.27	1 428.68	1 429.08	1 429.49	1 429.89	1 430.30	21 100
21 200	1 430.70	1 431.11	1 431.51	1 431.92	1 432.32	1 432.73	1 433.13	1 433.54	1 433.94	1 434.35	21 200
21 300	1 434.75	1 435.16	1 435.56	1 435.97	1 436.37	1 436.78	1 437.18	1 437.58	1 437.99	1 438.39	21 300
21 400	1 438.80	1 439.20	1 439.61	1 440.01	1 440.41	1 440.82	1 441.22	1 441.62	1 442.03	1 442.43	21 400
21 500	1 442.84	1 443.24	1 443.64	1 444.05	1 444.45	1 444.85	1 445.25	1 445.66	1 446.06	1 446.46	21 500
21 600	1 446.87	1 447.27	1 447.67	1 448.08	1 448.48	1 448.88	1 449.28	1 449.69	1 450.09	1 450.49	21 600
21 700	1 450.89	1 451.29	1 451.70	1 452.10	1 452.50	1 452.90	1 453.31	1 453.71	1 454.11	1 454.51	21 700
21 800	1 454.91	1 455.31	1 455.72	1 456.12	1 456.52	1 456.92	1 457.32	1 457.72	1 458.12	1 458.53	21 800
21 900	1 458.93	1 459.33	1 459.73	1 460.13	1 460.53	1 460.93	1 461.33	1 461.73	1 462.13	1 462.53	21 900
22 000	1 462.93	1 463.34	1 463.74	1 464.14	1 464.54	1 464.94	1 465.34	1 465.74	1 466.14	1 466.54	22 000
22 100	1 466.94	1 467.34	1 467.74	1 468.14	1 468.54	1 468.94	1 469.34	1 469.74	1 470.13	1 470.53	22 100
22 200	1 470.93	1 471.33	1 471.73	1 472.13	1 472.53	1 472.93	1 473.33	1 473.73	1 474.13	1 474.53	22 200
22 300	1 474.92	1 475.32	1 475.72	1 476.12	1 476.52	1 476.92	1 477.32	1 477.71	1 478.11	1 478.51	22 300
22 400	1 478.91	1 479.31	1 479.71	1 480.10	1 480.50	1 480.90	1 481.30	1 481.70	1 482.09	1 482.49	22 400
22 500	1 482.89	1 483.29	1 483.68	1 484.08	1 484.48	1 484.88	1 485.27	1 485.67	1 486.07	1 486.47	22 500
22 600	1 486.86	1 487.26	1 487.66	1 488.05	1 488.45	1 488.85	1 489.24	1 489.64	1 490.04	1 490.43	22 600
22 700	1 490.83	1 491.23	1 491.62	1 492.02	1 492.42	1 492.81	1 493.21	1 493.60	1 494.00	1 494.40	22 700
22 800	1 494.79	1 495.19	1 495.58	1 495.98	1 496.38	1 496.77	1 497.17	1 497.56	1 497.96	1 498.35	22 800
22 900	1 498.75	1 499.14	1 499.54	1 499.93	1 500.33						22 900

6.3 铂-钯热电偶在 ITS-90 定义固定点的热电值(资料性)

固定点	t_{90}/℃	E/μV	S/(μV/℃)
水三相点	0.01	0.05	5.297
镓熔点	29.764 6	161.52	5.549
铟凝固点	156.598 5	921.65	6.429
锡凝固点	231.928	1 428.56	7.059
锌凝固点	419.527	2 964.35	9.533
铝凝固点	660.323	5 782.38	13.975
银凝固点	961.78	10 813.09	19.187
金凝固点	1 064.18	12 853.21	20.631
铜凝固点	1 084.62	13 277.65	20.899

附　录　A
（规范性附录）
金-铂热电偶分度函数的系数

0 ℃～1 000 ℃温度范围的函数形式是：

$$E/\mu V=\sum_{i=0}^{9}a_i(t_{90}/^\circ C)^i$$

此函数给出了指定温度范围内作为温度（t_{90}/℃，单位为摄氏度）函数的电动势（$E/\mu V$，单位为微伏）。

函数式中的系数 a_i 值如下所示：

温度范围	0 ℃～1 000 ℃
电动势范围	0 μV～17 085.3 μV
a_0	0.000 000 00
a_1	6.036 198 61
a_2	1.936 729 74E－02
a_3	－2.229 986 14E－05
a_4	3.287 118 59E－08
a_5	－4.242 061 93E－11
a_6	4.569 270 38E－14
a_7	－3.394 302 59E－17
a_8	1.429 815 90E－20
a_9	－2.516 727 87E－24

附　录　B
（规范性附录）
铂-钯热电偶分度函数的系数

两个温度范围的函数形式均是：

$$E/\mu V=\sum_{i=0}^{n}a_i(t_{90}/^\circ C)^i$$

此函数给出了指定温度范围内作为温度（t_{90}/℃，单位为摄氏度）函数的电动势（$E/\mu V$，单位为微伏）。

函数式中的系数 a_i 值按不同的温度范围和规定的 i 个数 n 确定：

温度范围	0 ℃～660.323 ℃	660.323 ℃～1 500 ℃
电动势范围	0 μV～5 782.4 μV	5 782.4 μV～22 931.7 μV
a_0	0.000 000	−4.977 137 0E+02
a_1	5.296 958	1.018 254 5E+01
a_2	4.610 494E−03	−1.579 351 5E−02
a_3	−9.602 271E−06	3.636 170 0E−05
a_4	2.992 243E−08	−2.690 150 9E−08
a_5	−2.012 523E−11	9.562 736 6E−12
a_6	−1.268 514E−14	−1.357 073 7E−15
a_7	2.257 823E−17	
a_8	−8.510 068E−21	

附 录 C
（资料性附录）
金-铂热电偶近似反函数的系数

0 ℃～209 ℃温度范围反函数的形式是：

$$t_{90}/°\mathrm{C}=\sum_{i=0}^{8} b_i\,(E/\mu\mathrm{V})^i$$

209 ℃～1 000 ℃温度范围反函数的形式是：

$$t_{90}/°\mathrm{C}=\sum_{i=0}^{11} b_i\,((E/\mu\mathrm{V}\text{-}9\ 645)/7\ 620)^i$$

此函数用于计算指定温度范围内作为电动势（E/μV，单位为微伏）函数的近似温度值（t_{90}/℃，单位为摄氏度）。

反函数式中的系数 b_i 值按不同的温度范围和规定的 i 个数 n 确定：

温度范围	0 ℃～209 ℃	209 ℃～1 000 ℃
电动势范围	0 μV～1 953 μV	1 953 μV～17 085.3 μV
b_0	0.000 000	6.763 360E+02
b_1	1.654 390 3E−01	3.735 504E+02
b_2	−8.409 883 5E−05	−5.537 363E+01
b_3	8.416 613 2E−08	1.701 900E+01
b_4	−7.517 469 1E−11	−6.098 761E+00
b_5	4.849 553 6E−14	2.457 162E+00
b_6	−2.013 876 0E−17	−3.385 575E+00
b_7	4.747 562 6E−21	3.853 735E+00
b_8	−4.797 308 2E−25	1.178 891E+00
b_9		−2.702 558E+00
b_{10}		−1.686 158E+00
b_{11}		1.876 968E+00
误差范围：	−5 mK ～ 3 mK	−2 mK ～ 2 mK

附　录　D
（资料性附录）
铂-钯热电偶近似反函数的系数

0 ℃～660.323 ℃和 660.323 ℃～1 500 ℃温度范围反函数的形式是：

$$t_{90}/°C=\sum_{i=0}^{n} b_i (E/\mu V)^i$$

此函数给出了指定温度范围内作为电动势（$E/\mu V$，单位为微伏）函数的近似温度值（$t_{90}/℃$，单位为摄氏度）。

反函数式中的系数 b_i 值按不同的温度范围和规定的 i 个数 n 确定：

温度范围	0 ℃ ～ 660.323 ℃	660.323 ℃～1 500 ℃
电动势范围	0 μV～5 782.4 μV	5 782.4 μV～22 931.7 μV
b_0	1.128 648 1E−03	1.681 398 72E+01
b_1	1.886 785 0E−01	1.831 741 63E−01
b_2	−3.001 252 1E−05	−2.091 790 74E−05
b_3	1.846 873 7E−08	2.142 812 41E−09
b_4	−1.249 860 8E−11	−1.518 770 21E−13
b_5	5.241 650 9E−15	7.212 177 60E−18
b_6	−1.391 528 6E−18	−2.185 981 64E−22
b_7	2.387 290 8E−22	3.815 100 60E−27
b_8	−2.580 243 6E−26	−2.912 944 07E−32
b_9	1.601 881 9E−30	
b_{10}	−4.360 816 6E−35	
误差范围：	−3 mK～2 mK	−2.7 mK～2.0 mK

ICS 17.200.20
N 11

中华人民共和国国家标准

GB/T 30121—2013/IEC 60751:2008

工业铂热电阻及铂感温元件

Industrial platinum resistance thermometers and platinum temperature sensors

(IEC 60751:2008,IDT)

2013-11-21 发布　　2014-06-01 实施

中华人民共和国国家质量监督检验检疫总局
中国国家标准化管理委员会　发布

前　言

本标准按照 GB/T 1.1—2009 给出的规则起草。

本标准使用翻译法等同采用 IEC 60751:2008《工业铂热电阻温度计及铂感温元件》(Industrial platinum resistance thermometers and platinum temperature sensors)。

与本部分中规范性引用的国际文件有一致性对应关系的我国文件如下：

——GB/T 19900—2005　金属铠装温度计元件的尺寸(IEC 61152:1992,IDT)

——GB/T 18271.1—2000　过程测量和控制装置通用性能评定方法和程序　第 1 部分：总则(IEC 61298-1:1995,IDT)

本标准作了下列编辑性修改：

a) 对 IEC 标准原文的编辑性错误作了改正，6.3.2.1 原文为“绝缘电阻应符合 6.5.1 的要求”，更正为“绝缘电阻应符合 6.3.1 的要求”；6.4.2 原文为“铂热电阻在 0 ℃电阻漂移……”，更正为“元件在 0 ℃电阻漂移……”；

b) 考虑到中国的实际情况和便于执行，增加了附录 NA“对装配式铂热电阻试验方法的说明”和附录 NB“确保使用合适允差等级元件的方法”。

本标准由中国机械工业联合会提出。

本标准由全国工业过程测量和控制标准化技术委员会(SAC/TC 124)归口。

本标准由上海工业自动化仪表研究院负责起草，上海计量测试技术研究院、上海自动化仪表股份有限公司、中国计量科学研究院、重庆仪表材料研究所、西仪集团有限责任公司、浙江伦特机电有限公司、乐清华东仪表厂、安徽蓝德(集团)股份有限公司、天津市中环温度仪表有限公司、杭州春江仪表有限公司、上海方欣实业有限公司、广州德力权仪表有限公司、长沙诺金自动化成套设备公司、安徽天康(集团)股份有限公司参加起草。

本标准主要起草人：张继培、石明根、范铠、姚丽芳、宋平、邱萍、张立新、宋普、吴加伦、吴兴华、王方高、刘汉杰、吴大德、李勇、谭贵权、王帆、周步余。

工业铂热电阻及铂感温元件

1 范围

本标准规定了对工业铂电阻感温元件(以下简称“元件”)和工业铂热电阻(以下简称“铂热电阻”)的要求及其温度-电阻关系。它们的电阻值是温度的规定函数。

本标准适用于温度系数 α 值为 3.851×10^{-3} ℃$^{-1}$的元件。温度系数 α 的定义如式(1):

$$\alpha=\frac{R_{100}-R_0}{R_0\cdot100\cdot℃} \qquad \cdots\cdots(1)$$

式中 R_{100} 是 $t=100$ ℃时的电阻值,R_0 是 $t=0$ ℃时的电阻值。

本标准中的温度值采用1990年国际温标(ITS-90)。除表1外,单位为摄氏度(℃)的温度以符号 t 表示,表1则使用其正式的全称 t_{90}/℃。

本标准涵盖了-200 ℃～$+850$ ℃整个或部分温度范围不同允差级别的元件或铂热电阻,各允差级别可能只涵盖有限的温度范围。

不确定度小于0.1 ℃的电阻-温度关系只能用于有极高稳定性和需要单独标定的元件或铂热电阻。这可能需要用比本标准所示更复杂的内插方程。此类方程的详细说明不在本标准的范围内。

2 规范性引用文件

下列文件对于本文件的应用是必不可少的。凡是注日期的引用文件,仅注日期的版本适用于本文件。凡是不注日期的引用文件,其最新版本(包括所有的修改单)适用于本文件。

IEC 61152 金属铠装温度计元件的尺寸(Dimension of metal-sheathed thermometer elements)

IEC 61298-1 过程测量和控制装置通用性能评定方法和程序 第1部分 总则(Process measurement and control devices—General methods and procedures for evaluating performance—Part 1: General considerations)

3 术语和定义

下列术语和定义适用于本标准。

3.1

绝缘强度 dielectric strength

铂热电阻能够承受而不损坏的、施加于铂热电阻的所有电气回路与护套之间的最大电压,或在铂热电阻具有两个或多个感温回路的情况下,施加于两回路之间的最大电压。测量的直流或交流(包括频率)条件应予以规定。

3.2

绝缘电阻 insulation resistance

常温或高温时,在规定的测量电压(交流或直流)下,电气回路任意部分与护套之间测量出的电阻值。

3.3

最小置入深度 minimum immersion depth

与全置入标定相比,温度变化不超过0.1 ℃的置入深度。

3.4

标称电阻值 nominal resistance

元件或铂热电阻在 0 ℃时的期望电阻值 R_0。它由制造商申明并标在铂热电阻的标志上，通常舍入到最接近的欧姆位。元件常以其标称电阻值表征，例如 Pt－100 是一个 $R_0=100\ \Omega$ 的元件。

3.5

铂热电阻 platinum resistance thermometer, PRT

一种对温度敏感的装置，由装在护套内的一个或多个元件、内引线以及用来连接电测仪表的外部终端构成。它可能包括安装固定装置和接线盒，但不包括可分离的保护套管或安装套管。

3.6

感温长度 temperature sensitive length

铂热电阻感受温度并直接影响到测量电阻值的那部分长度。通常铂热电阻的感温长度和元件长度有关。

3.7

元件 platinum resistor

由符合规定电气特性的铂丝或铂膜构成的、装在绝缘体(通常是玻璃或陶瓷)内的电阻。用于组装在铂热电阻或集成电路内。

3.8

自热 self-heating

测量电流的耗散能量所引起的元件或铂热电阻内的元件的温度上升。

3.9

自热系数 self-heating coefficient

表达元件/铂热电阻特性的一个系数，量纲为℃/mW，表示每单位功率耗散引起的元件温度升高。该系数在元件或铂热电阻规定的工作条件下确定，介质的流动条件和温度应予以规定。

3.10

端子 terminals

铂热电阻提供的连接端。

注：典型的端子类型有：

——端子座的螺钉或夹具；

——固定连接器的引脚；

——固有电缆的敞开端，或类似物。

3.11

热响应时间 thermal response time

铂热电阻响应一个温度阶跃变化，到达规定的百分比所需的时间。在规定响应时间时，需要申明响应的百分比，通常为 $\tau_{0.9}$、$\tau_{0.5}$ 和 $\tau_{0.1}$，分别指 90%、50% 和 10% 响应的时间。还要规定试验介质(通常是流动水和/或流动空气)和流动条件。

3.12

热电影响 thermoelectric effect

在沿内引线存在温度梯度的情况下，由铂热电阻电路中不同金属和内引线的热电不均匀性所产生电动势(EMF)的影响。当铂热电阻处于规定的温度时，从其端子间测量该电动势的值。

3.13

允差 tolerance

初始值[1]与名义温度-电阻关系 $R(t)$ 的最大允许偏差。用 $\Delta t(t)$ 表示，单位为℃。

---

1) 元件或铂热电阻使用前的首次校准值。

3.14

回差 hysteresis

装置或仪表依据施加输入值的方向顺序给出对应于其输入值的不同输出值的特性。

[IEC 61298-1 中 3.13]

注：此定义引自的 IEC 61298-1；可按 6.5.6 描述的方法用于铂热电阻。

4 特性

本章中的温度-电阻关系和允差，对元件，从其连接点起计算；对铂热电阻，从整支铂热电阻的端子起计算。

对于两线制的引线方式，应考虑从元件连接点到铂热电阻端子间内引线的电阻值。该电阻值可以标示于铂热电阻上，这时应将其从测量值中减去。在某些情况下，考虑内引线的温度系数、几何特性和沿引线长度的温度分布是明智的。

4.1 温度-电阻关系

本标准所使用的温度-电阻关系如式(2)和式(3)：

从 −200 ℃～0 ℃：

$$R_t = R_0 \cdot [1 + A \cdot t + B \cdot t^2 + C \cdot (t - 100\ ℃) \cdot t^3] \quad\cdots\cdots(2)$$

从 0 ℃～850 ℃：

$$R_t = R_0 \cdot (1 + A \cdot t + B \cdot t^2) \quad\cdots\cdots(3)$$

式中：

R_t ——温度为 t 时的电阻；

R_0 —— $t=0$ ℃时的电阻。

式中常数为：

$A = 3.908\ 3 \times 10^{-3}\ ℃^{-1}$；

$B = -5.775 \times 10^{-7}\ ℃^{-2}$；

$C = -4.183 \times 10^{-12}\ ℃^{-4}$。

这些式和系数导出了标称电阻 $R_0 = 100\ \Omega$ 元件的电阻值表(见表 1)。

4.2 电阻值

表 1 给出了标称电阻值为 100 Ω 元件的温度-电阻关系。对于其他标称阻值 R_0，例如 10 Ω、500 Ω 或 1 000 Ω，只需将表 1 乘以系数(R_0/100 Ω)即可使用。

表 1 温度-电阻关系(R_0 = 100.00 Ω)

t_{90}/℃	t_{90}/℃对应的电阻值/Ω										t_{90}/℃
	0	−1	−2	−3	−4	−5	−6	−7	−8	−9	
−200	18.52										−200
−190	22.83	22.40	21.97	21.54	21.11	20.68	20.25	19.82	19.38	18.95	−190
−180	27.10	26.67	26.24	25.82	25.39	24.97	24.54	24.11	23.68	23.25	−180
−170	31.34	30.91	30.49	30.07	29.64	29.22	28.80	28.37	27.95	27.52	−170
−160	35.54	35.12	34.70	34.28	33.86	33.44	33.02	32.60	32.18	31.76	−160
−150	39.72	39.31	38.89	38.47	38.05	37.64	37.22	36.80	36.38	35.96	−150
−140	43.88	43.46	43.05	42.63	42.22	41.80	41.39	40.97	40.56	40.14	−140
−130	48.00	47.59	47.18	46.77	46.36	45.94	45.53	45.12	44.70	44.29	−130
−120	52.11	51.70	51.29	50.88	50.47	50.06	49.65	49.24	48.83	48.42	−120
−110	56.19	55.79	55.38	54.97	54.56	54.15	53.75	53.34	52.93	52.52	−110
−100	60.26	59.85	59.44	59.04	58.63	58.23	57.82	57.41	57.01	56.60	−100
−90	64.30	63.90	63.49	63.09	62.68	62.28	61.88	61.47	61.07	60.66	−90
−80	68.33	67.92	67.52	67.12	66.72	66.31	65.91	65.51	65.11	64.70	−80
−70	72.33	71.93	71.53	71.13	70.73	70.33	69.93	69.53	69.13	68.73	−70
−60	76.33	75.93	75.53	75.13	74.73	74.33	73.93	73.53	73.13	72.73	−60
−50	80.31	79.91	79.51	79.11	78.72	78.32	77.92	77.52	77.12	76.73	−50
−40	84.27	83.87	83.48	83.08	82.69	82.29	81.89	81.50	81.10	80.70	−40
−30	88.22	87.83	87.43	87.04	86.64	86.25	85.85	85.46	85.06	84.67	−30
−20	92.16	91.77	91.37	90.98	90.59	90.19	89.80	89.40	89.01	88.62	−20
−10	96.09	95.69	95.30	94.91	94.52	94.12	93.73	93.34	92.95	92.55	−10
0	100.00	99.61	99.22	98.83	98.44	98.04	97.65	97.26	96.87	96.48	0
t_{90}/℃	0	1	2	3	4	5	6	7	8	9	t_{90}/℃
0	100.00	100.39	100.78	101.17	101.56	101.95	102.34	102.73	103.12	103.51	0
10	103.90	104.29	104.68	105.07	105.46	105.85	106.24	106.63	107.02	107.40	10
20	107.79	108.18	108.57	108.96	109.35	109.73	110.12	110.51	110.90	111.29	20
30	111.67	112.06	112.45	112.83	113.22	113.61	114.00	114.38	114.77	115.15	30
40	115.54	115.93	116.31	116.70	117.08	117.47	117.86	118.24	118.63	119.01	40
50	119.40	119.78	120.17	120.55	120.94	121.32	121.71	122.09	122.47	122.86	50
60	123.24	123.63	124.01	124.39	124.78	125.16	125.54	125.93	126.31	126.69	60
70	127.08	127.46	127.84	128.22	128.61	128.99	129.37	129.75	130.13	130.52	70
80	130.90	131.28	131.66	132.04	132.42	132.80	133.18	133.57	133.95	134.33	80
90	134.71	135.09	135.47	135.85	136.23	136.61	136.99	137.37	137.75	138.13	90
100	138.51	138.88	139.26	139.64	140.02	140.40	140.78	141.16	141.54	141.91	100
110	142.29	142.67	143.05	143.43	143.80	144.18	144.56	144.94	145.31	145.69	110
120	146.07	146.44	146.82	147.20	147.57	147.95	148.33	148.70	149.08	149.46	120
130	149.83	150.21	150.58	150.96	151.33	151.71	152.08	152.46	152.83	153.21	130
140	153.58	153.96	154.33	154.71	155.08	155.46	155.83	156.20	156.58	156.95	140
150	157.33	157.70	158.07	158.45	158.82	159.19	159.56	159.94	160.31	160.68	150
160	161.05	161.43	161.80	162.17	162.54	162.91	163.29	163.66	164.03	164.40	160
170	164.77	165.14	165.51	165.89	166.26	166.63	167.00	167.37	167.74	168.11	170
180	168.48	168.85	169.22	169.59	169.96	170.33	170.70	171.07	171.43	171.80	180
190	172.17	172.54	172.91	173.28	173.65	174.02	174.38	174.75	175.12	175.49	190
200	175.86	176.22	176.59	176.96	177.33	177.69	178.06	178.43	178.79	179.16	200
210	179.53	179.89	180.26	180.63	180.99	181.36	181.72	182.09	182.46	182.82	210
220	183.19	183.55	183.92	184.28	184.65	185.01	185.38	185.74	186.11	186.47	220
230	186.84	187.20	187.56	187.93	188.29	188.66	189.02	189.38	189.75	190.11	230
240	190.47	190.84	191.20	191.56	191.92	192.29	192.65	193.01	193.37	193.74	240
250	194.10	194.46	194.82	195.18	195.55	195.91	196.27	196.63	196.99	197.35	250
260	197.71	198.07	198.43	198.79	199.15	199.51	199.87	200.23	200.59	200.95	260
270	201.31	201.67	202.03	202.39	202.75	203.11	203.47	203.83	204.19	204.55	270
280	204.90	205.26	205.62	205.98	206.34	206.70	207.05	207.41	207.77	208.13	280
290	208.48	208.84	209.20	209.56	209.91	210.27	210.63	210.98	211.34	211.70	290
300	212.05	212.41	212.76	213.12	213.48	213.83	214.19	214.54	214.90	215.25	300
310	215.61	215.96	216.32	216.67	217.03	217.38	217.74	218.09	218.44	218.80	310

表 1（续）

t_{90}/℃	t_{90}/℃对应的电阻值/Ω										t_{90}/℃
	0	1	2	3	4	5	6	7	8	9	
320	219.15	219.51	219.86	220.21	220.57	220.92	221.27	221.63	221.98	222.33	320
330	222.68	223.04	223.39	223.74	224.09	224.45	224.80	225.15	225.50	225.85	330
340	226.21	226.56	226.91	227.26	227.61	227.96	228.31	228.66	229.02	229.37	340
350	229.72	230.07	230.42	230.77	231.12	231.47	231.82	232.17	232.52	232.87	350
360	233.21	233.56	233.91	234.26	234.61	234.96	235.31	235.66	236.00	236.35	360
370	236.70	237.05	237.40	237.74	238.09	238.44	238.79	239.13	239.48	239.83	370
380	240.18	240.52	240.87	241.22	241.56	241.91	242.26	242.60	242.95	243.29	380
390	243.64	243.99	244.33	244.68	245.02	245.37	245.71	246.06	246.40	246.75	390
400	247.09	247.44	247.78	248.13	248.47	248.81	249.16	249.50	249.85	250.19	400
410	250.53	250.88	251.22	251.56	251.91	252.25	252.59	252.93	253.28	253.62	410
420	253.96	254.30	254.65	254.99	255.33	255.67	256.01	256.35	256.70	257.04	420
430	257.38	257.72	258.06	258.40	258.74	259.08	259.42	259.76	260.10	260.44	430
440	260.78	261.12	261.46	261.80	262.14	262.48	262.82	263.16	263.50	263.84	440
450	264.18	264.52	264.86	265.20	265.53	265.87	266.21	266.55	266.89	267.22	450
460	267.56	267.90	268.24	268.57	268.91	269.25	269.59	269.92	270.26	270.60	460
470	270.93	271.27	271.61	271.94	272.28	272.61	272.95	273.29	273.62	273.96	470
480	274.29	274.63	274.96	275.30	275.63	275.97	276.30	276.64	276.97	277.31	480
490	277.64	277.98	278.31	278.64	278.98	279.31	279.64	279.98	280.31	280.64	490
500	280.98	281.31	281.64	281.98	282.31	282.64	282.97	283.31	283.64	283.97	500
510	284.30	284.63	284.97	285.30	285.63	285.96	286.29	286.62	286.95	287.29	510
520	287.62	287.95	288.28	288.61	288.94	289.27	289.60	289.93	290.26	290.59	520
530	290.92	291.25	291.58	291.91	292.24	292.56	292.89	293.22	293.55	293.88	530
540	294.21	294.54	294.86	295.19	295.52	295.85	296.18	296.50	296.83	297.16	540
550	297.49	297.81	298.14	298.47	298.80	299.12	299.45	299.78	300.10	300.43	550
560	300.75	301.08	301.41	301.73	302.06	302.38	302.71	303.03	303.36	303.69	560
570	304.01	304.34	304.66	304.98	305.31	305.63	305.96	306.28	306.61	306.93	570
580	307.25	307.58	307.90	308.23	308.55	308.87	309.20	309.52	309.84	310.16	580
590	310.49	310.81	311.13	311.45	311.78	312.10	312.42	312.74	313.06	313.39	590
600	313.71	314.03	314.35	314.67	314.99	315.31	315.64	315.96	316.28	316.60	600
610	316.92	317.24	317.56	317.88	318.20	318.52	318.84	319.16	319.48	319.80	610
620	320.12	320.43	320.75	321.07	321.39	321.71	322.03	322.35	322.67	322.98	620
630	323.30	323.62	323.94	324.26	324.57	324.89	325.21	325.53	325.84	326.16	630
640	326.48	326.79	327.11	327.43	327.74	328.06	328.38	328.69	329.01	329.32	640
650	329.64	329.96	330.27	330.59	330.90	331.22	331.53	331.85	332.16	332.48	650
660	332.79	333.11	333.42	333.74	334.05	334.36	334.68	334.99	335.31	335.62	660
670	335.93	336.25	336.56	336.87	337.18	337.50	337.81	338.12	338.44	338.75	670
680	339.06	339.37	339.69	340.00	340.31	340.62	340.93	341.24	341.56	341.87	680
690	342.18	342.49	342.80	343.11	343.42	343.73	344.04	344.35	344.66	344.97	690
700	345.28	345.59	345.90	346.21	346.52	346.83	347.14	347.45	347.76	348.07	700
710	348.38	348.69	348.99	349.30	349.61	349.92	350.23	350.54	350.84	351.15	710
720	351.46	351.77	352.08	352.38	352.69	353.00	353.30	353.61	353.92	354.22	720
730	354.53	354.84	355.14	355.45	355.76	356.06	356.37	356.67	356.98	357.28	730
740	357.59	357.90	358.20	358.51	358.81	359.12	359.42	359.72	360.03	360.33	740
750	360.64	360.94	361.25	361.55	361.85	362.16	362.46	362.76	363.07	363.37	750
760	363.67	363.98	364.28	364.58	364.89	365.19	365.49	365.79	366.10	366.40	760
770	366.70	367.00	367.30	367.60	367.91	368.21	368.51	368.81	369.11	369.41	770
780	369.71	370.01	370.31	370.61	370.91	371.21	371.51	371.81	372.11	372.41	780
790	372.71	373.01	373.31	373.61	373.91	374.21	374.51	374.81	375.11	375.41	790
800	375.70	376.00	376.30	376.60	376.90	377.19	377.49	377.79	378.09	378.39	800
810	378.68	378.98	379.28	379.57	379.87	380.17	380.46	380.76	381.06	381.35	810
820	381.65	381.95	382.24	382.54	382.83	383.13	383.42	383.72	384.01	384.31	820
830	384.60	384.90	385.19	385.49	385.78	386.08	386.37	386.67	386.96	387.25	830
840	387.55	387.84	388.14	388.43	388.72	389.02	389.31	389.60	389.90	390.19	840
850	390.48										850

5 一般要求

5.1 允差等级

5.1.1 有效的温度范围

表2给出元件允差等级的有效温度范围是根据线绕元件和膜式元件使用经验而得出的。使用经验说明，在这些范围内，大部分元件能保持其允差和其他性能特性。选择-196 ℃是因为该温度接近液氮的沸点。

5.1.2 元件

元件的允差分级见表2。这些允差可用于任意标称值的元件。对于特定的元件，若其适用温度范围小于该表规定的范围，应给予说明。

表2 元件允差等级

线绕元件		膜式元件		允差值[a] /℃
允差等级	有效温度范围/℃	允差等级	有效温度范围/℃	
W0.1	$-100\sim+350$	F0.1	$0\sim+150$	$\pm(0.1+0.0017\|t\|)$
W0.15	$-100\sim+450$	F0.15	$-30\sim+300$	$\pm(0.15+0.002\|t\|)$
W0.3	$-196\sim+660$	F0.3	$-50\sim+500$	$\pm(0.3+0.005\|t\|)$
W0.6	$-196\sim+660$	F0.6	$-50\sim+600$	$\pm(0.6+0.01\|t\|)$

[a] $|t|$=温度绝对值，单位为℃。

5.1.3 铂热电阻

铂热电阻的允差分级见表3。这些允差可用于任意标称值的铂热电阻。对于特定的铂热电阻，若其适用温度范围小于该表规定的范围，应给予说明。

表3 铂热电阻允差等级

允差等级	有效温度范围/℃		允差值[a] /℃
	线绕元件	膜式元件	
AA	$-50\sim+250$	$0\sim+150$	$\pm(0.1+0.0017\|t\|)$
A	$-100\sim+450$	$-30\sim+300$	$\pm(0.15+0.002\|t\|)$
B	$-196\sim+600$	$-50\sim+500$	$\pm(0.3+0.005\|t\|)$
C	$-196\sim+600$	$-50\sim+600$	$\pm(0.6+0.01\|t\|)$

[a] $|t|$=温度绝对值，单位为℃。

5.1.4 特殊允差等级和特殊有效温度范围

若允差和有效温度范围与表2和表3给出的不同，则需制造商和用户取得一致。推荐的特殊允差等级应是B级允差值的倍数或分数。不允许使用没有有效温度范围的允差等级。超出表2和表3规定温度范围的铂热电阻或元件的允差，由制造商和用户自行确定。

可以对部分的或更广的温度范围定义特殊允差等级，例如－196 ℃～＋850 ℃或－200 ℃～＋660 ℃温度范围。

5.2 测量电流

流经感温元件的测量电流值应当限定在一个确定值之内。在6.4.3规定的条件下，该电流值引起铂热电阻的自热不超过申明允差等级对应允差值的25％。对100 Ω的线绕元件，测量电流通常不大于1 mA。

5.3 激励方式

元件和铂热电阻的构造应适合使用于直流或频率至100 Hz的交流测量系统。一些测量系统可能要求在更高频率工作。

5.4 引线方式

所有高于B级允差的铂热电阻应采用三线制或四线制的引线方式。

铂热电阻可由一个或两个元件以及各种内引线方式构成。端子的标识见图1。

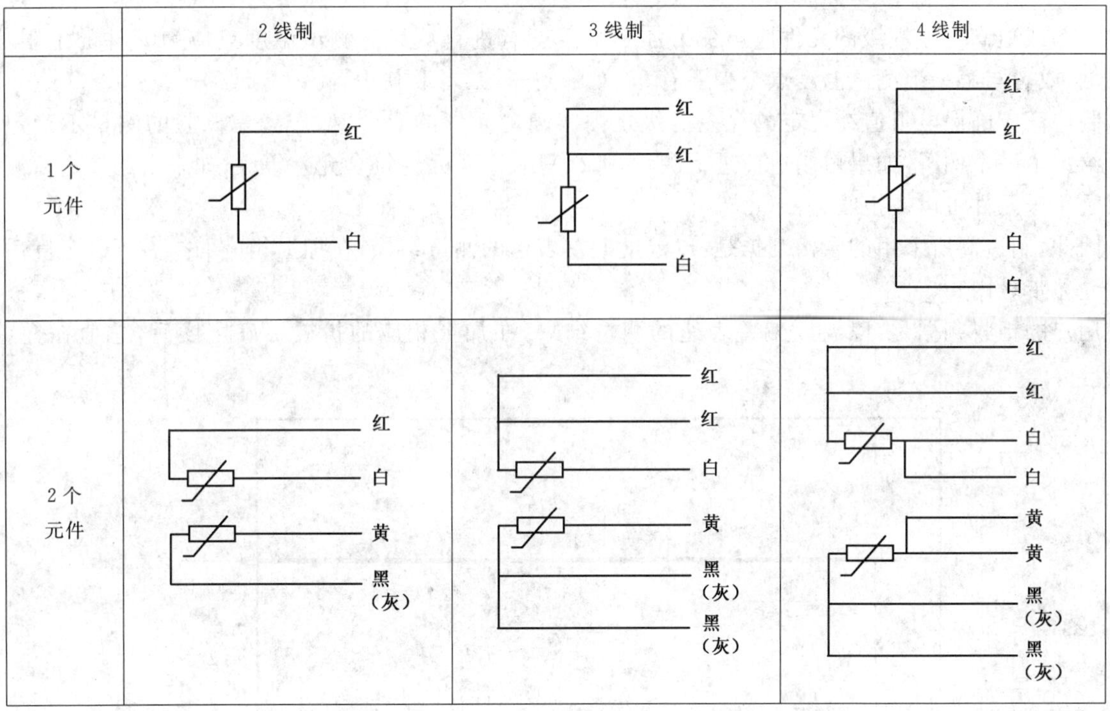

图1 引线方式

6 试验

6.1 总则

应进行试验以证明元件或铂热电阻符合本标准的要求。

不要求也不推荐对每个供应的元件或铂热电阻进行全部的试验。为此，本条介绍了不同类型的试验。

6.1.1 例行试验

按本标准制造的每一个元件或铂热电阻都应进行例行试验。规定的型式试验中也包括这些试验。

6.1.2 型式试验

每一种设计样式、每一种系列的元件和铂热电阻都应抽样进行型式试验。型式试验又细分为不同的项目,适用于所有类型的元件和铂热电阻。

6.1.3 附加型式试验

用于特殊应用场合的元件或铂热电阻,可根据其他法规或制造商和用户商定的要求进行附加型式试验。除非另有规定,这些试验项目没有固定的规范。试验结果应按要求提供。

6.2 元件例行试验

6.2.1 允差验收试验

所有类型的元件应在至少一个温度点进行测试。测试温度应在－5 ℃～＋30 ℃范围内,最好是0 ℃。

0.15或更高允差等级的元件应至少另加一个温度点进行测试。测试温度点应为元件的上限或下限温度,或者与第一个测试温度点至少要有90 ℃的间隔,二者取其小者。

制造商应确保电阻值在规定的允差等级之内。确定元件的取舍时,应考虑试验的测量不确定度。图2给出了一个例子,如果由制造商进行测量,那么只有1号元件符合允差等级;如果由用户进行测量,则只是4号元件可以被拒收。

因此,制造商所采用的合格判据是:以温度偏差表达的测量结果,在加上相应的扩展不确定度后,总值在允差带之内。

用户的拒收判据是:以温度偏差表达的测量结果,在加上相应的扩展不确定度后,总值在允差带之外。

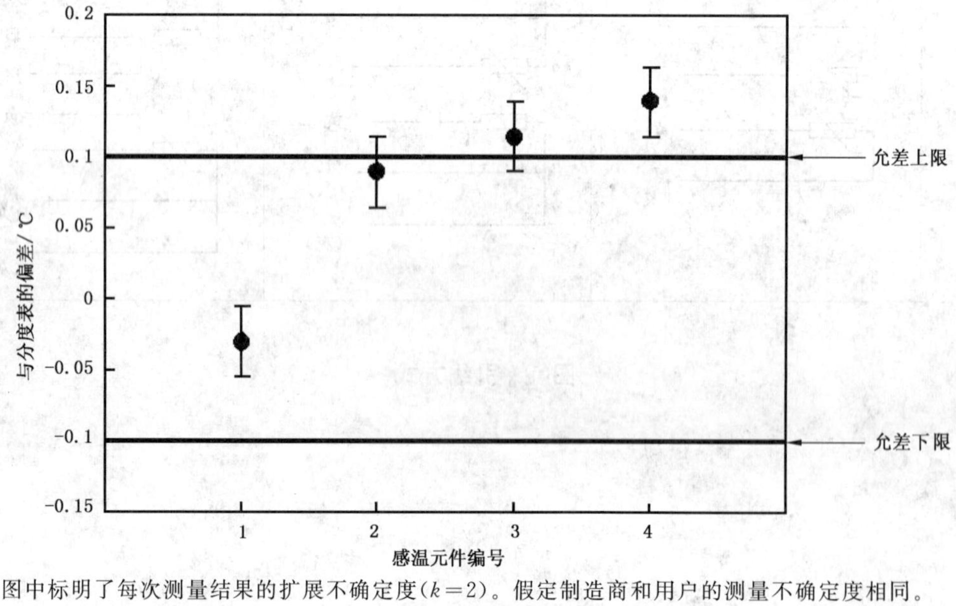

说明:图中标明了每次测量结果的扩展不确定度($k=2$)。假定制造商和用户的测量不确定度相同。

图2 根据测量结果判定合格或拒收感温元件的例子

6.3 铂热电阻例行试验

6.3.1 室温绝缘电阻

应使用最小 100 V 的直流电压测量各端子与护套之间的绝缘电阻。

绝缘电阻阻值应不小于 100 MΩ。

6.3.2 护套完整性试验(参见附录 NA)

应通过合适的方法对护套和全部封焊的完整性进行试验,例如以下试验:

6.3.2.1 水淬试验

铂热电阻应置于最低为 300 ℃的温度至少 5 min,然后立即浸入室温的水中。在铂热电阻处于水中时测量其绝缘电阻。绝缘电阻应符合 6.3.1(原文误为 6.5.1)的要求。

6.3.2.2 氮气加压试验

铂热电阻外部用氮气施加最低 2.5 MPa 的压力约 30 s,然后立即浸入水或酒精中。此时焊缝处不应有气泡逸出。

6.3.2.3 液氮试验

铂热电阻应浸入到液氮中,直至温度稳定。然后立即浸入水或酒精中。此时焊缝处不应有气泡逸出。

护套完整性也可以使用其他合适的方法测试。对于特殊应用,护套完整性试验方法可由制造商和用户商定。

6.3.3 尺寸测试

当所制造的铂热电阻在 IEC 61152 规定的范围时,其直径和直度应按该标准的要求进行测试。

6.3.4 允差验收试验(参见附录 NA、附录 NB)

制造商应确保使用合适允差等级的元件。A 级或更高允差等级(见 5.1)的铂热电阻应在−5 ℃～+30 ℃范围的一个温度点对电阻允差进行测试。接受或拒收的判据与 6.2.1 所述相同。

6.4 元件型式试验

6.4.1 允差

在整个有效温度范围以内,都应符合规定允差等级的允差值。本试验所需测量温度点数取决于温度范围和允差等级,应包括接近申明温度范围上下限的温度点。

6.4.2 上限温度稳定性

元件应在空气中经受申明上限温度 1 000 h。试验后元件在 0 ℃电阻漂移的绝对值应不大于申明允差等级对应的电阻允差值。

6.4.3 自热

以℃/mW 表达的自热系数应在温度 0 ℃～30 ℃,流速为(3±0.3)m/s 的气流中,和(或)流速大于

0.2 m/s 的水流条件下测定。在上述条件下以申明的最大电流测量,自热应不大于申明允差等级允差值的 25%。

6.5 铂热电阻型式试验

6.5.1 高温绝缘电阻

绝缘电阻应在下列条件测试:铂热电阻处于额定最高温度的长度超过其最小置入深度,试验电压最低为直流 10 V。各端子与护套间的绝缘电阻应不小于表 4 的规定。

表 4 铂热电阻在最高温度的最小绝缘电阻

额定最高温度 /℃	最小绝缘电阻 /MΩ
至 250	20
251～450	2
451～650	0.5
651～850	0.2

6.5.2 热响应时间

应记录在流速大于 0.2 m/s 的水流中或流速为(3±0.3) m/s 的气流中的热响应时间 $\tau_{0.5}$。若有要求,还可记录热响应时间 $\tau_{0.9}$ 和/或 $\tau_{0.1}$。

6.5.3 上限温度稳定性(参见附录 NA)

在持续经受规定的上限温度至少 4 周(672 h)后,铂热电阻在 0 ℃电阻漂移的绝对值应不大于申明允差等级对应的电阻允差值。绝缘电阻应不小于 6.5.1 的规定。

6.5.4 热电影响

将铂热电阻加热到申明的最高温度,并使其端子接近环境温度,应改变铂热电阻的置入深度,直到电动势达到最大值。设定直流测量电流为最大允许值,读取电流正向与反向时的电阻值。电流正向与反向测得的电阻差值所相当的温度差绝对值应不大于申明允差等级的允差值。

6.5.5 温度循环影响(参见附录 NA)

应把铂热电阻小心地置于其温度范围的上限,然后暴露在室温的空气中。而后应缓慢地将其置于温度范围的下限,然后再暴露在室温的空气中。在上下限时,铂热电阻至少应置入到其申明的最小置入深度,并应在该温度保持足够长的时间以达到平衡。

经受 10 次温度上限和下限间的循环之后,0 ℃校准的变化应不大于相应允差等级在 0 ℃的允差值。

6.5.6 回差影响

在铂热电阻经受其温度范围的下限温度之后,应在温度范围的中点测量其电阻值。然后在经受测温范围上限之后,在温度范围中点的同一温度再次测量电阻值。两次测量之差的绝对值应不大于相应允差等级在该测量温度点计算出的允差。重要的是,在两次测量时,应使铂热电阻从温度范围的端点

（下限或上限）直接到温度范围的中点。

示例：若铂热电阻的温度范围为 0 ℃～400 ℃，铂热电阻应从 0 ℃升到 200 ℃，然后从 200 ℃升到 400 ℃，最后从 400 ℃降至 200 ℃。在最后一步中，不要冷却到 200 ℃以下。

6.5.7 自热

以℃/mW 表达的自热系数应在温度 0 ℃～30 ℃，流速大于 0.2 m/s 的水流和/或流速为 3 m/s±0.3 m/s 的气流条件下测定。在上述条件下以申明的最大电流测量，自热应不大于申明允差等级允差值的 25%。

6.5.8 最小置入深度

铂热电阻应置于温度至少为 85 ℃的水中，置入深度与允差验收试验时相同，并使铂热电阻端子接近室温。逐步将铂热电阻从水中拔出，直到其电阻值产生相当于 0.1 ℃的温度变化。此时的置入深度即为最小置入深度。

6.6 专用铂热电阻的附加型式试验

针对特定应用的特殊型式试验，可由制造商与用户协商规定。例如：

6.6.1 电容

报告一个端子与护套管之间在 1 kHz 频率的电容值。

6.6.2 电感

报告每个元件回路在 1 kHz 频率的电感值。

6.6.3 绝缘强度

应在铂热电阻护套管与一个测量回路之间施加交流 500 V 试验电压，持续 1 min。在此期间，不应发生击穿现象。对于有 2 个或更多测量回路的铂热电阻，每一个测量回路都应进行同样的试验。

6.6.4 振动试验

如果可能，应将铂热电阻按其使用时相同的方式安装进行试验。铂热电阻应经受加速度为 20 m/s^2～30 m/s^2，频率为 10 Hz～500 Hz 的振动。应以一个倍频程每分钟的速率在频率范围内扫频，共持续 150 h。应在铂热电阻的轴向和横向分别施加振动，每个方向持续时间均为总时间的一半。应记录所有谐振点的频率和状态，仅限于基波。应持续监视电连续性。

试验结束后，应对铂热电阻进行测试，以保证仍符合 6.3.1 的绝缘电阻要求。还应对铂热电阻进行测试，以确定 0 ℃时电阻没有发生超过相当于 0.1 ℃的变化。

6.6.5 跌落试验

本试验是为了揭示结构上的弱点。在刚性地面上放置厚度为 6 mm 的钢板，使铂热电阻（如有接线盒应连同接线盒）的纵轴与钢板平行，从 250 mm 高处跌落到钢板上 10 次。检查铂热电阻是否有机械损坏。还应对其进行测试，以保证绝缘电阻仍符合 6.3.1 规定的要求并保持电连续性。

6.7 试验汇总

本标准中描述的试验汇总在表 5 中，并给出了包含试验细节的条文编号。

表 5 本标准试验汇总

	例行试验		型式试验		附加型式试验
	元件	铂热电阻	元件	铂热电阻	
允差	6.2.1	6.3.4	6.4.1	6.3.4	
室温绝缘电阻		6.3.1		6.3.1	
护套完整性		6.3.2		6.3.2	
尺寸		6.3.3		6.3.3	
上限温度稳定性			6.4.2	6.5.3	
热电影响				6.5.4	
自热			6.4.3	6.5.7	
高温绝缘电阻				6.5.1	
热响应时间				6.5.2	
温度循环影响				6.5.5	
回差				6.5.6	
最小置入深度				6.5.8	
电容					6.6.1
电感					6.6.2
绝缘强度					6.6.3
振动					6.6.4
跌落					6.6.5

7 制造厂应提供的资料

7.1 仅对元件

元件引线：

- 引线长度；
- 引线电阻，单位为 Ω/mm；
- 电阻温度系数；
- 材料。

7.2 元件和(或)铂热电阻

对于元件和(或)铂热电阻，应提供：

- 全部规定的型式试验结果；
- 感温长度和元件的位置；
- 当二线制铂热电阻内引线的电阻等于或大于其相应允差等级在最高额定温度的允差限相应值时，应提供内引线的电阻值和温度系数。

8 铂热电阻识别和标记

每支铂热电阻都应有标记或标签，以便用户可以直接或间接地确定元件的数量、标称电阻、允差等级、引线方式和温度范围。

示例：

1×Pt 100/A/4/－150/＋500

含义为：

单元件；

标称电阻：R_0＝100 Ω；

允差等级 A(有效范围为－100 ℃～450 ℃)；

四线制引线方式；

铂热电阻温度下限：－150 ℃；

铂热电阻温度上限：＋500 ℃。

附 录 NA
（资料性附录）
对装配式铂热电阻试验方法的说明

装配式铂热电阻，是没有不可拆卸的护套而有可拆卸的保护套管的一种铂热电阻，保护套管是铂热电阻不可分离的一部分。本标准覆盖装配式铂热电阻。

根据装配式铂热电阻的结构，对其例行试验和型式试验方法说明如下：

a) 装配式铂热电阻例行试验时无需进行护套完整性试验(6.3.2)；

b) 装配式铂热电阻例行试验和型式试验时，在允差验收试验(6.3.4)、上限温度稳定性(6.5.3)和温度循环影响(6.5.5)三个项目的试验中，允许将保护套管卸下进行测试。

附 录 NB
（资料性附录）
确保使用合适允差等级元件的方法

本附录列出了满足6.3.4规定“制造商应确保使用合适允差等级的元件”的方法。

NB.1 例行试验采用的方法

铂热电阻例行试验中，铂热电阻制造商可以选用下述方法中之一，以确保元件符合热电阻的允差等级。

a) 元件制造商按6.2.1要求进行了元件允差验收试验，并向铂热电阻制造商提供每个元件的允差验收试验数据。由铂热电阻制造商对这些数据予以确认。

b) 铂热电阻制造商按6.2.1要求，对每个元件进行允差验收试验。

c) 铂热电阻制造商在−5 ℃～+30 ℃范围的一个温度点对每支热电阻的电阻允差进行测试。

NB.2 型式试验采用的方法

铂热电阻型式试验中，铂热电阻制造商可以选用下述方法中之一，确保铂热电阻符合允差等级要求。

a) 元件制造商按6.4.1要求进行了元件允差型式试验，并向铂热电阻制造商提供元件的允差型式试验数据。由铂热电阻制造商对这些数据予以确认。

b) 铂热电阻制造商按6.4.1要求，对铂热电阻所用的元件进行允差型式试验。

c) 铂热电阻制造商对铂热电阻进行允差测试。测试所需测量温度点数取决于温度范围和允差等级，宜包括接近申明温度范围上下限的温度点。

ICS 13.220.20
C 81

中华人民共和国国家标准

GB 30122—2013

独立式感温火灾探测报警器

Self-contained heat detectors

2013-12-17 发布　　2014-12-14 实施

中华人民共和国国家质量监督检验检疫总局
中国国家标准化管理委员会　发布

前　言

本标准的第 4 章、第 6 章、第 7 章、第 8 章内容为强制性的，其余为推荐性的。

本标准按照 GB/T 1.1—2009 给出的规则起草。

本标准参考了 ISO 7240-5:2003《火灾探测报警系统　第 5 部分:点型感温火灾报警器》。

本标准由中华人民共和国公安部提出。

本标准由全国消防标准化技术委员会火灾探测与报警分技术委员会(SAC/TC 113/SC 6)归口。

本标准负责起草单位:公安部沈阳消防研究所。

本标准参加起草单位:深圳市泛海三江电子有限公司。

本标准主要起草人:宋希伟、刘子巍、杨玉琴、唐 皓、金 鹏、刘作利、王宇行、郭金龙、关明阳。

本标准为首次发布。

独立式感温火灾探测报警器

1 范围

本标准规定了独立式感温火灾探测报警器的分类、要求、试验、检验规则、标志和使用说明书。

本标准适用于工业与民用建筑中安装使用的独立式感温火灾探测报警器。其他特殊环境中安装的、具有特殊性能的独立式感温火灾探测报警器，除特殊要求外，可参照执行本标准。

2 规范性引用文件

下列文件对于本文件的应用是必不可少的。凡是注日期的引用文件，仅注日期的版本适用于本文件。凡是不注日期的引用文件，其最新版本(包括所有的修改单)适用于本文件。

GB/T 9969　工业产品使用说明书　总则

GB 12978　消防电子产品检验规则

GB 16838　消防电子产品　环境试验方法及严酷等级

GB/T 17626.2　电磁兼容　试验和测量技术　静电放电抗扰度试验

GB/T 17626.3　电磁兼容　试验和测量技术　射频电磁场辐射抗扰度试验

GB 23757　消防电子产品防护要求

3 分类

3.1　独立式感温火灾探测报警器(以下简称报警器)按工作方式可分为：

a)　单点式报警器；

b)　互联式报警器。

3.2　按典型应用温度可分为：

a)　常温型报警器，用字母 A 表示；

b)　高温型报警器，用字母 B 表示。

3.3　按温度响应性能可分为：

a)　定温型报警器，用字母 S 表示。具有定温响应特性的常温或高温型报警器以 A 或 B 后附加字母 S 表示，即 AS 或 BS 型；

注 1：即使在较高升温速率条件下，AS 和 BS 型报警器在达到动作温度下限值前也不发出火灾报警信号。

b)　差定温型报警器，用字母 R 表示。具有差定温响应特性的常温或高温型报警器以 A 或 B 后附加字母 R 表示，即 AR 或 BR 型。

注 2：在较高升温速率条件下，AR 或 BR 型报警器即使从典型应用温度以下开始升温也能发出火灾报警信号。

4 要求

4.1 总则

独立式感温火灾探测报警器应首先满足第 4 章的要求，然后按第 5 章的相关规定进行试验，并满足试验要求。

4.2 功能要求

4.2.1 报警器的温度响应性能应符合表1的要求。

表1 报警器的温度响应性能

单位为摄氏度

报警器类别	典型应用温度	最高应用温度	动作温度下限值	动作温度上限值
A	25	50	54	65
B	40	65	69	85

4.2.2 当被监视区域发生火灾，其温度参数达到预定值时，报警器应同时发出火灾报警声、光信号。在距报警器3 m远处，火灾报警信号声压级应在45 dB～75 dB(A计权)之间，并应采用逐渐增大方式，初始声压级不应大于45 dB；在报警器正前方6 m处，光照度不超过500 lx的环境条件下，光信号应清晰可见。

4.2.3 每个报警器应有红色火灾报警确认灯，通过火灾报警确认灯显示报警器其他工作状态时，被显示状态应与火灾报警状态有明显区别。具有多个指示灯的报警器，对指示灯应采用颜色标识。运行指示灯应为绿色，故障指示灯应为黄色。

4.2.4 报警器应具有自检功能，自检时报警器应发出火灾报警声、光信号。

4.2.5 具有报警消音功能的报警器，消音周期应小于100 s。

4.2.6 对于互联式报警器，当第一只报警器发出火灾报警信号时，应发出火灾报警声、光信号，与其连接的其他报警器(可以为独立式感烟火灾探测报警器)亦应发出火灾报警声信号。报警器的消音不应影响与其互联的报警器的报警功能。

4.2.7 报警器应由内部电池供电，除电池外，报警器不应有经用户拆换或维修的元器件，当电池被取走时，应有明显警示标识。

4.2.8 报警器可具有与远程显示器等辅助设备进行通讯的功能，但是报警器与这些设备连接线出现断线、短路故障时不应影响报警器探测火灾的性能。

4.2.9 报警器的结构设计应使其内部的感温元件(辅助功能的元件除外)与安装表面的距离不小于15 mm。

4.2.10 在安装使用过程中，不应以任何方式改变报警器的出厂设置。

4.2.11 报警器的内部电池容量应能保证报警器维持正常工作不少于1年；在检测到电池容量将要不足时，应发出与火灾报警声信号有明显区别的声音故障信号；声音故障信号至少在7 d内连续每分钟至少提示1次，在此之后，报警器应仍能发出火灾报警信号，且火灾报警信号应至少持续4 min。

4.2.12 报警器可设有防止电池电源极性反接措施，没有防止电池电源极性反接措施的报警器，在电池极性反接时应能正常工作。

4.3 方位响应性能

4.3.1 对A型报警器，从典型应用温度开始，在8个方位上以10 ℃/min的升温速率测得的响应时间应在1 min 0 s和4 min 20 s之间。

4.3.2 对B型报警器，从典型应用温度开始，在8个方位上以10 ℃/min的升温速率测得的响应时间应在2 min 0 s和5 min 30 s之间。

4.4 动作温度性能

报警器从最高应用温度开始，以不大于0.2 ℃/min升温速率升温至动作时的温度应在表1规定的动作温度上、下限值之间。

4.5 响应时间性能

报警器从其对应类别的典型应用温度开始，在各升温速率条件下测得的响应时间和在 3 ℃/min 和 20 ℃/min 升温速率条件下测得的环境试验前响应时间应符合表 2 规定。

表 2 报警器响应时间

升温速率 ℃/min	A 型报警器				B 型报警器			
	响应时间下限值		响应时间上限值		响应时间下限值		响应时间上限值	
	min	s	min	s	min	s	min	s
1	29	00	40	20	29	00	46	00
3	7	13	13	40	7	13	16	00
5	4	09	8	20	4	09	10	00
10	1	00	4	20	2	00	5	30
20	—	30	2	20	1	00	3	13
30	—	20	1	40	—	40	2	25

4.6 25 ℃起始响应性能

B 型报警器从 25℃开始，在 3 ℃/min 和 20 ℃/min 升温速率条件下测得的响应时间应分别大于 7 min 13 s 和 1 min 0 s。

4.7 高温响应性能

4.7.1 以适当的升温速率使报警器处在最高应用温度环境条件下并稳定 2 h，试验期间，报警器不应发出火灾报警或故障信号。

4.7.2 在最高应用温度环境条件下稳定 2 h 后，报警器在 3 ℃/min 和 20 ℃/min 升温速率条件下测得的响应时间应符合表 3 规定。

表 3 报警器高温响应时间

报警器类别	响应时间下限值				响应时间上限值			
	升温速率 3 ℃/min		升温速率 20 ℃/min		升温速率 3 ℃/min		升温速率 20 ℃/min	
	min	s	min	s	min	s	min	s
A	1	20		12	6	00	1	45
B	1	20		12	7	40	2	00

4.8 通电性能

4.8.1 报警器应能在正常监视状态下至少连续运行 45 d。试验期间，报警器不应发出故障或火灾报警信号。

4.8.2 通电运行后，报警器从其对应类别的典型应用温度开始，在 3 ℃/min 和 20 ℃/min 升温速率条件下测得的响应时间应满足表 4 的要求。

表 4 响应时间对照表

升温速率	3 ℃/min	20 ℃/min	
报警器类别	A、B	A	B
响应时间	≥7 min 13 s	≥30 s	≥1 min 0 s
与环境试验前响应时间相比变化	≤2 min 40 s	≤30 s	

4.9 气候环境耐受性

报警器应能耐受住表 5 所规定的气候条件下的各项试验。试验期间，处于通电状态的报警器应保持正常监视状态；试验后，应无破坏涂覆和腐蚀现象，响应时间应满足表 4 的要求。

表 5 气候环境条件

试验名称	试验参数	试验条件	工作状态
低温(运行)试验	温度 ℃	−10±3	正常监视状态
	持续时间 h	16	
交变湿热(运行)试验	温度 ℃	40±2	正常监视状态
	循环周期	2	
SO_2 腐蚀(耐久)试验	温度 ℃	25±2	正常监视状态
	SO_2浓度(体积比)	$(25\pm5)\times10^{-6}$	
	相对湿度	93%±3%	
	持续时间 d	21	

4.10 机械环境耐受性

报警器应能耐受住表 6 中所规定的机械环境条件下的各项试验。试验期间，处于通电状态的报警器应保持正常监视状态；试验后，不应有机械损伤和紧固部位松动现象，响应时间应满足表 4 的要求。

表 6　机械环境条件

<table>
<tr><th>试验名称</th><th colspan="2">试验参数</th><th>试验条件</th><th>工作状态</th></tr>
<tr><td rowspan="4">冲击(运行)试验</td><td rowspan="4">质量 m
kg</td><td>峰值加速度
m/s^2</td><td>$(100-20m)\times 10$</td><td rowspan="4">正常监视状态</td></tr>
<tr><td>脉冲持续时间
(半正弦波脉冲)
ms</td><td>6</td></tr>
<tr><td>冲击方向</td><td>X、Y、Z</td></tr>
<tr><td>每个轴冲击次数
(连续冲击)</td><td>3</td></tr>
<tr><td rowspan="2">碰撞(运行)试验</td><td colspan="2">碰撞能量
J</td><td>1.9±0.1</td><td rowspan="2">正常监视状态</td></tr>
<tr><td colspan="2">锤头速度
m/s</td><td>1.5±0.13</td></tr>
<tr><td rowspan="5">振动(正弦)
(运行)试验</td><td colspan="2">频率循环范围
Hz</td><td>10～150</td><td rowspan="5">正常监视状态</td></tr>
<tr><td colspan="2">加速幅值
m/s^2</td><td>4.905</td></tr>
<tr><td colspan="2">扫频速率
oct/min</td><td>1</td></tr>
<tr><td colspan="2">每个轴线扫频次数</td><td>1</td></tr>
<tr><td colspan="2">振动方向</td><td>X、Y、Z</td></tr>
<tr><td rowspan="5">振动(正弦)
(耐久)试验</td><td colspan="2">频率循环范围
Hz</td><td>10～150</td><td rowspan="5">非工作状态</td></tr>
<tr><td colspan="2">加速幅值
m/s^2</td><td>9.810</td></tr>
<tr><td colspan="2">扫频速率
oct/min</td><td>1</td></tr>
<tr><td colspan="2">每个轴线扫频次数</td><td>20</td></tr>
<tr><td colspan="2">振动方向</td><td>X、Y、Z</td></tr>
</table>

4.11　电磁兼容性能

报警器应能适应表 7 所规定条件下的各项试验要求。试验期间，处于通电状态的报警器应保持正常监视状态；试验后，响应时间应满足表 4 的要求。

表 7　电磁兼容性试验条件

试验名称	试验参数	试验条件	工作状态
射频电磁场辐射抗扰度试验	场强 V/m	10	正常监视状态
	频率范围 MHz	80～1 000	
	扫描速率 10 oct/s	≤1.5×10^{-3}	
	调制幅度	80%(1 kHz,正弦)	
静电放电抗扰度试验	放电电压 kV	空气放电(外壳为绝缘体试样)8	正常监视状态
		接触放电(外壳为导体试样和耦合板)6	
	放电极性	正、负	
	放电间隔 s	≥1	
	每点放电次数	10	

4.12　S 型报警器附加响应性能

4.12.1　S 型报警器在方位试验、响应时间试验和环境试验前响应时间试验中测得的响应时间不应小于表 8 规定的响应时间下限值。

表 8　S 型报警器响应时间下限

升温速率 ℃/min	响应时间下限值	
	min	s
3	9	40
5	5	48
10	2	54
20	1	27
30	0	58

4.12.2　在按 5.22 的要求进行 S 型报警器附加试验期间，报警器不应发出火灾报警或故障信号。

4.13　R 型报警器附加响应性能

AR 型报警器在 5 ℃±2 ℃的初始温度下，BR 型报警器在 20 ℃±2 ℃的初始温度下，按 5.23 的要求进行 R 型报警器附加试验期间，报警器的响应时间应符合表 2 的规定。

4.14　防护性能

报警器的防护性能应满足 GB 23757 的要求。

5 试验

5.1 总则

5.1.1 试验大气条件

如在有关条文中没有说明，则各项试验均在下述大气条件下进行：

——温度：15 ℃～35 ℃；

——相对湿度：25% ～75%；

——大气压力：86 kPa～106 kPa。

5.1.2 报警器正常监视状态

试验时要求报警器处于无火灾报警、故障报警等状态的正常监视状态。

5.1.3 报警器安装

试验时，应按制造商规定的正常安装方式安装。如说明书给出多种安装方式，试验中应采用对报警器工作最不利的安装方式。

5.1.4 报警器供电

如果某项试验要求报警器处于监视状态，则应按报警器制造商规定的要求供电，除非试验方法中有指定说明，给报警器供电的电源参数应设置在生产厂家规定的范围内，并且试验期间为常数，每个参数的选择应为规定值或指定范围的平均值。

5.1.5 容差

如在有关条文中没有特别说明，则各项试验数据的容差均为±5 %，环境条件参数偏差应符合GB 16838要求。

5.1.6 试验前检查

试验前对试验样品(以下简称试样)进行外观检查，应符合下述要求：

a) 表面无腐蚀、涂覆层脱落和起泡现象，无明显划伤、裂痕、毛刺等机械损伤；

b) 紧固部位无松动；

c) 报警器内部的感温元件与安装表面的距离满足 4.2.9 的要求。

5.1.7 响应时间测量

5.1.7.1 测量试样响应时间前，应按 5.1.3 规定将试样安装在符合附录 A 规定的标准温箱(以下简称温箱)中，并按 5.1.2 规定使试样处于正常监视状态。如无特殊要求，应在试样的最大响应时间方位上进行响应时间的测量。

5.1.7.2 调节温箱内气流温度至规定的初始温度，如在有关条文中没有特殊指明，温箱的初始温度为表1 规定的相应类别报警器的典型应用温度，按制造商规定的稳定时间进行稳定(如未规定，稳定10 min)。然后以规定的升温速率升温至试样动作，记录试样的响应时间(从开始升温到试样动作的时间间隔)。试验过程中，保持温箱中的气流速度为 0.8 m/s±0.1 m/s(25 ℃时测得)，温度误差为±2 ℃。

5.1.8 试验程序

5.1.8.1 报警器数量为 14 只，试验前对试样予以编号。

5.1.8.2 对于无防止电池电源极性反接措施的报警器，应随机连接电源级性。

5.1.8.3 对AS或BS型探测器应进行5.22规定的S型报警器附加试验，对AR或BR型探测器应进行5.23规定的R型报警器附加试验。

5.1.8.4 报警器试验程序见表9。

表9 报警器试验程序

试验程序		报警器编号													
编号	试验项目	1	2	3	4	5	6	7	8	9	10	11	12	13	14
5.2	基本功能	√	√	√	√	√	√	√	√	√	√	√	√	√	√
5.3	电池故障报警		√												
5.4	声压	√	√												
5.5	电源							√	√	√	√	√	√		
5.6	方位	√													
5.7	动作温度	√	√												
5.8	响应时间	√	√												
5.9	25 ℃起始响应时间		√												
5.10	高温响应														√
5.11	环境试验前响应时间			√	√	√	√	√	√	√	√	√	√	√	√
5.12	通电性能	√													
5.13	低温(运行)					√									
5.14	交变湿热(运行)				√										
5.15	SO_2腐蚀(耐久)			√											
5.16	冲击(运行)													√	
5.17	碰撞(运行)							√							
5.18	振动(正弦)(运行)						√								
5.19	振动(正弦)(耐久)						√								
5.20	静电放电抗扰度								√						
5.21	射频电磁场辐射抗扰度									√					
5.22	S型报警器附加试验	√	√												
5.23	R型报警器附加试验	√	√												
5.24	防护性能													√	

5.2 基本功能试验

5.2.1 试验步骤

5.2.1.1 将报警器安装在温箱中(对互联式报警器按互联方式连接)，并且按5.1.2的要求使试样处于正常监视状态，操作报警器的自检装置，观察报警器是否发出声、光火灾报警信号。

5.2.1.2 使报警器处于正常监视状态，按测量响应时间方法开始升温，观察报警器是否发出火灾报警声、光信号，对互联式报警器观察与其连接的所有报警器是否发出火灾报警声信号。

5.2.1.3 在报警器报警以后,保持温度在报警器能够报警的水平,60 s后启动消音装置(有消音装置的报警器进行此试验),保持温度直到报警器再次报警,记录消音周期。如果报警器的报警消音周期可调,则按报警器的最大消音周期试验。如果报警消音装置安装在互联式报警器上,上述试验要在最大负载的条件下完成(可用模拟负载代替)。当温箱中的样品处于报警消音周期内,将与其相互连接的报警器中的任一只升温到报警。检查所有报警器是否发出火灾报警声信号。

5.2.1.4 当电池被取走时,检查是否有明显警示。

5.2.1.5 检查具有通讯功能的报警器是否可与辅助设备(如远程显示器等)进行通讯,当报警器与这些设备通讯过程中出现断线、短路故障时是否影响报警器探测火灾的性能。

5.2.1.6 检查报警器的指示灯。

5.2.1.7 检查报警器的出厂设置能否被改变。

5.2.2 试验设备

附录A规定的标准温箱。

5.3 电池故障报警试验

5.3.1 试验步骤

用可调稳压电源给试样供电,首先以额定电压供电,然后使电源电压以每分钟不大于0.1 V的速率下降,观察试样能否发出故障声、光信号,并记录发出故障信号时的电压值(故障电压)。

5.3.2 试验设备

满足5.3.1要求的稳压电源。

5.4 声压试验

5.4.1 试验步骤

5.4.1.1 按照5.1.4的要求连接供电电源,试样采用稳压电源供电,并将电压调整到电池额定电压。使试样在正常监视状态和故障报警状态之间转换50次,然后在报警状态下连续运行72 h。

5.4.1.2 运行后,在适宜的环境下进行声压试验。互联式试样应在互联工作方式下测量一只试样的声压级,可使用模拟负载。

5.4.1.3 试样以故障电压供电,在距报警器3 m远处,测量并记录报警器报警时的声压级。

5.4.2 试验设备

声级计。

5.5 电源试验

报警器,以50倍最大平均工作电流对报警器内的电池或电池组放电168 h,然后分别将电池放入报警器,测量报警器的报警声压级。报警器发出故障信号(如果报警器未发出故障信号,则进一步放电,使报警器发出故障信号),观察并记录报警器是否在7 d内每分钟至少发出故障信号一次,然后使报警器处于报警状态4 min,观察并记录报警器声、光报警信号情况。

5.6 方位试验

5.6.1 试验步骤

5.6.1.1 按5.1.7的规定,以10 ℃/min的升温速率测量试样的响应时间。试验共进行8次,每试验

1次,试样应按同一方向绕其垂直轴线旋转45°。记录试样8个方位上的响应时间。

5.6.1.2 记录试样的最大和最小响应时间方位。

5.6.2 试验设备

附录A规定的标准温箱。

5.7 动作温度试验

5.7.1 试验步骤

试验用两只试样,一只在最大响应时间方位、另一只在最小响应时间方位上进行。按5.1.7的规定,以1 ℃/min的升温速率升温至表1规定的相应类别报警器的最高应用温度。然后,以不大于0.2 ℃/min的升温速率升温至试样动作,记录试样的动作温度。

5.7.2 试验设备

附录A规定的标准温箱。

5.8 响应时间试验

5.8.1 试验步骤

试验用两只试样,一只在最大响应时间方位、另一只在最小响应时间方位上进行。按照5.1.7的规定,分别以1 ℃/min、3 ℃/min、5 ℃/min、10 ℃/min、20 ℃/min和30 ℃/min的升温速率升温至试样动作,记录试样在各升温速率下的响应时间。

5.8.2 试验设备

附录A规定的标准温箱。

5.9 25 ℃起始响应时间试验

5.9.1 试验步骤

B类试样在最小响应时间方位上进行。温箱中气流的初始温度为25 ℃,按5.1.7的规定,分别以3 ℃/min和20 ℃/min的升温速率升温至试样动作。记录试样在各升温速率下的响应时间。

5.9.2 试验设备

附录A规定的标准温箱。

5.10 高温响应试验

5.10.1 试验步骤

首先以不大于1 ℃/min的升温速率升温至表1规定的相应类别试样的最高应用温度,稳定2 h。然后按5.1.7的要求,分别以3 ℃/min和20 ℃/min的升温速率升温至试样动作。记录试样在各升温速率下的响应时间。

5.10.2 试验设备

附录A规定的标准温箱。

5.11 环境试验前响应时间试验

5.11.1 试验步骤

按 5.1.7 的规定，分别以 3 ℃/min 和 20 ℃/min 的升温速率升温至试样动作，记录试样在各升温速率下的响应时间。

5.11.2 试验设备

附录 A 规定的标准温箱。

5.12 通电性能试验

5.12.1 试验步骤

将试样在 5.8 中测得的响应时间作为环境试验前响应时间。然后使其在正常监视状态下连续运行 45 d，观察并记录试样的工作状态。运行结束后，再按 5.1.7 的规定求分别以 3 ℃/min 和 20 ℃/min 的升温速率升温至试样动作，记录试样在各升温速率下的响应时间。

5.12.2 试验设备

附录 A 规定的标准温箱。

5.13 低温(运行)试验

5.13.1 试验步骤

5.13.1.1 将试样放入试验箱，按 5.1.2 的规定使试样处于正常监视状态。在正常大气条件下保持 1 h。

5.13.1.2 然后以不大于 1 ℃/min 的降温速率将温度降到−10 ℃±3 ℃，在此条件下稳定 16 h，观察并记录试样在降温和温度保持期间的状态。

5.13.1.3 使试样处于不通电状态，以不大于 1 ℃/min 的升温速率升温至环境温度，取出试样，在正常大气条件下恢复 1 h 以上。然后按 5.1.7 的规定，分别以 3 ℃/min 和 20 ℃/min 的升温速率升温至试样动作，记录试样在各升温速率下的响应时间。

5.13.2 试验设备

试验设备应满足 GB 16838 的要求。

5.14 交变湿热(运行)试验

5.14.1 试验步骤

5.14.1.1 将试样在正常大气条件下放置 2 h～4 h 后，将试样放入试验箱内，按 5.1.2 的规定使试样处于正常监视状态。

5.14.1.2 调节试验箱，按 GB 16838 规定的试验方法，对试样进行高温温度为 40 ℃±2 ℃、2 个循环周期的交变湿热(运行)试验。期间观察并记录试样状态。

5.14.1.3 使试样处于不通电状态，取出试样，在正常大气条件下恢复 1 h 以上。然后按 5.1.7 的规定，分别以 3 ℃/min 和 20 ℃/min 的升温速率升温至试样动作。记录试样在各升温速率下的响应时间。

5.14.2 试验设备

试验设备应满足 GB 16838 的要求。

5.15 SO_2 腐蚀(耐久)试验

5.15.1 试验步骤

5.15.1.1 将试样按5.1.3的规定安装在温度为(25±2)℃、SO_2浓度为(25±5)×10^{-6}(体积比)、相对湿度为(93±3)%的试验箱内,使试样处于正常监视状态,保持21 d,观察并记录试样的状态。
5.15.1.2 腐蚀环境后,将试样放置在温度为40 ℃±2 ℃、相对湿度低于50%的试验箱中干燥16 h后,再将试样取出。
5.15.1.3 在正常大气条件下恢复1 h以上。按5.1.7的规定,分别以3 ℃/min和20 ℃/min的升温速率升温至试样动作。记录试样在各升温速率下的响应时间。

5.15.2 试验设备

试验设备应满足GB 16838的要求。

5.16 冲击(运行)试验

5.16.1 试验步骤

5.16.1.1 将试样按5.1.3的规定刚性安装在冲击试验台上,使试样处于正常监视状态。
5.16.1.2 启动冲击试验台,对质量m(kg)的试样,以峰值加速度为$(100-20m)\times 10\ m/s^2$,脉冲持续时间为6 ms的半正弦波脉冲,对试样的3个互相垂直的轴线中的每个方向连续冲击3次,总计18次。冲击结束后,保持2 min。观察并记录试样状态。
5.16.1.3 检查试样外观及紧固部位。然后按5.1.7的规定,分别以3 ℃/min和20 ℃/min的升温速率升温至试样动作,记录试样在各升温速率下的响应时间。

注:质量大于4.75 kg的试样不进行此项试验。

5.16.2 试验设备

试验设备应满足GB 16838的要求。

5.17 碰撞(运行)试验

5.17.1 试验步骤

5.17.1.1 将试样按5.1.3的规定刚性安装在碰撞试验设备(见附录B)的水平安装板上,使试样处于正常监视状态。
5.17.1.2 调整碰撞试验设备,使锤头碰撞面能够从水平方向碰撞试样,并对准试样最易遭受破坏的部位。然后,以1.5 m/s±0.13 m/s的锤头速度、1.9 J±0.1 J的碰撞动能碰撞试样。碰撞后,保持2 min。观察并记录试样状态。
5.17.1.3 检查试样外观及紧固部位。然后按5.1.7的规定,分别以3 ℃/min和20 ℃/min的升温速率升温至试样动作,记录试样在各升温速率下的响应时间。

5.17.2 试验设备

试验设备应满足GB 16838的要求。

5.18 振动(正弦)(运行)试验

5.18.1 试验步骤

5.18.1.1 将试样按5.1.3的规定刚性安装在振动台上,使试样处于正常监视状态。

5.18.1.2 启动试验台,使其在 10 Hz～150 Hz 的频率循环范围内,以 4.905 m/s^2 的加速度幅值、1 oct/min的扫频速率,分别在 X、Y、Z 三个互相垂直的轴线上进行 1 次扫频循环。观察并记录试样状态。

5.18.1.3 检查试样外观及紧固部位。然后按 5.1.7 的规定，分别以 3 ℃/min 和 20 ℃/min 的升温速率升温至试样动作。记录试样在各升温速率下的响应时间。

5.18.2 试验设备

试验设备应满足 GB 16838 的要求。

5.19 振动(正弦)(耐久)试验

5.19.1 试验步骤

5.19.1.1 将试样按 5.1.3 的规定刚性安装在振动台上,振动期间试样不通电。

5.19.1.2 启动试验台,使其在 10 Hz～150 Hz 的频率循环范围内,以 9.810 m/s^2 的加速度幅值、1 oct/min的扫频速率,分别在 X、Y、Z 三个互相垂直的轴线上进行 20 次扫频循环。观察并记录试样状态。

5.19.1.3 检查试样外观及紧固部位。并接通电源,观察并记录试样状态,若试样能处于正常监视状态,按 5.1.7 的规定，分别以 3 ℃/min 和 20 ℃/min 的升温速率升温至试样动作。记录试样在各升温速率下的响应时间。

5.19.2 试验设备

试验设备应满足 GB 16838 的要求。

5.20 静电放电抗扰度试验

5.20.1 试验步骤

5.20.1.1 将试样按 GB/T 17626.2 的规定进行试验布置,按 5.1.2 的规定使试样处于正常监视状态,保持 20 min。

5.20.1.2 按 GB/T 17626.2 中规定的试验方法对试样及耦合板施加表 7 所示条件下的干扰试验,期间观察并记录试样状态。

5.20.1.3 上述试验完成后,按 5.1.7 的规定,分别以 3 ℃/min 和 20 ℃/min 的升温速率升温至试样动作。记录试样在各升温速率下的响应时间。

5.20.2 试验设备

试验设备应满足 GB/T 17626.2 的要求。

5.21 射频电磁场辐射抗扰度试验

5.21.1 试验步骤

5.21.1.1 将试样按 GB/T 17626.3 的规定进行试验布置,按 5.1.2 的规定使试样处于正常监视状态,保持 20 min。

5.21.1.2 按 GB/T 17626.3 规定的试验方法对试样施加表 7 所示条件下的干扰试验,期间观察并记录试样状态。

5.21.1.3 上述试验完成后,按 5.1.7 的规定,分别以 3 ℃/min 和 20 ℃/min 的升温速率升温至试样动作。记录试样在各升温速率下的响应时间。

5.21.2 试验设备

试验设备应满足 GB/T 17626.3 的要求。

5.22 S型报警器附加试验

5.22.1 试验步骤

按 5.1.2 的规定使试样处于正常监视状态。针对不同类别报警器，在表 10 规定的初始温度环境下稳定后，将试样在 10 s 内按最小响应时间方位放入气流速度为 0.8 m/s±0.1 m/s、温度符合表 10 气流温度规定的试验箱内，保持 10 min 以上，观察并记录试样状态。

5.22.2 试验设备

附录 A 规定的标准温箱。

表 10 S型报警器附加试验温度

单位为摄氏度

报警器类别	初始温度	气流温度
AS	5±2	50±2
BS	20±2	65±2

5.23 R型报警器附加试验

5.23.1 试验步骤

针对不同类别报警器，一只在最大响应时间方位上、另一只在最小响应时间方位上，AR 型报警器在 5 ℃±2 ℃的初始温度下，BR 型报警器在 20 ℃±2 ℃的初始温度下分别以 10 ℃/min、20 ℃/min 和 30 ℃/min 的升温速率升温至动作。记录试样在各升温速率下的响应时间。

5.23.2 试验设备

附录 A 规定的标准温箱。

5.24 防护性能试验

按 GB 23757 的要求对报警器进行防护性能试验。

6 检验规则

6.1 产品出厂检验

制造商在产品出厂前应对报警器至少进行下述试验项目的检验：

a) 响应时间试验；

b) 基本功能试验；

c) 高温响应试验；

d) 声压试验；

e) S型或R型报警器附加试验；

f) 碰撞(运行)试验。

6.2 型式检验

6.2.1 型式检验项目为本标准规定的全部试验项目。

6.2.2 有下列情况之一时,应进行型式检验:

a) 新产品或老产品转厂生产时的试制定型鉴定;

b) 产品的结构、主要部件或元器件、生产工艺等有较大的改变可能影响产品性能;

c) 出厂检验结果与上次型式检验结果差异较大;

d) 产品停产一年以上,恢复生产;

e) 发生重大质量事故;

f) 产品强制市场准入制度有要求;

g) 质量监督部门依法提出要求。

6.2.3 检验结果按 GB 12978 中规定的型式检验结果判定方法进行判定。

7 标志

7.1 总则

7.1.1 标志在报警器安装维护过程中应清晰可见。

7.1.2 标志不应贴在螺丝或其他易被拆卸的部件上。

7.2 产品标志

7.2.1 每只报警器应清晰标识如下信息:

a) 产品名称、型号和类别;

b) 制造商名称;

c) 接线端子标注;

d) 执行标准编号;

e) 制造日期或产品编号;

f) 产地。

对于可拆卸报警器,报警器上的标志应包含 a)、b)、c)、d)和 f)项,底座上的标志应至少包含 a)、b)和 e)项。

7.2.2 产品标志信息中如使用不常用符号或缩写时,应在报警器的使用说明书中说明。

7.3 质量检验标志

报警器应有质量检验合格标志。

8 使用说明书

报警器使用说明书应按 GB/T 9969 编写,内容应与产品性能一致。对于产品使用的电池,应说明电池种类、容量、型号及安装方法、更换方法、更换时间。

附 录 A
(规范性附录)
标 准 温 箱

检验报警器响应时间的试验设备是专用的标准温箱。温箱的风道截面为正方形,并有一个水平工作区域,如图 A.1 所示,报警器安装在风道工作区域的顶板上,并使它与风道的两个侧壁对称。

风道中的气流流速在试验过程中应始终为 0.8 m/s±0.1 m/s(25 ℃时测量值),并能分别以 0.2 ℃/min、1 ℃/min、3 ℃/min、5 ℃/min、10 ℃/min、20 ℃/min、30 ℃/min 的升温速率升温;测温误差为±2 ℃,响应时间测量误差±1 s。试验中应保证报警器附近的气流不受风道底面和侧壁的影响,报警器不应受到加热器的直接热辐射作用。

测温元件距离风道工作区域风道顶板应大于 25 mm,并且测温元件在水平方向上位于报警器的迎风侧距报警器至少 50 mm。测温元件的时间常数应小于 2 s。

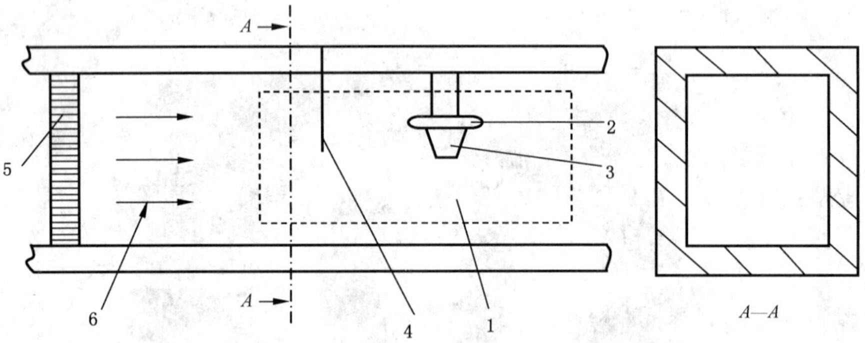

说明:

1——工作区;

2——安装板;

3——报警器;

4——测温传感器;

5——导流装置;

6——气流方向。

图 A.1 标准温箱工作区域示意图

附 录 B
（规范性附录）
碰撞试验设备

试验设备(见图 B.1)主体是一个摆锤机构。摆锤的锤头由硬质铝合金 AlCu4SiMg(经固溶、时效处理)制成,外形为具有一个斜的碰撞面的六面体。锤头的摆杆固定在带球轴承的钢轮毂上,球轴承装在硬钢架的固定钢轴上。硬钢架的结构应保证在未安装探测器时能够使摆锤自由旋转。

锤头的外形尺寸为长 94 mm、宽 76 mm、高 50 mm。锤头斜切面与锤头纵轴间的夹角为(60±1)°,锤头的摆杆外径为 25 mm±0.1 mm,壁厚为 1.6 mm±0.1 mm。

单位为毫米

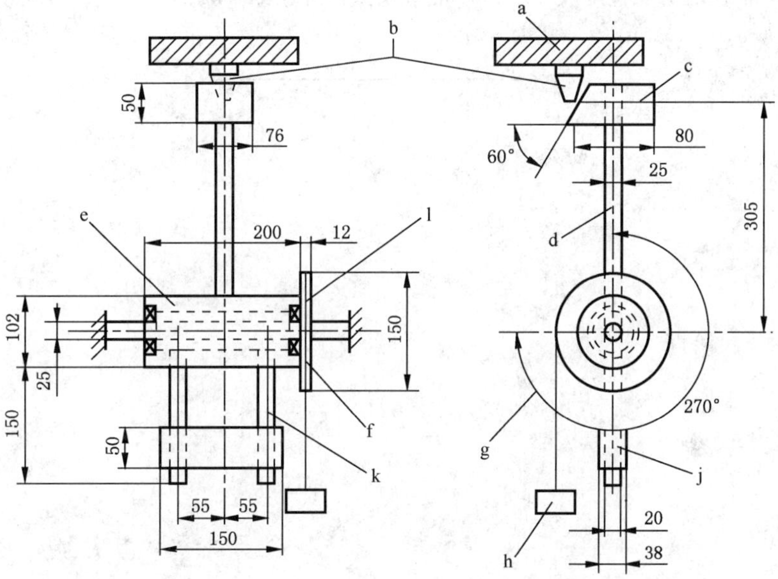

说明：

a——安装板；

b——报警器；

c——锤头；

d——摆杆；

e——钢轮毂；

f——球轴承；

g——转动 270°；

h——工作重锤；

j——配重块；

k——配重臂；

l——滑轮。

图 B.1 碰撞试验设备图

锤头的纵轴距旋转轴线的径向距离为 305 mm,锤头的摆杆轴线要保证与旋转轴线垂直。外径为 102 mm,长为 200 mm 的钢轮毂同心组装在直径为 25 mm 的钢轴上。钢轴直径的精度取决于所用的轴承尺寸公差。在钢轮毂与摆杆相对的方向上装有两个外径为 20 mm、长为 185 mm 的钢质配重臂,其伸出长度为 150 mm。在两个配重臂装一个位置可调的配重块,以便使锤头与配重臂平衡。在钢轮毂的一端安装一个厚 12 mm、直径为 150 mm 的铝合金滑轮，在滑轮上缠绕一条缆绳，缆绳的一端固定在滑轮上，另一端系上工作重锤。

安装报警器的水平安装板由钢架支撑着。安装板可以上下调整，以便使锤头的碰撞面中心从水平方向碰撞报警器，如图 B.1 所示。在使用试验设备时，首先要按图 B.1 调整报警器和安装板的位置，调好后，把安装板固紧在钢架上，然后摘下工作重锤，通过调整配重块平衡摆锤机构。调整平衡后，把摆杆拉到水平位置上，系上工作重锤，当摆锤机构释放时，工作重锤将使锤头旋转 $3\pi/2$ rad 碰撞报警器。工作重锤的质量按公式(B.1)得出：

$$Q=0.388/3\pi r \qquad \text{(B.1)}$$

式中：

Q ——工作重锤的质量，单位为千克(kg)；

r ——滑轮的有效半径，单位为米(m)。

注：当 r 为 0.075 m 时，工作重锤质量约为 0.55 kg，锤头质量约为 0.79 kg。

ICS 29.130
K 31

中华人民共和国国家标准

GB/T 30123—2013

风力发电导电轨(空气型母线槽)

Busbar trunking systems (air insulation busbar) for wind power generation

2013-12-17 发布　　2014-06-14 实施

中华人民共和国国家质量监督检验检疫总局
中国国家标准化管理委员会　发布

前言

本标准按照GB/T 1.1—2009给出的规定起草。

本标准由中国电器工业协会提出。

本标准由全国低压成套开关设备和控制设备标准化技术委员会(SAC/TC 266)归口。

本标准起草单位:大全集团有限公司、镇江西门子母线有限公司、天津电气传动设计研究所有限公司、天津天传电控配电有限公司、中国质量认证中心、珠海光乐电力母线槽有限公司、江苏万奇电器集团有限公司、指明集团有限公司、国家电控配电设备质量监督检验中心。

本标准主要起草人:裴军、蔡俊、刘洁、韩东明、齐爽、雷清华、马纪财、汤珍敏、吴红波。

风力发电导电轨(空气型母线槽)

1 范围

本标准规定了空气型风力发电导电轨系统(以下简称风电母线槽)的术语和定义、技术要求、试验方法、检验规则、铭牌、标志、包装、运输和贮存等。

本标准适用于额定电压交流不超过1 000 V、频率为50 Hz或60 Hz的风电母线槽。

2 规范性引用文件

下列文件对于本文件的应用是必不可少的。凡是注日期的引用文件,仅注日期的版本适用于本文件。凡是不注日期的引用文件,其最新版本(包括所有的修改单)适用于本文件。

GB/T 2423.10—2008 电工电子产品环境试验 第2部分:试验方法 试验Fc:振动(正弦)

GB 4208—2008 外壳防护等级(IP代码)

GB 7251.1—2005 低压成套开关设备和控制设备 第1部分:型式试验和部分型式试验成套设备

GB 7251.2—2006 低压成套开关设备和控制设备 第2部分:对母线干线系统(母线槽)的特殊要求

JB/T 3085 电力传动控制装置的产品包装与运输规程

3 术语和定义

GB 7251.2—2006界定的以及下列术语和定义适用于本文件。

3.1

空气型风力发电导电轨 air insulation busbar trunking systems for wind power generation

将母线用绝缘垫块支撑在壳体内,靠空气介质绝缘,并经过型式试验的母线槽。

3.2

外壳 enclosure

保护设备免受某些外部因素影响,并使设备在各个方向不被直接触及的一种部件。

3.3

带电部件 live part

在正常使用中用来通电的导体或导电部件,包括中性导体,但不包括中性保护导体(PEN体)。

3.4

裸露导电部件 exposed conductive part

电气设备的一种可触及的导电部件,它通常不带电,但在故障情况下可能带电。

3.5

保护导体 protective conductor;PE

为防止发生电击危险而与下列部件进行电气连接的一种导体;

——裸露导电部件;

——外部导电部件;

——主接地端子；

——接地电极；

——电源的接地点或人为的中性接点。

3.6

中性导体　neutral conductor;N

与系统的中性点连接,并能够传输电能的一种导体。

3.7

中性保护导体　PEN conductor;PEN

一种同时具有中性导体和保护导体功能的接地导体。

3.8

电气间隙　clearance

不同电位的两个导电部件间最短的空间直线距离。

3.9

爬电距离　creepage distance

不同电位的两个导电部件之间沿绝缘材料表面的最短距离。

4　技术要求

4.1　使用环境条件

4.1.1　正常工作条件

4.1.1.1　周围空气温度

周围空气温度不得超过＋50 ℃,并且在24 h内其平均温度不得超过＋35 ℃,周围空气温度的下限为－40 ℃。

4.1.1.2　大气条件

空气清洁,日相对湿度平均值不大于95%,月相对湿度平均值不大于90%,而其相对湿度在最高温度为＋40 ℃时不超过50% 。在温度较低时允许有较高的相对湿度,如在＋20 ℃时为90%,但考虑到由于温度的变化,有可能会偶尔产生适度的凝露。

4.1.1.3　海拔高度

安装场地的海拔高度不应超过2 000 m。

4.1.1.4　污染等级

污染等级按GB 7251.1—2005的规定选3级(存在导电性污染,或者由于凝露使干燥的非导电性污染变成导电性的污染)。

4.1.2　特殊工作条件

当存在下述任何一种特殊使用条件时,应在产品技术文件中规定或由用户与制造商协商解决:

a)　与4.1.1规定的温度、湿度、海拔高度不相同;

b)　在使用中,温度或大气压力急剧地变化,风电母线槽内出现异常的凝露;

c) 空气被尘埃、烟雾、腐蚀性微粒、放射性微粒、蒸汽或盐雾严重污染；
d) 暴露在强电场和强磁场中；
e) 受霉菌或微生物侵蚀；
f) 为解决电和光的辐射的干扰而采用的适当措施。

4.2 安装条件

4.2.1 过电压类别(安装类别)

过电压类别符合 GB 7251.1—2005 的规定，可定为Ⅲ级和Ⅳ级。制造商应在使用说明书中给出。

4.2.2 安装方法

应根据制造厂的安装说明书进行安装。

4.3 额定参数

4.3.1 额定电流

风电母线槽的额定电流值应按表1中的标准值选取。

表1 额定电流值

单位为安培

200、250、315、400、630、800、1 000、1 250、1 600
2 000、2 500、3 150、4 000、5 000、6 300
注：对超出以上电流值的情况，由制造商和用户协商。

4.3.2 额定工作电压

风电母线槽额定工作电压的优选值：380 V(400 V)、660 V(690 V)、1 000 V(1 140 V)。

4.3.3 额定绝缘电压

风电母线槽的额定绝缘电压是与介电强度试验、电气间隙和爬电距离有关的电压值。除非另有规定，风电母线槽电路的额定工作电压不允许超过额定绝缘电压。

4.3.4 额定频率

风电母线槽的额定频率应为 50 Hz 或 60 Hz。

4.3.5 额定短时耐受电流

风电母线槽的额定短时耐受电流是指在规定的试验条件下，该母线槽电路在 1 s 内能承受的电流(方均根值)。

4.3.6 额定峰值耐受电流

风电母线槽的额定峰值耐受电流是指在规定的试验条件下，风电母线槽能耐受的电流峰值。其值参照表2中的短时耐受电流(方均根值)与峰值系数 n 的乘积。

表 2　峰值系数(*n*)的标准值和相应的功率因素

短时耐受电流 I_{cw}(方均根值) kA	功率因数 ($\cos\phi$)	峰值系数 (n)
$I_{cw} \leqslant 5$	0.7	1.5
$5 < I_{cw} \leqslant 10$	0.5	1.7
$10 < I_{cw} \leqslant 20$	0.3	2.0
$20 < I_{cw} \leqslant 50$	0.25	2.1
$50 < I_{cw}$	0.2	2.2

4.3.7　额定冲击耐受电压

额定冲击耐受电压其试验电压值采用 12 kV。

4.4　结构要求

4.4.1　总则

4.4.1.1　一般要求

风电母线槽应作为型式试验低压成套开关设备和控制设备(TTA)进行设计。

风电母线槽的结构必须安全可靠、操作方便、维修容易,同时应由能承受规定的机械应力、电气应力及热应力的材料构成,应采用合适的防腐蚀材料或对材料进行合适的表面处理。

4.4.1.2　机械负载

风电母线槽应满足 GB 7251.2—2006 中 8.2.10 和 8.2.12 的要求。

4.4.1.3　风电母线干线单元

风电母线干线单元是将母线用绝缘材料制成的支撑件支承和隔开,并装入外壳中,支撑件之间的距离应能满足风电母线槽强度的要求。

4.4.1.4　风电母线槽连接

连接风电母线槽单元所用的螺栓、螺母及垫圈应采用在 −40 ℃下能正常工作的耐低温材料、强度等级应满足 8.8 等级及以上的要求和电镀层的钢或铜合金制品。

4.4.2　材料要求

4.4.2.1　外壳

风电母线槽外壳材料的选用应能满足 4.4.1 要求的材料,外壳相互连接部件间可采用焊接、铆接或螺栓连接,但应保证电气连续性能,外壳上所有紧固件应有防腐镀层,外壳表面应覆盖阻燃、无眩目及反光的涂层,涂层颜色应均匀一致、整洁美观,不得有起泡、裂纹和流痕等缺陷。

4.4.2.2　导体

风电母线槽的导体应符合以下要求:

a)　导体的材料应有足够的机械强度和载流能力;

b)　导体的材料应符合相应的产品标准的要求;

c） 导体表面应通过喷涂特殊绝缘材料、流化、粘贴高效绝缘薄膜等方式进行附加绝缘处理。

4.4.2.3 绝缘材料

风电母线槽的绝缘材料应符合以下规定：

a） 绝缘材料应采用耐潮湿并具有足够机械强度和阻燃性能的材料；

b） 绝缘材料应具有不低于4.5.1要求的耐热性能；

c） 绝缘材料应具有足够的耐老化性能。

4.4.2.4 紧固件

风电母线槽内螺栓、螺母等紧固件应符合以下规定：

a） 紧固件应采用在－40 ℃下能正常工作的耐低温材料；

b） 紧固件的强度等级应能满足8.8等级及以上的要求；

c） 紧固件应有防腐镀层处理要求。

4.4.3 外壳导线用端子

风电母线槽外接导线端子应符合GB 7251.1—2005中7.1.3的要求。

4.4.4 电气间隙、爬电距离

风电母线槽内不同裸露带电导体之间以及它们与外壳之间的电气间隙和爬电距离应符合GB 7251.2—2006中7.1.2的规定。

4.4.5 外壳防护等级

风电母线槽外壳防护等级应不低于GB 4208—2008规定的IP31要求。

4.4.6 风电母线槽导体的相序排列和标识

风电母线槽导体应有明显的相序标识，相序的顺序在整个系统中应保持一致，而且应与图样的标志一致。外壳用做保护导体时应在接地端子处标上接地符号。

4.5 性能要求

4.5.1 温升

风电母线槽各部位的温升应满足表3的规定，并按5.1.2.2进行试验。

表3 温升限值

风电母线槽部位	温升 K
用于连接外部绝缘导线的端子	70
母线上的插接式触点及母线连接处	70[a]
可接触的外壳和覆板 金属表面 绝缘材料表面	 30[b] 40[b]

[a] 温升限值按材料的自身特性参数和诸多因素确定，但不得超过70 K。

[b] 对在正常工作情况下不需触及的外壳和覆板。温升限值可以是55 K。

4.5.2 对触电的防护措施

4.5.2.1 对直接触电的防护

风电母线槽对直接触电的防护要求应符合 GB 7251.1—2005 中 7.4.2 的规定。

4.5.2.2 对间接触电的防护

风电母线槽间接接触的防护要求应符合 GB 7251.1—2005 中 7.4.3 的规定。

4.5.2.3 接地端子

风电母线干线单元应有接地端子,同时应有牢固的接地标志。接地端子应由导电良好的材料制成,并应有防腐措施,且安装在易于接近的地方。

风电母线干线单元外壳上任一裸露导电部件与接地端子间的电阻应足够低,其电阻值应不大于 0.1 Ω,以保证母线干线系统的安全运行。

4.5.3 短路强度(承载短路电流的能力)

在额定参数(见表 2)范围内,风电母线槽应耐受不超过额定短时耐受电流和额定峰值电流时产生的热应力和电动应力。额定短时耐受电流的数值应由制造商在产品标准中规定。

4.5.4 系统的电阻、电抗和阻抗值

风电母线槽系统的电阻、电抗和阻抗的具体值应由制造商在产品说明书或其他文件中给出,应符合 GB 7251.2—2006 中 4.9 的规定。

4.5.5 绝缘电阻

风电母线槽绝缘电阻应按 5.1.2.6 进行试验,每个风电母线槽单元的绝缘电阻应不低于 20 MΩ。

4.5.6 介电强度

风电母线槽各相母线之间,相线与中性导体之间,相线与保护导体之间应能承受 GB 7251.1—2005 中 8.2.2.4 表 10 的施加电压值,并保持 5 s。

5 试验方法

5.1 型式试验

5.1.1 型式试验项目

型式试验项目包括以下内容:

a) 机械负载试验(见 5.1.2.1);

b) 温升试验(见 5.1.2.2);

c) 保护电路连续性试验(见 5.1.2.3);

d) 短路强度试验(见 5.1.2.4);

e) 验证电阻、电抗和阻抗(见 5.1.2.5);

f) 验证绝缘电阻(见 5.1.2.6);

g) 介电强度试验(见 5.1.2.7);

h) 验证电气间隙和爬电距离(见 5.1.2.8);

i) 验证外壳防护等级(见 5.1.2.9);

j) 振动(正弦)试验(见 5.1.2.10)。

5.1.2 型式试验方法

5.1.2.1 机械负载试验

除应按 GB 7251.2—2006 中 8.2.10.1~8.2.10.3 进行试验外,对需垂直安装的风电母线槽还需做垂直负载试验。试验时,将一直线形风电母线干线单元垂直吊起,吊挂点应固定在母线外壳上,并保持母线垂直。在各导体上吊挂相当于 5 倍该导体质量的重物,持续 5 min,如图 1 所示。试验结果必须符合下列要求:

a) 试验期间和试验后,风电母线单元连接点或其他部位应无破裂,外壳的变形没有影响防护等级,或电气间隙和爬电距离没有减少到 GB 7251.1—2005 中表 14 和表 16 规定的数值。试验后不应有明显永久性变形,例如:有影响进线单元和出线单元正确插入的倾向。

b) 试验期间和试验后,保护电路应保持其功能。

c) 每一项试验后,应按 5.1.2.7 进行介电强度试验。

d) 垂直机械负载试验,需要测量在试验期间及试品完成实验恢复后导体相对于外壳的位移,应不产生影响性能和使用的变化。

按 GB 7251.2—2006 中 8.2.10.1~8.2.10.3 进行试验时,支点间距 D、D_1 值由制造商确定。

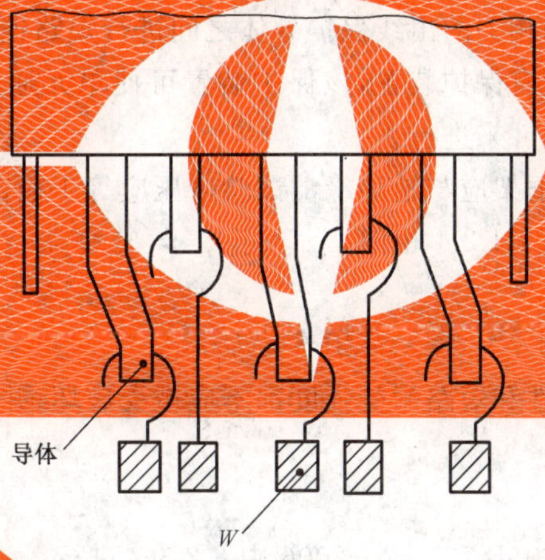

说明:

W——5 倍导体自重。

图 1 垂直负载试验

5.1.2.2 温升试验

5.1.2.2.1 风电母线槽的布置

风电母线槽进行试验时,应按正常使用情况布置,所有覆板等都应就位。

风电母线槽的额定电流会受到安装布置的影响。因此,必须用制造厂家所给的适于安装布置的额定电流进行温升试验。如果只做一次试验,应使用最不适宜的安装配置。

5.1.2.2.2 温升试验

试验应在全长至少为 6 m 包括至少一个接点的风电母线槽上进行。

在带电导体中试验电流应大体相等。

对试验的部件应防止任何无意产生的空气流动，如将端头封闭。

试验应进行足够的时间使温升达到恒定值(但不超过 8 h)。实际上，每小时变化不超过 1 K 时，则达到了本条件。

注：事实上，在试验的第一阶段。可缩短试验时间加大电流，以后再减小到规定的试验电流。

在没有使用条件的详细说明时，外部导体的截面进行试验时应用热电偶测量温度，周围温度为 10 ℃～40 ℃。试验结束后，温升实测值不超过表 3 的要求，风电母线槽内绝缘没有破坏，能正常工作，即认为温升试验合格。

5.1.2.3 保护电路连续性试验

5.1.2.3.1 保护电路之间的有效连接验证

应验证风电母线槽的不同裸导电部件是否符合 4.5.2.3 的要求。其电阻值是否符合具体产品标准的要求。

5.1.2.3.2 验证保护电路的短路强度

一个单相试验电源，一极连接在一相的进线端子上，另一极连接到进线保护导体的端子，如风电母线槽有单独的保护导体，应使用最近的相导体。对于每个有代表性的出线单元应进行单独试验，即用螺栓在单元的对应相的出线端子和相关的出线保护导体之间进行短路连接。

试验中的每个出线单元应配有保护装置，该保护装置可使单元通过最大峰值电流和 I^2t 值。此试验允许用成套设备外部的保护器件来进行。

对于此项试验，成套设备的框架应与地绝缘。试验电压应等于额定工作电压的单相值。

此试验的所有其他条件应同 5.1.2.4 相似。

5.1.2.3.3 试验结果

试验前后，保护电路的有效性和短路耐受强度都不应遭受破坏，并应满足 4.5.2.3 的要求。

5.1.2.4 短路强度试验

风电母线槽短路强度试验按 GB 7251.2—2006 中 8.2.3.2 进行。

试验结果应满足 GB 7251.2—2006 中 8.2.3.2.5 的要求。

5.1.2.5 验证电阻、电抗和阻抗

电阻 、电抗和阻抗的平均值(见 4.5.4)要在用于温升试验的试验样机上确定，也就是说要包括至少一个接点。

5.1.2.6 验证绝缘电阻

风电母线槽绝缘电阻应在其正常使用条件下，在每个单元进行测量。测量绝缘电阻的部位是风电母线槽各相之间及相导体与接地端子之间。绝缘电阻值应符合 4.5.5 的要求。

测量绝缘电阻的仪表的电压等级应不低于 500 V。

5.1.2.7 介电强度试验

本项试验是验证风电母线槽各部分的绝缘性能是否符合 4.5.6 的要求。试验方法见 GB 7251.2—2006 中 8.2.2 的规定。

试验过程如没有出现击穿、闪络现象，则认为风电母线槽的介电强度试验通过。

5.1.2.8 验证电气间隙和爬电距离

测量风电母线槽的电气间隙和爬电距离时应考虑到槽壳和母线可能产生的变形，包括由短路和机械负载引起的任何可能的变化测量时可用专用量具或通用量具。

测得的结果(尺寸)应符合 4.4.4 要求。

5.1.2.9 验证外壳防护等级

风电母线槽的防护等级应按 GB 4208—2008 的规定进行试验，并应符合 4.4.5 要求。

5.1.2.10 振动(正弦)试验

风电母线槽应符合 GB/T 2423.10—2008 中关于耐受振动和加速度的相关要求。

5.2 出厂检验

5.2.1 出厂检验项目

出厂检验项目包括以下内容：

a) 一般检查(见 5.2.2.1)；

b) 介电强度试验(见 5.2.2.2)；

c) 保护电路有效性的检查(见 5.2.2.3)；

d) 验证绝缘电阻(见 5.1.2.6)。

5.2.2 出厂检验方法

5.2.2.1 一般检查

一般检查包括：

a) 检查电气间隙和爬电距离(应符合 4.4.4 要求)；

b) 检查各种标志是否安装正确、牢固、清晰；

c) 检查铭牌上文字数据是否正确、清晰、完整；

d) 检查结构设施、镀层和外壳油漆质量；

e) 检查紧固件是否齐全并紧固。

5.2.2.2 介电强度试验

风电母线槽的介电强度试验要求如下：

a) 试验电压为 GB 7251.1—2005 中 8.2.2.4 表 10 的施加电压值保持 1 s；

b) 如果风电母线槽已经通过一次耐压试验，而需要再试验时，施加的试验电压应为规定的工频耐压试验值的 85%，试验电压的施加时间为 1 s。

5.2.2.3 保护电路有效性检查

对风电母线槽保护电路有效性的检查包括：

a) 直观检查保护电路应连续、可靠，母线槽应有明显的接地保护点及标志；

b) 应使用电阻测量仪器检查母线槽螺钉的连接是否接触良好；

c) 应满足 4.5.2.3 的要求。

6 检验规则

6.1 总则

风电母线槽的试验分型式试验和出厂试验两种。

6.2 型式试验

型式试验的目的是验证风电母线槽的电气性能与机械性能是否达到本标准要求，型式试验在新产品投产前必须进行。试验样品应为长度不小于6 m，至少有一个连接点的直线型母线干线单元。当产品设计、材料、工艺上的更改可能影响其工作性能时，须重新进行有关项目的型式试验。

型式试验规则：

a) 用作型式试验的风电母线槽必须是主要制造工艺装备齐全的，正式试制的样品并需经出厂检验合格；

b) 各试验项目可按任意次序或在同一型式的不同样品上进行，有特殊要求的地方在具体项目中说明；

c) 5.1.1规定的所有试验项目都能通过和所有承受试验的试品都合格，才认为风电母线槽的型式试验合格。

6.3 出厂检验

出厂检验是指产品出厂前，制造商在每个风电母线槽单元上进行的试验和检验，其目的是检查材料和工艺上的缺陷。

如风电母线槽某一单元出厂试验不符合本标准有关条款要求时，应对其进行返工后，再进行检查。

7 铭牌、标志、包装、运输和贮存

7.1 铭牌与标志

7.1.1 铭牌

风电母线槽的每个单元都应设置铭牌，铭牌应安在明显易见之处。

a)～e)项内容应在铭牌上给出，f)～k)可在铭牌或在有关文件资料中给出：

a) 制造厂厂名或商标；

b) 产品型号及名称；

c) 制造日期或出厂编号；

d) 额定工作电流；

e) 额定工作电压；

f) 额定频率；

g) 额定绝缘电压；

h) 使用条件；

i) 防护等级；

j) 防止触电的措施；

k) 接地类型及接地装置；

l) 外形尺寸及安装尺寸；

m) 标准代号及名称；

n) 系统的电阻、电抗和阻抗值;

o) 故障条件下系统的电阻、电抗和阻抗值;

p) 质量;

q) 安装序列号。

7.1.2 标志

风电母线槽应提供以下标志:

a) 风电母线槽接地处应设置明显的接地标志;

b) 在风电母线槽单元端头处设置明显的母线相序标志;

c) 如有必要,在风电母线槽单元的首尾(或进、出端)应标出明显的标志;

d) 在需要安装支架位置处可设符号标志。

7.2 包装与运输

风电母线槽的包装应符合 JB/T 3085 的要求。

装箱时应随附下列文件资料:

a) 装箱文件资料清单;

b) 使用说明书;

c) 装箱清单;

d) 产品合格证明书(合格证)。

7.3 贮存的条件

如果贮存的条件与 4.1.1 的规定不同时,应由用户与制造厂签订专门的协议。

除非另有规定,贮存过程中的温度可在 −40 ℃～55 ℃范围内,在短时间内(不超过 24 h)温度可达到 +70 ℃。

ICS 59.060.20
W 52

中华人民共和国国家标准

GB/T 30124—2013

竹炭涤纶低弹丝

Bamboo-charcoal polyester drawn textured yarn

2013-12-17 发布　　2014-12-01 实施

中华人民共和国国家质量监督检验检疫总局
中国国家标准化管理委员会　发布

前　言

本标准的附录A为资料性附录。

本标准由中国纺织工业协会提出。

本部分由全国纺织品标准化技术委员会(SAC/TC 209)归口。

本标准起草单位:无锡百和织造股份有限公司、上海市纺织工业技术监督所、太仓市金辉化纤实业有限公司、东华大学、桐昆集团股份有限公司。

本标准主要起草人:郑国烟、陆秀琴、谈辉、王其、许金祥。

竹炭涤纶低弹丝

1 范围

本标准规定了竹炭涤纶低弹丝的定义、技术要求、试验方法、检验规则和标志、包装、运输和贮存。

本标准适用于总线密度 55 dtex～333 dtex，单丝线密度为 0.5 dtex～2.7 dtex 竹炭涤纶低弹丝。

2 规范性引用文件

下列文件对于本文件的应用是必不可少的。凡是注日期的引用文件，仅注日期的版本适用于本文件。凡是不注日期的引用文件，其最新版本(包括所有的修改单)适用于本文件。

GB/T 250 纺织品 色牢度试验 评定变色用灰色样卡

GB/T 2828.1—2012 计数抽样检验程序 第1部分：按接收质量限(AQL)检索的逐批检验抽样计划

GB/T 3291.1 纺织 纺织材料性能和试验术语 第1部分：纤维和纱线

GB/T 3291.3 纺织 纺织材料性能和试验术语 第3部分：通用

GB/T 4146.1 纺织品 化学纤维 第1部分：属名

GB/T 6502 化学纤维 长丝取样方法

GB/T 6504 化学纤维 含油率试验方法

GB/T 6505 化学纤维 长丝热收缩率试验方法

GB/T 6506 合成纤维变形丝卷缩性能试验方法

GB/T 6508 涤纶长丝染色均匀度试验方法

GB/T 6529 纺织品 调湿和试验用标准大气

GB/T 8170 数值修约规则与极限数值的表示和判定

GB/T 14343 化学纤维 长丝线密度试验方法

GB/T 14344 化学纤维 长丝拉伸性能试验方法

3 术语和定义

GB/T 3291.1、GB/T 3291.3 和 GB/T 4146.1 中界定的以及下列术语和定义适用于本文件。

3.1

生产批 product lot

原辅材料、工艺条件及产品规格相同，一定时间内连续生产的产品批。

3.2

检验批 test lot

为检验生产批产品质量的特性和稳定性，采用周期性或根据生产情况确定的产品批。

3.3

竹炭涤纶低弹丝 bamboo-charcoal polyester draw textured yarn

竹炭粉体含量不小于1%，粒径小于1 μm的涤纶低弹丝，通常由母粒法制得，具有吸附等功能。

4 产品分类和标识

产品规格以线密度(dtex)和单丝根数(f)表示。

示例：167 dtex/144 f。

5 技术要求

5.1 产品分等

产品等级分为优等品(AA级)、一等品(A级)、合格品(B级)三个等级，低于合格品为等外品(C级)。

5.2 性能项目和指标值

竹炭涤纶低弹丝的性能项目和指标值见表1。

表1 性能项目和指标值

序号	项目		0.5≤dpf<2.7		
			优等品	一等品	合格品
1	线密度偏差率/%	±	2.5	3.0	3.5
2	线密度CV值/%	≤	1.00	1.60	2.00
3	断裂强度/(cN/dtex)	≥	3.00	2.50	2.00
4	断裂强度CV值/%	≤	8.00	12.00	16.00
5	断裂伸长率/%		$M_1 \pm 3.0$	$M_1 \pm 5.0$	$M_1 \pm 7.0$
6	断裂伸长CV值/%	≤	10.00	14.00	18.00
7	卷曲收缩率/%		$M_2 \pm 3.00$	$M_2 \pm 4.00$	$M_2 \pm 5.00$
8	卷曲收缩率CV值/%	≤	7.00	16.00	20.00
9	卷曲稳定度/%	≥	78.0	70.0	65.0
10	沸水收缩率/%		$M_3 \pm 0.5$	$M_3 \pm 0.8$	$M_3 \pm 0.9$
11	染色均匀度(灰卡),级	≥	4	4	3
12	含油率/%		$M_4 \pm 0.80$	$M_4 \pm 1.00$	$M_4 \pm 1.20$
13	筒重/kg		定重或定长	1.0	—
14	氨吸附率/%	≥	11		

注1：M_1 为断裂伸长率中心值，具体由生产厂与客户协商确定，一旦确定后不得任意变更；

注2：M_2 为卷曲收缩率中心值，具体由生产厂与客户协商确定，一旦确定后不得任意变更；

注3：M_3 为沸水收缩率中心值，具体由生产厂与客户协商确定，一旦确定后不得任意变更；

注4：M_4 为含油率中心值，单丝线密度(dpf)≤1.0 dtex时，M_4 为2%～4%；单丝线密度(dpf)>1.0 dtex时，M_4 为2%～3.5%；具体由生产厂与客户协商确定，一旦确定后不得任意变更。

5.3 外观性能指标

外观质量由供需双方根据后道产品的要求协商确定，并纳入商业合同。

6 试验方法

6.1 试验条件

调湿和试验用标准大气按 GB/T 6529 中的规定执行。

6.2 取样和试样制备

按 GB/T 6502 规定执行。

6.3 线密度试验

按 GB/T 14343 规定执行。

6.4 拉伸性能试验

按 GB/T 14344 规定执行。

6.5 卷曲收缩率、卷曲稳定度试验

按 GB/T 6506 规定方法执行。

6.6 沸水收缩率

按 GB/T 6505 规定执行。

6.7 染色均匀度

按 GB/T 6508 规定执行。

6.8 含油率

按 GB/T 6504 规定执行。

6.9 氨吸附率

参照附录 A 规定执行。

6.10 外观

6.10.1 设备

6.10.1.1 分级台:黑色台面,高度 75 cm～80 cm,上面平行挂两支 D65 高显色荧光灯(或 40 W 普通荧光灯),周围环境应无其他散射光,工作点的照度大于或等于 600 lx。

6.10.1.2 评定变色用灰色样卡。

6.10.1.3 照度表。

6.10.2 检验步骤

6.10.2.1 在普通分级台上检验:手握筒管两端,转动一周观察筒子的两个端面和一个柱表面。

6.10.2.2 在自动检验台上检验:检验台自动旋转筒管,用反光镜观察筒子的两个端面和一个柱表面。

6.10.2.3 记录结果。

7 检验规则

7.1 检验类型

检验分为型式检验和出厂检验。

7.2 检验项目

7.2.1 表1中第1项～第14项为型式检验项目。

7.2.2 表1中第1项～第13项为出厂检验项目。

7.2.3 当有下列情况之一时，应进行型式检验：

a) 正式生产过程中，原材料或工艺有较大改变，可能影响产品性能时；

b) 生产装置检修，恢复生产时；

c) 出厂检验结果与上次型式检验结果有较大差异时；

d) 上级质量监督机构提出进行型式检验要求时。

7.2.4 性能项目按表1要求，并按第6章规定的试验方法进行试验，氨吸附率参照附录A规定的试验方法进行试验。外观检验项目按供需双方协商要求规定执行。

7.3 组批规则

在一定范围内采用周期性取样组成检验批。一个生产批可由一个检验批组成，也可由若干检验批组成。

7.4 取样规定

7.4.1 外观项目和染色均匀性项目全数检验。不应抽取已经破损的包装件。

7.4.2 性能项目的实验室样品按GB/T 6502规定执行。抽取的实验室样品外观、筒重和染色均匀性应符合相应等级。

7.5 判定规则

7.5.1 性能检验项目的计算值按GB/T 8170中修约值比较法与表1性能项目指标的极限值比较，评定每项等级。染色均匀性项目，逐筒评定，按GB/T 250评级。

7.5.2 外观检验项目按商业合同规定，对每个卷装件评定，记录，评级。

7.5.3 最终在检验批中氨吸附率性能项目合格的基础上，以其他性能项目和外观项目中最低项的等级定为该批产品的等级。氨吸附率项目不合格，该批产品不合格。

7.6 复验规则

7.6.1 通则

一批产品到收货方三个月内，作为验收或对质量有异议时可提请复验。若该批产品的数量使用了三分之一以上时，不得申请复验。如果是由于该批产品质量影响了后加工产品质量，并造成严重损失时，供需双方应分析原因、明确责任、协商处理。不应抽取已经破损的包装件。

7.6.2 检验项目

同7.2。

7.6.3 组批规定

按原生产批组批。

7.6.4 取样规定

7.6.4.1 各性能检验项目的实验室样品按 7.4.2 规定为抽样检验。

7.6.4.2 外观为抽样检验。根据批量 按 GB/T 2828.1—2012 表 1 中一般检验水平Ⅱ规定确定样本大小(字码),按样本大小,再根据 GB/T 2828.1—2012 表 2A 中正常检验一次抽样方案(主表)接受质量限(AQL)为 4.0,确定接受数 Ac 和拒收数 Re。

7.6.5 判定规则

7.6.5.1 各性能检验项目的测定值或计算值按 GB/T 8170 中修约值比较法与表 1 的极限数值比较,评定等级。其中染色均匀度根据所有样品卷装的极差(含同一段袜带内的深浅条纹)按 GB/T 250 评定等级。

7.6.5.2 外观性能检验按 7.5.2 要求评定,当不合格的筒子数≤Ac 时为判定为原等级;当不合格的筒子数≥Re 时,则按原等级降低一个等级。

7.6.6 综合评定

在氨吸附率合格的基础上,按其他性能项目以及外观项目中最低项的等级综合评定该生产批的等级。符合原等级者判为原等级,不符合则判不符合原等级。氨吸附率项目不合格,该批产品不合格。

7.7 公定质量

竹炭涤纶低弹丝的公定质量按式(1)计算:

$$m = m_1 \times \frac{1 + R_0}{1 + R} \qquad \cdots\cdots (1)$$

式中:

m ——批产品包装件公定质量,单位为千克(kg);

m_1 ——批产品包装件净质量,单位为千克(kg);

R_0 ——竹炭涤纶低弹丝的公定回潮率,按 0.4%计;

R ——实测回潮率,%。

8 标志

8.1 包装箱上两侧应以醒目的颜色标明产品名称、规格、等级。

8.2 生产者的识别标志如:生产企业名称、批号、净重或毛重、内装卷装个数、生产日期、执行标准号、详细地址。

8.3 总经销商的标志如:商品名、商标、识别标志、详细地址等。

8.4 标志应注明防潮、小心轻放等要求。

9 包装、运输和贮存

9.1 包装

9.1.1 每个卷装应有一个保护层,应保证其不受损伤。

9.1.2 每个包装箱内的卷装大小应尽量均匀。不同品种、规格、批号、等级要分别装箱。

9.1.3 每批产品应附质量检验单。

9.2 运输

运输时需要遮蓬，运输过程中应防止损坏包装箱，不应使纸箱倒置、物品受潮。

9.3 贮存

包装箱按批堆放，贮存在干燥、清洁、通风的仓库内。

附 录 A
（资料性附录）
氨吸附率试验方法

A.1 范围

本附录规定了竹炭涤纶低弹丝氨吸附率的试验方法。
本附录适用于竹炭涤纶低弹丝氨吸附率的测定。

A.2 原理

竹炭涤纶低弹丝对氨气有高的吸附能力。在两个相同的密闭容器中分别放置等量的对比试样和竹炭涤纶低弹丝试验样品进行平衡，测定平衡后容器中氨气的浓度，计算出竹炭涤纶低弹丝的氨吸附率。

A.3 仪器

条件如下：

——气相色谱仪：带氢火焰离子化检测器；

——2.5 L 的密闭容器；

——试样盒：100 mm×100 mm×50 mm 不锈钢网框，材质为不锈钢纱网；

——烘箱：温度可控制在(105±2)℃；

——天平，最小分度值 0.1 g；

——氨水：分析纯，25%～28%。

A.4 试验通则

——散件实验室样品和试样按需取出，不得低于 50 g；

——长丝批量样品中实验室样品和试样抽取按 GB/T 6502 规定。

不要抽取在运输途中意外受潮、污染、擦伤或包装已经打开的包装件。

A.5 试验准备

A.5.1 分别称取两份 1.0 g 脱脂棉，精确到 0.1 g，置于密闭容器底部的表面皿上。

A.5.2 称取 10 g 83 dtex/72 f 半消光 DTY 涤纶长丝，用手扯法将纤维扯松，在(105±2)℃的烘箱中烘 2 h 后，在(20±2) ℃、(65±5)%的标准大气条件下调湿 2 h，制备成对比试样。

A.5.3 称取 10g 竹炭涤纶低弹丝，用手扯法将纤维扯松。在(105±2)℃的烘箱中烘 2h 后，在(20±2) ℃、(65±5)%的标准大气条件下调湿 2 h，制备成试验样品。

A.6 试验步骤

A.6.1 将对比试样和竹炭试样均匀地放置于两个试样盒内，再将试样盒分别放入两个 2.5 L 密闭容器中。

A.6.2 分别移取 1 mL 氨水溶液置于密闭容器底部的脱脂棉上，注意不要接触纤维。

A.6.3 2 h 后，用气相色谱法测试密闭容器中气体的氨峰面积。推荐的色谱柱操作条件见表 A.1。

表 A.1 推荐色谱柱及其操作条件

色谱柱	填充柱
流速/(mL/min)	1.0(氦气)
柱温/℃	80
汽化室温度/℃	250
检测器温度/℃	250
进样量/μL	500

A.7 结果计算

氨吸附率按式(A.1)计算。

$$Q=\frac{\text{对比试样气体的氨浓度或氨峰面积}-\text{竹炭试样气体的氨浓度或氨峰面积}}{\text{对比试样气体的氨浓度或氨峰面积}}\times 100\% \quad\cdots\cdots(\text{A.1})$$

式中：

Q——氨吸附率，%；

试验结果不修约，计算 5 次平均值，取整数。

A.8 试验报告

试验报告包括：

a) 样品的名称和规格；

b) 被选作批量样品包装件的号码标识；

c) 采用的试验方法及所有的试验参数；

d) 实验室样品的氨吸附率测试结果；

e) 经协商后对试验步骤的修改提示及其他与本标准不一致的部分；

f) 观察到的异常现象；

g) 试验日期。

ICS 59.060.20
W 52

中华人民共和国国家标准

GB/T 30125—2013

竹炭涤纶短纤维

Bamboo-charcoal polyester staple fiber

2013-12-17 发布　　2014-12-01 实施

中华人民共和国国家质量监督检验检疫总局
中国国家标准化管理委员会　发布

前　言

本标准的附录 A 为资料性附录。

本标准由中国纺织工业协会提出。

本部分由全国纺织品标准化技术委员会(SAC/TC 209)归口。

本标准起草单位:无锡百和织造股份有限公司、东华大学、上海德福伦化纤有限公司、中国石化仪征化纤股份有限公司、上海市纺织工业技术监督所。

本标准主要起草人:郑国烟、王其、冯忠耀、许晔峰、李红杰。

竹炭涤纶短纤维

1 范围

本标准规定了竹炭涤纶短纤维的产品定义、技术要求、试验方法、检验规则和标志、包装、运输和贮存。

本标准适用于线密度为1.50 dtex～2.10 dtex，棉型、圆形截面灰色竹炭涤纶短纤维，其他规格参考使用。

2 规范性引用文件

下列文件对于本文件的应用是必不可少的。凡是注日期的引用文件，仅注日期的版本适用于本文件，凡是不注日期的引用文件，其最新版本(包括所有的修改单)适用于本文件。

GB/T 3291.1 纺织 纺织材料性能和试验术语 第1部分:纤维和纱线

GB/T 3291.3 纺织 纺织材料性能和试验术语 第3部分:通用

GB/T 4146.1 纺织品 化学纤维 第1部分:属名

GB/T 6503 化学纤维 回潮率试验方法

GB/T 6504 化学纤维 含油率试验方法

GB/T 6529 纺织品 调湿和试验用标准大气

GB/T 8170 数值修约规则与极限数值的表示和判定

GB/T 14334 化学纤维 短纤维取样方法

GB/T 14335 化学纤维 短纤维线密度试验方法

GB/T 14336 化学纤维 短纤维长度试验方法

GB/T 14337 化学纤维 短纤维拉伸性能试验方法

GB/T 14338 化学纤维 短纤维卷曲性能试验方法

GB/T 14339 化学纤维 短纤维疵点试验方法

GB/T 14342 合成短纤维比电阻试验方法

FZ/T 50004 涤纶短纤维干热收缩率试验方法

3 术语和定义

GB/T 3291.1、GB/T 3291.3、GB/T 4146.1中界定的以及下列术语和定义适用于本文件。

3.1

生产批 product lot

原辅材料、工艺条件及产品规格相同，一定时间内连续生产的产品批。

3.2

检验批 test lot

为检验生产批产品质量的特性和稳定性，采用周期性或根据生产情况确定的产品批。

3.3

竹炭涤纶短纤维 bamboo-charcoal polyester staple fiber

竹炭粉体含量不小于1%，粒径小于1 μm的涤纶短纤维，通常由母粒法制得，具有吸附等功能。

4 产品分类和标识

竹炭涤纶短纤维产品规格以纤维线密度和切断长度标识。

示例：1.67 dtex×38 mm。

5 技术要求

5.1 产品分等

产品等级分为优等品、一等品 、合格品三个等级，低于合格品的为等外品。

5.2 性能项目和指标值

性能项目和指标值见表 1。

表 1 性能项目和指标值

序号	项 目		优等品	一等品	合格品
1	断裂强度/(cN/dtex)	≥	4.30	4.00	3.70
2	断裂伸长率/%		$M_1 \pm 4.0$	$M_1 \pm 5.0$	$M_1 \pm 10.0$
3	线密度偏差率/%	±	3.0	4.0	8.0
4	长度偏差率/%	±	3.0	6.0	10.0
5	超长纤维率/%	≤	0.5	1.0	3.0
6	倍长纤维含量/(mg/100 g)	≤	2.0	3.0	15.0
7	疵点含量/(mg/100 g)	≤	2.0	6.0	30.0
8	卷曲数/(个/25 mm)		$M_2 \pm 2.5$	$M_2 \pm 3.5$	
9	卷曲率/%		$M_3 \pm 2.5$	$M_3 \pm 3.5$	
10	180 ℃干热收缩率/%		$M_4 \pm 2.0$	$M_4 \pm 3.0$	
11	比电阻/(Ω·cm)	≤	$M_5 \times 10^8$	$M_5 \times 10^9$	
12	断裂强度变异系数/%	≤	12.0		
13	氨吸附率/%	≥	14		

注 1：线密度偏差率以名义线密度为计算依据。

注 2：长度偏差率以名义长度为计算依据。

注 3：M_1 为断裂伸长率中心值，在 20.0～35.0 范围内选定，确定后不得任意变更。

注 4：M_2 为卷曲数中心值，由供需双方在 8.0～14.0 范围内选定，确定后不得任意变更。

注 5：M_3 为卷曲率中心值，由供需双方在 10.0～16.0 范围内选定，确定后不得任意变更。

注 6：M_4 为 180 ℃干热收缩率中心值，棉型的 $M \leqslant 9.0$ 范围内选定，确定后不得任意变更。

注 7：M_5 大于或等于 1.0 小于 10.0。

5.3 其他性能项目

竹炭涤纶短纤维的含油率由供需双方协商确定。

5.4 质量差异

包装件平均净质量与公定质量的偏差率不超过±0.5%。

包装件名义质量与公定质量的偏差率不超过±1%,非定重产品可参照使用。

6 试验方法

6.1 试验条件

调湿和试验用标准大气按 GB/T 6529 中的规定执行。

6.2 取样和试样制备

按 GB/T 14334 规定执行。

6.3 断裂强度、断裂伸长率、断裂强度变异系数

按 GB/T 14337 规定执行。

6.4 线密度偏差率

按 GB/T 14335 规定执行。

6.5 长度偏差率、超长纤维率、倍长纤维含量

按 GB/T 14336 规定执行。

6.6 疵点含量

按 GB/T 14339 规定执行。

6.7 卷曲数、卷曲率

按 GB/T 14338 规定执行。

6.8 180 ℃干热收缩率

按 FZ/T 50004 规定执行。

6.9 比电阻

按 GB/T 14342 规定执行。

6.10 含油率

按 GB/T 6504 规定执行。

6.11 回潮率

按 GB/T 6503 规定执行。

6.12 质量差异的测定

6.12.1 将批样品按 GB/T 14334 规定得到包装件的净质量。

6.12.2 将实验室样品按 GB/T 6503 规定得到实测回潮率。

6.12.3 对 N 个包装件质量差异的计算公式见式(1)～式(4)：

$$m_1 = \frac{\sum_{i=1}^{n} m_{1i}}{N} \qquad \cdots\cdots(1)$$

$$m = m_1 \times \frac{1+R_0}{1+R} \qquad \cdots\cdots(2)$$

$$A = \frac{m_1 - m}{m} \times 100\% \qquad \cdots\cdots(3)$$

$$B = \frac{m_A - m}{m} \times 100\% \qquad \cdots\cdots(4)$$

式中：

m_{1i}——每个包装件净质量，单位为千克(kg)；

m_1 ——包装件平均净质量，单位为千克(kg)；

m ——包装件公定质量，单位为千克(kg)；

R_0 ——竹炭涤纶的公定回潮率，按0.4%计；

R ——实测回潮率，%；

A ——包装件平均净质量和公定质量的偏差率，%；

B ——包装件名义净质量和公定质量的偏差率，%；

m_A——包装件名义质量，单位为千克(kg)。

6.13 氨吸附率

氨吸附率测试方法参照附录A执行。

7 检验规则

7.1 检验类型

检验分为型式检验和出厂检验。

7.2 检验项目

7.2.1 表1中第1项～14项为型式检验项目。

7.2.2 表1中第1项～13项为出厂检验项目。

7.2.3 当有下列情况之一时，应进行型式检验：

a) 正式生产过程中，原材料或工艺有较大改变，可能影响产品性能时；

b) 生产装置检修，恢复生产时；

c) 出厂检验结果与上次型式检验结果有较大差异时；

d) 上级质量监督机构提出进行型式检验要求时。

7.2.4 性能项目按表1要求，并按第6章规定的试验方法进行试验，氨吸附率参照附录A规定的试验方法进行试验。外观检验项目按供需方要求规定执行。

7.3 组批规则

在一定范围内采用周期性取样组成检验批。一个生产批可由一个检验批组成，也可由若干检验批组成。

7.4　**取样规定**

各性能检验项目的取样按 GB/T 14334 的规定执行。

7.5　**综合评定**

各性能检验项目的测定值或计算值按 GB/T 8170 中修约值比较法与表 1 规定性能项目指标的极限数值比较，评定每项等级。最终在氨吸附率项目合格的基础上，以检验批中其他性能项目中最低项的等级定为该产品的等级。氨吸附率项目不合格，该产品为不合格。

7.6　**复验规则**

7.6.1　**通则**

产品到收货方时应及时检查批号、规格、件数与货单(或外包装标识)是否相符。如因运输、保管等原因影响品质时，应查明责任，由责任方负责。

收货方如对产品质量有异议时，可在货到一个月内向生产厂提请复验，也可与生产厂协商提请第三方复验，逾期不予受理。复验结果为最终结果。若该批产品已用去三分之一以上时，不得申请复验，但如果由于竹炭涤纶短纤维质量影响后加工质量，并造成严重损失时，供需双方应分析原因，明确责任，协商处理。

7.6.2　**检验项目**

同 7.2 规定。

7.6.3　**组批规定**

按原生产批组批。

7.6.4　**取样规定**

7.6.4.1　性能检验项目按 GB/T 14334 中包装件取样方法规定抽样检验，不得抽取在运输途中意外受潮、污染、擦伤或包装已经打开的包装件。

7.6.4.2　倍长纤维含量、疵点含量的试样量增加一倍。

7.6.5　**复验评定**

7.6.5.1　在氨吸附率合格的基础上，按其他性能项目以及外观项目中最低项的等级综合评定该生产批的等级。符合原等级者判为原等级，不符合则判不符合原等级。氨吸附率项目不合格，该批产品不合格。

7.6.5.2　包装件平均净质量与公定质量的偏差率超过±0.5%，由供需双方协商确定。

7.6.5.3　包装件名义质量与公定质量的偏差率超过±1%，由供需双方协商确定。

8　标志

8.1　包装件应以醒目的颜色标明产品的名称、规格、等级。

8.2　生产者的识别标志：如商标、生产企业名称、批号、包号、净重或毛重、执行标准号、生产日期、详细地址等。

8.3　包装上应有防潮、小心轻放等标志。

9 包装、运输和贮存

9.1 包装

9.1.1 包装材料及包装质量应保证纤维不受损伤。包装完整,纤维不裸露,并用包装带捆扎实。

9.1.2 不同规格、批号、等级的产品应分别包装。

9.1.3 非定重产品每包装件质量与同批定重产品名义质量的差异应不超过±5%,如用户另有要求,可不受此限。

9.1.4 每批产品应附质量检验单。

9.2 运输

运输中应采取防潮、防雨、防晒、防污损等措施,不应损坏外包装。

9.3 贮存

包装件按批堆放,贮存在干燥、清洁、通风的仓库内。

附 录 A
（资料性附录）
氨吸附率试验方法

A.1 范围

本附录规定了竹炭涤纶短纤维氨吸附率的试验方法。
本附录适用于竹炭涤纶短纤维氨吸附率的测定。

A.2 原理

竹炭涤纶短纤维对氨气有较高的吸附能力。在两个相同的密闭容器中分别放置等量的对比试样和竹炭涤纶短纤维试样进行平衡，测定平衡后容器中氨气的浓度，计算出竹炭涤纶短纤维的氨吸附率。

A.3 仪器

条件如下：
——气相色谱仪：带氢火焰离子化检测器；
——2.5 L的密闭容器；
——试样盒：100 mm×100 mm×50 mm不锈钢网框；
——烘箱：温度可控制在(105±2)℃；
——天平，最小分度值0.1 g；
——氨水：分析纯，25%～28%。

A.4 试验通则

——散件实验室样品和试样按需取出，不得低于50 g；
——短纤维批量样品中实验室样品和试样抽取按GB/T 14334规定。
不要抽取在运输途中意外受潮、污染、擦伤或包装已经打开的包装件。

A.5 试样准备

A.5.1 分别称取两份1.0 g脱脂棉，精确到0.1 g，置于密闭容器底部的表面皿上。
A.5.2 称取10 g 1.56 dtex×38 mm半消光涤纶短纤维，用手扯法将纤维扯松，在(105±2)℃的烘箱中烘2 h后，在(20±2) ℃、(65±5)%标准大气条件下调湿2 h，制备成对比试样。
A.5.3 称取10 g竹炭涤纶短纤维，用手扯法将纤维扯松。在(105±2)℃的烘箱中将试验样品烘2 h后，在(20±2) ℃、(65±5)%标准大气条件下调湿2 h，制备成试验样品。

A.6 试验步骤

A.6.1 将对比试样和试验样品试样均匀地放置于两个试样盒内，再将试样盒分别放入2.5 L密闭容器中。

A.6.2 分别移取 1 mL 氨水溶液置于密闭容器底部的脱脂棉上，注意不要接触纤维。

A.6.3 2 h 后，用气相色谱法测试密闭容器中气体的氨峰面积。推荐的色谱柱操作条件见表 A.1。

表 A.1 推荐色谱柱及其操作条件

色谱柱	填充柱
流速/(mL/min)	1.0(氦气)
柱温/℃	80
汽化室温度/℃	250
检测器温度/℃	250
进样量/μL	500

A.7 结果计算

氨吸附率按式(A.1)计算：

$$Q=\frac{\text{对比试样气体的氨浓度或氨峰面积}-\text{竹炭试样气体的氨浓度或氨峰面积}}{\text{对比试样气体的氨浓度或氨峰面积}}\times 100\% \quad \cdots\text{(A.1)}$$

式中：

Q——氨吸附率，%。

试验结果不修约，计算 5 次平均值，取整数。

A.8 试验报告

试验报告包括：

a) 样品的名称和规格；

b) 被选作批量样品包装件的号码标识；

c) 采用的试验方法及所有的试验参数；

d) 实验室样品的氨吸附率性能测试结果；

e) 经协商后对试验步骤的修改提示及其他与本附录不一致的部分；

f) 观察到的异常现象；

g) 试验日期。